Springer-Lehrbuch

Roland Woitowitz · Klaus Urbanski

Digitaltechnik

Ein Lehr- und Übungsbuch

Fünfte, neu bearbeitete und erweiterte Auflage

Mit 365 Abbildungen und 167 Tabellen

Springer

Prof. Dr.-Ing. Roland Woitowitz
Prof. Dr.-Ing. Klaus Urbanski

Fachhochschule Osnabrück
Fachbereich Elektrotechnik
Albrechtstraße 30
49076 Osnabrück
k.urbanski@fh-osnabrueck.de
wtzur@t-online.de

Extras im Web unter *www.ecs.fh-osnabrueck.de/buch.html*
oder *www.springer.com/978-3540-73672-1*

Bibliografische Information der Deutschen Nationalbibliothek

Die Deutsche Nationalbibliothek verzeichnet diese Publikation in der Deutschen Nationalbibliografie; detaillierte bibliografische Daten sind im Internet über http://dnb.d-nb.de abrufbar.

ISSN 0937-7433

ISBN 978-3-540-73672-1 5. Auflage Springer Berlin Heidelberg New York

ISBN 978-3-540-40180-3 4. Auflage Springer Berlin Heidelberg New York

Springer ist ein Unternehmen von Springer Science+Business Media

springer.de

Umschlaggestaltung: WMXDesign GmbH, Heidelberg
Satz: perform electronic publishing GmbH, Heidelberg
Herstellung: LE-TEX Jelonek, Schmidt & Vöckler GbR, Leipzig

Gedruckt auf säurefreiem Papier SPIN: 11408437 7/3180/YL - 5 4 3 2 1 0

Vorwort

Die Digitaltechnik hat seit der Einführung der ersten digitalen integrierten Halbleiterschaltungen im Jahre 1958 einen vehementen Aufschwung genommen. Maßgeblich daran beteiligt war der technologische Fortschritt in der Mikroelektronik. Mittlerweile lassen sich integrierte Schaltungen mit mehr als 100 Mio. aktiven Elementen realisieren.

Anfänglich konzentrierte sich diese Technik einerseits auf niedrigintegrierte logische Grundschaltungen und andererseits auf hochintegrierte kundenspezifische Schaltungen (Full Custom ICs), aber bereits 1971 kamen die Mikroprozessoren als neuartige programmierbare Universalschaltungen hinzu.

Seit einigen Jahren erweitert sich das Anwendungsspektrum zunehmend in Richtung der sog. Semi Custom ICs. Hierbei handelt es sich um hochintegrierte Standardschaltungen, bei denen wesentliche Designschritte mittels Computerunterstützung vom Anwender selbst übernommen werden.

Das Buch widmet sich all diesen Grundlagen der Digitaltechnik unter besonderer Berücksichtigung der zur Zeit gültigen Normen für Schaltsymbole und Formelzeichen.

Der Darstellung grundlegender Logikbausteine, wie NAND, NOR, Flipflops und Zähler sowie programmierbarer Bausteine, wie PAL, PLA, LCA schließt sich eine Einführung in die Mikroprozessor- und Mikrocontroller-Technik an.

Einen besonderen Schwerpunkt bildet der systematische Entwurf von Schaltnetzen und Schaltwerken unter Einsatz programmierbarer Bausteine. Zahlreiche Beispiele hierzu erleichtern das Verständnis für Aufbau und Funktion dieser modernen digitalen Systeme.

Zu allen Kapiteln werden Übungsaufgaben mit ausführlichen Musterlösungen angeboten. Daher eignet sich dieses Buch besonders zum Selbststudium. Es wendet sich damit sowohl an Hochschulstudenten der Elektrotechnik oder Informationstechnik im Hauptstudium, als auch an den in der Berufspraxis stehenden Ingenieur, der seinen Wissensstand auf diesem Gebiet aktualisieren will.

Besonderer Dank gebührt Herrn Dr.-Ing. H. Kopp, der dieses Buch durch wertvolle Anregungen und vielfältige Unterstützung bereichert hat. Auch den Studenten der Fachhochschule Osnabrück gilt unser Dank für ihre Mitarbeit und mannigfache Hilfestellung.
Bedanken möchten wir uns ebenfalls beim Verlag für die gute Zusammenarbeit.

Osnabrück, Dezember 1992 *Klaus Urbanski, Roland Woitowitz*

In der hier vorliegenden zweiten Auflage wurde das Kapitel über digitale Halbleiterspeicher überarbeitet und auf den aktuellen Stand gebracht. Dieses war erforderlich, da in den letzten Jahren neue Speicherarchitekturen entwickelt worden sind, die den Geschwindigkeitsanforderungen moderner schnellgetakteter Rechner genügen.

Darüber hinaus wurde das Kapitel mit Übungsaufgaben erweitert. Es enthält nun 31 umfangreiche Aufgabenstellungen aus allen Bereichen der Digitaltechnik mit ausführlichen Musterlösungen.

Osnabrück, April 1997 *Klaus Urbanski, Roland Woitowitz*

Die dritte Auflage wurde bereits nach 3 Jahren nötig, da die Autoren neuere Entwicklungen im Bereich der Digitaltechnik an die Leser weitergeben wollen.

Hierzu gehört die Entwurfs- und Simulationssprache VHDL, die mittlerweile breiten Einsatz in der digitaltechnischen Praxis gefunden hat. Sie wird in einem gesonderten Kapitel zunächst in elementarer Form, dann aber auch weiterführend dargestellt, so daß neben dem Anfänger auch der erfahrene Praktiker in diesem neuen Bereich Unterstützung findet. Sie wird darüber hinaus in mehreren Kapiteln bei Analyse- und Synthese-Aufgaben anhand praktischer Beispiele angewendet.

Ein weiteres neues Kapitel widmet sich dem Gebiet der Analog-Digital- und Digital-Analog-Umsetzer. Auch hir haben in den letzten Jahren neue, richtungsweisende Entwicklungen stattgefunden, wie an den Beispielen Delta-Sigma- oder Pipeline-Umsetzern erkennbar ist. Die Gesamtthematik, einschließlich der Abtast-Halteglieder wird in Kap. 8 systematisch aufgearbeitet.

Die Bereiche programmierbare Logik und digitale Halbleiterspeicher wurden ebenfalls überarbeitet.

Osnabrück, Februar 2000 *Klaus Urbanski, Roland Woitowitz*

Nach dem Mooreschen Gesetz verdoppelt sich die Speicherdichte alle 18 Monate. Auch die Informationsflut nimmt ständig zu, so dass wir es für sinnvoll halten, nach weiteren 36 Monaten die vierte Auflage mit zahlreichen Erweiterungen heraus zubringen.

Die neuen Bereiche sind hier tabellarisch aufgelistet:

- Erweiterung des Kapitels 4 „VHDL als Entwurfs- und Simulationssprache" um die Komponente Testbenches. Dazu werden ausführliche Übungsaufgaben vorgestellt, die auch dem Anfänger einen Einstieg in die Simulationstechniken mit Testbenches ermöglichen.
- In dem Kapitel 7 „Digitale Halbleiterspeicher" sind die Flashspeicher (NOR- und NAND-Typen), das Double Date Rate SDRAM sowie die neu entwickelten nichtflüchtigen Typen FRAM und MRAM zusätzlich aufgenommen worden.
- Völlig überarbeitet wurde das Kapitel 9 „Mikroprozessoren und Mikrocontroller". Der Mikrocontroller 8051 wird nun hardware- und softwaremäßig de-

tailliert dargestellt, so dass der Leser anhand des Kapitels ohne weitere Datenbücher in der Lage ist, Hardware und Software für Mikrocontroller-Applikationen zu entwickeln. Neben der Hardwarebeschreibung bildet die modulare Programmentwicklung in Assembler einen Schwerpunkt in diesem Kapitel.

Aufgrund der zahlreichen zusätzlichen Komponenten mussten auch Kürzungen vorgenommen werden. Das Kapitel 10 mit den Übungsaufgaben ist gestrafft worden. Es sind Übungsaufgaben ausgelagert, andere sind im Lösungsteil gekürzt und einige sind neu aufgenommen worden.

Das Kapitel 10 aus der dritten Auflage steht dem Leser weiterhin auf unserer Internetseite zur Verfügung. Zusätzlich bieten wir dem Leser auf der Homepage zahlreiche VHDL-Modelle und Testbenches zum Downloaden an.

Sie finden zusätzliche Übungsaufgaben, Beiblätter, VHDL-Modelle sowie Assembler- und C-Programme unter der Homepage:

http://www.ecs.fh-osnabrueck.de/buch.html

Osnabrück, März 2003 *Klaus Urbanski, Roland Woitowitz*

Erneut lässt die rasche Entwicklung in der Speichertechnologie es geraten erscheinen, mit einer Neuauflage unser Buch „Digitaltechnik“ zu aktualisieren.

Neben dem bislang erfolgreichen DDR SDRAM-Speicherkonzept gibt es nun eine weiterentwickelte Variante, das QDR SDRAM (Quad Datarate SDRAM), mit dem pro Taktzyklus vier statt bisher zwei Datenworte auf dem Bus transferiert werden können. In Verbindung mit einer fortgeschrittenen Halbleitertechnologie lässt sich damit der in unserer multimedialen Welt kontinuierlich steigende Bedarf an Kapazität und Geschwindigkeit bei Halbleiterspeichern besser befriedigen.

Ein zweiter Punkt betrifft die bislang nicht eindeutige Bezeichnung der Speicherkapazität. Das internationale Normungsgremium IEC (International Electrotechnical Commission) hat in der Neufassung der Norm IEC 60027-2:2005-08 eine Unterscheidung zwischen binären und dezimalen Angaben durch neue Vorsätze für binäre Vielfache festgelegt. Die damit nun auch in Deutschland gültigen binären Vorsätze für Zweierpotenzen werden in Kapitel 1 aufgeführt und in allen anderen Kapiteln normgerecht angepasst.

Sie finden zusätzliche Übungsaufgaben, Beiblätter, VHDL-Modelle sowie Assembler- und C-Programme unter der Homepage:

http://www.ecs.fh-osnabrueck.de/buch.html

Osnabrück, im Sommer 2007 Klaus Urbanski, Roland Woitowitz

Extras im Web unter *www.ecs.fh-osnabrueck.de/buch.html*
oder *www.springer.com/978-3540-73672-1*

Inhaltsverzeichnis

1 Zahlensysteme

1.1 Allgemeines Zahlensystem

Ein polyadisches Zahlensystem mit der Basis B (auch B-adisches Zahlensystem) ist ein Zahlensystem, in dem jede Zahl n nach Potenzen von B zerlegt wird. Der Wert einer ganzen positiven (N+1)-stelligen Zahl beträgt demnach:

$$n = \sum_{i=0}^{N} b_i B^i = b_N B^N + b_{N-1} B^{(N-1)} + \ldots + b_2 B^2 + b_1 B + b_0$$

b_i = Stellenwert der Stelle i; $0 \leq b_i \leq B-1$
B = Basis des Zahlensystems
B^i = Stellenfaktor der Stelle i

Zur Schreibvereinfachung wird diese Zahl dargestellt als

$n = (b_N b_{N-1} b_{N-2} \ldots b_2 b_1 b_0)$ und führende Nullen weggelassen.

Dieser Darstellungsart entspricht auch das im Alltagsleben gebräuchlicheDezimalsystem mit der Basis $B = 10$, $b_i \varepsilon (0,1,2,...,9)$.

Beispiel 1: $(791)_{10} = 7 \cdot 10^2 + 9 \cdot 10 + 1$

Üblicherweise werden hierbei Betrag und Vorzeichen verwendet, d.h. negative Zahlen werden mit einem Minuszeichen versehen.

Zur Konversion zwischen Zahlensystemen mit unterschiedlicher Basis ist auch eine Zahlendarstellung nach dem sog. Hornerschema sinnvoll:

$n = ((\ldots((b_N B + b_{N-1})B + b_{N-2})B + \ldots + b_2)B + b_1)B + b_0$

Falls bei einer Zahl kein Zweifel über die Basis herrscht, wird sie üblicherweise in der Darstellung weggelassen, ansonsten angegeben.

Es gibt auch Zahlensysteme, die anders aufgebaut sind, z.B. Restklassensysteme und die in der Zeitrechnung verwendeten.

1.2 Dual-, Oktal- und Hexadezimalsystem

In digitalen Rechenanlagen werden Informationen ausschließlich durch zwei Kennzustände dargestellt, z.B. Kontakt geschlossen/geöffnet oder Strom fließt/fließt nicht. Gründe hierfür sind hauptsächlich:

1. Es ist aus Gründen der Störsicherheit technisch einfacher, Elemente mit zwei Kennzuständen als mit z.B. zehn zu bauen.
2. Zur Beschreibung zweiwertig dargestellter Informationen stehen wirksame logische und mathematische Hilfsmittel zur Verfügung, wie Formale Logik und Boolesche Algebra.

Das zugehörige Zahlensystem ist das binäre und eins davon ist das duale Zahlensystem. Es ist gleichzeitig das mit kleinster Basis. Oktal- und Hexadezimalsysteme lassen sich daraus ableiten. Die binäre Informationseinheit ist 1 Bit (binary digit).

a) Das Dualsystem. Es hat die Basis B = 2 und den Zeichenvorrat $b_i \in (0,1)$. Demnach lässt sich der Wert der Dualzahl.

$n = (b_N b_{N-1} b_{N-2} \ldots b_2 b_1 b_0)$ bestimmen zu:

$$n = b_N 2^N + b_{N-1} 2^{(N-1)} + \ldots + b_2 2^2 + b_1 2 + b_0$$

Beispiel 1: $(1101110)_2 = 2^6 + 2^5 + 2^3 + 2^2 + 2 = (110)_{10}$

b) Das Oktalsystem. Es hat die Basis B = 8 und den Zeichenvorrat $b_i \in (0,1,2,...,7)$. Das Oktalsystem entsteht aus dem Dualsystem durch Zusammenfassen von jeweils drei Dualstellen, von den niederwertigsten angefangen.

Beispiel 2: $(001\ 101\ 110)_2 = (156)_8 = 1 \cdot 8^2 + 5 \cdot 8 + 6 = (110)_{10}$

c) Das Hexadezimalsystem. Es hat die Basis B = 16 und den Zeichenvorrat $b_i \in (0,1,2,..,9,A,B,C,D,E,F)$. Das Hexadezimalsystem entsteht aus dem Dualsystem durch Zusammenfassen von jeweils vier Dualstellen, von den niederwertigsten angefangen.

Beispiel 3: $(0110\ 1110)_2 = (6E)_{16} = 6 \cdot 16 + 14 = (110)_{10}$

Hexadezimalzahlen werden häufig durch ein angehängtes 'H' gekennzeichnet.

Als Beispiele für polyadische Zahlensysteme mit unterschiedlichen Basen sind in der Tab. 1.1 die Zahlen von 0 bis 17 angegeben. Von dieser polyadischen Zahlendarstellung abweichend, wird häufig der BCD-Code (Binär Codierte Dezimalzahl) benutzt, bei dem z.B. jede Dezimalziffer (Digit) mit 4 Bit dualcodiert wird. Andere Codes als der duale sind hierfür ebenfalls üblich, z.B. Aiken-, Stibitz-(3-Exzess-) oder Hamming-Codes. Die BCD-Darstellung eignet sich besonders zur Ein- und Ausgabe von Dezimalzahlen am Rechner. Sie ist redundant.

Beispiel 4: $(853)_{10} = (1000\ 0101\ 0011)_{BCD}$

Tab. 1.1: Darstellung der Zahlen 0 bis 17_{10} in verschiedenen polyadischen Zahlensystemen.

B = 2	B = 8	B = 10	B = 12	B = 16
0	0	0	0	0
1	1	1	1	1
10	2	2	2	2
11	3	3	3	3
100	4	4	4	4
101	5	5	5	5
110	6	6	6	6
111	7	7	7	7
1000	10	8	8	8
1001	11	9	9	9
1010	12	10	α	A
1011	13	11	β	B
1100	14	12	10	C
1101	15	13	11	D
1110	16	14	12	E
1111	17	15	13	F
10000	20	16	14	10
10001	21	17	15	11

1.3 Konvertierung zwischen den Zahlensystemen

Jede (N+1)-stellige positive ganze Zahl in einem polyadischen Zahlensystem mit der beliebigen Basis B kann mit dem Hornerschema dargestellt werden als:

$$n = ((...((b_N B + b_{N-1})B + b_{N-2})B + ... + b_2)B + b_1)B + b_0$$

Zur Umwandlung einer im Zahlensystem 1 (z.B. dezimal) gegebenen Zahl in ein Zahlensystem 2 (z.B. dual) denke man sich die Zahl im Hornerschema dargestellt, mit B2 = Basis des Zielzahlensystems 2. Eine erste Division durch B2 geht auf bis auf den Rest b_0, d.h. der Rest entspricht der letzten Stelle (LSB) der gesuchten Zahl. Dafür wird B2 für die Rechnung im System 1 und der Divisionsrest im System 2 dargestellt. Eine weitere Division durch B2 geht auf bis auf den Rest b_1 etc. Die Konvertierung wird also nach folgendem Schema abgewickelt:

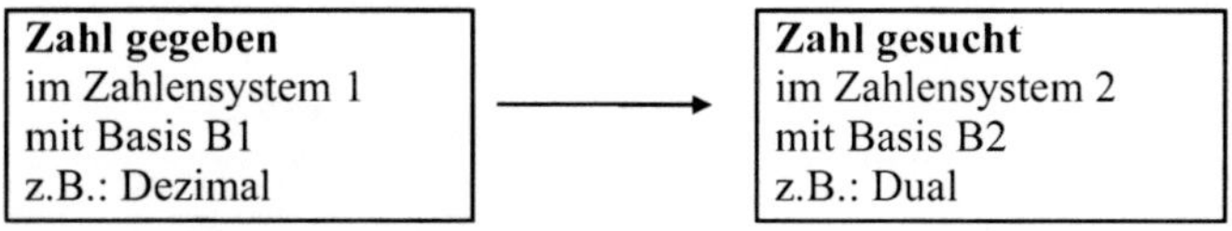

Dabei gelten die folgenden Regeln:

- Die Rechnung findet im System 1 statt
- B2 wird als Zahl im System 1 dargestellt
- Die Divisionsreste werden im System 2 dargestellt

Beispiel 1: Man konvertiere $(110)_{10}$ in das Dualsystem

110 :	2	=	55	Rest	0	LSB
55 :	2	=	27	Rest	1	
27 :	2	=	13	Rest	1	
13 :	2	=	6	Rest	1	
6 :	2	=	3	Rest	0	
3 :	2	=	1	Rest	1	
1 :	2	=	0	Rest	1	MSB

Daraus folgt: $(110)_{10} = (1101110)_2$

Diese Art der Konvertierung nennt man Divisionsmethode. Sie eignet sich besonders für Konvertierungen aus dem Dezimalsystem, weil dabei die Rechnung dezimal erfolgt. Die Konvertierung vom Dual- ins Dezimalsystem ist prinzipiell nach gleichem Schema möglich:

Beispiel 2: Man konvertiere $(1101110)_2$ in das Dezimalsystem

```
1 1 0 1 1 1 0 : 1 0 1 0 = 1 0 1 1      Rest 0 (LSD)
1 0 1 0
-------
  0 1 1 1     1 0 1 1 : 1 0 1 0 = 1    Rest 1
  0 0 0 0
  -------
    1 1 1 1
    1 0 1 0           1 : 1 0 1 0 = 0  Rest 1 (MSD)
    -------
      1 0 1 0
      1 0 1 0
      -------
            0
```

Daraus folgt: $(1101110)_2 = (110)_{10}$

Diese Konvertierung ist jedoch mittels Addition der bewerteten Stellen der Dualzahl (Oktal-, Hexadezimalzahl) einfacher durchführbar:

$(1101110)_2 = 2^6 + 2^5 + 2^3 + 2^2 + 2 = 64 + 32 + 8 + 4 + 2 = (110)_{10}$

Beispiel 3: Man gebe die Zahl $(753)_{10}$ im Hexadezimalsystem an

```
7 5 3 : 1 6 = 4 7                 Rest 1 (LSH)
6 4
-----
1 1 3       4 7 : 1 6 = 2         Rest F
1 1 2
-----
    1         2 : 1 6 = 0         Rest 2 (MSH)
```

Daraus folgt: $\underline{(753)_{10} = 2F1H}$

1.4 Arithmetische Operationen im Dualsystem

1.4.1 Die duale Addition

Die elementaren Rechenregeln für die einstellige duale Addition lauten:

Augend	+	Addend	=	Summe	Übertrag (Carry) auf die nächste Stelle
0	+	0	=	0	
0	+	1	=	1	
1	+	0	=	1	
1	+	1	=	0	1

Die einstellige duale Addition kann also mit einer Exklusiv-Oder-Verknüpfung realisiert werden (Kap. 4). Der Übertrag wird wie bei der dezimalen Addition zur nächsthöheren Stelle addiert.

Beispiel:

Dual		Dezimal
1 1 0 1 0 0 0 0		2 0 8
+ 1 0 1 1 1 0 0		+ 9 2
1 1	Carry	1 1
1 0 0 1 0 1 1 0 0		3 0 0

Ein Übertrag in die nächsthöhere Stelle tritt immer dann auf, wenn das Additionsergebnis in einer Spalte größer oder gleich der Basis wird. Tritt bei Verwendung von N Stellen ein "Gesamtüberlauf" auf, nennt man diesen ebenfalls Carry.

1.4.2 Die duale Subtraktion

Die elementaren Rechenregeln für die einstellige duale Subtraktion lauten:

Minuend	−	Subtrahend	=	Differenz	Borger (Borrow) von der nächste Stelle
0	−	0	=	0	
0	−	1	=	1	1
1	−	0	=	1	
1	−	1	=	0	

Die einstellige duale Subtraktion kann wie die einstellige Addition also durch eine Exklusiv-Oder-Verknüpfung realisiert werden. Rechenwerke für mehrstellige Additionen und Subtraktionen unterscheiden sich jedoch voneinander.

Beispiel 1:

Dual		Dezimal
1 0 1 0 1 1		4 3
− 1 0 0 1 1 1		− 3 9
1	Borger	1
0 0 0 1 0 0		0 4

Ein Borger tritt also immer dann auf, wenn in einer Spalte der Subtrahend größer ist als der Minuend. Diese "direkte" Subtraktion, bei der negative Zahlen durch ihren Betrag und das Vorzeichen dargestellt werden, hat im Digitalrechner Nachteile [44]:

- Es ist eine gesonderte Vorzeichenrechnung nötig.
- Es ist ein Rechenwerk nötig, das addieren und subtrahieren kann.

Um dagegen mit einem Addierwerk für beide Operationen auszukommen, führt man die Subtraktion auf eine Addition zurück. Dazu stellt man die negative Zahl (−b) durch ihr Komplement (C − b) dar, gemäß der Gleichung:

$$a - b = a + (C - b) - C = a + \overline{b} - C \quad \text{mit} \quad C - b = \overline{b} = \neg b$$

Dieses Verfahren funktioniert grundsätzlich auch im Dezimalsystem.

Beispiel 2: Man berechne $125_{10} - 68_{10}$ dreistellig und verwende C = 999. Zum Neuner-Komplement der Zahl 68 (999 − 68 = 931) wird der Minuend addiert:

$$\begin{array}{r} 1\;2\;5 \\ +\;9\;3\;1 \\ \hline 1\;0\;5\;6 \\ 1 \\ \hline 0\;5\;7 \end{array} \quad \text{Einerrücklauf entspricht Subtraktion von C}$$

Im Dezimalsystem bringt die Subtraktion in der Komplementdarstellung keine Vorteile, denn es ist weiterhin eine Subtraktion nötig. Die angestrebte Vereinfachung ergibt sich nur dann, wenn sowohl die Komplementbildung, als auch die Subtraktion von C ohne Zuhilfenahme eines eigentlichen Subtraktionschrittes möglich ist. Das ist im Dualsystem der Fall. Es sind zwei Methoden gebräuchlich:

1. Subtraktion im EINER-KOMPLEMENT: $C_1 = 2^N - 1$. N entspricht der Dualstellenzahl.
2. Subtraktion im ZWEIER-KOMPLEMENT: $C_2 = 2^N$. Diese Methode ist in Mikroprozessoren üblich.

Die Subtraktion im Einer-Komplement. Hier gilt $C_1 = 2^N - 1 = 111...11$ (N Stellen). Die Komplementbildung $C_1 - b = \neg b$ geschieht hier einfach durch bitweise Invertierung der N Stellen von b. Die erforderliche Subtraktion von C_1 wird vom Wert der fiktiven (N+1)ten Stelle nach dem Additionsschritt abhängig gemacht. Tritt eine "1 " in dieser Stelle auf, so muss in der letzten Ergebnisstelle noch eine "1 " addiert werden, denn der Verlust durch Nichtberücksichtigen der (N+1)-ten Stelle entspricht einer Subtraktion von 2^N. Da hier jedoch $C_1 = 2^N - 1$ gilt, muss noch eine "1 " addiert werden (Einerrücklauf). Dieser Einerrücklauf unterbleibt, falls beim Additionsschritt kein Übertrag in die Stelle (N+1) erfolgt, da es sich dann um ein negatives Ergebnis in Komplementdarstellung handelt.

Anm.: Bei den folgenden Beispielen sind Dualzahlen ohne Basis angegeben.

Beispiel 3: Man berechne $(13)_{10} - (7)_{10}$ im Einer-Komplement, N = 5.

Komplementbildung:	$(7)_{10}$	=	00111
	$(-7)_{10}$	=	11000
Addition:	$(13)_{10}$	=	01101
	$+(-7)_{10}$	=	11000
Ei-			100101
nerrücklauf:			1
			00110 = $(6)_{10}$

Beispiel 4: Man berechne $(7)_{10} - (13)_{10}$ im Einerkomplement, N = 5.

Komplementbildung:	$(13)_{10}$	=	01101
	$(-13)_{10}$	=	10010
Addition:	$(7)_{10}$	=	00111
	$+(-13)_{10}$	=	10010
Kein Einerrücklauf, Ergebnis < 0			011001
			0
			11001 = $(-6)_{10}$

Im Einerkomplement haben positive Zahlen an führender Stelle (MSB) eine "0" und negative eine "1". Außerdem existieren eine positive und eine negative Null (0..00 bzw. 1..11). Der Zahlenbereich ist hier symmetrisch mit:

$$n \in (-(2^{(N-1)} - 1), +(2^{(N-1)} - 1)) .$$

In Tab. 1.2 ist der Zahlenbereich beispielsweise für N = 3 dargestellt.

Tab. 1.2: Im Einer-Komplement mit 3 Bit darstellbarer Zahlenbereich

Dezimal	3	2	1	−0	+0	+1	+2	+3
Dual	100	101	110	111	000	001	010	011

Die Subtraktion im Zweier-Komplement. Hier gilt $C_2 = 2^N = 1\,00...00$, also eine Eins mit N Nullen. Die Komplementbildung wird hier durch Invertieren jeder einzelnen Stelle von b und der Addition einer "1" durchgeführt, denn es gilt:

$$\bar{b} = C_2 - b = C_1 - b + 1$$

Die Subtraktion von C_2 muss hier jedoch nicht explizit ausgeführt werden, da das Weglassen des Überlaufs in die (N+1)-te Stelle, die ja nicht mehr im betrachteten Zahlenbereich liegt, bereits der Subtraktion von C_2 entspricht.

Beispiel 5: Man berechne $(13)_{10} - (7)_{10}$ im Zweier-Komplement, N = 5.

Komplementbildung:	$(7)_{10}$	=	00111
	$(-7)_{10}$	=	11000
	+1	=	11001

Addition:	$(13)_{10}$	=	01101	
	$+(-7)_{10}$	=	11001	
			100110	
C subtrahiert, liefert:			00110	$= (6)_{10}$

Beispiel 6: Man berechne $(7)_{10} - (13)_{10}$ im Zweierkomplement, N = 5.

Komplementbildung:	$(13)_{10}$	=	01101	
	$(-13)_{10}$	=	10010	
	+1	=	10011	
Addition:	$(7)_{10}$	=	00111	
	$+(-13)_{10}$	=	10011	
			11010	
C wird nicht subtrah.			11010	$= (-6)_{10}$

Auch im Zweierkomplement ergibt sich für die führende Stelle des Ergebnisses eine "0", falls das Ergebnis größer gleich Null ist, andernfalls ergibt sich "1". Es existiert jedoch nur eine Null, daher wird der Zahlenbereich unsymmetrisch:

$$n \in (-(2^{(N-1)}), +(2^{(N-1)} - 1)).$$

In Tab. 1.3 ist der Zahlenbereich beispielsweise für N = 3 dargestellt:

Tab. 1.3: Im Zweierkomplement mit 3 Bit darstellbarer Zahlenbereich

Dezimal	−4	−3	−2	−1	0	+1	+2	+3
Dual	100	101	110	111	000	001	010	011

Die Darstellung der Dualzahlen im Komplement bewirkt also eine andere Zuordnung der 2^N darstellbaren Bitmuster zu den Dezimalwerten als in einer Betragsarithmetik, in der nur positive Zahlen existieren. Den Bitmustern ist nicht anzusehen, ob sie Zahlen in Betrags- oder in Komplementdarstellung repräsentieren sollen, daher ist vorher stets eine entsprechende Vereinbarung nötig.

Negative Dualzahlen und auch Addition und Subtraktion können anschaulich am sogenannten Ring der Dualzahlen dargestellt werden (Bild 1.1). Er gilt hier für die vorgegebene Wortlänge von 4 Bit im Zweierkomplement.

Es müssen alle Ziffern der Dualzahl berücksichtigt werden, ein Weglassen führender Nullen ist nicht erlaubt. Die rechte Kreishälfte entspricht den positiven, die linke den negativen Zahlen. Ein Fortschreiten im Uhrzeigersinn entspricht z.B. bei positiven Operanden der Subtraktion, entgegen dem Uhrzeigersinn einer Addition. Gebräuchliche 8-Bit-Mikroprozessoren arbeiten im Zweierkomplement. Ihr Zahlenbereich (Tab. 1.4) erstreckt sich daher im einfachsten Falle von 80H = $(-128)_{10}$ bis 7FH = $(+127)_{10}$.

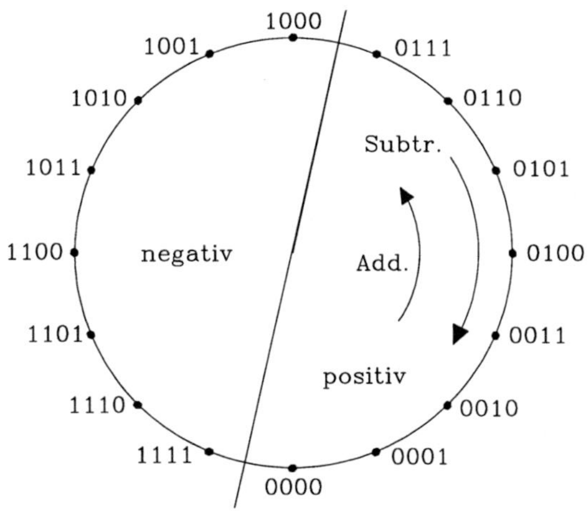

Bild 1.1: Ring der Dualzahlen für eine Wortlänge von 4 Bit

Tab. 1.4: Zulässiger Zahlenbereich im Zweierkomplement für die Wortlänge 8 Bit.

Dual	Dezimal	Hexadezimal
0111 1111	+127	7F
0111 1110	+126	7E
:	:	:
0000 0001	+1	01
0000 0000	0	00
1111 1111	−1	FF
1111 1110	−2	FE
:	:	:
1000 0001	−127	81
1000 0000	−128	80

Gerät man bei Berechnungen im Zweierkomplement über die obere Grenze zwischen positiven und negativen Zahlen, wird das Ergebnis falsch, da der zulässige Zahlenbereich überschritten wurde. Zur Registrierung dieses Zweierkomplement-Überlaufs (Two's Complement Overflow) besitzen die meisten Mikroprozessoren ein spezielles Flag.

Beispiel 7: Man berechne $(-6)_{10} + (-8)_{10}$ im obigen Zahlenring.

$$\begin{array}{rcl} (-6)_{10} & = & 1\ 0\ 1\ 0 \\ +(-8)_{10} & = & \underline{1\ 0\ 0\ 0} \\ & & 0\ 0\ 1\ 0 = (2)_{10} \end{array}$$

Das Ergebnis ist falsch, da die Rechnung einen Zweierkomplement-Überlauf verursacht; die Zahl −14 lässt sich nicht im 4-Bit-Zweierkomplement darstellen.

Anmerkung:

Davon unabhängig können die Bitmuster aber auch als Betragszahlen interpretiert werden. Man spricht dann von der sog. Betragsarithmetik, im Gegensatz zur Zweierkomplement-Arithmetik

1.4.3 Die Multiplikation von Dualzahlen (Booth-Algorithmus)

Die elementaren Rechenregeln für eine Multiplikation lauten:

Multiplikand	·	Multiplikator	=	Produkt
0	·	0	=	0
0	·	1	=	0
1	·	0	=	0
1	·	1	=	1

Die einstellige Multiplikation kann also mit einer UND-Verknüpfung realisiert werden. Mehrstellige positive Dualzahlen können, wie im Dezimalsystem üblich, stellenweise multipliziert werden. Dafür sind nur die Operationen "Schieben" und "Addieren" erforderlich, wie folgendes Beispiel zeigt:

Beispiel 1: 3 · 5 = 15 dezimal lautet dual:

Der Multiplikator wird also stellenweise von hinten abgearbeitet. Ist seine aktuelle Stelle eine "1", wird der jeweils stellenverschobene Multiplikand addiert, ist sie "0", unterbleibt die Addition. Haben beide Faktoren N Stellen, ist das Ergebnis max. 2N Stellen lang. Dieses Verfahren heißt Standard-Multiplikation [44].

Die Multiplikation vorzeichenbehafteter Dualzahlen kann ebenfalls mit der Stan-

```
0 0 1 1 · 0 1 0 1
-----------------
      0 0 1 1
    0 0 0 0
  0 0 1 1
0 0 0 0
-------------
0 0 0 1 1 1 1   = (15)10
```

dard-Multiplikation durchgeführt werden, dann ist allerdings eine getrennte Vorzeichenrechnung nötig. Hierbei werden die Operanden mit Betrag und Vorzeichen dargestellt, gemäß:

$$|a| = a \quad \text{für} \quad a \geq 0 \quad \text{aber} \quad -a \quad \text{für} \quad a < 0$$

Die Vorzeichenrechnung kann umgangen werden, wenn Multiplikand und Multiplikator in der Komplementdarstellung verwendet werden.

$$-a = (C - a)$$
$$-b = (C - b)$$

Bei der Multiplikation dieser Zahlen treten additive Korrekturglieder auf, die ohne eine eigentliche Subtraktion eliminiert werden müssen. Die erforderlichen Korrekturen sind im sog. Booth-Algorithmus, der die Multiplikation zweier ganzer Zahlen in Zweierkomplementdarstellung ermöglicht, bereits enthalten [58].

Der Booth-Algorithmus lautet:

1. Man füge eine Null rechts an den Multiplikator und setze Produkt = 0.
2. Man kontrolliere jeweils einen Bit-Übergang des Multiplikators von rechts nach links.
3. Liegen die Bit-Übergänge $0 \rightarrow 0$ oder $1 \rightarrow 1$ vor, weiter mit 6.

4. Liegt der Bit-Übergang 0 → 1 vor, wird der Multiplikand linksbündig vom Produkt subtrahiert, dann weiter mit 6.
5. Liegt der Bit-Übergang 1 → 0 vor, wird der Multiplikand linksbündig zum Produkt addiert, dann weiter mit 6.
6. Man schiebe das Produkt unter Beibehaltung des MSB eine Stelle nach rechts.
7. Man fahre mit 2 beim nächsten Bit-Übergang fort.

Beispiel 2: Man löse (−3) · (−5) im Zweierkomplement, mit N = 5 Stellen nach dem Booth-Algorithmus.

	Multiplikand $11101 = (-3)_{10}$		Multiplikator mit angehängter Null gemäß 1 $110110 = (-5)_{10}$
	0 0 0 0 0		Anfangsprodukt (Produktspeicher gelöscht)
4.	0 0 0 1 1		Subtr. des Multiplikanden, wegen 0 → 1
	0 0 0 1 1		Neues Produkt
6.	0 0 0 0 1	1	Rechtsshift des Produktes
6.	0 0 0 0 0	1 1	Rechtsshift des Produktes wegen 1→ 1
5.	0 0 0 0 0	1 1	Produkt
	1 1 1 0 1		Add. des Multiplikanden, wegen 1 → 0
	1 1 1 0 1	1 1	Neues Produkt
6.	1 1 1 1 0	1 1 1	Rechtsshift des Produktes
4.	1 1 1 1 0	1 1 1	Produkt
	0 0 0 1 1		Subtr. des Multiplikanden, wegen 0 → 1
	0 0 0 0 1	1 1 1	Neues Produkt
6.	0 0 0 0 0	1 1 1 1	Rechtsshift des Produktes
6.	0 0 0 0 0	0 1 1 1 1	Rechtsshift des Produktes, wegen 1→ 1
	0 0 0 0 0	0 1 1 1 1	Produkt = Ergebnis = 15_{10}

Die Überläufe bei den Additionsschritten bleiben unberücksichtigt.

1.4.4 Die Division von Dualzahlen (Restoring-Methode)

Die Vorschrift für die einstellige elementare Division von Dualzahlen lautet:
Dividend : Divisor = Quotient + Rest

Dividend	:	Divisor	=	Quotient
0	:	0	=	nicht definiert
0	:	1	=	0
1	:	0	=	nicht definiert
1	:	1	=	1

Betrachtet werden soll hier die Division positiver ganzzahliger Operanden. Diese Aufgabe lässt sich ebenso wie die Subtraktion und Multiplikation auf eine Addition zurückführen. Dabei wird der Divisor fortlaufend solange vom Dividenden subtrahiert (Add. des Komplements), bis das Ergebnis negativ wird. In diesem Fall ist bereits einmal zuviel subtrahiert worden, was durch Rückspeichern des vor der letzten

Subtraktion zwischengespeicherten Ergebnisses wieder korrigiert werden kann. Daher bezeichnet man das Verfahren auch als Restoring-Methode.

Die Anzahl der Subtraktionsschritte bei positivem Rest-Dividenden liefert den Quotienten. Eine stellenbewertete Subtraktion reduziert dabei die Schrittzahl. Im Gegensatz zur Multiplikation müssen vor Ausführung der Division noch Kontrollen stattfinden:

1. Ist der Divisor = 0, erfolgt eine Fehlermeldung.
2. Der Dividend hat üblicherweise die doppelte Stellenzahl (2N) wie Divisor (N) oder Quotient (N). Daher muss weiterhin geprüft werden, ob das Ergebnis in das N-stellige Quotientenregister hineinpasst. Das ist der Fall, wenn der Divisor größer ist als die höchstwertigen N Stellen des Dividenden. Andernfalls müssen Divisor und Dividend in eine andere Stellung zueinander gebracht werden, oder es erfolgt eine Fehlermeldung.

Der Restoring-Algorithmus werde zunächst an einem Beispiel im Dezimalsystem demonstriert.

Beispiel 1:	Man rechne:	Dividend	:	Divisor	=	Quotient	+	Rest
	mit den Zahlen:	36_{10}	:	7_{10}	=	Q	+	R

3 6	Dividend	
− 7	1. Subtraktion für 1. Quotientenstelle	
− 4	kleiner 0, daher wird 1. Quotientenstelle	Q = 0
3 6	Restoring	
− 7	1. Subtraktion für 2. Quotientenstelle	
2 9	größer 0, daher wird	Q = 01
− 7	2. Subtraktion für 2. Quotientenstelle	
2 2	größer 0, daher wird	Q = 02
− 7	3. Subtraktion	
1 5	größer 0, daher wird	Q = 03
− 7	4. Subtraktion	
0 8	größer 0, daher wird	Q = 04
− 7	5. Subtraktion	
0 1	größer 0, daher wird	Q = 05
− 7	6. Subtraktion	
− 6	kleiner 0, daher bleibt	Q = 05
0 1	Restoring	

Es bleibt der Rest R = 1, der Quotient ist Q = 5, also gilt: 36 : 7 = 5 Rest 1

Im Folgenden ist ein Beispiel für den Restoring-Algorithmus im Dualsystem angegeben. H und L sind zwei bei der Rechnung benutzte Speicherregister.

Beispiel 2: Man rechne 36 : 7 nach der Restoring-Methode mit N = 4 Stellen.

Dividend = 36_{10} = 0010 0100
Divisor = 7_{10} = 0111; das Zweierkomplement des Divisors lautet 1001

Kontrollen:
1) Divisor ungleich Null
2) Divisor > H-Tetrade des Dividenden, daher kein Überlauf des Quotientenregisters

(H)	(L)	Erläuterung	
0010	0100	Dividend im H,L-Registerpaar	
0100	100	1. Linksshift Dividend	
1001		1. Add. des Komplements	
1101	1000	kleiner 0, daher	LSB = 0
0100	1000	1. Restoring	
1001	000	2. Linksshift Dividend	
1001		2. Add. des Komplements	
0010	0001	größer Null, daher	LSB = 1
0100	001	3. Linksshift Dividend	
1001		3. Add. des Komplements	
1101	0010	kleiner 0, daher	LSB = 0
0100	0010	2. Restoring	
1000	010	4. Linksshift Dividend	
1001		4. Add. des Komplements	
0001	0101	größer Null, daher	LSB = 1

Das Ergebnis lautet also: *Quotient = 5;   Rest = 1*

Vorzeichenbehaftete Operanden stellt man bei der Division durch Betrag und Vorzeichen dar. Deshalb ist eine gesonderte Vorzeichenrechnung nötig.

1.5 Die Darstellung gebrochener Zahlen im Dualsystem

Ein echter Bruch (x < 1) mit M Nachkommastellen lässt sich darstellen als:

$$x = \sum_{i=1}^{M} b_{-i}B^{-i} = b_{-1}B^{-1} + b_{-2}B^{-2} + ... + b_{-M}B^{-M}$$

mit B = Basis des verwendeten Zahlensystems, hier B = 2. Eine andere Darstellungsart verwendet das Hornerschema. Dafür gilt:

$$x = \frac{1}{B}(b_{-1} + \frac{1}{B}(b_{-2} + \frac{1}{B}(b_{-3} + ... + \frac{1}{B}(b_{-M+1} + \frac{1}{B}(b_{-M}).....)))$$

Der echte Bruch wird dann geschrieben als: $x = 0{,}b_{-1}b_{-2}b_{-3}....b_{-M}$

Wie auch bei den natürlichen Zahlen ist die Konvertierung von einem Zahlensystem in ein anderes bei Verwendung des Hornerschemas hierfür besonders einfach (Kap. 1.3). Wird der Bruch x mit der Basis B multipliziert, folgt: Der Überlauf in die

Vorkommastelle = b_{-1}. Der Rest bleibt kleiner als 1. Wird dieser erneut mit B multipliziert, ergibt sich als Überlauf b_{-2}, u.s.w.

Beispiel 1: Man konvertiere die Zahl $0{,}875_{10}$ in das Dualsystem

0,875	· 2 =	1,75	Überlauf	b−1 = 1	
0,75	· 2 =	1,5	"	b−2 = 1	
0,5	· 2 =	1,0	"	b−3 = 1	
0	· 2 =	0	"	b−4 = 0	u.s.w.

Daraus folgt: $\underline{0{,}875_{10} = 0{,}111_2}$

Beispiel 2: Man konvertiere die Zahl $0{,}111_2$ ins Dezimalsystem

```
0, 1 1 1 · 1 0 1 0
------------------
            0 0 0
          1 1 1
        0 0 0
      1 1 1
------------------
      1 0 0 0, 1 1 0
```

Überlauf $1000_2 = 8_{10} = b_{-1}$. Es verbleibt der Rest 0,11, daher folgt:

```
0, 1 1 · 1 0 1 0
----------------
           0 0
         1 1
       0 0
     1 1
----------------
     1 1 1, 1 0
```

Überlauf $111_2 = 7_{10} = b_{-2}$
Es verbleibt der Rest 0,1, daher folgt:

0,1 · 1010 = 101,0 Überlauf 101 = $5_{10} = b_{-3}$. Es verbleibt der Rest 0, daher sind alle weiteren Nachkommastellen gleich 0.

Das Ergebnis lautet daher: $\underline{0{,}111_2 = 0{,}875_{10}}$

Beispiel 3: Dieses letzte Zahlenbeispiel lässt sich jedoch einfacher durch die Summation der gewichteten Stellen der Dualzahl lösen:

$$0{,}111 = (1 \cdot \frac{1}{2} + 1 \cdot \frac{1}{4} + 1 \cdot \frac{1}{8})_{10} = 0{,}875_{10}$$

8-Bit-Mikroprozessoren können die Addition und Subtraktion von Dualzahlen unmittelbar durch jeweils einen Programmbefehl realisieren. Multiplikation und Division erfordern jedoch bereits Programme.

Alle in diesem Kapitel betrachteten Zahlen wurden im Festkommaformat dargestellt. Um Zahlen aus einem großen Zahlenbereich mit vorgegebener Genauigkeit angeben zu können, eignet sich diese Darstellung nicht. Stattdessen verwendet man hierfür das Gleitkommaformat, bei dem die Zahlen durch Mantisse und Exponenten angegeben werden. Die Rechenalgorithmen im Mikroprozessor werden dadurch umfangreicher.

1.6 Binäre Vorsätze für Zweierpotenzen

Für Zehnerpotenzen sind Vorsätze nach DIN 130 T1 klar definiert. Zum Beispiel steht k (Kilo) für 10^3, M (Mega) für 10^6 und G (Giga) für 10^9. In der Digitaltechnik und Informationsverarbeitung ist es üblich, die Anzahl von Bits und Bytes (8 Bit) in Zweierpotenzen anzugeben. Da Dateien häufig eine sehr große Anzahl von Bytes enthalten, wird diese abkürzend über Vorsätze in Verbindung mit 2^n bezeichnet.

Als die Vorsätze für Zweierpotenzen eingeführt wurden, orientierte man sich an den bekannten Vorsätzen für Zehnerpotenzen. Da $2^{10} \approx 10^3$ ist, setzte man den Zehnerpotenzvorsatz Kilo auch für die Zweierpotenz ein. Zur Unterscheidung wurde der Zweierpotenzvorsatz "K" anstelle von "k" verwendet. Weiterhin sind dann die Abkürzungen M für $2^{20} \approx 10^6$ und G für $2^{30} \approx 10^9$ eingeführt worden. Hier war jedoch eine Unterscheidung zwischen Groß- und Kleinbuchstaben nicht mehr möglich. Seit Einführung der binären Vorsätze für Zweierpotenzen gibt es das Problem der möglichen Zweideutigkeit. Gibt z.B. ein Hersteller die Plattenkapazität in 200 GB an, so meint er 200 x 10^9 Byte und nicht 200 x 2^{30} Byte = 214,748 x 10^9 Byte. Die Differenz beträgt immerhin 14,748 Milliarden Speicherplätze mit je 8 Bit (ca. 7%).

Weitere Probleme entstehen bei der Kennzeichnung der Übertragunggeschwindigkeiten. In lokalen und globalen Netzen sind die Bezeichnungen kbit/s, Mbit/s und Gbit/s üblich. Hier sind die üblichen Abkürzungen für Zehnerpotenzen gemeint. Aus den o.g. Gründen hat das internationale Normierungsgremium für Normen im Bereich der Elektrotechnik und Elektronik IEC (International Electrotechnical Commission) in der Neufassung der Norm IEC 60027-2:2005-08 neue Vorsätze für binäre Vielfache festgelegt, die auch für Deutschland gültig sind. In der abgebildeten Tabelle sind Vorsätze für binäre Vielfache zusammengefasst. Für die Speichertechnik sind zur Zeit die Vorsätze Ki, Mi, Gi und Ti gebräuchlich.

Anmerkung:
Für Speicherbausteine (z.B. SRAM, DRAM, EPROM, EEPROM) werden noch überwiegend die "veralteten" Vorsätze K für Ki, M für Mi und G für Gi verwendet. Für Speichermedien großer Kapazität (z.B. Festplatten- oder Flash-Speicher) verwenden die Hersteller die Vorsätze K, M, G und T für Zehnerpotenzen.

Tab. 1.5: Verwendung binärer Vorsätze zur Kennzeichnung von Speicherkapazitäten

Zweier-Potenz	Vorsatz-Abkürzung (gesprochen)	Abgeleitet von	Speicherkapazität in bit <Vorsatz>bit	Speicherkapazität in Byte <Vorsatz>B
2^{10}	Ki / Kibi	Kilobinär	Kibit	KiB (= 8 Kibit)
2^{20}	Mi / Mebi	Megabinär	Mibit	MiB (= 8 Mibit)
2^{30}	Gi / Gibi	Gigabinär	Gibit	GiB (= 8 Gibit)
2^{40}	Ti / Tebi	Terabinär	Tibit	TiB (= 8 Tibit)
2^{50}	Pi / Pebi	Petabinär	Pibit	PiB (= 8 Pibit)
2^{60}	Ei / Exbi	Exabinär	Eibit	EiB (= 8 Eibit)
2^{70}	Zi / Zebi	Zettabinär	Zibit	ZiB (= 8 Zibit)
2^{80}	Yi / Yobi	Yottabinär	Yibit	YiB (= 8 Yibit)

Speicherbereichsadressen werden überwiegend hexadezimal angegeben, während die Speicherkapazität von Schreib-/Lese- und Festwertspeichern mit Potenzzahlen zur Basis 2 bezeichnet wird. Tab. 1.6 zeigt die Umrechnungen zwischen Potenzzahlen zur Basis 2, Hexadezimalzahlen und Dezimalzahlen.

Anmerkung:
In Kap. 7 (Digitale Halbleiterspeicher) und Kap.10 (Übungsaufgaben) sind Umrechnungen zwischen Speicherkapazitäten und -adressen gemäß Tab.1.6 vorgenommen.

Tab. 1.6: Umrechnungstabelle zwischen Zahlen aus der Zweierpotenzform in die hexadezimale und dezimale Form bzw. umgekehrt

Potenzzahl zur Basis 2	Abkürzung	Hexadezimalzahl	Dezimalzahl
2^{10}	1Ki	400H	1.024
2^{11}	2Ki	800H	2.048
2^{12}	4 Ki	1 000H	4.096
2^{13}	8Ki	2 000H	8.192
2^{14}	16Ki	4 000H	16.384
2^{15}	32Ki	8 000H	32.768
2^{16}	64Ki	10 000H	65.536
2^{17}	128Ki	20 000H	131.072
2^{18}	256Ki	40 000H	262.144
2^{19}	512Ki	80 000H	524.288
2^{20}	1Mi	100 000H	1.048.576
2^{30}	1Gi	40 000 000H	1.073.741.824
2^{40}	1Ti	10 000 000 000H	1.099.511.627.776

<u>Umrechnungsbeispiel der Speicherkapazität: Zweierpotenz → Hexadezimalzahl.</u>

Gegeben sei ein Speicher der Kapazität 16 Ki x 8 bit. Der Adressbereich wird bestimmt durch 16 Ki = $2^4 \times 2^{10} = 2^{14}$. Der Exponent (hier 14) gibt die Anzahl der benötigten Adressbits A0 ... A13 an. In diesem Beispiel wird angenommen, dass für den Speicher insgesamt ein Adressbereich von 16 Bit zur Verfügung steht. Falls der Speicherbaustein im Adressraum ab Adresse 0 angeordnet ist, ergibt sich folgende Belegung im Adressbereich. Die gesamte Speicherkapazität beträgt 4000H.

Adresse hexadezimal	Adresse binär															
	A15	A14	A13	A12	A11	A10	A9	A8	A7	A6	A5	A4	A3	A2	A1	A0
0 0 0 0	0	0	0	0	0	0	0	0	0	0	0	0	0	0	0	0
3 F F F	0	0	1	1	1	1	1	1	1	1	1	1	1	1	1	1

Literatur zu Kap. 1: [30, 59, 82]

2 Logische Funktionen

Aus der Algebra ist der Begriff "Funktion für analoge Variablen" bekannt. Der Funktionsbegriff soll nun erweitert werden auf binäre Variablen. Da binäre Variablen nur die beiden Logikzustände "0-Zustand" ("0") und "1-Zustand" ("1") annehmen können, ist die Anzahl der möglichen Kombinationen für eine endliche Anzahl von Variablen begrenzt. So eröffnet sich die Möglichkeit, die Abhängigkeit der Ausgangs- von den Eingangsvariablen in Tabellenform darzustellen. Im Vergleich zur "analogen" Algebra werden neben den logischen Funktionen im gleichen Maße Tabellen zur Kennzeichnung funktioneller Zusammenhänge verwendet.

2.1 Grundbegriffe

2.1.1 Logik-Pegel und Logik-Zustand einer binären Variablen

Nach der internationalen Norm IEC 113-7 und der nationalen Norm DIN 66000 unterscheidet man zwischen Logik-Zustand und Logik-Pegel einer binären Variablen. Der Logik-Zustand der binären Variablen wird durch die Ziffern 0 und 1 und der Logik-Pegel durch H (High) und L (Low) gekennzeichnet. Für die Beschreibung des mathematischen Verhaltens dienen die Logik-Zustände, während das physikalische Verhalten einer digitalen Schaltung durch Logik-Pegel gekennzeichnet wird. Unter Logik-Pegel versteht man den Wertebereich einer physikalischen Größe. Es müssen zur Unterscheidung zwei getrennte Pegelbereiche für eine binäre Variable vorgesehen werden. Innerhalb einer Logikfamilie haben diese Bereiche die gleichen physikalischen Grenzwerte.

Physikalische Größen, die sich für die technische Realisierung der Pegel binärer Variablen eignen, sind elektrische Spannung, elektrischer Strom, Luftdruck, Lichtstärke, etc.. Da als physikalische Größe überwiegend die elektrische Spannung verwendet wird, werden im Folgenden nur digitale Baugruppen behandelt, die mit Hilfe der elektrischen Spannung Pegelbereiche realisieren. Bei der technischen Realisierung digitaler Baugruppen muss eine Vielzahl von Gesichtspunkten beachtet werden, z.B. Toleranzen der Bauelemente und der Versorgungsspannung, Temperaturabhängigkeit, Belastung des Ausgangs und Störeinflüsse.

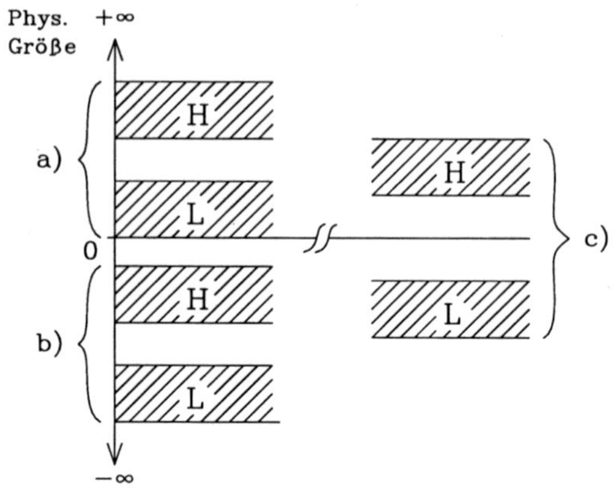

Bild 2.1: Beispiele für die Wahl von Pegelbereichen

Aufgrund dieser vielfachen Abhängigkeit werden nicht zwei Spannungswerte für die Kennzeichnung der Logik-Zustände verwendet, sondern zwei nichtüberlappende Pegelbereiche für die Logik-Pegel H und L. Die physikalische Größe (elektrische Spannung) kann nur dann eindeutig einem logischen Zustand zugeordnet werden, wenn sie in einem der beiden Pegelbereiche liegt. Der Pegelbereich, für den die physikalische Größe mehr positiv ist (näher bei $+\infty$ liegt), wird H-Pegel genannt, und der Pegelbereich, für den die physikalische Größe weniger positiv ist (näher bei $-\infty$ liegt), wird L-Pegel genannt.

In Bild 2.1 werden Beispiele für technisch sinnvolle Pegelbereiche angegeben. Digitale Baugruppen in den Technologien TTL (Transistor-Transistor-Logik) und CMOS (Complementary Metal Oxide Semiconductor) werden mit einer positiven Versorgungsspannung betrieben, daher liegen H- und L-Pegel im positiven Spannungsbereich (Fall a). Baugruppen in ECL (Emitter Coupled Logic) arbeiten mit einer negativen Versorgungsspannung, ihre Pegelbereiche liegen im negativen Spannungsbereich (Fall b). Beim Betrieb der seriellen Schnittstelle V.24 arbeitet man mit einem H-Pegel im positiven und L-Pegel im negativen Spannungsbereich (Fall c).

2.1.2 Zuordnungssysteme

Der Zusammenhang zwischen logischem Zustand und logischem Pegel einer binären Variablen wird in einem Zuordnungssystem festgelegt. Man unterscheidet nach DIN 66000 zwischen dem Zuordnungssystem mit einheitlicher Logikvereinbarung und dem Zuordnungssystem mit direkter Angabe der Logikpolarität.

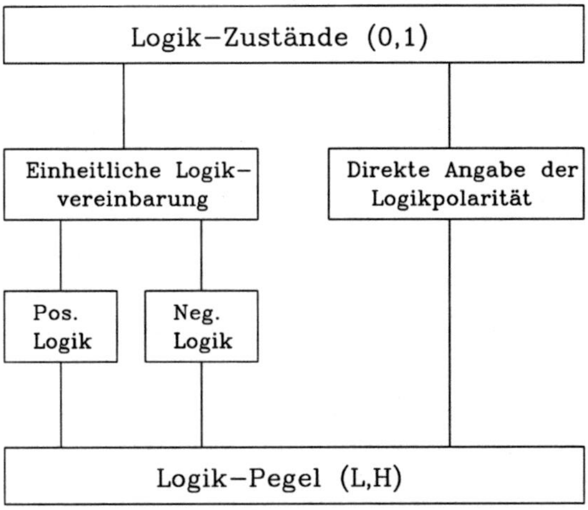

Bild 2.2: Zuordnung zwischen Logik-Zustand und -Pegel

a) Zuordnungssystem mit einheitlicher Logikvereinbarung. Im gesamten Stromlaufplan oder in einem klar abgrenzbaren Bereich wird eine einheitliche Zuordnung zwischen Logik-Zustand und Logik-Pegel gewählt. Es kommt entweder die positive oder negative Logikvereinbarung in Frage. Zur Kennzeichnung der Negation verwendet man als Symbol einen Kreis (Negationskreis). Die Kennzeichnung der Logikart soll auf dem Stromlaufplan erfolgen. Es wird fast ausnahmslos die positive Logikvereinbarung gewählt, hierbei ist die Kennzeichnung entbehrlich.

Positive Logikvereinbarung: Dem "1-Zustand" ist der Logik-Pegel "H" und dem "0-Zustand" ist der Logik-Pegel "L" zugeordnet.

Negative Logikvereinbarung: Dem "1-Zustand" ist der Logik-Pegel "L" und dem "0-Zustand" ist der Logik-Pegel "H" zugeordnet.

Für jede digitale Funktionseinheit wird ein Funktionsblock (Rechteck) mit einer Beschreibung der logischen Funktion verwendet. Signale können von außen über Eingänge in das Innere des Blocks gelangen, und die Ergebnisse der logischen Verknüpfungen werden an den Ausgängen zur Verfügung gestellt. Beim Übergang von außen ins Innere des Blockes und umgekehrt kann der Logik-Zustand unverändert oder negiert übergeben werden. Wird der Logik-Zustand beim Ein- oder Austritt negiert, so wird der entsprechende Anschluss durch einen Negationskreis gekennzeichnet, andernfalls fehlt der Negationskreis am Anschluss (Bild 2.3).

Die verwendeten Schaltsymbole beziehen sich nur auf die mathematischen Funktionen gemäß Vereinbarung in der Schaltalgebra. Das physikalische Verhalten ist erst dann beschreibbar, wenn die Logikvereinbarung (Bild 2.4) bekannt ist.

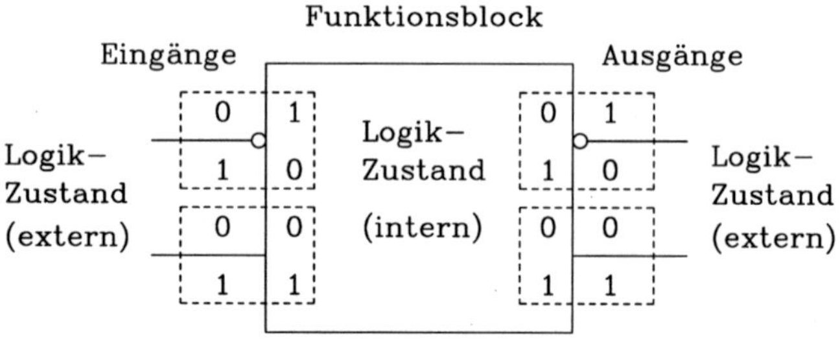

Bild 2.3: Kennzeichnung der Anschlüsse durch den Negationskreis

Die Abhängigkeit der Ausgangsvariablen von den Eingangsvariablen wird in Tabellenform dargestellt. Man unterscheidet zwischen der Arbeitstabelle, die das physikalisches Verhalten angibt, und der Wahrheitstabelle, die das logische Verhalten beschreibt. In einem Beispiel (Bild 2.4) wird deutlich, dass durch das Schaltsymbol zunächst nur das Boolesche Verhalten beschrieben wird. Erst nachdem die Logikart vereinbart ist, kann das physikalische Verhalten in der Arbeitstabelle angegeben werden.

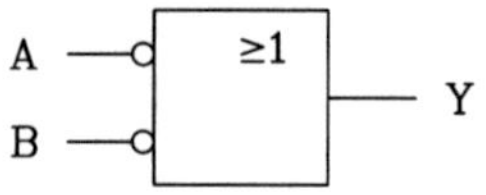

Wahrheitstabelle

A	B	Y
0	0	1
0	1	1
1	0	1
1	1	0

Positive Logik
Arbeitstabelle

A	B	Y
L	L	H
L	H	H
H	L	H
H	H	L

Negative Logik
Arbeitstabelle

A	B	Y
H	H	L
H	L	L
L	H	L
L	L	H

Bild 2.4: Beispiel zu einheitlicher Logikzuordnung

b) Zuordnungssystem mit direkter Angabe der Logikpolarität. Durch das Schaltsymbol wird innerhalb des Funktionsblockes das Boolesche und außerhalb das physikalische Verhalten beschrieben (Bild 2.5). Im Innern des Blockes gelten Logikzustände (0 und 1) und außerhalb Pegel (H und L). Der Übergang von der "physikalischen Welt" (außerhalb des Blockes) in die "mathematische" (innerhalb des Blockes) wird durch einen Polaritätsindikator gekennzeichnet, falls der weniger positive Pegel (L-Pegel) dem Logik-Zustand 1 und der positivere (H-Pegel) dem Logik-Zustand 0 zugeordnet ist. Fehlt der Polaritätsindikator, so ist der positivere Pegel (H-Pegel) dem Logik-Zustand 1 und der weniger positive dem Logik-Zustand 0 zugeordnet.

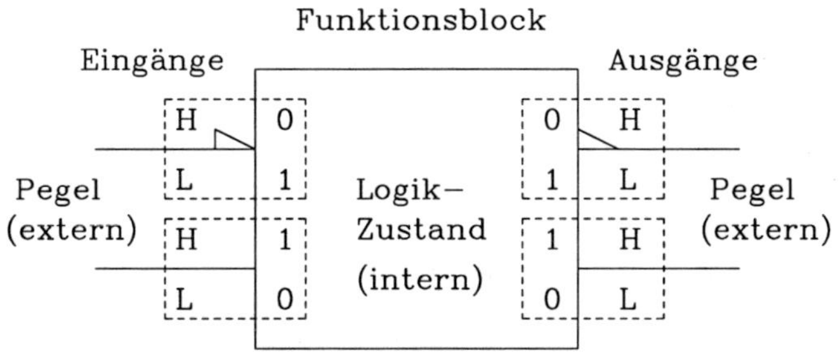

Bild 2.5: Kennzeichnung der Anschlüsse durch den Polaritätsindikator

In einem Beispiel (Bild 2.6) wird die Kennzeichnung der Ein- und Ausgänge durch den Polaritätsindikator deutlich. Das Schaltsymbol mit dem Polaritätsindikator kennzeichnet das physikalische Verhalten. Ohne zusätzliche Logikvereinbarung kann die Arbeitstabelle aufgestellt werden. Die in Bild 2.6 abgebildete Wahrheitstabelle bezieht sich nur auf das Innere des Funktionsblockes.

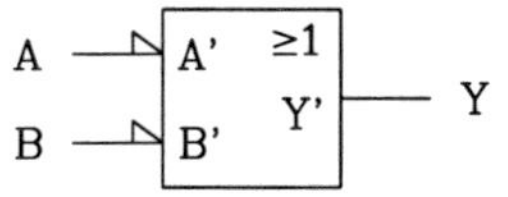

Arbeitstabelle

A	B	Y
L	L	H
L	H	H
H	L	H
H	H	L

Wahrheitstabelle

A'	B'	Y'
1	1	1
1	0	1
0	1	1
0	0	0

Bild 2.6: Beispiel zu direkter Angabe der Logikpolarität

Das Zuordnungssystem mit direkter Angabe der Logik-Polarität wird auch als gemischte Logik bezeichnet, da für jeden Eingang und Ausgang die Logikvereinbarung individuell festgelegt wird. Wird dieses Zuordnungssystem gewählt, so darf außerhalb des Funktionsblockes kein Negationskreis verwendet werden. Da im Innern des Blockes die Boolesche Algebra gilt, wird dort auch der Negationskreis zur Kennzeichnung herangezogen. Hersteller digitaler Baugruppen verwenden das Zuordnungssystem mit dem Polaritätsindikator in ihren Datenblättern zur Kennzeichnung der einzelnen Bausteine. Dadurch wird durch ein Schaltsymbol ohne zusätzliche Logikvereinbarung eindeutig das physikalische Verhalten beschrieben. Die Abhängigkeit der Ausgangsvariablen von den Eingangsvariablen wird mit Hilfe der Arbeits- oder Pegeltabelle angegeben.

Der Übergang vom Zuordnungssystem mit direkter Angabe der Logikpolarität in das System mit einheitlicher Vereinbarung ist sehr einfach. Falls der Anwender die positive Logikart wählt, ersetzt er den Polaritätsindikator durch den Negationskreis. Wird die negative Logikart gewählt, so werden nur die Anschlüsse ohne Polaritätsindikator durch den Negationskreis gekennzeichnet.

Nach DIN 40900 Teil 12 wird empfohlen, national auf die Verwendung des Zuordnungssystems mit direkter Logik-Polarität zu verzichten.

2.1.3 Signalnamen in der Digitaltechnik

Ein Signalname ist eine logische Angabe, die wahr oder unwahr sein kann. Für Signalnamen binärer Variablen sollen nach der internationalen Norm IEC 113 Teil 7 Großbuchstaben und mnemonische Kürzel sowie in der Norm vorgeschlagene Abkürzungen verwendet werden. Man sollte möglichst anhand des Namens schon die Eigenschaft des Signals erkennen. Dadurch wird ein Stromlaufplan leichter lesbar. Soll das komplementäre Signal dargestellt werden, so wird der Signalname überstrichen oder auf gleicher Höhe durch das vorgesetzte Sonderzeichen "¬" gekennzeichnet und in der Dokumentation erläutert. Es gilt folgende Vereinbarung für die Beziehung zwischen Signalnamen und Logik-Zustand der binären Variablen:

Wahr entspricht dem 1-Zustand und unwahr entspricht dem 0-Zustand.
Anmerkung:

Die Autoren verwenden in diesem Buch für die Darstellung allgemeiner Abhängigkeiten X für Eingangsvariablen und Eingangssignale, Y für Ausgangsvariablen und -signale und Z für Zustandsvariablen und -signale. Falls es erforderlich ist, werden einzelne Größen durch fortlaufende Numerierung gekennzeichnet.

Beispiele für Signalnamen:

ADR (Adresse), S (setzen), R (rücksetzen), CS (Chip Select) und D (Daten).

An einem Beispiel soll der Zusammenhang zwischen Signalnamen und logischem Zustand des Signals verdeutlicht werden. In einem Stromlaufplan wird der Signalname START verwendet. Wenn ein Start erfolgen soll (logische Angabe START ist wahr), wird das Signal START in den 1-Zustand gesetzt. Falls die Komplementdarstellung ¬START gewählt wird, erfolgt der Start, wenn das Signal ¬START in den 0-Zustand gebracht wird. In diesem Fall ist die logische Angabe ¬START unwahr, das entspricht START ist wahr.

2.2 Vergleich zwischen analoger und digitaler physikalischer Größe

Physikalische Größen können sowohl analog als auch digital auftreten. Im allgemeinen Fall sind physikalische Größen von der Zeit abhängig. Da die Konvertierung zwischen analoger und digitaler Größe eine zunehmende Rolle in der Technik spielt, soll an dieser Stelle kurz auf die Unterschiede der beiden Größen eingegangen werden.

Eine analoge Größe ist eine physikalische Größe, die innerhalb eines bestimmten Dynamikbereiches jeden beliebigen Wert annehmen kann. Sie ist zeit- und wertkontinuierlich (Bild 2.7).

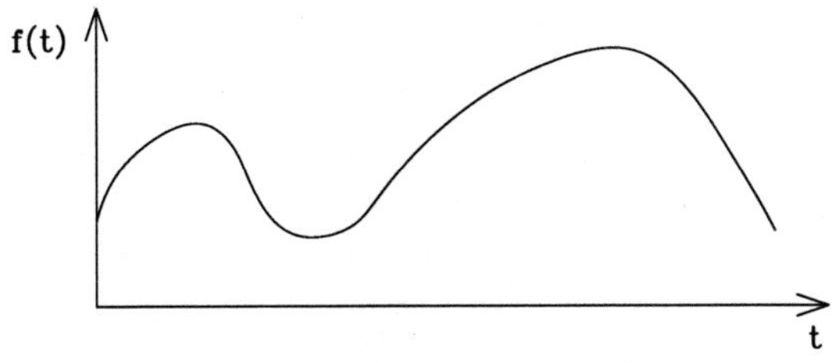

Bild 2.7: Zeit- und wertkontinuierliche analoge Größe

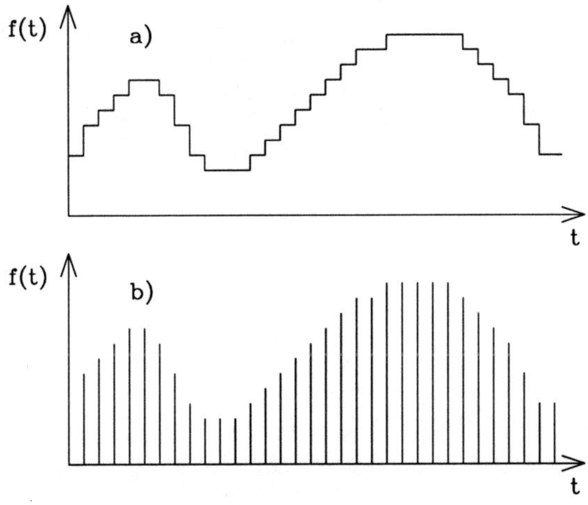

Bild 2.8: Wertdiskrete digitale Größe: a) zeitkontinuierlich b) zeitdiskret

Eine *digitale Größe* ist eine physikalische Größe, die innerhalb eines bestimmten Dynamikbereiches nur wertdiskrete Werte annehmen kann. Sie ist wertdiskret und zeitkontinuierlich (Bild 2.8.a) oder wert- und zeitdiskret (Bild 2.8.b). Als Sonderform der digitalen Größe kann man die binäre Größe bezeichnen; sie kann nur zwei verschiedene Pegel annehmen (Bild 2.9).

Mit Bereitstellung kostengünstiger digitaler Baugruppen werden zunehmend auch analoge Signale digital verarbeitet. Dazu ist zunächst eine Konvertierung aus dem analogen in den digitalen Bereich erforderlich. Durch diese notwendige Analog-Digital-Umsetzung geht Information verloren. Die Digitalisierung des Analogwertes muss dabei der Aufgabenstellung angepasst sein. Bei der anschließenden digitalen Verarbeitung treten im allgemeinen Fall keine weiteren Informationsverluste auf. Falls die Digital-Analog-Umsetzung erforderlich ist, sind auch hier Informationsverluste aufgrund realer Bauelemente zu berücksichtigen. Auch bei der Rückkonvertierung sollte der Aufwand der Aufgabenstellung angepasst sein.

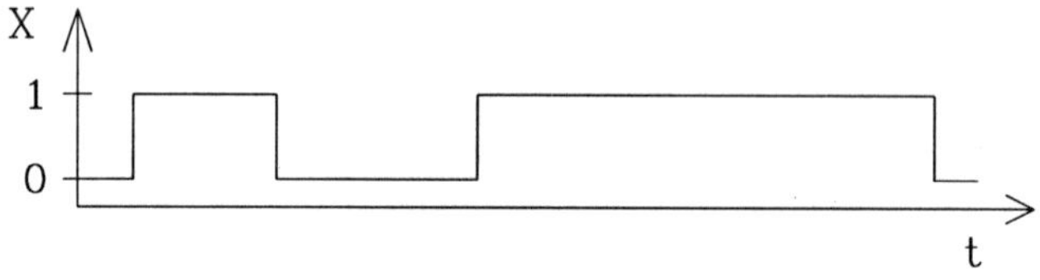

Bild 2.9: Zeitkontinuierliche binäre Größe

Die Konvertierung und die digitale Verarbeitung nehmen Zeit in Anspruch, so dass in zeitkritischen Anwendungsfällen die analoge Signalverarbeitung vorteilhaft sein kann. Große Vorteile gegenüber der Analogtechnik bietet die Digitaltechnik beim Speichern digitalisierter Werte und bei der Verarbeitung mit Hilfe vorgegebener Algorithmen. Besonders in der Daten-, Nachrichten-, Mess- und Regelungstechnik haben digitale Verfahren stark an Bedeutung gewonnen.

2.3 Schaltalgebra

2.3.1 Verknüpfungszeichen

Ähnlich wie in der Algebra werden in der Schaltalgebra (Booleschen Algebra) Funktionen von Variablen betrachtet. Diese Variablen werden binäre oder logische Variablen genannt.

Geschichtlich lässt sich die heute bekannte Schaltalgebra auf die mathematische Logik der griechischen Philosophen Sokrates, Plato und Aristoteles (500–300 v. Chr.) zurückführen. Der Mathematiker George Boole (1815–1864) baute auf der mathematischen Aussagenlogik auf und führte einen besonderen Formalismus ein. Die Anwendung dieses Formalismus auf binäre Schaltungen nennt man Schaltalgebra oder Boolesche Algebra. Auf Shannon (1938) gehen die heute gebräuchlichen Regeln der Schaltalgebra zurück.

Bevor auf die Gesetze der Booleschen Algebra näher eingegangen wird, sollen die logischen Verknüpfungszeichen (Tab. 2.1) erläutert werden. Die nach DIN 66000 genormten Verknüpfungszeichen sind in der linken Spalte angegeben. Am häufigsten werden die Symbole für Negation, UND-, ODER-, NAND- und NOR-Verknüpfung verwendet.

Ersatzweise zulässig sind die in der zweiten Spalte angegebenen Verknüpfungszeichen, die zwar nicht genormt, aber bei Entwicklungsingenieuren in der digitalen Schaltungstechnik sehr beliebt und weit verbreitet sind.

a) Vorrangregeln für Verknüpfungssymbole nach DIN 66000. Die stärkste Bindung übt ein Negationszeichen, das für eine einzelne Variable oder für einen gesamten Ausdruck steht, aus. Gleichrangig sind die Verknüpfungszeichen für UND, ODER, NAND und NOR, sie binden stärker als die Symbole für Implikation, Äquivalenz und Antivalenz, die untereinander wiederum gleichrangig sind. Da die Verknüpfungszeichen für UND und ODER die gleiche Priorität haben, müssen innerhalb einer Gleichung mit UND- und ODER-Verknüpfungen die einzelnen Terme in Klammern gesetzt werden.

Tab. 2.1: Verknüpfungszeichen der Booleschen Algebra

DIN 66000		Ersatzweise zulässig		Sprechweise	Bezeichnung
Symbol	Beispiel	Symbol	Beispiel		
$\overline{\ }$, $\neg$	$\overline{A}$, $\neg A$	$\overline{\ }$	$\overline{A}$	nicht A	Negation
$\wedge$	$A \wedge B$	$\cdot$	$A \cdot B$	A und B	Konjunktion, UND-Verknüpfung
$\vee$	$A \vee B$	$+$	$A+B$	A oder B	Adjunktion, Disjunktion, ODER-Verknüpfung
$\bar{\wedge}$	$A \bar{\wedge} B$ $\overline{A \wedge B}$		 $\overline{A \cdot B}$	A nand B, nicht (A und B)	NAND-Verknüpfung
$\bar{\vee}$	$A \bar{\vee} B$ $\overline{A \vee B}$		 $\overline{A+B}$	A nor B, nicht (A oder B)	NOR-Verknüpfung
$\rightarrow$	$A \rightarrow B$			A Pfeil B	Implikation, Subjunktion
$\leftrightarrow$	$A \leftrightarrow B$	$\equiv$	$A \equiv B$	A Doppelpfeil B	Äquivalenz, Äquijunktion
$\nleftrightarrow$	$A \nleftrightarrow B$	$\not\equiv$, $\oplus$	$A \not\equiv B$ $A \oplus B$	A xor B	Antivalenz, Exklusiv-ODER, XOR-Verknüpfung

b) Vorrangregeln für ersatzweise zulässige Verknüpfungszeichen. Ersatzweise zulässig sind das Multiplikationszeichen für die UND-Verknüpfung und das Pluszeichen für die ODER-Verknüpfung (Tab. 2.1). Die stärkste Bindung übt ebenfalls das Negationszeichen aus. Weiterhin gilt analog zur Algebra als Vorrangregel "Punktrechnung geht vor Strichrechnung". Die Konjunktion hat Vorrang vor allen anderen Verknüpfungen. Vereinfachend darf der Punkt als UND-Verknüpfungs-zeichen, ähnlich wie in der Algebra, auch entfallen.

Anmerkung:

Im Folgenden werden die Verknüpfungszeichen nach DIN 66000 verwendet. Abweichend von der Norm soll jedoch bei der direkten UND-Verknüpfung einzelner logischer Variablen das UND-Verknüpfungszeichen nicht gesetzt werden, falls keine Verwechslung auftreten kann. Durch diese abkürzende Schreibweise wird eine logische Gleichung leichter lesbar. Verbunden mit dieser Schreibweise ist eine stärkere

Bindung der Konjunktion gegenüber den anderen oben erwähnten Verknüpfungen. Dadurch kann die Klammer beim UND-Term entfallen.

Beispiel für die abkürzende Schreibweise:

Schreibweise nach DIN 66000: $\left(X1 \wedge X2 \wedge \overline{X3}\right) \vee \left(\overline{X2} \wedge X3\right)$

Abkürzende Schreibweise: $X1\ X2\ \overline{X3} \vee \overline{X2}\ X3$

Da die Anzahl der möglichen Kombinationen für n Eingangsvariablen 2^n ist, lässt sich die Abhängigkeit der Ausgangsvariablen von den Eingangsvariablen in Tabellenform angeben. Man unterscheidet zwischen Arbeits- und Pegeltabelle, die das physikalische Verhalten angeben, und der Wahrheitstabelle, die das logische Verhalten beschreibt. Beispielhaft sollen für die logische Funktion $Y = f(X1, X2)$ die Tabellen angegeben werden.

Tab. 2.2: Beispiele für Arbeits-, Pegel- und Wahrheitstabellen einer logischen Funktion mit zwei Eingangsvariablen

Arbeitstabelle

X1	X2	Y
0V	0V	0V
0V	4V	4V
4V	0V	4V
4V	4V	4V

Pegeltabelle

X1	X2	Y
L	L	L
L	H	H
H	L	H
H	H	H

Wahrheitstabellen

X1	X2	Y
0	0	0
0	1	1
1	0	1
1	1	1

Positive Logik

X1	X2	Y
1	1	1
1	0	0
0	1	0
0	0	0

Negative Logik

In die Arbeitstabelle werden entweder die physikalischen Größen mit Zahlenwert und Einheit oder die nach Bild 2.1 zugehörigen logischen Pegel eingetragen. Für die Tabelle mit den eingetragenen Pegeln ist die Bezeichnung Pegeltabelle auch geläufig.

Anmerkung:

Je nach gewählter Logik ergeben sich unterschiedliche logische Funktionen. Im Beispiel nach Tab. 2.2 erhält man für positive Logik eine ODER-Verknüpfung und für negative Logik eine UND-Verknüpfung.

2.3.2 Definition der logischen Funktionen

In der Schaltalgebra ist die Anzahl der möglichen Funktionen begrenzt. Für n Eingangsvariablen gilt: Anzahl der Funktionen = 2^x mit $x = 2^n$.

Im Folgenden wird nun eine systematische Übersicht über alle logischen Funktionen für 1 Eingangsvariable (Tab. 2.3) und 2 Eingangsvariablen (Tab. 2.4) angegeben. Prinzipiell lassen sich für 3 und mehr Eingangsvariablen noch weitere Funktionen definieren. In der Praxis beschränkt man sich jedoch auf die in den Tabellen 2.3 und 2.4 angegebenen Funktionen und erweitert sie entsprechend.

Tab. 2.3: Funktionen für eine Eingangsvariable

	X = **0 1**	**Logische Funktion**	**Bezeichnung**
Y1	0 0	$Y1 = 0$	Konstante 0
Y2	0 1	$Y2 = X$	Abbild, Treiber
Y3	1 0	$Y3 = \overline{X}$	Negation
Y4	1 1	$Y4 = 1$	Konstante 1

Tab. 2.4: Funktionen für zwei Eingangsvariablen

X1 **X2**	**1 0 1 0** **1 1 0 0**	**Logische Funktion**	**Bezeichnung**
Y1	0 0 0 0	$Y1 = 0$	Konstante 0
Y2	0 0 0 1	$Y2 = X1 \overline{\vee} X2 = \overline{X1 \vee X2}$	NOR
Y3	0 0 1 0	$Y3 = X1\ \overline{X2}$	Inhibition
Y4	0 0 1 1	$Y4 = \overline{X2}$	Negation (X2)
Y5	0 1 0 0	$Y5 = \overline{X1}\ X2$	Inhibition
Y6	0 1 0 1	$Y6 = \overline{X1}$	Negation (X1)
Y7	0 1 1 0	$Y7 = X1 \nleftrightarrow X2 = X1\ \overline{X2} \vee \overline{X1}\ X2$	Antivalenz
Y8	0 1 1 1	$Y8 = X1 \overline{\wedge} X2 = \overline{X1 \wedge X2} = \overline{X1\ X2}$	NAND
Y9	1 0 0 0	$Y9 = X1 \wedge X2 = X1\ X2$	UND (Konjunkt.)
Y10	1 0 0 1	$Y10 = X1 \leftrightarrow X2 = X1\ X2 \vee \overline{X1}\ \overline{X2}$	Äquivalenz
Y11	1 0 1 0	$Y11 = X1$	Identität (X1)
Y12	1 0 1 1	$Y12 = X2 \rightarrow X1 = X1 \vee \overline{X2}$	Implikation
Y13	1 1 0 0	$Y13 = X2$	Identität (X2)
Y14	1 1 0 1	$Y14 = X1 \rightarrow X2 = \overline{X1} \vee X2$	Implikation
Y15	1 1 1 0	$Y15 = X1 \vee X2$	ODER (Disj.)
Y16	1 1 1 1	$Y16 = 1$	Konstante 1

Von den sechzehn möglichen logischen Funktionen für zwei Eingangsvariablen werden in der praktischen Anwendung UND, ODER, Negation, NAND, NOR und Antivalenz häufig verwendet. Sie werden Grundverknüpfungen genannt und durch eigene Schaltsymbole gekennzeichnet (Kap. 2.3.3).

2.3.3 Schaltsymbole

Für die Grundverknüpfungen werden im Folgenden die Schaltsymbole, Wahrheitstabellen und Funktionen angegeben. Es wird dabei positive Logik vereinbart. Zusätzlich zu den nach DIN 40900 genormten Schaltsymbolen werden die noch zugelassenen Symbole nach alter Norm und die amerikanischen Symbole angegeben (Bilder 2.10 ... 2.15).

Anmerkung:

Im Anhang (Kap. 11) wird die normgerechte Verwendung von Schaltsymbolen für digitale Schaltungen ausführlich behandelt.

a) Negation (NICHT-Verknüpfung)

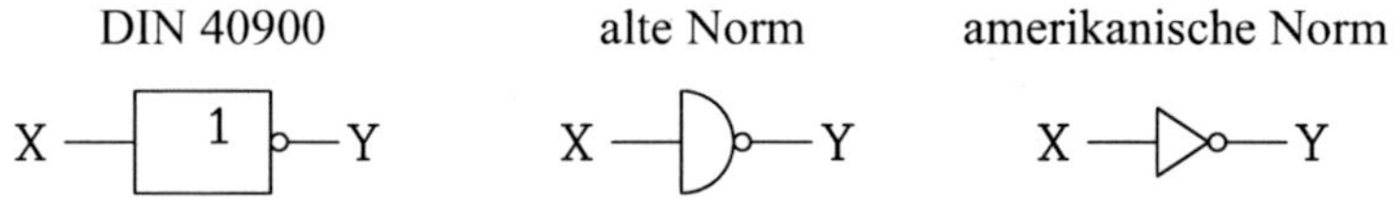

Bild 2.10: Schaltsymbole für die Negation

Wahrheitstabelle

X	Y
0	1
1	0

Funktion

$Y=\overline{X}$

b) Konjunktion (UND-Verknüpfung)

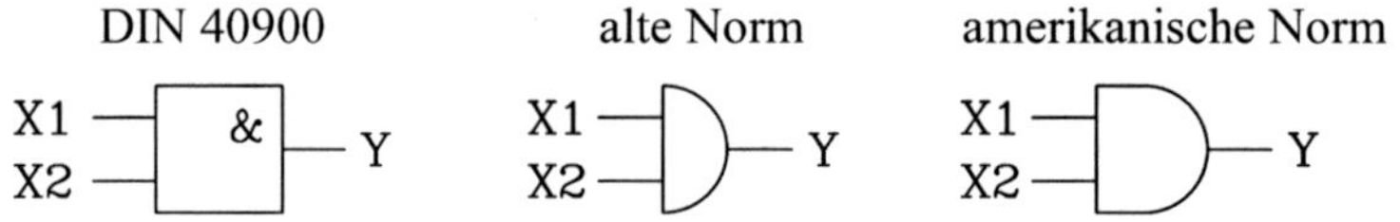

Bild 2.11: Schaltsymbole für die UND-Verknüpfung

Wahrheitstabelle

X1	X2	Y
0	0	0
0	1	0
1	0	0
1	1	1

Funktion

Y = X1 X2

Erweiterung auf *n* Eingangsvariablen:

Y = X1 X2 ... Xn

c) Disjunktion (ODER-Verknüpfung)

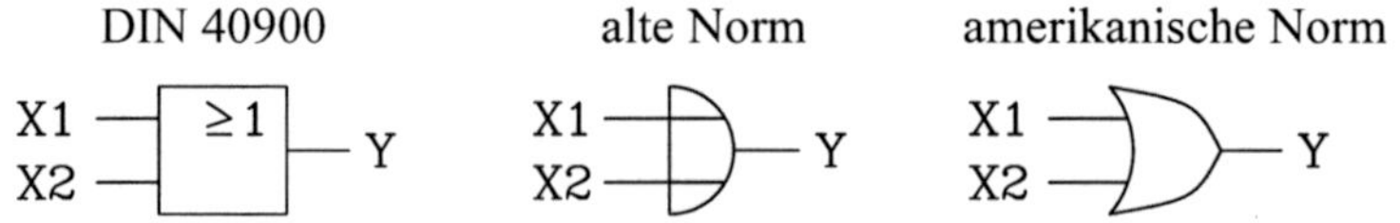

Bild 2.12: Schaltsymbole für die ODER-Verknüpfung

Wahrheitstabelle

X1	X2	Y
0	0	0
0	1	1
1	0	1
1	1	1

Funktion

$Y = X1 \vee X2$

Erweiterung auf *n* Eingangsvariablen:

$Y = X1 \vee X2 \vee \ldots \vee Xn$

d) NAND-Verknüpfung

DIN 40900 alte Norm amerikanische Norm

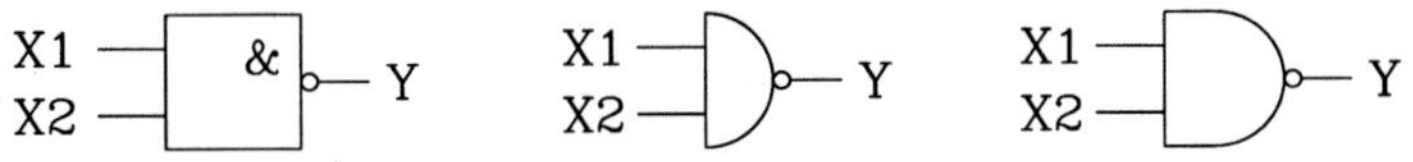

Bild 2.13: Schaltsymbole für die NAND-Verknüpfung

Wahrheitstabelle

X1	X2	Y
0	0	1
0	1	1
1	0	1
1	1	0

Funktion

$Y = X1 \overline{\wedge} X2 = \overline{X1\,X2}$

Erweiterung auf *n* Eingangsvariablen:

$Y = \overline{X1\,X2 \ldots Xn}$

e) NOR-Verknüpfung

DIN 40900 alte Norm amerikanische Norm

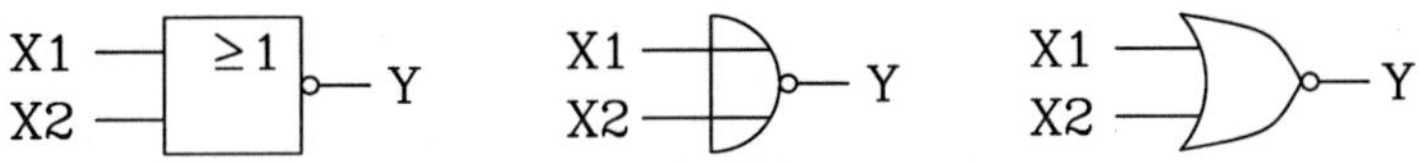

Bild 2.14: Schaltsymbole für die NOR-Verknüpfung

Wahrheitstabelle

X1	X2	Y
0	0	1
0	1	0
1	0	0
1	1	0

Funktion

$Y = X1 \overline{\vee} X2 = \overline{X1 \vee X2}$

Erweiterung auf *n* Eingangsvariablen:

$Y = \overline{X1 \vee X2 \vee \ldots \vee Xn}$

f) Antivalenz-Verknüpfung (Exklusiv-ODER)

DIN 40900 alte Norm amerikanische Norm

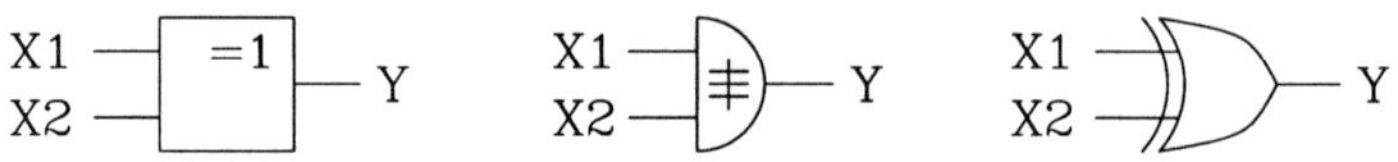

Bild 2.15: Schaltsymbole für die Antivalenz-Verknüpfung (Exklusiv-ODER)

Wahrheitstabelle

X1	X2	Y
0	0	0
0	1	1
1	0	1
1	1	0

Funktion

$Y = X1 \leftrightarrow X2 = \overline{X1}X2 \vee X1\overline{X2}$

2.3.4 Rechenregeln der Schaltalgebra

Die Schaltalgebra arbeitet mit Grundgesetzen, die Axiome oder Postulate genannt werden. Es sind die Grundverknüpfungen: NICHT, UND, ODER

NICHT	**UND**	**ODER**
$\overline{1} = 0$	$0 \wedge 0 = 0$	$0 \vee 0 = 0$
	$0 \wedge 1 = 0$	$0 \vee 1 = 1$
$\overline{0} = 1$	$1 \wedge 0 = 0$	$1 \vee 0 = 1$
	$1 \wedge 1 = 1$	$1 \vee 1 = 1$

a) Regeln für eine Variable (und eine Konstante)

Mit Hilfe von Kontaktschaltungen lassen sich einfache Rechenregeln der Schaltalgebra anschaulich erklären. Eine durchgehende Verbindung im Kontaktplan entspricht dem Logik-Zustand "1".

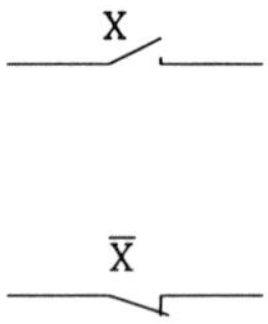

Schließer (Arbeitskontakt):
X = 0: Schalter geöffnet
X = 1: Schalter geschlossen

Öffner (Ruhekontakt):
X = 0: Schalter geschlossen
X = 1: Schalter offen

Bild 2.16 a: Definition der Funktionsweise mechanischer Schalter

1. $X \vee 0 = X$
2. $X \vee 1 = 1$
3. $X \wedge 0 = 0$
4. $X \wedge 1 = X$
5. $X \vee \overline{X} = 1$
6. $X \wedge X = X$
7. $X \vee X = X$
8. $X \wedge \overline{X} = 0$
9. $\overline{\overline{X}} = X$

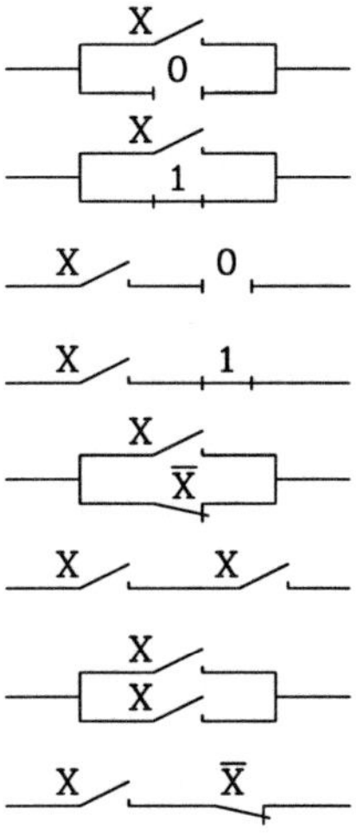

Bild 2.16 b: Erläuterung der Regeln anhand von Kontaktschaltungen

b) Regeln für mehrere Variablen

10. Kommutative Gesetze (Vertauschung der Operanden)

10.a) Konjunktion: $X1 \wedge X2 \wedge X3 = X2 \wedge X1 \wedge X3 = X3 \wedge X2 \wedge X1 = \ldots$

10.b) Disjunktion: $X1 \vee X2 \vee X3 = X2 \vee X1 \vee X3 = X3 \vee X2 \vee X1 = \ldots$

11. Assoziative Gesetze (Zusammenfassen der Operanden)

11.a) Konjunktion: $X1 \wedge X2 \wedge X3 = X1 \wedge (X2 \wedge X3) = (X1 \wedge X2) \wedge X3 = \ldots$

11.b) Disjunktion: $X1 \vee X2 \vee X3 = X1 \vee (X2 \vee X3) = (X1 \vee X2) \vee X3 = \ldots$

12. Distributive Gesetze (Verteilung der Operanden)

12.a) I. Distributives Gesetz: $X1 \wedge (X2 \vee X3) = (X1 \wedge X2) \vee (X1 \wedge X3)$

12.b) II. Distributives Gesetz: $X1 \vee (X2 \wedge X3) = (X1 \vee X2) \wedge (X1 \vee X3)$

13. De Morgansche Gesetze

13.a) I. De Morgansches Gesetz

$$\overline{X1 \wedge X2 \wedge \ldots \wedge Xn} = \overline{X1} \vee \overline{X2} \vee \ldots \vee \overline{Xn}$$

13.b) II. De Morgansches Gesetz

$$\overline{X1 \vee X2 \vee \ldots \vee Xn} = \overline{X1} \wedge \overline{X2} \wedge \ldots \wedge \overline{Xn}$$

14. Shannonsches Gesetz $\overline{f(X1, X2, \ldots, Xn; \vee, \wedge)} = f(\overline{X1}, \overline{X2}, \ldots, \overline{Xn}; \wedge, \vee)$

15. Kürzungsregeln

15.a) $X1 \vee (X1 \wedge X2) = X1$

15.b) $X1 \wedge (X1 \vee X2) = X1$

15.c) $X1 \vee (\overline{X1} \wedge X2) = X1 \vee X2$

15.d) $X1 \wedge (\overline{X1} \vee X2) = X1 \wedge X2$

15.e) $(X1 \wedge X2) \vee (X1 \wedge \overline{X2}) = X1$

15.f) $(X1 \vee X2) \wedge (X1 \vee \overline{X2}) = X1$

Beweise zu den Kürzungsregeln:

zu 15.a)	$X1 \vee (X1 \wedge X2) = (X1 \wedge 1) \vee (X1 \wedge X2)$	nach Regel 4
	$= X1 \wedge (1 \vee X2)$	nach Regel 12.a
	$= X1$	nach Regel 2 und 4
zu 15.b)	$X1 \wedge (X1 \vee X2) = (X1 \vee 0) \wedge (X1 \vee X2)$	nach Regel 1
	$= X \vee (0 \wedge X2)$	nach Regel 12.b
	$= X1$	nach Regel 3 und 1
zu 15.c)	$X1 \vee (\overline{X1} \wedge X2) = (X1 \vee \overline{X1}) \wedge (X1 \vee X2)$	nach Regel 12.b
	$= X1 \vee X2$	nach Regel 5 und 4
zu 15.d)	$X1 \wedge (\overline{X1} \vee X2) = (X1 \wedge \overline{X1}) \vee (X1 \wedge X2)$	nach Regel 12.a
	$= X1 \wedge X2$	nach Regel 8 und 1
zu 15.e)	$(X1 \wedge X2) \vee (X1 \wedge \overline{X2}) = X1 \wedge (X2 \vee \overline{X2})$	nach Regel 12.a
	$= X1$	nach Regel 5 und 4
zu 15.f)	$(X1 \vee X2) \wedge (X1 \vee \overline{X2}) = X1 \vee (X2 \wedge \overline{X2})$	nach Regel 12.b
	$= X1$	nach Regel 8 und 1

Ein anschaulicher "Beweis" der Kürzungsregeln lässt sich auch mit Hilfe der in Bild 2.16 dargestellten Kontaktschaltungen führen. Außerdem lassen sich die Kürzungsregeln mit Hilfe der Wahrheitstabelle beweisen.

2.3.5 Logikstufen

In Verbindung mit digitalen Schaltungen wird der Begriff Stufigkeit oder Verknüpfungstiefe verwendet. Bevor auf entsprechende Schaltungen näher eingegangen wird, sollen die Begriffe der ein-, zwei- und n-stufigen Logik erläutert werden.

a) ***Einstufige Logik.*** Eine digitale Schaltung (Logik) wird als einstufig bezeichnet, wenn zwischen Eingang und Ausgang nur eine Gatterstufe (z.B. UND-Gatter) vorhanden ist. Die Negation am Eingang oder Ausgang wird nicht als separate Stufe gezählt.

$Y = X1\,\overline{X2}$ $\qquad$ $Y = \overline{\overline{X1} \vee X2}$

Bild 2.17: Beispiele zu einstufiger Logik

b) Zweistufige Logik. Eine digitale Schaltung (Logik) wird als zweistufig bezeichnet, wenn zwischen Eingang und Ausgang zwei Gatterstufen in Kette geschaltet sind. Die Negation am Eingang oder Ausgang wird nicht als separate Stufe gezählt.

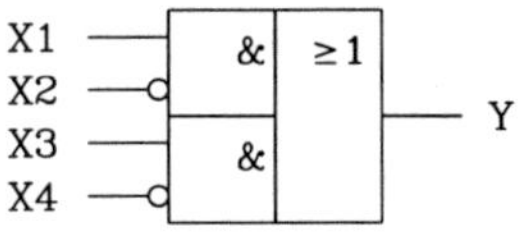

$$Y = X1\ \overline{X2} \vee X3\ \overline{X4}$$

Bild 2.18: Schaltungsbeispiel zu zweistufiger Logik

c) n-stufige Logik. Eine digitale Schaltung (Logik) wird als n-stufig bezeichnet, wenn zwischen Eingang und Ausgang n Gatterstufen in Kette geschaltet sind. Die Negation am Eingang oder Ausgang wird nicht als separate Stufe gezählt.

Anmerkung:

In der realen Schaltung addieren sich die Verzögerungszeiten sämtlicher Stufen. Deshalb sollte für zeitkritische Entwürfe die Anzahl der Stufen so klein wie möglich sein. Da die einstufige Logik nur für Spezialfälle in Frage kommt, wird für zeitkritische Schaltungen im allgemeinen Fall die zweistufige Logik gewählt.

2.3.6 Realisierung der Grundverknüpfungen in NAND- und NOR-Technik

Die Grundverknüpfungen Negation, UND- und ODER-Verknüpfungen lassen sich technisch auch in reiner NAND- oder NOR-Technik realisieren. Ausgangspunkt sind die logischen Gleichungen für die drei Grundverknüpfungen. Sie werden nun mit Hilfe der Booleschen Rechenregeln soweit umgeformt, dass der logische Ausdruck nur noch NAND- bzw. NOR-Verknüpfungen enthält. Die so gewonnenen logischen Gleichungen lassen sich nun ausschließlich mit NAND- bzw. NOR-Gattern realisieren (Bild 2.19). Bei Anwendung der NAND- oder NOR-Technik kann man alle digitalen Schaltungen mit Bausteinen des gleichen Typs entwerfen.

a) Negation: $Y = \overline{X}$

NAND-Technik: $Y = \overline{(X \wedge X)}$ (Regel 6) oder $Y = \overline{(X \wedge 1)}$ (Regel 4)

NOR-Technik: $Y = \overline{(X \vee X)}$ (Regel 7) oder $Y = \overline{(X \vee 0)}$ (Regel 1)

Die entsprechenden Schaltungen in NAND- und NOR-Technik sind in Bild 2.19 dargestellt.

b) UND-Verknüpfung: $Y = X1 \wedge X2$

NAND-Technik:

$$Y = \overline{\overline{(X1 \wedge X2)}} \qquad \text{(Regel 9)}$$

$$Y = \overline{(\overline{X1 \wedge X2} \wedge \overline{X1 \wedge X2})} \qquad \text{(Regel 6)}$$

NOR-Technik:

$$Y = \overline{\overline{(X1 \vee X1) \wedge (X2 \vee X2)}} \qquad \text{(Regel 7 und 9)}$$

$$Y = \overline{\overline{(X1 \vee X1)} \vee \overline{(X2 \vee X2)}} \qquad \text{(Regel 13.a)}$$

Die entsprechenden Schaltungen in NAND- und NOR-Technik sind in Bild 2.19 dargestellt.

c) ODER-Verknüpfung: $Y = X1 \vee X2$

NAND-Technik:

$$Y = \overline{\overline{(X1 \wedge X1) \vee (X2 \wedge X2)}} \qquad \text{(Regel 6 und 9)}$$

$$Y = \overline{\overline{(X1 \wedge X1)} \wedge \overline{(X2 \wedge X2)}} \qquad \text{(Regel 13.b)}$$

NOR-Technik

$$Y = \overline{\overline{X1 \vee X2}} = \overline{\overline{(X1 \vee X2)} \vee \overline{(X1 \vee X2)}} \qquad \text{(Regel 9 und 7)}$$

Die entsprechenden Schaltungen in NAND- und NOR-Technik sind in Bild 2.19 dargestellt.

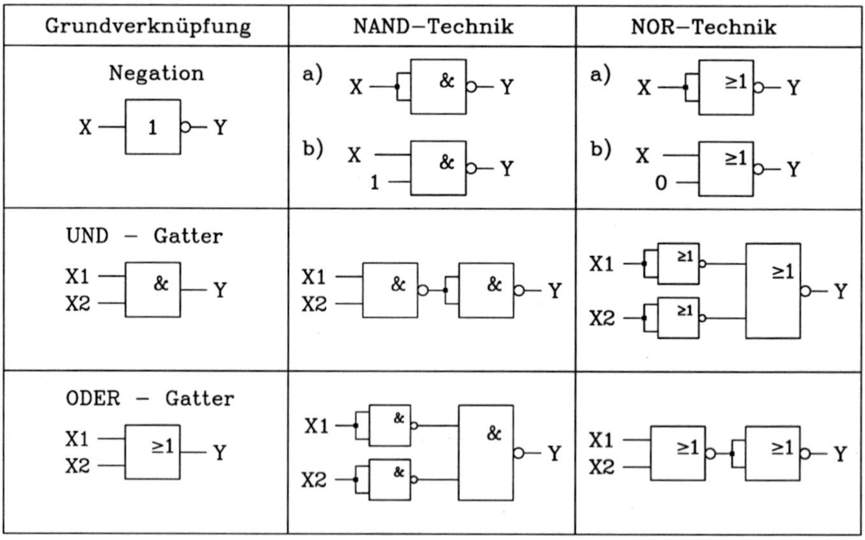

Bild 2.19: Realisierung der Grundverknüpfungen in NAND- und NOR-Technik

2.3.7 Normalform einer logischen Funktion

Als Normalform bezeichnet man eine standardisierte Form einer logischen Gleichung; es kommen nur Negationen, konjunktive und disjunktive logische Verknüpfungen vor. Bevor auf die Normalform einer logischen Funktion näher eingegangen wird, müssen die Begriffe "Minterm" und "Maxterm" definiert werden.

a) Minterm. Ein Minterm ist die konjunktive Verknüpfung aller Eingangsvariablen, wobei jede Eingangsvariable in negierter oder nichtnegierter Form vorkommen muss. Für die Eingangsvariablen A, B und C werden exemplarisch drei von acht möglichen Mintermen angegeben:

$A \wedge \overline{B} \wedge C \qquad A \wedge B \wedge \overline{C} \qquad A \wedge B \wedge C$

b) Maxterm. Ein Maxterm ist die disjunktive Verknüpfung aller Eingangsvariablen, wobei jede Eingangsvariable in negierter oder nichtnegierter Form vorkommen muss. Für die gleichen Eingangsvariablen A, B und C werden exemplarisch drei von acht möglichen Maxtermen angegeben:

$A \vee \overline{B} \vee \overline{C} \qquad \overline{A} \vee \overline{B} \vee \overline{C} \qquad A \vee B \vee C$

c) Normalform. Die Normalform einer logischen Funktion erhält man entweder durch disjunktive Verknüpfungen von Mintermen (disjunktive Normalform) oder durch konjunktive Verknüpfungen von Maxtermen (konjunktive Normalform). Beide Normalformen sind gleichwertig; sie lassen sich mit Hilfe des Shannonschen Gesetzes (Regel 14) ineinander überführen.

Anmerkung:

Digitale Schaltungen werden überwiegend mit Hilfe der disjunktiven Form einer logischen Gleichung entworfen. Deshalb wird hier die disjunktive Normalform schwerpunktmäßig behandelt.

Aufstellen der disjunktiven Normalform (DNF) anhand der Wahrheitstabelle:

Da zur Bildung eines Minterms nach der Definition alle Eingangsvariablen entweder negiert oder nichtnegiert konjunktiv verknüpft werden, erhält man für n Eingangsvariablen 2^n Kombinationen und folglich auch 2^n Minterme.

Am Beispiel für zwei Eingangsvariablen soll die Kennzeichnung der Minterme in der Wahrheitstabelle verdeutlicht werden. Ein Minterm wird nur für eine Bitkombination der Eingangsvariablen "1", für alle übrigen Kombinationen ist er "0".

Tab. 2.5: Minterme zweier Eingangsvariablen

Dez.	X1	X2	$\overline{X1}\,\overline{X2}$	$\overline{X1}\,X2$	$X1\,\overline{X2}$	X1 X2
0	0	0	1	0	0	0
1	0	1	0	1	0	0
2	1	0	0	0	1	0
3	1	1	0	0	0	1

Jeder Minterm ist eindeutig durch die entsprechende Bitkombination der Eingangsvariablen bestimmt. Folglich lässt sich der Minterm auch durch die Bitkombination bzw. die Dualzahl oder die entsprechende Dezimalzahl angeben. Die Stellenwertigkeit der Eingangsvariablen wird in der Wahrheitstabelle festgelegt, wobei die Variable auf der äußerst rechten Stelle das LSB (Least Significant Bit) und die Variable auf der äußerst linken Stelle das MSB (Most Significant Bit) darstellt. Im Folgenden werden als Abkürzungen für Minterme die in Klammern gesetzten Dezimalzahlen verwendet.

z. B.: $(0) = \overline{X1}\,\overline{X2}$, $(1) = \overline{X1}\,X2$, $(2) = X1\,\overline{X2}$, $(3) = X1\,X2$

Liegt eine vollständige Wahrheitstabelle mit n Eingangsvariablen X1, X2, ... Xn und einer Ausgangsvariablen Y vor, lässt sich die logische Funktion für Y bestimmen, indem man alle Minterme, für die Y = 1 wird, disjunktiv miteinander verknüpft. Diese logische Funktion heißt disjunktive Normalform (1. kanonische Form).

Aufstellen der konjunktiven Normalform (KNF) anhand der Wahrheitstabelle: Eine weitere Möglichkeit, die logische Funktion anhand der Wahrheitstabelle aufzustellen, bietet die konjunktive Normalform (KNF). Hierbei werden die Maxterme, für die Y = 0 wird, konjunktiv verknüpft. Die konjunktive Normalform ist dann vorteilhaft, wenn in der Y-Spalte weniger 0-Zustände als 1-Zustände auftreten.

Beispiel 1:

	X1	X2	X3	Y
0	0	0	0	0
1	0	0	1	1
2	0	1	0	1
3	0	1	1	0
4	1	0	0	1
5	1	0	1	0
6	1	1	0	0
7	1	1	1	0

Tab. 2.6: Wahrheitstabelle zu Beispiel 1

Disjunktive Normalform:

$Y = \overline{X1}\,\overline{X2}\,X3 \vee \overline{X1}\,X2\,\overline{X3} \vee X1\,\overline{X2}\,\overline{X3}$

Abkürzende Schreibweisen:

a) $Y = (1) \vee (2) \vee (4)$ b) $Y = \vee(1,2,4)$

Beispiel 2:

	X1	X2	X3	Y	$\overline{Y}$
0	0	0	0	0	1
1	0	0	1	1	0
2	0	1	0	1	0
3	0	1	1	1	0
4	1	0	0	0	1
5	1	0	1	1	0
6	1	1	0	1	0
7	1	1	1	0	1

Tab. 2.7: Wahrheitstabelle zu Beispiel 2

Disjunktive Verknüpfung der Minterme liefert die disjunktive Normalform für Y:
$Y = \overline{X1}\ \overline{X2}\ X3 \vee \overline{X1}\ X2\ \overline{X3} \vee \overline{X1}\ X2\ X3 \vee X1\ \overline{X2}\ X3 \vee X1\ X2\ \overline{X3}$ (Gl.1)
Konjunktive Normalform für Y aus der konjunktiven Verknüpfung der Maxterme:
$Y = (X1 \vee X2 \vee X3) \wedge (\overline{X1} \vee X2 \vee X3) \wedge (\overline{X1} \vee \overline{X2} \vee \overline{X3})$ (Gl.2)
Die konjunktive Normalform kann auch aus der disjunktiven Normalform für ¬Y hergeleitet werden, indem man das Shannonsche Gesetz anwendet. Disjunktive Normalform für ¬Y:
$\overline{Y} = \overline{X1}\ \overline{X2}\ \overline{X3} \vee X1\ \overline{X2}\ \overline{X3} \vee X1\ X2\ X3$
Eine Umformung nach dem Shannonschen Gesetz liefert die konjunktive Normalform für Y (Gl.2).

In diesem Beispiel enthält die konjunktive Normalform drei Maxterme und die disjunktive fünf Minterme. Für die technische Realisierung der konjunktiven Normalform werden drei ODER- und ein UND-Gatter und für die disjunktive Normalform fünf UND- und ein ODER-Gatter benötigt. Die Anzahl der Inverter ist in beiden Fällen gleich groß.

2.4 Minimieren logischer Funktionen

2.4.1 Allgemeines

Im Zusammenhang mit Minimierungsverfahren wird der Begriff minimale logische Gleichung verwendet. Unter diesem Begriff wird hier eine logische Gleichung verstanden, deren direkte technische Realisierung zu einer zweistufigen Logik oder im Ausnahmefall zu einer einstufigen Logik führt. Minimiert man die disjunktive Normalform, so erhält man eine disjunktive, minimale logische Gleichung (disjunktive Minimalform). Entsprechend liefert die Minimierung der konjunktiven Normalform eine konjunktive, minimale logische Gleichung (Konjunktive Minimalform). Sowohl für die disjunktive als auch für die konjunktive, minimale logische Gleichung sind mehrere gleichwertige Lösungen möglich.

Ein Vergleich der disjunktiven mit der konjunktiven Form liefert die minimale logische Gleichung. Die konjunktive Minimalform lässt sich auch aus der negierten disjunktiven Minimalform (s. auch Kap. 2.3.7, Beispiel 2) nach dem Shannonschen Gesetz herleiten. Analog lässt sich die disjunktive Minimalform aus der negierten konjunktiven mit Hilfe des Shannonschen Gesetzes aufstellen. Ohne Berücksichtigung der Negationen ist der Schaltungsaufwand für die nichtnegierte disjunktive und negierte konjunktive Minimalform gleich groß. Entsprechendes gilt für die negierte disjunktive und nichtnegierte konjunktive Minimalform.

Anhand eines Beispiels soll der Zusammenhang erläutert werden.

Gegeben sind die nichtnegierte disjunktive (Gl.1) und konjunktive (Gl.2) Minimalform einer konkreten Aufgabenstellung.

$$Y = (X1 \wedge \overline{X4}) \vee (X1 \wedge \overline{X2}) \vee (\overline{X2} \wedge \overline{X3}) \vee (\overline{X3} \wedge \overline{X4}) \qquad \text{(Gl.1)}$$

$$Y = (X1 \vee \overline{X3}) \wedge (\overline{X2} \vee \overline{X4}) \qquad \text{(Gl.2)}$$

Mit Hilfe des Shannonschen Gesetzes wird aus der nichtnegierten disjunktiven Minimalform (Gl.1) die negierte konjunktive Minimalform (Gl.3) hergeleitet.

$$\overline{Y} = \overline{(X1 \wedge \overline{X4}) \vee (X1 \wedge \overline{X2}) \vee (\overline{X2} \wedge \overline{X3}) \vee (\overline{X3} \wedge \overline{X4})} \qquad \text{(Gl.1 negiert)}$$

$$\overline{Y} = (\overline{X1} \vee X4) \wedge (\overline{X1} \vee X2) \wedge (X2 \vee X3) \wedge (X3 \vee X4) \qquad \text{(Regel 14)}$$

bzw.

$$Y = \overline{(\overline{X1} \vee X4) \wedge (\overline{X1} \vee X2) \wedge (X2 \vee X3) \wedge (X3 \vee X4)} \qquad \text{(Gl.3)}$$

Gleichung Gl.3 ist die negierte konjunktive Minimalform.

Analog wird mit Hilfe des Shannonschen Gesetzes aus der nichtnegierten konjunktiven Minimalform (Gl.2) die negierte disjunktive Minimalform (Gl.4) hergeleitet.

$$\overline{Y} = \overline{(X1 \vee \overline{X3}) \wedge (\overline{X2} \vee \overline{X4})} \qquad \text{(beide Seiten von Gl.2 negiert)}$$

$$\overline{Y} = (\overline{X1} \wedge X3) \vee (X2 \wedge X4) \qquad \text{(Regel 14)}$$

bzw. $Y = \overline{(\overline{X1} \wedge X3) \vee (X2 \wedge X4)}$ (Gl.4)

Gleichung Gl.4 ist die negierte disjunktive Minimalform.

Vergleicht man den Schaltungsaufwand ohne Berücksichtigung der Negationen, so sieht man, dass die Realisierungen nach der nichtnegierten disjunktiven (Gl.1) und nach der negierten konjunktiven (Gl.3) Minimalform gleich aufwendig sind (Bild 2.20). Entsprechendes gilt für den Vergleich der nichtnegierten konjunktiven (Gl.2) mit der negierten disjunktiven (Gl.4) Minimalform. Für die Realisierung nach Gl.2 und nach Gl.4 sind insgesamt nur drei Gatter erforderlich, während die entsprechenden Schaltungen nach Gl.1 und Gl.3 je fünf Gatter enthalten. Die Schaltungsrealisierungen nach Gl.2 und Gl.4 sind gleichwertig und minimal.

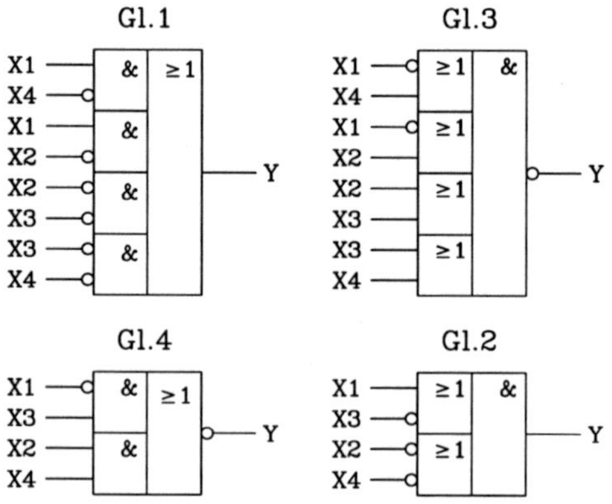

Bild 2.20: Realisierung nach disjunktiver und konjunktiver Minimalform

Die anhand des Beispiels gewonnene Erkenntnis lässt sich auch verallgemeinern, da die negierte konjunktive (disjunktive) Minimalform mit Hilfe des Shannonschen Gesetzes aus der nichtnegierten disjunktiven (konjunktiven) hergeleitet wurde. Die disjunktive (konjunktive) Schaltung lässt sich aus der konjunktiven (disjunktiven) herleiten, indem man UND- und ODER-Symbole vertauscht sowie sämtliche Eingänge und den Ausgang negiert. Man beachte, dass die doppelte Negation wieder die nichtnegierte Form ergibt.

Für die technische Realisierung lässt sich immer eine minimale Schaltung (ohne Berücksichtigung der Negationen) in disjunktiver oder in konjunktiver Form angeben, wenn man die nichtnegierte und die negierte Minimalform zulässt. Da die minimalen Gleichungen in disjunktiver und konjunktiver Form sowohl negiert als auch nichtnegiert für die technische Realisierung in Frage kommen, stehen damit vier Gleichungen zur Auswahl. Die Entscheidung, welche Gleichung für den Hardware-Entwurf herangezogen wird, sollte immer in Verbindungen mit den zur Verfügung stehenden Logikbausteinen getroffen werden. Beim Entwurf einer digitalen Schaltung mit programmierbaren Logikbausteinen vom Typ PAL oder PLA (Kap. 6) muss die minimale logische Gleichung in disjunktiver Form vorliegen. Da die minimale logische Gleichung in disjunktiver Form (negiert oder nichtnegiert) für die technische Realisierung die wesentlich größere Bedeutung hat, wird in den folgenden Beispielen überwiegend die Minimierung logischer Gleichungen in disjunktiver Form behandelt. Falls man die konjunktive, minimale Gleichung benötigt, so lässt sie sich nach dem Shannonschen Gesetz leicht herleiten.

Anmerkung:

In Beispielen der folgenden Kapitel wird überwiegend abkürzend "minimale Gleichung" für "disjunktive, minimale Gleichung" verwendet. Falls die konjunktive, minimale Form gemeint ist, so erfolgt immer die ausführliche Kennzeichnung.

2.4.2 Minimierungsverfahren

Man unterscheidet beim Minimieren logischer Funktionen im Wesentlichen drei Verfahren:

a) Minimierung mit Hilfe der Booleschen Algebra. Dieses Verfahren eignet sich für Gleichungen bis zu drei Variablen. Es ist auch für den geübten Praktiker schwierig, eine optimale Lösung zu finden. Obwohl die konsequente Anwendung der Booleschen Algebra bis zur minimalen Funktion nur für einfache Gleichungen mit wenigen Eingangsvariablen sinnvoll ist, so muss man doch häufig Gleichungen zunächst einmal mit Hilfe der Schaltalgebra so umformen, dass man anschließend mit einem anderen Verfahren die Minimierung fortsetzen kann.

b) Algorithmische Verfahren. Algorithmische Verfahren eignen sich für eine Auswertung am Digitalrechner. Am bekanntesten ist das Verfahren nach Quine Mc Cluskey (QMC). Die Anzahl der Variablen darf fast beliebig groß sein. Zur Zeit werden am Markt umfangreiche Softwarewerkzeuge für den Entwurf von Schaltnetzen und Schaltwerken angeboten; sie enthalten entsprechende Algorithmen zur Minimierung logischer Gleichungssysteme. In den meisten Fällen ist die Software sowohl auf einem Personalcomputer als auch auf einer Workstation lauffähig. Beispielhaft sei hier das Programmpaket LOG/iC [40] erwähnt.

c) Grafische Verfahren. Die bekanntesten grafischen Verfahren, die zur Minimierung logischer Gleichungen eingesetzt werden, sind das Venn-Diagramm und das KV-Diagramm. Im Venn-Diagramm wird die ODER-Verknüpfung durch eine Vereinigungs- und die UND-Verknüpfung durch eine Schnittmenge dargestellt. Mit Hilfe der Venn-Diagramme lassen sich einfache Rechenregeln der Booleschen Algebra anschaulich darstellen. Dieses Verfahren wird zur Minimierung umfangreicher logischer Gleichungen mit mehr als zwei Eingangsvariablen kaum verwendet.

Eine wesentlich größere Bedeutung hat das von Karnaugh und Veitch entwickelte grafische Verfahren gewonnen. Das nach den Erfindern benannte Karnaugh-Veitch-Diagramm eignet sich für die Minimierung logischer Funktionen bis zu etwa fünf Eingangsvariablen. Aufgrund der großen Bedeutung für die Digitaltechnik wird dieses Verfahren hier ausführlich behandelt.

2.4.3 Karnaugh-Veitch-Diagramm (KV-Diagramm)

Mit Hilfe des KV-Diagramms lässt sich sowohl die disjunktive als auch die konjunktive Minimalform aufstellen. Im Folgenden werden die Regeln zur Herleitung der disjunktiven Minimalform angegeben. Falls die konjunktive Minimalform erforderlich ist, so lässt sie sich aus der negierten disjunktiven mit Hilfe des Shannonschen Gesetzes aufstellen.

Das KV-Diagramm ist im Prinzip eine andere Anordnung der Wahrheitstabelle. Die Eingangsvariablen werden am horizontalen und vertikalen Rand eines schachbrettartig unterteilten Rechtecks angeordnet. Für n Eingangsvariablen erhält man somit 2^n Felder. Dabei müssen sie so angeordnet sein, dass für jedes Feld ein Minterm zuständig ist und dass sich zwei horizontal oder vertikal benachbarte Felder nur in einer Eingangsvariablen unterscheiden. In die Felder werden die Werte (0, 1 oder *) der Ausgangsvariablen eingetragen. Das Symbol "*" bedeutet unbestimmter Funktionswert (redundanter Term, don't care term). Falls eine Eingangsvariablen-Kombination nicht auftreten kann, darf für die Ausgangsvariable "*" eingetragen werden; "*" darf nach Belieben durch "1" oder "0" ersetzt werden. Bei Ausnutzung redundanter Terme lassen sich logische Funktionen weiter vereinfachen.

Benachbarte 1-Felder werden nach dem I. Distributiven Gesetz (Regel 12.a) zusammengefasst:

$$(X1 \wedge X2) \vee (X1 \wedge \overline{X2}) = X1 \wedge (X2 \vee \overline{X2}) = X1$$

Als benachbart gelten Felder, die sich nur in einer Variablen unterscheiden. Im KV-Diagramm können auch am rechten und linken bzw. oberen und unteren Rand liegende Felder benachbart sein. Es müssen möglichst viele benachbarte 1-Felder zu einem Block zusammengefasst werden. Die logische Gleichung wird dann minimal, wenn die Blöcke möglichst viele Felder enthalten, und die Anzahl der Blöcke minimal ist.

Regeln zum Aufstellen der disjunktiven Minimalform in nichtnegierter Form:

1. Ausgehend von der Wahrheitstabelle oder einem Gleichungssystem in disjunktiver Form wird die benötigte Anzahl der Eingangsvariablen ermittelt und das entsprechende KV-Diagramm aufgestellt. Die logischen Variablen werden am Rand des KV-Diagramms in fortlaufender Reihenfolge angeordnet. Man beginnt mit der Eingangsvariablen, die in der Wahrheitstabelle rechts steht (Wertigkeit 2^0) am oberen Rand und beschriftet das KV-Diagramm entgegen dem Uhrzeigersinn.
2. Anhand der Wahrheitstabelle bzw. der logischen Gleichung werden die Werte der Ausgangsvariablen 0, 1 oder * für alle Eingangsvariablenkombinationen ermittelt und in die entsprechenden Felder des KV-Diagramms eingetragen.
3. Benachbarte 1-Felder werden zu einem Block zusammengefasst. Redundante Felder dürfen als Lückenfüller mit in die Blockbildung einbezogen werden. Ein Block enthält 2^n Felder.
4. Zwei Blöcke, die sich nur in einer Variablen unterscheiden, sind ebenfalls benachbart; sie dürfen zu einem größeren Block zusammengefasst werden.
5. Ein 1-Feld oder redundantes Feld darf in mehreren Blöcken integriert sein.
6. Jeder Block wird durch einen konjunktiven Term (UND-Verknüpfung der Eingangsvariablen) beschrieben. Falls der größtmögliche Block gebildet wird, ist dieser Term nicht weiter zu vereinfachen. Er wird Primimplikant genannt.
7. Die logische Gleichung ergibt sich aus der disjunktiven Verknüpfung (ODER-Verknüpfung) der konjunktiven Terme.
8. Die logische Gleichung wird nur dann minimal, falls die Blöcke so groß wie möglich sind und die Anzahl der Blöcke minimal ist.

Ergänzung zur negierten disjunktiven Minimalform:

Will man die negierte disjunktive Minimalform bestimmen, so fasst man die 0-Felder zu Blöcken zusammen. Auch in diesem Fall werden die redundanten Felder bei Bedarf in die Blockbildung miteinbezogen. Mit Hilfe des Shannonschen Gesetzes (Regel 14) lässt sich die negierte disjunktive Minimalform in die konjunktive Minimalform umformen.

2.4.3.1 KV-Diagramm für zwei Eingangsvariablen

In der Wahrheitstabelle werden die Eingangsvariablen systematisch angeordnet. X2 hat die Wertigkeit 2^0 und X1 die Wertigkeit 2^1.

Wahrheitstabelle

	X1	X2	Minterm
0	0	0	$\overline{X1}\ \overline{X2}$
1	0	1	$\overline{X1}\ X2$
2	1	0	$X1\ \overline{X2}$
3	1	1	$X1\ X2$

KV−Diagramm

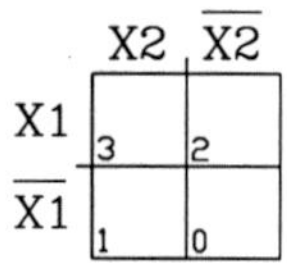

In die mit 0 bis 3 gekennzeichneten Felder werden die Werte für die logischen Ausgangsvariablen 0, 1 oder * eingetragen.

Bild 2.21: KV-Diagramm und Wahrheitstabelle für zwei Eingangsvariablen

Blockbildung im KV-Diagramm für zwei Eingangsvariablen:

Block	**Anzahl der Eingangsvariablen**
1 Feld	2 Eingangsvariablen
2 Felder	1 Eingangsvariable
4 Felder	0 Eingangsvariablen

Beispiel 1:

Gegeben ist die in Bild 2.22 abgebildete Wahrheitstabelle. Gesucht sind die disjunktive Normalform und die minimale, disjunktive Gleichung für die Ausgangsvariable Y. Die disjunktive Normalform lässt sich anhand der Wahrheitstabelle direkt angeben:

$$Y = \overline{X1}\ \overline{X2} \vee X1\ \overline{X2}$$

Die minimale logische Funktion wird mit Hilfe des KV-Diagramms (Bild 2.22) ermittelt. Es lassen sich die Felder 0 und 2 zu einem Block zusammenfassen.

Wahrheitstabelle

	X1	X2	Y
0	0	0	1
1	0	1	0
2	1	0	1
3	1	1	0

KV−Diagramm

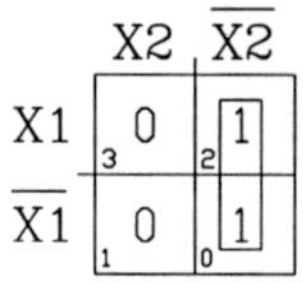

Minimale logische Funktion:

$$Y = \overline{X2}$$

Bild 2.22: KV-Diagramm und Wahrheitstabelle zu Beispiel 1

Beispiel 2:

Gegeben ist die in Bild 2.23 abgebildete Wahrheitstabelle. Gesucht sind die disjunktive Normalform und die minimale logische Gleichung für die Ausgangsvariable Y.

Wahrheitstabelle

	X1	X2	Y
0	0	0	0
1	0	1	0
2	1	0	1
3	1	1	*

KV–Diagramm

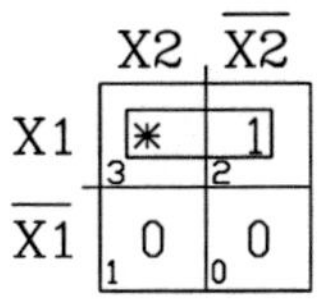

Minimalform :

Y = X1

Bild 2.23: KV-Diagramm und Wahrheitstabelle zu Beispiel 2

Im KV-Diagramm (Bild 2.23) lässt sich unter Hinzunahme des redundanten Feldes 3 ein Block, bestehend aus zwei Feldern, bilden. Die minimale logische Gleichung lautet demnach: Y = X1

2.4.3.2
KV-Diagramm für drei Eingangsvariablen

In der Wahrheitstabelle werden die Eingangsvariablen systematisch angeordnet, mit der Wertigkeit 2^0 für X3, 2^1 für X2 und 2^2 für X1.

Tab. 2.8: Wahrheitstabelle mit Mintermen für drei Eingangsvariablen

	X1	X2	X3	Minterm
0	0	0	0	¬X1 ¬X2 ¬X3
1	0	0	1	¬X1 ¬X2 X3
2	0	1	0	¬X1 X2 ¬X3
3	0	1	1	¬X1 X2 X3
4	1	0	0	X1 ¬X2 ¬X3
5	1	0	1	X1 ¬X2 X3
6	1	1	0	X1 X2 ¬X3
7	1	1	1	X1 X2 X3

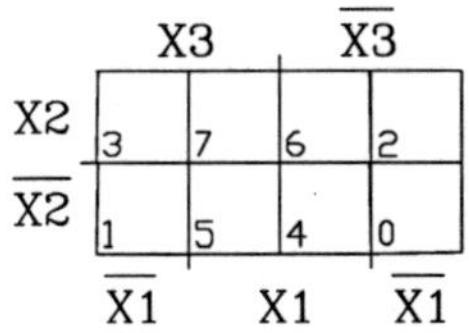

In die mit 0 bis 7 gekennzeichneten Felder werden die Werte für die logischen Ausgangsvariablen 0, 1 oder * eingetragen.

Bild 2.24: KV-Diagramm für drei Eingangsvariablen

Blockbildung im KV-Diagramm für drei Eingangsvariablen:

Block	**Anzahl der Eingangsvariablen**
1 Feld	3 Eingangsvariablen
2 Felder	2 Eingangsvariablen
4 Felder	1 Eingangsvariable
8 Felder	0 Eingangsvariablen

Beispiel 3:

Gegeben ist die in Tab. 2.9 abgebildete Wahrheitstabelle. Gesucht sind die disjunktiven Normalformen und die minimalen logischen Gleichungen für die Ausgangsvariablen Y1 und Y2.

Tab. 2.9: Wahrheitstabelle zu Beispiel 3

	X1	X2	X3	Y1	Y2
0	0	0	0	1	1
1	0	0	1	1	1
2	0	1	0	1	1
3	0	1	1	0	0
4	1	0	0	0	*
5	1	0	1	0	*
6	1	1	0	0	0
7	1	1	1	0	0

Die disjunktiven Normalformen für Y1 und Y2 werden anhand der Wahrheitstabelle direkt ermittelt.

$$Y1 = \overline{X1}\,\overline{X2}\,\overline{X3} \vee \overline{X1}\,\overline{X2}\,X3 \vee \overline{X1}\,X2\,\overline{X3}$$

$Y2 = Y1$ Redundante Terme: $X1\,\overline{X2}\,\overline{X3}$ und $X1\,\overline{X2}\,X3$

a) Minimierung der logischen Funktion für Y1. Die nichtnegierte disjunktive Minimalform für Y1 (Gl. 1) wird mit Hilfe des KV-Diagramms ermittelt (Bild 2.25). Es lassen sich die Felder 0 und 2 sowie 1 und 0 zu je einem Block zusammenfassen.

$$Y1 = \overline{X1}\,\overline{X2} \vee \overline{X1}\,\overline{X3} \qquad \text{(Gl. 1)}$$

Fasst man die 0-Felder zusammen, erhält man die negierte disjunktive Minimalform:

$$\overline{Y1} = X1 \vee X2X3 \quad \text{bzw.} \quad Y1 = \overline{X1 \vee X2X3} \qquad \text{(Gl. 2)}$$

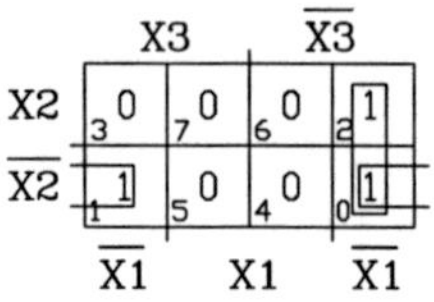

Bild 2.25: KV-Diagramm für Y1 zu Beispiel 3

Vergleicht man die beiden Gleichungen miteinander, so stellt man fest, dass die negierte Form (Gl.2) in diesem Fall günstiger ist, da sie nur eine UND- sowie eine NOR-Verknüpfung enthält. Die nichtnegierte Gleichung (Gl. 1) hat zwei UND- und eine ODER-Verknüpfung und ist somit aufwendiger. Beim Vergleich der Minimalformen werden die Negationen nicht berücksichtigt.

Die entsprechenden konjunktiven, minimalen Gleichungen erhält man durch Anwendung des Shannonschen Gesetzes. Aus Gleichung Gl. 1 ergibt sich daraus nach der Umformung die negierte konjunktive Minimalform:

$$Y1 = \overline{(X1 \vee X2) \wedge (X1 \vee X3)} \qquad \text{(Gl. 1*)}$$

Aus Gleichung Gl.2 ergibt sich nach der Umformung mit Hilfe des Shannonschen Gesetzes die nichtnegierte konjunktive Minimalform:

$$Y1 = \overline{X1} \wedge (\overline{X2} \vee \overline{X3}) \qquad \text{(Gl. 2*)}$$

Ein Vergleich der beiden Gleichungen (Gl.1*) und (Gl.2*) zeigt, dass die nichtnegierte konjunktive Minimalform günstiger ist.

b) Minimierung der logischen Funktion für Y2. Die nichtnegierte disjunktive Minimalform für Y2 (Gl.3) wird mit Hilfe des KV-Diagramms ermittelt (Bild 2.26). Es lassen sich die Felder 0 und 2 zu einem Block zusammenfassen. Für die beiden unbestimmten Funktionswerte wird eine "1" eingesetzt, so dass sich ein zweiter Block mit 4 Feldern (1, 5, 4, 0) ergibt.

$$Y2 = \overline{X2} \vee \overline{X1}\,\overline{X3} \qquad \text{(Gl. 3)}$$

Fasst man die 0-Felder unter Berücksichtigung der redundanten Felder zusammen, so erhält man die negierte disjunktive Minimalform:

$$Y2 = \overline{X1 \vee X2\,X3} \qquad \text{(Gl. 4)}$$

Für die technische Realisierung sind Gl.3 und Gl.4 gleich günstig.

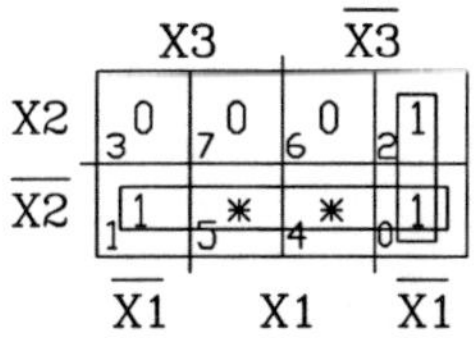

Bild 2.26: KV-Diagramm für Y2 zu Beispiel 3

Die entsprechenden konjunktiven, minimalen Gleichungen erhält man durch Anwendung des Shannonschen Gesetzes. Aus Gleichung Gl.3 ergibt sich nach der Umformung mit Hilfe des Shannonschen Gesetzes die negierte konjunktive Minimalform:

$$Y2 = \overline{X2 \wedge (X1 \vee X3)} \qquad \text{(Gl. 3*)}$$

Aus Gleichung Gl.4 ergibt sich nach der Umformung mit Hilfe des Shannonschen Gesetzes die nichtnegierte konjunktive Minimalform:

$$Y2 = \overline{X1} \wedge (\overline{X2} \vee \overline{X3}) \qquad \text{(Gl. 4*)}$$

Für die technische Realisierung sind die beiden Gleichungen Gl.3* und Gl.4* gleich günstig.

2.4.3.3 KV-Diagramm für vier Eingangsvariablen

In der Wahrheitstabelle (Tab. 2.10) sind die Eingangsvariablen systematisch angeordnet. X4 ist LSB mit der Wertigkeit 2^0 und X1 MSB mit der Wertigkeit 2^3.

Tab. 2.10: Wahrheitstabelle mit Mintermen für vier Eingangsvariablen

	X1	X2	X3	X4	Minterm			
0	0	0	0	0	¬X1	¬X2	¬X3	¬X4
1	0	0	0	1	¬X1	¬X2	¬X3	X4
2	0	0	1	0	¬X1	¬X2	X3	¬X4
3	0	0	1	1	¬X1	¬X2	X3	X4
4	0	1	0	0	¬X1	X2	¬X3	¬X4
5	0	1	0	1	¬X1	X2	¬X3	X4
6	0	1	1	0	¬X1	X2	X3	¬X4
7	0	1	1	1	¬X1	X2	X3	X4
8	1	0	0	0	X1	¬X2	¬X3	¬X4
9	1	0	0	1	X1	¬X2	¬X3	X4
10	1	0	1	0	X1	¬X2	X3	¬X4
11	1	0	1	1	X1	¬X2	X3	X4
12	1	1	0	0	X1	X2	¬X3	¬X4
13	1	1	0	1	X1	X2	¬X3	X4
14	1	1	1	0	X1	X2	X3	¬X4
15	1	1	1	1	X1	X2	X3	X4

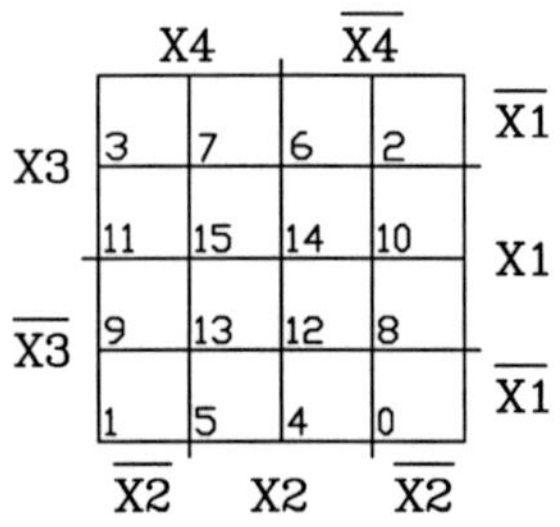

In die mit 0 bis 15 gekennzeichneten Felder werden die Werte für die logischen Ausgangsvariablen 0, 1 oder * eingetragen.

Bild 2.27: KV-Diagramm für vier Eingangsvariablen

Blockbildung im KV-Diagramm für vier Eingangsvariablen:

Block	**Anzahl der Eingangsvariablen**
1 Feld	4 Eingangsvariablen
2 Felder	3 Eingangsvariablen
4 Felder	2 Eingangsvariablen
8 Felder	1 Eingangsvariable
16 Felder	0 Eingangsvariablen

Beispiel 4:

Gegeben ist die in Tab. 2.11 abgebildete Wahrheitstabelle. Gesucht sind die disjunktiven Normalformen und die minimalen logischen Gleichungen für die Ausgangsvariablen Y1 und Y2.

Tab. 2.11: Wahrheitstabelle zu Beispiel 4

	X1	X2	X3	X4	Y1	Y2
0	0	0	0	0	1	1
1	0	0	0	1	1	1
2	0	0	1	0	1	1
3	0	0	1	1	0	*
4	0	1	0	0	0	0
5	0	1	0	1	0	0
6	0	1	1	0	0	0
7	0	1	1	1	0	0
8	1	0	0	0	0	*
9	1	0	0	1	0	*
10	1	0	1	0	1	1
11	1	0	1	1	1	1
12	1	1	0	0	0	*
13	1	1	0	1	0	0
14	1	1	1	0	0	0
15	1	1	1	1	0	*

Die disjunktiven Normalformen für Y1 und Y2 werden anhand der Wahrheitstabelle direkt ermittelt.

$$Y1 = \overline{X1}\,\overline{X2}\,\overline{X3}\,\overline{X4} \vee \overline{X1}\,\overline{X2}\,\overline{X3}\,X4 \vee \overline{X1}\,\overline{X2}\,X3\,\overline{X4} \vee X1\,\overline{X2}\,X3\,\overline{X4} \vee X1\,\overline{X2}\,X3\,X4$$

$Y2 = Y1$ Redundante Terme: $\overline{X1}\,\overline{X2}\,X3\,X4$, $X1\,\overline{X2}\,\overline{X3}\,\overline{X4}$, $X1\,\overline{X2}\,\overline{X3}\,X4$,

$X1\,X2\,\overline{X3}\,\overline{X4}$, $X1\,X2\,X3\,X4$

a) Minimierung der logischen Funktion für Y1. Im KV-Diagramm (Bild 2.28) lassen sich die 1-Felder in drei Blöcken zusammenfassen. Als Ergebnis erhält man die nichtnegierte disjunktive Minimalform (Gl.5) für Y1.

$$Y1 = \overline{X2}\,X3\,\overline{X4} \vee X1\,\overline{X2}\,X3 \vee \overline{X1}\,\overline{X2}\,\overline{X3} \qquad \text{(Gl. 5)}$$

Alternativ zu dem Block, bestehend aus den Feldern 2 und 10, lässt sich auch ein Block aus den Feldern 2 und 0 bilden. Für diesen Fall wird in der Gleichung Gl.5 der Term ¬X2 X3 ¬X4 durch ¬X1 ¬X2 ¬X4 ersetzt. Die beiden Lösungen sind gleichwertig. Entsprechend müsste auch die konjunktive Minimalform (Gl.5*) geändert werden.

Fasst man die 0-Felder zu Blöcken zusammen, so erhält man die negierte disjunktive Minimalform (Gl.6) für Y1.

$$Y1 = \overline{X2 \vee X1\,\overline{X3} \vee \overline{X1}\,X3\,X4} \qquad \text{(Gl. 6)}$$

Ein Vergleich der beiden Gleichungen (Gl.5) und (Gl.6) zeigt, dass die negierte disjunktive Minimalform günstiger ist.

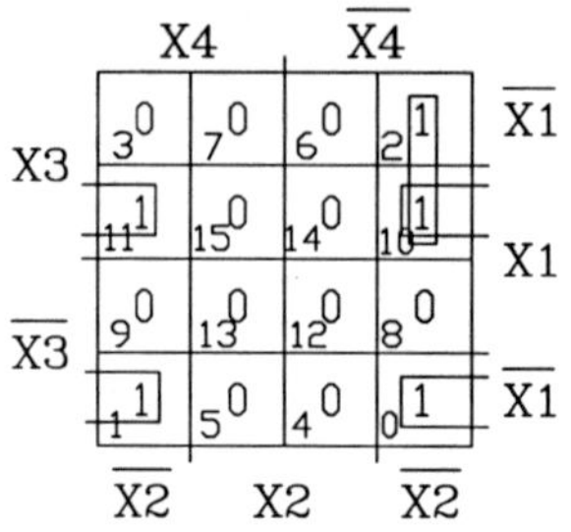

Bild 2.28: KV-Diagramm für Y1 zu Beispiel 4

Mit Hilfe des Shannonschen Gesetzes lassen sich die konjunktiven, minimalen Gleichungen herleiten:

Aus Gl.5 erhält man die negierte konjunktive Minimalform:

$$Y1 = \overline{(X2 \vee \overline{X3} \vee X4) \wedge (\overline{X1} \vee X2 \vee \overline{X3}) \wedge (X1 \vee X2 \vee X3)} \qquad \text{(Gl. 5*)}$$

Aus Gl.6 erhält man die nichtnegierte konjunktive Minimalform:

$$Y1 = \overline{X2} \wedge (\overline{X1} \vee X3) \wedge (X1 \vee \overline{X3} \vee \overline{X4}) \qquad \text{(Gl. 6*)}$$

Ein Vergleich der beiden Gleichungen (Gl.5*) und (Gl.6*) zeigt, dass die nichtnegierte konjunktive Minimalform günstiger ist.

b) Minimierung der logischen Funktion für Y2. Im KV-Diagramm (Bild 2.29) werden die redundanten Felder 3, 8 und 9 in die Blockbildung miteinbezogen, so dass ein Block mit 8 Feldern gebildet werden kann.

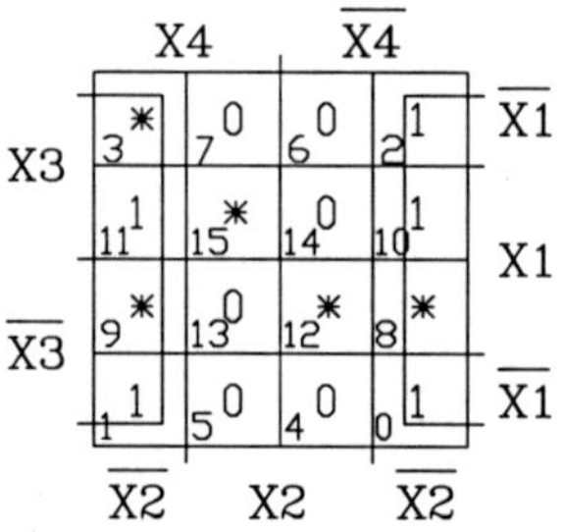

Minimale logische Funktion:

$Y2 = \overline{X2}$

Bild 2.29: KV-Diagramm für Y2 zu Beispiel 4

2.4.3.4
KV-Diagramm für fünf Eingangsvariablen

In der Wahrheitstabelle (Tab. 2.12) ist die Eingangsvariable X5 LSB mit der Wertigkeit 2^0 und X1 MSB mit der Wertigkeit 2^4.

Tab. 2.12: Wahrheitstabelle mit Mintermen für fünf Eingangsvariablen

	X1	X2	X3	X4	X5	Minterm				
0	0	0	0	0	0	¬X1	¬X2	¬X3	¬X4	¬X5
1	0	0	0	0	1	¬X1	¬X2	¬X3	¬X4	X5
2	0	0	0	1	0	¬X1	¬X2	¬X3	X4	¬X5
3	0	0	0	1	1	¬X1	¬X2	¬X3	X4	X5
..		..						..		
..		..						..		
..		..						..		
31	1	1	1	1	1	X1	X2	X3	X4	X5

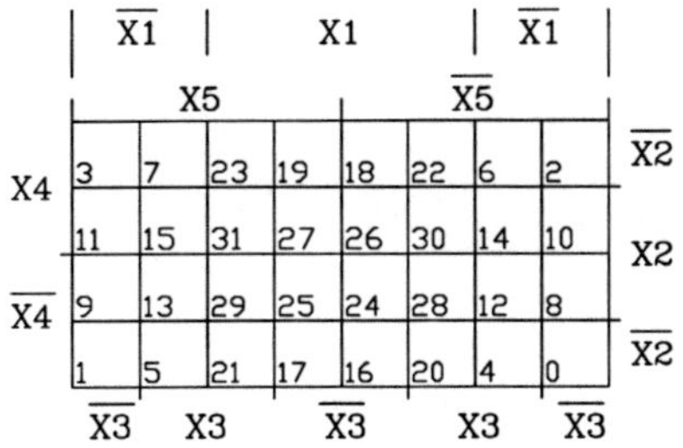

In die mit 0 bis 31 gekennzeichneten Felder werden die Werte für die logischen Ausgangsvariablen 0, 1 oder * eingetragen.

Bild 2.30: KV-Diagramm für fünf Eingangsvariablen

Blockbildung im KV-Diagramm für fünf Eingangsvariablen:

Block	**Anzahl der Eingangsvariablen**
1 Feld	5 Eingangsvariablen
2 Felder	4 Eingangsvariablen
4 Felder	3 Eingangsvariablen
8 Felder	2 Eingangsvariablen
16 Felder	1 Eingangsvariable
32 Felder	0 Eingangsvariablen

Beispiel 5:

Tab. 2.13: Wahrheitstabelle zu Beispiel 5

	X1	X2	X3	X4	X5	Y
4	0	0	1	0	0	1
5	0	0	1	0	1	1
6	0	0	1	1	0	1
7	0	0	1	1	1	1
16	1	0	0	0	0	1
24	1	1	0	0	0	1
			Rest			0

Gegeben ist die abgebildete Wahrheitstabelle (Tab. 2.13). Gesucht sind die disjunktiven und konjunktiven Minimalformen für die Ausgangsvariable Y.

Anhand der Wahrheitstabelle lässt sich das KV-Diagramm entwerfen (Bild 2.31). Im KV-Diagramm erhält man durch Zusammenfassen der 1-Felder die nichtnegierte disjunktive Minimalform (Gl.7) für Y. Entsprechend erhält man die negierte disjunktive Minimalform (Gl.8) für Y durch Blockbildung der 0-Felder.

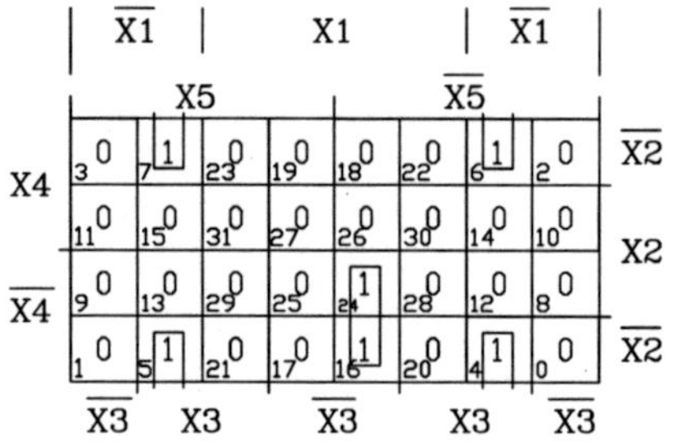

Bild 2.31: KV-Diagramm zu Beispiel 5

$$Y = \overline{X1}\,\overline{X2}\,X3 \vee X1\,\overline{X3}\,\overline{X4}\,\overline{X5} \qquad \text{(Gl. 7)}$$

$$Y = \overline{\overline{X1}\,\overline{X3} \vee \overline{X1}\,X2 \vee X1\,X3 \vee X1\,X5 \vee X1\,X4} \qquad \text{(Gl. 8)}$$

Ein Vergleich der beiden Gleichungen (Gl.7) und (Gl.8) zeigt, dass die nichtnegierte disjunktive Minimalform günstiger ist.

Mit Hilfe des Shannonschen Gesetzes lassen sich die minimalen konjunktiven Gleichungen herleiten:

Aus Gl.7 erhält man die negierte konjunktive Minimalform:

$$Y = \overline{(X1 \vee X2 \vee \overline{X3}) \wedge (\overline{X1} \vee X3 \vee X4 \vee X5)} \qquad \text{(Gl. 7*)}$$

Aus Gl.8 erhält man die nichtnegierte konjunktive Minimalform:

$$Y = (X1 \vee X3) \wedge (X1 \vee \overline{X2}) \wedge (\overline{X1} \vee \overline{X3}) \wedge (\overline{X1} \vee \overline{X5}) \wedge (\overline{X1} \vee \overline{X4}) \qquad \text{(Gl. 8*)}$$

Ein Vergleich der beiden Gleichungen (Gl.7*) und (Gl.8*) zeigt, dass die negierte konjunktive Minimalform günstiger ist.

Literatur zu Kap. 2: [3, 17, 44, 66, 92, 100, 103, 112, 130]

Normen: IEC 113-7, DIN 66000, DIN 409001

3 Technische Realisierung digitaler Schaltungen

3.1 Überblick über die technologische Entwicklung

In der Digitaltechnik gab es von Beginn an einen Wettbewerb der unterschiedlichsten Technologien zur technischen Realisierung logischer Funktionen. Diese Entwicklung hält auch in der heutigen Zeit unvermindert an. Wer wagt schon eine Prognose über einen Zeitraum von 20 Jahren?

In den Anfängen der Digitaltechnik waren es Kontaktschaltungen, die in Relais- und Schütztechnik aufgebaut wurden. Etwa gleichzeitig wurde für Maschinensteuerungen die Pneumonik, eine Logik auf der Basis von Luftdruck entwickelt. In der Rechnertechnik sind zunächst Relaisschaltungen eingesetzt worden, die aber schon nach kurzer Zeit durch die schnelleren Elektronenröhrenschaltungen ersetzt wurden. Aufgrund der hohen Verlustleistungen und des großen Platzbedarfs wurden Elektronenröhren in der Digitaltechnik nach der Erfindung des Transistors schnell vom Markt verdrängt. Die ersten Transistorschaltungen bestanden aus diskreten bipolaren Transistoren, Dioden und Widerständen. Auf einer Fläche von wenigen Quadratzentimetern konnte man in diskreter Technik ein einfaches UND-Gatter unterbringen. Mr. Kilby der Fa. Texas Instruments gelang 1958 die bahnbrechende Erfindung des integrierten Schaltkreises (Integrated Circuit = IC). In den 60er Jahren erhielt die Digitaltechnik durch das ehrgeizige Apolloprojekt der US-Regierung einen enormen Aufschwung. Aufgrund der erforderlichen Gewichtseinsparungen für digitale Rechner in der Raumfahrttechnik wurden größte Anstrengungen zur Miniaturisierung digitaler Schaltungen unternommen. Seit Mitte der 60er Jahre werden daher in der Digitaltechnik fast ausschließlich monolithische integrierte Schaltkreise verwendet.

3.2 Realisierungskonzepte nach Einführung integrierter Schaltkreise

Mit Erfindung des integrierten Schaltkreises sind in Abhängigkeit der technologischen Entwicklung unterschiedliche Strategien zum Entwurf digitaler Systeme entwickelt worden. In den 60er und 70er Jahren dominierten die Bausteinfamilien in TTL-, ECL- und später in MOS-Technik. Innerhalb einer Bausteinfamilie wird eine

Produktpalette an digitalen ICs angeboten, die vom Anwender nach dem Baukastenprinzip zu einem komplexen System zusammengesetzt werden.

Eine Bausteinfamilie enthält alle Komponenten, die zu dem Entwurf eines digitalen Systems erforderlich sind. Wichtige Bausteine einer Produktpalette sind:

- Inverter und einfache Gatter mit zwei und mehreren Eingängen, z.B. UND, ODER, NAND, NOR, XOR
- Kombinatorische Grundschaltungen wie Multiplexer, Demultipexer, Codierer
- Leitungstreiber
- Kaskadierbare Addierer unterschiedlicher Wortbreiten mit schnellem Übertrag (Carry Look Ahead)
- Flipflops: ungetaktete RS-Flipflops; getaktete RS-, D-, JK- und T-Flipflops
- Register und Schieberegister
- Synchronzähler: Dual-, Dezimalzähler, evtl. programmierbar und kaskadierbar

Die Bausteinfamilien wurden seit den 70er Jahren ergänzt durch Mikroprozessoren, Mikrocontroller und Speicherbausteine unterschiedlicher Kapazitäten. Aufgrund der technologischen Weiterentwicklung sind diese Bausteine so leistungsfähig und kostengünstig geworden, dass sie zum Aufbau digitaler Systeme häufig eingesetzt werden.

Mit zunehmender Integrationsdichte lassen sich komplexe digitale Systeme auf einem einzigen Silizium-Chip unterbringen. So lässt sich z.B. eine komplexe Steuerung in einem Fullcustom IC realisieren. Der Nachteil bei diesen Entwürfen ist die geringe Flexibiltät derartiger Schaltungen. Sie werden für die Lösung einer Aufgabe konzipiert und sind deshalb nur wirtschaftlich, wenn sie in großen Stückzahlen produziert werden. Der Trend bei dem Entwurf digitaler Bausteine geht in die Richtung, den Kunden an der Schaltkreisentwicklung zu beteiligen. Von den Halbleiterherstellern sind anwenderspezifische Schaltkreise (Application Specific Integrated Circuit = ASIC) entwickelt worden mit unterschiedlichen Integrationsdichten und wählbarer Anzahl der Anschlüsse. Dabei entwickelt der Kunde eine digitale Schaltung mit Hilfe einer Hardwarebeschreibungssprache und sucht den passenden ASIC aus einem Katalog aus. Die Fertigung der ICs wird vom Halbleiterhersteller übernommen. Für die ASICs existieren umfangreiche Bibliotheken mit Bausteinfunktionen, so dass in relativ kurzer Zeit ein digitales System kostengünstig entwickelt werden kann. Die Mindestanzahl der produzierten ICs richtet sich nach dem ASIC-Typ (Gate Array oder Standardzellen IC). Sie liegt in der Größenordnung von einigen Tausend Stück.

Für Anwender, die eine hohe Flexibiltät bei kleiner Stückzahl suchen, bieten sich Bausteine aus der Gruppe der programmierbaren Logik (Programmable Logic) an. Innerhalb der programmierbaren Logik unterscheidet man drei Gruppen:

- Programmable Logic Device (PLD), Kap. 3.6.1
- Complex Programmable Logic Device (CPLD), Kap. 3.6.2
- Field Programmable Gate Array (FPGA), Kap. 3.6.3

Die programmierbare Logik ist inzwischen so leistungsfähig geworden, dass sie den ASICs Konkurrenz macht. In einer Tabelle (Tab. 3.1) sind die zur Zeit am Markt erhältlichen digitalen Bausteine, in drei Gruppen eingeteilt, dargestellt.

Tab. 3.1: Gruppeneinteilung digitaler ICs

Standard IC	Schaltkreisfamilie	Speicher	Mikroprozessortyp
	TTL ECL MOS/CMOS	RAM ROM Flash-Speicher	Mikroprozessor Mikrocontroller Signalprozessor
ASIC	Fullcustom IC	Semicustom IC	
		Gate Array Standardzellen IC	
Programmierbare Logik	PLD	CPLD	FPGA

Die ersten IC-Generationen, die für Schaltkreisfamilien entwickelt wurden, sind hinsichtlich der Transistorpackungsdichte im Halbleiter in Integrationsstufen eingeteilt worden. Man unterscheidet bei den Schaltkreisfamilien in TTL-, ECL- und MOS/CMOS-Technik fünf Integrationsstufen:

SSI	Small Scale Integration	< 50 Transistoren je IC
MSI	Medium Scale Integration	50 ... 500 Transistoren je IC
LSI	Large Scale Integration	500 ... 50000 Transistoren je IC
VLSI	Very Large Scale Integration	50000 ... 500000 Transistoren je IC
ULSI	Ultra Large Scale Integration	> 500000 Transistoren je IC

Beispiele zu VLSI und ULSI:

– 16-Bit-Mikroprozessor M68000 (Motorola), 70.000 Transistoren
– 16-Bit-Mikroprozessor iAPX 286 (Intel), 130.000 Transistoren
– 32-Bit-Mikroprozessor Pentium II (Intel), 7.200.000 Transistoren
– 64-MiB-DRAM (Siemens), 130.000.000 Transistoren

Hinweis:
Hochintegrierte ICs, die für Speicher, Mikroprozessoren, ASICs und programmierbare Logik eingesetzt werden, sind fast ausschließlich in CMOS-Technologie gefertigt. Eine Einteilung nach Integrationsstufen ist nicht mehr gebräuchlich. Aufgrund technologischer Fortschritte werden die Abmessungen der Leiterbahnen und Transistorstrukturen ständig kleiner. Die Feinheit der Strukturen (Granularität) innerhalb einer Technologie wird in Mikrometern angegeben. Je feiner die Struktur, um so höher die Komplexität und die Schaltgeschwindigkeit eines Bausteins. Seit dem Jahr 2000 sind Abmessungen von 0,1 μm möglich. Bei dieser Granularität lassen sich Halbleiterspeicher vom Typ DRAM mit etwa 1 Gibit Speicherkapazität auf einem IC realisieren.

3.3 Charakteristische Eigenschaften digitaler integrierter Schaltkreise

Bevor eine Logikfamilie für den Entwurf einer digitalen Schaltung ausgewählt wird, müssen deren Leistungsmerkmale bekannt sein. Die wesentlichen Kriterien, die zur Auswahl herangezogen werden, sollen hier erläutert werden. In den Datenblättern werden neben den maximal zulässigen Grenzwerten für Spannungen und Ströme an Ein- und Ausgängen statische und dynamische Störspannungsabstände, Gatterdurchlaufzeiten und Verlustleistungen angegeben.

Abkürzungen:

U_{CC} , U_{SS}	Versorgungsspannung
U_I	Eingangsspannung (Input Voltage)
U_{IH}	Eingangsspannung bei H-Pegel
U_{IL}	Eingangsspannung bei L-Pegel
U_{IHmin}	Minimale Eingangsspannung bei H-Pegel
U_{ILmax}	Maximale Eingangsspannung bei L-Pegel
U_O	Ausgangsspannung (Output Voltage)
U_{OH}	Ausgangsspannung bei H-Pegel
U_{OL}	Ausgangsspannung bei L-Pegel
U_{OHmin}	Minimale Ausgangsspannung bei H-Pegel
U_{OLmax}	Maximale Ausgangsspannung bei L-Pegel
I_I	Eingangsstrom (Input Current)
I_{IH}	Eingangsstrom bei H-Pegel
I_{IHN}	Eingangsstrom bei H-Pegel des Einheitsgatters
I_{IL}	Eingangsstrom bei L-Pegel
I_{ILN}	Eingangsstrom bei L-Pegel des Einheitsgatters
I_O	Ausgangsstrom (Output Current)
I_{OH}	Ausgangsstrom bei H-Pegel
I_{OL}	Ausgangsstrom bei L-Pegel
I_{OHmax}	Maximal zulässiger Ausgangsstrom bei H-Pegel
I_{OLmax}	Maximal zulässiger Ausgangsstrom bei L-Pegel

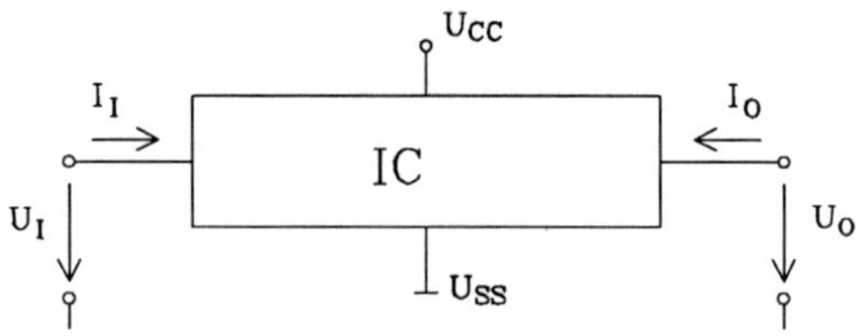

Bild 3.1: Anschlussbezeichnung digitaler ICs

3.3.1 Lastfaktoren

Die Belastung, die ein Ausgang durch einen Eingang innerhalb der gleichen Schaltkreisfamilie erfährt, wird durch den sog. Lastfaktor beschrieben. Verwendet werden normierte Lastfaktoren für Eingang und Ausgang.

a) Eingangslastfaktor (Fan-In). Das Fan-In eines Eingangs gibt an, um welchen Faktor die Stromaufnahme größer ist als beim Einheitsgatter derselben Schaltkreisfamilie.

$(\text{Fan-In})_H = I_{IH} / I_{IHN}$ und $(\text{Fan-In})_L = I_{IL} / I_{ILN}$
$\text{Fan-In} = \text{Max}\ \{(\text{Fan-In})_H, (\text{Fan-In})_L\}$

Innerhalb einer Schaltkreisfamilie gilt ein Eingang als einfache Last, wenn er den gleichen Strom aufnimmt wie das Einheitsgatter (Fan-In = 1). Falls das Fan-In größer als eins ist, wird der treibende Ausgang eines Gatters entsprechend stärker belastet.

b) Ausgangslastfaktor (Fan-Out). Der Ausgangslastfaktor (Fan-Out) gibt an, mit wieviel Eingängen eines Einheitsgatters derselben Schaltkreisfamilie der entsprechende Ausgang belastet werden darf. Die Berechnung muss für H-und L-Pegel getrennt vorgenommen werden.

$(\text{Fan-Out})_H = |I_{OHmax} / I_{IHN}|$ und $(\text{Fan-Out})_L = |I_{OLmax} / I_{ILN}|$
$\text{Fan-Out} = \text{Min}\ \{(\text{Fan-Out})_H, (\text{Fan-Out})_L\}$

In Schaltungen, in denen mehrere verschiedene Schaltkreisfamilien (z.B. Standard TTL, LS-TTL und MOS) eingesetzt werden, bildet man die Summe der Eingangsströme und vergleicht sie mit dem zulässigen Ausgangsstrom für H- bzw. L-Pegel.

3.3.2 Störspannungsabstand

Als Störspannungsabstand bezeichnet man die Spannung, um die ein Digitalausgang variieren darf, ohne dass ein angeschlossener Digitaleingang derselben Logikfamilie in seinen verbotenen Pegelbereich gelangt. Ist die Breite des Störimpulses größer als die Gatterdurchlaufzeit, so ist der statische Störspannungsabstand (Bild 3.2) maßgebend, ansonsten der dynamische (Bild 3.3).

a) Statischer Störspannungsabstand. Der statische Störspannungsabstand entspricht im *Worst Case-Fall*:

$S_H = U_{OHmin} - U_{IHmin}$
$S_L = U_{ILmax} - U_{OLmax}$

Für Standard-TTL-Gatter betragen $S_H = 0{,}4$ V und $S_L = 0{,}4$ V. Diese Werte werden unter Worst-Case-Bedingungen vom Hersteller eingehalten. Die *typischen statischen Störspannungsabstände* einer Schaltkreisfamilie werden dagegen aus den typischen Ausgangsspannungen für H- und L-Pegel und der typischen Eingangsspannung für Pegelwechsel (Schwellwertspannung) berechnet:

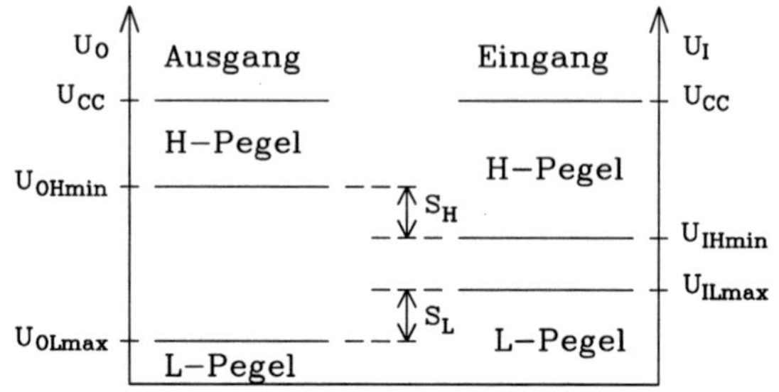

Bild 3.2: Definition des statischen Störspannungsabstands

U_{OHtyp} = typisch U_{OH}; U_{OLtyp} = typisch U_{OL}; U_{TH} = Schwellwertspannung;
$S_{Htyp} = U_{OHtyp} - U_{TH}$; $S_{Ltyp} = U_{TH} - U_{OLtyp}$

Für Standard-TTL-Gatter gilt: S_{Htyp}= 2,2 V und S_{LHtyp} = 1,0 V.

b) Dynamischer Störspannungsabstand. Der dynamische Störspannungsabstand kennzeichnet das Verhalten digitaler Bausteine gegenüber Störimpulsen, deren Impulsbreite T_i kleiner ist als die Gatterdurchlaufzeit t_{pd}. Die entsprechenden Verläufe für eine TTL-Standardschaltung sind in Bild 3.3 gezeigt.

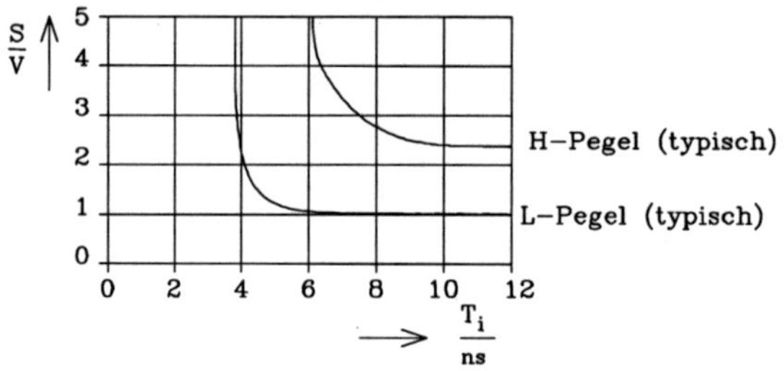

Bild 3.3: Typische dynamische Störspannungsabstände S einer TTL-Standardschaltung als Funktion der Impulsbreite Ti

Wie Bild 3.3 zeigt, sind Gatter sehr unempfindlich gegenüber Störimpulsen, die deutlich kürzer sind als die Gatterdurchlaufzeit. Für Störimpulse, deren Dauer die Gatterdurchlaufzeiten erreichen bzw. überschreiten, nähern sich die typischen dynamischen Störspannungsabstände den typischen statischen Werten.

3.3.3 Schaltzeiten

Beim Einsatz eines digitalen Bausteins, z.B. eines Inverters, interessiert insbesondere die Schaltzeit. Als Testsignal wird üblicherweise eine Rechteckspannung für U_I gewählt und die entsprechende Ausgangspannung U_0 gemessen. Wegen der vorhandenen Kapazitäten (Sperrschicht-, parasitäre-) reagiert der Ausgang nach einer Verzögerungszeit auf einen Pegelwechsel am Eingang, wie Bild 3.4 zeigt.

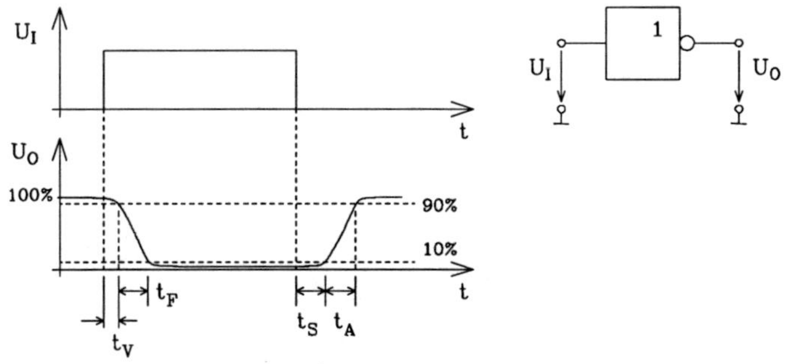

Bild 3.4: Impulsverformung am Ausgang eines Inverters. Die Abkürzungen bedeuten:

t_V = Verzögerungszeit	(t_d = delay time)
t_F = Fallzeit	(t_f = fall time)
t_S = Speicherzeit	(t_s = storage time)
t_A = Anstiegszeit	(t_r = rise time)

Meist gibt man den Zusammenhang in einer einfacheren Form an. Die Schaltzeiten werden zusammengefasst, wie in Bild 3.5 dargestellt. Die Gatterdurchlaufzeit t_{pd} (propagation delay time) wird als arithmetisches Mittel von t_{pHL} und t_{pLH} definiert: $t_{pd} = (t_{pHL} + t_{pLH}) / 2$

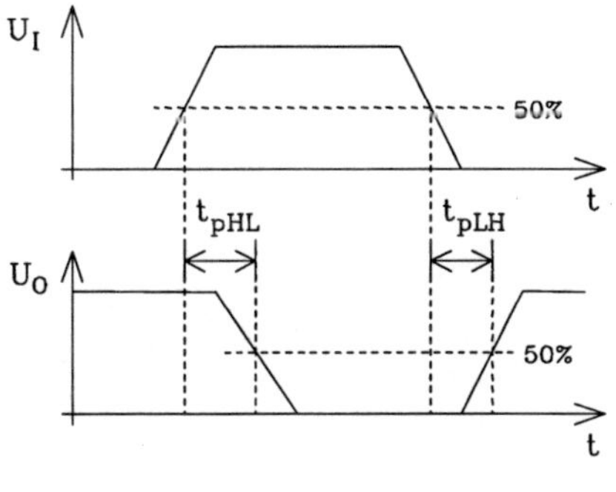

Impulsverzögerungszeit beim Übergang von H- auf L-Pegel: t_{pHL}

Impulsverzögerungszeit beim Übergang von L- auf H-Pegel: t_{pLH}

Bild 3.5: Impulsverzögerungszeiten für positive und negative Impulsflanken am Ausgang eines Inverters

Hinweis:
Signale an digitalen Bausteinen müssen eine Mindestflankensteilheit aufweisen, damit die verbotenen Eingangspegelbereiche sehr rasch durchlaufen werden. Beispielsweise gelten in der TTL-Technik hierfür Werte von 1...20 V/μs.

3.4 Bausteinfamilien

3.4.1 Transistor-Transistor-Logik (TTL)

Eine wichtige Gruppe der bipolaren digitalen Schaltkreise ist die TTL-Familie; sie hat eine sehr große Produktpalette an digitalen Schaltungen und wird häufig eingesetzt. Innerhalb der TTL-Technik unterscheidet man zwischen mehreren Unterfamilien (siehe auch Tab. 3.2). Die wichtigsten mit der jeweiligen Bezeichnung für das Einheitsgatter (NAND mit zwei Eingängen) sind:

TTL-Unterfamilien	Bezeichnung
Standard-TTL	7400
Schottky-TTL	74S00
Low-Power-Schottky-TTL	74LS00
Advanced-Schottky-TTL	74AS00
Advanced-LS-TTL	74ALS00

3.4.1.1 Digitale Schaltungen in Standard-TTL

In Bild 3.6 ist der prinzipielle Aufbau eines NAND-Gatters in Standard-TTL-Technik [96] dargestellt.

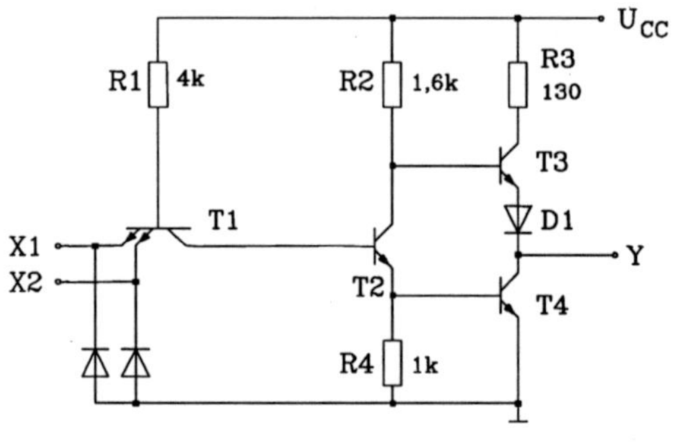

Bild 3.6: Prinzipschaltung des NAND-Gatters 7400 in Standard-TTL

Liegen X1 und/oder X2 auf L-Pegel, so wird die entsprechende Basis-Emitter-Diode des Multiemittertransistors T1 leitend und schaltet L-Pegel (ca. 0,3V) an die Basis des Transistors T2. Als Folge sperren T2 und T4. Über R2 fließt ein Strom in die Basis von T3, und dieser Transistor leitet. Da der Transistor T3 durchgeschaltet ist, kann von der Versorgungsspannung $U_{CC} = 5V$ ein Strom über den Ausgang Y und einen angeschlossenen Verbraucher (in der Regel der Eingang einer weiteren digitalen Schaltung) fließen. Am Ausgang Y liegt für die oben genannten Eingangsvoraussetzungen H-Pegel (2,4 ... 4V).

Liegen beide Eingänge X1, X2 auf H-Pegel, so arbeitet T1 im Inversbetrieb (Stromverstärkung $B_{inv} \approx 0{,}1$), und es fließt ein Strom über die Basis-Kollektor-Diode des Transistors T1 in die Basis von T2. Die Transistoren T2 und T4 leiten, und der Ausgang Y liegt auf L-Pegel (0,2 ... 0,4V). Die Diode D1 verhindert das gleichzeitige Durchschalten des Transistors T3. Die Transistoren T3 und T4 arbeiten im Gegentakt. Dadurch sind beide Zustände niederohmig. Für den Ausgangswiderstand gilt: Ra $\approx$ 140 Ω für H-Pegel und Ra $\approx$ 10 Ω für L-Pegel. *Der typische Wert für die Gatterdurchlaufzeit liegt bei 10 ns.*

Beim Umschalten von H-Pegel auf L-Pegel und umgekehrt fließt kurzzeitig über die Transistoren T3 und T4 ein Querstrom von ca. 30 mA. Dieser Stromimpuls verursacht wegen der Zuleitungswiderstände und -induktivitäten einen kurzfristigen Abfall der Versorgungsspannung am Bauelement und kann sich störend auf andere digitale Bausteine auswirken. Als Schutzmaßnahme werden in unmittelbarer Nähe der digitalen Bausteine induktionsarme Stützkondensatoren (z.B. Tantal 2,2 µF parallel zu Keramik 100 nF) auf der Leiterplatte vorgesehen, die kurzfristig den hohen Strom liefern können, aber eine Schwingneigung des Systems aus Kondensator und Leitungsinduktivität unterdrücken. Die Vorteile des Tantal-Kondensators sind die große Kapazität und der relativ hohe Verlustwinkel tan δ, während der Keramik-Kondensator bei relativ kleiner Kapazität gute HF-Eigenschaften aufweist. Zusätzlich werden zur Unterdrückung von Störungen niederohmige, induktionsarme Versorgungsleitungen auf der Leiterplatte vorgesehen.

3.4.1.2 Digitale Schaltungen in Schottky-TTL

Werden sehr hohe Arbeitsgeschwindigkeiten von einer digitalen Schaltung gefordert, so setzt man Schottky-TTL-Bausteine ein. Durch die Verwendung von Schottky-Dioden in der digitalen Schaltung wird eine Sättigung der bipolaren Transistoren verhindert. Dadurch erreicht man sehr kleine Gatterdurchlaufzeiten.

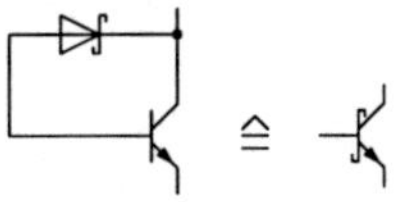

Bild 3.7: Ein Schottky-Transistor, bestehend aus Bipolartransistor und Schottky-Diode

In Bild 3.8 [96] ist der innere Aufbau eines NAND-Gatters in Schottky-TTL dargestellt. Die Funktionsweise ist ähnlich wie beim NAND-Gatter in Standard-TTL. Da in der Schottky-Ausführung Schottky-Transistoren und -Dioden sowie niederohmige Widerstände eingesetzt werden, beträgt die typische Gatterdurchlaufzeit nur 3 ns

(Tab. 3.2). Allerdings wird die Steigerung der Geschwindigkeit mit einer höheren Verlustleistung erkauft.

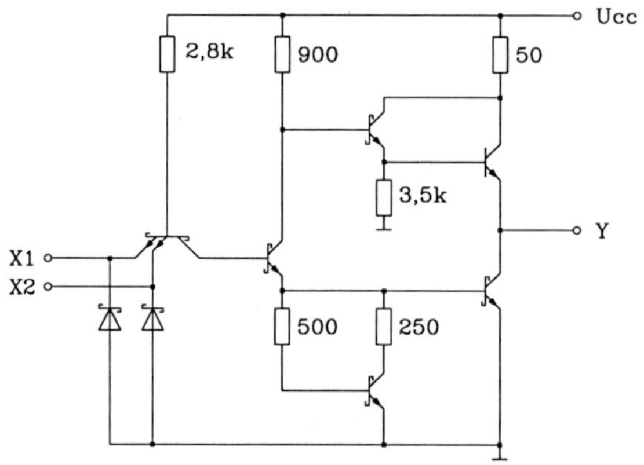

Bild 3.8: NAND-Gatter 74S00 in TTL-Schottky-Technologie

Eine weit verbreitete Variante ist die verlustarme Ausführung der Schottky-Technik (Low-Power-Schottky = LS). Besondere Merkmale des für die Schaltkreisfamilie typischen NAND-Gatters sind die Schottky-Dioden am Eingang und die hochohmigen Widerstände (Bild 3.9). Ein Vergleich der elektrischen Eigenschaften der Bausteinfamilien Standard-TTL und LS-TTL zeigt, dass bei etwa gleicher Arbeitsgeschwindigkeit die Verlustleistungsaufnahme der LS-TTL-Familie wesentlich geringer ist. Da außerdem die Eingangsströme der LS-TTL-Schaltkreise bedeutend kleiner sind, hat sie die Standard-TTL-Familie fast vollständig verdrängt.

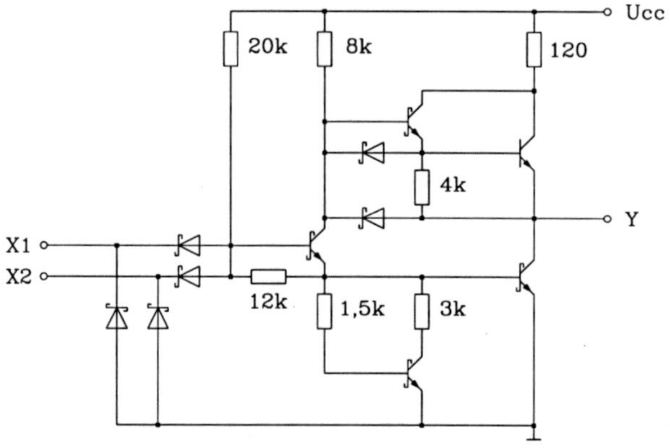

Bild 3.9: NAND-Gatter 74LS00 in LS-TTL-Technologie [96]

Eine Weiterentwicklung in der TTL-Schaltkreisfamilie stellen die Unterfamilien Advanced-Schottky-TTL und Advanced-Low-Power-Schottky-TTL dar. Wesentliche Eigenschaften dieser Neuentwicklungen sind kleinere Eingangsströme, geringere Gatterdurchlaufzeiten und kleinere Verlustleistungen.

3.4.1.3
TTL-Schaltungen mit spezieller Ausgangsstufe

Zwei digitale Ausgänge dürfen im allgemeinen Fall nicht miteinander verbunden werden, da sonst Ausgleichsströme fließen und der Logik-Pegel am Ausgang nicht eindeutig ist. Für den Einsatz digitaler Bausteine in BUS-Systemen sind Bausteine mit einer besonderen Ausgangsstufe entwickelt worden, die man ausgangsseitig parallel schalten darf. In der Praxis haben sich für diese Aufgaben der Open-Kollektor- und der Three-State-Ausgang bewährt.

a) Three-State-Ausgang (3-State-Ausgang). Digitale Bausteine mit Three-State-Ausgang können ausgangsseitig hochohmig geschaltet werden. Somit haben die Ausgänge neben den beiden definierten Logik-Zuständen noch einen dritten Zustand, in dem sie abgeschaltet (passiv) sind. Mit Hilfe eines Steuereingangs kann der Ausgang aktiv (niederohmig: H- oder L-Pegel) oder passiv (hochohmig) geschaltet werden.

Anhand eines einfachen NAND-Gatters mit Three-State-Ausgang soll die Wirkungsweise erläutert werden. Dazu wird die in Bild 3.6 dargestellte Schaltung eines NAND-Gatters so erweitert, dass der Ausgang über einen Steuereingang hochohmig geschaltet werden kann. Liegt der Three-State-Steuereingang EN auf H-Pegel, so arbeitet die Schaltung als NAND-Gatter, wie oben beschrieben. Wird an den Steuereingang L-Pegel gelegt, so fließt über R2 und D0 ein Strom. Als Folge sperren die Transistoren T2, T4 und T3. In diesem Falle arbeiten die Endtransistoren T3 und T4 nicht mehr im Gegentakt. Sie sperren beide, und der Ausgangswiderstand wird hochohmig. Der Ausgang des NAND-Gatters ist abgeschaltet.

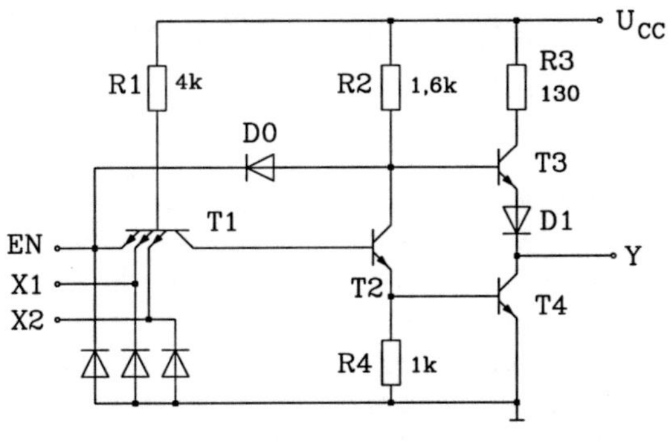

Bild 3.10: Prinzipschaltung eines NAND-Gatters mit Three-State-Ausgang

Gatter mit Three-State-Ausgängen dürfen ausgangsseitig parallel geschaltet werden (Bild 3.11). Allerdings darf dann nur ein Gatter über den Three-State-Steuereingang EN = 1 aktiviert werden. Alle anderen Gatterausgänge müssen über EN = 0 abgeschaltet sein. In der Schaltung nach Bild 3.11 z.B. ist das Gatter mit den Eingängen X3 und X4 aktiv.

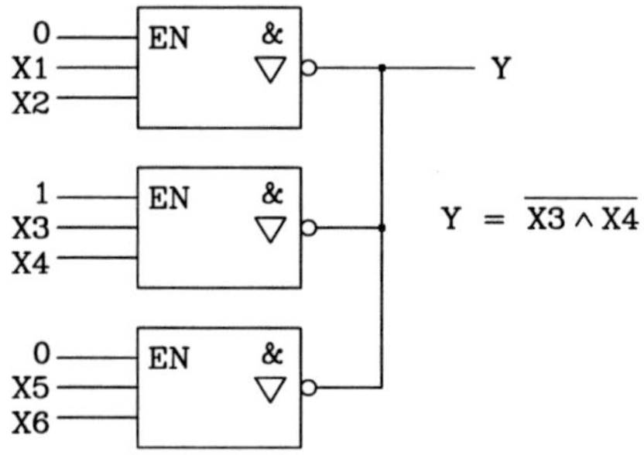

Bild 3.11: Parallelschaltung von NANDs mit Three-State-Ausgängen

In der Mikrocomputertechnik werden überwiegend digitale Bausteine mit Three-State-Ausgängen eingesetzt. In einem System werden sie an eine Datensammelschiene (Bus) angeschlossen, über die Daten transferiert werden können. Von den ausgangsseitig parallel geschalteten Bausteinen wird nur einer niederohmig auf den Bus geschaltet. Das entspricht der Realisierung eines mehrpoligen digitalen Umschalters.

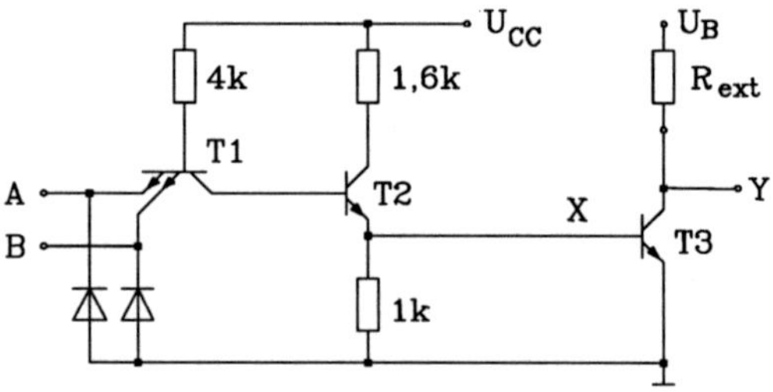

Bild 3.12: Prinzipschaltung eines NAND-Gatters mit offenem Kollektor

b) Gatter mit offenem Kollektorausgang. Für besondere Anwendungsfälle gibt es in der TTL-Technik auch Gatter mit offenem Kollektorausgang (Bild 3.12). Diese Gatter enthalten nicht die bei Standard-TTL-Gattern übliche Ausgangsschaltung mit zwei gegensinnig angesteuerten, in Serie geschalteten Transistoren. Stattdessen wird nur ein Ausgangstransistor verwendet, dessen Arbeitswiderstand extern hinzugefügt werden muss. Vorteile liegen einerseits darin, dass mehrere Gatterausgänge an einen Arbeitswiderstand angeschlossen werden können (Bild 3.13), und damit bereits logische Verknüpfungen realisierbar sind ("Wired"-Verknüpfungen). Andererseits sind die Endstufentransistoren gegenüber Standard-TTL meist für höhere Spannungen und

Ströme ausgelegt, so dass sie ohne weitere Leistungstreiber Relais oder Leuchtdioden ansteuern können.

Arbeitstabelle

Kollektor über R_{ext} mit U_{CC} verbunden

A	B	X	Y
L	L	L	H
L	H	L	H
H	L	L	H
H	H	H	L

Wahrheitstabelle

Positive Logik

A	B	X	Y
0	0	0	1
0	1	0	1
1	0	0	1
1	1	1	0

$X = A\,B$ und $Y = \overline{A\,B}$

Mit Hilfe von Gattern mit offenem Kollektorausgang lassen sich komplexe verdrahtete (wired) Funktionen (z.B. NOR, NAND) realisieren.

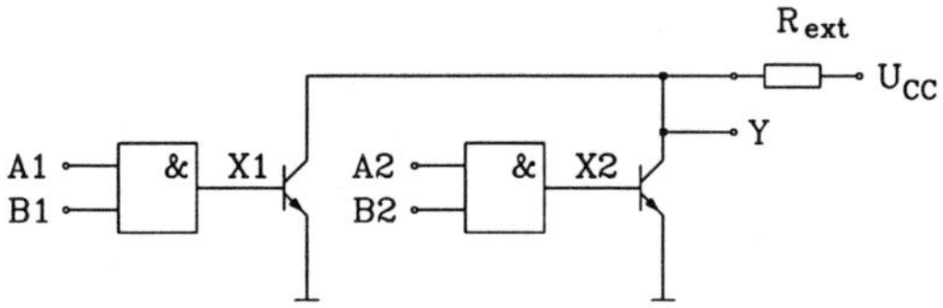

Bild 3.13: Verdrahtete NOR-Funktion (Wired NOR)

Arbeitstabellen

A1	B1	X1	A2	B2	X2	X1	X2	Y
L	L	L	L	L	L	L	L	H
L	H	L	L	H	L	L	H	L
H	L	L	H	L	L	H	L	L
H	H	H	H	H	H	H	H	L

Die logische Funktion bei positiver Logik lautet: $Y = \overline{X1 \vee X2} = \overline{A1\,B1 \vee A2\,B2}$

Weitere Anwendungsgebiete: Pegelwandler, Lampen- und LED-Treiber, Linienstromschnittstellen.

3.4.1.4 Realisierung der Pegel-Zustände an TTL-Eingängen

Im Folgenden werden häufig verwendete Schaltungen für die Einstellung der beiden Logik-Pegel am Eingang einer digitalen Schaltung vorgestellt.

a) Schaltungen für L-Pegel. Der konstante L-Pegel am Eingang einer digitalen TTL-Schaltung wird realisiert durch einen Pull-Down-Widerstand R_L, der zwischen Eingang und Masse geschaltet ist (Bild 3.14, Schaltung 1). Bei der Dimensionierung des Widerstandes R_L muss beachtet werden, dass die obere Pegelgrenze für L-Pegel unter Berücksichtigung des Störspannungsabstandes S_L am Eingang nicht überschritten wird. Der Strom $|I_{IL}|$ muss im L-Pegelbereich kleiner oder gleich $|I_{ILmax}|$ sein. Für die Dimensionierung des Widerstandes R_L kann der Strom I_{IL} in erster Näherung als konstant angenommen werden. Setzt man nun $I_{IL} = I_{ILmax}$ (worst case), dann erhält man folgende Gleichung für R_L:

$$R_L \leq \frac{U_{IL\,max} - S_L}{-I_{L\,max}} \quad \text{z.B. für TTL-Standard:} \quad R_L = \frac{0{,}4\ \text{V}}{1{,}6\ \text{mA}} = 250\ \Omega$$

Damit ist sichergestellt, dass die Eingangsspannung U_I nicht größer als 0,4 V wird.

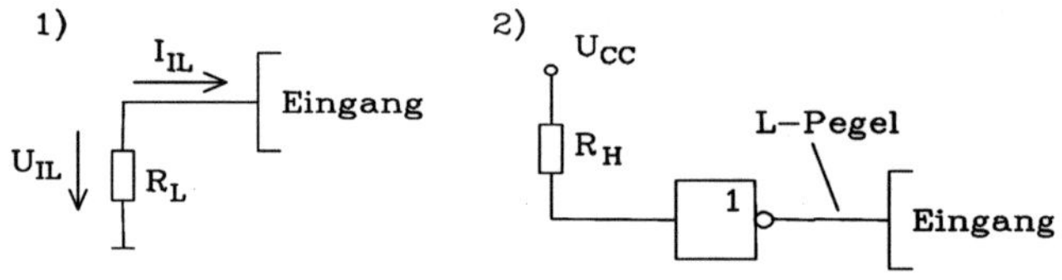

Bild 3.14: Schaltungen zur Einstellung des L-Pegels am Eingang

Im allgemeinen Fall wird der TTL-Eingang direkt an den Minuspol der Versorgungsspannung (Masse) angeschlossen. Ein Widerstand wird dann eingesetzt, wenn der Eingang zusätzlich über einen Schalter wahlweise auch auf H-Pegel gelegt werden soll (Bild 3.16).

Weiterhin wird L-Pegel auch am Ausgang einer digitalen TTL-Schaltung durch geeignete Eingangsbeschaltung fest eingestellt. Es lässt sich z.B. ein Inverter, dessen Eingang über einen Pull-Up-Widerstand nach b) auf H-Pegel gelegt ist, einsetzen. Der Inverterausgang erfüllt die Bedingung für L-Pegel (Bild 3.14, Schaltung 2).

b) Schaltungen für H-Pegel. Der konstante H-Pegel am TTL-Eingang wird mit Hilfe des Widerstandes R_H, der zwischen Anschluss und Pluspol der Versorgungsspannung geschaltet ist, realisiert (Bild 3.15, Schaltung 1). Ein so angeschlossener Widerstand wird als Pull-Up-Widerstand bezeichnet. Bei der Dimensionierung dieses Pull-Up-Widerstands R_H muss beachtet werden, dass die untere Pegelgrenze für H-Pegel am Eingang unter Beachtung des Störspannungsabstandes nicht unterschritten wird. Der Strom I_{IH} ist im H-Pegelbereich konstant. Nach Bild 3.15 ergibt sich folgende Bedingung für den Pull-Up-Widerstand R_H:

$$R_H \leq \frac{U_{CC} - (U_{IH\,min} + S_H)}{I_{IH}} \quad \text{z.B. TTL-Standard:} \quad R_H \leq \frac{(5-2{,}4)\text{V}}{40\mu\text{A}} = 65\text{k}\Omega$$

Um Störspannungen an R_H gering zu halten, werden für den Pull-Up-Widerstand Werte von 1 bis 10 kΩ gewählt. TTL-Bausteine der LS-Serie mit Schottkydioden-Eingängen dürfen direkt mit dem Pluspol der Versorgungsspannung verbunden werden [96]. Alle übrigen TTL-Bausteine dürfen direkt mit dem Pluspol der Versorgungsspannung verbunden werden, wenn sichergestellt ist, dass die Versorgungsspannung U_{CC} stets kleiner als der maximal zulässige Wert ist.

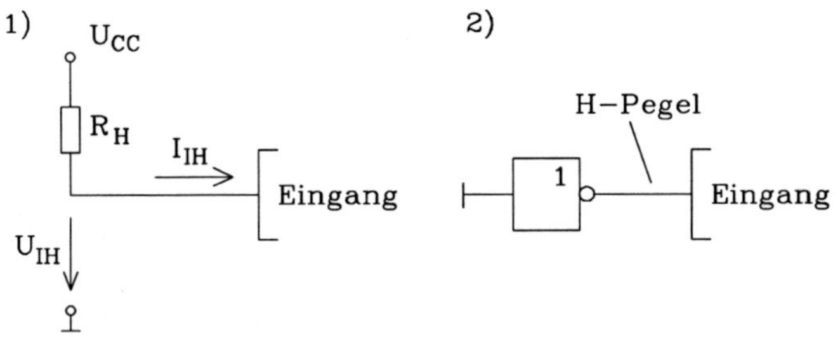

Bild 3.15: Schaltungen zur Einstellung des H-Pegels am Eingang

Weiterhin wird H-Pegel auch am Ausgang einer digitalen TTL-Schaltung durch entsprechende Eingangsbeschaltung fest eingestellt. Es lässt sich z.B. ein Inverter einsetzen, dessen Eingang am Minuspol der Versorgungsspannung liegt. Der Inverterausgang erfüllt die Bedingung für H-Pegel (Bild 3.15, Schaltung 2).

c) Einsatz eines Schalters zur Einstellung der Logik-Pegel. Mit Hilfe eines Schalters lässt sich wahlweise H- oder L-Pegel am TTL-Eingang vorgeben (Bild 3.16). In der Praxis werden sowohl Einschalter als auch Umschalter eingesetzt. Die Schaltungen 1 und 2 sind mit Einschaltern und die Schaltungen 3 und 4 mit Umschaltern realisiert.

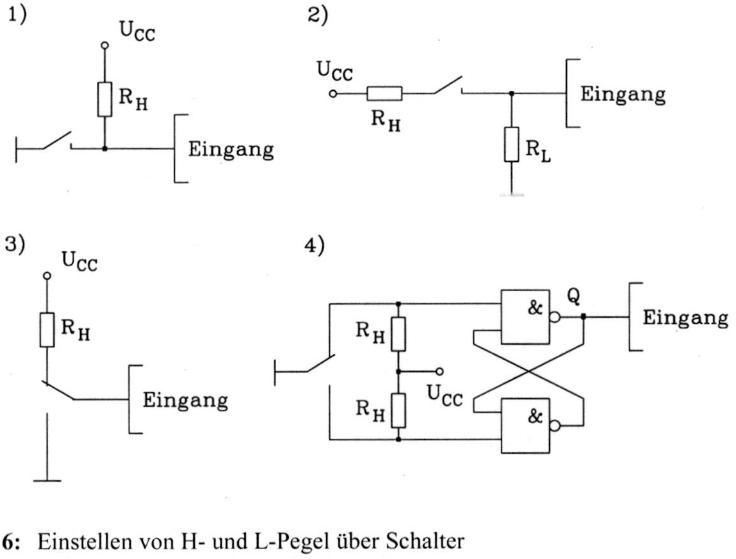

Bild 3.16: Einstellen von H- und L-Pegel über Schalter

1. Der Eingang wird über einen Pull-Up-Widerstand bei geöffnetem Schalter auf H-Pegel und bei geschlossenem Schalter auf L-Pegel gelegt. Der Widerstand R_H wird nach der unter b angegebenen Gleichung dimensioniert. Da bei geschlossenem Schalter am Widerstand R_H die Spannung U_{CC} anliegt, sollte er nicht zu niederohmig gewählt werden. Sinnvoll ist ein Widerstandswert von 4,7 kΩ.

2. Der Eingang wird über einen Pull-Down-Widerstand bei geöffnetem Schalter auf L-Pegel und bei geschlossenem Schalter über den Spannungsteiler, bestehend aus R_H und R_L, auf H-Pegel gelegt. Der Widerstand R_L wird nach der unter a angegebenen Gleichung dimensioniert. Da die Eingangsspannung für H-Pegel nicht kleiner als $U_{IHmin}+ S_H$ werden darf, wird für R_H ein niederohmiger Widerstand (R_H , R_L) eingesetzt. Unter bestimmten Bedingungen darf $R_H = 0$ (s. b) gewählt werden. Aufgrund des niederohmigen Widerstandes R_H ist die Schaltung 1 der Schaltung 2 (Bild 3.16) vorzuziehen.
3. Mit einem einpoligen Umschalter wird zwischen Masseanschluss (L-Pegel) und Pull-Up-Widerstand R_H, der mit U_{CC} verbunden ist (H-Pegel), umgeschaltet. Der Widerstand R_H wird nach den Angaben unter b dimensioniert. Hierbei ist unter bestimmten Voraussetzungen (s. b) auch eine direkte Verbindung ($R_H = 0$) zulässig.
4. Eine weitere Schaltung zur Einstellung eines Pegels lässt sich mit einem einpoligen Umschalter und einem einfachen Flipflop (Kap. 4.2.3.1) realisieren. Befindet sich der Schalter in der oberen Stellung, so ist das Flipflop gesetzt und der Ausgang Q liegt auf H-Pegel. Falls der Schalter in der unteren Stellung ist, wird das Flipflop rückgesetzt, und am Ausgang stellt sich L-Pegel ein. Die Widerstände R_H werden wie in Schaltung 1 dimensioniert. Ein typischer Wert liegt bei 4,7 kΩ.

Obwohl die Schaltung 4 mit dem Flipflop aufwendiger als die anderen Schaltungen ist, wird sie in der Praxis häufig eingesetzt. Sie erzeugt am Ausgang einen prellfreien Übergang von H- nach L-Pegel und umgekehrt. In den Schaltungen 1 bis 3 treten beim Umschalten mehrere Wechsel zwischen H- und L-Pegel (Prellen) auf.

Anmerkung:
Die in den Bildern 3.14 bis 3.16 dargestellten Schaltungen zur Vorgabe der beiden Pegel am Eingang eines digitalen Bausteins lassen sich auch für Schaltungen in MOS-Technik einsetzen. Da die Eingangsströme der in der Digitaltechnik verwendeten MOS-Bausteine sowohl für H- als auch für L-Pegel sehr klein sind, kann der Pull-Down-Widerstand R_L (Bilder 3.14 und 3.16) wesentlich hochohmiger dimensioniert werden als in der TTL-Technik. Die beiden Widerstände R_H und R_L werden etwa gleich groß (typisch 10 kΩ) gewählt.

3.4.2 Integrierte Schaltungen in MOS-Technik

Das Kernstück der MOS-Technik, die bei der Herstellung von digitalen LSI-, VLSI- und ULSI-Schaltkreisen (z.B. Mikroprozessoren und Speichern) eingesetzt wird, ist der MOS-Feldeffekttransistor (MOSFET). Nach der verwendeten Halbleitertechnologie Metal Oxide Semicoductor wird dieser Transistor mit MOSFET bezeichnet.

Er gehört zur umfangreichen Gruppe der Feldeffekttransistoren, bei denen der durch den Kanal fließende Strom von einem elektrischen Feld gesteuert wird (Bild 3.17). Dabei handelt es sich im Gegensatz zu den bipolaren Transistoren um Unipolartransistoren, die mit nur einer Sorte von Ladungsträgern arbeiten, entweder mit Elektronen (N-Kanal) oder mit Löchern (P-Kanal).

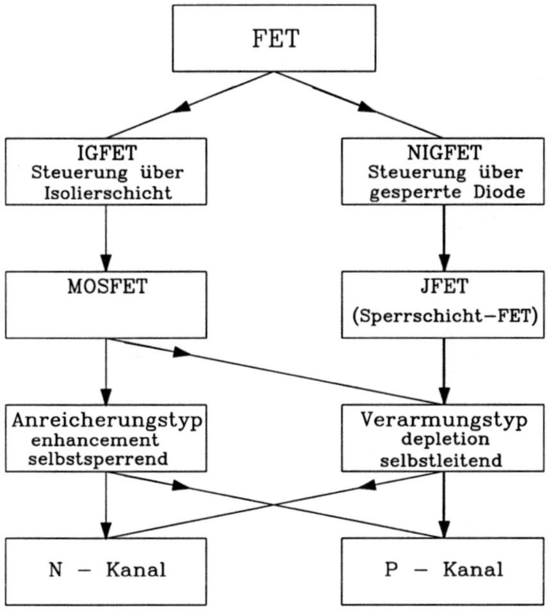

Bild 3.17: Die Gruppe der Feldeffekttransistoren. IGFET bedeutet Isolated Gate FET und NIGFET bedeutet Non Isolated Gate FET.

In der Digital- und Mikroprozessortechnik hat nur die Gruppe der IGFETs (Isolated Gate FETs, MOSFETs) eine wesentliche Bedeutung. Die NIGFETs (Non Isolated Gate FETs) werden daher hier nicht weiter betrachtet. Bei den IGFETs ist die Steuerelektrode (Gate) vom Kanal durch einen Nichtleiter (SiO_2) isoliert, der statische Eingangswiderstand liegt daher im Bereich von einigen Gigaohm. Die Gruppe der IGFETs unterteilt sich weiter in:

- *Anreicherungstyp.* Diese Transistoren führen keinen Drainstrom, wenn die Steuerspannung U_{GS} Null ist. Durch eine Steuerspannung kann der Kanal mit Ladungsträgern angereichert und damit leitfähig gemacht werden.
- Verarmungstyp. Diese Transistoren führen einen Drainstrom, wenn die Steuerspannung U_{GS} Null ist. Durch Verändern der Steuerspannung kann der Kanal ladungsträgerfrei und damit nichtleitend gemacht werden.

Diese Zusammenhänge sind in Bild 3.18 anhand der Steuerkennlinien am Beispiel der N-Kanal-FETs dargestellt. Es enthält außerdem die Schaltzeichen für die einzelnen Feldeffekttransistoren. Die Steuerkennlinien für die entsprechenden P-Kanal-FETs ergeben sich durch Spiegelung am Ursprung.

In der MOS-Technik unterscheidet man drei Hauptgruppen: *PMOS*, *NMOS* und *CMOS*:

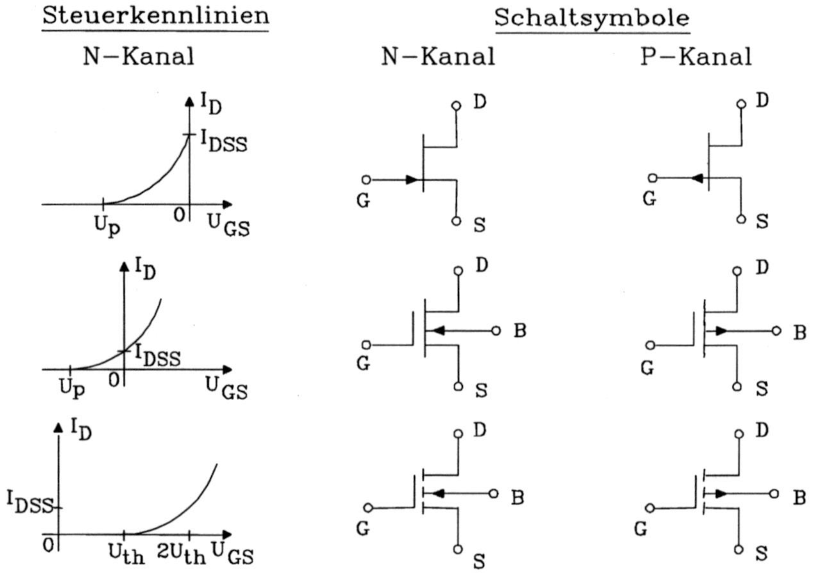

Bild 3.18: Steuerkennlinien für N-Kanal-Feldeffekttransistoren und die zugehörigen Schaltsymbole

a) PMOS-Technik. Aus technologischen Gründen ist bis Anfang der 70er Jahre N-dotiertes Silizium als Ausgangsmaterial verwendet worden. Durch Anlegen einer Spannung zwischen der Steuerelektrode (Gate) und dem Substrat (Bulk) wird im Halbleitermaterial ein elektrisches Feld aufgebaut, das zwischen Quelle (Source) und Senke (Drain) einen P-Kanal influenziert. Wird zwischen Drain und Source eine Spannung angelegt, so kann ein Strom über den P-Kanal fließen.

b) NMOS-Technik. Diese Technik ist das Gegenstück zur P-Kanal-Technik. Der Fertigungsprozess erfordert eine hochreine Atmosphäre und ist dadurch aufwendiger als bei der PMOS-Technik. Da der N-Kanal eine höhere Leitfähigkeit als der P-Kanal hat, ist die Gatterdurchlaufzeit etwa um den Faktor drei geringer als in der PMOS-Technik ($J = \kappa E = nb\,|e|\,E$, die Beweglichkeit b der Elektronen ist etwa um den Faktor drei größer als die der Löcher). Der Aufbau der Transistoren in der NMOS-Technik entspricht im übrigen dem der PMOS-Technik, es wird jedoch P-dotiertes Silizium als Grundmaterial verwendet.

In Bild 3.19 ist der Querschnitt eines NMOS-Transistors vom Anreicherungstyp dargestellt. Beträgt die Gate-Source-Spannung 0 V, kann die Source-Drain-Strecke wegen eines gesperrten PN-Übergangs keinen Strom führen. Eine positive Gate-Steuerspannung jedoch influenziert negative Ladungsträger in den Kanal, so dass dieser leitfähig wird.

Als Beispiel für eine digitale Schaltung in NMOS-Technik soll der Inverter vorgestellt werden (Bild 3.20). Die Schaltung in Bild 3.20 a besteht aus einem N-Kanal-MOSFET vom Anreicherungstyp T1 und einem Widerstand R. Liegt am Eingang E H-Pegel, so leitet T1 und am Ausgang A stellt sich L-Pegel ein. Falls am Eingang L-Pegel liegt, sperrt der Transistor T1 und der Ausgang liefert einen H-Pegel.

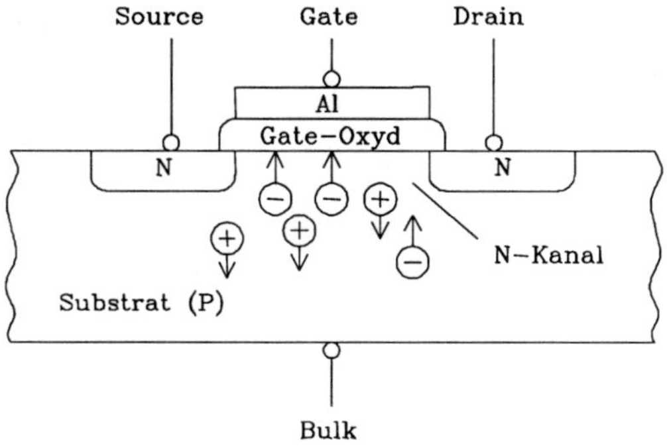

Bild 3.19: Querschnitt eines NMOS-Transistors vom Anreicherungstyp

In der Schaltung nach Bild 3.20 b ist der Widerstand durch einen weiteren MOSFET in NMOS-Technik ersetzt worden. In MOS-Technik ist es nämlich einfacher, einen MOSFET zu realisieren als einen ohmschen Widerstand. Ein weiterer Vorteil ist der auf ca. 1/50 reduzierte Platzbedarf gegenüber einem ohmschen Widerstand. Die Arbeitsweise dieses Inverters entspricht der Schaltung unter a.

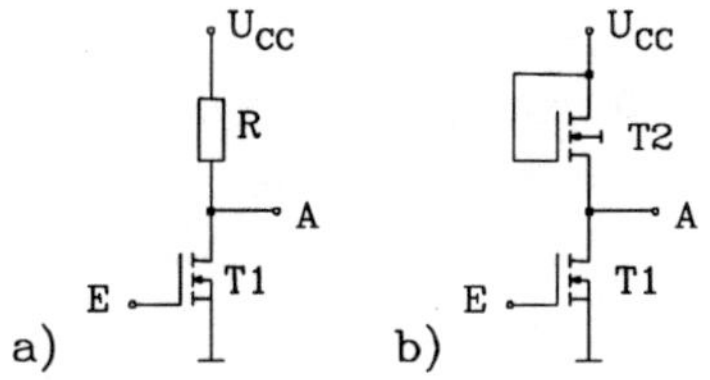

Bild 3.20: Inverter in NMOS-Technik. Die Schaltungsvariante b nutzt als Arbeitswiderstand einen platzsparenden N-Kanal-MOSFET.

c) CMOS-Technik. Halbleiterschaltungen, die auf einem Substrat sowohl N-Kanal- als auch P-Kanal-Transistoren enthalten, werden als komplementäre MOSFET-Schaltungen (Complementary MOS = CMOS) bezeichnet. Dazu ist es erforderlich, die NMOS- von den PMOS-Transistoren zu isolieren. Wegen des komplementären Aufbaus benötigen CMOS-Schaltungen einen extrem niedrigen Ruhestrom. Da die CMOS-Technik sich außerdem durch eine hohe Störsicherheit auszeichnet, ist sie für den Einsatz in der Steuerungstechnik besonders geeignet.

In der CMOS-Technik setzt sich im Betrieb die Verlustleistung P_{Ges} aus einem statischen Anteil P_{stat} und zwei dynamischen Anteilen P_{Spike} und P_{CL} zusammen.

$$P_{Ges} = P_{stat} + P_{Spike} + P_{CL}$$

Die statische Verlustleistung P_{stat} ist vernachlässigbar klein.

$$P_{Spike} = C_{pd} \cdot U_{cc}^{2} \cdot f_i$$

C_{pd} ist die innere spezifische Kapazität, und f_i die Signalfrequenz am Eingang.

$$P_{CL} = C_L \cdot U_{cc}^{2} \cdot f_o$$

C_L ist die (externe) Lastkapazität, und f_o ist die Signalfrequenz am Ausgang.

Die in der CMOS-Schaltung auftretende Verlustleistung ist demnach der Frequenz direkt proportional und wird daher auch in der Einheit W/Hz angegeben. Sie kann bei hohen Schaltfrequenzen durchaus vergleichbare Werte, wie in der TTL-Technik annehmen (Tab. 3.2). Im statischen Betrieb sind CMOS-Schaltungen jedoch sehr verlustarm und eignen sich daher besonders für batteriebetriebene Geräte.

Exemplarisch soll hier der Inverter in CMOS-Technik vorgestellt werden. Die Schaltung in Bild 3.21 besteht aus einem N-Kanal- (T1) und einem P-Kanal-MOSFET (T2) vom Anreicherungstyp. Vom Eingangssignal werden diese beiden Transistoren gegensinnig angesteuert. Wenn der Eingang E auf H-Pegel (L-Pegel) liegt, so leitet T1 (T2) und T2 (T1) sperrt. Am Ausgang stellt sich L-Pegel (H-Pegel) ein. Belastet wird der Ausgang des CMOS-Inverters durch die Impedanz $\underline{Z}$. Da $\underline{Z}$ in der Regel die Eingangsimpedanz einer weiteren CMOS-Stufe ist, ist der ohmsche Anteil der Parallelschaltung des Widerstands R und der Kapazität C sehr hochohmig. Aus diesem Grund wird im stationären Fall der CMOS-Inverter kaum belastet. Nur beim Umschalten von L- auf H-Pegel und umgekehrt fließt ein Ladestrom über die innere und äußere Kapazität. Je öfter sie pro Zeitintervall umgeladen werden, umso größer ist die Stromaufnahme; die Verlustleistung von CMOS-Schaltungen steigt etwa proportional zur Frequenz der Eingangsrechteckspannung an, wie oben gezeigt.

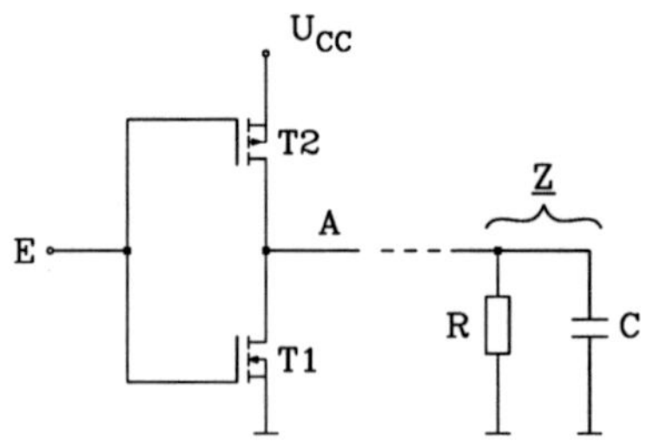

Bild 3.21: Inverter in CMOS-Technik

Vorteile der MOS-Technik gegenüber der TTL-Technik sind:

- Höhere Integrationsdichte (LSI, VLSI und ULSI)
- Bei kleiner Betriebsfrequenz geringere Verlustleistung
- Kleinere Eingangsströme
- Pegelmäßig höhere Störsicherheit bei CMOS-Schaltungen

Nachteile der MOS-Technik gegenüber der TTL-Schaltung sind:

- Empfindlich gegenüber elektrostatischen Aufladungen, es sind besondere Schutzmaßnahmen erforderlich
- Hochohmigere Schaltungen, sie sind daher empfindlicher gegenüber äußeren Störeinflüssen

3.4.3 Emitter Coupled Logic (ECL)

Die ECL-Bausteinfamilie wird in bipolarer Technik mit Siliziumtransistoren realisiert. Da in einem ECL-Gatter die Transistoren in einer Differenzverstärkerstufe angeordnet sind, arbeiten sie stets im ungesättigten Bereich. Daraus resultiert eine extrem kurze Gatterdurchlaufzeit von weniger als einer Nanosekunde pro Gatter. Die ECL-Technik wird dann eingesetzt, wenn extrem hohe Verarbeitungsgeschwindigkeiten gefordert sind, z.B. in Zentraleinheiten von Großrechnern. Die Integrationsdichte ist in der ECL-Technik nicht so groß wie bei vergleichbaren Bausteinen in TTL- oder MOS-Technik. Deshalb sind Schaltungen in ECL-Technik aufwendiger und teurer als entsprechende Schaltungen in TTL- oder MOS-Technik.

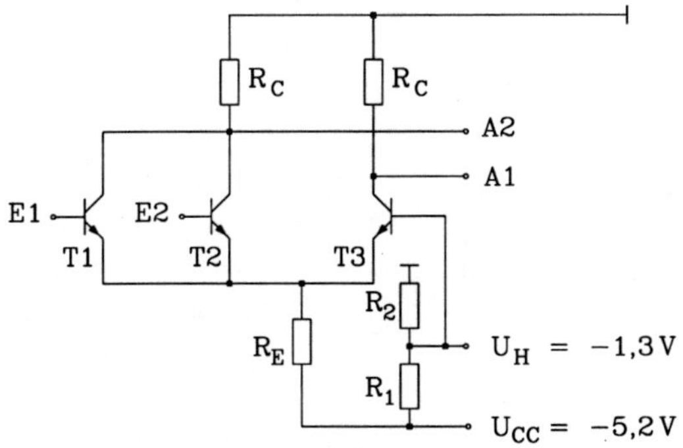

Bild 3.22: ODER-(NOR) Gatter in ECL-Technik

Wirkungsweise des ODER-(NOR) Gatters nach Bild 3.22: Das Gatter ist als Differenzverstärker aufgebaut. Für die in Bild 3.22 dargestellte Schaltung gilt als unterer H-Pegelgrenzwert am Eingang U_{IHmin} = -1,165 V und als oberer L-Pegelgrenzwert U_{ILmax} = -1,475 V. Liegen beide Eingänge E1 und E2 auf L-Pegel, so wird über die Hilfsspannung U_H = -1,3V der Transistor T3 aufgesteuert und es stellt sich am Ausgang A1 L-Pegel ein.

Der Ausgang A2 zeigt H-Pegel; es gilt: A2 = ¬ A1. Wird an einen der beiden Eingänge (oder an beide Eingänge) H-Pegel gelegt, so leitet der entsprechende Transistor (so leiten die Transistoren T1 und T2), da das Potential an der Basis des Transistors T1 oder T2 höher liegt als an der Basis von T3 (Differenzverstärkerprinzip). Als Folge stellt sich H-Pegel am Ausgang A1 und L-Pegel am Ausgang A2 ein. Bei positiver Logik gilt:

$$A1 = E1 \vee E2 \quad \text{(ODER – Gatter)}; \qquad A2 = \overline{E1 \vee E2} \quad \text{(NOR – Gatter)}$$

Eigenschaften:

– Logische Verknüpfung durch emittergekoppelte Parallel-Transistoren
– Signallaufzeit < 1ns/Stufe
– Integrationsgrad: SSI/MSI
– Geringer Störspannungsabstand: < 0,15V
– Hohe Verlustleistung: ≈ 30 mW/Gatter
– Nicht TTL-kompatibel, da $U_{CC} < 0$

Tab. 3.2: Kenndaten digitaler Schaltkreisfamilien

	TTL					CMOS Highspeed		ECL
Daten	Stand.	S	LS	ALS	AS	HC	HCT	Highspeed
U_{CC} (V)	5	5	5	5	5	5	5	−5,2
U_{OHmin} (V)	2,4	2,4	2,4	2,4	2,4	3,84	3,84	−1,025
U_{OLmax} (V)	0,4	0,5	0,4	0,5	0,5	0,33	0,33	−1,620
U_{IHmin} (V)	2,0	2,0	2,0	2,0	2,0	3,15	2,0	−1,165
U_{ILmax} (V)	0,8	0,8	0,8	0,8	0,8	0,9	0,8	−1,475
S_H (V)	0,4	0,4	0,4	0,4	0,4	0,69	1,84	0,14
S_L (V)	0,4	0,3	0,4	0,3	0,3	0,57	0,47	0,145
I_{IH} (mA)	0,04	0,05	0,02	0,02	0,02	0,001	0,001	0,35
I_{IL} (mA)	−1,6	−2	−0,4	−0,1	−0,5	−0,001	−0,001	0,0005
I_{OH} (mA)	−0,4	−1	−0,4	−0,4	−2	−4	−4	–
I_{OL} (mA)	16	20	8	8	20	4	4	–
$(\text{Fan-Out})_H$	10	20	20	20	40	4000	4000	10
$(\text{Fan-Out})_L$	10	10	20	80	100	4000	4000	10
P_V (mW)/Gatt.[1]	10	19	2	1	8,5	0,5/MHz[2]	0,5/MHz[2]	50[3]
t_{pd} (ns) [1]	10	3	10	4	1,5	8	8	0,75
$P_V \cdot t_{pd}$ (pJ) [1]	100	57	20	4	13	4/MHz[2]	4/MHz[2]	38
P_V (mW)/Gatt.[4]	12,5	21,7	2,5	1,6	8,5			
t_{pd} (ns) [4]	14	5	15	9	4	23	23	
$P_V \cdot t_{pd}$ (pJ) [4]	175	109	38	14	34			
f_{max} (MHz) [4]	35	125	40	70	200	40	40	400

[1] typische Werte
[2] $P_V \approx 0$ statisch, $P_V = 0{,}5$ mW/MHz dynamisch
[3] Lastwiderstand = 50 Ω
[4] Maximalwerte

Anmerkung:
Da für die einzelnen Schaltkreisfamilien unterschiedliche Testbedingungen vereinbart sind, die hier nicht alle berücksichtigt wurden, sind Abweichungen von den in den Datenblättern angegebenen Zahlenwerten möglich.

3.4.4 Trends bei der technologischen Weiterentwicklung

Jede der drei Technologien TTL, MOS und ECL hat ihre Vor- und Nachteile. Sie werden ständig weiterentwickelt, so dass in kurzer Folge Neuentwicklungen mit kürzeren Gatterdurchlaufzeiten, höheren Integrationsdichten und geringeren Verlustleistungen am Markt erscheinen. Die MOS-Technologie mit ihrer CMOS-Variante hat gegenüber der TTL-Technik mittlerweile an Marktanteilen gewonnen. Für digitale Baugruppen mit extrem kurzen Verarbeitungszeiten werden seit Mitte der 80er Jahre Bausteine in Gallium-Arsenid-Technologie angeboten. Diese neue Technologie entwickelt sich zunehmend als Konkurrenz zur ECL-Technologie, da sie Gatterdurchlaufzeiten von 10 ps erreicht. Entwürfe mit einzeln verdrahteten Gattern sind hierbei nicht mehr sinnvoll. In der Regel kann man diese extrem kurzen Zeiten nur innerhalb eines ICs, z.B. in einem ASIC (Kap. 3.5), nutzen.

3.5 Anwenderspezifische Bausteine (Application Specific ICs)

Anwenderspezifische Bausteine sind integrierte Schaltkreise, die eine nach Kundenwunsch ausgelegte Schaltung enthalten. Man unterscheidet bei den ASICs zwischen Fullcustom und Semicustom ICs. Während in der Vergangenheit das Fullcustom IC in der Gruppe der ASICs dominierte, ist nun ein verstärkter Trend in Richtung Semicustom IC und programmierbare Logik zu verzeichnen. Bei kleineren Stückzahlen ist die Entwicklung eines Fullcustom ICs nicht wirtschaftlich.

Beim Semicustom IC hat der Anwender die Möglichkeit, den IC-Entwurf mitzugestalten. Er kann mit Hilfe geeigneter Hardwarebeschreibungssprachen, z.B. VHDL den Schaltungsentwurf weitgehend selbst an einer Workstation oder an einem Personalcomputer vornehmen. Der Halbleiterhersteller führt danach die erforderlichen Fertigungsschritte für Gate Arrays oder Standardzellen-ICs durch. Entwicklungszeit und Kosten für die IC-Herstellung können dadurch drastisch gesenkt werden.

Tab. 3.3: Eigenschaften anwenderspezifischer ICs. (* z.B. NAND-Gatter mit 2 Eingängen)

Eigenschaften	Fullcustom IC	Standardzellen	Gate Array	PLD
Max. Anzahl äquival. Gatter*	500.000	100.000	100.000	2.000
Entwicklungs-zeit	1–2 Jahre	1–3 Monate	3–6 Wochen	1–2 Tage
Entwicklungs-kosten in DM	hoch ca. 200.000	mittel ca. 80.000	mittel ca. 70.000	niedrig ca. 500
Wirtschaftliche Stückzahlen	ab 50.000	ab 5000	ab 1000	ab 1

3.5.1 Fullcustom ICs

Beim Fullcustom IC wird der integrierte Schaltkreis vollständig vom Halbleiterhersteller auf Bestellung eines Kunden gefertigt. Der Entwurf wird, ähnlich wie beim Standard IC, auf Transistorebene vorgenommen und kann entsprechend optimiert werden. Die Herstellung eines Fullcustom ICs ist wirtschaftlich ab ca. 50.000. Obwohl umfangreiche Bausteinbibliotheken zur Verfügung stehen, benötigt man Monate bis Jahre bis zur Fertigstellung eines einsatzfähigen ICs.

3.5.2 Gate Array

Ein Gate Array ist ein vorgefertigter hochintegrierter Schaltkreis, der eine Vielzahl von Transistor-Arrays enthält. Mit Rechnerunterstützung kann der Anwender im Logikentwurf Transistoren zu Gattern (Gate: NOR, NAND usw.) verbinden. Die Gatter können zu höherwertigen logischen Strukturen (z.B. zu Flipflops und Zählern) zusammengefügt werden. Leistungsfähige CAE-Software mit umfangreichen Bibliotheken stehen für die Entwicklung eines Gate Arrays zur Verfügung. Der Anwender liefert den Logikentwurf oder das Layout an den Hersteller, der mit Hilfe von Metallisierungsmasken aus dem vorgefertigten Gate Array die vom Kunden gewünschte Schaltung erstellt.

Das Gate Array enthält an der Peripherie angeordnete Ein-/Ausgangstreiber und im Kern eine Vielzahl gleicher Zellen, die matrixförmig in Spalten und Zeilen angelegt sind. Jede Zelle wiederum enthält mehrere noch unverdrahtete Transistoren, die nach Angaben des Kunden im Fertigungsprozess beim Halbleiterhersteller miteinander verbunden werden. Die Verdrahtung wird bei Neuentwicklungen nicht mehr über Verdrahtungskanäle, sondern über Zellen, die auf der Chipfläche gleichmäßig verteilt sind, vorgenommen. Dieses Verfahren wird von den Herstellern mit dem Fachausdruck "Sea of Gates" bezeichnet. Für Gate Arrays werden die Technologien CMOS, ECL, TTL und GaAs verwendet.

3.5.3 Standardzellen IC

Für den Entwurf von Standardzellen ICs stellt der Hersteller eine Bibliothek von Makros, die Standardschaltungen (Gatter, Flipflops, Zähler, usw.) enthalten, zur Verfügung. Die Standardschaltung ist flächenoptimiert und wird in einer Zelle mit einheitlicher Höhe untergebracht. Im Layout für das IC werden dann diese Zellen lückenlos in Reihen angeordnet. Mit CAE-Hilfe kann der Entwickler aus den Standardzellen die gewünschte Schaltung kombinieren. Da die Standardzellen lückenlos in Reihen gepackt werden, wird eine nahezu 100prozentige Ausnutzung der Chipfläche erzielt.

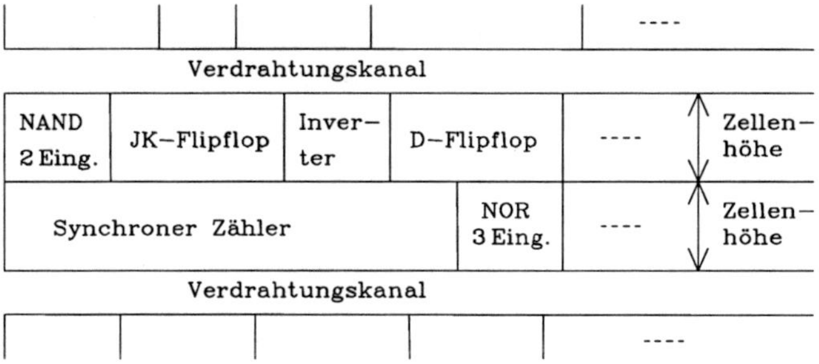

Bild 3.23: Beispiel für die Anordnung von Standardzellen auf der Chipfläche

Neben den Standardzellen mit normierter Höhe stehen für den Schaltungsentwurf auch sogenannte Makrozellen in unterschiedlichen Größen in einer Bibliothek zur Verfügung; sie enthalten komplexe Baugruppen, wie Mikroprozessoren, Mikrocontroller, Schreib-/Lesespeicher und Festwertspeicher.

Der Schaltungsentwurf wird ganz oder teilweise vom Kunden vorgenommen. Danach übernimmt der Halbleiterhersteller die vollständige Fertigung. Da das Standardzellen IC noch nicht vorgefertigt ist, kann die Chipfläche fast 100prozentig ausgenutzt werden.

3.6 Programmierbare Logik

Definition: Ein digitaler Schaltkreis, dessen Logikfunktion vom Anwender programmiert werden kann, wird als programmierbare Logik bezeichnet.

3.6.1 Programmable Logic Device PLD

Die ersten programmierbaren Bausteine sind 1971 von der Fa. MMI entwickelt und unter dem Firmennamen PAL (Programmable Array Logic) als Alternative zu der Palette von Schaltkreisfamilien angeboten worden. Mit einem PAL lassen sich logische Gleichungen in disjunktiver Form realisieren. Es werden zunächst die Eingangsgrößen in der Eingangsstufe aufbereitet und in negierter und nichtnegierter Form für die weitere Verarbeitung zur Verfügung gestellt. Die verstärkten Eingangsgrößen werden in einem programmierbaren Verbindungsfeld an die UND-Gatter angeschlossen und bilden so die UND-Verknüpfungen, die auch Produktterme genannt werden. Eine feste Verdrahtung der UND-Ausgänge mit den ODER-Eingängen sorgt für die disjunktive Verknüpfung der Produktterme (s. Bild 3.24).

Beim Programmieren werden durch Stromimpulse Sicherungselemente aus Titan-Wolfram durchgebrannt und damit eine bestehende Verbindung zwischen zwei Leitungen getrennt. Dieser Vorgang ist irreversibel. Analog zu der Entwicklung bei den Festwertspeichern werden auch reprogrammierbare PALs mit CMOS-EPROM-Zellen angeboten. Sie können elektrisch programmiert und über UV-Licht gelöscht werden.

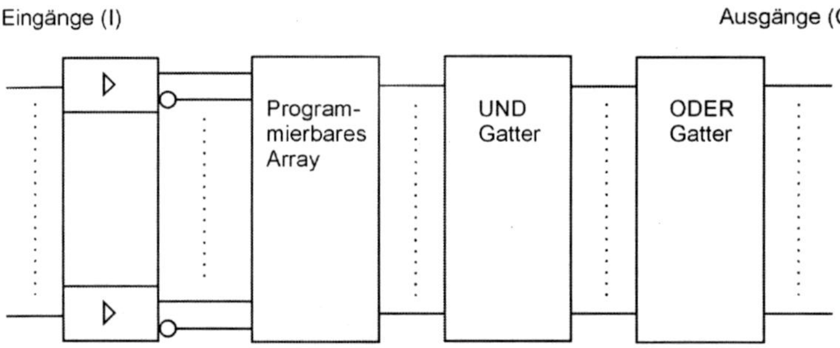

Bild 3.24: Grundstruktur eines PALs mit UND/ODER-Array

In Bild 3.25 ist die Prinzipschaltung eines PALs mit 4 Eingängen und 4 Ausgängen abgebildet. Das UND-Feld ist programmierbar und das ODER-Feld fest verdrahtet. Diese Ausführung eignet sich für die technische Realisierung eines Gleichungssystems mit 4 logischen Gleichungen in nichtnegierter disjunktiver Form mit maximal 4 Eingangsvariablen und 4 Produkttermen pro Gleichung.

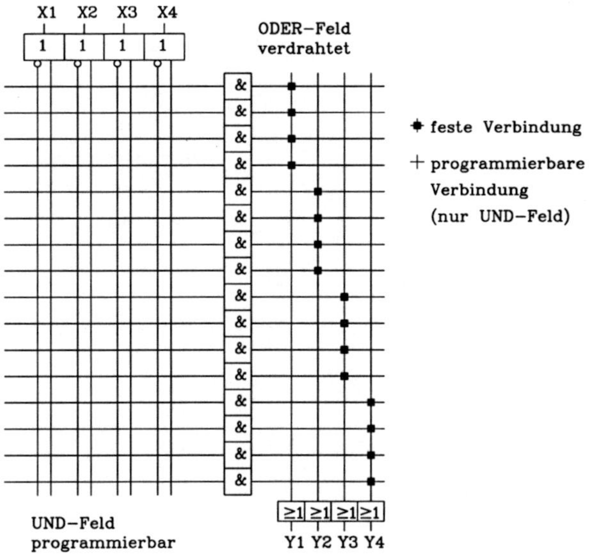

Bild 3.25: Prinzipieller Aufbau eines PALs mit 4 Ein- und 4 Ausgängen

a) Einfacher PAL ohne Registerausgang. PALs der Standardausführung sind für die Realisierung einfacher kombinatorischer Schaltungen (Schaltnetze) konzipiert (s. Bild 3.26). Die Ein- und Ausgabe digitaler Signale wird über folgende Anschlussarten vorgenommen:

- Eingang (Input I). Der gewidmete Eingang (Dedicated Input) ist nur für die Eingabe digitaler Signale zuständig.
- Ausgang (Output O). Der gewidmete Ausgang (Dedicated Output) ist nur für die Ausgabe digitaler Signale zuständig. In der Ausgangsstufe ist ein invertierender, threestatefähiger Treiber vorgesehen, der über einen Produktterm aktiviert oder hochohmig geschaltet werden kann.
- Ein-/Ausgang (Input/Output, I/O). Dieser Anschluss kann wahlweise als Eingang oder Ausgang verwendet werden.

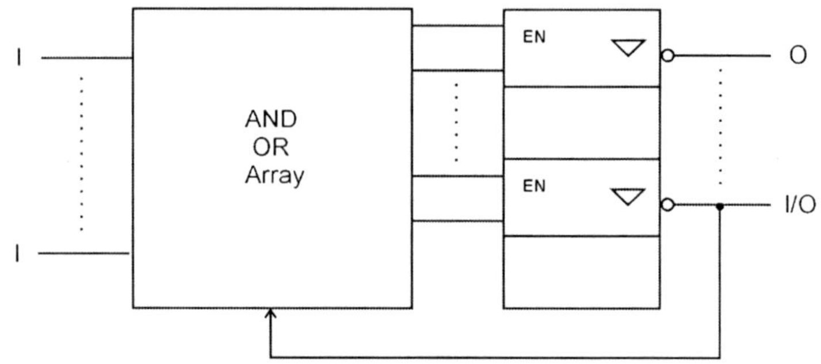

Bild 3.26: PAL mit invertierendem 3-State-Ausgang

Beispiele für PALs aus Standardserien 16R8 und 20R8:

- PAL 16L8: 10 Eingänge (I), 2 Ausgänge (O), 6 Ein-/Ausgänge (I/O)
- PAL 20L8: 14 Eingänge (I), 2 Ausgänge (O), 6 Ein-/Ausgänge (I/O)

Typische Anwendungen für einfache PALs: Kombinatorische Schaltungen, z.B. Codierer, Multiplexer, Demultiplexer, Komparatoren

b) PAL mit Registerausgang. Eine Weiterentwicklung und sinnvolle Ergänzung stellt die Gruppe der PALs mit Registerausgang dar (s. Bild 3.27). Unter Registerausgang versteht man eine Ausgangsstufe, die ein flankengesteuertes Flipflop (i.a. D-Flipflop) enthält, dessen Ausgang an den invertierenden Threestatetreiber angeschlossen ist.

Da bistabile Kippstufen (Flipflops) ausführlich erst in einem späteren Kapitel behandelt werden, soll hier kurz auf das flankengesteuerte D-Flipflop eingegangen werden. Ein flankengesteuertes D-Flipflop hat zwei Eingänge, den Dateneingang D und den Takteingang C. Weiterhin hat es einen Ausgang Q und häufig noch als zweiten Ausgang den negierten Ausgang ¬Q. Der Logikzustand am D-Eingang wird mit der aktiven Taktflanke übernommen und bis zur nächsten aktiven Taktflanke gespeichert. Die aktive Taktflanke kann positiv (Übergang von L- nach H-Pegel) oder negativ (Übergang von H- nach L-Pegel) ausgeführt sein. Die Übergangsfunktion für das D-Flipflop lautet: $Q^* = D$. Mehrere flankengesteuerte D-Flipflops können zu einem D-Register zusammengefasst werden. Sie werden von einem gemeinsamen Takt gesteuert (Bild 3.27).

Der negierte Ausgang ¬Q des Flipflops ist auf das programmierbare UND-Array rückgekoppelt. PAL-Bausteine dieser Struktur eignen sich gut für den Entwurf synchroner Zähler.

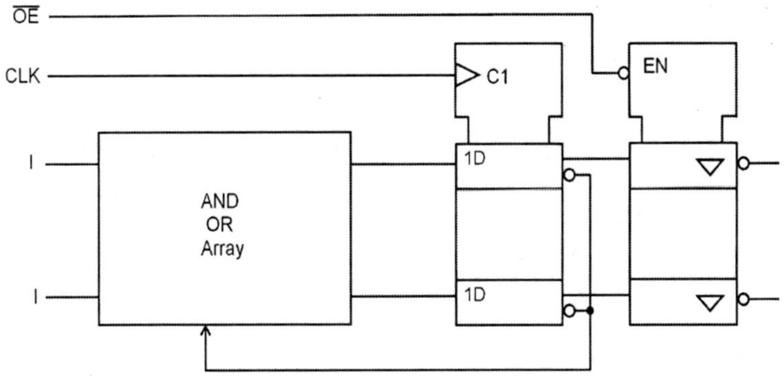

Bild 3.27: PAL mit Registerausgang

Beispiel: PAL 16R8: 8 Eingänge (I), 8 Registerausgänge (RO), 1 Takteingang (CLK) und 1 Steuerleitung (OE)

Anwendungen: Synchronzähler, Schieberegister, D-Register, einfache synchrone Schaltwerke

c) Kombinierter PAL. Ein kombinierter PAL enthält sowohl kombinatorische als auch Registerausgänge. Durch die Kombination der beiden Ausgangstypen ist der Entwurf von Schaltwerken leichter möglich.

Beispiele:

- PAL 16R6: 8 Eingänge (I), 6 Registerausgänge (RO), 2 Ein-/Ausgänge (I/O), 1 Takteingang (CLK) und 1 Steuerleitung (OE)
- PAL 16R4: 8 Eingänge (I), 4 Registerausgänge (RO), 4 Ein-/Ausgänge (I/O), 1 Takteingang (CLK) und 1 Steuerleitung (OE)

Anwendungen: Kombinierte Schaltungen mit Schaltwerken und Schaltnetzen

d) Universeller PAL (PAL mit programmierbarer Makrozelle). Hinweis: Die universellen PALs mit programmierbarer Makrozelle (Bild 3.29) haben aufgrund ihrer Flexibilität die oben erwähnten Standardtypen weitestgehend verdrängt. Aus dem Grunde soll hier exemplarisch auf den PAL22V10G der Fa. Cypress näher eingegangen werden.

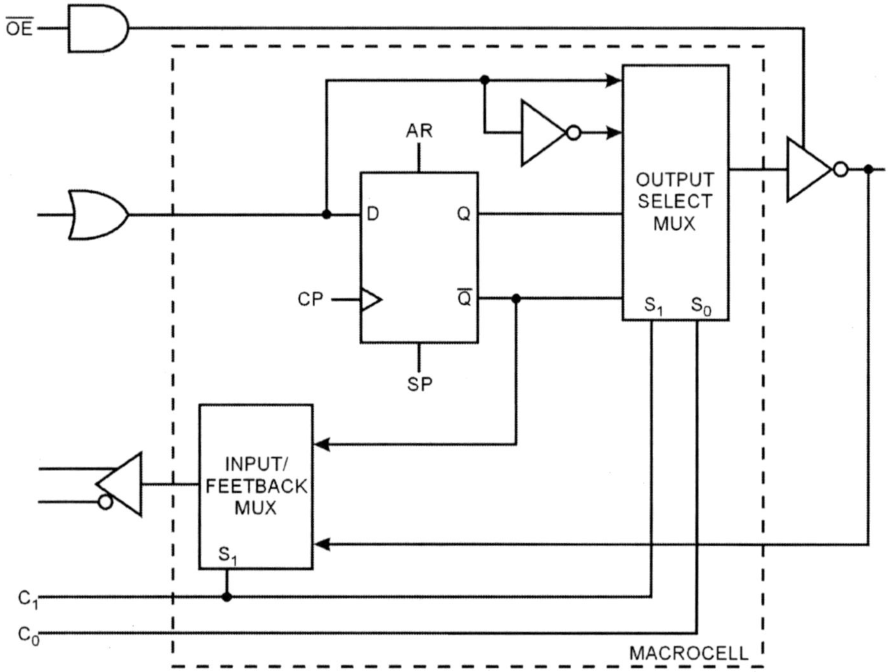

Bild 3.28: Programmierbare Makrozelle (PAL22V10G)

Die Ausgangsstufe eines universellen PALs besteht aus einer Makrozelle mit integrierter I/O-Zelle. Die Makrozelle beim PAL22V10G kann auf eine von 6 möglichen Betriebsarten programmiert werden:

- Bidirektioneller Betrieb mit kombinatorischem Ausgang (H-aktiv)
- Bidirektioneller Betrieb mit kombinatorischem Ausgang (L-aktiv)
- Registerrückführung und Registerausgang (H-aktiv)
- Registerrückführung und Registerausgang (L-aktiv)
- Bidirektioneller Betrieb mit Registerausgang (H-aktiv)
- Bidirektioneller Betrieb mit Registerausgang (L-aktiv)

Mit Hilfe der beiden Möglichkeiten am Ausgang (H- oder L-aktiv) lässt sich immer die disjunktive Minimalform in negierter oder nichtnegierter Form realisieren. Über den Threestatetreiber lassen sich die Ausgänge passiv (hochohmig) oder aktiv (H- oder L-Pegel) schalten. Das in der Makrozelle eingesetzte positiv flankengesteuerte D-Flipflop kann über AR asynchron rückgesetzt und über SP synchron gesetzt werden. Betriebsarten mit Registerausgang eignen sich besonders gut für den Entwurf synchroner Schaltwerke.

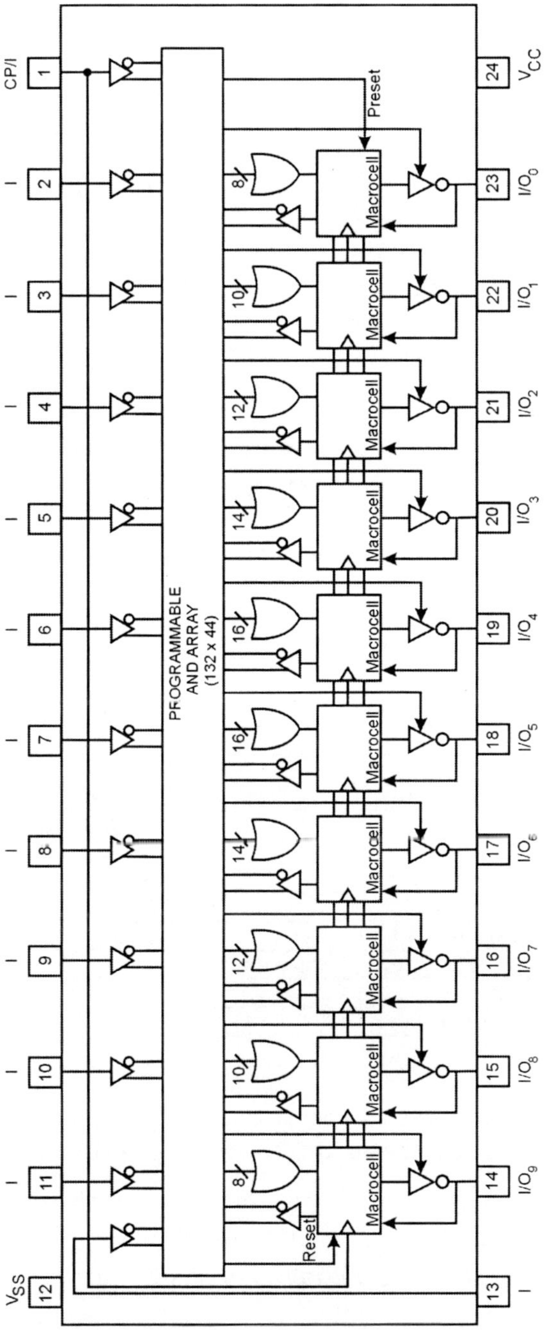

Bild 3.29: Universeller PAL mit Makrozellen (PAL22V10G, Fa. Cypress)

Man unterscheidet bei den universellen PALs drei Programmierarten:

- PALs mit Hardwaresicherungen (Ti-W-Fuse). Beim Programmieren werden durch einen Stromimpuls Sicherungselemente aus Titan-Wolfram durchgebrannt. Es wird die Verbindung zwischen zwei Leitungen getrennt. Die Programmierung ist irreversibel.
- Elektrisch programmierbare und UV-Licht löschbare PALs (EPROM-Prinzip). Zwei Leitungen werden nach dem Prinzip der Festwertspeicher vom Typ EPROM über einen Transistor mit Floating-Gate verbunden (Kap. 7). Diese Gruppe der PALs ist von den elektrisch lösch- und programmierbaren fast vollständig vom Markt verdrängt worden.
- Elektrisch lösch- und programmierbare PALs (EEPROM-Prinzip). Die elektrisch lösch- und programmierbaren PALs werden wie Festwertspeicher vom Typ EEPROM (Kap. 7) programmiert. Sie haben gegenüber den PALs mit Hardwaresicherungen den Vorteil, dass sie mehrfach reprogrammiert werden können. Nachteilig wirkt sich die größere Gatterdurchlaufzeit aus.

Tab. 3.4: Gegenüberstellung zweier PALs mit unterschiedlichen Programmierarten

Kenndaten	**PAL 22VP10G**	**PAL C22V10D**
Technologie	BICMOS	CMOS
Programmierart	Hardwaresicherung Ti-W-Fuse	EEPROM-Prinzip (reprogrammierbar > 100)
Eingänge	12 inkl. 1 Clockinput	
Makrozellen	10 Makrozellen mit 8...16 Produkttermen / Ausgang	
Preset	synchron über Produktterm	
Reset	asynchron über Produktterm zusätzlich: Reset bei power on	
Gatterdurchlaufzeit t_{pd}	4 ns	7,5 ns
Setzzeit (Setup time) t_S	2,5 ns	5 ns
Takt-Ausgangszeit (Clock to output time) t_{co}	3,5 ns	5 ns
Maximale externe Frequenz f_{max}	166 MHz	133MHz
Kapazität in Gatteräquivalenten	700...800	

Anmerkung:

Setzzeit ist die Zeitspanne vor der aktiven Taktflanke, in der sich das Signal am D-Eingang des Flipflops nicht ändern darf, damit eine sichere Datenübernahme erfolgen kann.

3.6.2 Complex Programmable Logic Device (CPLD)

Aus den Erfahrungen mit universellen PALS vom Typ 22V10 haben mehrere Firmen komplexe PLDs (Complex PLDs) mit einer Blockstruktur entwickelt. Jeder Block entspricht in etwa einem universellen PLD des Typs 22V10. Über eine programmierbare Schaltmatrix werden die Blöcke untereinander verbunden. Beispielhaft für die CPLD-Architekturen unterschiedlicher Hersteller soll hier die Serie Flash370 der Fa. Cypress (Bild 3.30) ausführlicher behandelt werden.

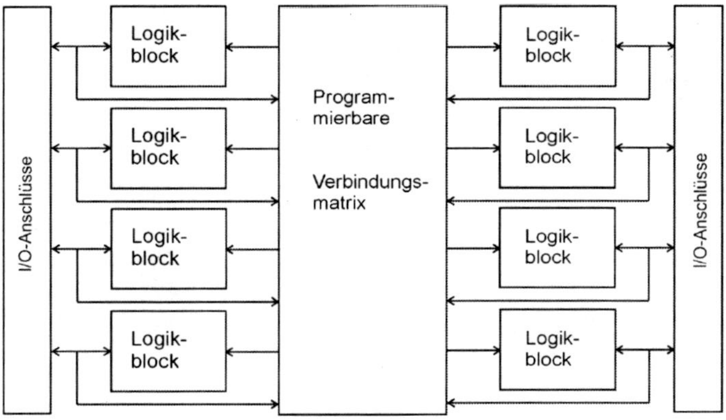

Bild 3.30: Blockschaltbild eines CPLDs vom Typ CY7C374/5

Die CPLD-Bausteinfamile Flash370 enthält CPLDs mit einer geraden Anzahl von Logikblöcken, die über eine programmierbare Verbindungsmatrix (Programmable Interconnect Matrix PIM) miteinander verbunden sind. Über I/O-Zellen werden digitale Signale ein- und ausgegeben.

Neben den universellen I/O-Anschlüssen sind noch gewidmete Eingänge und Takteingänge (im Blockschaltbild nicht eingezeichnet) vorhanden. Über programmierbare Eingangs-Makrozellen werden die Eingänge an die Verbindungsmatrix und über programmierbare Takteingangs-Makrozellen die Takteingänge an die Logikblöcke angeschlossen. Je nach CPLD-Typ sind 2 bis 4 Eingangs-Makrozellen (Input Macrocells) und 2 bis 4 Takteingangs-Makrozellen (Input/Clock Macrosells) vorhanden. Über die Eingänge kann der Baustein in einen definierten Anfangszustand gebracht werden. Da der CPLD mehrere Takteingänge besitzt, kann der Anwender für den Schaltungsentwurf mehrere voneinander unabhängige Taktsignale einsetzen. Mit Hilfe programmierbarer Inverter ist die Polarität der einzelnen Takte wählbar.

Jeder Logikblock hat sein eigenes Produktterm-Array, einen Produktterm-Allocator (Zuteiler) und 16 Makrozellen. Die Verbindungsmatrix verteilt die externen Eingangssignale der Anschlüsse und die internen Signale (Ausgänge der Logikblöcke) an die Logikblöcke.

Da beim CPLD die programmierten Verbindungswege vergleichbar sind, ergeben sich nahezu gleiche Verzögerungszeiten (t_{pd}) beim kombinatorischen Pfad vom Eingang zum Ausgang. Entsprechendes gilt auch für die Taktausgangszeit t_{co}.

Beispiel: *CY7C371*

- Kombinatorischer Pfad. Verzögerungszeit von einem beliebigen Eingang zu einem beliebigen Ausgang beträgt 8,5 ns.
- Registerpfad. Die Setzzeit (setup time) ts der flankengesteuerten Flipflops beträgt 5 ns und die Takt-Ausgangszeit (clock to output time) beträgt 6 ns.

3.6.3 Field Programmable Gate Array FPGA

3.6.3.1 Allgemeiner Aufbau eines FPGAs

FPGAs bestehen im Wesentlichen aus matrixförmig angeordneten Logikblöcken, Ein-Ausgabeblöcken (I/O-Blöcken), die am Rand angeordnet sind, und einem Verbindungsnetz (Routing-Kanäle). Die Logikblöcke, Ein-/Ausgabeblöcke und das Verbindungsnetz sind programmierbar.

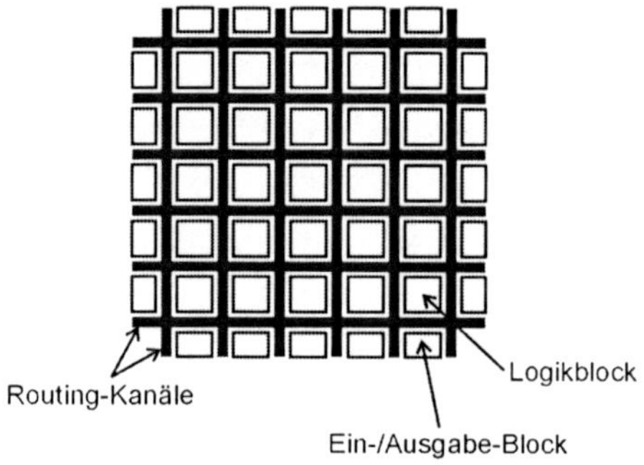

Bild 3.31: Prinzipschaltung eines FPGAs

Ein FPGA ist ähnlich aufgebaut wie ein Gate Array. Das Gate Array besteht aus einem Array von Transistoren, die anwenderspezifisch über feste Verbindungen geroutet werden. Das FPGA hingegen enthält ein Array von Logik- sowie Ein-Ausgabeblöcken, die über programmierbare horizontal und vertikal verlaufende Kanäle verbunden werden. Im Vergleich zu einem CPLD hat der Logikblock eine einfachere Struktur als eine Makrozelle. Komplexe digitale Funktionen erhält man durch Kombination vieler Logikblöcke. Diese Blöcke müssen plaziert und geroutet (miteinander verbunden) werden.

Für FPGAs werden überwiegend zwei Programmiertechniken eingesetzt: SRAM und Antifuse. Im Folgenden soll aus jeder Gruppe ein typischer FPGA vorgestellt werden.

3.6.3.2 FPGA mit Antifuse-Link

Antifuse-Link (Hardware-Verbindung) ist das Gegenstück zum Fuse-Link. Während beim Fuse-Link ein Sicherungselement aus Polisilizium oder Titan-Wolfram-Verbindungen durch Schmelzen unterbrochen wird, wird beim Antifuse-Link eine elektrisch leitende Verbindung beim Programmieren hergestellt. Beispielhaft soll hier das ViaLink-Element (Cypress, Quicklogic) erläutert werden.

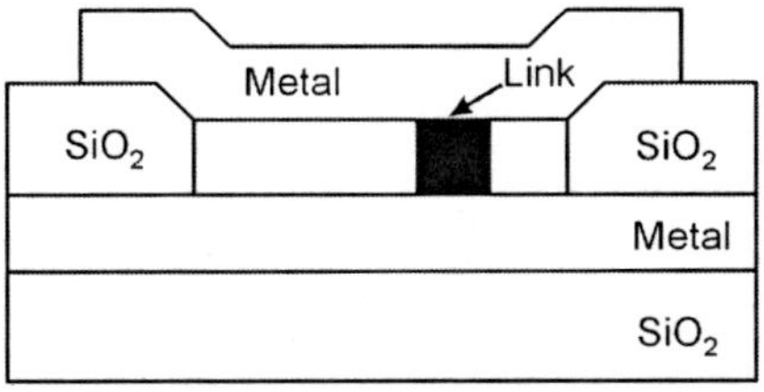

Bild 3.32: ViaLink-Element als Beispiel für ein Hardware-Verbindungselement

Das ViaLink-Element (Bild 3.32) befindet sich zwischen zwei Metall-Lagen eines CMOS-Prozesses. Die beiden Metallagen sind auf der Basis von Titan-Wolfram-Legierungen aufgebaut. Sie sind durch amorphes Silizium voneinander getrennt. Infolge des großen Abstandes zwischen den beiden Metall-Layern erhält man im unprogrammierten Zustand einen sehr hochohmigen Widerstand von etwa 50 MΩ. Beim Programmieren werden die beiden Metallagen kontaktiert. Im programmierten Zustand ergibt sich ein kleiner Übergangswiderstand von etwa 50 Ω. Die Programmierung ist irreversibel, ViaLink-Elemente können nur einmal programmiert werden.

Logikblöcke und I/O-Blöcke der Antifuse-FPGAs unterscheiden sich von Hersteller zu Hersteller. Im allgemeinen haben sie eine einfachere Struktur als die entsprechenden beim SRAM-FPGA. Weiterhin haben die Logikblöcke des Antifuse-FPGAs mehr Ein- und Ausgänge als die Logikblöcke beim SRAM-FPGA.

Exemplarisch für die Gruppe der FPGAs mit Antifuse-Link sei hier die Familie pASIC380 der Fa. Cypress erwähnt. Die Bausteine werden im CMOS-Prozess (0,65 micron) hergestellt.

Die pASIC380-Logikzelle (Bild 3.33) hat zwei UND-Gatter mit sechs Eingängen, vier UND-Gatter mit zwei Eingängen, drei Multiplexer und ein flankengesteuertes D-Flipflop mit asynchronem Set und Reset sowie 23 Eingänge und 5 Ausgänge. Mit Hilfe einer Logikzelle lassen sich mehrere einfache logische Gleichungen unabhängig voneinander realisieren. Alternativ zu den kombinatorischen Ausgängen kann auch das Signal OZ über das D-Flipflop geführt werden, so dass ein Registerausgang zur Verfügung steht. Für komplexere Schaltnetze oder Schaltwerke werden entsprechend viele Logikzellen kaskadiert.

Der I/O-Block (Bild 3.34) ist sehr einfach aufgebaut. Für die Ausgabe steht ein ODER-Gatter mit zwei Eingängen, von denen einer invertierend ist, und ein angeschlossener Three-State-Treiber zur Verfügung. Der Anschluss kann als Eingang genutzt werden, wenn der Three-State-Treiber hochohmig geschaltet ist. Das Eingangssignal wird über einen Buffer verstärkt und an einen Logikblock geführt.

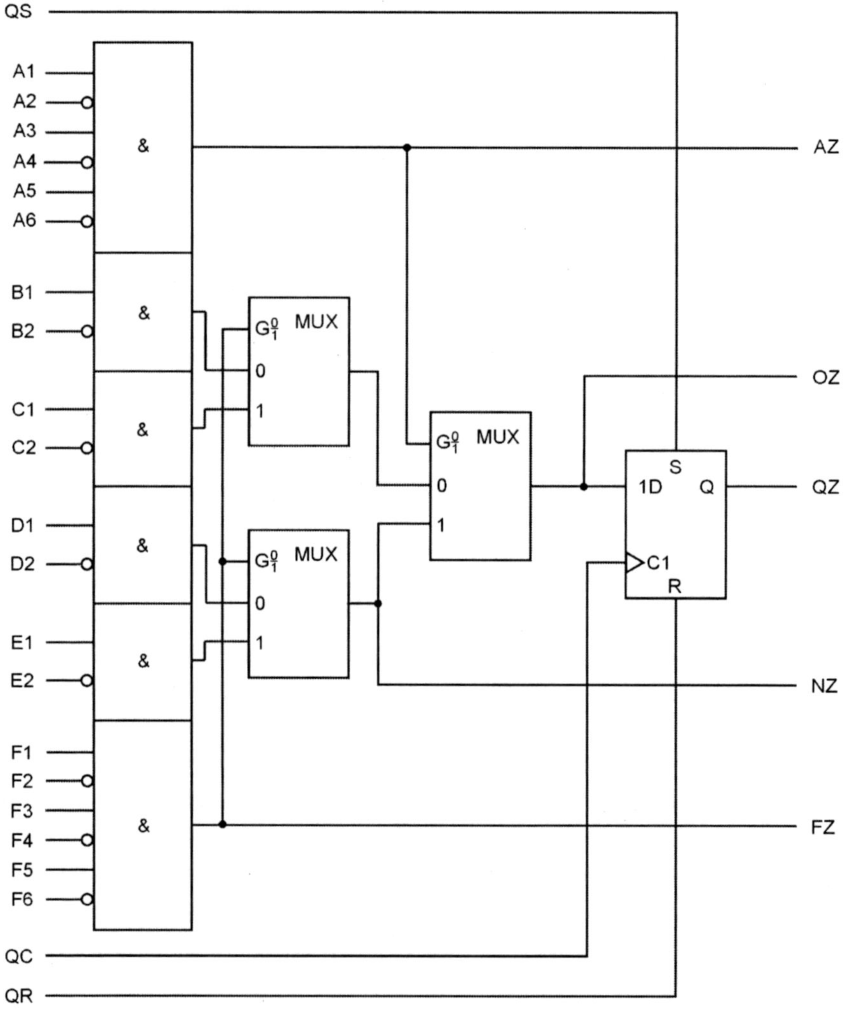

Bild 3.33: Logikzelle eines FPGAs pASIC380

Neben den I/O-Blöcken sind auch noch Eingangstreiberzellen und kombinierte Takt-/Eingangstreiberzellen vorhanden. In der Eingangstreiberzelle wird ein gewidmeter Eingang verstärkt und am Treiberausgang sowohl negiert als auch nichtnegiert zur Verfügung gestellt. Die Takt/Eingangstreiberzelle enthält alle Merkmale einer Eingangstreiberzelle und zusätzlich noch einen Ausgang mit einem hohen Fan-Out für Taktsignale.

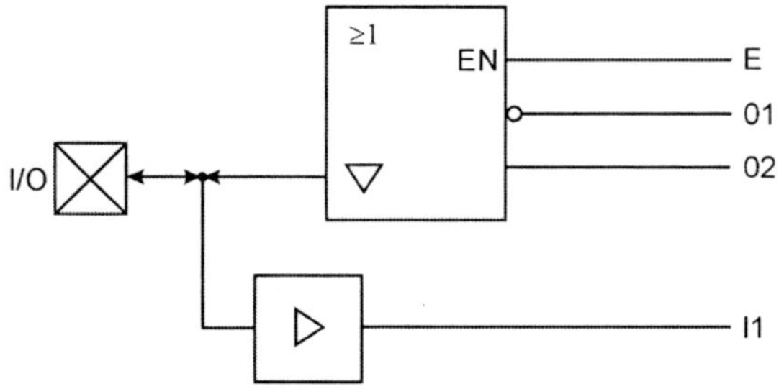

Bild 3.34: Bidirektionale I/O-Zelle

3.6.3.3 FPGA mit SRAM-Verbindungselement

Eine SRAM-Verbindungszelle besteht aus einer statischen Speicherzelle (SRAM, s. Kap. 7), die einen Multiplexer oder einen Schalttransistor ansteuert. Mit Hilfe von Multiplexern wird ein Eingangssignal ausgewählt und auf den Ausgang durchgeschaltet. Über Schalttransistoren lassen sich Verbindungen zwischen Verbindungssegmenten herstellen. Der Übergangswiderstand des leitenden Schalttransistors beträgt etwa 1 kΩ. Die SRAM-Verbindungszellen werden nach dem Einschalten der Stromversorgung programmiert, sie können beliebig oft gelöscht und reprogrammiert werden. Beim Abschalten der Stromversorgung geht die Programmierung verloren.

Der Vorteil des Antifuse-Links gegenüber dem SRAM-Verbindungselement ist der wesentlich geringere Platzbedarf (Faktor 3 bis 8) und die damit höhere Flexibiltät beim Routen. Außerdem ist die Signallaufzeit beim Antifuse-Link etwa um den Faktor 2 kleiner. FPGAs mit SRAM-Zellen haben den Vorteil, dass sie beliebig oft konfiguriert werden können. Dadurch eröffnet sich die Möglichkeit, eine Hardware für unterschiedliche Aufgaben einzusetzen. Es muss lediglich ein neue Konfigurationsdatei geladen werden. Die ersten FPGAs sind von der Fa. Xilinx als SRAM-FPGAs am Markt eingeführt worden. Der Vorteil der frühen Markteinführung hat dazu geführt, dass SRAM-FPGAs technologisch weiter entwickelt sind als Antifuse-FPGAs. Mit den SRAM-FPGAs werden z.Zt. auch die höchsten Integrationsdichten erreicht.

Exemplarisch wird hier der prinzipielle Aufbau eines Logikblocks und eines I/O-Blocks der Serie XC4000 (Fa. Xilinx) vorgestellt, der bei den FPGAs als Industriestandard gilt.

a) Konfigurierbarer Logikblock (Configurable Logic Block CLB). Der Logikblock wird vom Hersteller als konfigurierbarer Logikblock (Configurable Logic Block CLB) bezeichnet. Er besteht aus drei Funktionsgeneratoren, mehreren Multiplexern, zwei flankengesteuerten D-Flipflops und zusätzlicher Hardware für den Aufbau schneller Addierer und kleiner Datenspeicher (RAM) von 16 Bit (Bild 3.35).

Ein Funktionsgenerator dient zur Realisierung kombinatorischer Logik. Er arbeitet nach dem Prinzip eines programmierbaren Speichers mit wahlfreiem Zugriff. Die Eingangsvariblen bilden hierbei die Adresse, unter der die Logikzustände der Ausgangsvariablen abgespeichert werden. Somit kann für eine bestimmte Eingangsvariablenkombination sofort auf den Wert der Ausgangsvariable zugegriffen werden. Die beiden Funktionsgeneratoren mit 4 Eingängen und einem Ausgang realisieren jeweils eine Wahrheitstabelle mit 4 Eingangsvariablen und einer Ausgangsvariablen. Das Aufstellen und Minimieren logischer Gleichungen ist nicht mehr erforderlich. Der dritte Funktionsgenerator hat drei Eingänge, die beiden Ausgänge der Funktionsgeneratoren G' und F' sowie einen weiteren Eingang. Werden die drei Funktionsgeneratoren kombiniert, so lässt sich damit eine kombinatorische Schaltung aufbauen, die durch eine Wahrheitstabelle mit neun Eingängen und einem Ausgang beschrieben wird.

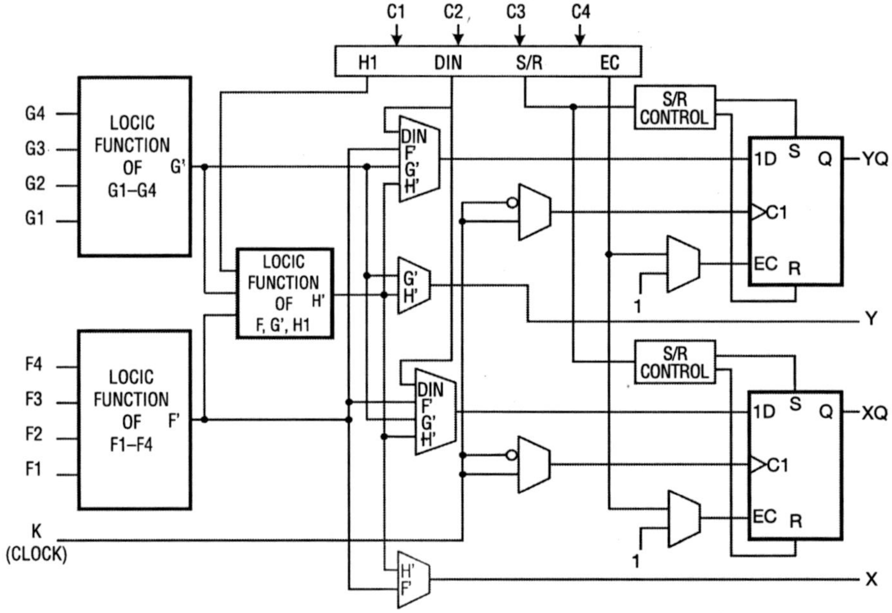

Bild 3.35: Konfigurierbarer Logikblock eines SRAM-FPGAs (XC 4000)

Über nachgeschaltete Multiplexer wird das gewünschte (programmierte) Signal an einen der vier Ausgänge durchgeschaltet. Zur Auswahl stehen zwei kombinatorische Ausgänge X und Y sowie zwei Registerausgänge XQ und YQ. Zwei flankengesteuerte D-Flipflops mit je einem asynchronen Setz- und Rücksetzeingang bilden die Registerausgänge. Das Taktsignal wird über einen separaten Anschluss auf einen Multiplexer gegeben, der so programmiert werden kann, dass entweder die positive oder die negative Flanke am D-Flipflop wirksam wird.

Weitere Eigenschaften in Kurzform:

- SD asynchroner Setzeingang (Set) und RD asynchroner Rücksetzeingang (Reset).
- Globaler Reset oder Set nach Einschalten der Versorgungsspannung programmierbar.
- D-Eingang ist über Multiplexer wählbar.
- D-Flipflop ist flankengesteuert (positive oder negative Flanke) mit Enable Clock EC

Besonderheiten:

- Fast Carry (Schneller Übertrag). Die beiden Funktionsgeneratoren mit je 4 Eingängen können als 2-Bit-Addierer mit schnellem Übertrag (fast carry) eingesetzt werden. So lässt sich z. B. ein 16-Bit-Addierer (Verzögerungszeit = 20,5 ns) mit 9 CLBs aufbauen. Als weiteres Beispiel sei ein ladbarer 16-Bit-Synchronzähler (fmax = 40 MHz) mit 9 CLBs genannt.
- Wide Edge Decoder (Breiter Eingangsdecoder). Unter Wide Edge Decoder versteht man verdrahtete UND-Gatter mit vielen Eingängen (24 beim XC4002 bis 96 beim XC4025), die an jeder Ecke des Bausteins untergebracht sind. Wide Decoders sind besonders für die Adressdecodierung großer Mikroprozessorsysteme (z. B. Pentium-Prozessoren) geeignet. Ein Decoder kann aufgeteilt werden in zwei kleine.
- Über Multiplexer werden die Steuereingänge C1, C2, C3 und C4 an die internen Signale H1, DIN, S/R, und EC verteilt. Beliebige Zuordnung ist möglich.
- On-Chip Memory. Funktionsgeneratoren können optional auch als RAM mit zweimal 16x1 Bit oder einmal 32x1 Bit genutzt werden. Beispielhaft sei die Konfiguration 16x1 Bit genannt:
- Adresse RAM1: F1, F2, F3, F4 und Adresse RAM2: G1, G2, G3, G4
- Gemeinsamer Schreibeingang WE: H1
- Dateneingänge: RAM1 D0 (DIN) und RAM2 D1 (S/R)
- Datenausgänge: Y, X
- Zugriffszeiten: Read-Access = 5,5 ns und Write-Access = 8 ns

b) Ein-/Ausgabeblock (Input/Output Block IOB). Ein IOB bildet die Schnittstelle zwischen dem externen Anschluss (Pad) und der internen Logik. Der Block IOB entspricht einer Makrozelle bei einem PAL. Jeder Anschluss kann als Eingang, Ausgang oder Ein-/Ausgang programmiert werden.

Eingangskonfigurationen:

- Pull-Up-Widerstand, Pull-Down-Widerstand, kein interner Widerstand
- TTL-kompatibel mit 1,2-V-Schwelle und einer Hysterese von 300 mV (Schmitttrigger-Effekt)

- Kombinatorischer oder Registereingang (D-Flipflop mit wählbarer Flanke). Signal am D-Eingang des Flipflops kann verzögert werden (Routing-Probleme!).

c) Programmable Interconnects (Programmierbare Verbindungen). Alle internen Verbindungen bestehen aus Metallsegmenten und programmierbaren Schaltmatrizen. Beim XC4000 sind die Ein- und Ausgänge der CLBs an den 4 Seiten gleichmäßig verteilt. Die Anzahl der Routing-Kanäle ist abhängig von der Anzahl der Logikblöcke, die im FPGA verwendet werden. Ein Routing-Schema wird entworfen, um für den mittleren Routing-Pfad einen möglichst kleinen Widerstand und eine minimale Kapazität zu erreichen.

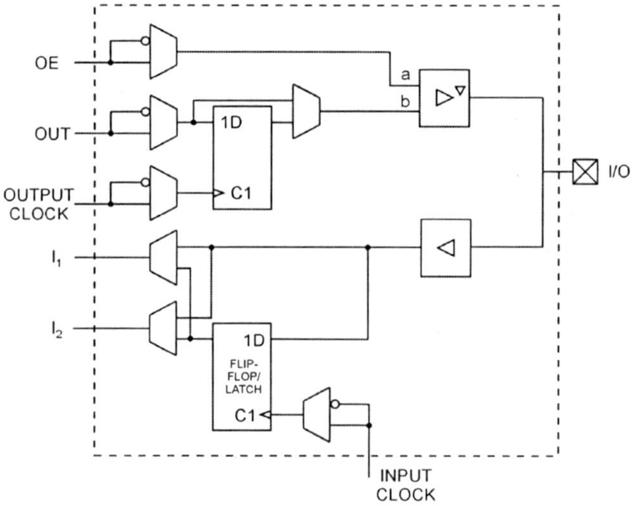

Bild 3.36: Vereinfachtes Blockschaltbild eines I/O-Blocks (XC 4000)

Man unterscheidet drei Haupttypen, gekennzeichnet nach der relativen Segmentlänge:

- Single-length Lines (Leitungen einfacher Länge)
- Double-length Lines (Leitungen doppelter Länge)
- Longlines (Lange Leitungen)
-

Single-length Lines (SLL). Die SLLs bilden ein Gitter von horizontalen und vertikalen Leitungen, die einen Logikblock CLB umgeben. An den Schnittpunkten befindet sich jeweils eine Schaltmatrix. Eine Schaltmatrix besteht aus Schalttransistoren, die die Leitungen bei Bedarf miteinander verbindet. Eine Leitung von rechts kann mit einer SLL links, oben oder unten verbunden werden. SLLs werden zur Verbindung benachbarter Logikblöcke eingesetzt.

Double-length Lines (DLL). Metallsegmente, die zweimal so lang sind wie SLLs, werden double-length lines (DLL) genannt. Sie werden an zwei CLBs vorbeigeführt, bevor sie an eine Schaltmatrix angeschlossen werden. DLLs sind in Paaren gruppiert, gestaffelt mit den Schaltmatrizen, so dass jede Leitung durch eine Schaltmatrix geführt wird, die auf einer anderen CLB-Seite liegt. Wie bei SLLs können alle CLB-Eingänge – außer Takteingänge – über DLLs versorgt werden. Ausgänge können an nahe gelegene DLLs sowohl vertikal als auch horizontal angeschlossen werden.

Longlines (LL). LLs bilden ein Netz von Metallsegmenten über die gesamte Länge oder Breite des Arrays. Zusätzliche vertikale LLs werden von einem speziellen globalen Buffer getrieben. Diese Leistungstreiber sind in der Lage, Takte und Steuersignale mit einem hohen Fan-Out für zeitkritische Anwendungen zu verstärken.

Jede LL hat im Zentrum (Weghälfte durch das Array) einen programmierbaren Verteilungsschalter, der die LL in zwei Routing-Kanäle mit der halben Länge bzw. Breite aufteilen kann.

CLB-Eingänge können von einem Ableger (Subset) der vorbeiführenden LL versorgt werden. CLB-Ausgänge werden an eine LL über 3-State-Buffer oder SLL angeschlossen.

SLLs und LLs können an Kreuzungspunkten miteinander verbunden werden. DLLs können nicht an SLLs oder LLs angeschlossen werden.

3-State Buffer. In jedem CLB sind zwei 3-State-Buffer (TBUF) vorgesehen, je einer über und unter dem Block. Ein Buffereingang kann von einem der 4 Ausgänge X, Y, XQ und YQ oder von einer benachbarten SLL angesteuert werden. Weitere 3-State-Buffer sind auf der rechten und linken Seite des Arrays in der Nähe der IOBs angeordnet. Diese Buffer treiben bidirektionale Busse über horizontale LLs. Auf jeder Seite sind programmierbare Pull-Up-Widerstände vorgesehen, mit denen eine verdrahtete UND-Funktion mit vielen Eingängen realisiert werden kann.

Global Net. Für die Taktverteilung sind 4 primäre und 4 sekundäre Global-LLs vorgesehen. Die primären Global-LLs haben eine sehr kurze Verzögerungszeit nahezu unabhängig von der Last, während die sekundären eine geringfügig größere Verzögerungszeit und stärkere Lastabhängigkeit haben.

d) Boundary Scan (Test an der Schaltungsperipherie). Boundary Scan (BS) bietet die Möglichkeit mit Hilfe zusätzlicher im FPGA vorhandener Logik, die am Rand des Arrays untergebracht ist, effiziente und sichere Tests durchzuführen. Wenn die BS-Konfiguration gewählt ist, werden 3 normale I/O-Anschlüsse als Testeingänge für die Testfunktion fest zugeordnet. Der Test wird nach dem IEEE-Boundary-Standard 1149.1 durchgeführt, der speziell für das Testen von Elektronik-Boards entwickelt wurde.

Prinzip beim BS:

Beim Entwurf der digitalen Schaltung wird eine Standard-Testlogik in der Schaltung vorgesehen. Diese Teststruktur wird einfach mit einer seriellen und/oder parallelen Verbindung eines Interfaces mit 4 Anschlüssen auf einem BS-kompatiblen IC implementiert.

Der Anwender kann Befehle und Daten seriell in die Teststruktur laden, um Ausgangstreiber und Eingangssignale zu testen.

e) Konfiguration der Schaltungsfunktion. Unter Konfiguration versteht man die Programmierung der CLBs, der IOBs und der Verbindungselemente inklusive Schaltmatrizen. Die XC4000-Familie verwendet etwa 350 Bits innerhalb der Konfigurationsdatei pro CLB und seiner Verbindungen. Mit jedem Bit wird der Logikzustand einer SRAM-Zelle eingestellt. SRAM-Zellen steuern z.B. Look-Up-Tables in den Funktionsgeneratoren, Multiplexer, Polarität der Flipfloptakte, Schaltmatrizen.

Das eingesetzte Entwicklungssystem übersetzt den Schaltungsentwurf in eine Netzlistendatei. Die in PROM-Format vorliegende Datei enthält alle Informationen über Partitionierung, Platzierung und Routing des Designs.

FPGAs der XC4000-Familie haben drei Eingänge M0, M1 und M2, über die der Konfigurationsmodus festgelegt wird. Es gibt drei selbstladende Mastermodes, zwei Peripheriemodes und einen seriellen Slavemode.

Tab. 3.5: Konfigurationsmodes der XC4000-Familie

M2 M1 M0	Takt CCLK	Daten	Konfigurationsmode
0 0 0	Ausgang	bitseriell	Master Serial
1 1 1	Eingang	bitseriell	Slave Serial
1 0 0	Ausgang	byteseriell	Master Parallel Up 00000H
1 1 0	Ausgang	byteseriell	Master Parallel Down 3FFFFH
0 1 1	Eingang	byteseriell	Peripheral synchroner Mode
1 0 1	Ausgang	byteseriell	Peripheral asynchroner Mode
0 1 0	--	--	Reserve
0 0 1	--	--	Reserve

Kurzbeschreibung der Konfigurationsmodes:

- Mastermode. Beim Mastermode wird ein interner Taktgenerator (8 MHz) mit Frequenzteiler (500 kHz, 16 kHz, 490 Hz und 15 Hz) verwendet, um einen externen Festwertspeicher mit den Konfigurationsdaten anzusteuern. Als Festwertspeicher kann entweder ein Standard-EPROM oder ein serielles PROM (8 Anschlüsse) eingesetzt werden.
- Master Serial Mode. Der FPGA taktet über CCLK das Konfigurations-PROM. Das PROM hat einen internen Adresszähler, der mit jedem Takt (CCLK) erhöht wird. Über den Datenausgang DATA werden die Konfigurationsbits seriell an den FPGA (DIN) übergeben. Der FPGA steuert Beginn und Ende des Datentransfers über die Anschlüsse PROGRAM und DONE.
- Master Parallel Mode. Im Parallel Mode wird ein Standard EPROM (z.B. 8Kx 8 Bit) als Konfigurationsspeicher eingesetzt. Die Adressen werden vom FPGA vorgegeben und das EPROM übergibt die Konfigurationsbits parallel an den 8 Datenausgängen, die im FPGA seriell weiterverarbeitet werden. Die Adressen

können entweder im UP-Modus (M1 = 0) mit der Anfangsadresse 00000H oder im DOWN-Modus (M1 = 1) mit der Anfangsadresse 3FFFFH im EPROM gespeichert sein. Diese beiden Möglichkeiten berücksichtigen die unterschiedlichen Adressierungen in verschiedenen Mikroprozessorsystemen.

- Peripheral Mode. Im Peripheral Mode werden Konfigurationsdaten byteweise über einen Datenbus übergeben. Der FPGA steuert die Übergabe mit Hilfe des READY/BUSY-Anschlusses. Im asynchronen Mode erzeugt der interne Oszillator den Takt CCLK, der die übernommenen Datenbytes serialisiert. Beim synchronen Mode wird ein externer Takt über den Anschluss CCLK die Serialisierung der Datenbytes vornehmen.
- Slave Serial Mode. Im Slave Serial Mode empfängt der FPGA mit der positiven Flanke des externen Taktes an CCLK die Konfigurationsdaten seriell. Hierbei besteht die Möglichkeit von einem Mikrocomputer mehrere FPGAs zu konfigurieren.

Tab. 3.6: Vergleich zwischen CPLD und FPGA

CPLD	**FPGA**
Wenige Logikblöcke mit großer Anzahl von Makrozellen	Viele Logikblöcke mit kombinatorischer Logik und 1-2 Flipflops
Kurze Wege	Lange Wege
Platzierung und Routing fest vorgegeben	Platzierung und Routing variabel
Schaltzeiten sind direkt vorhersagbar	Schaltzeiten sind abhängig von der Größe des Designs, der Platzierung und dem Routen
Hohe Taktfrequenzen unabhängig von der Schaltung sind erreichbar.	Taktfrequenzen sind stark abhängig von der Größe der Schaltung.
Kleine und mittelgroße Schaltungen.	Geeignet für sehr komplexe Schaltungen.

Herstellerfirmen für FPGAs: Actel, Antifuse, Concurrent Logic, Altera, Xilinx,

Literatur zu Kap. 3: [1, 4, 10, 11, 17, 22, 44, 54, 58, 63, 92, 93, 97, 103, 112, 120, 126, 130, 137, 138, 143, 144]

4 VHDL als Entwurfs- und Simulationssprache

Die Kap. 4.1 bis 4.6 sind für den Einstieg in VHDL gedacht. Markierte Kapitel (grau unterlegt) können zunächst überschlagen werden. In einem Nachschlagekapitel (Kap. 4.8) sind die VHDL-Grundbegriffe zusammengestellt.

4.1 Einführung in VHDL

Das Kürzel VHDL steht für:

V VHSIC Very High Speed Integrated Circuit
H Hardware
D Description
L Language

Die Hardwarebeschreibungssprache VHDL ist in den Jahren 1970–1980 im Rahmen von US-Verteidigungsprojekten in den USA entwickelt und als IEEE-Standard 1076-1987 veröffentlicht worden. Im Jahr 1993 erschien eine neue Version mit kleinen Änderungen. VHDL gilt inzwischen als eine Hardwarebeschreibungssprache, die als internationaler Standard in allen wichtigen Industrieländern zur Beschreibung, Synthese und Simulation digitaler Schaltungen eingesetzt wird.

VHDL wurde ursprünglich für die Beschreibung und Simulation komplexer digitaler Schaltungen entwickelt, um eine einheitliche Dokumentation für alle digitalen Schaltungen zu ermöglichen. Inzwischen wird VHDL im gleichen Maße für die Synthese digitaler Systeme verwendet. Seit Anfang der 90er Jahre wird VHDL international eingesetzt und hat inzwischen von allen Hardwarebeschreibungssprachen die größte Verbreitung gefunden. VHDL ist eine universelle Designsprache zur Beschreibung beliebiger technischer Systeme. Hier wird die Anwendung auf digitale Systeme beschränkt.

4.2 Motivation zum Erlernen von VHDL in einem Grundkurs

Der Entwurf eines komplexen digitalen Systems, in dem ASICs oder programmierbare Logik (Kap. 3) verwendet wird, ist ohne Einsatz einer Hardwarebeschreibungssprache nicht mehr durchführbar. Im Gegensatz dazu wird im Grundkurs "Digitaltechnik" fast ausschließlich der traditionelle Ausbildungsweg (Wahrheitstabelle und

KV-Diagramm) eingeschlagen. In diesem Lehrbuch versuchen die Autoren, den Lesern einen einfachen Einstieg in VHDL zu geben. Beim Entwurf von kombinatorischen und sequentiellen digitalen Schaltungen werden sowohl die traditionelle Methode mit Wahrheitstabelle, Übergangsbedingungen und KV-Diagramm als auch die moderne mit Hilfe der Hardwarebeschreibungssprache VHDL behandelt.

Wer Vorkenntnisse in einer höheren Programmiersprache hat, wird Ähnlichkeiten zwischen VHDL und einer Programmiersprache entdecken. Das mag den Einstieg in die Hardwarebeschreibungssprache VHDL erleichtern. Es soll aber von vornherein deutlich gemacht werden, dass VHDL für Hardwarebeschreibungen entwickelt wurde und andere Ziele im Vergleich zu einer Programmiersprache hat. Der wesentliche Unterschied ist die Parallelverarbeitung in einem Hardwaresystem im Vergleich zur sequentiellen Abarbeitung in einem Rechnerprogramm.

Es soll im Folgenden deutlich gemacht werden, dass mit wenigen Grundkenntnissen in VHDL schon umfangreiche digitale Schaltungen modelliert und somit entworfen werden können. Zunächst werden die Kenntnisse vermittelt, die für den Entwurf kombinatorischer Schaltungen erforderlich sind. Zur Motivierung des Lesers werden von Anfang an Beispiele miteinbezogen. Im Einzelfall ist dabei ein Vorgriff auf VHDL-Begriffe erforderlich, die in Kap. 4.8 ausführlich erläutert werden.

4.3 Grundlagen

VHDL unterstützt unterschiedliche Entwurfsmethoden, wie Top-Down und Bottom-Up. Außerdem ist die Wiederverwendbarkeit von getesteten VHDL-Modellen, die in Bibliotheken abgelegt sind, leicht möglich. Es lassen sich mit VHDL kombinatorische und sequentielle Schaltungen gleich gut entwerfen. Die Schaltungssynthese mit VHDL wird zunächst unabhängig von der Hardware durchgeführt. Sie ist damit auf unterschiedliche Hardwaresysteme portierbar.

Aufgrund der vielfältigen Einsatzgebiete ist VHDL eine sehr mächtige Hardwarebeschreibungssprache, die nach der Philosophie moderner Programmiersprachen entwickelt wurde. Sie unterstützt besonders den Entwurf komplexer Systeme, die in einem Team mit mehreren Mitarbeitern entwickelt werden. Aus Gründen der Übersichtlichkeit verzichten die Autoren auf eine vollständige Darstellung aller Designmittel. Einige zusätzliche Möglichkeiten werden in einem weiterführenden Kapitel (Kap. 4.7) beschrieben. Weiterhin sei auf das große Angebot an Literaratur (s. Kapitelende) hingewiesen.

Die Grundbausteine im VHDL-Entwurf sind die Entity (Black Box, Schnittstelle) und die Architecture (Architektur, Funktion). Die Entity kann eine gesamte Schaltung oder einen Teil einer Hardware repräsentieren. Eine Entity kann wiederum in hierarchisch angeordnete Blöcke (Kap. 4.7) untergliedert werden.

4.4 Entity-Deklaration

In der Entity werden nach dem Prinzip der Black Box die erforderlichen Ein- und Ausgänge (Ports) deklariert. Im Einzelnen werden die Namen der Ports genannt sowie die Datentypen und Signalrichtungen festgelegt.

Anmerkung: Im Folgenden werden Schlüsselwörter (Kap. 4.8.1, Tab. 4.7) innerhalb von VHDL-Modellen fett gedruckt.

Beispiel zur Entity-Deklaration:

```
entity und_2 is port (                -- und_2 ist Entity-Name
    x1, x2:        in bit;            -- x1, x2, y sind Signalnamen der Ports
    y:             out bit);          -- in, out kennzeichnet die Signalrichtung
end und_2;                            -- bit ('0' oder '1') ist der Datentyp
```

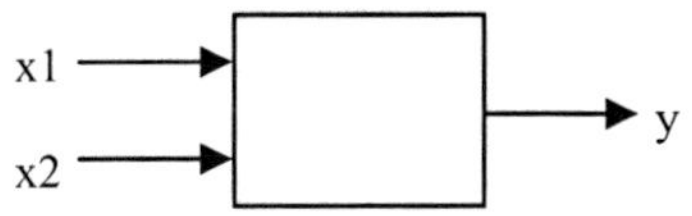

Bild 4.1: Entity-Deklaration eines UND-Gatters mit zwei Eingängen und einem Ausgang

Port. Ein Port ist ein binäres Ein-, Augangs- oder Ein-/Ausgangssignal. Ebenfalls erlaubt sind binäre Signalgruppen (Vektoren). Ports sind Signale, sie gehören zur Gruppe der Datenobjekte (Kap. 4.8.2) und entsprechen den Bauteilanschlüssen.

Modus. Mit Modus wird die Richtung des Signalflusses durch die Ports beschrieben. Man unterscheidet vier Modi: In, Out, Buffer und Inout. Die Kennzeichnung für "In" kann entfallen. Ein nach IEEE Standard VHDL möglicher Modus "Linkage" wird hier nicht weiter behandelt.

Ähnlich wie in Programmiersprachen werden für Datenobjekte (hier Ports) Datentypen festgelegt, die innerhalb von VHDL streng überprüft werden. In einer Tabelle werden die für die Synthese digitaler Schaltungen häufig eingesetzten Datentypen aufgelistet und kurz beschrieben. Für eindimensionale Felder (Vektoren) ist der Datentyp "bit_vector" bzw. "std_logic_vector" vorgesehen. Bei der Deklaration wird die Anzahl der Elemente in aufsteigender oder absteigender Reihenfolge festgelegt. Dazu einige Beispiele für beide Datentypen mit dem Vektor x als Port:

- bit_vector (0 **to** 7) Reihenfolge der Elemente: x(0), x(1), ... x(7)
- std_logic_vector (0 **to** 15) Reihenfolge der Elemente: x(0), x(1), ... x(15)
- bit_vector (7 **downto** 0) Reihenfolge der Elemente: x(7), x(6), ... x(0)
- bit_vector (3 **to** 8) Reihenfolge der Elemente: x(3), x(4), ... x(8)
- std_logic_vector (5 **downto** 0) Reihenfolge der Elemente: x(5), x(4), ... x(0)

Hinweis:

Die Reihenfolge der Elemente innerhalb eines Vektors spielt eine Rolle bei der Bestimmung von Attributen eines Datentyps sowie bei der Konvertierung von Vektoren in Integerzahlen. Elemente des Vektors können über den Vektornamen und die in Klammern gesetzte Ordnungsnummer angesprochen werden.

Tab. 4.1: Kurzbeschreibung der Ein- und Ausgabemodi für Ports

Modus	**Datenfluss**	**Besonderheit**
In	Von außen in die Entity.	Externer Treiber steuert den Port.
Out	Aus der Entity nach außen.	Treiber innerhalb der Entity. Rückkopplung vom Ausgang auf innere Eingänge ist nicht erlaubt.
Buffer	Aus der Entity nach außen.	Treiber innerhalb der Entity. Rückkopplung vom Ausgang auf innere Eingänge ist erlaubt.
Inout	Bidirektional, von außen in die Entity und umgekehrt.	Signaltreiber können innerhalb oder außerhalb angeordnet sein. Rückkopplung auf innere Eingänge ist erlaubt.

Tab. 4.2: Zwei- und mehrwertige Datentypen für binäre Signale und Signalgruppen

Datentyp	Werte	Anmerkungen
Bit	'0' und '1'	Zweiwertiger Logiktyp, vordefiniert im IEEE 1076
bit_vector	'0' und '1'	Zweiwertiger Logiktyp für Felder (Vektoren), vordefiniert im IEEE 1076
std_ulogic und std_logic	'0' Forcing 0 '1' Forcing 1 '-' Don't-care 'Z' High Impedance 'U' Uninitialized 'X' Forcing Unknown 'W' Weak Unknown 'L' Weak 0 'H' Weak 1	Neunwertiger Logiktyp, definiert im IEEE 1164 Package. Der Datentyp ist ein Standardtyp für Logikentwürfe. Folgende Zeilen erlauben den Zugriff auf die entsprechende Funktion: Library ieee; use ieee.std_logic_1164.all;
std_ulogic_ vector und std_logic_vector	'0', '1', '-', 'Z', 'U', 'X', 'W', 'L', 'H'	Neunwertiger Logiktyp für Felder, definiert im IEEE 1164 Package. Für jedes Element des Vektors gilt der Datentyp std_logic (s.o.). Der Zugriff auf die entsprechende Funktion erfolgt entsprechend (s.o.).

Sowohl für den Datentyp "bit" als auch für den Datentyp "std_ulogic" ist nur ein Treiber erlaubt. In einer nebenläufigen Anweisung darf einem Signal nur ein Wert zugewiesen werden. Signalkonflikte bei einer mehrfachen Wertzuweisung werden bei diesen Datentypen nicht aufgelöst (unresolved).

Der Datentyp "std_logic" ist ein Subdatentyp von "std_ulogic". Für diesen Datentyp dürfen mehrere Treiber existieren. Mit Hilfe einer Auflösungsfunktion wird festgelegt, welcher Wert dem Signal bei Verwendung zweier Treiber zugewiesen wird. Anhand einer Tabelle (Tab. 4.3) sind für sämtliche Konfliktfälle die Werte festgelegt, die dem Signal zugewiesen werden.

Der IEEE-Standard empfiehlt, den Subtypen std_logic auch dann zu verwenden, wenn ein Signal nur einen Treiber besitzt [9]. Nachteilig wirkt sich bei dieser Vorgehensweise aus, dass bei nicht beabsichtigter Verwendung mehrerer Treiber Fehler nicht sofort erkannt und gemeldet werden. In diesem Lehrbuch wird gemäß IEEE-Empfehlung der aufgelöste Datentyp "std_logic" verwendet. Da die VHDL-Modelle, die in zahlreichen Beispielen angegeben werden, relativ einfach und überschaubar sind, wird überwiegend der Datentyp "std_logic" verwendet. Er ist vielseitiger als der Datentyp "bit" und erlaubt die Anwendung von redundanten Termen ('-') und Threestate-Ausgängen ('Z'). Im Vergleich zum nicht aufgelösten datentyp "std_ulogic" ist die Anwendung des Überladens von Operatoren (Kap. 4.7.3) beim Datentyp "std_logic" deutlich einfacher. Für die Modellierung komplexer VHDL-Systeme ist zu prüfen, ob der nicht aufgelöste Datentyp "std_ulogic" besser geeignet ist.

Tab. 4.3: Tabelle mit den Auflösungswerten für zwei Treiber im Signalkonfliktfall

Treiber	**'U'**	**'X'**	**'0'**	**'1'**	**'Z'**	**'W'**	**'L'**	**'H'**	**'-'**
'U'	'U'	'U'	'U'	'U'	'U'	'U'	'U'	'U'	'U'
'X'	'U'	'X'	'X'	'X'	'X'	'X'	'X'	'X'	'X'
'0'	'U'	'X'	'0'	'X'	'0'	'0'	'0'	'0'	'X'
'1'	'U'	'X'	'X'	'1'	'1'	'1'	'1'	'1'	'X'
'Z'	'U'	'X'	'0'	'1'	'Z'	'W'	'L'	'H'	'X'
'W'	'U'	'X'	'0'	'1'	'W'	'W'	'W'	'W'	'X'
'L'	'U'	'X'	'0'	'1'	'L'	'W'	'L'	'W'	'X'
'H'	'U'	'X'	'0'	'1'	'H'	'W'	'W'	'H'	'X'
'-'	'U'	'X'	'X'	'X'	'X'	'X'	'X'	'X'	'X'

4.4.1 Einfache Entity-Deklaration ohne Parameterübergabe

Die einfache Entity-Deklaration ohne Parameterübergabe besteht im Wesentlichen aus dem Schlüsselwort "entity", einer Portliste mit den Namen der Ein- und Ausgänge sowie einer End-Anweisung.

Die Kurzbeschreibung der Syntax wird – wie in Programmiersprachen üblich – nach der Backus-Naur Form (BNF) /IEEE Std.1076-1993 LRM/ vorgenommen. Folgende Abkürzungen gelten für die formalen Beschreibungen:

- {} optional, kann wiederholt angewendet werden
- [] optional, kann nur einmal angewendet werden

Syntax in allgemeiner Form:

```
entity entity_name is
    port (port_list);
end [entity] [entity_ name];
```

Anmerkung: Die Port_list enthält die Signalnamen, die Modi sowie die Datentypen der Ein- und Ausgänge.

Syntax der Port_list:

```
[signal] bezeichner {, bezeichner}: [modus] datentyp [:= wert]
{;[signal] bezeichner {, bezeichner}: [modus] datentyp [:= wert]}
```

Anmerkung: "wert" ist der Defaultwert

```
-- Beispiel zu einer einfachen Entity-Declaration
-- UND-Gatter mit drei Eingaengen

entity und_3 is
port (
    x1, x2, x3: in bit;        -- Eingaenge
    y: out bit);               -- Ausgaenge
end entity und_3;
```

Anmerkung:

Mit "--" werden Kommentare gekennzeichnet, sie sind bis zum Zeilenende gültig. Die meisten Compiler akzeptieren keine Umlaute und Sonderzeichen innerhalb der Kommentare.

4.4.2 Erweiterte Entity-Deklaration mit Parameterübergabe

Die Generic_list enthält Parameter (Generic-Konstanten, Generics), deren Werte der Entity von außen übergeben werden können. Damit ist ein Modell konfigurierbar. So ist mittels eines Generics ein UND-Gatter mit variabler Anzahl von Eingängen modellierbar. Die feste Wertübergabe für die Anzahl der Eingänge kann nach dem Compilieren erfolgen. In der Generic_list werden in der Regel Defaultwerte vorgegeben.

Syntax:

```
entity entity_name is
    generic (generic_list);
    port (port_list);
end [entity] [entity_ name];
```

Generic_list nach BNF:

```
bezeichner {, bezeichner}: [modus] datentyp [:= wert]
{;[signal] bezeichner {, bezeichner}: [modus] datentyp} [:= wert]}
```

Hinweis: "wert" ist der Defaultwert

Beispiel zu Entity mit zwei Generic-Werten

```
entity schaltnetz is          -- Schaltnetz mit n Eingaengen und m Ausgaengen
generic (
    n: integer := 8;          -- Defaultwert 8 fuer den Vektor x vorgeben
    m: integer := 5);         -- Defaultwert 5 fuer den Vektor y vorgeben
port (
    x: in bit_vector (0 to n-1);
    y: out bit_vector (0 to m-1));
end schaltnetz;
```

Das Schaltnetz ist parametrisierbar bzgl. der Eingänge und Ausgänge.

4.4.3 Entity-Declaration mit Entity-Anweisungen

In einer Entity-Deklaration sind auch Entity-Anweisungen (Entity-Statements) möglich. Diese sind innerhalb einer Entity passiv. Eine Wertzuweisung ist innerhalb der Entity nicht möglich. Die Entity-Anweisungen dienen der Überprüfung von Bedingungen (Assertions) und der Ausgabe von Warnungen (Kap. 4.7.1). Sie sind für die Synthese digitaler Schaltungen nicht erforderlich und werden innerhalb der Einführung in VHDL nicht verwendet.

Syntax:

```
entity entity_ name is
    generic (generic_list);
    port  (port_list);
begin
    entity_statements;
end [entity] [entity_name];
```

4.5 Architecture

Architecture beschreibt den Inhalt der Entity, die eigentliche Funktion der Black Box. Hierbei sind die beiden grundlegenden Architekturstile Verhaltensbeschreibung (Behavioral description) und Strukturbeschreibung (Structural description) möglich. Auch eine Kombination beider Stile wird in der Praxis verwendet.

Syntax in allgemeiner Form:

```
architecture architecture_name of entity_name is
    deklarationen              -- Deklarationszone
begin
    anweisungen                -- Anweisungszone
end [architecture] [architecture_name];
```

In der Deklarationszone werden Datentypen, Signale, Konstanten, Komponenten, etc. deklariert. Zu den Anweisungen zählen:

Prozessanweisung (process statement), nebenläufige Anweisung (concurrent statement), Komponenteninstanzen-Anweisung (component instantiation statement), Generate-Anweisung (generate statement), etc.. Sie werden in den nachfolgenden Kapiteln ausführlich behandelt.

4.5.1 Verhaltensbeschreibung (Behavioral description)

In der Verhaltensbeschreibung wird auf der algorithmischen Ebene die Architektur einer Entity durch einen Satz von Anweisungen (Befehlen) modelliert. Diese Beschreibung auf hohem Level entspricht der Programmierung in einer Hochsprache, z.B. in C. In VHDL stehen dem Anwender zwei Anweisungstypen zur Verfügung: Nebenläufige Anweisungen (Concurrent Statements) und sequentielle Anweisungen (Sequential Statements).

Im Folgenden werden zunächst nebenläufige Anweisungen erläutert. Sie sind für den Einstieg in die VHDL besser geeignet als die komplizierteren sequentiellen Anweisungen, die innerhalb eines Prozesses verwendet werden.

4.5.2 Nebenläufige Anweisungen in der Verhaltensbeschreibung

Die in den Beispielen verwendeten Zeichen bzw. Schlüsselwörter sollen in einer Tabelle kurz erläutert werden. In Kapitel 4.8 werden sie ausführlich behandelt. Die folgenden nebenläufigen Anweisungen (concurrent statements) werden nebenläufig (parallel) ausgeführt. Durch nebenläufige Anweisung lässt sich eine sehr kompakte Form der Modellierung asynchroner Schaltungen erreichen.

Tab. 4.4: Ausgewählte Zeichen und Schlüsselwörter für nachfolgende Beispiele

Zeichen bzw. Schlüsselwort	Bedeutung
<=	Zuweisungszeichen für Signale (Ports)
:=	Zuweisungszeichen für Variable
- -	Mit diesem Zeichen wird ein Kommentar in einer Zeile gekennzeichnet.
=>	Bedeutung: es folgt
others	Bedeutung: alle weiteren Möglichkeiten
not, and, or, nand, nor, xor, xnor	Logische Verknüpfungen: Negation, UND, ODER, NAND, NOR, Exklusiv-ODER, Exklusiv-NOR

4.5.2.1 Nebenläufige Signalzuweisung

Mit der Signalzuweisung ("<=") wird die Datenübergabe an ein Signal beschrieben. Bei der Änderung eines Wertes rechts von "<=" wird automatisch der Signalwert erneuert. Für die Simulation ist eine zeitabhängige Zuweisung mit "after zeit_wert" möglich. Mit der Signalzuweisung lassen sich logische Gleichungen (mit vorgegebenen Verzögerungszeiten) modellieren.

Syntax:

[label_name:] signal_name <= [**transport**]
wert-zeit-zuweisung

Für "wert-zeit-zuweisung" wird eingesetzt:

wert_1 [**after** zeit_wert_1]
{, wert_i [**after** zeit_wert_i]};

Für "wert_1" bzw. "wert_i" kann entweder ein konstanter Wert, ein Ausdruck oder ein Signalname eingesetzt werden. Der Zeitwert wird durch einen Zahlenwert mit einer Zeiteinheit (Kap. 4.8.3.1) angegeben.

Beispiele:

- y <= a; -- y erhält den Wert des Signals a
- z <= '1'; -- z wird auf '1' gesetzt
- y <= (x1 **and** x2) **or** (**not** x1 **and** x3); -- Gleichung in disjunktiver Form
- y <= x1 and x2 after 10 ns; -- Zuweisungen von von x1, x2 nach 10 ns
- x <= **transport** '0', '1' **after** 10 ns, '0' **after** 20 ns, '1' **after** 30 ns;

Anmerkung:

Die Anweisung "after zeit_wert" hat keinen Einfluss auf die Synthese, sie dient zur Simulation. Mit dieser Anweisung lassen sich Testdaten zur Stimulation des VHDL-Modells generieren.

4.5.2.2 When-Else-Anweisung

Zur bedingten Signalzuweisung dient die Anweisung "when-else".

Syntax:

[label_name:] signal_name <= [**transport**]
  wert-zeit-zuweisung_a **when** bedingung_a **else**
  wert-zeit-zuweisung_b **when** bedingung_b **else**
  u.s.w.
  wert-zeit-zuweisung_n;

Für "wert-zeit-zuweisung" gilt die Vereinbarung von Signalzuweisung (s.o.).

Beispiele:

- y <= '1' **when** en = '1' -- Threestate-Ausgang y wird '1' fuer en = '1'
  else 'Z'; -- andernfalls ist der Ausgang hochohmig
- y <= x1 **when** adresse = "00" **else**
  x2 **when** adresse = "01" **else**
  x3 **when others**;
- y <= '0' **when** (a = '0' **and** b = '1') **else**
  '1' **when** a = '1';

4.5.2.3 With-Select-When-Anweisung

Zur selektierten Signalzuweisung dient die Anweisung "with-select-when".

Syntax:

[label_name:] **with** ausdruck **select**
signal_name <= [transport]
  wert-zeit-zuweisung_a **when** auswahl_a,
  wert-zeit-zuweisung_b **when** auswahl_b,
  u.s.w.
  wert-zeit-zuweisung_n **when** auswahl_n;

Für "wert-zeit-zuweisung" gilt die Vereinbarung von Signalzuweisung (s.o.).

Beispiele:

- **with** adresse **select** -- adresse ist ein Vektor mit 2 Elementen
  y <= x1 **when** "00", -- Falls adresse = "00", dann wird y gleich x1.
  x2 **when** "01", -- Falls adresse = "01", dann wird y gleich x2.
  x3 **when** "10", -- Falls adresse = "10", dann wird y gleich x3.
  x4 **when** "11"; -- Falls adresse = "11", dann wird y gleich x4.
- **with** x **select** -- x ist ein Vektor mit 3 Elementen
  y <= "00" **when** "000", -- y ist ein Vektor mit 2 Elementen
  "01" **when** "001",
  "10" **when** "010",
  "11" **when** others; -- y wird "11" fuer alle weiteren Faelle

4.5.2.4 *Anwendungsbeispiele mit nebenläufigen Anweisungen*

Nebenläufige Anweisungen lassen sich gut für die Modellierung einfacher Schaltnetze (kombinatorischer Schaltungen) einsetzen. Anhand von vier einfachen Beispielen soll die Modellierung demonstriert werden.

Beispiel 1: VHDL-Modell eines NAND-Gatters mit drei Eingängen

```
entity nand_3 is port(              -- nand_3 ist der Entity-Name
    x1, x2, x3:     in bit;         -- Zweiwertige Logik für Ein- und Ausgaenge
    y:              out bit);
end nand_3;

-- Architektur mit Hilfe logischer Gleichungen
-- Bezug zu Entity erfolgt über den Namen nand_3
architecture logik of nand_3 is     -- logik ist der Architecture-Name
begin
    y <= not (x1 and x2 and x3);    -- Modellierung mit einer logischen Gleichung
end logik;
```

Beispiel 2: VHDL-Modell eines NAND-Gatters mit 3-State-Ausgang

Für die mehrwertige Logik des Datentyps "std_logic" ist der Zugang zu der Bibliothek mit Hilfe der beiden folgenden Anweisungen möglich:

```
library ieee;
use ieee.std_logic_1164.all;
entity nand_3_tristate is port(
    x1, x2, x3, en_y:   in std_logic;     -- Datentyp std_logic
    y:                  out std_logic);   -- fuer mehrwertige Logik
end nand_3_tristate;

-- Architektur mit Hilfe einfacher Verhaltensbeschreibung
architecture verhalten of nand_3_tristate is
begin
    y <= not (x1 and x2 and x3) when en_y = '1'    -- Ausgang aktiv
        else 'Z';                                   -- Ausgang hochohmig
end verhalten;
```

Beispiel 3: Entwurf eines Schaltnetzes mit Hilfe logischer Gleichungen

Die logischen Gleichungen lauten:

$Y1 = X1 \vee \overline{X2}\,X3 \vee \overline{X1}\,X2$ 1. Gleichung

$Y2 = X3 \vee \overline{X1}\,X3 \vee \overline{X1}\,\overline{X2}$ 2. Gleichung

$Y3 = X2 \vee \overline{X2}\,X3$ 3. Gleichung

```
entity schaltnetz is port(          -- Schaltnetz mit 3 Ein- und 3 Ausgaengen
    x1,x2,x3:       in bit;         -- Eingaenge
    y1,y2,y3:       out bit);       -- Ausgaenge
end schaltnetz;
```

```
architecture verhalten of schaltnetz is
begin
    y1 <= x1 or (not x2 and x3) or (not x1 and x2);      -- 1. Gleichung
    y2 <= x3 or (not x1 and x3) or (not x2 and not x1);  -- 2. Gleichung
    y3 <= x2 or (not x2 and x3);                         -- 3. Gleichung
end verhalten;
```

Die Anweisungen für die logischen Gleichungen sind nebenläufig, sie werden unabhängig von der Reihenfolge gleichzeitig ausgeführt.

Beispiel 4: Entwurf eines Schaltnetzes mit Hilfe der Wahrheitstabelle

```
-- VHDL-Modell zu Tabelle 2.11 (Kap. 2).
-- Verwendung nebenlaeufiger Anweisungen
library ieee;
use ieee.std_logic_1164.all;

entity tab2_11 is port (                -- Ein- und Ausgabe in Vektorform
x: in std_logic_vector (1 to 4);        -- mehrwertige Logik, da redundante Terme
y: out std_logic_vector (1 to 2));
end tab2_11;

architecture verhalten of tab2_11 is
begin
    with x select                       -- Anordnung entspricht der Wahrheitstabelle
    y <= "11" when "0000",
         "11" when "0001",
         "11" when "0010",
         "0-" when "0011",              -- fuer y(2) einen redundanten Term gewaehlt
         "00" when "0100",
         "00" when "0101",
         "00" when "0110",
         "00" when "0111",
         "0-" when "1000",              -- fuer y(2) einen redundanten Term gewaehlt
         "0-" when "1001",              -- fuer y(2) einen redundanten Term gewaehlt
         "11" when "1010",
         "11" when "1011",
         "0-" when "1100",              -- fuer y(2) einen redundanten Term gewaehlt
         "00" when "1101",
         "00" when "1110",
         "0-" when "1111",              -- fuer y(2) einen redundanten Term gewaehlt
         "00" when others;              -- "when others" erfasst alle weiteren Kombi-
end verhalten;                          -- nationen der der mehrwertigen Logik
```

Die Anordnung der Elemente für die beiden Vektoren x und y entspricht der Anordnung in der Wahrheitstabelle Tab. 2.11 (Kap. 2). Dadurch ist nach der Synthese mit einem Softwaretool ein einfacher Vergleich der beiden Lösungen möglich. Es gelten folgende Beziehungen:

x(1)	x(2)	x(3)	x(4)	y(1)	y(2)
x1	x2	x3	x4	y1	y2

4.5.3 Prozess-Anweisung

Mit Hilfe der Prozess-Anweisung (process statement) kann eine Brücke zwischen der nebenläufigen und sequentiellen Verhaltensbeschreibung gebildet werden. Der Prozess selbst ist nebenläufig, während die Anweisungen innerhalb des Prozesses nacheinander (sequentiell) ausgeführt werden. Mehrere Prozesse innerhalb einer Architektur können gleichzeitig aktiv sein, sie verhalten sich wie nebenläufige Anweisungen. Über Signale werden Prozesse miteinander verbunden.

Der Prozess wird per Schlüsselwort **process** eingeleitet und mit **end process** beendet. Anfang und Ende des Prozesses können mit einem Label gekennzeichnet werden. Die Werte aller Signale innerhalb des Prozesses werden erst am **Ende des Prozesses** aktualisiert. Auch über sequentielle Anweisungen lassen sich digitale Schaltungen entwerfen, die Signale parallel verarbeiten. Der Prozess mit sequentiellen Anweisungen ist ein Designmittel zur einfachen Modellierung komplexer Schaltungsentwürfe.

Ein Prozess wird entweder über eine Liste sensitiver Signale oder über eine Wait-Anweisung aktiviert. Ändert sich ein sensitives Signal oder ist die Wait-Bedingung erfüllt, so wird der Prozess aktiviert.

a) Prozess mit Liste sensitiver Signale (sensitivity_list)

Syntax:

```
[process_label:]
process (sensitivity_list)      -- process (a, b, c)
        deklarationen
begin
    anweisungen
end process [process_label];
```

b) Prozess mit Wait-Anweisung

Syntax:

```
[process_label:]
process
    deklarationen
begin
    wait on sensitivity_list         -- wait on a, b, c
    [wait until bedingung]           -- wait until a='0' and b='1'
    [wait for  zeit_bedingung]       -- wait for 10 ns (Simulation)
        anweisungen
end process [process_label];
```

In der *Deklarationszone* werden die für den Prozess benötigten lokalen Datenobjekte und -typen vereinbart. Die *Anweisungszone* enthält die sequentiellen Anweisungen (if-then-else, case-when, for-loop, while-loop, exit-loop) und evtl. passive Anweisungen (Kap. 4.7: Fehlerreport und Warnungen).

4.5.4 Sequentielle Anweisungen in der Verhaltensbeschreibung

Mit Hilfe sequentieller Anweisungen lässt sich das Verhalten digitaler Schaltungen in algorithmischer Weise – ähnlich wie in einem Programm in einer Hochsprache – modellieren. Sequentielle Anweisungen werden innerhalb eines Prozesses verwendet. Sie werden wie in einer Programmiersprache nacheinander ausgeführt.

4.5.4.1 Sequentielle Signalzuweisung

Die sequentielle Signalzuweisung unterscheidet sich rein formal nicht von der nebenläufigen Signalzuweisung.

Syntax:
[label_name:] signal_name <= [**transport**]
    wert-zeit-zuweisung
Für "wert-zeit-zuweisung" wird eingesetzt:

    wert_1 [**after** zeit_wert_1]
    {, wert_i [**after** zeit_wert_i]};

Bei der Anwendung ergeben sich zwischen nebenläufigen und sequentiellen Signalzuweisungen große Unterschiede. Dies wird an einem Beispiel verdeutlicht.

```
-- nebenläufige Signalzuweisung
    y <= x1 and x2;
    y <= x1 or x2;
-- sequentielle Signalzuweisung innerhalb eines Prozesses
    y <= x1 and x2;
    y <= x1 or x2;
```

Die nebenläufige Signalzuweisung würde beim Compilieren zu einer Fehlermeldung führen, da diese Anweisungen in der Hardware einer direkten nicht erlaubten Verbindung der Ausgänge von einem UND- mit ODER-Gatter entspricht. Eine direkte Zusammenschaltung zweier Ausgänge ist nur für Gatter mit Threestate-Ausgängen erlaubt.

Die sequentielle Signalzuweisung innerhalb eines Prozesses führt zu einem eindeutigen Ergebnis. Da in der Reihenfolge die Anweisung "y <= x1 or x2" zuletzt ausgeführt wird, bestimmt sie den Wert für y, der am Ende des Prozesses zugewiesen wird.

Anmerkung:

In einem Prozess sind alle Signalzuweisungen sequentiell.

4.5.4.2 Sequentielle Variablenzuweisung

Variablen (Kap. 4.8.2.2) werden in Prozessen oder Unterprogrammen verwendet. Sie entsprechen in ihrer Bedeutung den lokalen Variablen in einem Programm. Bevor sie in einem Prozess eingesetzt werden, werden sie in der vorgesehenen Zone deklariert und evtl. initialisiert.

Die Variablenzuweisung ist stets sequentiell, sie ersetzt den Wert einer Variablen auf der linken Seite einer Gleichung direkt durch den Wert des Ausdrucks auf der rechten Seite der Gleichung.

Syntax:

```
[label_name:] variablen_name := ausdruck;        -- x1: = a and b;
```

Im Gegensatz zur Signalzuweisung wird der Wert nicht erst am Prozessende, sondern direkt zugewiesen. Eine Wertzuweisung nach einer Verzögerungszeit ist bei der Variablen nicht möglich. Variablen werden in der Modellierung häufig als Zwischengrößen verwendet, z.B. in Loop-Anweisungen.

4.5.4.3 If-Then-Else-Anweisung

Die If-Then-Else-Anweisung entspricht der nebenläufigen When-Else-Anweisung.

Formale Beschreibung	Beispiel

if bedingung **then**
   anweisungen
 	
{**elsif** bedingung **then**
   anweisungen}
[**else**
   anweisungen]
end if;
	if (a = '0' **and** b = '0') **then**
	  y1 <= a **and** c;
	  y2 <= '1';
	elsif a = '1' **then**
	  y1 <= '0';
	else
	  y2 <= a;
	end if;

4.5.4.4 Case-When-Anweisung

Die Case-When-Anweisung entspricht der nebenläufigen With-Select-When-Anweisung.

Formale Beschreibung	Beispiel

case ausdruck is
  {**when** Wert[1] => anweisungen}
  [**when others** => anweisungen]
end case;
[1] Mehrere Werte logisch ("|") verodert sind möglich, s. Beispiel auf der rechten Seite
	case adresse is
	  when "00" => y1 <= '0';
	              y2 <= '0';
	  when "01" | "10" => y1 <= '1';
	  when others => y2 <= '1';
	end case;

4.5.4.5
For-Loop-Anweisung

Ähnlich wie in einer höheren Programmiersprache lassen sich innerhalb eines Prozesses For-Schleifen mit einem Laufindex verwenden. For-Loop-Anweisungen verwenden Variablen (Kap. 4.8.2.2) als Datenobjekte. Im Gegensatz zu den Signalen lassen sich den Variablen unmittelbar Werte zuweisen, so dass innerhalb einer Schleife Variablen mehrfach geändert werden können. Signale lassen sich hier nicht einsetzen, da sie erst am Ende des Prozesses aktualisiert werden.

Formale Beschreibung	Beispiel
[loop_label:] **for** bezeichner **in** bereich **loop** anweisungen **end loop** [loop_label];	schleife: **for** i **in** 0 **to** 9 **loop** y(9-i) := x(i); -- y ist ein Variablenvektor **end loop** schleife;

4.5.4.6
While-Loop-Anweisung

Anders als For-Schleifen werden While-Schleifen solange durchlaufen, bis die Bedingung nicht mehr zutrifft. Wie bei For-Schleifen werden auch hier Variablen verwendet.

Formale Beschreibung	Beispiel
[loop_label:] **while** bedingung **loop** anweisungen **end loop** [loop_label];	schleife: **while** anzahl < 10 **loop** anzahl := anzahl + 1; -- anzahl ist Variable **end loop** schleife;

4.5.4.7
Next- und Exit-Anweisung

Mit Hilfe der beiden Anweisungen "next" und "exit" können Schleifendurchläufe unmittelbar beeinflusst werden. Mit "next" wird der nächste Schleifendurchlauf aufgesucht, während mit "exit" die Schleife verlassen wird. Bei hierarchisch angeordneten Schleifen müssen Labels angegeben werden.

Syntax der Next- und Exit-Anweisung:

next [loop_label] [**when** bedingung];
exit [loop_label] [**when** bedingung];

4.5.4.8
Anwendungsbeispiele mit Prozess und sequentiellen Anweisungen

Beispiel 1: Schaltnetz-Entwurf mit Prozess und Case-Anweisung

In dem Beispiel 1 soll eine Architekturvariante zu der Entity tab2_11 (Kap. 4.5.2.4 Beispiel 4) vorgestellt werden. Die Entity-Beschreibung bleibt erhalten.

```
-- Beispiel zu Tab. 2.11 (Kap. 2).
-- Verwendung eines Prozesses mit sequentiellen Anweisungen
library ieee;
use ieee.std_logic_1164.all;

entity tab2_11a is port (                 -- Ein- und Ausgaenge
x: in std_logic_vector (1 to 4);
y: out std_logic_vector (1 to 2));
end tab2_11a;

architecture sequent_verhalten of tab2_11a is
begin
tabelle: process (x) begin
  case x is
    when "0000" => y <= "11";             -- Anordnung entspricht der Wahrheitstabelle
    when "0001" => y <= "11";
    when "0010" => y <= "11";
    when "0011" => y <= "0-";
    when "0100" => y <= "00";
    when "0101" => y <= "00";
    when "0110" => y <= "00";
    when "0111" => y <= "00";
    when "1000" => y <= "0-";
    when "1001" => y <= "0-";
    when "1010" => y <= "11";
    when "1011" => y <= "11";
    when "1100" => y <= "0-";
    when "1101" => y <= "00";
    when "1110" => y <= "0-";
    when "1111" => y <= "00";
    when others => y <= "--";             -- alle weiteren Faelle der mehrwertigen Logik
  end case;
end process tabelle;                      -- am Prozessende erhält y den neuen Wert
end sequent_verhalten;
```

4.5.5 Strukturbeschreibung (Structural description)

Die Strukturbeschreibung unterstützt den modularen Entwurf, da mit ihrer Hilfe ein komplexes System aus einfachen Komponenten (Components) aufgebaut werden kann. Jede einzelne Komponente besteht aus der VHDL-Beschreibung einer digitalen Schaltung, die wiederum Komponenten enthalten kann. Komponenten sind Design-Einheiten, die in anderen VHDL-Modellen verwendet werden. Jedes VHDL-Modell mit Entity-Deklaration und zugehöriger Architektur wird über die Komponenten-Deklaration zu einem universell einsetzbaren Baustein (Component) für andere Designeinheiten.

Im allgemeinen Fall wird die Komponenten-Deklaration zusammen mit der Entity-Deklaration und Architecture-Deklaration in einem Package vorgenommen, das in einer Bibliothek abgelegt wird. Soll die entsprechende Komponente in einem VHDL-

Modell genutzt werden, so muss über eine Use-Anweisung das Package aufgeschnürt und die Komponente entnommen werden. In Kap. 4.7.5 wird auf die Wiederverwendbarkeit von Komponenten, die in Bibliotheken liegen, näher eingegangen.

Für einfache Aufgabenstellungen besteht auch die Möglichkeit, die Komponente innerhalb der Architektur einer Designeinheit zu deklarieren. In diesem Fall müssen jedoch die zugehörige Entity- und Architecture-Deklaration der einzusetzenden Komponente in der gleichen Datei vorliegen. Soll für ein VHDL-Modell mit der Entity "system" eine Komponente "schnittstelle" verwendet werden, so wird folgende Reihenfolge innerhalb der Datei eingehalten:

1. Entity-Deklaration "schnittstelle"
2. Architecture-Deklaration zur Entity "schnittstelle"
3. Entity-Deklaration "system"
4. Komponenten-Deklaration der "schnittstelle" in der Architektur zur Entity "system"
5. Instanziierung der Component "schnittstelle"

a) Komponenten-Deklaration

Syntax:
component component_name [**is**]
    generic (generic_list);
    port (port_list);
end component [component_ name];

Während Ports und Generics in der Entity-Deklaration als formale Parameter (formals) bezeichnet werden, nennt man sie in der Komponenten-Deklaration lokale Parameter (locals).

b) Komponenten-Instanziierung

Bei der Instanziierung werden lokale Parameter der Komponente durch aktuelle innerhalb der Architektur ersetzt, das entspricht der Verdrahtung eines Bausteins auf der Leiterplatte.

Syntax:
instant_label: component_name
    [**generic map** (...)]   -- Uebergabe aktueller Generics
    [**port map** (...)];   -- Uebergabe aktueller Ports

Für die Übergabe von Generic- und Port-Liste sind zwei Möglichkeiten vorgesehen:

1. Lokale Parameter werden durch aktuelle nach der Position der Parameter (positional association) innerhalb der Komponente ersetzt. Bei der Instanziierung wird eine Liste mit aktuellen Parametern übergeben, die durch Kommata getrennt sind.
   Syntax: actual_1 {, actual_i}
2. Lokale Parameter werden über Namenszuweisung (named association) durch aktuelle ersetzt. Bei der Instanziierung wird jeder lokale Parameter durch den entsprechenden aktuellen explizit übergeben. Die Reihenfolge der Übergabe ist beliebig.
   Syntax: local_1 => actual_1 {,local_i => actual_i}

Anmerkung:

Die Parameterübergabe erfolgt mit Hilfe eines Aggregats (Kap. 4.8.3.2.3).

Beispiel: Schaltnetz-Entwurf mit Hilfe der Strukturbeschreibung

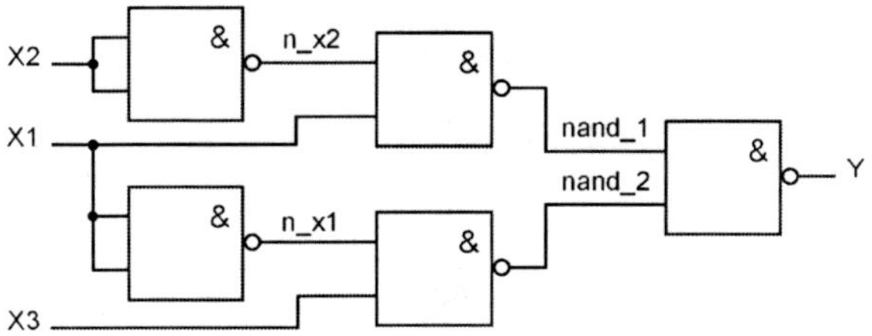

Bild 4.2: Schaltnetzstruktur mit NANDs

In Bild 4.2 ist ein Schaltnetz in NAND-Technik abgebildet. Es werden NAND-Gatter mit zwei Eingängen eingesetzt. Die zugehörige logische Gleichung lautet:

$y = \neg[\neg(x1\ \neg x2) \wedge \neg(\neg x1\ x3)] = x1\ \neg x2 \vee \neg x1\ x3$

Mit Hilfe der Strukturbeschreibung soll für das abgebildete Schaltnetz ein VHDL-Modell entworfen werden. Im ersten Schritt werden die Entity und Architektur eines NAND-Gatters mit zwei Eingängen aufgestellt. Danach folgt die Entity der entsprechenden Schaltung in NAND-Technik. Innerhalb der zugehörigen Architektur wird die Komponente für das NAND-Gatter deklariert und instanziiert.

```
-- Entwurf eines Schaltnetzes mit Strukturbeschreibung.
-- Realisierung in NAND-Technik. In einer Datei werden die Enitity-Deklaration
   und Architektur der Component "nand2" definiert, bevor die Component spaeter
-- in der Architektur "struktur" zur Entity "schalt_nand" verwendet wird.
----------------------------------------------------------------------------------------------
entity nand2 is port (              -- NAND-Gatter mit zwei Eingaengen
    a,b:            in bit;
    z:              out bit);
end nand2;
architecture verhalten of nand2 is
    begin
        z <= not(a and b);
end verhalten;
----------------------------------------------------------------------------------------------
entity schalt_nand is port (        -- Entwurf der Schaltung in NAND-Technik
    x1,x2,x3:       in bit;         -- Eingaenge
    y:              out bit);       -- Ausgang
end schalt_nand;
architecture struktur of schalt_nand is
    signal n_x1,n_x2,nand_1, nand_2: bit;       -- Deklaration der Zwischengroessen
    component nand2                             -- Component-Deklaration fuer nand2
    port (a,b:      in bit;
          z:        out bit);
    end component;
```

```
begin
-- Instanziierung der NAND-Gatter mit 2 Eingaengen
-- Positionszuweisung
    negat1: nand2 port map(x1,x1,n_x1);          -- x1 wird negiert
    negat2: nand2 port map(x2,x2,n_x2);          -- x2 wird negiert
-- Positionszuweisung
    nand_term1:   nand2 port map(n_x2,x1,nand_1);
    nand_term2:   nand2 port map(n_x1,x3,nand_2);
 -- Zuweisung ueber Namen
    ausgang:      nand2 port map(z => y,a => nand_1,b => nand_2);
end struktur;
```

Anmerkung:

Weitere Beispiele (Ripple-Carry-Addierer) zur Strukturbeschreibung folgen in Kap.5.

4.6 Unterprogramme

Unterprogramme (subprograms) in VHDL sind vergleichbar mit Unterprogrammen in einer höheren Programmiersprache, einschließlich Syntax und Anwendung. Mittels Unterprogrammen kann ein VHDL-Modell besser gegliedert und damit besser lesbar werden. Häufig verwendete Unterprogramme werden in einer Bibliothek abgelegt und können vom Anwender an einer beliebigen Stelle im Modell aufgerufen werden. So sind beispielsweise vordefinierte Operatoren mit Hilfe von Unterprogrammen definiert und stehen in der Bibliothek zur Verfügung. Außerdem sind alle wichtigen Typkonvertierungen als Funktionen in den IEEE-Standards (1076, 1164 und 1076.3) enthalten. Der Anwender kann sie über Use-Anweisung für die Modellierung nutzen.

Die Unterprogramme gliedern sich in Prozeduren und Funktionen. Eine Prozedur ersetzt eine Reihe zusammenhängender Anweisungen, und der Aufruf einer Prozedur wird im VHDL-Code wie eine (verallgemeinerte) Anweisung behandelt. Die Parameterübergabe für die Ein- und Ausgabe erfolgt über eine Parameterliste. Im Unterschied zu einer Prozedur ist der Aufruf einer Funktion ein (verallgemeinerter) Ausdruck mit einer Wertübergabe. Beim Aufruf erfolgt die Eingabe über eine Parameterliste.

4.6.1 Prozeduren

Bevor eine Prozedur (procedure) aufgerufen werden kann, muss sie deklariert sein.

Syntax für die Prozedur:

```
procedure procedure_name [parameterliste] is
    deklarationen
begin
    anweisungen
    [return-anweisung]
```

end [**procedure**] [procedure_name];

In der Parameterliste sind die Übergabeparameter mit Kennzeichnung der Richtung (in, out und inout) enthalten.

Beispiel: UND-/ODER-Gatter mit n Eingängen

In diesem Beispiel werden in einer Prozedur die logischen UND- und ODER-Verknüpfungen der einzelnen Elemente eines Bitvektors der Länge n durchgeführt.

```
-- Logische UND- und ODER-Verknuepfung der Elemente eines Vektors. Der Defaultwert
-- ist n = 16. Die logischen Verknuepfungen werden innerhalb einer Prozedur durchge-
-- fuehrt. Dieses VHDL-Modell ist  ueber die Generic-Anweisung parametrisierbar.

entity und_oder is                          -- Entity-Deklaration fuer und_n und oder_n
    generic(n: integer := 16);
    port (
        x:              in bit_vector (0 to n-1);
        y_und, y_oder:      out bit);
end und_oder;

architecture verhalten of und_oder is
---------------------------------------------------------------------------------------
procedure log_vektor (                      -- Die Prozedur verknuepft die Vektorelemente
    signal x_vektor: in bit_vector;
    variable und: inout bit;
    variable oder: inout bit) is
begin
    und := '1';                             -- Anfangswerte fuer UND bzw. ODER festlegen
    oder := '0';
    for i in 0 to n-1 loop
        und := und and x_vektor(i);         -- logisch UND der Elemente
        oder := oder or x_vektor(i);           logisch ODER der Elemente
    end loop;
end procedure log_vektor;
---------------------------------------------------------------------------------------------
begin
process (x)
    variable ya,yb: bit;                    -- Datentypen der Ausgabeparameter (Prozedur)
    begin
        log_vektor (x, ya, yb);             -- Aufruf der Prozedur mit
        y_und <= ya;                        -- Uebergabe der Parameter
        y_oder <= yb;
    end process;
end verhalten;
```

4.6.2 Funktionen

Analog zu dem Prozeduraufruf muss eine Funktion (function) zunächst deklariert werden, bevor sie aufgerufen werden kann. Im Gegensatz zur Prozedur enthält die

Parameterliste nur Eingabewerte (Modus: in), und es wird stets genau ein Wert über die Return-Anweisung an den aufrufenden Part zurückgegeben.

Syntax für die Funktion:

```
function function_name [parameterliste] return rueckgabe_typ is
    deklarationen
begin
    anweisungen
    [return-anweisung]
end [function] [function_name];
```

Beispiel 1: Konvertierung "Bit to Boolean"

```
-- Konvertierung "Bit to Boolean"
-- Konvertierung von Datentyp bit in Datentyp boolean

entity konvert is
port (x:            in bit;
    y:              out bit);
end konvert;
architecture verhalten of konvert is
------------------------------------------------------------------------------------------
function bit_bool (x: bit) return boolean is
begin
    if x = '1' then
        return true;        -- Rueckgabewert: wahr (true), falls x = '1'
    else
        return false;       -- Rueckgabewert: falsch (false), falls x = '0'
    end if;
end bit_bool;
------------------------------------------------------------------------------------------
begin
abfrage: process (x)
    variable x_bool: boolean;
    begin
    x_bool := bit_bool(x);  -- Funktionsaufruf
    if x_bool then          -- Folgende Anweisungen bewirken y <= not x
    y <= '0';
    else y <= '1';
    end if;
end process abfrage;
end verhalten;
```

Beispiel 2: Konvertierung "Boolean to Bit"

```
-- Funktion für die Konvertierung vom Datentyp boolean in den datentyp bit
function bool_bit (x: boolean) return bit is
begin
    if x then               -- x: false, true
        return '1';         -- Rueckgabewert: '1', falls x true
    else
        return '0';         -- Rueckgabewert: '0', falls x false
    end if;
end bool_bit;
```

Anmerkung:

Bit_to_Boolean- und Boolean_to_Bit-Konvertierungen können hilfreich sein bei der Erstellung von VHDL-Modellen.

4.7 Weiterführende Kapitel

Im Folgenden sollen dem Leser vertiefte Kenntnisse für besondere Anwendungen der Hardwarebeschreibungssprache VHDL gegeben werden.

4.7.1 Assertion- und Report-Anweisung

Assertions dienen zur Fehlererkennung beim Compilieren und bei der Simulation. VHDL erlaubt dem Anwender, bereits im Quellcode boolesche Bedingungen einzubauen, die im Fall "false" zu einer Warnung und/oder Fehlermeldung führen. Diese Möglichkeit erleichtert die Fehlersuche beim Entwurf komplexer Systeme. Bei einer nichtzutreffenden Bedingung kann eine Simulation abgebrochen werden.

Syntax:

```
[assert_label:] assert bedingung
    [report meldung]
    [severity severity_level];
```

Der vordefinierte Aufzähltyp "severity_level" hat vier unterschiedliche Fehlerstufen:

- note -- allgemeine Informationen
- warning -- Warnung vor ungewünschten Kombination, z.B. an Ports
- error -- Ergebnis einer Aufgabe ist falsch
- failure -- Beendigung einer Aufgabe ist nicht möglich.

Beispiel: Assertion beim RS-Flipflop (Kap. 6)

```
-- Gleichzeitiges Setzen und Ruecksetzen beim RS-Flipflop
assert not (set = '1' and reset = '1')          -- set, reset sind die Eingaenge
report "Setz- und Ruecksetzeingang sind '1', Ausgang ist unbestimmt"
severity error;
```

Hinweis:

VHDL erlaubt auch eine Report-Anweisung, die unabhängig von der Assertion-Anweisung ist. Der Report ist unabhängig von jeglicher Bedingung, er dient zur Ausgabe einer Meldung an einer bestimmten Stelle im Modell (s. Kap. 4.9.2 und 4.9.3).

Syntax:

```
[report_label:] report report_meldung
    [severity severity_level];
```

4.7.2 Alias-Deklaration

Das Schlüsselwort "Alias" verwendet man, um Datenobjekte oder Teile davon unter einem anderen Namen und einem Subtype anzusprechen.

Syntax:

alias alias_name: alias_datentyp **is** datenobjekt;

Als Beispiel wird ein Assemblerbefehl "befehl" mit 16 Bit betrachtet. Das höherwertige Byte enthält den Operationscode und das niederwertige Byte eine 8-Bit-Adresse. Die Teilbereiche werden unter den Aliasnamen "opcode" (HByte) und "adresse" (LByte) angesprochen.

```
signal befehl: bit_vector (15 downto 0);
alias  opcode: bit_vector (7 downto 0) is
    befehl (15 downto 8);
alias  adresse: bit_vector (7 downto 0) is
    befehl (7 downto 0);
```

Anmerkung:

Nach der neuen VHDL-Fassung IEEE Std 1076-1993 ist der Einsatz von Alias erweitert worden. Auch Typen und Unterprogramme können über Aliasnamen angesprochen werden.

4.7.3 Überladen (Overloading)

Für den Einstieg in die Thematik Overloading soll die Verwendung des Operators "+" (Kap. 4.8.4) diskutiert werden. Die Addition (Operator = "+") ist nach dem IEEE-Standard 1076 nur für numerische Datentypen definiert, wie Integer oder Gleitkomma (floating point), jedoch nicht für Datenobjekte vom Typ bit_vector. Beim Entwurf digitaler Zähler (Kap. 6) wird aber die Inkrementierung oder Dekrementierung eines Signals vom Datentyp bit_vector benötigt, um einen Zähler in einfacher Verhaltensbeschreibung (zaehler <= zaehler + 1) zu modellieren.

Mit Hilfe der Overloading-Operatoren ist eine Erweiterung der Operatoren auf andere Datentypen möglich. Damit ist eine Verallgemeinerung der Operatoren, die ursprünglich nur für numerische Datentypen definiert sind, vom Anwender realisierbar. Die Overloading-Operatoren sind in Packages angeordnet, die in bestimmten Bibliotheken abgelegt sind. Vor Nutzung dieser verallgemeinerten Operatoren müssen sie über eine Use-Anweisung sichtbar gemacht werden.

Auch andere Unterprogramme sowie Aufzähltypen können mit Hilfe des Overloadings erweitert werden. Es sind mehrere gleichnamige Unterprogramme mit unterschiedlicher Anzahl an Parametern und/oder verschiedenen Datentypen zulässig.

Entsprechendes gilt für die Aufzähltypen. Über die aktuellen Parameter wird das zugehörige Programm bzw. der Aufzähltyp ausgesucht.

Die Addition ist dann möglich, wenn der "+"-Operator mit Hilfe einer overloading function in der Anwendung auf andere Datentypen, z.B. "bit" erweitert wird. Bei einer entsprechenden Anwendung muss der Zugriff auf eine Bibliothek mit "overloading operators" im VHDL-Modell vorgesehen werden. Der Benutzer kann den Anwendungsbereich der vordefinierten Operatoren so erweitern, dass benutzereigene Datentypen verarbeitet werden können.

Typdeklarationen sind an folgenden Stellen erlaubt:

- Entity-Deklarationsteil
- Architecture-Deklarationsteil
- Package
- Package Body
- Block-Deklarationsteil
- Process-Deklarationsteil
- Function-Deklarationsteil
- Procedure-Deklarationsteil

4.7.4 Auflösungsfunktionen (Resolution functions)

In VHDL ist standardmäßig nur der Fall berücksichtig, dass ein Signal von einem Signaltreiber angesteuert wird. Falls in digitalen Schaltungen Bausteine mit Threestate-Treiber oder mit Open-Kollektor-Ausgang (Kap. 3) eingesetzt werden, ist eine Verbindung mehrerer Ausgänge mit einer Signalleitung der Regelfall. Im VHDL-Modell entspricht das einer nebenläufigen Zuweisung eines Signals über zwei oder mehr Signaltreiber:

```
y <= x1 and x2;
y <= not x1 or x3;
```

Dieser Fall kann nicht mehr mit einer zweiwertigen Logik ('0' und '1') gelöst werden. Mit Hilfe einer mehrwertigen Logik vom Datentyp std_logic (Kap. 4.4) in Verbindung mit einer Auflösungsfunktion lässt sich der Problemfall auflösen. Die Auflösungsfunktion legt dabei den Wert für alle möglichen Kombinationen der mehrwertigen Logik fest. Dieser Mechanismus ist besonders wichtig für Systeme mit Daten- und Adressbussen.

4.7.5 Package und Use-Anweisung

Konstanten, Typen, Komponenten und Unterprogramme werden gewöhnlich innerhalb der Deklarationszone der Entity und/oder der Architecture deklariert und stehen damit dem Anwender innerhalb dieser Designeinheiten zur Verfügung. Innerhalb anderer Entities und Architectures sind sie nicht sichtbar.

Falls die Deklarationen in mehreren Designeinheiten zur Verfügung stehen sollen, wie es beim Entwurf eines komplexen modularen Systems erforderlich ist, werden sie an einer zentralen Stelle gesammelt und quasi in ein Paket (package) geschnürt. Das Package wird in einer Bibliothek abgelegt und kann bei Bedarf geöffnet werden, um einzelne Deklaration in einer Designeinheit zu verwenden. Jede Änderung einer Deklaration innerhalb eines Package wird direkt an alle beteiligten Designeinheiten weitergegeben.

Bei der Nutzung der Package-Technik unterscheidet man zwischen dem Interface zum Package (Package-Deklarationen) und dem Package-Body, in dem z.B. Unterprogramme implementiert werden. Beide Teile sind eigenständige VHDL-Einheiten und können unabhängig voneinander compiliert werden. Falls Unterprogramme nicht benutzt werden, kann auf den Package-Body verzichtet werden. Bei der Verwendung eines Package-Body wird der Deklarationsteil, der nach außen sichtbar ist, vom Implementationsteil getrennt. Wird eine Änderung im Package-Body vorgenommen, so muss nur diese VHDL-Einheit neu kompiliert werden, während die beteiligten Designeinheiten nicht neu compiliert werden müssen.

Syntax für Package, das nur Deklarationen enthält:

```
package package_name is
    {package_declarativ_item}
end [package] [package_name];
```

Innerhalb des Package werden die Deklarationen für die einzelnen Items (Konstanten, Typen, Komponenten und Unterprogramme) untergebracht.

Syntax für Package-Body:

```
package body package_name is          -- Gleicher Name wie beim Package
    {package_body_declarativ_item}
end [package body] [package_name];
```

Im Package-Body werden Unterprogramme implementiert. Die entsprechenden Deklarationen müssen wiederholt werden.

Beispiel für Package:

```
package konstant_pkg is
    constant tpd: time := 10 ns;
    constant wert: integer := 125;
    constant adresse: bit_vector := x"10FF";
end package konstant_pkg;
```

Beispiel für Package mit Package-Body:

```
package konvert_pkg is
function bit_bool (x: bit) return boolean;
function bool_bit (x: boolean) return bit;
end package konstant_pkg;
```

```
package body konvert_pkg is                     -- Die Deklaration der Funktionen
function bit_bool (x: bit) return boolean is    -- aus dem Package wird wiederholt
   begin
        if x = '1' then
        return true;          -- Rueckgabewert: wahr (true), falls x = '1'
        else
        return false;         -- Rueckgabewert: falsch (false), falls x = '0'
        end if;
   end bit_bool;
-----------------------------------------------------------------------------------------------
function bool_bit (x: boolean) return bit is
   begin
        if x then                        -- x: false, true
                return'1';               -- Rueckgabewert: '1', falls x true
        else
                return '0';              -- Rueckgabewert: '0', falls x false
        end if;
   end bool_bit;
end package body konvert_pkg;
```

Mit Hilfe der Use-Anweisung kann der Anwender auf Bibliotheken und auf einzelne Packages oder Items innerhalb eines Package zugreifen.

Syntax:

```
use library_name.package_name.selected_item;
```

Beispiel:

```
use work.konstant_pkg.tpd;
entity beispiel is ...
architecture verhalten_beispiel of beispiel is ...
```

In dieser Designeinheit Entity "beispiel" und der zugehörigen Architektur "verhalten_beispiel" ist die Konstante tpd mit ihrem festgelegten Wert bekannt. Falls alle Items innerhalb eines Package für eine Designeinheit nutzbar sein sollen, verwendet man folgende Syntax:

```
use library_name.package_name.all;
```

Vordefinierte Packages. VHDL-Softwaretools enthalten im allgemeinen vordefinierte Packages, die häufig verwendete Datentypen, Unterprogramme, Operatoren und Komponenten enthalten. Beispielhaft sollen hier einige Packages mit ihrer Anwendung aufgelistet werden.

Tab. 4.5: Vordefinierte Packages mathematischer Operationen und mehrwertiger Logik

Package	Anwendung
Std_logic_1164	In diesem Package werden die Datentypen für die mehrwertige Logik definiert.
bit_arith	Dies Package definiert mathematische Operationen für Bit-Vektoren vom Typ "bit_vector".
std_arith	Dies Package definiert mathematische Operationen für Bit-Vektoren vom Typ "std_logic_vector".

Zusammenfassung:

Ein Package ist eine Design-Einheit, deren Vereinbarungen auch für andere Einheiten nutzbar sind. In einem Package werden globale Informationen einmalig festgelegt und stehen damit den Beteiligten eines Entwicklungsteams zur Verfügung.

4.7.6 Bibliotheken

Bibliotheken (Libraries) spielen bei dem Entwurf komplexer VHDL-Modelle eine wichtige Rolle. Sie unterstützen hierarchische Konzepte. In Bibliotheken werden compilierte Designeinheiten (analyzed design units) aufbewahrt. Diese sind gründlich untersuchte VHDL-Einheiten, die frei von Syntax- sowie Semantikfehlern sind. Die Bibliothekseinheiten werden eingeteilt in zwei Klassen: Primäreinheiten und Sekundäreinheiten.

Zu den Primäreinheiten zählen Entity-, Package- und Konfigurationsdeklaration, während zu den Sekundäreinheiten Package- und Architecture-Body gehören. In einer Bibliothek darf sich nur eine Primäreinheit befinden, jedoch beliebig viele Sekundäreinheiten. Die Primäreinheit muss vor der Sekundäreinheit, in der sie verwendet wird, compiliert werden.

Bibliotheken werden über logische Namen angesprochen. Dadurch können sie unabhängig von der Directory angesprochen werden. Der Bezug zwischen logischem VHDL-Namen und Verzeichnispfad wird in einer Konfigurationsdatei festgelegt.

Man unterscheidet zwischen der Working-Library (Arbeitsbibliothek) mit dem Namen "work" und den Resource-Libraries, die einen Vorrat an compilierten Designeinheiten enthalten. Wird ein VHDL-Modell neu entwickelt, so wird standardmäßig die Working-Library verwendet, in der die compilierten Designeinheiten automatisch abgelegt werden. Die Bibliothek Work muss nicht über eine Use-Anweisung geöffnet werden, sie ist für alle Designeinheiten zugänglich.

Syntax:

library library_name {,library_name};
-- library_name ist ein logischer Name für Design-Bibliotheken

z.B. **library** ieee;

4.7.7 Generate-Anweisung

Komplexe digitale Schaltungen werden häufig aus Modulen mit gleicher Struktur entworfen. Für den Fall sieht VHDL die Generate-Anweisung vor, mit der ein Entwurf mit regelmäßiger Struktur erleichert wird.

Syntax für einmalige Ausführung:

```
generate_label: if bedingung generate
    nebenlauefige anweisungen
end generate [generate_label];
```

Syntax für mehrmalige Ausführung:

```
generate_label: for bezeichner in discrete_range generate
    nebenlauefige anweisungen
end generate [generate_label];
```

In Kap. 5 wird ein Ripple-Carry-Addierer mit der Generate-Anweisung entworfen.

4.7.8 Block-Anweisung

Die Block-Anweisung ist eine nebenläufige Anweisung, mit der eine Unterteilung eines VHDL-Modells erreicht werden kann. Blöcke unterstützen eine hierarchische Struktur. Weiterhin ist im Block auch eine gesteuerte Signalzuweisung (guarded signal assignment) möglich. Mit dem Schlüsselwort "guarded" erfolgt eine Signalzuweisung, falls guard_expression wahr ist, sonst erfolgt keine Zuweisung.

Syntax:

```
block_label: block [(guard_expression)] [is]
    declarationen
begin
    anweisungen
end block [block_label];
```

Beipiel: Modellierung eines zustandsgesteuerten D-Flipflops (Kap. 6)

```
entity d_flipflop is
port (d, clk:        in bit;
    q_dff:           out bit);
end d_flipflop;

architecture verhalten of d_ff is
begin
    zustand: block (clk = '1') -- Block mit guard
    begin
        q_dff <= guarded d;
    end block zustand;
end verhalten;
```

4.7.9 Konfiguration

Während für einfache VHDL-Modelle Konfigurationen nicht erforderlich sind, wächst der Bedarf zur Konfigurierung mit der Komplexität des digitalen Systems.

Beim Top-Down-Entwurf wird zunächst eine umfangreiche Aufgabe in Teilaufgaben gegliedert und jeder Teil wird einzeln modelliert. Dadurch lässt sich eine komplexe Aufgabe von einem Team mit mehreren Mitarbeitern lösen. Die einzelnen Teilmodule, die in unterschiedlichen Bibliotheken abgespeichert sind, müssen jedoch wieder wie in einem Puzzle zu einem Ganzen zusammengesetzt werden. Mit Hilfe der Konfigurierung wird der Entwurf und die Simulation unterschiedlicher Versionen sehr erleichtert. Die Syntax unterscheidet sich für die einzelnen Anwendungsfälle. Es sollen hier die unterschiedlichen Fälle kurz angesprochen werden.

4.7.9.1 Konfiguration für VHDL-Modelle mit Verhaltensbeschreibung

Für den Einstieg soll hier nur auf die Konfiguration von VHDL-Modellen mit Verhaltensbeschreibung eingegangen werden. Im einfachsten Fall wird eine von mehreren Architekturen für eine Entity ausgewählt.

Syntax:

```
configuration config_name of entity_name is
        {use_anweisungen}
        {attribut_anweisungen}
    for architecture_name
    end for ;
end [configuration] [config_name];
```

Beipiel:

Zu einer Entity "decode" für einen Decodierer liegen drei Architekturentwürfe "verhalt_dec1", "verhalt_dec2" und "verhalt_dec3" vor. Mit der Designeinheit config_a lässt sich z.B. die Architecture "verhalt_dec3" der Entity "decode" zuordnen.

```
configuration config_a of decode is
    for verhalt_dec3
    end for ;
end configuration config_a;
```

4.7.9.2 Komponenten-Konfiguration

In Kap. 4.5.5 wurde die Beziehung zwischen Komponenten-Deklaration und Komponenten-Instanziierung innerhalb eines Modells behandelt. VHDL bietet eine weitere Möglichkeit, Komponenten-Instanzen innerhalb einer Architektur eines VHDL-Modells zu integrieren. Mit der Komponenten-Konfiguration kann der Anwender für jede Komponenten-Instanz eine Entity in einer beliebigen Bibliothek mit zugehöriger Architektur auswählen. Dadurch ist ein hohes Maß an Flexibiltät gegeben.

Syntax:

for label: entity_name **use entity** [library_name.]entity_name (architecture_name);

Für "label" sind drei Varianten möglich:

- Auflistung mehrerer Labels, die durch Kommata getrennt sind.
  z.B. **for** lab1, lab2, lab3: und **use entity** und_2 (und_tpd5);

- Verwendung des Schlüsselwortes "others". Alle weiteren Labels, die nicht explizit erwähnt sind, z.B. **for others**: und **use** ...
- Mit dem Schlüsselwort "all" werden alle Labels einer Komponente erfasst, z.B. **for all**: und **use** ...

Als Beispiel soll die Strukturbeschreibung eines einfachen Schaltnetzes gewählt werden. Das Schaltnetz kann durch zwei logische Gleichungen beschrieben werden:

$y1 = x1\ x2 \vee \overline{x1}\ \overline{x2}$

$y2 = x3 \vee \overline{x1}\ \overline{x2}$

Für die Simulation werden zwei Versionen mit unterschiedlichen Gatterdurchlaufzeiten erstellt.

Tab. 4.6: Für jede Entity stehen zwei Architekturen zur Auswahl

Entity	Auswahl an Architekturen

entity inverter **is port** (
x: **in** bit;
y: **out** bit);
end inverter;
	architecture inv_tpd5 **of** inverter **is**
	begin
	y <= not x **after** 5 ns;
	end inv_tpd5;

	architecture inv_tpd8 **of** inverter **is**
	begin
	y <= not x **after** 8 ns;
	end inv_tpd8;

entity und2 **is port** (
x1,x2: **in** bit;
y: **out** bit);
end und2;
	architecture und_tpd5 **of** und2 **is**
	begin
	y <= x1 **and** x2 **after** 5 ns;
	end und_tpd5;

	architecture und_tpd8 **of** und2 **is**
	begin
	y <= x1 **and** x2 **after** 8 ns;
	end und_tpd8;

entity oder2 **is port** (
x1,x2: in bit;
y: out bit);
end oder2;
	architecture oder_tpd5 **of** oder2 **is**
	begin
	y <= x1 **or** x2 **after** 5 ns;
	end oder_tpd5;

	architecture oder_tpd8 **of** oder2 **is**
	begin
	y <= x1 **or** x2 **after** 8 ns;
	end oder_tpd8;

Tab. 4.7: Konfigurationsvarianten für zwei unterschiedliche Gatterdurchlaufzeiten

<table>
<tr><th>Konfiguration tpd = 5 ns</th><th>Konfiguration tpd = 8 ns</th></tr>
<tr><td><pre>
entity schaltnetz is port (
          x1,x2,x3: in bit;
          y1,y2:   out bit);
end schaltnetz;

architecture struktur_5 of schaltnetz is
----
  for not_1, not_2: inverter use entity
    work.inverter (inv_tpd5);
  for u_1,u_2: und2 use entity
    work.inverter (und_tpd5);
  for o_1,o_2: oder2 use entity
    work.inverter (oder_tpd5);
  signal n_x1,n_x2,und_1,und_2: bit;
----
begin
  not_1: inverter port map (x1, n_x1);
  not_2: inverter port map (x2, n_x2);
  u_1: und2 port map (x1, x2, und_1);
  u_2: und2 port map (n_x1,n_x2, und_2);
  o_1: oder2 port map (und_1, und_2, y1);
  o_2: oder2 port map (x3, und_2, y2);
end struktur_5;
</pre></td><td><pre>
entity schaltnetz is port (
          x1,x2,x3: in bit;
          y1,y2:   out bit);
end schaltnetz;

architecture struktur_8 of schaltnetz is
----
  for not_1, not_2: inverter use entity
    work.inverter (inv_tpd8);
  for u_1,u_2: und2 use entity
    work.inverter (und_tpd8);
  for o_1,o_2: oder2 use entity
    work.inverter (oder_tpd8);
  signal n_x1,n_x2,und_1,und_2: bit;
----
begin
  not_1: inverter port map (x1, n_x1);
  not_2: inverter port map (x2, n_x2);
  u_1: und2 port map (x1, x2, und_1);
  u_2: und2 port map (n_x1,n_x2, und_2);
  o_1: oder2 port map (und_1, und_2, y1);
  o_2: oder2 port map (x3, und_2, y2);
end struktur_8;
</pre></td></tr>
</table>

4.7.9.3 Block-Konfiguration

Mit der Block-Konfiguration werden sowohl interne als auch externe Blöcke konfiguriert. Der externe Block wird über die Design-Entity definiert. Für den internen Block wird die Block-Anweisung oder die Generate-Anweisung verwendet.

Syntax:

```
configuration config_name of entity_name is
          {use_anweisungen}
          {attribut_anweisungen}
    for architecture_name              -- Auswahl einer bestimmten Architektur
          block-configuration
          component-configuration
    end for ;
end [configuration] [config_name];
```

-- Block-Konfiguration:

```
for block_name
  weitere block-configurationen
  weitere component-configurationen
end for ;
```

-- Generate-Konfiguration:

```
for generate_name
  weitere block-configurationen
  weitere component-configurationen
end for ;
```

Beispiel: Variante zu dem Schaltnetz aus Kap. 4.7.9.2

Voraussetzung: Entity inverter, und2 und oder2 und die Architekturen inv_tp5, inv_tp8, und_tp5, und_tp8, oder_tp5 sowie oder_tp8 befinden sich in compilierter Form in der Arbeitsbibliothek "work".

```
entity schaltnetz is port (
    x1,x2,x3:       in bit;
    y1,y2:          out bit);
end schaltnetz;

architecture struktur of schaltnetz is
signal n_x1,n_x2,und_1,und_2: bit;
begin
    invert: block   -- Block für Inverter-Instanz
        component inverter port (x: in bit; y: out bit);
        end component;
    begin
        not_1: inverter port map (x1, n_x1);
        not_2: inverter port map (x2, n_x2);
    end block invert;

    und: block      -- Block für UND-Instanz
        component und2 port (x1,x2: in bit; y: out bit);
        end component;
    begin
        u_1: und2 port map (x1,x2,und_1);
        u_2: und2 port map (n_x1,n_x2,und_2);
    end block und;
    oder: block     -- Block für ODER-Instanz
        component inverter port (x1,x2: in bit; y: out bit);
        end component;
    begin
        o_1: oder2 port map (und_1,und_2,y1);
        o_2: oder2 port map (x3,und_2,y2);
    end block oder;
end struktur;
```

Mit Hilfe der Konfiguration werden folgende Referenzen vorgenommen:

Auswahl der Architektur für die Entity "schaltnetz".
Festlegung der Entity und Architektur für die einzelnen Komponenten innerhalb jedes Blockes.

Da die Konfiguration an einer zentralen Stelle durchgeführt wird, ist eine Änderung, z.B. der Zeitvorgaben tpd leicht möglich.

```
configuration config_schalt of schaltnetz is
    for struktur                    -- Block-Konfiguration: Auswahl der Architektur
        for invert                  -- Block-Konfiguration fuer Inverter
            for not_1,not_2: inverter    -- Komponenten-Konfiguration
             use entity work.inverter (inv_tpd5);  -- tpd = 5 ns
            end for ;
        end for;
        for und                          -- Block-Konfiguration fuer UND-Block
```

```
                for u1,u2: und2                 -- Komponenten-Konfiguration
                 use entity work.und2 (und_tpd5);     -- tpd = 5 ns
                end for;
        end for;

        for oder                                -- Block-Konfiguration fuer ODER-Block
                for all: oder2                  -- Komponenten-Konfiguration
                 use entity work.oder2 (oder_tpd8);   -- tpd = 8 ns
                end or;
        end for;
    end for ;
end config_schalt;
```

4.8
VHDL-Grundbegriffe zum Nachschlagen

Es sind in diesem Anhang Grundbegriffe der Hardwarebeschreibungssprache VHDL in Kurzform als Nachschlagewerk zusammengestellt. In den Beispielen (s.o.) sind die Begriffe teilweise schon kurz angesprochen worden.

4.8.1
Bezeichner (Identifier)

Bezeichner sind Namen von Design-Einheiten, Objekten, Komponenten, etc., die in VHDL-Modellen verwendet werden. Sie bestehen aus Buchstaben (keine Umlaute oder ß), Ziffern und/oder Unterstrichen. Folgende Regeln gelten:

- Das erste Zeichen muss ein Buchstabe sein.
- Unterstrich "_" weder an Anfang noch Ende; nicht zweimal hintereinander.
- Keine reservierten Wörter (Tab. 4.8) als Bezeichner benutzen.
- Keine Unterscheidung zwischen Groß- und Kleinschreibung (case-insensitiv).
- Erweiterte Bezeichner werden mit "\....\" gekennzeichnet. Bei erweiterten Bezeichnern wird zwischen Groß- und Kleinschreibung unterschieden (case-sensitiv). Das erste Zeichen darf eine Ziffer oder ein Sonderzeichen sein, ebenfalls erlaubt sind reservierte Wörter

Beispiele für erlaubte Identifier:

- clk, CLK, Clk -- gleiche Bedeutung
- daten_1, daten_eingang_1, ausgang_2_a
- \74LS00\, \22V10\, \entity\ -- erweiterte Bezeichner

Beispiele für nicht erlaubte Identifier:

- 1.clk, _CLK, Clk_, X_ _Y
- zähler -- Umlaut ist nicht erlaubt
- else, case -- reservierte Wörter

Tab. 4.8: Übersicht über reservierte Wörter nach IEEE Std 1076-1993

abs	downto	library	postponed	srl
access	else	linkage	procedure	subtype
after	elsif	literal	process	then
alias	end	loop	pure	to
all	entity	map	range	transport
and	exit	mod	record	type
architecture	file	nand	register	unaffected
array	for	new	reject	units
assert	function	next	rem	until
attribute	generate	nor	report	use
begin	generic	not	return	variable
block	group	null	rol	wait
body	guarded	of	ror	when
buffer	if	on	select	while
bus	impure	open	severity	with
case	in	or	signal	xnor
component	inertial	others	shared	xor
configuration	inout	out	sla	
constant	is	package	sll	
disconnect	label	port	sra	

Reservierte Wörter sind Schlüsselwörter, sie werden für die VHDL-Syntax benötigt. Schlüsselwörter dürfen nicht als Bezeichner verwendet werden.

Kommentare dienen der besseren Lesbarkeit des Quellcodes. Sie werden an einer beliebigen Stelle innerhalb einer Zeile, beginnend mit "- -" eingefügt.

```
- - Dies ist ein Kommentar. Er ist gueltig bis zum Zeilenende
```

4.8.2 Datenobjekte und Objektklassen

Ähnlich wie in objektorientierten Programmiersprachen werden in VHDL Daten über Objekte verwaltet. Datenobjekte halten die Werte für vereinbartete Datentypen. Sie müssen vor der Anwendung deklariert werden. Außerdem müssen die Datentypen deklariert werden.

Jedes Objekt gehört zu einer von vier möglichen Objektklassen:

- Konstanten (Constants)
- Signale (Signals)
- Variablen (Variables)
- Dateien (Files). Dateien enthalten Werte eines bestimmten Datentyps. Sie können über File-I/O-Funktionen gelesen und beschrieben werden. Sie werden hier nicht weiter behandelt.

4.8.2.1 Konstanten

Einer Konstanten wird ein Wert zugewiesen, der sich in der Entwurfsbeschreibung nicht mehr ändert. Konstanten werden verwendet, um die Lesbarkeit eines VHDL-Modells zu verbessern. Beispielsweise kann ein Maximalwert eines Zählers mit Hilfe einer Konstanten festgelegt werden.

Syntax:

constant constant_name_1 {, constant_name_n}: daten_typ := wert;

Beispiele:

constant zahl_max: integer := 125;
constant x1,x2,x3: bit := '0';
constant eingabe: bit_vector (0 to 3):= "1001";

4.8.2.2 Variablen

Variablen werden nur in Prozessen und Unterprogrammen genutzt und in der dafür vorgesehenen Zone deklariert. Sie sind vergleichbar mit lokalen Variablen in einer höheren Programmiersprache. Ausnahmen bilden hier die "shared variables", die als globale Variablen deklariert werden müssen. Werte der Variablen können unmittelbar zugewiesen und gelesen werden. Es ist nur der aktuelle Wert verfügbar, nicht der vergangene. Variablen werden häufig als Hilfsgrößen zur Berechnung bestimmter Werte innerhalb eines Prozesses verwendet.

Syntax:

variable variable_name_1 {, variable_name_n}: daten_typ [:= wert];

In der Variablen-Deklaration lässt sich der Anfangswert "wert" vorgeben.

Beispiele:

- variable carry: bit := '0'; -- Datentyp bit mit Anfangswert = '0'
- variable daten_bus: bit_vector(7 downto 0);

4.8.2.3 Signale

Signale werden in der vorgesehenen Deklarationszone einer Architektur oder über die Portliste innerhalb der Entity deklariert. Sie repräsentieren Drahtverbindungen zwischen einzelnen Komponenten. Sie können Ein- oder Ausgänge kombinatorischer oder sequentieller Schaltungen sein. In den oben aufgeführten Beispielen sind sie in der Form von Ports in den Entitys aufgetreten. Signale speichern Werte, so dass sie auch als Speicherzelle, z.B. als Flipflop in einer VHDL-Architektur verwendet werden können. Der zeitliche Verlauf wird gespeichert, so dass auf Vergangenheitswerte zugegriffen werden kann. Einem Signal kann ein Wert nach einer bestimmten Verzögerungszeit zugewiesen werden. Dadurch lassen sich in der Simulation eines VHDL-Modells Gatterdurchlaufzeiten oder Setzzeiten von Flipflops berücksichtigen.

Syntax:

signal signal_name_1 {, signal_name_n}: daten_typ [:= wert];

In der Signal-Deklaration lässt sich der Anfangswert "wert" vorgeben.

Beispiele:

- signal y: bit;
- y <= a nand b after 20 ns;

Mit Hilfe der Anweisung "after" kann der Wert der NAND-Verknüpfung bei der Simulation nach einer bestimmten Zeit (hier: 20 ns) zugewiesen werden.

- signal zaehler: bit_vector (3 downto 0);
- zaehler <= "0000"; -- Der 4-Bit-Zähler wird rückgesetzt.

4.8.3 Datentypen

VHDL ist streng typorientiert. Für jedes Datenobjekt muss der Datentyp definiert werden, bevor es verwendet wird. Bei jeder Verknüpfung von Operanden wird überprüft, ob Datentyp und Operator zusammenpassen. Innerhalb von Ausdrücken können Datentypen nicht gemischt verwendet werden. Mit Hilfe spezieller Funktionen zur Typkonvertierung kann eine Typanpassung erreicht werden.

Größen (Literals). Bevor auf die Datentypen näher eingegangen wird, werden die Größen (Literals), die in VHDL gebräuchlich sind, kurz vorgestellt. Man unterscheidet zwischen numerischer Größe (integer literal, real literal), Character-Größe (character literal), String-Größe (string literal), Bit-String-Größe (bit string literal) und physikalischer Größe (physical literal).

Numerische Größen. Integer-Größen sind für ganze Zahlen (Integer) zuständig, während Real-Größen für reelle Zahlen gültig sind. Real-Größen enthalten immer einen Punkt evtl. zusätzlich einen Exponenten. Beide numerische Größen können sowohl als dezimale (decimal literals) als auch als basisbezogene Größen (based literals) verwendet werden. Zur besseren Kennzeichnung darf zwischen zwei Ziffern ein Unterstrich "_" eingefügt werden.

Beispiele:

- 3125, 3_125 -- Integer-Größen zur Basis 10 (gleiche Werte)
- 16#FF2# -- Integer-Größe zur Basis 16 (Hexadezimalzahl: FF2)
- 2#1010_1110# -- Integer-Größe zur Basis 2 (Dualzahl)
- 123.45 -- Real-Größe zur Basis 10
- 16.8E+8 -- Real-Größe zur Basis 10 mit Exponenten

Character-Größen. Einzelne Zeichen (characters) stehen in Hochkommata.

Beispiele: 'a', '0', '1', 'X'

String-Größen. Mit Doppelhochkommata werden Zeichenketten (Strings) gekennzeichnet.

Beispiele: "Warnung", " "F" ", "Fehlermeldung"

Bit-String-Größen. Ein Bit-String wird mit Doppelhochkommata und vorgestellter Basiskennung (O oder o für oktal, X oder x für hexadezimal und B oder b für binär) dargestellt. Die Kennung für binär kann entfallen.

Beispiele:

- B"1010_1100" -- binärer Bit-String
- "1010_1100" -- entsprechender binärer Bit-String
- X"1357_AF7D" -- hexadezmaler Bit-String
- o"1010_1100" -- oktaler Bit-String

Physikalische Größen. Die physikalische Größe enthält einen Zahlenwert (Integer oder Real) und die Einheit. Die Einheit wird bei der Typdeklaration festgelegt. Hier wird nur die Einheit für die Zeit behandelt. Sie ist für die Simulation von VHDL-Modellen unentbehrlich.

Beispiele:

- 100 fs -- fs (Femtosekunde) ist die Basiseinheit
- 30 ns -- ns (Nanosekunde) abgeleitete Einheit
- 12.5 ms -- ms (Millisekunde) abgeleitete Einheit

Die in VHDL verwendeten Datentypen werden in vier Klassen eingeteilt:

- Skalare Datentypen (Scalar types)
- Komplexe Datentypen (Composite types) Array type und record type
- Access type (hier nicht behandelt, da sie selten eingesetzt werden)
- File type (hier nicht behandelt, da sie selten eingesetzt werden)

4.8.3.1
Skalare Datentypen (Scalar types)

Zu den skalaren Datentypen zählen Integertypen (integer types), Gleitkommatypen (floating point types), physikalische Typen (physical types) und Aufzähltypen (enumeration types).

Eigenschaften: Integer-, Gleitkomma- und physikalische Typen sind numerische Datentypen. Aufzähltypen und Integertypen werden diskret genannt.

Integertypen werden durch direkte Angabe ganzzahliger Ober- und Untergrenzen deklariert. Alternativ können sie auch als Untermenge (Subtype) deklariert werden.

Syntax:

- type int_type_name is range untere_grenze to obere_grenze;
- type int_type_name is range obere_grenze downto untere_grenze;

Beispiele:

- type int_daten is range 0 to 100;
- type int_daten is range 100 downto -100;

Fließkommatypen

Syntax wie oben (integer), jedoch werden als Ober- und Untergrenze Fließkommawerte angegeben.

Beispiel:

- type real_bereich is range -3.0 to 3.0;

Sowohl Integer- als auch Fließkommatyp sind in VHDL vorab definiert.

Physikalische Typen bestehen aus ganzzahligen oder reellen Zahlenwerten und Einheit. Syntax:

```
type phys_type_name is range untere_grenze to obere_grenze
        units
          base_unit;
          deklaration                 -- abgeleitete Einheiten
        end units;
```

Vorab definiert ist die Zeit:

```
type time is range -1E18 to 1E18     -- der Bereich ist vom System abhängig
units
    fs;              -- Basiseinheit (Femtosekunde = 1E-15)
    ps = 1000 fs;    -- Picosekunde
    ns = 1000 ps;    -- Nanosekunde
    us = 1000 ns;    -- Mikrosekunde
    ms = 1000 us;    -- Millisekunde
    sec = 1000 ms;   -- Sekunde
    min = 60 sec;    -- Minute
    hr = 60 min;     -- Stunde
end units;
```

Aufzähltypen (enumeration types) werden vom Anwender definiert. Die Anzahl ist begrenzt und geordnet. Mit ihrer Hilfe ist ein VHDL-Modell besser lesbar.

Syntax:

```
type enum_type_name is (wert1 {, werti});        -- Wert: Bezeichner oder Character
```

Beispiele:

- **type** zustand **is** (S0, S1, S2, S3); -- Zustaende im Schaltwerk
- **type** log3 **is** ('0', '1', 'Z'); -- Groessen einer dreiwertigen Logik
- **type** studiengaenge is (elektrotechnik, informatik, mathematik);

Vorab definierte Typen im Package standard:

- **type** boolean **is** (false, true);
- **type** bit **is** ('0', '1');
- **type** character **is** (a, b, c, ...); -- 256 Zeichen

4.8.3.2
Zusammengesetzte Datentypen (Composite types)

Zusammengesetzte Datentypen werden verwendet, um eine Sammlung von Werten zu definieren. Sind die Werte einer Kollektion homogen so wird der Datentyp Array (Feld, Vektor) genannt. Fall sie inhomogen sind, wird der Begriff Record verwendet.

4.8.3.2.1
Arrays

Es gibt ein-, zwei- oder mehrdimensionale Arrays. Jede Dimension hat einen diskreten Datentyp (Integer oder Aufzähltyp). Die Definition des Array-Typs kann eingeschränkt (constrained) oder uneingeschränkt (unconstrained) sein. Für den eingeschränkten Typ sind die obere und untere Grenze festgelegt, während sie für den uneingeschränkten nicht spezifiziert (Symbol "<>")sind.

Array-Typ-Deklaration

Syntax:

```
type array_name is array (bereich) of base_type;
```

Beispiele für uneingeschränkte Länge:

```
type bit_vector is array (natural range <>) of bit;          -- allgemeine Definition des
                                                             -- Datentyps bit_vector
type bild is array (integer range <>, integer range <>) of pixel;   -- Pixel ist
                                                                    -- ein 8-Bit-Wert
```

Beispiel für eingeschränkte Länge:

```
type wort is array (0 to 15) of bit;        -- Speicherplatz mit 16 Bit
type ram is array (0 to 4095) of wort;      -- Speicher mit 4 Ki x 16 Bit
```

4.8.3.2.2
Records

Ein Record hat ein oder mehrere Elemente. Die Namen der Elemente unterscheiden sich, und die Datentypen können sich auch unterscheiden.

Record-Typ-Deklaration

Syntax:

```
type record_name is record
    element_name: element_typ;
    {element_name: element_typ;}
end record [record_name];
```

Beispiel:

```
type hochschul_typ is (fh_os, fh_hh, uni_do, th_ac);        -- Aufzähltyp
type studiengang_typ is (elektrotechnik, informatik);       -- Aufzähltyp

type stud_statistik is record
    hochschule: hochschul_typ;          -- fh_os, fh_hh, ...
    studiengang: studiengang_typ;       -- elektrotechnik, informatik
    student: integer;                   -- Anzahl der Studenten
    studentin: integer;                 -- Anzahl der Studentinnen
end record stud_statistik;
```

4.8.3.2.3
Zugriff auf die Elemente zusammengesetzter Datentypen

Es gibt zwei Zugriffsmöglichkeiten auf ein Datenobjekt vom Typ Array oder Record:

- Das gesamte Datenobjekt mit allen Elementen wird über den in der Deklaration festgelegten Namen angesprochen.
- Auf einzelne Elemente wird zugegriffen.

Elemente eines Arrays lassen sich ansprechen über "indexed names", "sliced names" oder Aggregate. Für den Zugriff der Record-Elemente verwendet man Aggregate oder "selected names".

a) Indexed Names. Das Feldelement eines Arrays wird über den Feldnamen und einen in Klammern gesetzten Ausdruck angesprochen.

Syntax: feld_name (index1, index2, ...)

Beispiel:

```
    type vector is array (natural range <>) of bit;
        variable wert1: vector (0 to 7) := "1001_0111";
        variable feld: array (0 to 3, 0 to 1) := ("1100", "0111");
------------------------------------------------------------------------
    process (werte, feld)
        variable x: integer := 3;
        variable y0, y1, y2: bit;
    begin
        y0 := wert1 (x);            -- y0 = '1'
        y1 := feld (x, 1);          -- y1 = '1'
        y2 := feld (x, 0);          -- y2 = '0'
    end process;
```

b) Sliced Names. Mehrere Elemente eines eindimensionalen Arrays (Vectors) im zusammenhängenden Bereich werden gleichzeitig angesprochen.

Syntax:

```
vector_name (slice_untere_grenze to slice_obere_grenze);
vector_name (slice_obere_grenze downto slice_untere_grenze);
```

Beispiel:

```
variable x_feld1, x_feld2: bit_vector (0 to 5);
    constant c_feld: bit_vector (0 to 7) := "1011_1101";
    x_feld1 := c_feld (1 to 6);             -- x_feld1 = "011_110"
    x_feld2 := c_feld (0 to 5);             -- x_feld2 = "101_111"
```

c) Selected Names. Mit "selected names" lassen sich die einzelnen Elemente eines Records ansprechen. Zur Kennzeichnung verwendet man den Recordnamen, gefolgt von einem Punkt (".") und dem Elementnamen.

Beispiel:

```
type monat_type is (Januar, Februar, ... Dezember);      -- Aufzähltyp
type datum is record
    monat: monat_type;                  -- Monat: Januar, Februar, ...
    tag: integer range 0 to 31;         -- Tag
    stunden: integer range 0 to 23;     -- Stunden
    minuten: integer range 0 to 59;     -- Minuten
end record datum;
```

Die Variable "termin" sei vom Typ "datum": `variable termin: datum;`

Zugriff auf Elemente des Records datum:

- termin.monat := Januar;
- termin.tag := 5;
- termin.stunden := 12;

d) Aggregate. Mit Hilfe der Aggregat-Notation können einzelnen Elementen eines Arrays oder Records Werte zugewiesen werden. Ein Aggregat besteht aus einer Liste von Element-Zuweisungen, die durch Kommata getrennt sind.

Syntax für ein Aggregat:

```
(element-zuweisung {, element-zuweisung}
```

Für die Zuweisung mit der Aggregat-Notation sind zwei Möglichkeiten vorgesehen:

- Positional Association. Zuweisung nach der Position der Elemente mit einer strengen Links-Rechts-Ordnung. Die Elemente sind durch Kommata getrennt.
- Named Association. Namentliche Zuweisung einzelner Elemente oder Elementgruppen mit Hilfe des Zuweisungszeichen "=>". Die Reihenfolge der Übergabe ist beliebig. In VHDL sind folgende Möglichkeiten der namentlichen Zuweisung erlaubt:

- Zuweisung an einzelne Elemente oder durch "|" gekennzeichnete Elementgruppen. Syntax: [element_1 {| element_n} =>] element_wert
- Zuweisung an alle Elemente innerhalb eines Bereichs (range_low to range_high oder range_high downto range_low).
- Zuweisung mit "others" an alle übrigen Elemente, die noch nicht spezifiziert sind.

Beispiel 1:

```
entity netz is port(
    x1,x2,x3,x4,x5,x6:      in bit;          -- Eingaenge
    y:                      out bit);        -- Ausgang
end netz;

architecture verhalten of netz is
    signal x: bit_vector (2 downto 0);
begin
    x <= (x1,x2,x3);                     -- positional association
    with x select
        y <=    x5 when "001",
                x6 when "010",
                x4 when "100",
                '1' when "001",
                '0' when others;         -- named association mit "others"
end verhalten;
```

Beispiel 2:

In der Deklarationszone einer Architektur werden folgende Datentypen und Datenobjekte deklariert:

```
type aufzaehl is (s0,s1,s2,s3,s4,s5);      Datentyp "Aufzaehltyp"
type feld is array (aufzaehl) of bit;
variable x: feld;
```

Alternativen für die namentliche Zuweisung des Wertes "001010" an die Variable x:

1. Zuweisung an jedes einzelne Element:
   x := (s2 => '1', s3 => '0', s4 => '1', s0 =>'0', s1 => '0', s5 => '0');
2. Zuweisung an Elementgruppen:
   x := (s5 | s3 | s0 | s1 => '0', s4 | s2 => 1');
3. Zuweisung mit Hilfe von "others":
   x := (s2 | s4 => '1', others => '0');

4.8.3.3 Subtypes

Man kann von deklarierten Typen weitere Typen (Subtypes) ableiten. Ein Subtype ist ein Datentyp mit eingeschränktem Wertebereich im Vergleich zum Basistyp.

Syntax: **subtype** bezeichner **is** subtype_indication;

Die "subtype_indication" enthält den Namen des Datentyps (type) oder des Subtyps mit der Einschränkung, die optional ist.

Beispiele:

subtype dezimal_ziffer **is** integer **range** 0 **to** 9; -- Bereichseinschränkung
subtype byte **is** bit_vector (7 **downto** 0); -- Indexeinschränkung
subtype ganze_zahl **is** integer; -- ganze_zahl: anderer Name für Integer

Auch der schon bekannte Datentyp "std_logic" ist ein Subtype des Basistypen "std_ulogic". Die Auflösungsfunktion (resolution function) ist definiert in dem Package std_logic_1164 des IEEE-1164-Standards.

Subtype-Deklaration: **subtype** std_logic **is** resolved std_ulogic;

4.8.3.4
Attribute

Mit Attributen lassen sich Eigenschaften von Objekten und Typen abfragen. Die VHDL-Beschreibung wird kürzer und eleganter. Der Wert eines Attributs kann in einem VHDL-Modell weiter verwendet werden. Attribute lassen sich auf alle skalaren Datentypen anwenden. Mit Hilfe eines Attributs lässt sich z.B. die Anzahl der Elemente in einem Feld (array) bestimmen.

Syntax: typ_name ' attribut_bezeichner;

Die Werte der Attribute unterscheiden sich völlig von den Datenobjektwerten. VHDL unterscheidet vordefinierte und benutzerdefinierte Attribute. Benutzerdefinierte Attribute werden hier nicht behandelt.

Vordefinierte Attribute (' sprich: tick):

'left, 'right, 'high, 'low, 'length, 'event, 'range

Beispiel:

Die Datentypen "zaehler", "zustand" und "wort" seien wie beschrieben deklariert:

- **type** zaehler **is range** 0 to 127;
- **type** zustand **is** (anfang, warte, schreiben, lesen);
- type wort **is array** (15 downto 0) of bit;

Mit Hilfe der Attribut-Anweisung lassen sich ihre Eigenschaften bestimmen:

- zaehler'left = 0 -- Rückgabewerte
- zustand'right = lesen
- zaehler'low = 0
- zaehler'high = 127
- zaehler'length = 128 -- Anzahl der Elemente

- zustand'length = 4
- wort'low = 0
- wort'length = 16

Häufig verwendet wird das Attribut 'event in Verbindung mit Signalen. Falls innerhalb eines VHDL-Modells eine Flanke des Signals "clk" eine Aktion bewirken soll, so lässt sich das mit einer Abfrage von "clk'event" erreichen. Beim Entwurf von Flipflops, Zählern und Schaltwerken (Kap. 6) wird mit diesem Attribut gearbeitet.

4.8.4 Operatoren und Operanden

Ähnlich wie in einer höheren Programmiersprache werden in VHDL Operanden mit Hilfe von Operatoren zu einem neuen Wert bzw. Operanden verknüpft. Die Operatoren werden in Gruppen eingeteilt. Innerhalb einer Gruppe gilt gleiche Priorität, während für die Gruppen untereinander eine Priorität festgelegt ist. Für die aufgelisteten Operatorengruppen gilt die Prioritätenfolge von oben nach unten. Höchste Priorität haben die vermischten Operatoren. Operatoren mit gleicher Priorität werden innerhalb einer Anweisung in der Reihenfolge von links nach rechts abgearbeitet.

Gruppeneinteilung der VHDL-Operatoren:

- Vermischte Operatoren: **, ABS, not
- Multiplizierende Operatoren: *, /, MOD, REM
- Vorzeichen-Operatoren: +, -
- Addierende Operatoren: +, -, &
- Schiebe- und Rotationsoperatoren: sll, srl, sla, sra, rol, ror
- Vergleichsoperatoren: =, /=, <, <=, >, >=
- Logische Operatoren: and, nand or, nor, xor, xnor

Als Operanden können verwendet werden:

- Größenangaben, numerische Größen, Zeichen, Zeichenketten, Bit-Strings
- Bezeichner: Referenzname eines Objektes
- Attribute: Abfrage bestimmter Eigenschaften von Objekten
- Aggregate: Kombinationen mehrerer Werte in Array oder Record
- Qualifizierte Ausdrücke: Festlegung des Datentyps bei Operanden, die mehreren Typen entsprechen können
- Funktionsaufrufe
- Typumwandlungen

Tab. 4.9: Übersicht über die in VHDL verwendeten Operatoren

Operator	Erläuterung	Operandentyp	Anwendung in der Synthese	Beispiel für synthese-relevante Operatoren
**	Exponent	integer, floating. Exp. nur integer	selten	
abs	Absolutwert	numerisch	selten	
not	Logische Negation	bit, boolean	häufig	y <= **not** (a **and** b);
*	Multiplikation	integer, floating	gelegentlich für Multiplizierer	y <= a * 4;
/	Division	integer, floating	selten	
mod	Modulo-Operator	integer	selten	
rem	Remainder-Operator	integer	selten	
+	pos. Vorzeichen	numerisch	selten	
-	neg. Vorzeichen	numerisch	selten	
+	Addition	numerisch	häufig Vorwärtszähler	count <= count + 1;
-	Subtraktion	numerisch	häufig Abwärtszähler	dec <= dec – 1;
&	Verbindung (concatenation)	Vektor (eindimensional)	gelegentlich	y <= "ab" & " cd" --> Y<= "abcd"
sll	Shift nach links, '0' wird nachgezogen	Vektor (eindimensional)	gelegentlich	y <= a **sll** 4; datentyp von a: bit_vector
srl	Shift nach rechts, '0' wird nachgezogen	Vektor (eindimensional)	gelegentlich	y <= a **srl** 2; datentyp von a: bit_vector
sla	Shift nach links arithmetisch	Vektor (eindimensional)	gelegentlich	y <= a **sla** 1; datentyp a: bit_vector
sra	Shift nach rechts arithmetisch	Vektor (eindimensional)	gelegentlich	y <= a **sra** 3; datentyp a: bit_vector
= /=	Vergleich auf gleich ... ungleich	alle Typen, gleicher Typ für Operanden	häufig	**if** a = b **then** y <= '0'; **if** a /= b **then** y <= '1';
< <=	Vergleich auf kleiner ... kleiner gleich	Skalare Typen, gleicher Typ für Operanden	häufig	**if** a < b **then** y <= "0010"; **if** c <= b **then** y <= "0110";
> >=	Vergleich auf größer... größer gleich	Skalare Typen, gleicher Typ für Operanden	häufig	**if** a > b **then** y <= "1010"; **if** c >= b **then** y <= "1111";
and, or, nand, nor, xor, xnor	log. UND, ODER, log. NAND, NOR, log. XOR, XNOR	bit, boolean Vektor (eindimensional)	häufig	y <= (a **and** b) **or** (c **xor not** a);

4.9 Testen von VHDL-Modellen

4.9.1 Simulationstechniken

Der Schwerpunkt lag bisher auf VHDL-Modellen, die mit Hilfe programmierbarer Logik synthetisiert werden. In erster Linie wurde VHDL als Entwurfssprache eingesetzt. Im Folgenden soll die VHDL-Syntax zur Bildung von Testumgebungen verwendet werden. Hierzu werden nichtsynthesefähige VHDL-Modelle aufgestellt, mit deren Hilfe VHDL-Komponenten gestestet werden können. Der zu testende VHDL-Entwurf wird in eine Testbench eingebunden. Der Name Testbench (Werkbank) wird in Analogie zu einer realen Werkbank gewählt, auf der ein Werkstück getestet werden kann. In VHDL werden die Eingangssignale mit Signalgeneratoren stimuliert und die Reaktion der Ausgangssignale kontrolliert.

Die einfachste Form einer Simulation ist die interaktive. VHDL-Compiler enthalten Tools, um die Porteingänge eines Modells zu stimulieren und die Ergebnisse in Tabellenform oder als Signalzeitdiagramm am Bildschirm und/oder Drucker auszugeben. Diese Methode eignet sich gut, um einen Überblick über das Verhalten des Entwurfs zu erlangen. Im allgemeinen Fall muss die Eingabe bei einer Änderung wiederholt werden, was zeitaufwendig und fehlerträchtig ist.

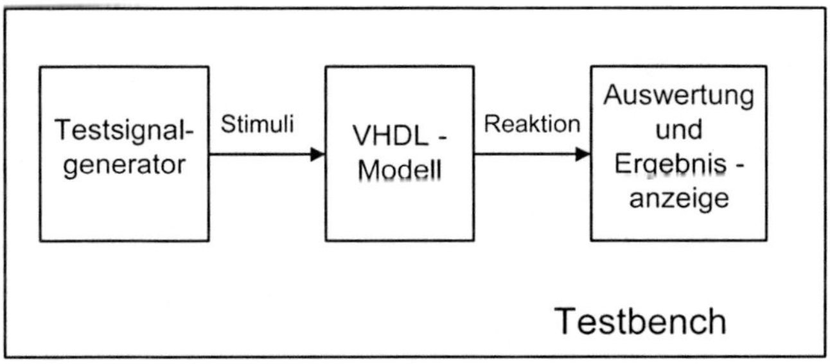

Bild 4.3: Die Testbench dient zur Erprobung des VHDL-Modells.

Eine Testbench hat gegenüber der interaktiven Methode deutliche Vorteile:

- Gute Dokumentation der Testvektoren für Ein- und Ausgänge
- Leichte Wiederverwendbarkeit bei Entwurfsänderungen
- Systematische Vorgehensweise
- Schnelle Fehlererkennung
- Die gleiche Testbench lässt sich sowohl für das Quellcode-VHDL-Modell als auch für das Postlayout-VHDL-Modell verwenden.

Im Folgenden werden zwei unterschiedliche Entwürfe für Testbenches vorgestellt:

- Testvektoren werden innerhalb der Testbench erzeugt
- Testbench mit Ein- und Ausgabedatei

4.9.2 Testbench mit Testvektoren

Die Entity ist sehr einfach aufgebaut, insbesondere enthält sie keine Port- oder Generic-Anweisungen:

```
entity testbench_name is       -- Entity der Testumgebung
end testbench_name;
```

Die Architektur enthält ein Testvektorfeld, das sowohl die stimulierenden Werte für die Eingabeports als auch die am Ausgang erwarteten Logikzustände enthält. Das zu testende VHDL-Modell muss als Komponente vorliegen. Die compilierte Komponente ist in einem Package in der Work-Library oder in einer benutzerdefinierten Library gespeichert. Bei der Ausführung werden in einer For-Schleife die Stimuli eines Vektors (hier: vektor.x) den Porteingängen (hier: x) zugewiesen. Nach einer Verzögerung (hier: 30 ns), die die Durchlaufzeit des Schaltkreises simuliert, wird die Reaktion des getesteten VHDL-Modells (device under test) am Portausgang (hier: y) verglichen mit dem Wert des Testvektors (hier: vektor.y). Mit Hilfe der Assertion- und Report-Anweisung (Kap. 4.7.1) lässt sich im Fehlerfall während der Ausführung der Testbench (Run-Kommando) ein Report am Monitor ausgeben. Weiterhin kann über die Variable Fehler ein abschließender Report am Ende des Tests ausgegeben werden.

Für das schon bekannte VHDL-Modell zu Tab. 2.11 (Kap. 4.5.4.8) ist in einem Beispiel eine Testbench angegeben. In dem Package "tabelle_pack.vhd" wird die Komponente tab2_11a deklariert. Nach der Compilierung wird sie in der Work-Library abgelegt und gespeichert. Es kann nun über die Use-Anweisung auf die Komponente tab2_11a zugegriffen werden.

```
-- tabelle_pack.vhd
library ieee;
use ieee.std_logic_1164.all;

package tabelle_pack is  -- Package tabelle_pack.vhd
component tab2_11a       -- Component-Deklaration der Tabelle 2.11
    port (
    x: in std_logic_vector (1 to 4);
    y: out std_logic_vector (1 to 2));
end component;
end tabelle_pack;

-- VHDL-Modell zu Tabelle 2.11 (Kap.4.5.4.8)
library ieee;
```

```
use ieee.std_logic_1164.all;
entity tab2_11a is port (
      x: in std_logic_vector (1 to 4);
      y: out std_logic_vector (1 to 2));
end tab2_11a;

architecture sequent_verhalten of tab2_11a is
begin
  tabelle: process(x) begin     -- Anordnung entspricht der Wahrheitstabelle
    case x is
      when "0000" => y <= "11";
      when "0001" => y <= "11";
      when "0010" => y <= "11";
      when "0011" => y <= "0-";
      when "1000" => y <= "0-";
      when "1001" => y <= "0-";
      when "1010" => y <= "11";
      when "1011" => y <= "01";        -- Fehler "01" statt "11"
      when "1100" => y <= "0-";
      when "1110" => y <= "0-";
      when others => y <= "00";        -- Kombinationen, die "00" ergeben
    end case;
  end process tabelle; -- am Prozessende erhält y den neuen Wert
end sequent_verhalten;

-- test_bench_tab.vhd
library ieee;
use ieee.std_logic_1164.all;
use work.tabelle_pack.all;     -- erlaubt Zugriff auf die Komponente tab_2_11a

entity testbench is
end testbench;

architecture auto_test of testbench is
      signal x: std_logic_vector(1 to 4);
      signal y: std_logic_vector(1 to 2);
type test_vektor is record     -- Stimuli und Erwartungswerte → Record
      x: std_logic_vector(1 to 4);
      y: std_logic_vector(1 to 2);
end record;
type test_vektor_array is array (natural range <>) of test_vektor;
constant test_feld: test_vektor_array:=(
      (x => "0000", y => "11"),
      (x => "0001", y => "11"),
      (x => "0010", y => "11"),
      (x => "0011", y => "0-"),
      (x => "0100", y => "00"),
      (x => "0101", y => "00"),
      (x => "0110", y => "00"),
      (x => "0111", y => "00"),
      (x => "1000", y => "0-"),
      (x => "1001", y => "0-"),
      (x => "1010", y => "11"),
```

```
    (x => "1011", y => "11"),
    (x => "1100", y => "0-"),
    (x => "1101", y => "00"),
    (x => "1110", y => "0-"),
    (x => "1111", y => "00")
);

begin       -- instanziieren der Component tab2_11a
dut: tab2_11a port map (x, y);
testen: process       -- Testvektor zuweisen und pruefen
    variable vektor: test_vektor;
    variable fehler: boolean := false;
begin
for i in test_feld'range loop
    vektor := test_feld(i);
    x <= vektor.x;
    wait for 30 ns; -- Verzoegerungszeit abwarten
    if y /= vektor.y then        -- Ergebnis ueberpruefen
         assert false
         report "Ergebnis falsch";
         fehler := true;
    end if;
end loop;

    assert not fehler            -- Ausgabe eines Reports
    report "Test ist fehlerhaft"
    severity note;
    assert fehler
    report "Test ist o.K"
    severity note;
    wait;
end process testen;
end auto_test;
```

Bei der Ausführung der Testbench mit ModelSim Xilinx [http://www.xilinx.com] werden folgende Schritte durchgeführt:

- Compilieren des Package tabelle_pack.vhd. Die compilierte Datei wird automatisch in der Work-Library gespeichert und steht für weitere Anwendungen zur Verfügung.
- Compilieren der Testbench test_bench_tab.vhd.
- Laden der einzelnen Komponenten
- Ausführen der Simulation mit dem Kommando "run –all"

Auszug der Monitorausgabe bei der Ausführung mit ModelSim:

```
vsim work.testbench
# vsim work.testbench
# Loading C:/MODELTECH_XE/WIN32XOEM/../std.standard
# Loading C:/MODELTECH_XE/WIN32XOEM/../ieee.std_logic_1164(body)
# Loading work.tabelle_pack
```

```
# Loading work.testbench(auto_test)
# Loading work.tab2_11a(sequent_verhalten)
run -all
# ** Error: Ergebnis falsch
#    Time: 360 ns  Iteration: 0  Instance: /testbench
# ** Note: Test ist fehlerhaft
#    Time: 480 ns  Iteration: 0  Instance: /testbench
```

Da in diesem Beispiel ein Fehler in dem zu testenden VHDL-Modell tab2_11a vorgegeben ist, werden bei der Ausführung der Testbench mit ModelSim Xilinx Fehlermeldungen ausgegeben.

4.9.3 Testbench mit Ein- und Ausgabedatei

Bei der Verwendung von Testbenches lässt sich die Vorgabe der Stimulationswerte und die Ausgabe der Ergebnisse noch verbessern, indem man Textdateien für die Ein- und Ausgabe einsetzt. Die Stimuli werden jetzt als Zeichenfolge in einer Eingabedatei abgelegt und während der Ausführung über standardisierte Prozeduren eingelesen. Dadurch können die Werte für die Stimulation leicht geändert werden, ohne dass eine neue Compilierung der Testbench erfolgen muss. Entsprechend werden die Ergebnisse in formatierter Form über Ausgabeprozeduren als Text in einer Ausgabedatei gespeichert, die dann vom Anwender leichter ausgewertet werden kann.

Die Verwendung der Ein- und Ausgabeprozeduren ist mit größerem Aufwand verbunden, da die Standard-Lese- und Schreibprozeduren nicht für den Datentyp std_logic bzw. std_logic_vector gelten. Im Folgenden werden erweiterte Ein- und Ausgabeprozeduren [26] vorgestellt, die mit Hilfe von Overloading den Datentyp std_logic berücksichtigen. Man kann das Package "text_io_pack.vhd" anwenden, ohne alle Einzelheiten der VHDL-Beschreibung zu kennen. Es kann in ähnlicher Weise benutzt werden wie ein Package mit einer VHDL-Deklaration, das eine Addition von Vektoren (Kap. 6.2.2.2) erlaubt. Das unten beschriebene Package "text_io_pack .vhd" kann für alle Aufgaben, die mit den Datentypen "std_logic" und "std_logic_vector" in Ein- und Ausgabedateien arbeiten, verwendet werden.

Im folgenden Beispiel wird eine Testbench vorgestellt, die für die gleiche Aufgabenstellung mit der Wahrheitstabelle (Kap. 4.9.2) eingesetzt wird. Es wird vorausgesetzt, dass sich das VHDL-Modell tab2_11a als compilierte Komponente in dem Package work.tabelle_pack.vhd befindet (s. Kap. 4.9.2).

```
-- text_io_pack.vhd
library ieee;
use ieee.std_logic_1164.all;
use std.textio.all;

package text_io_pack is          -- Erweiterung der Ein-/Ausgabe auf den Datentyp std_logic
    procedure read (L: inout Line; wert: out std_logic; gut: out boolean);
    procedure read (L: inout Line; wert: out std_logic);
```

```
    procedure read (L: inout Line; wert: out std_logic_vector; gut: out boolean);
    procedure read (L: inout Line; wert: out std_logic_vector);
    procedure write (L: inout Line; wert: in std_logic; justified:in side := right; field: in
    width := 0);
    procedure write (L: inout Line; wert: in std_logic_vector; justified:in side := right; field: in
    width := 0);
    type std_logic_chars is array (character) of std_logic;
    constant to_stdlogic: std_logic_chars:=
    ('U' => 'U','X' => 'X','0' => '0','1' => '1','Z' => 'Z',
    'W' => 'W','L' => 'L','H' => 'H','-' => '-',others => 'X');
    type character_chars is array (std_logic) of character;
    constant to_character: character_chars :=
    ('U' => 'U','X' => 'X','0' => '0','1' => '1','Z' => 'Z',
    'W' => 'W','L' => 'L','H' => 'H','-' => '-');
end text_io_pack;

package body text_io_pack is
    procedure read (L: inout Line; wert: out std_logic; gut: out boolean) is
    variable temp: character;
        variable gut_character: boolean;
    begin
        read (L, temp, gut_character);
        if gut_character = true then
                gut := true;
                wert := to_stdlogic(temp);
        else    gut := false;
        end if;
    end read;
    procedure read (L: inout Line; wert: out std_logic) is
        variable temp: character;
        variable gut_character: boolean;
    begin
        read (L, temp, gut_character);
        if gut_character = true then  wert := to_stdlogic (temp);
        end if;
    end read;
    procedure read (L: inout Line; wert: out std_logic_vector; gut: out boolean) is
        variable temp: string(wert'range);
        variable gut_string: boolean;
    begin
        read (L, temp, gut_string);
        if gut_string = true then
                gut := true;
                for i in temp'range loop
                  wert(i) := to_stdlogic(temp(i));
                end loop;
        else gut := false;
        end if;
    end read;

procedure read (L: inout Line; wert: out std_logic_vector) is
        variable temp: string(wert'range);
        variable gut_string: boolean;
```

```
    begin
        read (L, temp, gut_string);
        if gut_string = true then
                for i in temp'range loop
                  wert(i) := to_stdlogic(temp(i));
                end loop;
        end if;
    end read;
    procedure write (L: inout Line; wert: in std_logic; justified:in side := right; field: in
    width := 0) is
        variable write_wert: character;
    begin
        write_wert := to_character(wert);
        write(L,write_wert, justified, field);
    end write;

    procedure write (L: inout Line; wert: in std_logic_vector; justified:in side := right;
        field: in width := 0) is
        variable write_wert: string(wert'range);
    begin
        for i in wert'range loop
          write_wert(i) := to_character(wert(i));
          end loop;
        write(L,write_wert, justified, field);
    end write;
end text_io_pack;

-- Testbench mit Ein- und Ausgabedatei:  tb_textio_tab.vhd
library ieee;
use ieee.std_logic_1164.all;
use std.textio.all;
use work.text_io_pack.all;
use work.tabelle_pack.all;

entity tb_textio is
end tb_textio;

architecture auto_test of tb_textio is
signal x: std_logic_vector(1 to 4);
signal y: std_logic_vector(1 to 2);
begin
dut: tab2_11a port map (x => x, y => y);
testen: process
    file eingabe_datei: text is in "tab_io_test.txt";        -- Eingabedatei: tab_io_test.txt
    file ausgabe_datei: text is out "ergebnis_aus.txt";      -- Ausgabedatei: ergebnis_aus.txt
    variable zeile_ein, zeile_aus: line;
    variable aus_y: std_logic_vector(1 to 2);
    variable v_x: std_logic_vector(1 to 4);
    variable v_y: std_logic_vector(1 to 2);
    variable fehler: boolean := false;
    variable gut: boolean;
    variable char: character;
    variable fehler_aus: string(1 to 4) := "nein";
```

```
    constant abstand_2: string(1 to 2) := "  ";
    constant abstand_3: string(1 to 3) := "   ";
    constant ueber: string(1 to 21) := " X  Y  Ysoll Fehler"; -- Ueberschrift Ausgabedatei
begin
    write(zeile_aus, ueber);  -- Ueberschrift
    writeline(ausgabe_datei, zeile_aus); -- Ausgabe der Zeile
    writeline(ausgabe_datei, zeile_aus); -- Ausgabe einer Leerzeile

zeile_loop: while not endfile(eingabe_datei) loop
    readline (eingabe_datei,zeile_ein); -- Zeile einlesen
    read (zeile_ein,char,gut);
-- ueberspringe Zeile, falls Zeichen kein Tabulator s. Tab. 4.10
    if not gut or char /= HT then next;
    end if;
    assert gut
          report "Fehler beim Lesen"
    severity note;
    read (zeile_ein,v_x,gut);
    next when not gut;
    read (zeile_ein,char);
    read (zeile_ein,v_y);
    wait for 20 ns;
    x <= v_x;        -- Typ-Konvertierung: variable → signal
    wait for 30 ns;
-- ueberpruefen des Ergebnisses
    aus_y := y;
    if aus_y /= v_y then
          assert false
          report "y falsch";
          fehler := true;
          fehler_aus := " ja ";
    end if;
  -- formatierter Ausgabereport
    write(zeile_aus, v_x);              -- Stimuli x
    write(zeile_aus, abstand_2);        -- 2 Leerzeichen
    write(zeile_aus, aus_y);            -- Ergebniswert y
    write(zeile_aus, abstand_2);        -- 2 Leerzeichen
    write(zeile_aus, v_y);              -- Erwartungswert für y
    write(zeile_aus, abstand_3);        -- 3 Leerzeichen
    write(zeile_aus, fehler_aus);       -- Fehler: ja oder nein
    writeline(ausgabe_datei, zeile_aus);
      fehler_aus := "nein";             -- Defaultwert für Fehler
end loop zeile_loop;
assert not fehler
    report "Test ist fehlerhaft"
    severity note;
    assert fehler
    report "Test ist o.K"
    severity note;
    wait;
end process testen;
end auto_test;
```

Tab. 4.10: Ein- und Ausgabedatei, die innerhalb der Testbench verwendet werden

eingabe_datei: tab_io_test.txt	ausgabe_datei: ergebnis_aus.txt			
Wahrheitstabelle 2.11	X	Y	Ysoll	Fehler
0000 11	0000	11	11	nein
0001 11	0001	11	11	nein
0010 11	0010	11	11	nein
0011 0-	0011	0-	0-	nein
0100 00	0100	00	00	nein
0101 00	0101	00	00	nein
0110 00	0110	00	00	nein
0111 00	0111	00	00	nein
1000 0-	1000	0-	0-	nein
1001 0-	1001	0-	0-	nein
1010 11	1010	11	11	nein
1011 11	1011	01	11	ja
1100 0-	1100	0-	0-	nein
1101 00	1101	00	00	nein
1110 0-	1110	0-	0-	nein
1111 00	1111	00	00	nein

Die Tab. 4.10 enthält auf der linken Seite die Eingabedatei und auf der rechten Seite die Ausgabedatei mit der Fehlermeldung. Das erste Zeichen einer relevanten Eingabedateizeile ist der Tabulator. Dadurch können in der Eingabedatei auch Überschriften und Kommentarzeilen verwendet werden, die beim Einlesen der Werte über die Eingabeprozedur ignoriert werden.

Literatur zu Kap. 4: [9, 21, 65, 70, 78, 97, 120, 127]

5 Kombinatorische Schaltungen

Eine digitale Schaltung, deren Ausgänge nur von den Eingängen abhängen, wird kombinatorische Schaltung oder Schaltnetz genannt. Eine kombinatorische Schaltung lässt sich mit einfachen Grundgattern wie UND, ODER und Inverter realisieren. Sie enthält keine Rückkopplung von den Ausgängen auf den Eingangsteil. Im Folgenden werden häufig verwendete kombinatorische Schaltungen vorgestellt und zu jeder Schaltung auch ein VHDL-Modell entworfen.

5.1 Codierschaltungen

Unter Code versteht man in der Digitaltechnik eine Zuordnungsvorschrift, die einem Zeichen aus einem Zeichenvorrat eine Bitkombination zuordnet. Man unterscheidet zwischen alphanumerischen und numerischen Codes.

5.1.1 Alphanumerischer Code

Mit Hilfe eines alphanumerischen Codes lassen sich Buchstaben, Ziffern und Sonderzeichen binär verschlüsseln. In der Rechnertechnik wird für die Ein- und Ausgabe alphanumerischer Zeichen der international bekannte ASCII-Code (American Standard Code for Information Interchange) verwendet. Hierbei wird jedes Zeichen mit Hilfe von 7 Bit verschlüsselt (Tab. 5.1). Der ASCII-Code entspricht nahezu dem 7-Bit-Code nach DIN 66003.

In der ASCII-Tabelle dienen die Bits A4, A5 und A6 der Spaltenverschlüsselung und die Bits A0, A1, A2 und A3 der Zeilenverschlüsselung. Im deutschen Zeichensatz sind folgende Zeichen anstelle der in der Tabelle links stehenden Zeichen enthalten: §, Ä, Ö, Ü, ä, ö, ü und ß. Bei der Übertragung wird für ein ASCII-Zeichen im allgemeinen ein Byte (8 Bit) verwendet. In der Datentechnik wird häufig auch das achte Bit zu einer Erweiterung des Zeichenvorrats herangezogen. Dadurch kann der ursprüngliche Zeichensatz verdoppelt werden.

Tab. 5.1: Siebenstelliger ASCII-Code mit deutschen Zeichen nach DIN 66003

ASCII-TABELLE		**Spaltenverschlüsselung**							
		Hex	0	1	2	3	4	5	6	7
Zeilen-verschlüsselung		A6	0	0	0	0	1	1	1	1
		A5	0	0	1	1	0	0	1	1
		A4	0	1	0	1	0	1	0	1
Hex	A3 A2 A1 A0									
0	0 0 0 0		NUL	DLE	SP	0	@ §	P	`	p
1	0 0 0 1		SOH	DC1	!	1	A	Q	a	q
2	0 0 1 0		STX	DC2	"	2	B	R	b	r
3	0 0 1 1		ETX	DC3	#	3	C	S	c	s
4	0 1 0 0		EOT	DC4	$	4	D	T	d	t
5	0 1 0 1		ENQ	NAK	%	5	E	U	e	u
6	0 1 1 0		ACK	SYN	&	6	F	V	f	v
7	0 1 1 1		BEL	ETB	'	7	G	W	g	w
8	1 0 0 0		BS	CAN	(	8	H	X	h	x
9	1 0 0 1		HT	EM	)	9	I	Y	i	y
A	1 0 1 0		LF	SUB	*	:	J	Z	j	z
B	1 0 1 1		VT	ESC	+	;	K	[Ä	k	{ ä
C	1 1 0 0		FF	FS	,	<	L	\ Ö	l	| ö
D	1 1 0 1		CR	GS	−	=	M	] Ü	m	} ü
E	1 1 1 0		SO	RS	.	>	N	^	n	~ ß
F	1 1 1 1		SIX	US2	/	?	O	_	o	DEL

5.1.2 Numerischer Code

Sollen nur Zahlen oder Ziffern verschlüsselt werden, so werden numerische Codes eingesetzt. Wird eine ganze Zahl verschlüsselt, so spricht man von einem Wortcode, bei der Verschlüsselung jeder einzelnen Ziffer einer Zahl von einem Zifferncode.

I. Wortcode. Als Beispiele für Wortcodierung sollen der Dualcode und der Graycode vorgestellt werden.

a) Dualcode. Zur Darstellung der Dualzahlen dient der Dualcode. Jede Dezimalzahl, die im Dualcode dargestellt werden soll, wird als ganze Zahl verschlüsselt. Im Dualcode ist jede Stelle gemäß der Darstellung im Dualzahlensystem gewichtet.

b) Gray-Code. Auch der Gray-Code dient zur Verschlüsselung ganzer Zahlen. Die einzelnen Stellen sind nicht gewichtet. Er ist so aufgebaut, dass aufeinander folgende Codewörter sich nur in einer Bitstelle unterscheiden. Codes mit dieser Eigenschaft sind stetige Codes und werden auch einschrittige Codes genannt.

Der Gray-Code ist nach folgendem Bildungsgesetz aufgebaut:

Ausgehend vom Anfangswert, bei dem alle Stellen auf 0 gesetzt sind, werden nacheinander, von rechts beginnend, die nächsthöhere Bitstelle auf 1 gesetzt und die schon vorhandenen Bitstellen in umgekehrter Reihenfolge übernommen (Tab. 5.2). Dieses Verfahren nennt man auch Reflektion oder Spiegelung.

Tab. 5.2: Zahlendarstellung im Dualcode und Gray-Code

	Dualcode					Gray-Code				
Stellengewicht	**16**	**8**	**4**	**2**	**1**	**-**	**-**	**-**	**-**	**-**
Dezimalzahl	**D4**	**D3**	**D2**	**D1**	**D0**	**G4**	**G3**	**G2**	**G1**	**G0**
0	0	0	0	0	0	0	0	0	0	0
1	0	0	0	0	1	0	0	0	0	1
2	0	0	0	1	0	0	0	0	1	1
3	0	0	0	1	1	0	0	0	1	0
4	0	0	1	0	0	0	0	1	1	0
5	0	0	1	0	1	0	0	1	1	1
6	0	0	1	1	0	0	0	1	0	1
7	0	0	1	1	1	0	0	1	0	0
8	0	1	0	0	0	0	1	1	0	0
9	0	1	0	0	1	0	1	1	0	1
10	0	1	0	1	0	0	1	1	1	1
11	0	1	0	1	1	0	1	1	1	0
12	0	1	1	0	0	0	1	0	1	0
13	0	1	1	0	1	0	1	0	1	1
14	0	1	1	1	0	0	1	0	0	1
15	0	1	1	1	1	0	1	0	0	0
16	1	0	0	0	0	1	1	0	0	0
17	1	0	0	0	1	1	1	0	0	1
18	1	0	0	1	0	1	1	0	1	1
19	1	0	0	1	1	1	1	0	1	0
20	1	0	1	0	0	1	1	1	1	0
21	1	0	1	0	1	1	1	1	1	1
22	1	0	1	1	0	1	1	1	0	1
23	1	0	1	1	1	1	1	1	0	0
:	:	:	:	:	:	:	:	:	:	:

II. Zifferncode. Für die Zahlendarstellung in der Digitaltechnik ist neben der Wortcodierung auch die Zifferncodierung geläufig. Für die Ein- und Ausgabe von Dezimalzahlen als Zifferncode hat sich insbesondere der BCD-Code (Binary Coded Decimal = BCD) eingebürgert. Zur Codierung einer Dezimalziffer sind wenigstens vier Bits erforderlich. Im Folgenden werden häufig verwendete BCD-Codes, die zur Verschlüsselung einer Dezimalziffer vier Bits (Tetrade) benötigen, behandelt.

Zifferncodes (BCD-Codes):

a) 8-4-2-1-Code
b) BCD-Gray-Code
c) Aiken-Code
d) 3-Exzess-Code

Zu a) 8-4-2-1-Code. Im Dualcode werden die ersten 10 Kombinationen der Dualzahlen (4 Stellen) für die Darstellung der Dezimalziffern (Tab. 5.3) verwendet. Alle übrigen Kombinationen der Tetrade sind nicht erlaubt und werden als Pseudotetraden bezeichnet. Die Stellen sind wie im Dualzahlensystem gewichtet. Da die Kombinationen aus dem Dualzahlensystem übernommen sind, lassen sich die Rechenregeln für

Dualzahladdition auch auf binär codierte Dezimalzahlen im 8-4-2-1-Code anwenden. Es ist jedoch nach jeder binären Addition eine Dezimalkorrektur erforderlich. In den Befehlssätzen der Mikroprozessoren sind entsprechende Befehle zur Korrektur vorhanden, z.B. Decimal Adjust (DA A) beim 8051-Assembler.

Zu b) BCD-Gray-Code. Für die Darstellung binär codierter Dezimalzahlen werden die ersten zehn Kombinationen des Gray-Codes (Tab. 5.2) verwendet, die restlichen Bitkombinationen sind Pseudotetraden. Beim BCD-Gray-Code werden die Stellen nicht gewichtet, dadurch wird eine Zuordnung zwischen Bitkombination und Dezimalziffer erschwert. Der Gray-Code wirkt sich vorteilhaft bei der Decodierung von Zählerständen aus, da sich zwei benachbarte Bitkombinationen nur in einer Stelle unterscheiden. In der Messtechnik setzt man den Gray-Code für die Codierung von Längen bei Codelinealen und Winkeln bei Codierscheiben ein.

Tab. 5.3: Bit-Kombinationen für geläufige BCD-Codes

Codes	**8-4-2-1-Code**				**BCD-Gray-Code**				**Aiken-Code**				**3-Exzess-Code**			
Stellengewicht	8	4	2	1	-	-	-	-	2	4	2	1	-	-	-	-
Dezimalziffer	A	B	C	D	A	B	C	D	A	B	C	D	A	B	C	D
0	0	0	0	0	0	0	0	0	0	0	0	0	0	0	1	1
1	0	0	0	1	0	0	0	1	0	0	0	1	0	1	0	0
2	0	0	1	0	0	0	1	1	0	0	1	0	0	1	0	1
3	0	0	1	1	0	0	1	0	0	0	1	1	0	1	1	0
4	0	1	0	0	0	1	1	0	0	1	0	0	0	1	1	1
5	0	1	0	1	0	1	1	1	1	0	1	1	1	0	0	0
6	0	1	1	0	0	1	0	1	1	1	0	0	1	0	0	1
7	0	1	1	1	0	1	0	0	1	1	0	1	1	0	1	0
8	1	0	0	0	1	1	0	0	1	1	1	0	1	0	1	1
9	1	0	0	1	1	1	0	1	1	1	1	1	1	1	0	0
Pseudotetrade	1	0	1	0	1	1	1	1	0	1	0	1	0	0	0	0
Pseudotetrade	1	0	1	1	1	1	1	0	0	1	1	0	0	0	0	1
Pseudotetrade	1	1	0	0	1	0	1	0	0	1	1	1	0	0	1	0
Pseudotetrade	1	1	0	1	1	0	1	1	1	0	0	0	1	1	0	1
Pseudotetrade	1	1	1	0	1	0	0	1	1	0	0	1	1	1	1	0
Pseudotetrade	1	1	1	1	1	0	0	0	1	0	1	0	1	1	1	1

Zu c) Aiken-Code. Der nach Aiken benannte Code (Tab. 5.3) ist für die Rechnertechnik entwickelt worden. Die einzelnen Stellen sind gewichtet, jedoch anders als im Dualcode (Tab. 5.2). Der Aiken-Code ist so aufgebaut, dass eine für die Darstellung negativer Dezimalzahlen erforderliche Komplementbildung durch einfache Invertierung jeder Bitstelle erreicht wird. Die invertierte Darstellung im Aiken-Code entspricht dem Neunerkomplement der ursprünglichen Dezimalzahl. Auch beim Aiken-Code bilden die nicht verwendeten Bitkombinationen Pseudotetraden.

Zu d) 3-Exzess-Code. In der Steuerungstechnik wird der 3-Exzess-Code für die codierte Dezimalzahldarstellung eingesetzt. Dieser Code ist nicht gewichtet und hat die Besonderheit, dass in jeder erlaubten Bitkombination wenigstens ein Bit gesetzt und ein Bit rückgesetzt ist. Dadurch können Störungen, z.B. der Ausfall der Versorgungsspannung, leichter erkannt werden. Auch in dieser Codierung bilden die nicht verwendeten Kombinationen Pseudotetraden.

Beispiel 1: Darstellung von Dezimalzahlen in BCD-Codes

Die Dezimalzahl 1997 soll in den vier genannten BCD-Codes dargestellt werden.

Dezimal	1	9	9	7
8-4-2-1-Code:	0001	1001	1001	0111
BCD-Gray-Code:	0001	1101	1101	0100
Aiken-Code:	0001	1111	1111	1101
3-Exzess-Code:	0100	1100	1100	1010

Beispiel 2: Entwurf eines Code-Umsetzers

Aufgabenstellung: Entwerfen Sie einen Code-Umsetzer (Code-Wandler), der aus dem 8-4-2-1-Code in den BCD-Gray-Code umsetzt. Tritt im 8-4-2-1-Code eine Pseudotetrade auf, so soll eine Fehlermeldung erfolgen. Die Darstellung im BCD-Gray-Code ist im Fehlerfall beliebig.

Lösung:

Eingangsvariablen sind die mit D1 bis D4 bezeichneten Bitstellen im 8-4-2-1-Code (D4 ist LSB). In eine Wahrheitstabelle werden die Bitkombinationen für D1 bis D4 und die der Ausgangsvariablen G1 bis G4 im BCD-Gray-Code eingetragen. Die Ausgangsvariablen G1 bis G4 werden für Pseudotetraden mit "*" gekennzeichnet. Die so entstehenden redundanten Terme werden zur Minimierung der logischen Gleichungen berücksichtigt. Für den Fall, dass im 8-4-2-1-Code eine Pseudotetrade auftritt, wird der Fehlerausgang F = 1 gesetzt, andernfalls ist F = 0.

Tab. 5.4: Wahrheitstabelle für den Code-Umsetzer in Beispiel 2

	8-4-2-1-Code				**BCD-Gray-Code**				**Fehler**
Dezimalziffer	D1	D2	D3	D4	G1	G2	G3	G4	F
0	0	0	0	0	0	0	0	0	0
1	0	0	0	1	0	0	0	1	0
2	0	0	1	0	0	0	1	1	0
3	0	0	1	1	0	0	1	0	0
4	0	1	0	0	0	1	1	0	0
5	0	1	0	1	0	1	1	1	0
6	0	1	1	0	0	1	0	1	0
7	0	1	1	1	0	1	0	0	0
8	1	0	0	0	1	1	0	0	0
9	1	0	0	1	1	1	0	1	0
Pseudotetrade	1	0	1	0	*	*	*	*	1
Pseudotetrade	1	0	1	1	*	*	*	*	1
Pseudotetrade	1	1	0	0	*	*	*	*	1
Pseudotetrade	1	1	0	1	*	*	*	*	1
Pseudotetrade	1	1	1	0	*	*	*	*	1
Pseudotetrade	1	1	1	1	*	*	*	*	1

Die logischen Gleichungen für G1, G2, G3, G4 und F werden mit Hilfe des KV-Diagramms unter Ausnutzung der redundanten Terme aufgestellt.

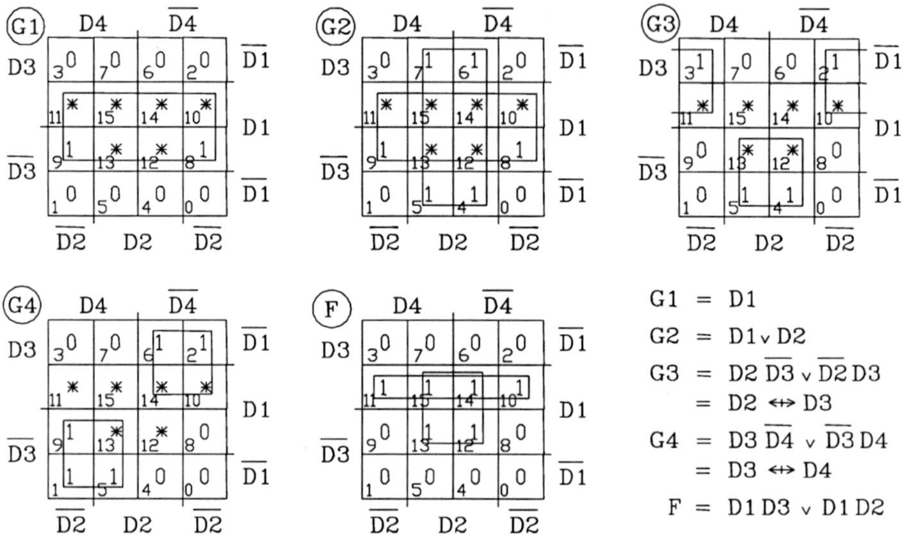

Bild 5.1: Minimierung logischer Gleichungen mittels des KV-Diagramms (Beispiel 2)

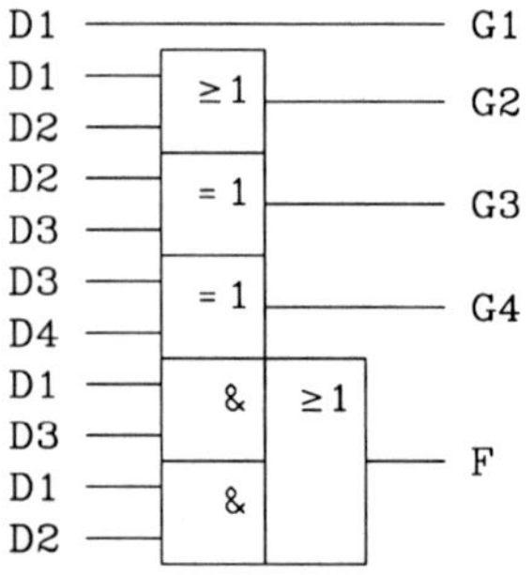

Bild 5.2: Digitale Schaltung des Code-Umsetzers

VHDL-Modell: Code-Umsetzer

```
-- BCD-Dualcode (8-4-2-1-Code) ----> BCD-Gray-Code
library ieee;
use ieee.std_logic_1164.all;

entity code_umsetzer is port(
  d:in std_logic_vector (1 to 4);  -- Anordnung der Elemente wie in Tab. 5.4
      g:  out std_logic_vector (1 to 4);
      fehler: out std_logic);
end code_umsetzer;
architecture verhalten of code_umsetzer is begin
```

```
  code: process (d) begin     -- Aenderung von d startet den Prozess
   case d  is
    when "0000" => g <= "0000"; fehler <= '0';  -- Wahrheitstabelle
    when "0001" => g <= "0001"; fehler <= '0';
    when "0010" => g <= "0011"; fehler <= '0';
    when "0011" => g <= "0010"; fehler <= '0';
    when "0100" => g <= "0110"; fehler <= '0';
    when "0101" => g <= "0111"; fehler <= '0';
    when "0110" => g <= "0101"; fehler <= '0';
    when "0111" => g <= "0100"; fehler <= '0';
    when "1000" => g <= "1100"; fehler <= '0';
    when "1001" => g <= "1101"; fehler <= '0';
    when others => g <=  "----";  fehler <= '1';
   end case;
  end process code;           -- Hier werden die Signale g und fehler aktualisiert.
end verhalten;
```

5.2 Multiplexer und Demultiplexer

5.2.1 Multiplexer

In der Praxis ist es oft erforderlich, aus mehreren Übertragungskanälen einen auszuwählen und seine Dateninformation an ein anderes System durchzuschalten. Ein derartiges System wird Multiplexer oder Datenselektor genannt. Mittels eines mechanischen Schalters (Bild 5.3) lässt sich diese Aufgabe prinzipiell lösen. Bei hohen Umschaltraten werden jedoch elektronische Schalter für die Selektierung analoger und digitaler Signale eingesetzt. Hier wird nur der digitale Multiplexer weiter behandelt.

Die Schalterstellung wird gekennzeichnet durch eine bestimmte Adresse, die über Steuervariablen vorgegeben wird. Soll von n Datenkanälen einer selektiert werden, so sind ld n Steuervariablen erforderlich.

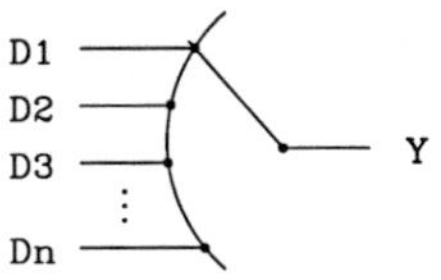

Bild 5.3: Mechanischer Schalter als Multiplexer

Beispiel: Entwurf eines 4-zu-1-Multiplexers

Soll von 4 Datenkanälen ein Kanal durchgeschaltet werden, so sind ld 4 = 2 Steuervariablen (A und B) erforderlich. In einer Wahrheitstabelle wird der Zusammenhang zwischen dem selektierten Datenkanal und der Bitkombination der Steuervariablen (Adresse) deutlich.

Wahrheitstabelle

Adr	B	A	Y
0	0	0	D1
1	0	1	D2
2	1	0	D3
3	1	1	D4

Adr = Adresse

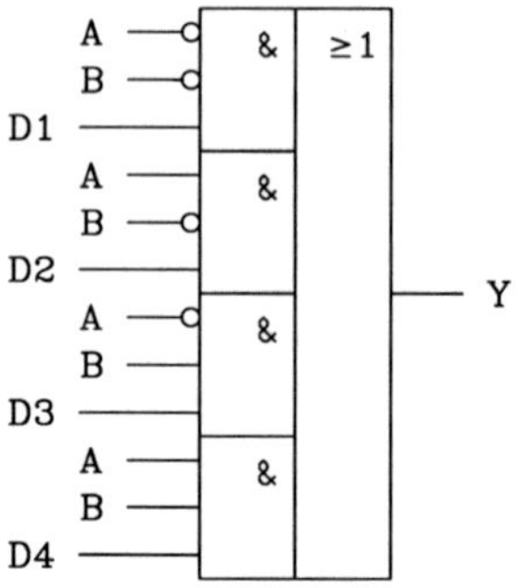

Logische Funktion:

$$Y = \bar{A}\ \bar{B}\ D1 \vee A\ \bar{B}\ D2 \vee \bar{A}\ B\ D3 \vee A\ B\ D4$$

Bild 5.4: Digitale Schaltung und Wahrheitstabelle eines 4-zu-1-Multiplexers

Anmerkung zum Schaltsymbol

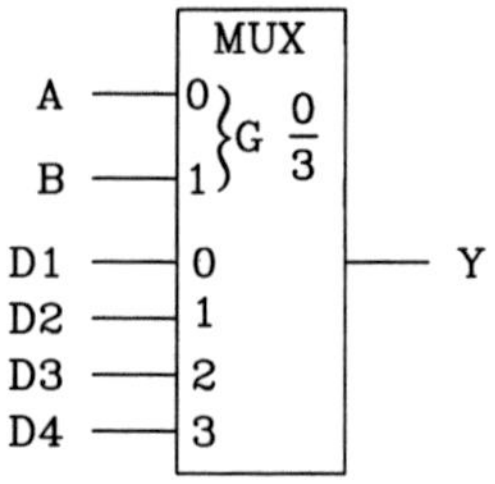

MUX = Multiplexer

Die Steuereingänge sind mit 0 und 1 gekennzeichnet. Dadurch wird die Wertigkeit der Eingänge festgelegt. G ist die Abkürzung für Gate (UND-Verknüpfung). Mit dieser Bezeichnung wird die Abhängigkeit der Dateneingänge von den Steuereingängen gekennzeichnet.

Bild 5.5: Schaltsymbol des 4-zu-1-Multiplexers

VHDL-Modell: 4-zu-1-Multiplexer (Datenselektor)

```
entity mux4_1 is port(
  adr:      in bit_vector (1 downto 0);  -- Steuereingaenge als 2-Bit-Vektor
  d1, d2, d3, d4: in bit;
  y: out bit);
end mux4_1;

architecture innenleben of mux4_1 is begin
  multiplexer: process (adr,d1,d2,d3,d4) begin   -- Aenderung von adr startet den Prozess
    case adr is
      when "00" => y <= d1;
      when "01" => y <= d2;
      when "10" => y <= d3;
      when "11" => y <= d4;
    end case;
  end process multiplexer;
end innenleben;
```

5.2.2 Demultiplexer

Beim Demultiplexer wird in Abhängigkeit von der Schalterstellung eine Dateninformation an verschiedene Ausgänge verteilt. In Bild 5.6 ist hierzu eine Prinzipschaltung mit einem mechanischen Schalter abgebildet. Wie beim Multiplexer gibt es auch elektronische Lösungen für den Demultiplexer. Auch hier unterscheidet man zwischen analogen und digitalen Demultiplexern. Im Folgenden werden nur die digitalen behandelt. Die Schalterstellung wird gekennzeichnet durch eine bestimmte Adresse, die über Steuervariablen vorgegeben wird. Soll die Dateninformation X an n Ausgänge verteilt werden, so sind ld n Steuervariablen erforderlich.

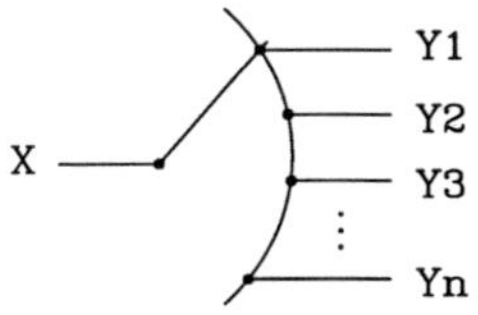

Bild 5.6: Mechanischer Schalter als Demultiplexer

Beispiel: Entwurf eines 1-zu-4-Demultiplexers

Es sind für die Verteilung an 4 Ausgänge 2 Steuervariablen (A, B) erforderlich.

Adr	B	A	Y1	Y2	Y3	Y4
0	0	0	X	0	0	0
1	0	1	0	X	0	0
2	1	0	0	0	X	0
3	1	1	0	0	0	X

Adr = Adresse
X = Dateneingang

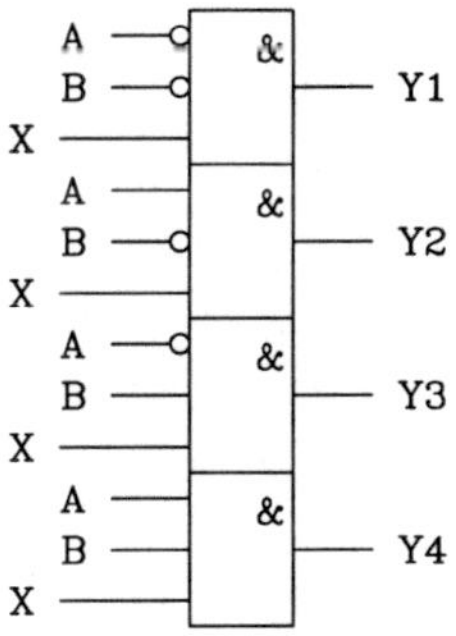

$Y1 = \overline{A}\,\overline{B}X$

$Y2 = A\overline{B}X$

$Y3 = \overline{A}BX$

$Y4 = ABX$

Bild 5.7: Digitale Schaltung eines 1-zu-4-Demultiplexers

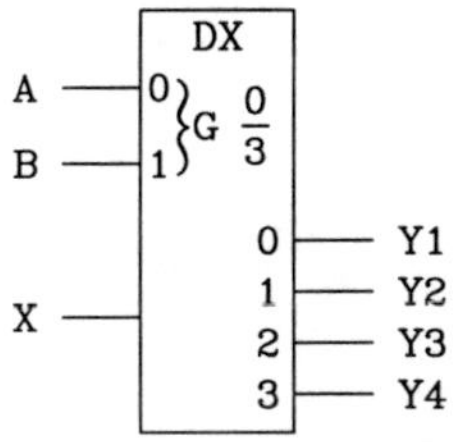

Erläuterungen: DX (oder DMUX) = Demultiplexer

Die Steuereingänge sind mit 0 und 1 gekennzeichnet. Dadurch wird die Wertigkeit der Eingänge festgelegt.
G ist die Abkürzung für Gate (UND-Verknüpfung). Mit dieser Bezeichnung wird die Abhängigkeit der Datenausgänge von den Steuereingängen gekennzeichnet.

Bild 5.8: Schaltsymbol eines 1-zu-4-Demultiplexers

VHDL-Modell: 1-zu-4-Demultiplexer

```
entity dmux1_4 is port(
 adr:      in bit_vector (1 downto 0);   -- Adresse des Datenkanals
 x: in bit;                              -- Eingaenge
 y1,y2,y3,y4:       out bit);            -- Ausgaenge
end dmux1_4;

architecture innenleben of dmux1_4 is begin
 demultiplexer: process (adr,x) begin
  case adr is
     when "00" => y1 <= x; y2 <= '0'; y3 <= '0'; y4 <= '0';
     when "01" => y2 <= x; y1 <= '0'; y3 <= '0'; y4 <= '0';
     when "10" => y3 <= x; y1 <= '0'; y2 <= '0'; y4 <= '0';
     when "11" => y4 <= x; y1 <= '0'; y2 <= '0'; y3 <= '0';
  end case;
 end process demultiplexer;
end innenleben;
```

5.3 Addierer

Zur Addition und Subtraktion von Dualzahlen werden in der Rechnertechnik Addierer eingesetzt. Die Subtraktion wird dabei auf eine Addition des Einer- oder Zweierkomplements zurückgeführt. Es soll im Folgenden zunächst die Schaltung eines 1-Bit-Halbaddierers entworfen werden. Dieser kann durch einen Übertragseingang zum Volladdierer ergänzt und durch Kaskadierung zu einem n-Bit-Volladdierer erweitert werden. Die zu addierenden Dualzahlen sind A und B, der Übertrag ist C und die Summe S; es gilt die Stellenwertigkeit nach Tab. 5.5.

Tab. 5.5: Festlegung der Wertigkeit für die Addition zweier Dualzahlen

Wertigkeit	1	2	4	8	16	32	64	...
Zahl A	A1	A2	A3	A4	A5	A6	A7	...
Zahl B	B1	B2	B3	B4	B5	B6	B7	...
Summe S	S1	S2	S3	S4	S5	S6	S7	...
Übertrag C	C0	C1	C2	C3	C4	C5	C6	...

Zur Addition der niederwertigsten Stellen wird anhand der Wahrheitstabelle (s. Tab. 5.6) die Schaltung des Halbaddierers entworfen.

Tab. 5.6: Wahrheitstabelle und logische Gleichung des Halbaddierers

A1	B1	S1	C1
0	0	0	0
0	1	1	0
1	0	1	0
1	1	0	1

$C1 = A1B1$

$S1 = \overline{A1}B1 \vee A1\overline{B1} = A1 \nleftrightarrow B1$

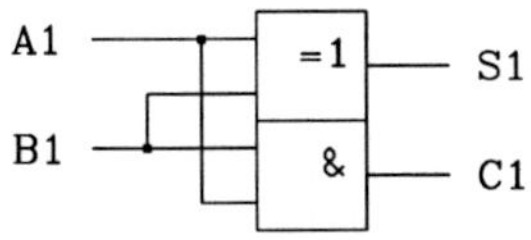

Bild 5.9: Halbaddierer

Bei der Addition der höherwertigen Stellen muss der Übertrag der vorherigen Stelle berücksichtigt werden. Die entsprechende Schaltung wird Volladdierer genannt. Mit Hilfe der disjunktiven Normalform werden zunächst die logischen Gleichungen für Summe und Übertrag aufgestellt. Danach werden diese Gleichungen so umgeformt, dass beim Schaltungsentwurf auf die digitale Baugruppe Halbaddierer zurückgegriffen werden kann. Dadurch ist man in der Lage, mit zwei Halbaddierern und einem ODER-Gatter einen Volladdierer zu entwerfen.

Tab. 5.7: Wahrheitstabelle des Volladdierers

A_i	B_i	C_{i-1}	S_i	C_i
0	0	0	0	0
0	0	1	1	0
0	1	0	1	0
0	1	1	0	1
1	0	0	1	0
1	0	1	0	1
1	1	0	0	1
1	1	1	1	1

mit i = 1, 2, 3, ...

Logische Funktionen für i = 1:

$S1 = C0\,\overline{A1}\,\overline{B1} \vee \overline{C0}\,\overline{A1}\,B1 \vee \overline{C0}\,A1\,\overline{B1} \vee C0\,A1\,B1$

mit $X = \overline{A1}\,B1 \vee A1\,\overline{B1} = A1 \nleftrightarrow B1$ und

$Y = \overline{A1}\,\overline{B1} \vee A1\,B1 = A1 \leftrightarrow B1 = \overline{A1 \nleftrightarrow B1} = \overline{X}$ erhält man:

$S1 = \overline{C0}\,X \vee C0\,\overline{X} = C0 \nleftrightarrow X = C0 \nleftrightarrow (A1 \nleftrightarrow B1)$

$C1 = C0\,\overline{A1}\,B1 \vee C0\,A1\,\overline{B1} \vee \overline{C0}\,A1\,B1 \vee C0\,A1\,B1$

mit $X = \overline{A1}\,B1 \vee A1\,\overline{B1} = A1 \nleftrightarrow B1$ erhält man:

$C1 = (C0 \wedge X) \vee [(A1 \wedge B1) \wedge (\overline{C0} \vee C0)] = [(C0 \wedge (A1 \nleftrightarrow B1)] \vee (A1 \wedge B1)$

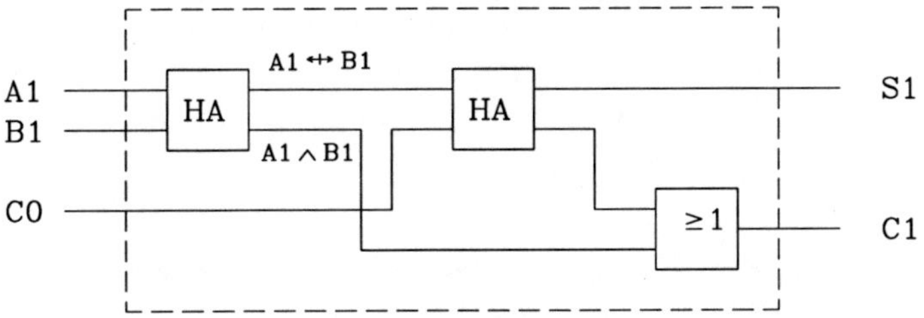

Bild 5.10: Entwurf eines 1-Bit-Volladdierers mit Hilfe zweier Halbaddierer

Da in der Regel mehrstellige Dualzahlen addiert werden sollen, ist eine Kaskadierung von entsprechend vielen 1-Bit-Volladdierern erforderlich. Da jeder Volladdierer einen Eingang für den vorherigen Übertrag und einen Ausgang für den Übertrag der Bitstellenadddition hat, ist eine Kaskadierung problemlos möglich. Beispielhaft ist hier ein 4-Bit-Ripple-Carry-Addierer skizziert.

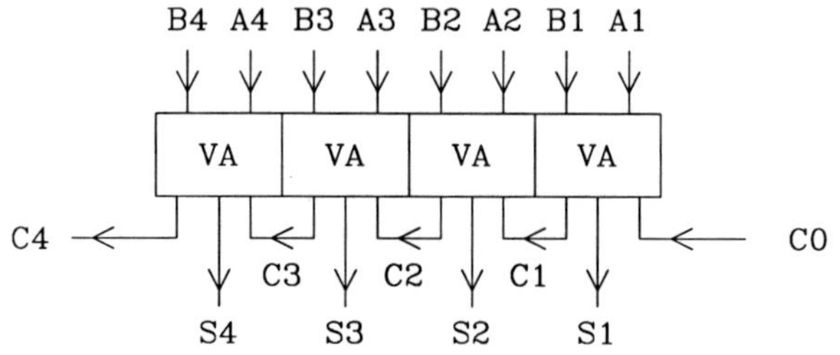

Bild 5.11: Schaltung eines 4-Bit-Ripple-Carry-Addierers

Hinweis:
Für die Addition zweier Bitstellen muss der Übertrag der vorherigen Stelle bekannt sein. Dadurch kann es bei der Addition mehrstelliger Dualzahlen zu einer beträchtlichen Verzögerungszeit kommen. Es besteht die Möglichkeit, die Verzögerungszeit wesentlich zu verringern, indem man mit Hilfe zusätzlicher Logik den Übertrag anhand der Dualzahlen A und B im voraus bestimmt. Addierer mit dieser Eigenschaft werden mit dem Prädikat "Carry Look Ahead" versehen.

Entsprechende Standardbausteine gibt es in jeder Schaltkreisfamile. Exemplarisch sei hier aus der TTL-Familie der 4-Bit-Addierer 74LS283 erwähnt.

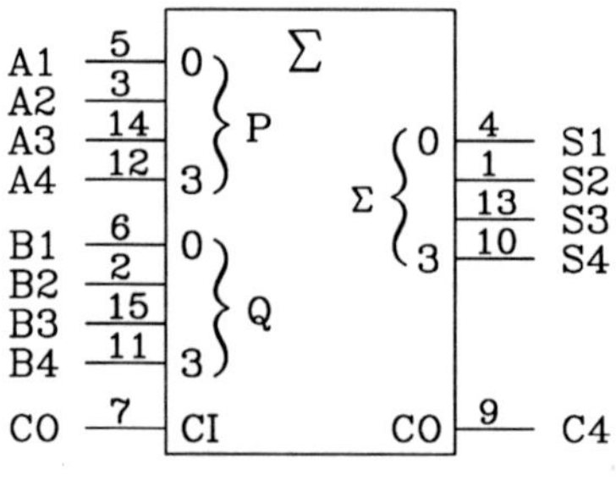

Bild 5.12: Schaltsysmbol des 4-Bit-Addierers 74LS283. Die Abkürzungen bedeuten: CO = Carry Output und CI = Carry Input

Weiterhin sind zwei 4-Bit-Addierer zu einem 8-Bit-Addierer kaskadierbar.

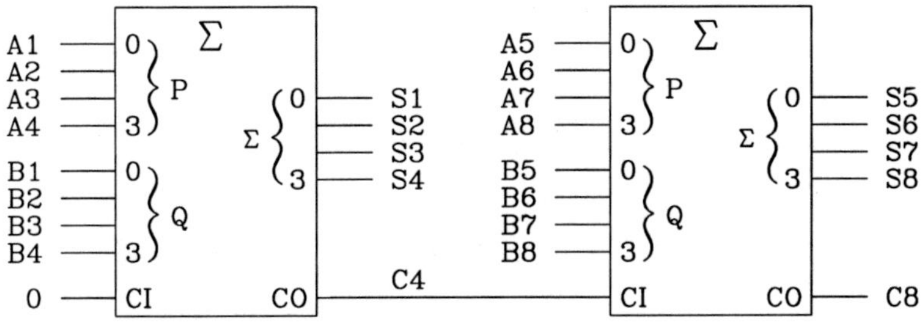

Bild 5.13: Kaskadenschaltung zweier 4-Bit-Addierer zu einem 8-Bit-Addierer

Beispiel für den VHDL-Entwurf eines 4-Bit-Ripple-Carry-Addierers

```
-- VHDL-Modell mit Strukturbeschreibung: Entwurf eines 4-Bit-Ripple-Carry-Addierers
------------------------------------------------------------------------------------------
entity volladdierer is port (            -- Modell des 1-Bit-Volladdierers
 c_in: in bit;                           -- Uebertrag-Eingang
      a1,b1:        in bit;              -- Bitstellen der Zahlen a und b
      sum1:         out bit;             -- Summe
      c_out:        out bit);            -- Uebertrag- Ausgang
end volladdierer ;

architecture logik_volladdierer of volladdierer is
begin
 sum1 <= a1 xor (b1 xor c_in);
 c_out <= ((a1 xor b1) and c_in) or (a1 and b1);
end logik_volladdierer ;
------------------------------------------------------------------------------------------
entity ripadd_4 is port (                        -- Modell des 4-Bit-Addierers
 ci:in bit;
      a,b: in bit_vector(3 downto 0);            -- zu addierende Zahlen (4 Bit)
      summe : out bit_vector (3 downto 0);       -- Summe (4 Bit)
      co: out bit);                              -- Uebertrag-Ausgangend ripadd_4;
end ripadd_4

architecture adder_4 of ripadd_4 is
component volladdierer port (            -- Komponentenbeschreibung
 c_in: in bit;                           -- Uebertrag-Eingang
      a1,b1:        in bit;              -- Bitstellen der Zahlen a und b
      sum1:         out bit;             -- Summe
      c_out:        out bit);            -- Uebertrag- Ausgang
end component;
signal c1, c2, c3: bit;                  -- Zwischengroessen fuer Netzliste
begin                                    -- Instantiierung
 add1: volladdierer port map(ci, a(0), b(0), summe(0), c1);
 add2: volladdierer port map(c1, a(1), b(1), summe(1), c2);
 add3: volladdierer port map(c2, a(2), b(2), summe(2), c3);
 add4: volladdierer port map(c3, a(3), b(3), summe(3), co);
end adder_4;
```

Beispiel für den VHDL-Entwurf eines parametrisierbaren Ripple-Carry-Addierers

```
-- VHDL-Modell fuer parametrisierbaren n-Bit-Ripple-Carry-Addierer
-- 2 Eingangsvektoren und 1 Ausgangsvektor mit je n Bit
-----------------------------------------------------------------------------------------
entity full_adder is port (          -- Modell des 1-Bit-Volladdierers
c_in:      in bit;                   -- Uebertrag-Eingang
     a1,b1:       in  bit;           -- Bitstellen der Zahlen a und b
  sum1, c_out:    out bit);          -- Summe und Uebertrag-Ausgang
end full_adder;

architecture logik_full_adder of full_adder is
begin
    sum1 <= a1 xor (b1 xor c_in);
    c_out <= ((a1 xor b1) and c_in) or (a1 and b1);
end logik_full_adder;          -- Ende 1-Bit-Fulladder
-----------------------------------------------------------------------------------------
entity ripadd_n is                  -- Modell des n-Bit-Addierers
    generic (n: integer := 8); -- Parameter n mit Defaultwert 8
   port (ci:            in bit;
      a,b: in bit_vector(n-1 downto 0); -- zu addierende n-Bit-Zahlen a und b
      summe : out bit_vector (n-1 downto 0);
      co: out bit);
end ripadd_n;
-----------------------------------------------------------------------------------------
architecture adder_n of ripadd_n is
component full_adder
port (c_in:            in bit;   -- Uebertrag-Eingang
          a1,b1:       in  bit;  -- Bitstellen der Zahlen a und b
  sum1 c_out:          out bit); -- Summe und Uebertrag- Ausgang
end component;
-----------------------------------------------------------------------------------------
signal c: bit_vector (n downto 0);      -- Zwischengroessen fuer Netzliste
begin
   c(0) <= ci;
   add: for i in 0 to n-1 generate       -- Instanziierung mit Generate-Anweisung
   addi: full_adder port map (c(i), a(i), b(i), summe(i), c(i+1));
   end generate;
   co <= c(n);
end adder_n;
```

Literatur zu Kap. 5: [3, 15, 17, 41, 44, 54, 69, 92, 103, 107, 112, 126, 130, 138, 139]

6 Sequentielle Schaltungen

Eine sequentielle Schaltung (Schaltwerk) ist eine digitale Schaltung mit Rückkopplungen auf den Eingangsteil. Dadurch sind die Ausgangsvariablen sowohl vom momentanen Wert der Eingangsvariablen als auch vom inneren Zustand der Schaltung – von der Vorgeschichte – abhängig.

6.1 Elementare Schaltwerke

In den vorigen Kapiteln sind als digitale Schaltungen ausschließlich Schaltnetze behandelt worden. Bei Schaltnetzen sind die Ausgangsvariablen nur von den Eingangsvariablen abhängig. Im Folgenden werden elementare Schaltwerke vorgestellt. Beim Schaltwerk sind die Ausgangsvariablen von den Eingangsvariablen und vom inneren Zustand der Schaltung abhängig.

Definition des Schaltwerks:

Das Schaltwerk ist eine digitale Schaltung zum Verarbeiten von Schaltvariablen, wobei der Wert am Ausgang zu einem bestimmten Zeitpunkt abhängt von den Werten am Eingang zu diesem und endlich vielen vorangegangenen Zeitpunkten.

Für den Aufbau von Schaltwerken werden neben den bekannten Gattern Takterzeuger, Speicherglieder und Zeitglieder eingesetzt.

6.1.1 Digitale Oszillatoren

Ein digitaler Oszillator ist ein schwingungsfähiges Gebilde, das am Ausgang ein rechteckförmiges Signal mit deutlich unterscheidbarem H- und L-Pegel erzeugt. Im Folgenden werden beispielhaft vier digitale Oszillatoren vorgestellt.

a) Astabiler Multivibrator mit Transistoren. Die Basis des Transistors T1 (T2) ist über einen Kondensator mit dem Kollektor des Transistors T2 (T1) gekoppelt. Der Kollektorstrom der beiden Transistoren wird über den jeweiligen Kollektorwiderstand R_C eingestellt. Falls T1 leitet, wird der Kondensator C1 über R_{B2} aufgeladen, bis die Schwellspannung an der Basis des Transistors T2 erreicht ist und dieser durchschaltet. Dadurch wird das Potential an der Basis des Transistors T1 kurzzeitig negativ, so dass T1 sperrt. Anschließend wird der Kondensator C2 über den Basiswiderstand R_{B1} aufgeladen, bis die Schwellspannung an der Basis des Transistors T1 erreicht ist und dieser Transistor durchschaltet. Die über Kreuz vorgenommene Kopplung der beiden Transistoren mit Hilfe zweier Kondensatoren bewirkt eine ständige Wiederholung dieser Umladevorgänge. Somit arbeitet die Schaltung als Oszillator.

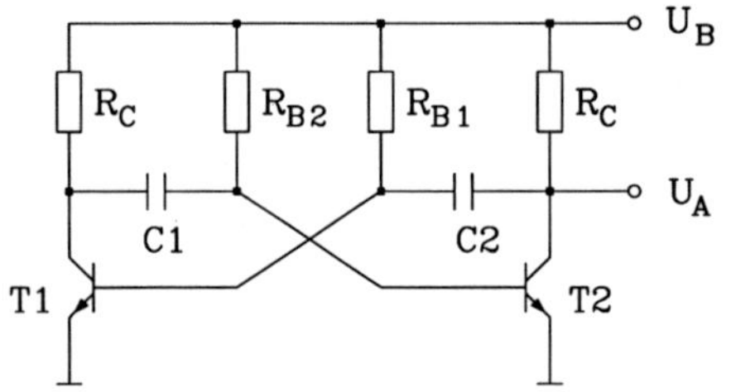

Periodendauer:
$T \approx 2 \cdot R_B \cdot C \cdot \ln 2$
mit $R_{B1} = R_{B2} = R_B$ und
$C1 = C2 = C$

Bild 6.1: Einfacher astabiler Multivibrator

b) Rückgekoppelter invertierender Schmitt-Trigger. Da in der Digitaltechnik überwiegend invertierende Schmitt-Trigger eingesetzt werden, soll hier zunächst auf die Funktion des Schmitt-Triggers mit Negation am Ausgang näher eingegangen werden. Der Schmitt-Trigger (Impulsformer) vergleicht das Eingangssignal mit einer oberen und einer unteren Schwelle. Überschreitet das Signal am Eingang die obere Schwelle U_{SO}, so wird der negierte Ausgang auf L-Pegel gesetzt (oder bleibt auf L-Pegel). Unterschreitet das Eingangssignal die untere Schwelle U_{SU}, so wird der Ausgang auf H-Pegel gesetzt (oder bleibt auf H-Pegel). Im Gegensatz zu einem Komparator, der nur eine Schwelle besitzt, reagiert der Schmitt-Trigger aufgrund seiner Hysterese unempfindlich gegenüber Schwingungen mit kleiner Amplitude am Eingang. Der Schmitt-Trigger eignet sich aufgrund dieser Eigenschaft gut zur Regenerierung gestörter Binärsignale. Außerdem lassen sich Signale geringer Flankensteilheit in Binärsignale mit hoher Flankensteilheit umformen.

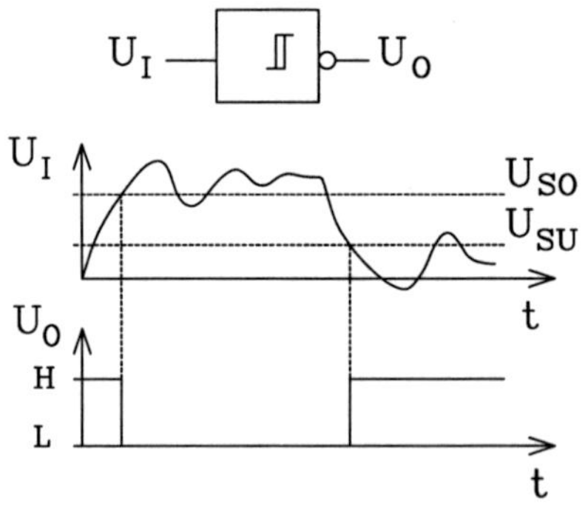

Bild 6.2: Invertierender Schmitt-Trigger als Impulsformer

Wird das Ausgangssignal über einen Widerstand R auf den Eingang zurückgekoppelt und am Eingang ein Kondensator C gegen Masse angeschlossen, so erhält man einen Oszillator, dessen Periodendauer im Wesentlichen von R und C abhängt. Als

Beispiel soll ein Oszillator mit dem invertierenden Schmitt-Trigger 74LS14 aus der TTL-Familie aufgebaut werden.

Kennwerte: $U_{OH} = 4{,}0V$, $U_{OL} = 0V$, $U_{SO} = 1{,}6V$, $U_{SU} = 0{,}8V$

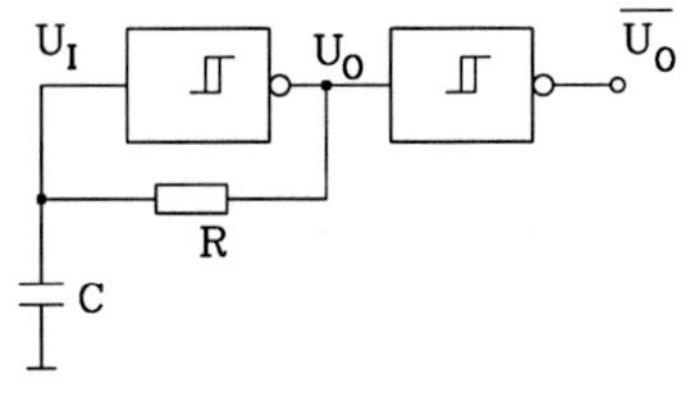

Bild 6.3: Rückgekoppelter invertierender Schmitt-Trigger als Oszillator

Wenn die Eingangsspannung U_I den Wert der oberen Schwelle erreicht, wird die Spannung am Ausgang des Schmitt-Triggers auf L-Pegel ($U_{OL} = 0V$) abfallen. Da der Kondensator in dem Schaltzeitpunkt auf $U_{SO} = 1{,}6V$ aufgeladen ist, wird er sich nach einer e-Funktion über den Widerstand R entladen. Der Ausgangswiderstand des Schmitt-Triggers ist hierbei vernachlässigbar klein. Sobald der Spannungswert der unteren Schwelle $U_{SU} = 0{,}8V$ erreicht ist, kippt der Ausgang in den anderen Zustand ($U_{OH} = 4V$). Nun wird der Kondensator wieder aufgeladen, bis die obere Schwelle erreicht ist und die Ausgangsspannung wieder auf L-Pegel absinkt, usw.. Die Schaltung arbeitet als Oszillator. Der zweite Schmitt-Trigger dient zur Verbesserung der Flankensteilheit am Generatorausgang.

Werden der Eingangswiderstand und die Eingangskapazität sowie der Ausgangswiderstand vernachlässigt, so erhält man für die Periodendauer:

$$T = -RC\left(\ln\left(1 - \frac{U_{SO} - U_{SU}}{U_{OH} \quad U_{SU}}\right) + \ln\left(1 - \frac{U_{SO} - U_{SU}}{U_{SO} - U_{OL}}\right)\right)$$

Unter Berücksichtigung der o.g. Zahlenwerte erhält man die Näherungsgleichung $T \approx RC$ für die Periodendauer des rückgekoppelten Schmitt-Triggers. Als Rückkopplungswiderstand wird ein niederohmiger Widerstand, z.B. $R = 330\ \Omega$, gewählt. Die Taktfrequenz lässt sich dann durch die Wahl des Kondensators C bestimmen.

c) Rückgekoppelte Inverter. Ein einfacher Oszillator lässt sich mit Hilfe von Invertern aufbauen. Dazu wird eine ungerade Anzahl von n Invertern in Reihe geschaltet und der Ausgang des letzten Inverters mit dem Eingang des ersten verbunden. Die Schwingfrequenz ist abhängig von der Gatterdurchlaufzeit der einzelnen Inverter. Da die Gatterdurchlaufzeit von vielen Parametern, insbesondere auch von der Temperatur stark abhängt, lässt sich mit dieser Schaltung kein frequenzstabiler Oszillator realisieren.

Es gilt für die Periodendauer: $T = 2\, n\, t_{PD}$

Da hier eine direkte Abhängigkeit zwischen der Periodendauer des Oszillatortaktes und der Gatterdurchlaufzeit besteht, lässt sich diese Schaltung besonders gut zur Messung der Gatterdurchlaufzeit von Invertern einsetzen.

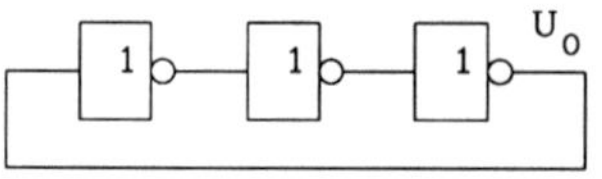

Bild 6.4: Oszillator aus rückgekoppelten Invertern

Die mittlere Gatterdurchlaufzeit der im Oszillator (Bild 6.4) eingesetzten drei Inverter lässt sich nach der Gleichung $t_{PD} = T/6$ bestimmen.

d) Quarzgesteuerter Oszillator. Für hohe Ansprüche in Hinblick auf Frequenzstabilität werden quarzgesteuerte Oszillatoren eingesetzt. Bis etwa 30 MHz werden Grundwellenquarze und oberhalb von 30 MHz Oberwellenquarze verwendet.

Für den Einsatz in der Digitaltechnik stehen integrierte Schaltkreise (z.B. 74LS320) zur Verfügung, die über einen Schwingquarz und eine Induktivität (Bild 6.5) auf eine bestimmte Frequenz eingestellt werden. Der Baustein 74LS320 hat zwei Generatorausgänge F und ¬F mit einer für TTL-LS-Schaltkreise typischen Ausgangsleistung. Darüber hinaus hat er zwei Treiberausgänge F' und ¬F', die über eine separate Spannungsquelle U'_{CC} versorgt werden können. Zusätzlich besteht die Möglichkeit, ein Eingangssignal FFD mit Hilfe des internen Generatortaktes aufzusynchronisieren und am Ausgang FFQ zur Verfügung zu stellen.

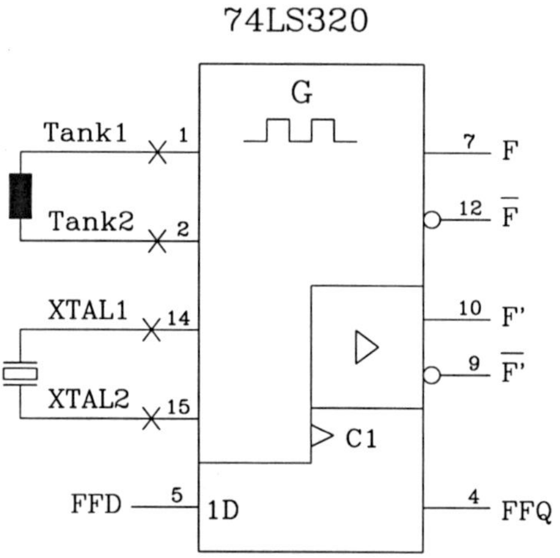

Bild 6.5: Quarzstabiler Oszillator mit dem IC 74LS320

6.1.2 Monostabile Kippstufen (Monoflops)

Eine monostabile Kippstufe (Monoflop) reagiert auf eine positive oder negative Taktflanke am Eingang mit einem Impuls (0 oder 1) am Ausgang. Das Monoflop hat nur eine stabile Lage am Ausgang, in die es nach einer einstellbaren Zeit zurückkippt. Die

Impulsbreite T_D ist über eine RC-Kombination einstellbar. Erst wenn der Ausgang wieder in seinen ursprünglichen Logik-Zustand zurückgekippt ist, kann ein neuer Eingangsimpuls mit seiner Flanke wirksam werden.

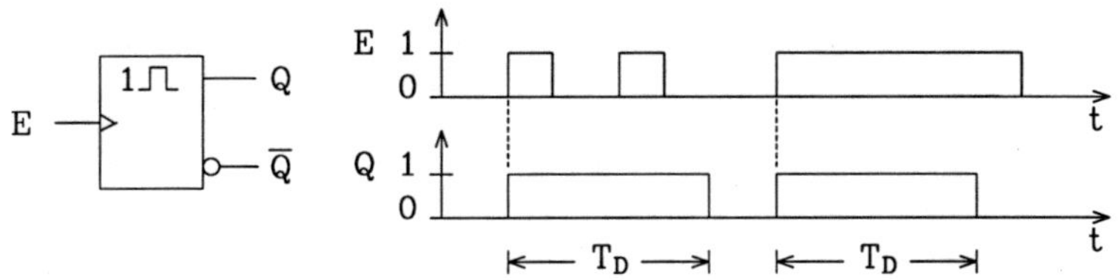

Bild 6.6: Positiv flankengesteuertes Monoflop

Beispiel für ein Monoflop aus der TTL-Familie: 74LS123

Über einen externen Widerstand und Kondensator lässt sich die Ausgangsimpulsbreite (T_D > 200 ns) einstellen.

Nachtriggerbare Monoflops. Nachtriggerbare Monoflops verlängern den Ausgangsimpuls um T_D mit jeder wirksamen Flanke des Eingangssignals, falls die zeitlichen Abstände der Flanken kleiner als T_D sind.

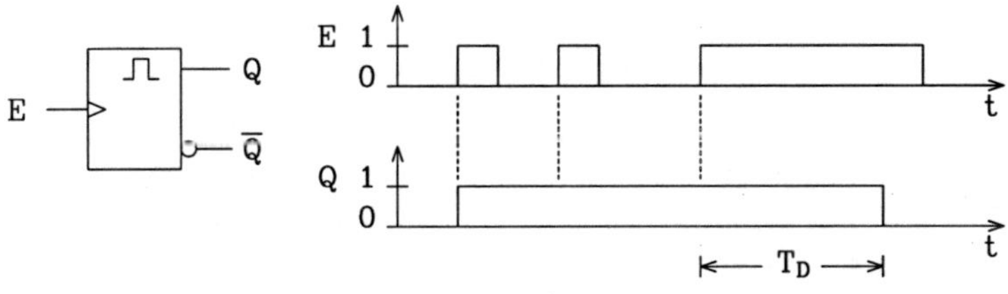

Bild 6.7: Nachtriggerbares Monoflop

6.1.3 Bistabile Kippstufen (Flipflops)

Die bistabile Kippstufe hat am Ausgang zwei stabile Zustände; sie kann die Information 1 Bit (0 oder 1) speichern. Über entsprechende Eingänge kann das Flipflop gesetzt (1 gespeichert) oder rückgesetzt (0 gespeichert) werden. Flipflops enthalten Rückkopplungen von den Ausgängen Q und ¬Q auf den Eingang der Schaltung. Die auf den Eingangsteil rückgekoppelten Größen werden mit den Eingangsvariablen logisch verknüpft und beeinflussen die Ausgangsgrößen, die sich wiederum auf den Eingang auswirken.

Damit eine Unterscheidung zwischen Ausgangs- und Eingangsgrößen überhaupt möglich ist, wird die rückgekoppelte, am Eingang wirksame Größe zu dem Zeitpunkt t^m betrachtet und mit Q^m bezeichnet.

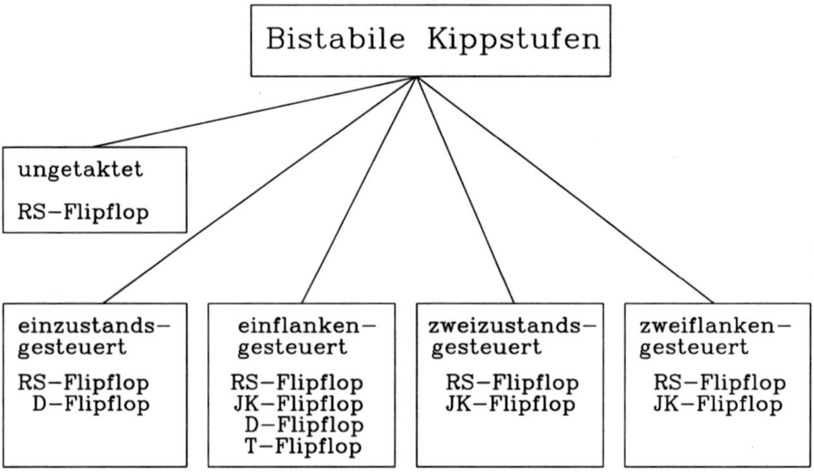

Bild 6.8: Übersicht über getaktete und ungetaktete Flipflops

Die am Ausgang wirksame Größe, die von den Eingangsvariablen und den rückgekoppelten Größen abhängt, wird zu einem etwas späteren Zeitpunkt t^{m+1} betrachtet und mit Q^{m+1} bezeichnet. Entsprechendes gilt für den negierten Ausgang $\neg Q$.

Bild 6.8 zeigt eine Übersicht über die in der Digitaltechnik eingesetzten Flipfloptypen. Mit Ausnahme des ungetakteten RS-Flipflops sind alle bistabilen Kippstufen taktgesteuert. Die getakteten Flipflops werden eingeteilt in einzustands-, einflanken-, zweizustands- und zweiflankengesteuert.

Anmerkung:

In der TTL-Technik haben zweizustands- und zweiflankengesteuerte Flipflops an Bedeutung verloren. Sie sind ausschließlich in der Standard-Klasse vertreten. In der später entwickelten Schottky-Schaltkreisfamilie wurden die Master-Slave-Flipflops durch flankengesteuerte Flipflops ersetzt. Wegen der geringen Bedeutung werden zweizustands- und zweiflankengesteuerte Flipflops hier nicht weiter behandelt.

6.1.3.1 Ungetaktetes RS-Flipflop (RS-Latch)

Das ungetaktete RS-Flipflop ist das Flipflop mit dem geringsten Schaltungsaufwand und lässt sich im einfachsten Fall mit Hilfe zweier NOR-Gatter realisieren. Es wird über den Setzeingang (S = 1) gesetzt und über den Rücksetzeingang (R = 1) rückgesetzt. Für S = 0 und R = 0 speichert das Flipflop den Logik-Zustand. Es gilt folgende Zuordnung:

RS-Flipflop gesetzt: Q = 1 und ¬Q = 0 und rückgesetzt: Q = 0 und ¬Q = 1.

Beim Entwurf des RS-Flipflops geht man davon aus, dass gleichzeitiges Setzen (S = 1) und Rücksetzen (R = 1) nicht sinnvoll ist und deshalb vom Anwender vermieden werden soll. Unter dieser Voraussetzung ergibt sich für diese Kombination (S = 1 und R = 1) ein redundanter Term, der bei der Minimierung der logischen Gleichung berücksichtigt wird (Bild 6.9). Dadurch erhält man eine besonders einfache Schaltung für das RS-Flipflop (Bild 6.10 und Bild 6.11).

Anhand der Wahrheitstabelle und des KV-Diagramms wird die minimale logische Gleichung für Setzen und Rücksetzen (Übergangsbedingung) aufgestellt. Danach wird mit Hilfe des De Morganschen Gesetzes die Gleichung so umgestellt, dass eine Schaltung allein mit NAND-Gattern (Bild 6.10) bzw. mit NOR-Gattern (Bild 6.11) realisiert werden kann.

Nach der in Bild 6.9 angegebenen Gleichung für NAND-Technik wird eine digitale Schaltung entworfen, die zwei über Kreuz gekoppelte NAND-Gatter enthält. Die beiden Eingangssignale S und R werden negiert an die noch freien NAND-Eingänge geführt. Die erforderlichen Negationen werden mit zwei weiteren NAND-Gliedern aufgebaut, deren Eingänge miteinander verbunden sind.

Wahrheitstabelle

S	R	Q^m	Q^{m+1}
0	0	0	0
0	0	1	1
0	1	0	0
0	1	1	0
1	0	0	1
1	0	1	1
1	1	0	*
1	1	1	*

KV−Diagramm

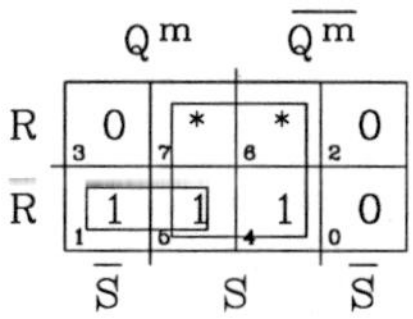

Übergangsbedingung

$Q^{m+1} = S \vee \overline{R}\, Q^m$

NAND−Technik:

$Q^{m+1} = \overline{\overline{S} \wedge \overline{\overline{R}\, Q^m}}$

NOR−Technik:

$\overline{Q^{m+1}} = \overline{S \vee \overline{\overline{R \vee \overline{\overline{Q^m}}}}}$

Bild 6.9: Herleitung der Übergangsbedingung für das RS-Flipflop

Anmerkung:

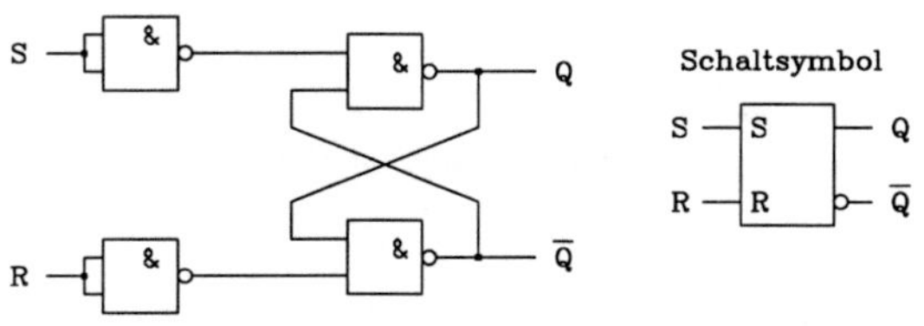

Das Schaltsymbol gilt nur für den Fall, dass S und R nicht gleichzeitig "1" werden. Ein Schaltsymbol, das das Verhalten des RS-Flipflops in NAND-Technik darstellt, findet sich im Anhang (Kap. 11, Bild 11.10).

Bild 6.10: RS-Flipflop in NAND-Technik

Mit Hilfe zweier über Kreuz gekoppelter NOR-Gatter lässt sich nach der Übergangsbedingung für NOR-Technik ebenfalls ein ungetaktetes RS-Flipflop (Bild 6.11) realisieren.

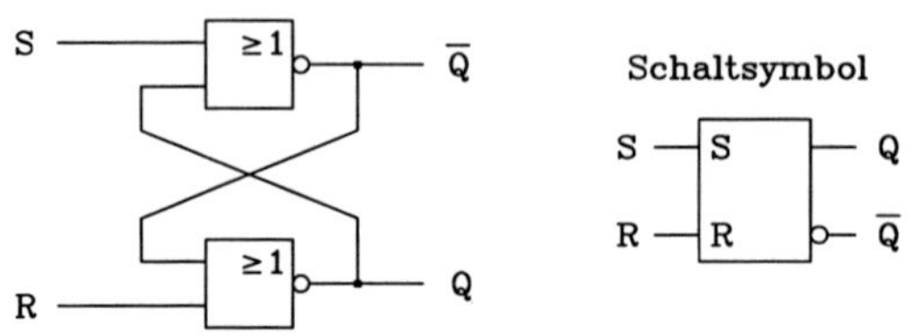

Anmerkung:
Das Schaltsymbol gilt nur für den Fall, dass S und R nicht gleichzeitig "1" werden. Ein Schaltsymbol, das das Verhalten des RS-Flipflops in NOR-Technik zeigt, wird im Anhang vorgestellt (Kap.11, Bild11.10).

Bild 6.11: RS-Flipflop in NOR-Technik

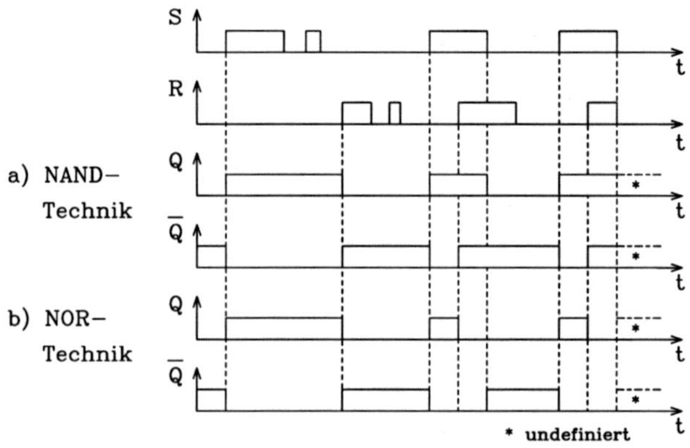

Bild 6.12: Signalzeitplan eines RS-Flipflops in a) NAND-Technik und b) NOR-Technik

Hält sich der Anwender nicht an die Verabredung und verwendet die verbotene Kombination der Eingangsvariablen "S = 1 und R = 1", so gilt:

NAND-Technik: $Q = 1$ und $\neg Q = 1$ bzw. NOR-Technik: $Q = 0$ und $\neg Q = 0$

Für diese Eingangsvariablen-Kombination ist die digitale Schaltung streng genommen kein RS-Flipflop. Die Ausgangszustände sind nicht definiert, wenn sich die Eingangssignale von S = 1 und R = 1 gleichzeitig auf S = 0 und R = 0 ändern.

VHDL-Modell: Ungetaktetes RS-Flipflop

```
libary ieee;
use ieee.std_logic_1164.all;

entity rs_ff is port (
   r,s: in std_logic;                 -- Datentyp: std_logic, da mehrwertige Logik
   q: buffer std_logic);              -- Ausgang q wird rueckgekoppelt --> buffer
end rs_ff;

architecture rs_verhalten of rs_ff is -- Architektur fuer Verhaltensbeschreibung
begin
   process (r,s)                      -- Aenderung von r oder s startet den Prozess
   begin
         if (s = '1' and r = '0') then  -- setzen
            q <= '1';
```

```
        elsif (s = '0' and r = '1') then          -- ruecksetzen
            q <= '0';
        elsif (s = '0' and r = '0') then          -- speichern
            q <= q;
        else  q <= '-';
        end if;
    end process;
end rs_ verhalten;
```

6.1.3.2 Einzustandsgesteuerte Flipflops

Im Folgenden werden einzustandsgesteuerte Flipflops abkürzend als zustandsgesteuert bezeichnet. Im Gegensatz dazu werden alle Flipflops, die von zwei Zuständen des Taktes gesteuert werden, zweizustandsgesteuert genannt (hier nicht behandelt).

Zustandsgesteuerte Flipflops sind transparente Flipflops. Falls $\phi = 1$ ist, wirkt sich eine Änderung der Eingangsinformation direkt (nach kurzer Verzögerungszeit) am Ausgang gemäß der zuständigen Wahrheitstabelle aus. Die Ausgangsvariable kann ihren Wert für $\phi = 1$ mehrfach ändern. Erst beim Übergang des Taktes ϕ in den Logik-Zustand 0 wird der augenblickliche Wert der Ausgangsvariablen gespeichert.

a) Zustandsgesteuertes RS-Flipflop. Das schon bekannte ungetaktete RS-Flipflop wird um einen Takteingang erweitert, so dass die Eingangssignale S und R sich nicht mehr direkt auf den Zustand des Flipflops auswirken können, sondern nur in Verbindung mit dem Takt ϕ. Die entsprechende Schaltung wird so abgeändert, dass der Takt an die beiden Eingangs-NAND-Gatter angeschlossen wird (Bild 6.13). In der logischen Gleichung wird deutlich, dass die Eingangssignale mit dem Takt konjunktiv verknüpft werden.

Übergangsbedingung: $Q^{m+1} = (S \wedge \Phi) \vee (\overline{R \wedge \Phi} \wedge Q^m)$

Für die Eingänge S und R gelten die gleichen Randbedingungen wie beim ungetakteten RS-Flipflop (Kap. 6.1.3.1). Der Ausgang des zustandsgesteuerten RS-Flipflops kann sich nur ändern, wenn der Takt $\phi = 1$ ist. Mit dem Übergang in den Logik-Zustand 0 speichert das Flipflop den zur Zeit eingestellten Ausgangswert (Bilder 6.13 und 6.14).

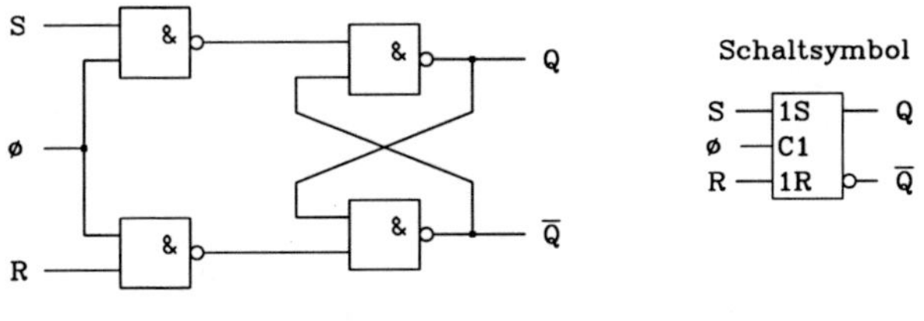

Bild 6.13: Zustandsgesteuertes RS-Flipflop in NAND-Technik

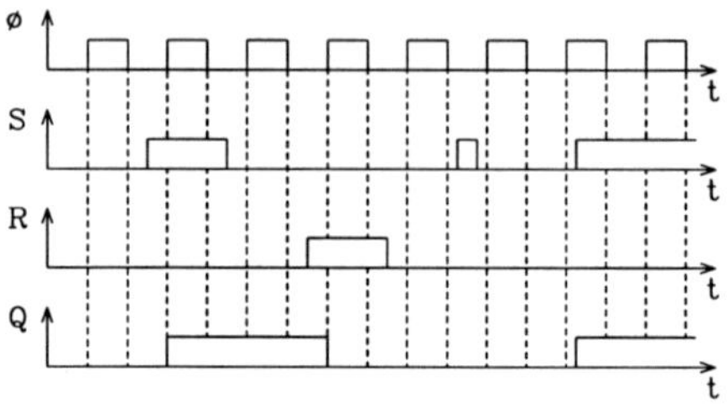

Bild 6.14: Signalzeitplan des zustandsgesteuerten RS-Flipflops

b) Zustandsgesteuertes D-Flipflop (D-Latch). Ein D-Flipflop ist ungetaktet nicht möglich. Der Takt ist Voraussetzung für die Arbeitsweise als Flipflop, da nur ein Dateneingang D vorliegt. Das Flipflop lässt sich aus dem zustandsgesteuerten RS-Flipflop herleiten, indem man statt des Rücksetzeingangs R den Setzeingang negiert auf das zweite Eingangs-NAND schaltet (Bild 6.15). Während $\phi = 1$ ist, ist das D-Latch transparent, d.h. die am Eingang D anliegende Information erscheint am Ausgang. Für $\phi = 0$ ist eine Änderung des Logik-Zustands am Ausgang nicht möglich.

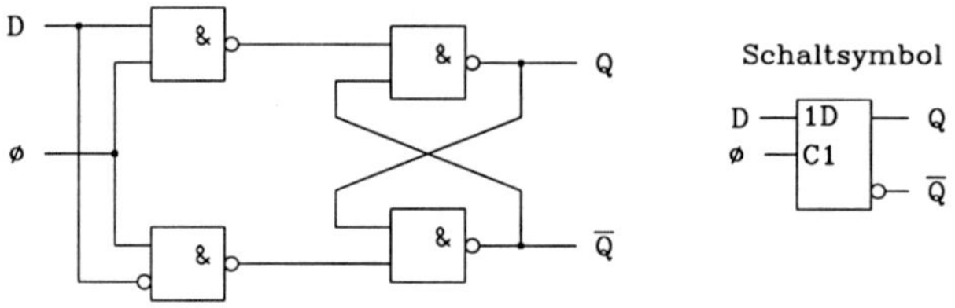

Bild 6.15: Zustandsgesteuertes D-Flipflop in NAND-Technik

Tab. 6.1: Wahrheitstabelle und Übergangsbedingung zustandsgesteuerter D-Flipflops

D	ϕ	Q^m	Q^{m+1}
*	0	0	0
*	0	1	1
0	1	*	0
1	1	*	1

Übergangsbedingung:

$$Q^{m+1} = D\,\Phi \vee \overline{\Phi}\,Q^m$$

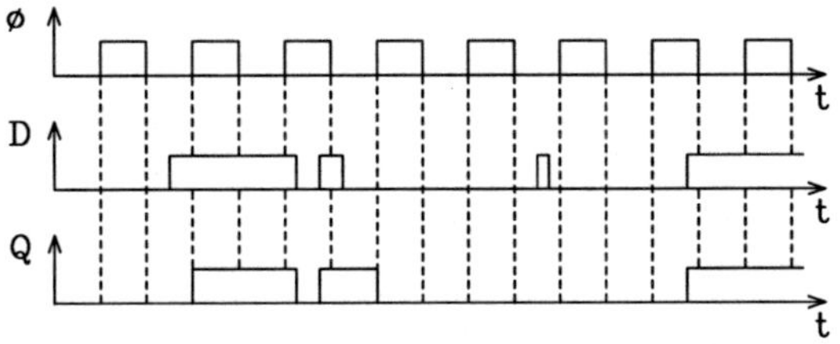

Bild 6.16: Signalzeitplan eines zustandsgesteuerten D-Flipflops

VHDL-Modell: Zustandsgesteuertes D-Flipflop

```
libary ieee;
use ieee.std_logic_1164.all;

entity z_dff is port (          -- fuer den Entwurf wird fuer die Ports
   clk,d: in std_logic;         -- als Datentyp std_logic verwendet
   q: buffer std_logic);
end z_dff;

architecture beh_dff of z_dff is
begin
   process (clk,d)
   begin
            if (clk = '1') then
               q <= d;
            end if;
   end process;
end beh_dff;
```

Anwendungsbeispiel: 8-Bit-D-Latch (74LS373) mit Three-State-Ausgängen

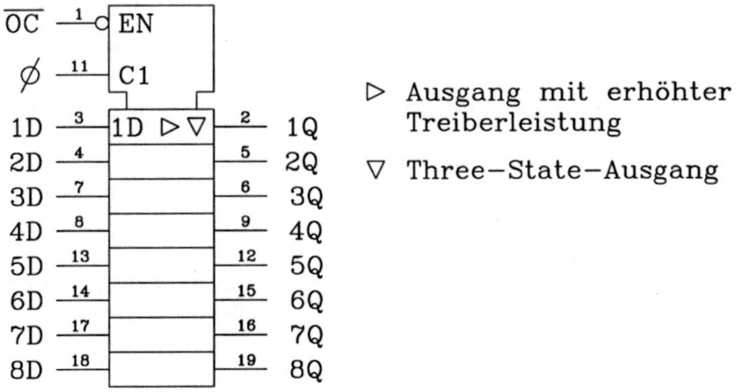

Bild 6.17: 8-Bit-D-Latch mit Three-State-Ausgängen (74LS373)

Als Datenspeicher werden mehrere zustandsgesteuerte D-Flipflops gemeinsam getaktet. Das angegebene 8-Bit-D-Latch übernimmt die Daten an den Eingängen 1D bis 8D mit dem Takt ϕ. Über den Steuereingang ¬OC werden die Ausgänge hochohmig (¬OC = 1) oder aktiv (¬OC = 0) geschaltet. Dadurch eignet sich dieser Baustein für den Einsatz am Datenbus eines Mikroprozessorsystems.

6.1.3.3 Einflankengesteuerte Flipflops

Im Folgenden werden einflankengesteuerte Flipflops abkürzend als flankengesteuert bezeichnet. Im Gegensatz dazu werden alle Flipflops, die von zwei Flanken des Taktes gesteuert werden (hier nicht behandelt) als zweiflankengesteuert bezeichnet.

Flankengesteuerte Flipflops sind getaktete Flipflops, die in Abhängigkeit von den vorbereitenden Eingängen (D; R,S; J,K; T) mit der positiven bzw. negativen Flanke des Taktes gesetzt oder rückgesetzt werden. Der Ausgangszustand des flankengesteuerten Flipflops kann sich nur mit der schaltenden Flanke ändern. Abhängig von der eingesetzten Technologie ändert sich das Ausgangssignal des Flipflops nach einer kurzen Verzögerungszeit in bezug auf die Taktflanke.

Während beim zustandsgesteuerten Flipflop der Takt ϕ als unabhängige Variable, vergleichbar mit einer Eingangsvariablen, auf der rechten Seite der Übergangsbedingung auftritt, ist diese Darstellung beim flankengesteuerten Flipflop nicht mehr möglich. Der Übergang der Ausgangsvariablen wird mit der schaltenden Flanke vollzogen. Das Flipflop wird gesetzt, falls die Übergangsbedingung erfüllt ist ($Q^{m+1} = 1$), andernfalls wird es rückgesetzt ($Q^{m+1} = 0$). Der Ausgangszustand bleibt für eine Taktperiode, bis zur nächsten schaltenden Flanke, unverändert.

Beim Einsatz flankengesteuerter Flipflops dürfen sich die vorbereitenden Eingänge (S und R, J und K, D, T) eine kurze Zeitspanne (Setzzeit) vor der aktiven Taktflanke nicht mehr ändern, damit am Ausgang das gewünschte Ergebnis sich einstellt. Die Setzzeit (Setup Time t_S) eines flankengesteuerten Flipflops gibt an, wie viele Nanosekunden vor der aktiven Flanke sich die Eingangssignale nicht ändern dürfen.

Weiterhin muss der Anwender die Haltezeit (Hold Time t_H) beachten. Sie gibt an, wie viele Nanosekunden nach der aktiven Flanke sich die Eingangssignale nicht ändern dürfen.

Mit der Takt-Ausgangszeit (Clock to Output Time t_{CO}) wird die Verzögerungszeit am Flipflopausgang in Abhängigkeit von der Taktflanke bezeichnet.

Anmerkung:

Falls sich der Anwender nicht an die im Datenblatt vorgegebene Setz- und Haltezeit hält, kann das Flipflop in einen metastabilen Zustand gelangen. Eine eindeutige Vorhersage des Ausgangsverhalten ist somit nicht mehr möglich.

a) Flankengesteuertes RS-Flipflop. Für das flankengesteuerte RS-Flipflop gilt die Setz- und Rücksetzbedingung des ungetakteten RS-Flipflops, jedoch wird das flankengesteuerte Flipflop erst mit der schaltenden Flanke des Taktes ϕ gesetzt ($Q^{m+1} = 1$) bzw. rückgesetzt ($Q^{m+1} = 0$).

Übergangsbedingung des flankengesteuerten RS-Flipflops:

$$Q^{m+1} = S \vee \overline{R}\, Q^m$$

In Bild 6.18 ist das Schaltsymbol eines positiv flankengesteuerten RS-Flipflops abgebildet. In der Pegeltabelle ist die Abhängigkeit der Ausgangsgröße Q^{m+1} von den Eingangsgrößen S und R, der rückgekoppelten Größe Q^m und dem Takt ϕ angegeben.

Schaltsymbol

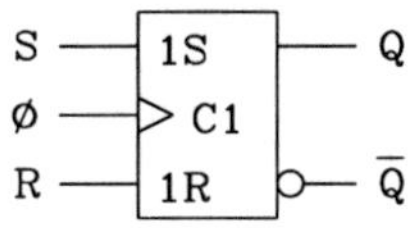

Pegeltabelle

S	R	Ø	Q^{m+1}
*	*	L	Q^m
*	*	H	Q^m
L	L	↑	Q^m
H	L	↑	H
L	H	↑	L
H	H	*	*

Bild 6.18: Positiv flankengesteuertes RS-Flipflop

Im Signalzeitplan (Bild 6.19) wird deutlich, dass sich der Ausgang nur mit der positiven Taktflanke ändert.

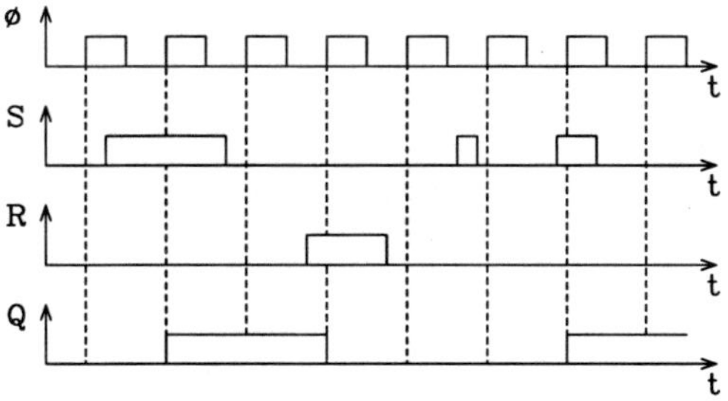

Bild 6.19: Signalzeitplan eines positiv flankengesteuerten RS-Flipflops

b) Flankengesteuertes D-Flipflop. Das flankengesteuerte D-Flipflop (Bild 6.20) wird mit der schaltenden Flanke gesetzt, falls D = 1 ist, und es wird rückgesetzt, falls D = 0 ist. Anhand des Signalzeitplans (Bild 6.21) wird das Verhalten deutlich. Übergangsbedingung: $Q^{m+1} = D$

Schaltsymbol

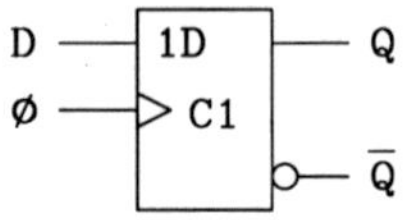

Pegeltabelle

D	Ø	Q^{m+1}
*	L	Q^m
L	↑	L
H	↑	H
*	H	Q^m

Bild 6.20: Positiv flankengesteuertes D-Flipflop

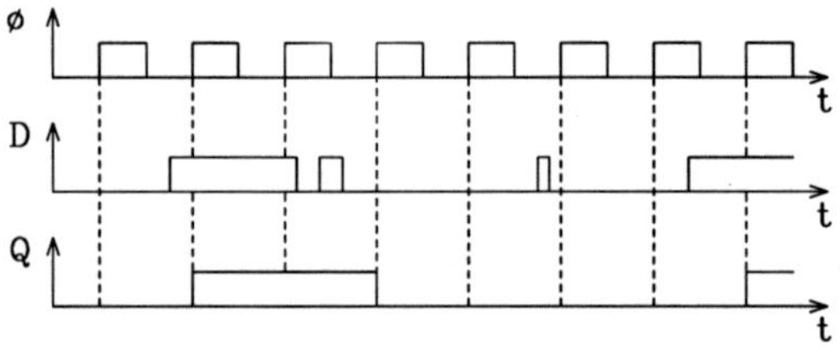

Bild 6.21: Signalzeitplan des positiv flankengesteuerten D-Flipflops

VHDL-Modell: Flankengesteuertes D-Flipflop

```
libary ieee;
use ieee.std_logic_1164.all;

entity f_dff is port (
  clk,d: in std_logic;
  q: out std_logic);
end f_dff;

architecture beh_dff of f_dff is
begin
  process (clk)
  begin
        if (clk'event and clk = '1') then          -- positive Taktflanke von clk
          q <= d;
        end if;
  end process;
end beh_dff;
```

Beim Entwurf digitaler Schaltungen wird mit Hilfe der Übergangsbedingung die logische Gleichung für den D-Eingang ermittelt und damit die Ansteuerung des Flipflops festgelegt. Das flankengesteuerte D-Flipflop ist wegen seines einfachen Aufbaus und der problemlosen Ansteuerung das am häufigsten eingesetzte getaktete Flipflop. Exemplarisch soll hier der Typ 74LS74 mit zwei D-Flipflops vorgestellt werden. Jedes D-Flipflop enthält zusätzlich noch ein ungetaktetes RS-Flipflop mit negierten Eingängen, so dass ein statisches Setzen und Rücksetzen unabhängig vom Eingang D und vom Takt ϕ möglich ist. Die statischen Eingänge ¬S und ¬R haben Priorität vor den dynamischen Eingängen D und ϕ.

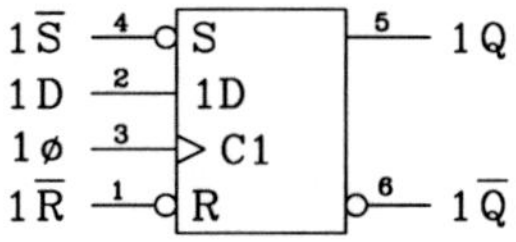

Bild 6.22: Positiv flankengesteuertes D-Flipflop mit Setz- und Rücksetzeingang (74LS74)

Anwendungen:

Beispiel 1: D-Register zur Zwischenspeicherung von Daten

Analog zum 8-Bit-D-Latch (74LS373) lassen sich auch flankengesteuerte D-Flipflops zu einer Einheit zusammengefassen und von einem Takt ϕ gemeinsam takten. Exemplarisch wird hier aus der TTL-Schaltkreisfamilie das 8-Bit-D-Register vom Typ 74LS374 behandelt. Das D-Register übernimmt die Daten an den Eingängen 1D bis 8D mit der positiven Taktflanke. Ebenso wie beim 8-Bit-D-Latch können die Ausgänge über den Steuereingang ¬OC hochohmig (¬OC = 1) oder aktiv (¬OC = 0) geschaltet werden. Das D-Register 74LS374 ist pinkompatibel zu dem D-Latch 74LS373 und wird ebenfalls am Datenbus in Mikroprozessorsystemen eingesetzt.

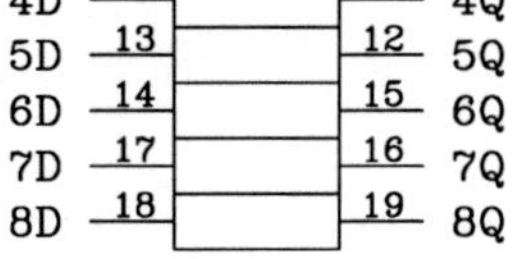

Bild 6.23: 8-Bit-D-Register mit Three-State-Ausgängen (74LS374)

Beispiel 2: Frequenzteiler

Mit Hilfe einer einfachen Rückkopplung vom negierten Ausgang ¬Q auf den D-Eingang lässt sich ein Frequenzteiler realisieren, der die Taktfrequenz im Verhältnis 1:2 untersetzt. Falls das D-Flipflop über statische Setz- und Rücksetzeingänge verfügt, so dürfen sie nicht unbeschaltet bleiben. Legt man beide statischen Eingänge auf "1", so wirkt nur der dynamische Teil des Flipflops.

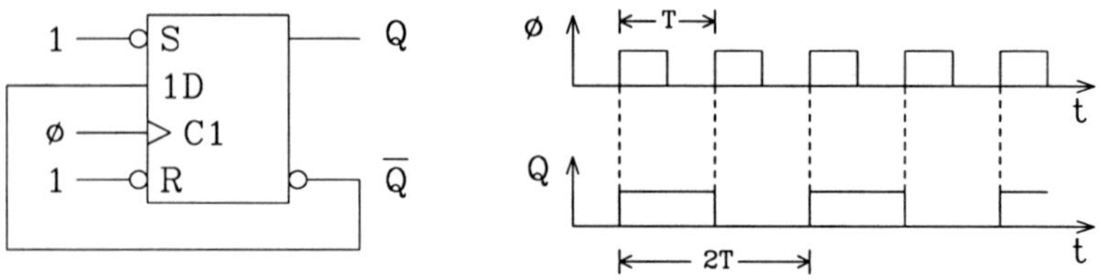

Bild 6.24: Rückgekoppeltes D-Flipflop 74LS74 als Frequenzteiler

c) Flankengesteuertes JK-Flipflop. Das flankengesteuerte JK-Flipflop lässt sich durch zusätzliche Rückkopplungen und zwei Eingangs-UND-Gatter aus dem flankengesteuerten RS-Flipflop entwickeln (Bild 6.25).

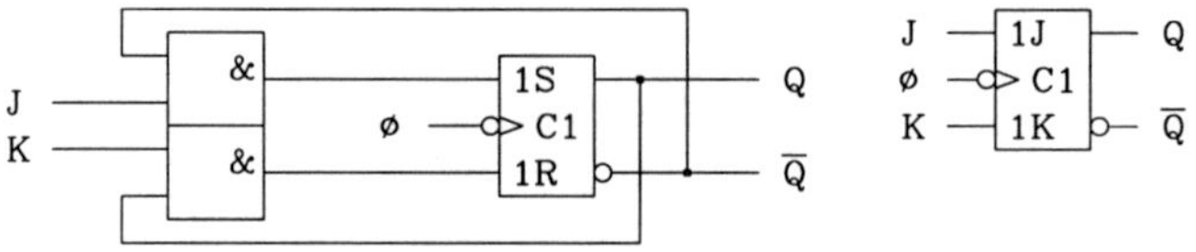

Bild 6.25: Aufbau des flankengesteuerten JK-Flipflops mit rückgekoppeltem RS-Flipflop

Tab. 6.2: Anhand der Wahrheitstabelle lässt sich mit Hilfe des KV-Diagramms die logische Gleichung für die Übergangsbedingung aufstellen.

Pegeltabelle

J	K	Φ	Q^{m+1}
*	*	L	Q^m
*	*	H	Q^m
L	L	↓	Q^m
L	H	↓	L
H	L	↓	H
H	H	↓	$\overline{Q^m}$

Wahrheitstabelle (positive Logik)

	J	K	Q^m	Q^{m+1}
0	0	0	0	0
1	0	0	1	1
2	0	1	0	0
3	0	1	1	0
4	1	0	0	1
5	1	0	1	1
6	1	1	0	1
7	1	1	1	0

KV–Diagramm

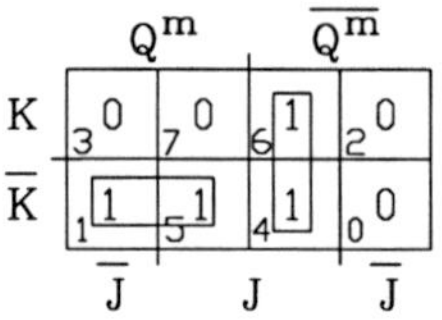

Übergangsbedingung:

$$Q^{m+1} = J\,\overline{Q^m} \vee \overline{K}\,Q^m$$

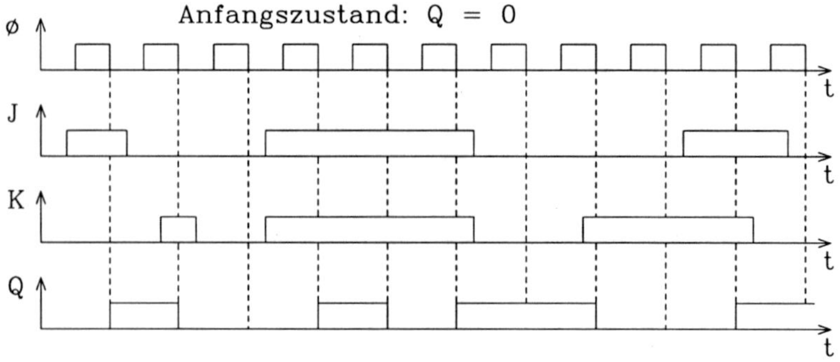

Bild 6.26: Signalzeitplan des negativ flankengesteuerten JK-Flipflops

Der Eingang J übernimmt hier die Funktion des Setzeingangs und K die Funktion des Rücksetzeingangs (Bild 6.25). Vorteilhaft wirkt sich beim JK-Flipflop aus, dass der beim RS-Flipflop auftretende verbotene Fall S = R = 1 nicht auftreten kann. Aufgrund der über Kreuz ausgeführten Rückkopplung wird für J = K = 1 mit jeder negativen Taktflanke der Wert der Ausgangsvariablen negiert (Bild 6.26).

VHDL-Modell eines flankengesteuerten JK-Flipflops mit Reset

```
libary ieee;
use ieee.std_logic_1164.all;

entity jkff is port (
   clk,j,k,reset: in std_logic;
   q: buffer std_logic);
end jkff;
architecture jkff_beh of jkff is
begin
   process (clk,reset)
   begin
         if reset = '1' then              -- reset (1-aktiv) hat Prioritaet vor dem Takt
           q <= '0';
         elsif (clk'event and clk = '0') then
           if (j = '1' and k = '0') then          -- setzen
             q <= '1';
           elsif (j = '0' and k = '1') then       -- ruecksetzen
             q <= '0';
           elsif (j = '1' and k = '1') then       -- Ausgangsaenderung mit jeder
             q <= not q;                          -- negativen Taktflanke (toggeln)
           else q <= q;                   -- speichern (Statement ist nicht erforderlich)
           end if;
         end if;
  end process;
end jkff_beh;
```

Beim Entwurf digitaler Schaltungen kann man mit Hilfe der Übergangsbedingung (Tab. 6.2) die logischen Gleichungen für die beiden Eingänge J und K ermitteln und damit die Ansteuerung des Flipflops festlegen. Da in der Übergangsbedingung beide Eingangsvariablen J und K enthalten sind, muss die Gleichung so umgestellt werden, dass ein Koeffizientenvergleich möglich wird. Diese Methode ist beim JK-Flipflop mühsam und zeitaufwendig. Deshalb soll alternativ ein weiteres Verfahren hergeleitet werden, das eine direkte Bestimmung der Gleichungen für J und K ermöglicht.

Setz- und Rücksetzbedingung für das JK-Flipflop. Für das JK-Flipflop werden Setz- und Rücksetzbedingung separat betrachtet. Falls die Setzbedingung (sQ = 1) erfüllt ist, ändert sich Q von 0 nach 1. Ist die Rücksetzbedingung (rQ = 1) erfüllt, ändert sich Q von 1 nach 0. Für den Fall, dass keine der beiden Bedingungen erfüllt ist, bleibt der Zustand des Flipflops erhalten.

Zur Herleitung der Setzbedingung wird angenommen, dass $Q^m = 0$ ist. Unter dieser Bedingung wird die Wahrheitstabelle aufgestellt und die Setzbedingung (sQ = 1) ermittelt. Beim Aufstellen der Rücksetzbedingung ist das gesetzte Flipflop mit $Q^m = 1$ Ausgangspunkt, und es wird in der Wahrheitstabelle der Übergang für Q von 1 nach 0 betrachtet. Für diesen Fall ist die Rücksetzbedingung (rQ = 1) erfüllt.

Tab. 6.3: Wahrheitstabellen für die Setz- und Rücksetzbedingung eines JK-Flipflops

Voraussetzung: $Q^m = 0$

J	K	Q^m	Q^{m+1}	sQ
0	0	0	0	0
0	1	0	0	0
1	0	0	1	1
1	1	0	1	1

Voraussetzung: $Q^m = 1$

J	K	Q^m	Q^{m+1}	rQ
0	0	1	1	0
0	1	1	0	1
1	0	1	1	0
1	1	1	0	1

Setzbedingung: $sQ = J\,\overline{K}\,\overline{Q^m} \vee J\,K\,\overline{Q^m} = J\,\overline{Q^m}$

Rücksetzbedingung: $rQ = \overline{J}\,K\,Q^m \vee J\,K\,Q^m = K\,Q^m$

Da in den beiden Gleichungen nur die Ausgangsgröße Q^m erscheint, ist die Kennzeichnung mit dem Hochindex nicht erforderlich. Es soll im Folgenden abkürzend in der Setz- und Rücksetzbedingung Q für Q^m gesetzt werden.

Setzbedingung: $sQ = J\,\overline{Q}$ *Rücksetzbedingung:* $rQ = K\,Q$

Im Vergleich zur Übergangsbedingung sind hier zwei logische Gleichungen (Setz- und Rücksetzbedingung) erforderlich. Vorteilhaft wirkt sich jedoch die Trennung der Eingangsvariablen J und K aus. Anhand der Setzbedingung wird J und anhand der Rücksetzbedingung K bestimmt.

Beispiele zum Entwurf digitaler Schaltungen mit Hilfe der Übergangsbedingung und nach der Methode der Setz- und Rücksetzbedingung sind in Kap 6.2 aufgeführt.

Beispiel für ein flankengesteuertes JK-Flipflop (TTL). Exemplarisch soll hier das TTL-IC 74LS112 mit zwei negativ flankengesteuerten JK-Flipflops vorgestellt werden. Jedes JK-Flipflop enthält zusätzlich noch ein ungetaktetes RS-Flipflop mit negierten Eingängen, so dass ein statisches Setzen und Rücksetzen unabhängig vom J- und K-Eingang und vom Takt ϕ möglich ist. Die statischen Eingänge ¬S und ¬R haben Priorität vor den dynamischen Eingängen J, K und ϕ.

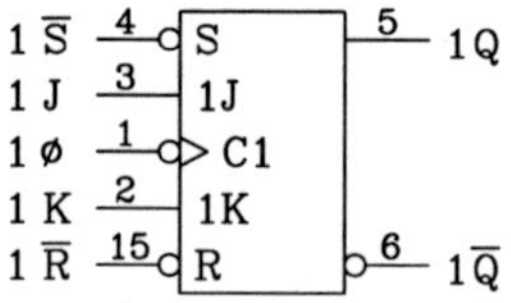

Bild 6.27: Negativ flankengesteuertes JK-Flipflop mit statischem Setz- und Rücksetzeingang (74LS112, 1. Flipflop)

Anmerkung:

JK-Flipflops sind meist negativ flankengesteuert. Dadurch war eine einfache Anpassung in der Schaltungsentwicklung beim Übergang der älteren zweizustandsgesteuerten JK-Flipflops (Master-Slave) auf die modernen flankengesteuerten möglich.

Anwendungsbeispiele:

Mit einem JK-Flipflop lässt sich sehr einfach ein Frequenzteiler (Bild 6.28) realisieren. Hierzu müssen die beiden Eingänge J und K auf "1" gelegt werden. Falls noch ein RS-Flipflop mit negierten Eingängen, wie beim 74LS112, zusätzlich vorhanden ist, werden die beiden statischen Eingänge ebenfalls an "1" angeschlossen.

Das JK-Flipflop ist in der Gruppe der getakteten Flipflops das universellste. Mit Hilfe eines zusätzlichen Inverters zwischen den Eingängen J und K lässt sich aus dem JK-Flipflop ein D-Flipflop (Bild 6.29) realisieren. Soll ein T-Flipflop entworfen werden, so werden die beiden Eingänge J und K einfach miteinander verbunden (Bild 6.29). Auf die Eigenschaften eines T-Flipflops wird unter e) näher eingegangen.

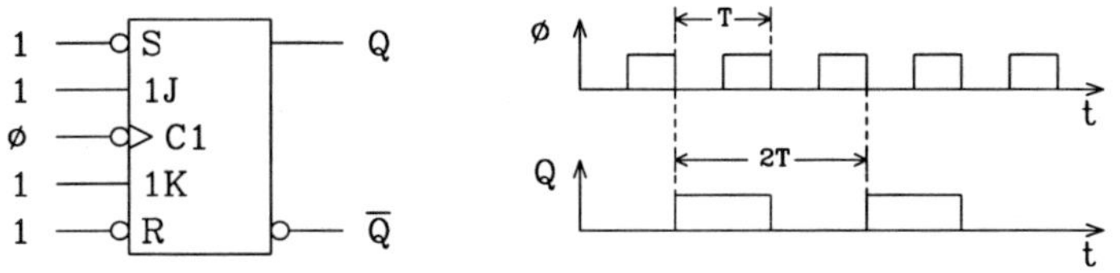

Bild 6.28: Aufbau eines Frequenzteilers mit negativ flankengesteuertem JK-Flipflop

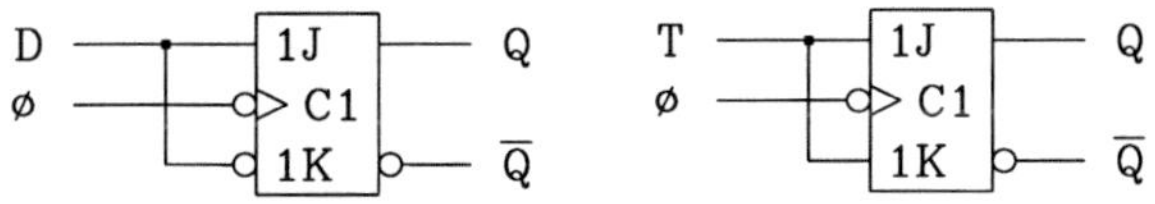

Bild 6.29: Entwurf eines D-Flipflops und T-Flipflops mit Hilfe eines JK-Flipflops

e) Flankengesteuertes T-Flipflop. Das T-Flipflop lässt sich mit Hilfe eines JK-Flipflops leicht realisieren, indem man die beiden Eingänge J und K miteinander verbindet und den gemeinsamen Anschluss mit T bezeichnet (Bild 6.29). Folglich gilt auch die für das JK-Flipflop hergeleitete Übergangsbedingung. Es muss lediglich J und K durch T ersetzt werden.

Übergangsbedingung für das T-Flipflop: $Q^{m+1} = T\,\overline{Q^m} \vee \overline{T}\,Q^m$

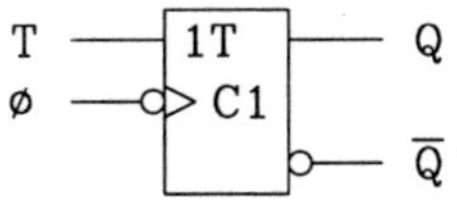

Bild 6.30: Schaltsymbol eines negativ flankengesteuerten T-Flipflops

Anwendungen:

T-Flipflops werden überwiegend für den Entwurf von Frequenzteilern und Zählern eingesetzt. Für den Entwurf eines Frequenzteilers muss lediglich der T-Eingang auf "1" gesetzt werden.

VHDL-Modell eines flankengesteuerten T-Flipflops mit Reset

```
libary ieee;
use ieee.std_logic_1164.all;

entity tff is port (
  clk,t,reset: in std_logic;
  q: buffer  std_logic);
end tff;

architecture tff_beh of tff is
 begin
  process (clk,reset)
  begin
        if reset = '1' then q <= '0';      -- reset (1-aktiv) hat Prioritaet
        elsif falling_edge(clk) then  -- Alternative mit der Funktion falling_edge
          if t = '1' then
          q <= not q;
          end if;
        end if;
  end process;
end tff_beh;
```

6.2 Zähler

Zähler sind Schaltwerke, die Taktimpulse zählen können. Dabei werden sehr unterschiedliche Ausführungsformen verwendet. Man unterscheidet grundsätzlich zwischen *synchronen* und *asynchronen* Zählern.

Eine digitale Schaltung wird dann synchron genannt, wenn ein zentraler Takt die Steuerung vornimmt. Das Taktraster bestimmt hierbei den Arbeitsrhythmus. Die einzelnen Arbeitsschritte werden synchron zu der positiven oder negativen Taktflanke ausgeführt. Auf den Zähler angewendet bedeutet es, dass alle im Zähler eingesetzten Flipflops an einem Taktgenerator angeschlossen sind und gleichzeitig getaktet werden. Die Flipflopausgänge ändern sich nahezu gleichzeitig.

Bei der asynchronen Schaltung sind nicht alle Takteingänge der Flipflops an einen zentralen Takt angeschlossen. Es können hier Takteingänge von Ausgängen anderer Schaltnetze oder Schaltwerke angesteuert werden. Beim asynchronen Zähler wird vom Flipflopausgang einer Stufe der Takteingang der nächstfolgenden angesteuert.

6.2.1 Asynchrone Zähler

Im Folgenden wird auf asynchrone Dualzähler in Vorwärts- und Rückwärtszählbetrieb sowie auf Modulo-m-Zähler näher eingegangen.

6.2.1.1 Asynchroner Dualzähler

Zähler, die das Zählergebnis (Anzahl der Impulse am Takteingang) als Dualzahl speichern und an den Ausgängen zur Verfügung stellen, werden Dualzähler genannt. Der asynchrone Dualzähler ist sehr einfach aufgebaut, er besteht aus einer Kaskade von einfachen Frequenzteilern. Alle Flipflops, die sich zum Aufbau eines Frequenzteilers eignen, können auch für den Entwurf von Zählern eingesetzt werden. Es werden überwiegend die einflankengesteuerten D-, RS-, JK- und T-Flipflops eingesetzt.

Asynchroner Vorwärts-Dualzähler. Der asynchrone Vorwärtszähler kann mit negativ flankengesteuerten JK-Flipflops aufgebaut werden. Die Eingänge J und K liegen an "1", so dass jede Flipflopstufe als Frequenzteiler mit dem Teilerverhältnis 1:2 arbeitet. Der Takt $\in$ wird auf den Takteingang der ersten Stufe geschaltet, der Ausgang der ersten Stufe wird mit dem Takteingang der zweiten verbunden, deren Ausgang mit dem Takteingang der dritten, usw.. Werden n Flipflops in dieser Weise kaskadiert, entsteht ein asynchroner n-Bit-Vorwärts-Dualzähler (Bilder 6.31 und 6.32).

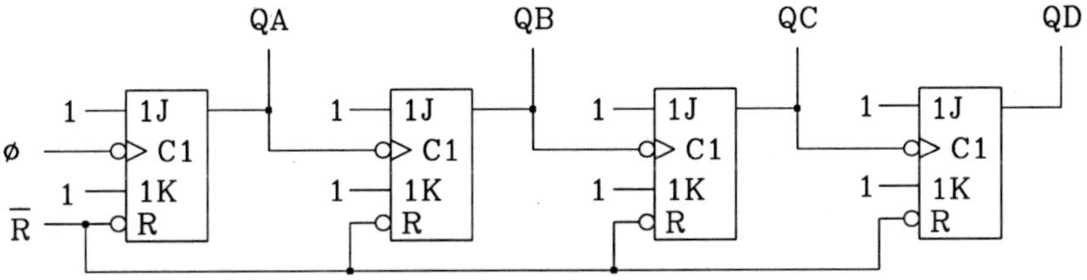

Bild 6.31: Schaltung eines asynchronen 4-Bit-Vorwärts-Dualzählers

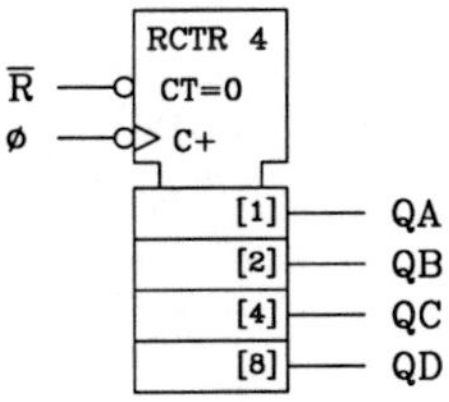

CTR Counter (Zähler)
RCTR n Asynchroner n-Bit-Dualzähler
CT Content (Inhalt)
CT = 0 Zählerstand = 0 (Rücksetzeingang)
C+ Vorwärtszähler
[i] Wertigkeit des Ausgangs

Bild 6.32: Schaltsymbol eines asynchronen 4-Bit-Vorwärts-Dualzählers

Aufgrund der seriellen Kopplung der einzelnen Zählstufen addieren sich deren Verzögerungszeiten. Nimmt man für jede Stufe die gleiche Verzögerungszeit t_v an, so folgt für einen asynchronen n-Bit-Zähler eine Gesamtverzögerungszeit von nEt_v (Bild 6.33). Der Zählerstand muss während einer Taktperiode des Eingangstaktes ϕ für eine kurze Zeitspanne an den Ausgängen stabil anstehen, damit er ausgelesen und evtl. weiter verarbeitet werden kann. Aus diesem Zusammenhang kann man die theoretische Grenzfrequenz für einen asynchronen Zähler angeben. Die vom Hersteller garantierte Zählfrequenz eines integrierten Asynchronzählers ist deutlich kleiner.

Theoretische Grenzfrequenz des asynchronen Zählers: $fg = 1 / (n\, t_v)$

Exemplarisch wird hier ein asynchroner 4-Bit-Vorwärts-Dualzähler und der zugehörige Signalzeitplan vorgestellt (Bilder 6.32 und 6.33).

Anmerkung:

Der asynchrone Rückwärtszähler ergibt sich aus der Schaltung nach Bild 6.31, indem man statt des nichtnegierten Ausgangs den negierten mit dem Takteingang der nächsten Stufe verbindet. Im Schaltsymbol (Bild 6.32) wird "C+" durch "C-" ersetzt.

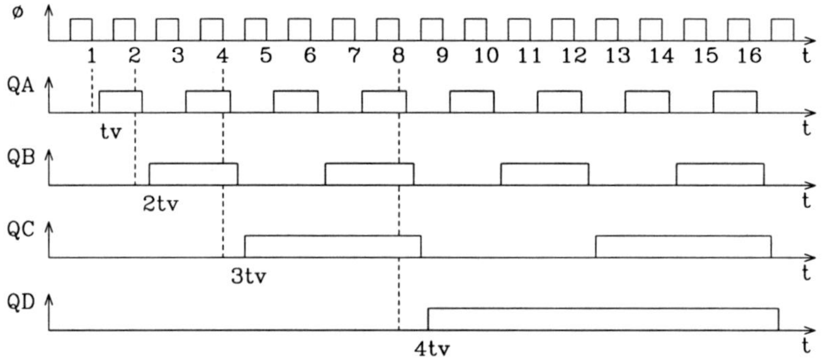

Bild 6.33: Signalzeitplan eines asynchronen 4-Bit-Vorwärts-Dualzählers

Kaskadierung von Asynchronzählern. In der praktischen Anwendung ist es häufig erforderlich, Zähler höherer Kapazität einzusetzen. Falls diese Zähler nicht als integrierte Bausteine in der entsprechenden Schaltkreisfamile zur Verfügung stehen, kaskadiert man Zähler mit geringerer Kapazität. Als Beispiel wird hier ein 12-Bit-Vorwärts-Dualzähler aus drei 4-Bit-Vorwärts-Dualzählern entworfen (Bild 6.34). In der Kaskade wird der höchstwertige Ausgang einer Stufe mit dem Takteingang der nächsten verbunden. Der erste Zähler zählt von 0000 bis 1111 (0 bis 15 dez.) und beginnt dann wieder bei 0000. Beim Umschalten vom höchsten Zählerstand (1111) auf den niedrigsten (0000) wird mit der negativen Flanke der Zählerstand der nächsten Stufe inkrementiert (um 1 erhöht). In dieser Form wird in der Kaskade der Übertrag von einer Stufe zur nächstfolgenden weitergegeben.

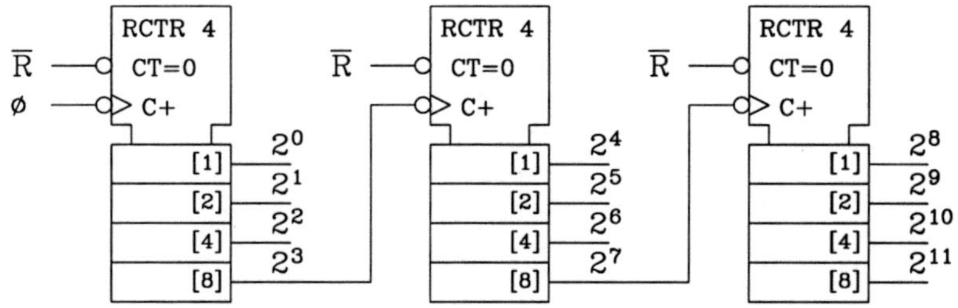

Bild 6.34: Kaskadierung von drei asynchronen 4-Bit-Dualzählern zu einem asynchronen 12-Bit-Dualzähler

6.2.1.2 Asynchroner Modulo-m-Zähler

Die aus der Mathematik bekannte Modulo-Funktion liefert den Rest, der bei der Divison zweier ganzer Zahlen entsteht. Die Bezeichnung "Modulo" wird auch in Verbindung mit Zählern, die nicht als Dualzähler arbeiten, verwendet. So versteht man unter einem Modulo-m-Zähler einen Zähler, der von 0 bis m-1 zählt, und dann wieder bei 0 beginnt. Der Zählerstand ist immer kleiner als m, daher die Bezeichnung Modulo m. Ein Modulo-m-Zähler lässt sich realisieren aus einem n-Bit-Dualzähler, mit der Bedingung $n \geq \mathrm{ld}\, m$. Beim asynchronen Modulo-m-Zähler werden die Ausgänge auf ein Schaltnetz geführt, das beim Zählerstand m den Dualzähler rücksetzt (Bild 6.35).

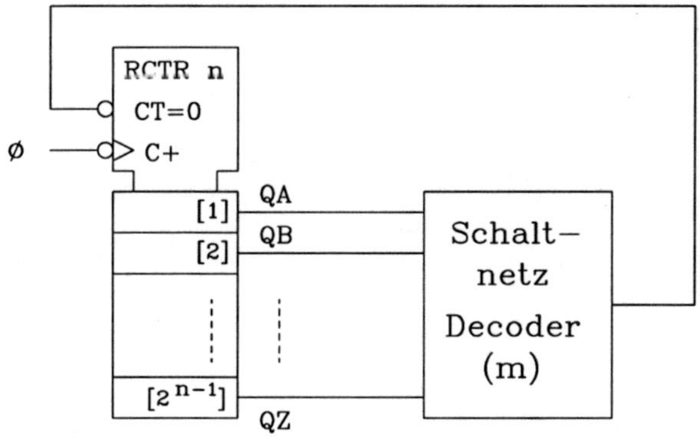

Bild 6.35: Prinzipieller Aufbau eines asynchronen Modulo-m-Zählers

Beispiel: Modulo-6-Zähler

Als Beispiel wird die Schaltung eines Modulo-6-Zählers mit JK-Flipflops angegeben (Bild 6.36). Damit der Modulo-6-Zähler korrekt arbeitet, muss kurzzeitig der nicht erwünschte Zählerstand 110 (6) an den Ausgängen auftreten (Bild 6.37). Der Anwender muss selbst entscheiden, ob dieser Nachteil noch vertretbar ist. Weiterhin sei angemerkt, dass die Zählerausgänge sich nicht gleichzeitig ändern, so dass evtl. beim Umschalten schon ein (unerwünschter) Rücksetzimpuls entsteht. Diese Probleme treten beim synchronen Modulo-m-Zähler (Kap. 4.3.2.2) nicht auf.

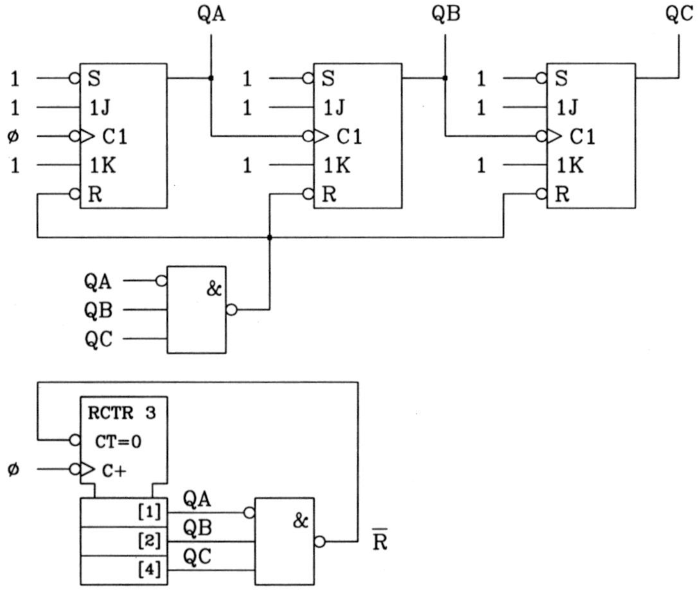

Bild 6.36: Schaltung eines asynchronen Modulo-6-Zählers

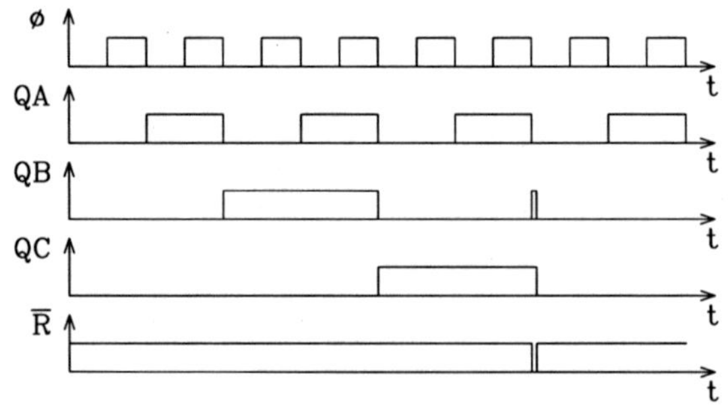

Bild 6.37: Signalzeitplan eines asynchronen Modulo-6-Zählers

6.2.2
Synchrone Zähler

Synchrone Zähler sind so aufgebaut, dass alle Zählstufen bezüglich des Zähltaktes etwa die gleiche Verzögerungszeit haben. Dadurch haben sie Vorteile gegenüber asynchronen Zählern. Der Entwurf von Synchronzählern ist jedoch aufwendiger. Obwohl der systematische Entwurf von synchronen Schaltwerken erst in Kap. 6.4 behandelt wird, lässt sich ein einfacher Zähler auch ohne vertiefte Kenntnisse der Automatentheorie entwerfen. Beim synchronen Zähler werden die auf den Eingang rückgekoppelten Größen zum Zeitpunkt t^m betrachtet und mit Q^m bezeichnet. Da beim einfachen Zähler keine weiteren Eingangsvariablen vorkommen, ist im allgemeinen Fall jeder Zählerausgang zum Zeitpunkt t^{m+1} von allen Zählerausgängen zum Zeitpunkt t^m abhängig.

In einer Wahrheitstabelle werden die Größen Q^m als Eingangsvariablen und die Größen Q^{m+1} als Ausgangsvariablen betrachtet (Tab. 4.11). Anhand der Wahrheitstabelle lassen sich dann – ähnlich wie bei den Flipflops – die Gleichungen für den Übergang von t^m nach t^{m+1} aufstellen und mit Hilfe des KV-Diagramms minimieren. Durch Vergleich der Gleichungen mit den Übergangsbedingungen des jeweils eingesetzten Flipfloptyps erhält man die Gleichungen für die entsprechenden Flipflopeingänge (D; R,S; J,K; etc.).

Auch bei den synchronen Zählern unterscheidet man im Wesentlichen zwischen Dual- und Modulo-m-Zählern.

6.2.2.1
Synchroner Dualzähler

Synchrone Dualzähler unterscheiden sich von asynchronen durch die Ansteuerung der Takteingänge: Der Takteingang jedes Flipflops wird direkt vom Takt ϕ angesteuert, so dass sich alle Zählerausgänge nahezu gleichzeitig ändern, synchron zur schaltenden Taktflanke. Über den Logik-Zustand an den vorbereitenden Flipflopeingängen (D; S,R; J,K; T) wird festgelegt, wann das Flipflop gesetzt oder rückgesetzt wird.

Synchrone Dualzähler bestehen im allgemeinen aus n Stufen. Jede Stufe wird durch ein Flipflop realisiert. Weiterhin ist ein Schaltnetz erforderlich, das die logische Verknüpfung der Ausgangsvariablen und die Ansteuerung der Flipflopeingänge übernimmt.

Dualzähler können entweder als Vorwärtszähler oder als Rückwärtszähler aufgebaut werden. Die Zählrichtung muss bereits im Entwurf berücksichtigt werden.

Zählfolge des n-Bit-Vorwärts-Dualzählers: $0, 1, 2, \ldots 2^n - 2, 2^n - 1, 0, \ldots$

Zählfolge des n-Bit-Rückwärts-Dualzählers: $2^n - 1, 2^n - 2, \ldots 1, 0, 2^n - 1, \ldots$

Beispiel 1: Entwurf eines synchronen 4-Bit-Vorwärts-Dualzählers

Der Zähler soll mit negativ flankengesteuerten JK-Flipflops aufgebaut werden. Für den Entwurf wird zunächst eine Wahrheitstabelle aufgestellt, die auf der Eingangsseite die Zählerstände der Ausgänge zum Zeitpunkt t^m und auf der Ausgangsseite zum Zeitpunkt t^{m+1} enthält (Tab. 6.4). Dabei soll folgende abkürzende Schreibweise verwendet werden: $Q^m = Q$ und $Q^{m+1} = Q^*$.

Tab. 6.4: Wahrheitstabelle und KV-Diagramm für den Entwurf eines synchronen Dualzählers

Eingänge (m)					Ausgänge (m+1)			
QD	QC	QB	QA	Z	QD*	QC*	QB*	QA*
0	0	0	0	0	0	0	0	1
0	0	0	1	1	0	0	1	0
0	0	1	0	2	0	0	1	1
0	0	1	1	3	0	1	0	0
0	1	0	0	4	0	1	0	1
0	1	0	1	5	0	1	1	0
0	1	1	0	6	0	1	1	1
0	1	1	1	7	1	0	0	0
1	0	0	0	8	1	0	0	1
1	0	0	1	9	1	0	1	0
1	0	1	0	10	1	0	1	1
1	0	1	1	11	1	1	0	0
1	1	0	0	12	1	1	0	1
1	1	0	1	13	1	1	1	0
1	1	1	0	14	1	1	1	1
1	1	1	1	15	0	0	0	0

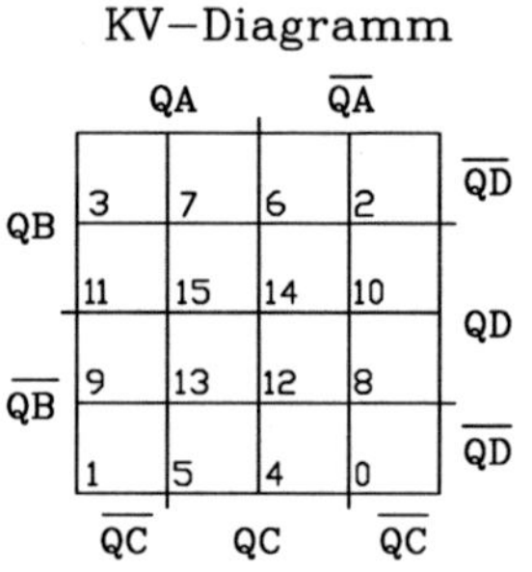

Die Gleichungen für die J- und K-Eingänge der vier Flipflops sollen zu Übungszwecken sowohl mit der Methode der Übergangsbedingung (1. Lösung) als auch mit der Methode der Setz- und Rücksetzbedingung (2. Lösung) hergeleitet werden.

1. Lösung: Entwurf mit Hilfe der Übergangsbedingungen

Übergangsbedingung für JK-Flipflops: $Q^* = J\,\overline{Q} \vee \overline{K}\,Q$

Anhand der Wahrheitstabelle werden die logischen Gleichungen (disjunktive Normalform) für QA^*, QB^*, QC^* und QD^* aufgestellt und mit Hilfe des angegebenen KV-Diagramms (Tab. 6.4) vereinfacht.

Anmerkung:

In der Tab. 6.4 ist das KV-Diagramm nur in allgemeiner Form dargestellt. Auf eine ausführliche Darstellung der für die Ausgangsvariablen QA^*, QB^*, QC^* und QD^* erforderlichen vier KV-Diagramme mit der erforderlichen Blockbildung wird hier nicht näher eingegangen.

$$QA^* = (0) \vee (2) \vee (4) \vee (6) \vee (8) \vee (10) \vee (12) \vee (14) = \overline{QA}$$

$$QB^* = (1) \vee (2) \vee (5) \vee (6) \vee (9) \vee (10) \vee (13) \vee (14) = QA\,\overline{QB} \vee \overline{QA}\,QB$$

$$QC^* = (3) \vee (4) \vee (5) \vee (6) \vee (11) \vee (12) \vee (13) \vee (14) = QA\,QB\,\overline{QC} \vee \overline{QA}\,QC \vee \overline{QB}\,QC$$

$$QD^* = (7) \vee (8) \vee (9) \vee (10) \vee (11) \vee (12) \vee (13) \vee (14) =$$

$$= QA\,QB\,QC\,\overline{QD} \vee \overline{QA}\,QD \vee \overline{QB}\,QD \vee \overline{QC}\,QD$$

Ein Vergleich mit der Übergangsbedingung liefert die Gleichungen für die FF-Eingänge:

JA = 1	KA = 1
JB = QA	KB = QA
JC = QA QB	KC = QA QB
JD = QA QB QC	KD = QA QB QC

2. Lösung: Entwurf mit Hilfe der Setz- und Rücksetzbedingungen

Für die Setzbedingung werden anhand der Wahrheitstabelle (Tab. 6.4) die Übergänge von Q = 0 nach $Q^* = 1$ ermittelt, die entsprechenden Minterme bestimmt und diese disjunktiv verknüpft. Danach werden mit Hilfe des KV-Diagramms die logischen Gleichungen minimiert. Entsprechend werden die Übergänge von Q = 1 nach Q* = 0 ermittelt, die Gleichungen für die Rücksetzbedingungen aufgestellt und mit dem KV-Diagramm vereinfacht. Durch Koeffizientenvergleich mit der Setz- und Rücksetzbedingung erhält man die gesuchten Gleichungen für die Flipflopeingänge.

Setzbedingung: $sQ = J\,\overline{Q}$ *Rücksetzbedingung:* $rQ = K\,Q$

$$sQA = (0) \vee (2) \vee (4) \vee (6) \vee (8) \vee (10) \vee (12) \vee (14) = \overline{QA} \quad \rightarrow \quad JA = 1$$
$$rQA = (1) \vee (3) \vee (5) \vee (7) \vee (9) \vee (11) \vee (13) \vee (15) = QA \quad \rightarrow \quad KA = 1$$

$$sQB = (1) \vee (5) \vee (9) \vee (13) = QA\,\overline{QB} \quad \rightarrow \quad JB = QA$$
$$rQB = (3) \vee (7) \vee (11) \vee (15) = QA\,QB \quad \rightarrow \quad KB = QA$$

$$sQC = (3) \vee (11) = QA\,QB\,\overline{QC} \quad \rightarrow \quad JC = QA\,QB$$
$$rQC = (7) \vee (15) = QA\,QB\,QC \quad \rightarrow \quad KC = QA\,QB$$

$$sQD = (7) = QA\,QB\,QC\,\overline{QD} \quad \rightarrow \quad JD = QA\,QB\,QC$$
$$rQD = (15) = QA\,QB\,QC\,QD \quad \rightarrow \quad KD = QA\,QB\,QC$$

Beide Verfahren liefern das gleiche Ergebnis. Da die Methode mit Setz- und Rücksetzbedingung etwas schneller zum Ziel führt, wird sie im Folgenden beim Einsatz von JK-Flipflops überwiegend angewendet.

Die entsprechende Schaltung mit negativ flankengesteuerten JK-Flipflops ist in Bild 6.38 dargestellt. Verwendet man beim Entwurf JK-Flipflops mit statischem Rücksetzeingang, lässt sich über einen Rücksetzimpuls der Zählerstand 0 einstellen.

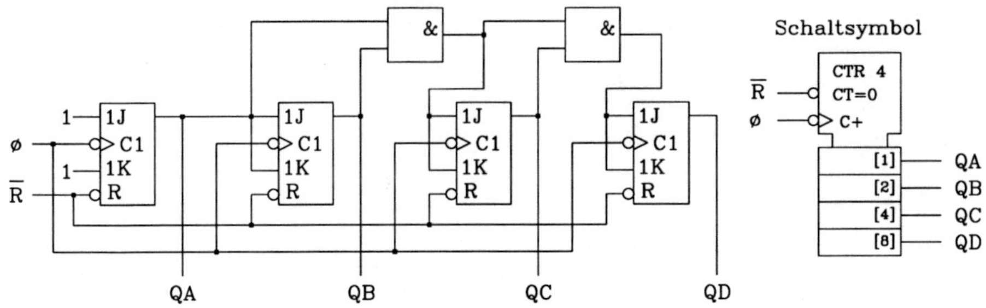

Bild 6.38: Synchroner 4-Bit-Vorwärts-Dualzähler

Im Signalzeitplan (Bild 6.39) wird deutlich, dass die Verzögerungen an den Flipflop-Ausgängen gleich sind.

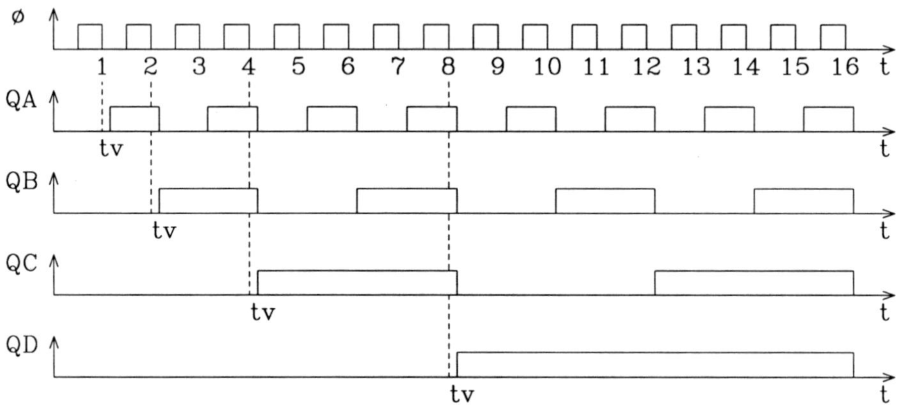

Bild 6.39: Signalzeitplan eines synchronen 4-Bit-Vorwärts-Dualzählers

VHDL-Modell: Synchroner 4-Bit-Vorwärts-Dualzählers mit asynchronem Reset

```
libary ieee;
use ieee.std_logic_1164.all;
use work.std_arith.all;          -- Erweiterung des Operators "+" auf Vektoren

entity bin_4 is port (
        clk, reset:              in std_logic;
        q:                       buffer std_logic_vector(3 downto 0) );
end bin_4;

architecture archcounter of bin_4 is
begin
 zaehler: process (reset, clk)
  begin
  if reset='0' then              -- reset hat Prioritaet gegenueber dem Takt
    q <= "0000";
   elsif (clk'event and clk='0') then
    q <= q +1;
  end if;
 end process zaehler;
end archcounter;
```

Beispiel 2: Programmierbarer synchroner Dualzähler

Für häufig verwendete Zählertypen gibt es in allen Schaltkreisfamilien integrierte Bausteine. Exemplarisch soll hier der synchrone programmierbare 4-Bit-Dualzähler 74LS163 (Bild 6.40) aus der TTL-Schaltkreisfamilie vorgestellt werden.

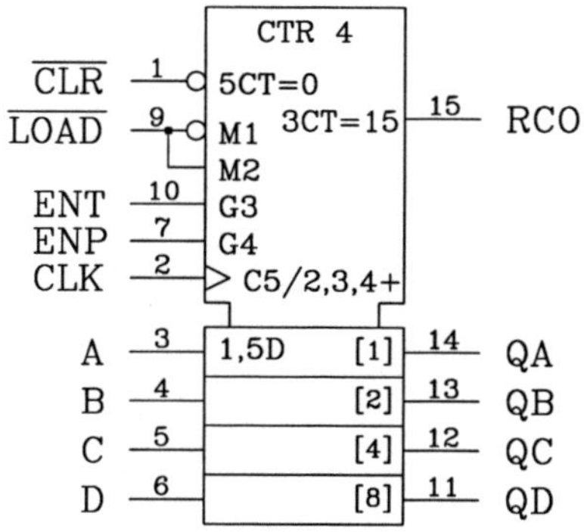

Bild 6.40: Synchroner programmierbarer 4-Bit-Dualzähler 74LS163

Der Zähler hat folgende Leistungsmerkmale:

- Positiv flankengesteuerter 4-Bit-Vorwärtszähler mit garantierter Zählfrequenz von 25 MHz.
- Steuereingänge ENP und ENT (Enable-Eingänge) und ein Übertragsausgang RCO (Ripple Carry Output) ermöglichen eine einfache Kaskadierung.
- Synchroner Rücksetzeingang ¬CLR ist aktiv bei L-Pegel in Verbindung mit der positiven Taktflanke. Er hat Priorität vor dem Ladeeingang und ist unabhängig von den Enable-Eingängen wirksam.
- Synchroner Ladeeingang ¬LOAD ist aktiv bei L-Pegel in Verbindung mit der positiven Taktflanke; der Zähler kann unabhängig von den Enable-Eingängen programmiert werden. Die an den Dateneingängen anliegende Bitkombination wird als Zähleranfangswert übernommen.

Kaskadierung von Zählern des Typs 74LS163

Der Zähler 74LS163 ist aufgrund seiner Enable-Eingänge besonders gut zur Kaskadierung geeignet. Es wird für die Erweiterung der Zählkapazität keine zusätzliche Hardware benötigt.

Bei der Kaskadierung werden die Takteingänge der einzelnen Zähler miteinander verbunden und an den Takt Φ gelegt. Die Enable-Eingänge des ersten Zählers werden auf "1" gelegt. Außerdem muss der Übertragsausgang RCO der ersten Zählstufe mit den ENP-Eingängen (G4) aller weiteren Zählstufen verbunden werden. Der ENT-Eingang (G3) der zweiten Zählstufe kann wahlweise auf "1" gelegt oder mit RCO der ersten Stufe verbunden werden. Ab dritter Zählstufe wird der ENT-Eingang (G3) mit dem RCO-Ausgang der vorherigen Stufe verbunden. Diese Form der Kaskadierung ist einem Applikationsvorschlag des Herstellers [140] entnommen, sie garantiert eine hohe Taktfrequenz für den kaskadierten Zähler. Der Übertrag des ersten Zählers wird in der Schaltung direkt auf alle folgenden Stufen weitergegeben, dadurch können größere Verzögerungszeiten vermieden werden. Die Kaskadierung von drei synchronen 4-Bit-Zählern vom Typ 74LS163 zu einem synchronen 12-Bit-Zähler ist in Bild 6.41 dargestellt.

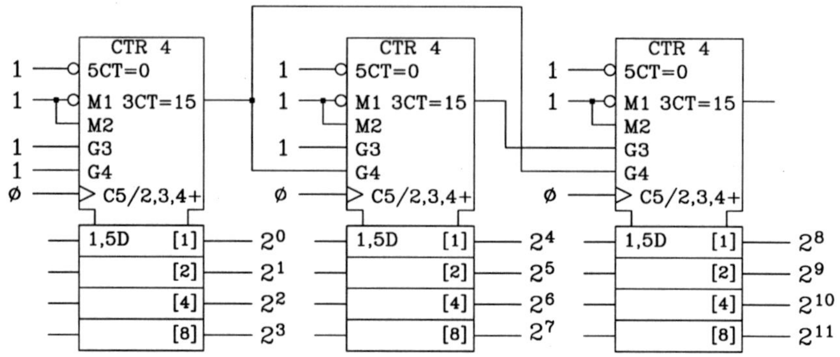

Bild 6.41: Kaskadierter synchroner 12-Bit-Dualzähler

6.2.2.2
Synchroner Modulo-m-Zähler

Nachdem der Begriff Modulo-m-Zähler in Verbindung mit dem asynchronen Zähler schon erklärt wurde, soll hier auf den Entwurf des synchronen Modulo-m-Zählers anhand von Übungsbeispielen näher eingegangen werden. Die m verschiedenen Zählerstände werden beim Entwurf (mit Hilfe der Wahrheitstabelle und des KV-Diagramms) durch die Übergangsbedingungen oder Setz- und Rücksetzbedingungen berücksichtigt.

Entwurf des synchronen Modulo-10-Zählers im 8-4-2-1-BCD-Code

Der synchrone Modulo-10-Zähler (Dezimalzähler) lässt sich mit allen flanken- und pulsgetriggerten Flipfloptypen entwerfen. Beispielhaft sollen hier der Entwurf des Vorwärtszählers mit flankengesteuerten D-Flipflops vorgestellt werden. Die logischen Gleichungen für die D-Eingänge werden mit der Übergangsbedingung für flankengesteuerte D-Flipflops bestimmt. Der Zähler nach Bild 6.42 arbeitet mit der positiven Flanke. Er lässt sich ebenfalls über den statischen Rücksetzeingang auf den Zählerstand 0 setzen. Zur Erinnerung die Übergangsbedingung: $Q^* = Q^{m+1} = D$.

Tab. 6.5: Wahrheitstabelle und KV-Diagramm für den Entwurf eines synchronen Modulo-10- Zählers

Eingänge (m)					Ausgänge (m+1)			
QD	QC	QB	QA	Z	QD*	QC*	QB*	QA*
0	0	0	0	0	0	0	0	1
0	0	0	1	1	0	0	1	0
0	0	1	0	2	0	0	1	1
0	0	1	1	3	0	1	0	0
0	1	0	0	4	0	1	0	1
0	1	0	1	5	0	1	1	0
0	1	1	0	6	0	1	1	1
0	1	1	1	7	1	0	0	0
1	0	0	0	8	1	0	0	1
1	0	0	1	9	0	0	0	0
1	0	1	0	10	*	*	*	*
1	0	1	1	11	*	*	*	*
1	1	0	0	12	*	*	*	*
1	1	0	1	13	*	*	*	*
1	1	1	0	14	*	*	*	*
1	1	1	1	15	*	*	*	*

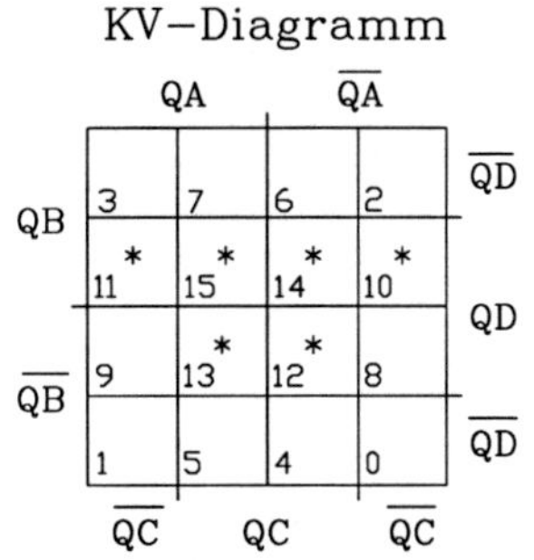

Logische Gleichungen für den Entwurf mit flankengesteuerten D-Flipflops.

$$QA^* = DA = (0) \vee (2) \vee (4) \vee (6) \vee (8) = \overline{QA}$$

$$QB^* = DB = (1) \vee (2) \vee (5) \vee (6) = \overline{QA}\ QB \vee QA\ \overline{QB}\ \overline{QD}$$

$$QC^* = DC = (3) \vee (4) \vee (5) \vee (6) = \overline{QA}\ QC \vee \overline{QB}\ QC \vee QA\ QB\ \overline{QC}$$

$$QD^* = DD = (7) \vee (8) = QA\ QB\ QC \vee \overline{QA}\ QD$$

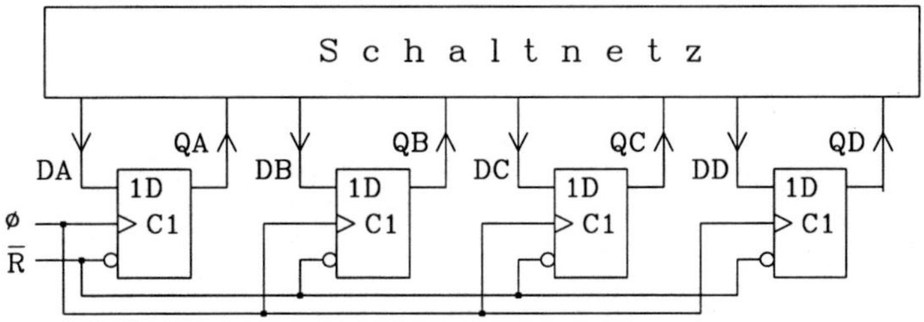

Bild 6.42: Synchroner Vorwärts-Dezimalzähler mit D-Flipflops

Im Signalzeitplan (Bild 6.43) ist das Verhalten an den vier Ausgängen QA, QB, QC und QD in bezug auf den Takt ϕ dargestellt. Die Verzögerungszeiten sind für alle Flipflops etwa gleich groß.

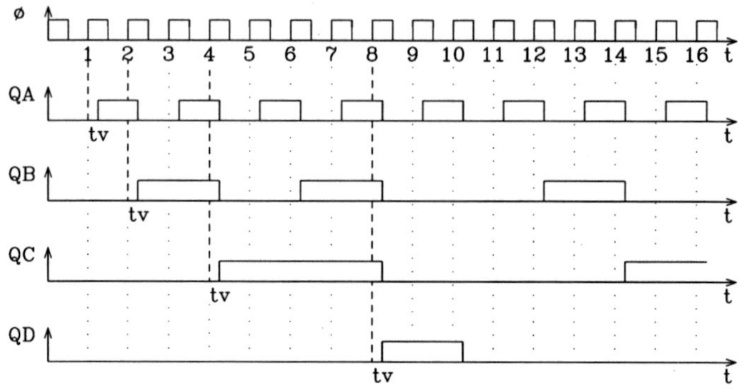

Bild 6.43: Signalzeitplan des synchronen Modulo-10-Zählers

VHDL-Modell: Dezimalzähler mit synchronem Reset

Abweichend von dem in Bild 6.42 abgebildeten synchronen Dezimalzähler mit asynchronem Reset soll hier ein VHDL-Modell für den Entwurf mit synchronem Reset (1-aktiv) vorgestellt werden. Für die Simulation des Zeitverhaltens sind Verzögerungszeiten vorgegeben.

```
libary ieee;
use ieee.std_logic_1164.all;
use work.std_arith.all;             -- Erweiterung des Operators "+" auf Vektoren

entity mod10 is port (
          clk, reset:               in std_logic;
          zaehl:                    buffer std_logic_vector(3 downto 0) );

end mod10;

architecture verhalten of mod10 is
begin
dezimal:  process (clk)
  begin
    if (clk'event and clk='1') then
      if reset='1' then             -- Reset hat Vorrang
        zaehl <= (others => '0') after 5 ns; -- Variante mit "others" --> alle Elemente = '0'
      elsif zaehl = "1001" then count <= "0000" after 10 ns;
      else zaehl <= zaehl + 1 after 10 ns;
      end if;
    end if;
  end process dezimal;
end verhalten;
```

6.3 Schieberegister

Schieberegister sind Speicherschaltungen mit kettenförmig angeordneten getakteten Flipflops. Die Information wird wie in einem Register gespeichert, darüber hinaus lässt sich in einem Schieberegister die Information zwischen benachbarten Flipflopstufen verschieben. Der Takt steuert die Weitergabe der Information entlang der Speicherkette.

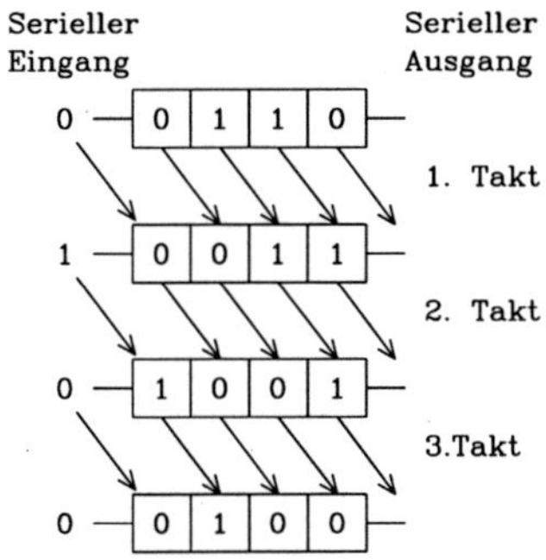

Bild 6.44: Prinzipielle Arbeitsweise eines Schieberegisters

Schieberegister sind in allen Schaltkreisfamilien in unterschiedlichen Ausführungen vorhanden. Die Varianten reichen vom einfachen Typ mit seriellem Eingang und Ausgang sowie festgelegter Schieberichtung bis zum Links-Rechts-Schieberegister mit zusätzlich parallelen Ein- und Ausgängen. Anhand zweier Schaltungsentwürfe soll der detaillierte Aufbau eines einfachen Schieberegisters mit der Schieberichtung "rechts" vorgestellt werden.

6.3.1 Realisierung mit flankengesteuerten D-Flipflops

Zum Aufbau eines einfachen Schieberegisters eignen sich besonders gut flankengesteuerte D-Flipflops (Bild 6.45). Das Schieberegister ist eine synchrone Schaltung; der Takt wird an alle Takteingänge angeschlossen, somit ändern sich die Flipflopausgänge nahezu gleichzeitig. Der Eingang der ersten Flipflopstufe ist gleichzeitig der serielle Eingang SE, und der Ausgang der letzten Stufe ist der serielle Ausgang SA. In dem Schieberegister besteht zwischen den benachbarten Gliedern eine Verbindung vom Ausgang zum Eingang der nächsten Stufe. Durch die Anordnung von Ausgang und Eingang in einer Kette wird die Schieberichtung festgelegt. In dem hier gewählten Beispiel eines 4-Bit-Schieberegisters ist die Schieberichtung "rechts".

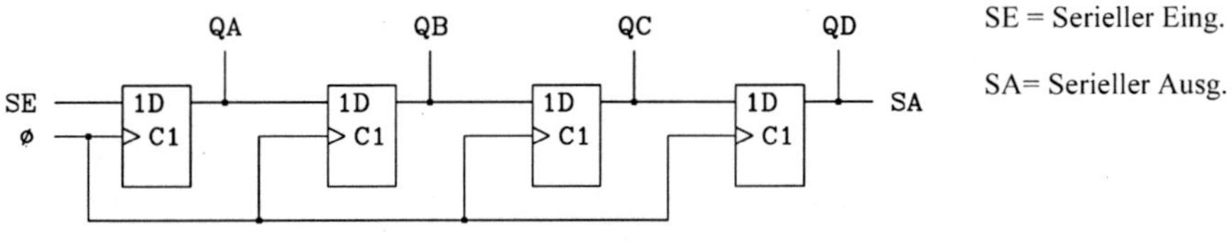

Bild 6.45: Aufbau eines 4-Bit-Schieberegisters mit D-Flipflops

VHDL-Modell: 4-Bit-Schieberegister mit asynchronem Reset

Kurzbeschreibung: Der Logikzustand am seriellen Eingang wird in das Schieberegister übernommen und mit jedem Takt wird der Inhalt des Schieberegisters um eine Stelle nach rechts geschoben: seriell --> q(0) --> q(1) --> q(2) --> q(3)

```
libary ieee;
use ieee.std_logic_1164.all;

entity srg is port (
   clk, reset,seriell: in std_logic;
   q: buffer std_logic_vector (0 to 3));
end srg;

architecture beh_reg of srg is
begin
  schieben: process (clk,reset)
    begin
       if reset = '1' then q <= "0000";
          elsif (clk'event and clk = '1') then
             q(0) <= seriell;
             q(1) <= q(0);
             q(2) <= q(1);
             q(3) <= q(2);
       end if;
   end process schieben;
end beh_reg;
```

Beispiel für ein 8-Bit-Schieberegister

Schieberegister sind in allen Bausteinfamilien als integrierte Bausteine vertreten. Exemplarisch sei hier das 8-Bit-Schieberegister 74LS91 aus der TTL-Schaltkreisfamilie (Bild 6.46) erwähnt. Es hat folgende Eigenschaften:

- Positiv flankengesteuert
- Serielle Eingabe
- Serielle Ausgabe (Komplementäre Ausgänge)
- Schieberichtung rechts
- UND-Verknüpfung am seriellen Eingang: SE = A B

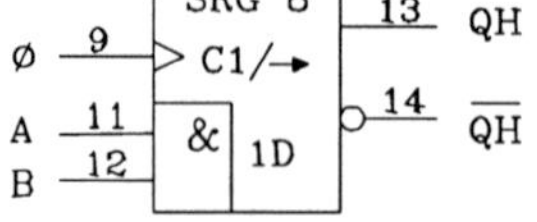

Bild 6.46: Schaltsymbol des 8-Bit-Schieberegisters 74LS91

6.3.2 Anwendungsgebiete

6.3.2.1 Serielle Datenübertragung

Für die direkte Kopplung zweier Rechner werden serielle Schnittstellen eingesetzt. Eine serielle Schnittstelle arbeitet mit einem 1-Bit-Sender und einem 1-Bit-Empfänger. Der Sender besteht aus einem Schieberegister, das die Bits eines Rechnerwortes parallel lädt und seriell sendet. Es dient zur Parallel-Serien-Wandlung.

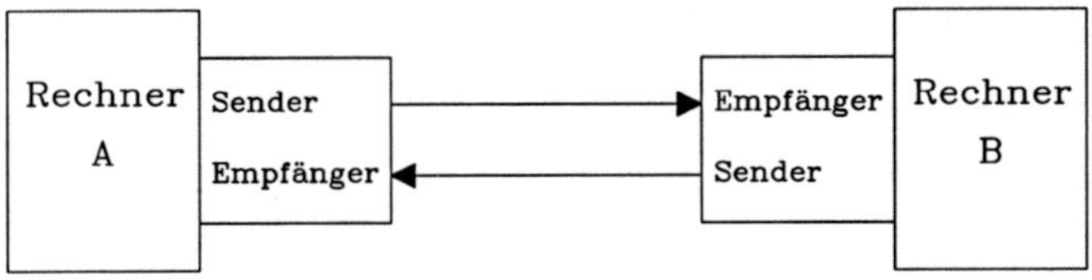

Bild 6.47: Serielle Kopplung zweier Rechner

Der Empfänger besteht aus einem Schieberegister, das die Bits seriell empfängt und parallel an den Rechner ausgibt. Es arbeitet als Serien-Parallel-Wandler. Die in Bild 6.47 angegebene serielle Schnittstelle arbeitet im Vollduplexbetrieb, d.h. es können gleichzeitig Daten gesendet und empfangen werden.

6.3.2.2 Rechenoperationen

In Zentraleinheiten von Rechnern, in Mikroprozessoren und -controllern werden Schieberegister eingesetzt zur Multiplikation mit dem Faktor 2^n und zur Division durch 2^n. Die im Schieberegister gespeicherte Dualzahl (Betragsdarstellung) wird bei einem Schiebeschritt nach links mit dem Faktor 2 multipliziert, falls von rechts über den seriellen Eingang eine "0" nachgezogen wird. Ein Verschiebeschritt nach rechts bei von links nachgezoger "0", teilt die gespeicherte Dualzahl durch 2. Das Ergebnis ist stets ganzzahlig, die Nachkommastelle wird abgeschnitten (Bild 6.48).

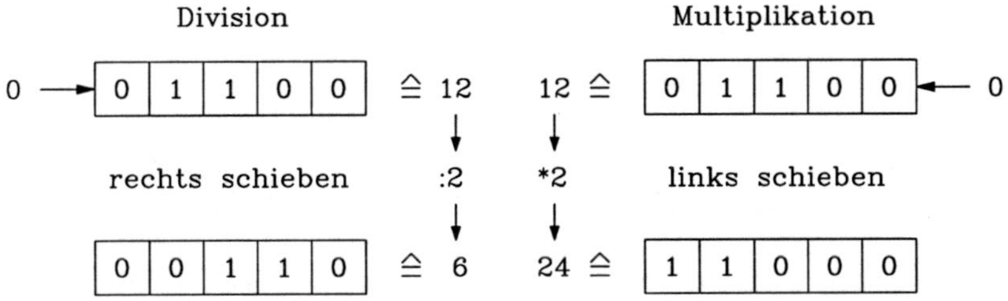

Bild 6.48: Schieberegister dienen zur Multiplikation und Division

6.3.2.3 Rückgekoppelte Schieberegister

Koppelt man einen oder mehrere Schieberegisterausgänge über ein Schaltnetz auf den seriellen Eingang zurück, erhält man digitale Schaltungen für bestimmte Aufgaben.

a) Direkte Verbindung des seriellen Ausgangs mit dem seriellen Eingang. Wird der serielle Ausgang direkt mit dem seriellen Eingang verbunden, so wird das im Schieberegister gespeicherte Bitmuster im Kreis geschoben (Bild 6.49). An den Ausgängen kann das Bitmuster abgegriffen werden. Bevor ein bestimmtes Bitmuster im Kreis geschoben werden kann, muss es in das Schieberegister geladen werden. Hierzu können die statischen Setz- und Rücksetzeingänge verwendet werden.

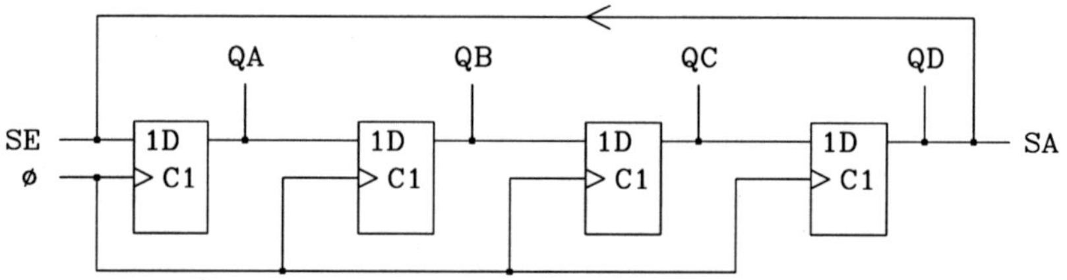

Bild 6.49: Ein Bitmuster wird im Kreis geschoben

b) Schieberegister mit negierter Rückkopplung als Ringzähler. Wird der serielle Ausgang über einen Inverter mit dem seriellen Eingang gekoppelt, so entsteht ein Ringzähler, der in einem bestimmten Code arbeitet. In Bild 6.50 ist ein 5-Bit-Ringzähler dargestellt, der im Johnson-Code arbeitet. Anhand der Wahrheitstabelle (Tab. 6.6) erkennt man, dass 10 verschiedene Bitkombinationen für die 5 Ausgänge auftreten. Folglich kann dieser Ringzähler als Dezimalzähler eingesetzt werden. Für die Decodierung der 10 Ziffern ist ein geringer Hardwareaufwand erforderlich.

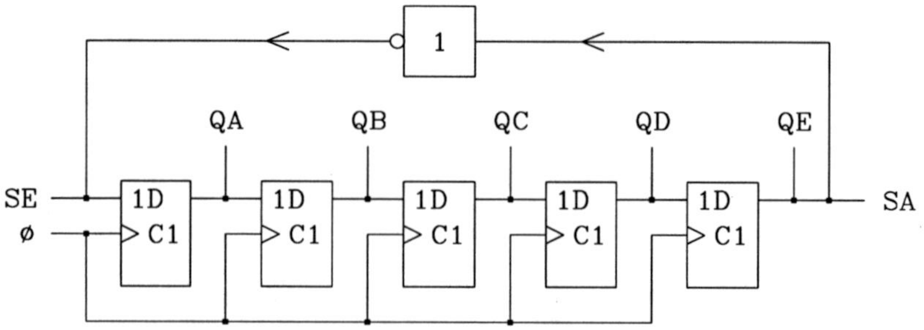

Bild 6.50: Rückgekoppeltes Schieberegister als 5-Bit-Ringzähler

Tab. 6.6: Wahrheitstabelle des 5-Bit-Ringzählers

QE	QD	QC	QB	QA	Ziffer
0	0	0	0	0	0
0	0	0	0	1	1
0	0	0	1	1	2
0	0	1	1	1	3
0	1	1	1	1	4
1	1	1	1	1	5
1	1	1	1	0	6
1	1	1	0	0	7
1	1	0	0	0	8
1	0	0	0	0	9
0	0	0	0	0	0

Die logischen Gleichungen lauten:

$Ziffer0 = \overline{QA}\;\overline{QE}$ $\quad$ $Ziffer1 = QA\;\overline{QB}$

$Ziffer2 = QB\;\overline{QC}$ $\quad$ $Ziffer3 = QC\;\overline{QD}$

$Ziffer4 = QD\;\overline{QE}$ $\quad$ $Ziffer5 = QA\;QE$

$Ziffer6 = \overline{QA}\;QB$ $\quad$ $Ziffer7 = \overline{QB}\;QC$

$Ziffer8 = \overline{QC}\;QD$ $\quad$ $Ziffer9 = \overline{QD}\;QE$

c) Rückgekoppeltes Schieberegister als Pseudozufallszahlengenerator. Einen einfachen Pseudozufallszahlengenerator mit 15 verschiedenen Bitkombinationen an den Ausgängen erhält man durch die Rückkopplung der Ausgänge QD und QC über ein Exklusiv-ODER auf den seriellen Eingang (Bild 6.51). Die Schaltung arbeitet nur dann als Pseudozufallszahlengenerator, wenn der Anfangswert des Schieberegisters nicht "0000" ist.

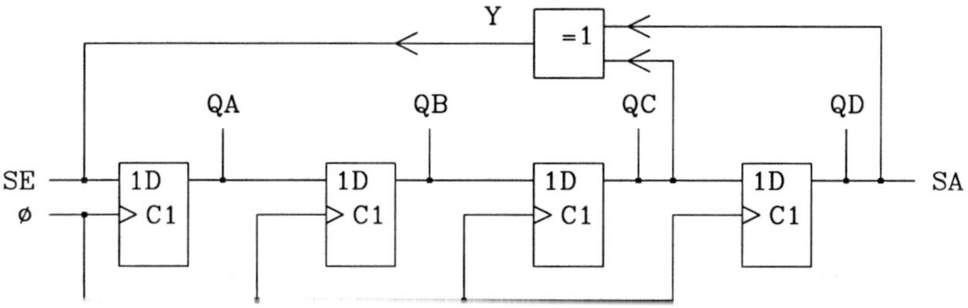

Bild 6.51: Rückgekoppeltes Schieberegister als Pseudozufallszahlengenerator

Tab. 6.7: Wahrheitstabelle des Pseudozufallszahlengenerators

QD	QC	QB	QA	Y
0	**0**	**0**	**1**	**0**
0	0	1	0	0
0	1	0	0	1
1	0	0	1	1
0	0	1	1	0
0	1	1	0	1
1	1	0	1	0
1	0	1	0	1
0	1	0	1	1
1	0	1	1	1
0	1	1	1	1
1	1	1	1	0
1	1	1	0	0
1	1	0	0	0
1	0	0	0	1
0	**0**	**0**	**1**	**0**

6.4 Systematische Beschreibung der Schaltwerke

Beim Schaltwerk sind die Ausgangsgrößen nicht nur vom momentanen Wert der Eingangsgrößen, sondern auch vom inneren Zustand des digitalen Systems abhängig. Im Schaltwerk sind Speicher vorhanden, die die Werte der Eingangsgrößen zu endlich vielen vorangegangenen Zeitpunkten erfassen. Da Schaltwerke die Vorgeschichte berücksichtigen, lassen sie sich besonders gut für die sequentielle Verarbeitung digitaler Signale einsetzen.

Weitere Namen für Schaltwerke sind:

- Sequentielle Logik
- Sequentielle Schaltung
- Endlicher Automat
- Finite State Machine (FSM)

6.4.1 Grundlagen der Automatentheorie

Zur formalen Beschreibung eines Automaten benötigt man drei endliche Vektoren und zwei Funktionen, die die Abhängigkeit der Vektoren untereinander angeben.

Die Variablen und Vektoren werden mit dem Hochindex m (Zeitpunkt t^m) bzw. m+1 (Zeitpunkt t^{m+1}) gekennzeichnet. In der Automatentheorie ist m die diskrete Automatenzeit. Sie wird beim asynchronen Schaltwerk mit jedem Eingabevorgang und jeder Zustandsänderung und beim synchronen Schaltwerk mit der positiven oder negativen Taktflanke um 1 erhöht. Abkürzend wird auch für den betrachteten Zeitpunkt t^{m+1} die entsprechende Größe mit einem "*" gekennzeichnet. In diesem Fall entfällt der Hochindex m zur Kennzeichnung des Zeitpunktes t^m.

Anmerkung:

Die verwendeten Hochindizes haben die gleiche Bedeutung wie bei den bistabilen Kippstufen (Kap. 6.1.3) und synchronen Zählern (Kap. 6.2.2).

a) Vektoren. Als Vektoren sind in diesem Kapitel definiert:

- *Eingabevektor:* X = {X1, X2, X3, ...}; Elemente des Eingabevektors X sind die Eingangsvariablen X1, X2, X3...
- *Ausgabevektor:* Y = {Y1, Y2, Y3, ...}; Elemente des Ausgabevektors Y sind die Ausgangsvariablen Y1, Y2, Y3...
- *Zustandsvektor:* Z = {Z1, Z2, Z3, ...}; Elemente des Zustandsvektors Z sind die Zustandsvariablen Z1, Z2, Z3...
- *Folgezustandsvektor:* $Z^*=\{Z1^*,Z2^*,Z3^*,...\}$; Elemente des Folgezustandsvektors Z^* sind die Folgezustandsvariablen $Z1^*$, $Z2^*$, $Z3^*$...

b) Funktionen. Als Funktionen sind in diesem Kapitel definiert:

- *Übergangsfunktion:* $Z^{m+1} = g(Z,X)^m$ oder abkürzend $Z^* = g(Z,X)$
- *Ausgabefunktion:* Hinsichtlich der Abhängigkeit des Ausgabevektors von dem Eingabe- und Zustandsvektor unterscheidet man zwei Automatentypen, die in der Praxis eingesetzt werden.
  Mealy-Automat : $Y^m = f(Z,X)^m$ oder in Kurzform $Y = f(Z,X)$
  Moore-Automat : $Y^m = f(Z)^m$ oder in Kurzform $Y = f(Z)$

Die Blockschaltbilder der Automaten sind in Bild 6.52 und Bild 6.53 gezeigt.

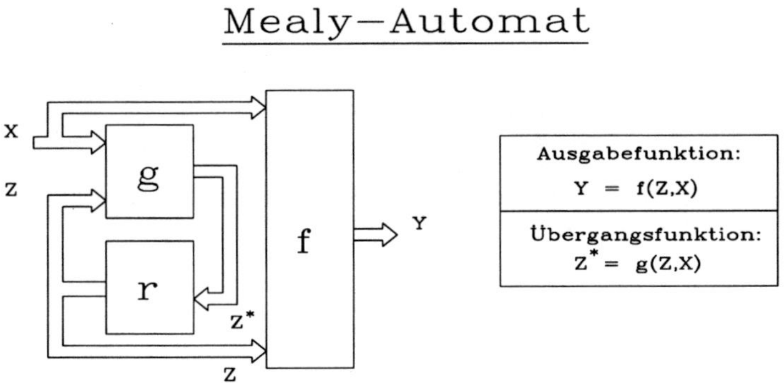

Bild 6.52: Blockschaltbild des Mealy-Automaten

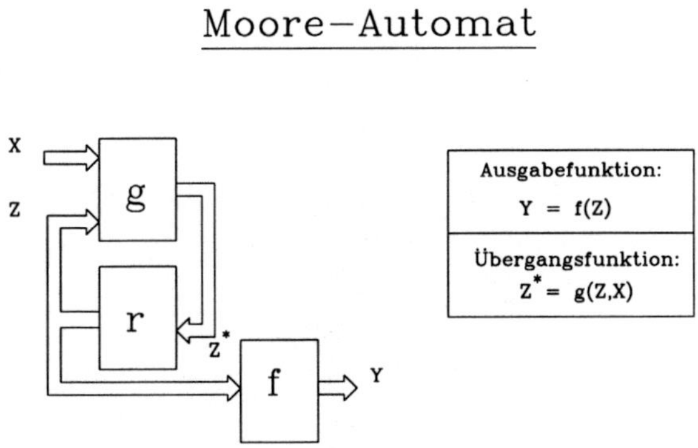

Bild 6.53: Blockschaltbild des Moore-Automaten

Die technische Realisierung des Blocks mit der Funktion r in der Rückführung zwischen Z und Z^* entscheidet darüber, ob es sich um ein asynchrones oder synchrones Schaltwerk handelt.

6.4.2 Das Zustandsdiagramm und die Zustandsfolgetabelle

Bei der Erstellung von Schaltwerken kann man nur bei sehr einfachen Problemen noch intuitiv vorgehen. Will man komplizierte Schaltwerke entwerfen, so muss man die Aufgabenstellung systematisch analysieren und lösen. Dazu dienen das Zustandsdiagramm und die Zustandsfolgetabelle. Mit Hilfe dieser Verfahren lassen sich Schaltwerke sowohl analysieren als auch entwerfen.

Beim asynchronen Schaltwerk wird der Übergang direkt bei der Änderung einer Eingangsvariablen oder einer Zustandsvariablen bewirkt.

Beim synchronen Schaltwerk erfolgt der Übergang von einem Zustand in einen anderen immer mit der Taktflanke. Im Zustandsdiagramm muss daher diese Zustandsänderung durch ein Taktsignal nicht besonders gekennzeichnet werden.

Grundlage für das Zustandsdiagramm und die Zustandsfolgetabelle sind die Übergangs- und Ausgabefunktion.

- *Übergangsfunktion:* $Z^* = g(Z,X)$
- *Ausgabefunktion:* Mealy-Automat: $Y = f(Z,X)$; Moore-Automat: $Y = f(Z)$

Da die Anzahl der Zustands- und Eingangsvariablen begrenzt ist, lassen sich für alle Kombinationsmöglichkeiten dieser Größen die Ergebnisse der Übergabe- und Ausgabefunktion in tabellarischer oder grafischer Form angeben.

6.4.2.1 Zustandsdiagramm

Das Zustandsdiagramm gibt in grafischer Form die Übergänge zwischen den einzelnen Zuständen sowie die aktuellen Werte der Ausgangsvariablen in jedem Zustand an. Jeder Zustand wird im Zustandsdiagramm durch einen Kreis mit einer Nummer und jeder Übergang durch einen Pfeil gekennzeichnet, wobei die Pfeilspitze auf einen Folgezustand zeigt (Bild 6.54).

Zu einem bestimmten Zustand gehört eine bestimmte Kombination der Zustandsvariablen. Es ist zweckmäßig, die Zustandsvariablen mit der Stellenwertigkeit der Dualzahl zu belegen, so dass eine bestimmte Kombination einer Dualzahl entspricht, die wiederum als Dezimalzahl dargestellt werden kann. Diese Dezimalzahl soll im Folgenden als Zustandsnummer gelten.

Ein Übergang wird als unbedingter Übergang bezeichnet, falls der Übergang von einem Zustand in einen anderen unabhängig von den Eingangsvariablen erfolgt. Besteht eine Abhängigkeit von den Eingangsvariablen, so liegt ein bedingter Übergang vor. Ist die Übergangsbedingung $Ü = f(X1,X2,X3,...)$ erfüllt, so erfolgt der Übergang, andernfalls nicht. Die Kennzeichnung der Übergangsbedingung erfolgt an der Pfeilspitze (Bild 6.54).

Im Fall a erfolgt der Übergang vom Zustand 1 in den Zustand 2 ohne Bedingung, d.h. unabhängig von den Eingangsvariablen.

Der Übergang vom Zustand 1 in den Zustand 2 erfolgt im Fall b bei Erfüllung der Übergangsbedingung (Ü = 1) und wird im Zustandsdiagramm entsprechend gekennzeichnet.

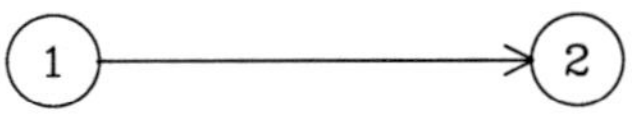

a) Unbedingter Übergang

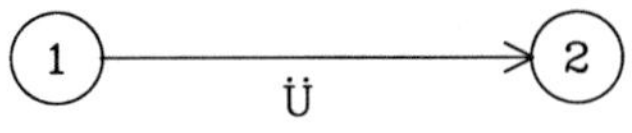

b) Der bedingte Übergang erfolgt nur bei Ü = 1

Bild 6.54: Darstellung der Übergangsbedingungen in einem Zustandsdiagramm

Die Übergangsbedingung ist nur von den Eingangsvariablen abhängig. Zur einfacheren und übersichtlicheren Darstellung wird häufig die entsprechende Binärzahl oder die äquivalente Dezimalzahl der Eingangsvariablenbelegung angegeben. Dabei muss vorher eine Zuordnung, analog zu der Vereinbarung der Zustandsvariablen, getroffen werden.

Anhand von Beipielen (Bilder 6.55 und 6.56) sind die verschiedenen Kennzeichnungsmöglichkeiten für mehrere Eingangsvariablen dargestellt.

Für die Anwendung sollte die Darstellung gewählt werden, die im Zustandsdiagramm die größte Übersicht bietet.

Zusätzlich zu den Übergangsbedingungen werden noch die aktuellen Werte der Ausgangsvariablen im Zustandsdiagramm gekennzeichnet. Dazu werden die gleichen Darstellungsformen gewählt wie bei den Eingangsvariablen in Verbindung mit den Übergangsbedingungen. Die Kennzeichnung der Ausgabe erfolgt am Pfeilende für jeden Übergang. Im Falle eines Moore-Automaten darf die Kennung der Ausgabe auch für den gesamten Zustand erfolgen, da die Abhängigkeit von den Eingangsvariablen entfällt.

Beispiele für die Kennzeichnung der Zustandsübergänge und der Ausgabe sind in Bild 6.56 abgebildet. Da beim Moore-Automat die Ausgangsvariablen unabhängig von den Eingangsvariablen sind, darf alternativ die Kennzeichnung der Ausgabe für den gesamten Zustand erfolgen.

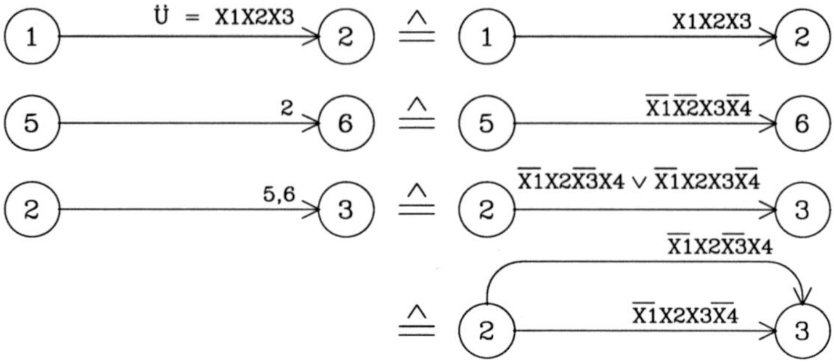

Bild 6.55: Kennzeichnung der Übergänge in einem Zustandsdiagramm

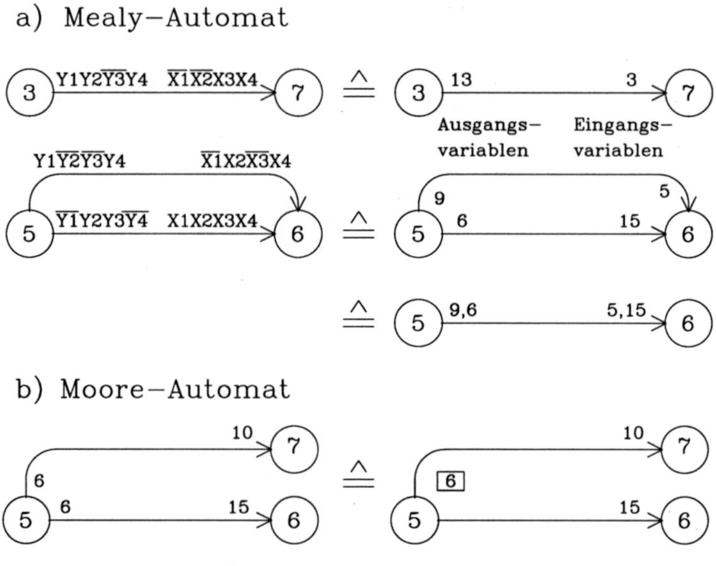

Bild 6.56: Kennzeichnung der Übergänge und Ausgabe in einem Zustandsdiagramm

6.4.2.2 Zustandsfolgetabelle

Zusätzlich kann das Zustandsdiagramm noch ergänzt werden durch die Zustandsfolgetabelle. Sie enthält die Werte aller Variablen vor und nach dem Übergang. Wählt man für die Zustandsvariablen wieder die "binäre Anordnung" Z1 Z2 Z3 ... , so ergibt die Zustandsnummer direkt die Belegung der Zustandsvariablen. Aus der Anzahl der Zustände lässt sich dann die Anzahl der benötigten Speicher-Flipflops bestimmen.

Tab. 6.8: Allgemeine Form der Zustandsfolgetabelle

Eing. (dez.)	**Zustand (dez.)**		**Ausg. (dez.)**	**Eingangs-variablen**	**Zustandsvariablen**		**Ausgangs-variablen**
m	m	m+1	m	m	m	m+1	m
X	Z	Z^*	Y	X1 X2 ...	Z1 Z2 ...	$Z1^*$ $Z2^*$ ...	Y1 Y2
.	.	.	.	...	...	...	...
.	.	.	.	...	...	...	...

Tab. 6.9: Beispiel für den Aufbau einer Zustandsfolgetabelle

Eing. (dez.)	**Zustand (dez.)**		**Ausg. (dez.)**	**Eingangs-variablen**	**Zustandsvariablen**		**Ausgangs-variablen**
m	m	m+1	m	m	m	m+1	m
X	Z	Z^*	Y	X1 X2	Z1 Z2 Z3	$Z1^*$ $Z2^*$ $Z3^*$	Y1 Y2 Y3
0	0	0	0	0 0	0 0 0	0 0 0	0 0 0
1	0	1	0	0 1	0 0 0	0 0 1	0 0 0
2	0	2	3	1 0	0 0 0	0 1 0	0 1 1
3	0	4	5	1 1	0 0 0	1 0 0	1 0 1
0	1	3	0	0 0	0 0 1	0 1 1	0 0 0
1	1	0	0	0 1	0 0 1	0 0 0	0 0 0
2	1	2	1	1 0	0 0 1	0 1 0	0 0 1
3	1	0	4	1 1	0 0 1	0 0 0	1 0 0
0	2	4	7	0 0	0 1 0	1 0 0	1 1 1
1	2	1	0	0 1	0 1 0	0 0 1	0 0 0
2	2	0	3	1 0	0 1 0	0 0 0	0 1 1
3	2	3	5	1 1	0 1 0	0 1 1	1 0 1
0	3	2	0	0 0	0 1 1	0 1 0	0 0 0
1	3	0	0	0 1	0 1 1	0 0 0	0 0 0
2	3	0	2	1 0	0 1 1	0 0 0	0 1 0
3	3	0	4	1 1	0 1 1	0 0 0	1 0 0
0	4	0	0	0 0	1 0 0	0 0 0	0 0 0
1	4	0	0	0 1	1 0 0	0 0 0	0 0 0
2	4	0	3	1 0	1 0 0	0 0 0	0 1 1
3	4	0	1	1 1	1 0 0	0 0 0	0 0 1

Die Zustandsfolgetabelle (Tab. 6.8) ist redundant aufgebaut. Im linken Teil wird in vereinfachter Form die Belegung der Eingangs-, Zustands- und Ausgangsvariablen in Vektorform mit den Werten als Dezimalzahlen angegeben. Rechts in der Tabelle sind die binären Werte für die entsprechenden Variablen aufgelistet. Je nach Anwendungsfall kann man den linken oder rechten Teil der Tabelle weglassen.

In einem Beispiel (Tab. 6.9) wird der Aufbau einer Zustandsfolgetabelle verdeutlicht. Der zuerst betrachtete Zustand 0 ist der Anfangszustand. Systematisch werden alle Kombinationen der Eingangsvariablen und die entsprechenden Folgezustände eingetragen. Danach wird einer der Folgezustände als derzeitiger Zustand ausgewählt und in gleicher Weise wie der Anfangszustand behandelt. Dieses Verfahren wird fortgesetzt, bis alle in Frage kommenden Zustände erfasst sind.

Anmerkung:

Der Anfangszustand wird im allgemeinen erreicht durch das Einschalten der Versorgungsspannung (power on = pon) über eine Reset-Logik (Bild 6.60).

6.4.2.3 Zustandsreduzierung

Definition der Äquivalenz von Zuständen. Zwei Zustände A und B sind äquivalent, wenn zu jeder beliebigen Kombination der Eingangsvariablen folgende Bedingungen zutreffen:

1. Die Folgezustände von A und B sind gleich, oder als Folgezustände treten nur die betrachteten Zustände A und/oder B auf.
2. Die Logikzustände der entsprechenden Ausgangsvariablen stimmen überein.

Tritt in einem Zustand eine Kombination der Eingangsvariablen nicht auf, so ist in diesem Fall die Äquivalenzbedingung erfüllt.

Äquivalente Zustände dürfen zu einem Zustand zusammengefasst werden.

Anhand eines Beispiels soll gezeigt werden, wie äquivalente Zustände zusammengefasst werden. Gegeben sind die beiden Zustände 5 und 6 sowie die Übergänge für alle erlaubten Eingangsvariablenkombinationen. Zusätzlich sind die entsprechenden Logik-Zustände der Ausgangsvariablen bekannt.

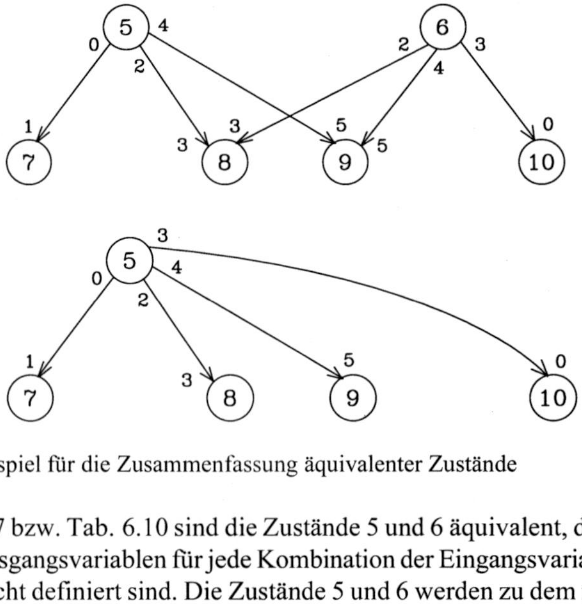

Bild 6.57: Beispiel für die Zusammenfassung äquivalenter Zustände

In Bild 6.57 bzw. Tab. 6.10 sind die Zustände 5 und 6 äquivalent, da die Folgezustände und Ausgangsvariablen für jede Kombination der Eingangsvariablen entweder gleich oder nicht definiert sind. Die Zustände 5 und 6 werden zu dem neuen Zustand

5 zusammengefasst. Der Zustand 6 entfällt im reduzierten Zustandsdiagramm. In der Zustandsfolgetabelle wird die Ausnutzung der nicht vorhandenen Übergänge (redundante Terme) bei der Reduzierung deutlich.

Anmerkung:

Der Begriff der Äquivalenz lässt sich anlog zu der o.g. Definition auf mehr als zwei Zustände erweitern (s. Kap. 6.7, Beispiel: Erkennung von Pseudotetraden).

Tab. 6.10: Gegenüberstellung der nichtreduzierten und reduzierten Zustandsfolgetabelle

Zustandsfolgetabelle			
Eingang	Zustand		Ausgang
m	m	m+1	m
X	Z	Z^*	Y
0	5	*	*
1	5	7	0
2	5	*	*
3	5	8	2
4	5	*	*
5	5	9	4
0	6	10	3
1	6	*	*
2	6	*	*
3	6	8	2
4	6	*	*
5	6	9	4

Reduzierte Zustandsfolgetabelle			
Eingang	Zustand		Ausgang
m	m	m+1	m
X	Z	Z^*	Y
0	5	10	3
1	5	7	0
2	5	*	*
3	5	8	2
4	5	*	*
5	5	9	4

6.5 Asynchrone Schaltwerke

Beim asynchronen Schaltwerk enthält der Rückführungsblock r ein Schaltnetz (s.Bild 6.58). Dadurch können sich Änderungen am Ausgang nach kurzer Verzögerungszeit (Durchlaufzeit der eingesetzten Gatter) wieder am Eingang auswirken.

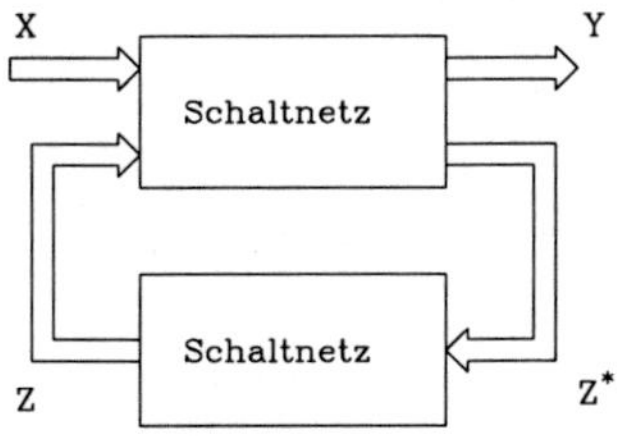

Bild 6.58: Asynchrones Schaltwerk

Relaisschaltungen, monostabile und bistabile Kippstufen sind Beispiele für asynchrone Schaltwerke.

Zuordnung: Z1: 2^1 und Z2: 2^0

Ein einfaches asynchrones Schaltwerk ist das zustandsgesteuerte D-Flipflop (Kap 6.1.3.2). Das Verhalten des D-Flipflops soll analysiert werden mit Hilfe des Zustandsdiagramms und der Zustandsfolgetabelle. Das entsprechende Zustandsdiagramm ist in Bild 6.59 und die Zustandsfolgetabelle in Tab. 6.11 dargestellt.

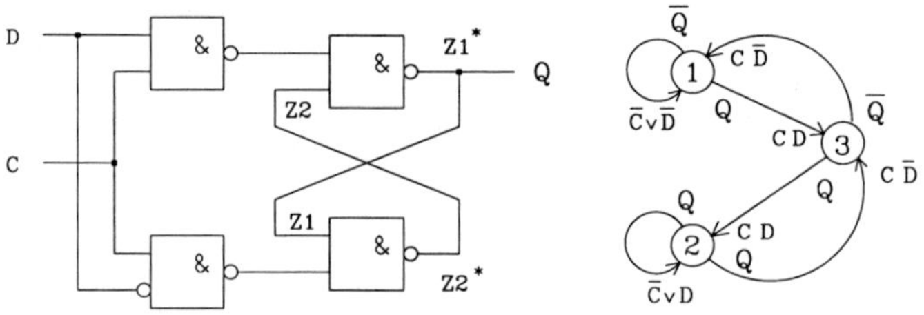

Bild 6.59: Zustandsdiagramm eines zustandsgesteuerten D-Flipflops

Tab. 6.11: Zustandsfolgetabelle des zustandsgesteuerten D-Flipflops

Eingangs-variablen		Zustandsvariablen				Ausgangs-variablen
m		m		m+1		m
C	D	Z1	Z2	Z1*	Z2*	Q
0	0	0	1	0	1	0
0	1	0	1	0	1	0
1	0	0	1	0	1	0
1	1	0	1	1	1	1
0	0	1	0	1	0	1
0	1	1	0	1	0	1
1	0	1	0	1	1	1
1	1	1	0	1	0	1
0	0	1	1	*	*	*
0	1	1	1	*	*	*
1	0	1	1	0	1	0
1	1	1	1	1	0	1

Probleme bei asynchroner Rückkopplung. Das System kann nur dann stabil sein, wenn gilt: $Z^* = g(X,Z) = Z$. Falls sich Z^* von Z unterscheidet, ist die Schaltung instabil; es laufen dann dynamische Vorgänge ab, die zu periodischen Schwingungen führen können oder determiniert oder indeterminiert zu einem stabilen Zustand führen. Wird ein Ruhezustand erreicht, so kann er nur verlassen werden durch eine Änderung einer oder mehrerer Eingangsvariablen. Die Stabilität des Systems ist von den Eingangs- und den Zustandsvariablen abhängig. In einem bestimmten Zustand dürfen nur die Kombinationen von Eingangsvariablen vorgesehen werden, für die der Übergang in einen stabilen Zustand determiniert ist. Die Erhöhung der diskreten Automatenzeit m erfolgt erstens in einem stabilen Zustand bei der Änderung einer oder mehrerer Eingangsvariablen und zweitens bei einer Zustandsänderung.

Aus dem Grunde braucht das Eingabesystem, das die Eingangsvariablen vorgibt, Informationen über die Ablaufzeiten im Automaten, um die Änderungen von X zeitlich richtig auszulegen.

Beim Entwurf asynchroner Schaltwerke können Races und Hazards auftreten. Race bedeutet Wettlauf. Bei einem asynchronen Schaltwerk ist der Wettlauf zwischen den Übergängen der Signale an den einzelnen Gattern gemeint. Aufgrund der unterschiedlichen Verzögerungszeiten ist der Ausgang eines Wettrennens nicht vorhersehbar. Beim asynchronen Schaltwerk kann dadurch ein unerwünschter Zwischenzustand auftreten, der die Schaltung außer Tritt bringt. Ein asynchrones Schaltwerk muss so entworfen werden, dass dieser kritische Race nicht auftritt.

Ein Wettrennen kann nicht auftreten, wenn sich Z und Z^* nur in einer Variablen unterscheiden (siehe Gray-Code). Beim Entwurf eines racefreien asynchronen Schaltwerks muss darauf geachtet werden, dass beim Übergang von einem Zustand in einen anderen sich nur eine Zustandsvariable ändern kann, z.B. mit der Methode der einschrittigen Zustandsänderung. Im Zusammenhang mit asynchronen Schaltungen versteht man unter Hazard einen Übergangseinbruch (Spike, Glitch) eines Binärsignals. Wie bei den Races sind verschieden lange Signalwege dafür verantwortlich.

6.6 Grundlagen synchroner Schaltwerke

Bei der Behandlung asynchroner Schaltwerke sind die Entwurfsprobleme dargestellt worden. Für komplexe Systeme ist die asynchrone Lösung nicht sinnvoll, da der Entwurf race- und hazardfreier Schaltungen sehr aufwendig ist. Beim synchronen Schaltwerk werden diese Nachteile vermieden, weil die Signalübernahme in den Zustandsvariablenspeicher nur zu bestimmten Zeitpunkten zugelassen wird.

6.6.1 Reset-Logik zur Vorgabe des Anfangszustands

Bevor auf konkrete Schaltwerke näher eingegangen wird, soll hier eine Reset-Logik (Bild 6.60) vorgestellt werden, die beim Einschalten der Versorgungsspannung automatisch einen Rücksetzimpuls erzeugt. Anhand dieser Reset-Logik kann ein Schaltwerk oder ein Mikroprozessor direkt mit dem Einschalten der Versorgungsspannung (power on = pon) in einen definierten Anfangszustand versetzt werden.

Der in der Reset-Logik (Bild 6.60) erzeugte Rücksetzimpuls wird mit dem Logik-Zustand 0 aktiv. Daher wird die negierte Bezeichnung ¬pon gewählt.

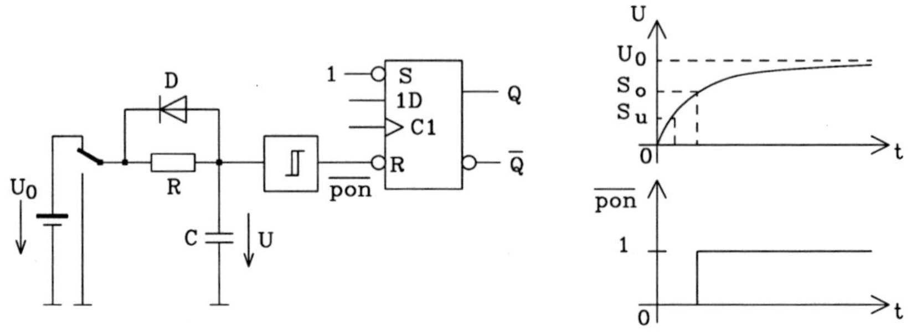

Bild 6.60: Diese Reset-Logik erzeugt einen Rücksetzimpuls (¬pon)

6.6.2 Asynchrone und synchrone Eingabe

Im synchronen Schaltwerk wird der Folgezustandsvektor Z^* durch kombinatorische Verknüpfung des Zustandsvektors Z und des Eingabevektors X (Bilder 6.52 und 6.53) gebildet. Die aktive Taktflanke überträgt Z^* in das Zustandsvariablenregister und nach kurzer Verzögerungszeit (Clock to output time t_{co}) ist Z^* am Ausgang als Zustandsvektor Z gültig. Falls sich Eingangsvariablen des Vektors X kurz vor der aktiven Taktflanke ändern, ergeben sich metastabile Zustände im Zustandsvariablenspeicher (Kap. 6.1.3.3). Wegen der Verletzung der erforderlichen Setzzeit t_s können undefinierte Folgezustände auftreten. Für die Zustandsvariablen lässt sich durch die Wahl der Taktfrequenz die Stabilität immer erreichen. Die Eingangsvariablen verhalten sich im allgemeinen Fall beim autonomen (unabhängigen) Automaten asynchron zum Takt und können sich jederzeit – auch kurz vor der Taktflanke – ändern.

Die hier behandelten Probleme treten in gleicher Weise beim Mealy- und Moore-Automaten auf. m einzelnen Anwendungsfall muss entschieden werden, ob ein ungewollter Folgezustand vertretbar ist oder nicht. Auf jeden Fall muss Vorsorge getroffen werden, dass auch aus undefinierten Zuständen wieder ein erlaubter erreicht werden kann, sonst könnte der Effekt einer "Endlosschleife" auftreten.

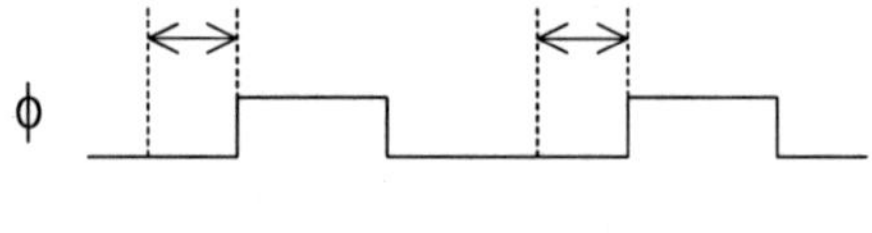

Bild 6.61: In der Zeitspanne t_{zmax} dürfen sich die Eingangsvariablen nicht ändern.

Soll die vorgegebene Setzzeit eingehalten werden, so müssen die Eingangsvariablen aufsynchronisiert werden. Dazu lassen sich flankengesteuerte D-Register einsetzen.

6.6.3 Kombinatorische Ausgabe und Registerausgabe

Für den Mealy- und den Moore-Automaten erfolgt die Ausgabe des Vektors Y nach einer kombinatorischen Verknüpfung (Bilder 6.52 und 6.53). Da die Ausgänge des Mealy-Automaten direkt auf die Eingangsgrößen reagieren sollen, empfiehlt sich für diesen Automaten die kombinatorische Ausgabe. Eine mögliche Aufsynchronisierung der Ausgangsgrößen mit einem D-Register ist eher als Sonderfall zu betrachten.

Völlig anders stellt sich die Situation beim Moore-Automaten dar. Der Ausgabevektor ist nur von dem Zustandsvektor, der sich mit der aktiven Taktflanke ändert, abhängig. Wird der Ausgabevektor Y über eine kombinatorische Verknüpfung (Bild 6.62) gebildet, so liegt eine kombinatorische Ausgabe vor. Diese einfache Form der Ausgabe hat den Nachteil, dass eine zusätzliche Verzögerungszeit in der Kombinatorik zur Ausgabe entsteht. Weiterhin könnten aufgrund der logischen Verknüpfungen in dem Ausgabeblock Signaleinbrüche bei den Ausgangsgrößen auftreten.

Ein nachgeschaltetes Register, das mit dem gleichen Takt wie das Zustandsregister getaktet wird, vermeidet Signaleinbrüche am Ausgang. Die Ausgangssignale sind in dem Fall aber um eine Taktperiode verzögert.

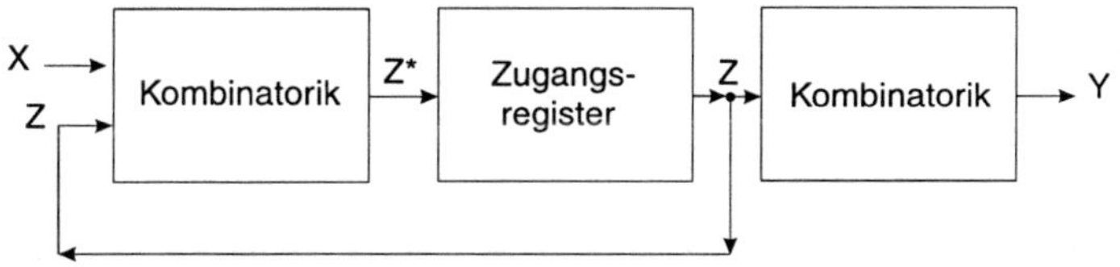

Bild 6.62: Kombinatorische Ausgabe beim Moore-Automat

Eine elegante Methode der Registerausgabe lässt sich mit einem Ausgaberegister nach Bild 6.63 erreichen. In der Kombinatorik wird neben dem Folgezustandsvektor Z^* ein Folgeausgangsvektor Y^* erzeugt. Y^* enthält die Werte für die Ausgangsgrößen, die mit der nächsten aktiven Taktflanke in das Ausgaberegister übernommen und somit am Ausgang gültig werden. Die Ausgabe erfolgt taktsynchron, gleichzeitig mit den Zustandsgrößen.

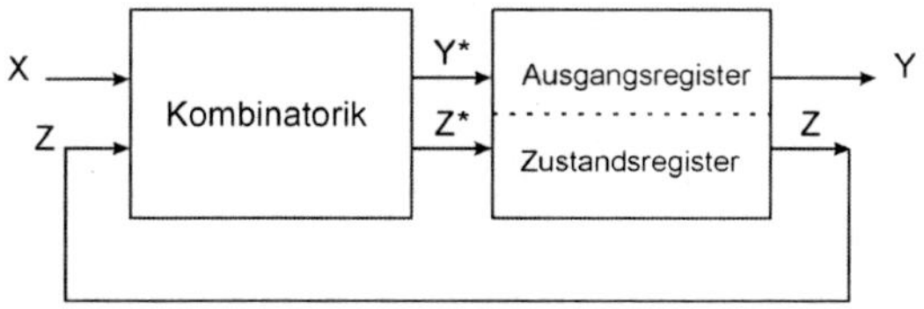

Bild 6.63: Registerausgabe beim Moore-Automat

Für bestimmte Anwendungsfälle (z.B. Zähler) lassen sich beim Entwurf eines Moore-Automaten die Zustandsvariablen auch als Ausgangsvariablen verwenden. In diesem Sonderfall werden die benötigten Ausgangsgrößen am Ausgang des Zustandsregisters (Bild 6.64) abgegriffen. Somit liegt automatisch eine Registerausgabe vor.

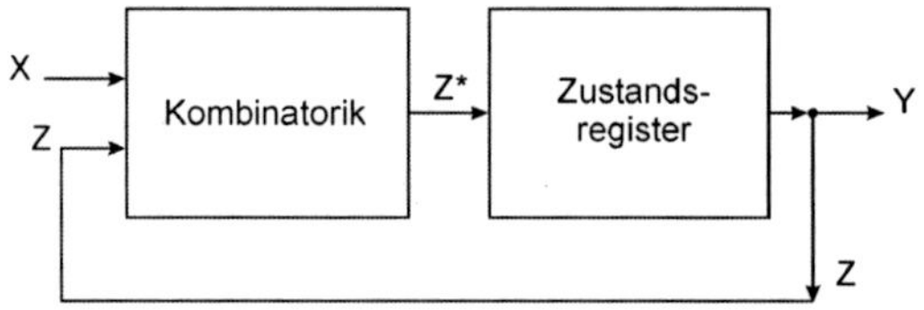

Bild 6.64: Verwendung von Zustandsvariablen zur Ausgabe beim Moore-Automat

6.7 Beispiel für die Analyse synchroner Schaltwerke

Beispiel: Analyse eines Schieberegisters
Gegeben ist ein Schieberegister mit drei Stellen:

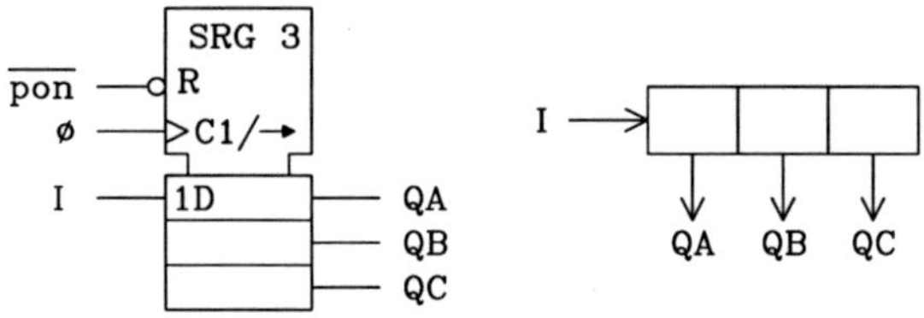

Bild 6.65: 3-Bit-Schieberegister

Zur leichteren Darstellung in der Zustandsfolgetabelle und im Zustandsdiagramm werden die in der Aufgabenstellung vorgegebenen Größen I, QA, QB und QC den in der Zustandsfolgetabelle verwendeten Größen zugeordnet:

Eingang:	X1 = I		
Ausgänge:	Y3 = QA	Y2 = QB	Y1 = QC
Zustandsvariablen:	Z3 = QA	Z2 = QB	Z1 = QC

Tab. 6.12: Zustandsfolgetabelle zu dem Beispiel Schieberegister

Eing. (dez.)	Zustand (dez.)		Ausg. (dez.)	Eingangs-variablen	Zustandsvariablen		Ausgangs-variablen
m	m	m+1	m	m	m	m+1	m
X	Z	Z^*	Y	X1	Z1 Z2 Z3	$Z1^*Z2^*Z3^*$	Y1 Y2 Y3
0	0	0	0	0	0 0 0	0 0 0	0 0 0
1	0	1	0	1	0 0 0	0 0 1	0 0 0
0	1	2	1	0	0 0 1	0 1 0	0 0 1
1	1	3	1	1	0 0 1	0 1 1	0 0 1
0	2	4	2	0	0 1 0	1 0 0	0 1 0
1	2	5	2	1	0 1 0	1 0 1	0 1 0
0	3	6	3	0	0 1 1	1 1 0	0 1 1
1	3	7	3	1	0 1 1	1 1 1	0 1 1
0	4	0	4	0	1 0 0	0 0 0	1 0 0
1	4	1	4	1	1 0 0	0 0 1	1 0 0
0	5	2	5	0	1 0 1	0 1 0	1 0 1
1	5	3	5	1	1 0 1	0 1 1	1 0 1
0	6	4	6	0	1 1 0	1 0 0	1 1 0
1	6	5	6	1	1 1 0	1 0 1	1 1 0
0	7	6	7	0	1 1 1	1 1 0	1 1 1
1	7	7	7	1	1 1 1	1 1 1	1 1 1

Mit dem Einschalten der Versorgungsspannung wird über ¬pon das Schieberegister zurückgesetzt. Damit ist der Anfangszustand 0 erreicht. Anhand der bekannten Funktion eines Schieberegisters (Kap. 6.3) werden für die beiden Logik-Zustände 0 und 1 am Eingang I nacheinander die Folgezustände 1 bis 7 bestimmt.

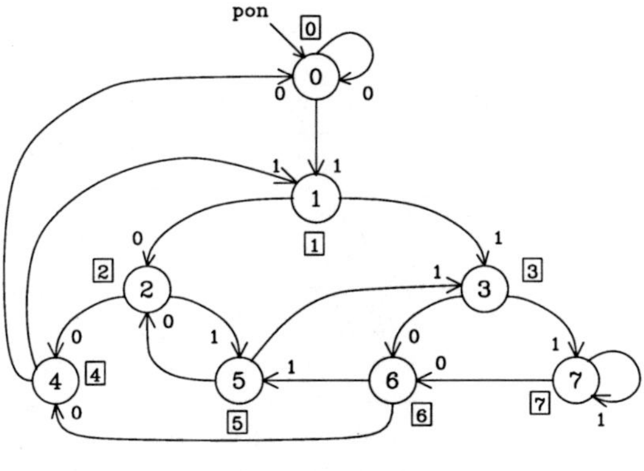

Bild 6.66: Zustandsdiagramm zu dem 3-Bit-Schieberegister

Anmerkung: Die Ausgabe erfolgt beim Schieberegister über die Zustandsvariablen.

6.8 Beispiele für den Entwurf synchroner Schaltwerke

Abhängig von der Aufgabenstellung muss z.B. anhand einer Beschreibung, eines Blockschaltbildes und/oder eines Signalzeitplans ein Zustandsdiagramm bzw. eine Zustandsfolgetabelle erstellt werden. Das Zustandsdiagramm bzw. die Zustandsfolgetabelle gilt für jede Art der technischen Realisierung. Die entsprechende Technologie und die Bauelemente werden erst anschließend ausgewählt.

Beispiel: Synchronisierschaltung (Digitaler Differenzierer)

Ein zu einem gegebenen Taktsignal ϕ asynchrones Eingangssignal X1 soll mittels eines Schaltwerks aufsynchronisiert werden. Dazu soll nach der positiven Flanke des Eingangssignals mit der nächstfolgenden negativen Taktflanke ein H-Impuls der Breite T_p am Ausgang Y1 ausgegeben werden. In Bild 6.67 wird die Aufgabenstellung anhand eines Signalzeitplans erläutert.

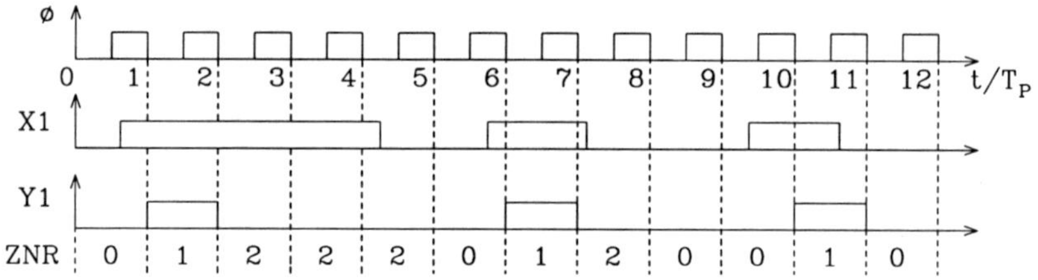

Bild 6.67: Signalzeitplan zu dem dig. Differenzierer (ZNR = Zustandsnummer)

Randbedingungen:

- Periodendauer des Taktes = T_p
- Pulsbreite von X1 ist größer als die Periodendauer des Taktes
- Abstand zwischen zwei H-Impulsen des Eingangssignals, gemessen von negativer Flanke bis zur nächsten positiven, ist größer als T_p
- H-Impulse des Eingangssignals X1 können beliebig breit sein

Lösung:

Mit dem Rücksetzsignal ¬pon wird der Anfangszustand 0 erreicht und Y1 = 0 gesetzt. Solange das Eingangssignal X1 = 0 ist, wird der Zustand 0 nicht verlassen. Das erreicht man über eine Warteschleife für X1 = 0. Wird das Eingangssignal "1", so erfolgt mit der nächsten aktiven Taktflanke der Übergang in den Zustand 1. Im Zustand 1 wird das Ausgangssignal Y1 = 1. Vom Zustand 1 kommt man für X1 = 0 (schmaler Eingangsimpuls) wieder zurück in den Zustand 0, und für X1 = 1 (breiter Eingangsimpuls) erfolgt der Übergang in den Zustand 2. Im Zustand 2 wird Y1 = 0 gesetzt und in einer Warteschleife das Impulsende (X1 = 0) abgewartet. Danach erfolgt mit der aktiven Taktflanke der Übergang in den Zustand 0.

Tab. 6.13: Zustandsfolgetabelle des digitalen Differenzierers

Eing. (dez.)	**Zustand (dez.)**		**Ausg. (dez.)**	**Eingangs-variablen**	**Zustandsvariablen**		**Ausgangs-variablen**
m	m	m+1	m	m	m	m+1	m
X	Z	Z^*	Y	X1	Z1 Z2	$Z1^*Z2^*$	Y1
0	0	0	0	0	0 0	0 0	0
1	0	1	0	1	0 0	0 1	0
0	1	0	1	0	0 1	0 0	1
1	1	2	1	1	0 1	1 0	1
0	2	0	0	0	1 0	0 0	0
1	2	2	0	1	1 0	1 0	0
0	3	*	*	0	1 1	* *	*
1	3	*	*	1	1 1	* *	*

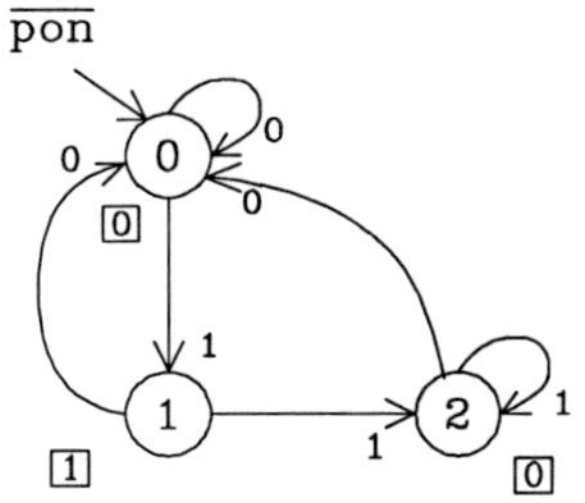

Bild 6.68: Zustandsdiagramm des gesuchten digitalen Differenzierers

Anhand der Zustandsfolgetabelle wird das synchrone Schaltwerk entworfen. Als Zustandsvariablenspeicher werden negativ flankengesteuerte JK-Flipflops benutzt.

Schaltungsentwurf mit JK-Flipflops

Da 3 Zustände vorliegen, werden 2 JK-Flipflops benötigt. Die Gleichungen für die J- und K-Eingänge werden aus der Zustandsfolgetabelle hergeleitet. Von 4 möglichen Zuständen sind nur 3 besetzt. Daraus folgen redundante Terme.

Gleichungen für J2, K2, J1, K1 und Y1:

$$sZ2 = (4) = X1 \wedge \overline{Z1} \wedge \overline{Z2} \rightarrow J2 = X1\overline{Z1}$$

$$rZ2 = (1) \vee (5) \rightarrow K2 = 1$$

$$sZ1 = (5) = X1\,Z2\,\overline{Z1} \rightarrow J1 = X1\,Z2$$

$$rZ1 = (2) = \overline{X1}\,Z1 \rightarrow K1 = \overline{X1}$$

$$Y = (1) \vee (5) \rightarrow Y1 = Z2$$

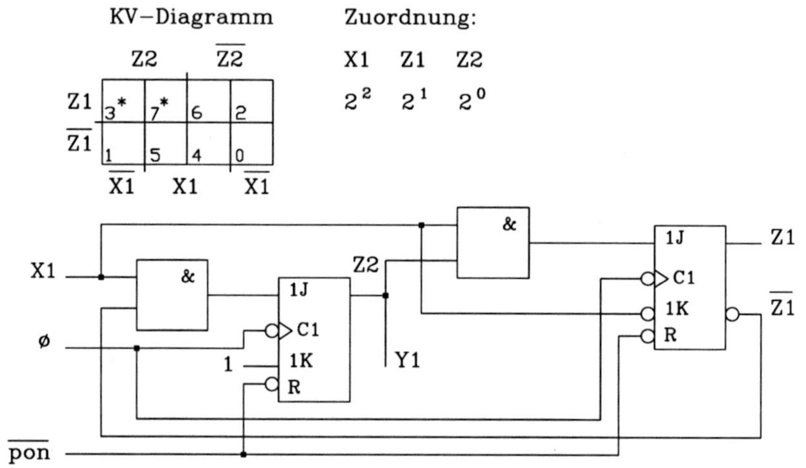

Bild 6.69: Gesuchter digitaler Differenzierer

VHDL-Modell. Digitaler Differenzierer

```
library ieee;
use ieee.std_logic_1164.all;

entity differ_1 is port(
          pon,x1,clk:          in std_logic;
          y1:                  out std_logic);
end differ_1;

architecture arch_differ of differ_1 is
          type states is (S0, S1, S2);   -- Aufzaehltyp fuer Zustaende
          signal state: states;
begin
zustand: process (pon, clk)
  begin
          if pon = '0'
             then state <= S0;                  -- Anfangszustand fuer pon = '0'
          elsif clk'event and clk='0' then

            case state is
              when S0 =>                         -- Zustand 0
                 if x1 = '1' then state <= S1;
                 else state <= S0;
                 end if;
              when S1 =>                         -- Zustand 1
               if x1 = '1' then state <= S2;
               else state <= S0;
               end if;

              when state2 =>                     -- Zustand 2
```

```
            if x1 = '1' then state <= S2;
            else state <= S0;
            end if;

          end case;
        end if;
  end process zustand;

with state select
        y1 <= '1' when S1,
             '0' when others;
end arch_differ;
```

Beispiel: Erkennung von Pseudotetraden

Es werden Tetraden seriell im BCD-Code (8-4-2-1-Code) übertragen. Zur Fehlererkennung sollen während der Übertragung die Pseudotetraden erkannt und über eine zusätzliche Leitung dem Empfänger mitgeteilt werden. Im Fehlerfall soll mit dem letzten Bit der Tetrade eine "1", andernfalls eine "0" (Bild 6.71) gesendet werden. Ein Schieberegister, das die vier Bits der Tetrade parallel übernimmt und sie seriell zum Empfänger übergibt, dient als Sender.

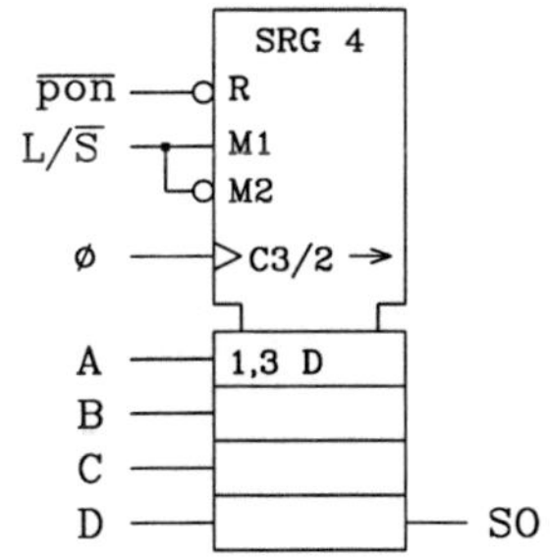

$\overline{pon} = 0$	SRG wird rückgesetzt
$L/\overline{S} = 1$	SRG wird parallel geladen
$L/\overline{S} = 0$	Tetrade wird seriell übertragen
SO	Serieller Ausgang
A,B,C,D	Bits der Tetrade A = MSB und D = LSB

Bild 6.70: Schieberegister als Sender

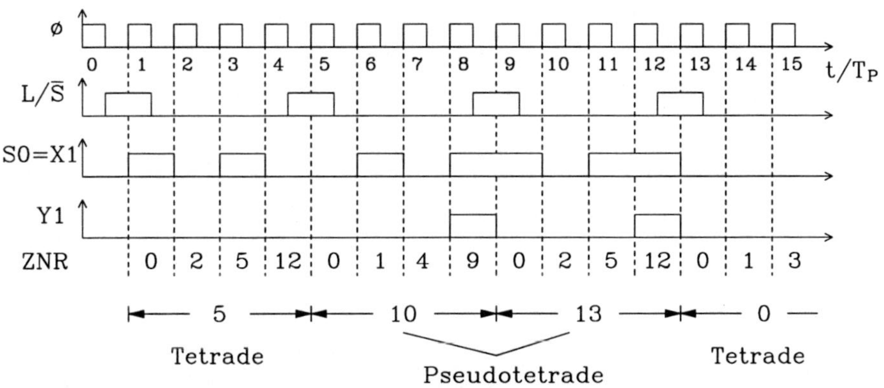

Bild 6.71: Signalzeitplan zu dem Beispiel (ZNR = Zustandsnummer)

Anhand der Aufgabenstellung wird für die unterschiedlichen Bitkombinationen in einer Tetrade das Zustandsdiagramm (Bild 6.72) entworfen.

Ausgehend vom Zustandsdiagramm kann nun die Zustandsfolgetabelle aufgestellt werden (Tab. 6.14). In diesem Beispiel können auch das Zustandsdiagramm und die Zustandsfolgetabelle parallel entwickelt werden. Die Zustände 7 und 11 sind äquivalent. Sie werden zusammengefasst zu einem Zustand, der mit 7 bezeichnet wird. Weiterhin sind die Zustände 8, 9, 10, 12, 13 und 14 äquivalent. Auch sie werden zusammengefasst zu dem Zustand mit der Nummer 8. Nach diesen Zusammenfassungen ergibt sich das Zustandsdiagramm in Bild 6.73. Die entsprechende Zustandsfolgetabelle ist in Tab. 6.15 abgebildet.

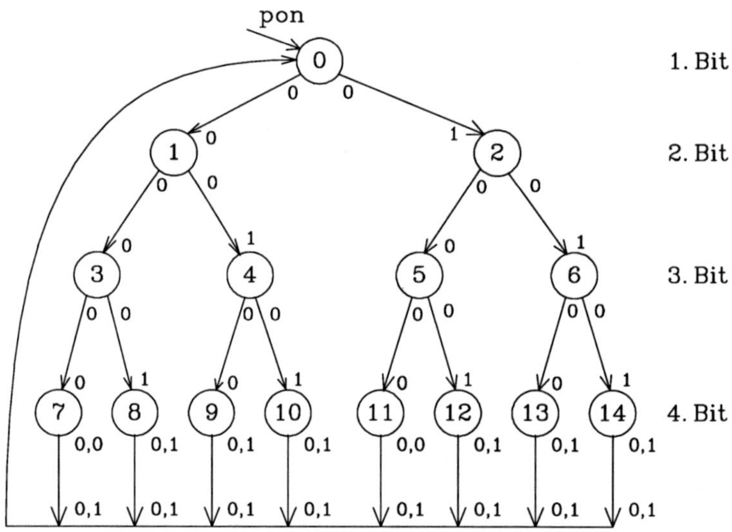

Bild 6.72: Zustandsdiagramm zu dem Beispiel "Pseudotetradenerkennung"

Tab. 6.14: Modifizierte Zustandsfolgetabelle zur Pseudotetradenerkennung

Eing. (dez.)	Zustand		Ausgang	Erläuterung	
m	m	m+1	m		
X	Z	Z^*	Y	Codebaum	Tetrade
0/1	0	1/2	0/0	1.Bit	
0/1	1	3/4	0/0	2.Bit	
0/1	2	5/6	0/0	2.Bit	
0/1	3	7/8	0/0	3.Bit	
0/1	4	9/10	0/0	3.Bit	
0/1	5	11/12	0/0	3.Bit	
0/1	6	13/14	0/0	3.Bit	
0/1	7	0/0	0/0	4.Bit	0/8
0/1	8	0/0	0/1	4.Bit	4/12
0/1	9	0/0	0/1	4.Bit	2/10
0/1	10	0/0	0/1	4.Bit	6/14
0/1	11	0/0	0/0	4.Bit	1/9
0/1	12	0/0	0/1	4.Bit	5/13
0/1	13	0/0	0/1	4.Bit	3/11
0/1	14	0/0	0/1	4.Bit	7/15

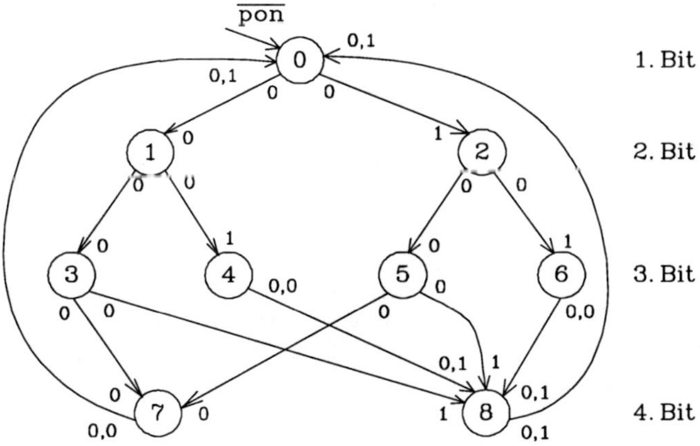

Bild 6.73: Zustandsdiagramm zur "Pseudotetradenerkennung" (1. Vereinfachung)

Tab. 6.15: Modifizierte Zustandsfolgetabelle (1.Vereinfachung)

Eingang	**Zustand**		**Ausgang**
m	m	m+1	m
X	Z	Z^*	Y
0/1	0	1/2	0/0
0/1	1	3/4	0/0
0/1	2	5/6	0/0
0/1	3	7/8	0/0
0/1	4	8/8	0/0
0/1	5	7/8	0/0
0/1	6	8/8	0/0
0/1	7	0/0	0/0
0/1	8	0/0	0/1

Die reduzierte Zustandsfolgetabelle (Tab. 6.15) wird auf weitere Äquivalenzen hin überprüft. Es lassen sich im nächsten Schritt die Zustände 3 und 5 zu dem neuen Zustand 3 und ebenso 4 und 6 zu dem neuen Zustand 4 zusammenfassen. Setzt man die neuen Zustandsnummern in die Zustandsfolgetabelle ein, so erkennt man, dass die Zustände 1 und 2 ebenfalls zusammengefasst werden können. Dieser neue Zustand wird 1 genannt.

Bevor das reduzierte Zustandsdiagramm und die Zustandsfolgetabelle erstellt werden, werden die Zustandsnummern im Sinne einer fortlaufenden Numerierung geändert. Dadurch ist eine einfache Zuordnung zwischen Zustandsnummer und Bitkombination der Zustandsvariablen möglich (Bild 6.74).

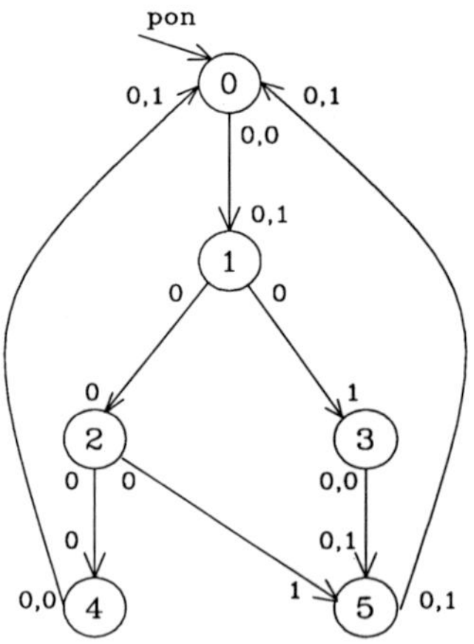

Änderung der Zustandsnummern:

alt	neu
0	0
1	1
3	2
4	3
7	4
8	5

Bild 6.74: Reduziertes Zustandsdiagramm

Tab. 6.16: Reduzierte Zustandsfolgetabelle

Eing. (dez.)	Zustand (dez.)		Ausg. (dez.)	Eingangs-variablen	Zustandsvariablen		Ausgangs-variablen
m	m	m+1	m	m	m	m+1	m
X	Z	Z^*	Y	X1	Z1 Z2 Z3	$Z1^*Z2^*Z3^*$	Y1
0	0	1	0	0	0 0 0	0 0 1	0
1	0	1	0	1	0 0 0	0 0 1	0
0	1	2	0	0	0 0 1	0 1 0	0
1	1	3	0	1	0 0 1	0 1 1	0
0	2	4	0	0	0 1 0	1 0 0	0
1	2	5	0	1	0 1 0	1 0 1	0
0	3	5	0	0	0 1 1	1 0 1	0
1	3	5	0	1	0 1 1	1 0 1	0
0	4	0	0	0	1 0 0	0 0 0	0
1	4	0	0	1	1 0 0	0 0 0	0
0	5	0	0	0	1 0 1	0 0 0	0
1	5	0	1	1	1 0 1	0 0 0	1

Entwurf des Schaltwerks mit D-Flipflops:

Da fünf Zustände vorliegen, werden drei D-Flipflops benötigt. Die Gleichungen für die D-Eingänge und die Ausgangsvariable Y1 werden aus der Zustandsfolgetabelle hergeleitet. Von acht möglichen Zuständen sind nur sechs besetzt. Die Zustandsnummern 6 und 7 treten nicht auf. In Verbindung mit den Kombinationen für die Eingangsvariable (X1 = 0 und X1 = 1) ergeben sich insgesamt vier redundante Terme, die zur Minimierung mit herangezogen werden können.

Für das KV-Diagramm (Bild 6.75) wird folgende Zuordnung verwendet:

X1 Z1 Z2 Z3

2^3 2^2 2^1 2^0

Logische Gleichungen für die D-Eingänge und den Ausgang:

$D1 = (2) \vee (10) \vee (3) \vee (11) = Z2$

$D2 = (1) \vee (9) = \overline{Z1}\ \overline{Z2}\ Z3$

$D3 = (0) \vee (8) \vee (9) \vee (10) \vee (3) \vee (11) = X1\ \overline{Z1} \vee Z3\ Z2 \vee \overline{Z1}\ \overline{Z2}\ \overline{Z3}$

$Y1 = (13) = X1\ Z1\ Z3$

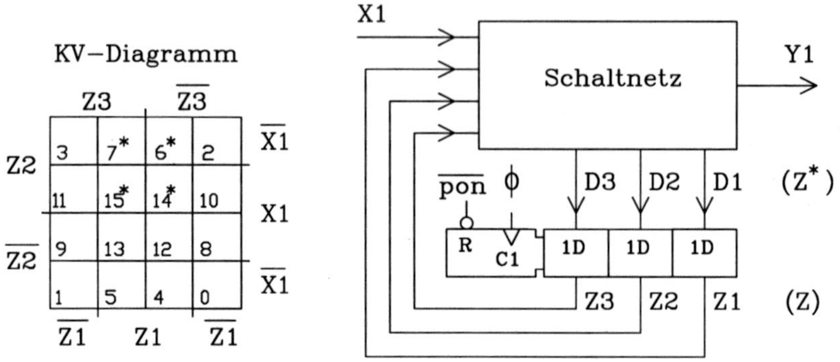

Bild 6.75: Entwurf des Schaltwerks

Da Y1 nicht nur von den Zustandsvariablen, sondern auch von der Eingangsvariablen abhängt, liegt ein Mealy-Automat vor.

VHDL-Modell: Pseudotetraden erkennen

```
-- Einsatz eines Mealy-Automaten
library ieee;
use ieee.std_logic_1164.all;

entity tetrade is port (
        pon,x1,clk:         in std_logic;
        y1:                 out std_logic);
end tetrade;

architecture arch_tetrade of tetrade is
        type zustand_typ is (S0,S1,S2,S3,S4,S5);
        signal zustand: zustand_typ;
begin
mealy_automat: process (clk, pon)       -- Prozess fuer Zustandsfolge
begin
        if pon='0' then zustand <= S0;          -- Anfangszustand ueber pon
        elsif clk'event and clk = '1' then
          case zustand is
                when S0 => zustand <= S1;               -- Zustand 0
                when S1 =>                              -- Zustand 1
                        if x1='0' then
                                zustand <= S2;
                        elsif x1='1' then
                                zustand <= S3;
                        end if;
                when S2 =>                              -- Zustand 2
                        if x1='0' then
                                zustand <= S4;
                        elsif x1='1' then
```

```
                    zustand <= S5;
                end if;
            when S3 => zustand <= S5;                -- Zustand 3
            when others => zustand <= S0;            -- Zustand 4 und 5
        end case;
    end if;
end process mealy_automat;                           -- Zustanduebergabe

y1 <= '1' when (zustand = S5 and x1= '1')         -- Signal-Zuweisung fuer Mealy-Ausgabe
    else '0';
end arch_tetrade;
```

Literatur zu Kap. 6: [3, 15, 17, 41, 44, 54, 69, 92, 103, 107, 112, 126, 130, 138, 139]

7 Digitale Halbleiterspeicher

Einen entscheidenden Beitrag zur Leistungsfähigkeit eines Computersystems liefert der Speicher, in dem sich Informationen bereithalten und zu beliebigen Zeitpunkten abrufen lassen. In einem informationstechnischen Sinne kann ein Speicher daher auch als Übertragungsmedium über zeitliche Distanzen verstanden werden.

Speicher erlauben es dem Computer, jederzeit auf Ergebnisse früherer Entscheidungen zurückgreifen zu können. Prinzipiell ermöglichen sie ihm auch Lernvorgänge und im eingeschränkten Sinne in einiger Zeit vielleicht auch intelligente Leistungen.

In der Digital- und Rechnertechnik unterscheidet man im Wesentlichen die folgenden beiden Gruppen von Speichern:

1. Schreib-/Lesespeicher; Read-Write-Memory (RWM)
2. Festwertspeicher; Read-Only-Memory (ROM)

Bezüglich 1 hat sich außerdem eine Unterscheidung der digitalen Speicher nach den Zugriffsmöglichkeiten auf den Speicherinhalt eingebürgert:

a) Wahlfreier (direkter) Zugriff auf den Speicher: Random Access Memory (RAM)
b) Serieller Zugriff auf den Speicher: Serial Access Memory (SAM)
c) Assoziativer Speicher: Associative Memory oder Content-Addressed Memory (CAM)

Unter RAM versteht man also einen Schreib-/Lesespeicher mit wahlfreiem Zugriff, d.h. es ist der Inhalt jeder beliebigen Speicherzelle durch Angabe einer Adresse direkt verfügbar. Die oben genannte Abkürzung RWM ist nicht mehr gebräuchlich.

Beispiele für Speicher mit seriellem Zugriff sind Schieberegister, FIFO-Speicher (First-In/First-Out-Speicher), Lochstreifen, Diskette, Magnetband und magnetische Domänenspeicher (Magnetblasen-, Bubble-Speicher).

Beim Assoziativ-Speicher wird keine Adresse zur Kennzeichnung eines Speicherplatzes herangezogen, sondern ein Teil der gespeicherten Information dient selbst zur Kennzeichnung des Speicherplatzes.

In der Mikroprozessortechnik wird i.a. als Datenspeicher ein RAM und als Programmspeicher ein ROM eingesetzt. Für die längerfristige Abspeicherung großer Datenmengen sind darüber hinaus auch magnetische Speichermedien gebräuchlich (Magnetband/Platte, Diskette).

7.1 Schreib-/Lesespeicher (RAM)

Digitale Schreib-/Lese-Halbleiterspeicher enthalten sehr viele gleiche Speicherzellen, die über eine Steuerlogik adressiert und gelesen bzw. beschrieben werden können. Da die Speicherzellen in sehr hoher Zahl (u.U. millionenfach) in einem integrierten Schaltkreis (IC) vorhanden sind, wird jede einzelne so einfach wie möglich aufgebaut. Die aufwändige Steuerlogik mit dem Schreib-/Leseverstärker wird in einem Speicher-IC nur einmal benötigt, und sie enthält nur einen kleinen Anteil der insgesamt benötigten Transistoren.

Höchste Integrationsdichten werden zur Zeit in der NMOS- und CMOS-Technik (Tabellen 7.6 und 7.7) erreicht. Die Weiterentwicklung der Speicherchips gibt wichtige Impulse für die Digital- und Mikrocomputertechnik und darüber hinaus für die gesamte Technik.

Um auch bei Speichern hoher Kapazität mit wenigen Adressleitungen auszukommen, werden die einzelnen Speicherzellen an den Kreuzungspunkten einer in der Regel quadratischen Matrix aus n Zeilen und n Spalten angeordnet (Bild 7.1). Die Adressierung einer Speicherzelle der Kapazität von 1 Bit erfolgt durch Aktivierung der zugehörigen Zeilen- und Spaltenleitungen über die Zeilen- und Spalten-Decodierer.

Außer den Adresseingängen besitzt ein RAM noch einen Dateneingang D_{in}, einen Datenausgang D_{out}, eine Schreibaktivierung WE und eine Steuerleitung zur Bausteinauswahl CS. Häufig sind Datenein- und Datenausgang in einem bidirektionalen Anschluss zusammengefasst.

Anmerkung:

Alle modernen RAM-Bausteine sind mit Three-State-Ausgängen versehen, so dass mehrere Bausteine parallel an einen Bus angeschlossen werden können.

Soll pro Adresse nicht ein Speicherplatz mit nur 1 Bit, sondern z.B. 8 Bit Breite angesprochen werden, müssen entsprechend 8 Speichermatrizen des in Bild 7.1 dargestellten Typs bezüglich der Adressinformation parallel geschaltet werden. Schreib- und Lese-Logik sind jedoch für jedes Bit getrennt ausgeführt.

Die Anzahl der Speicherplätze Z lässt sich aus der Anzahl der Adressleitungen i nach folgender Beziehung bestimmen: $Z = 2^i$. Aus dem Grunde wird auch im allgemeinen Fall die Speicherkapazität als Vielfaches der Zweierpotenz angegeben. Man verwendet bei großen Kapazitäten binäre Vorsätze:

Ki für 2^{10}, Mi für 2^{20}, Gi für 2^{30} und Ti für 2^{40} (s. Kap. 1.6)

Bei den Schreib-/Lesespeichern unterscheidet man zwischen statischen und dynamischen RAMs. Das statische RAM speichert die Information, solange die Versorgungsspannung anliegt, während beim dynamischen RAM die in einem Kondensator gespeicherte Information in kurzen Zeitabständen aufgefrischt werden muss.

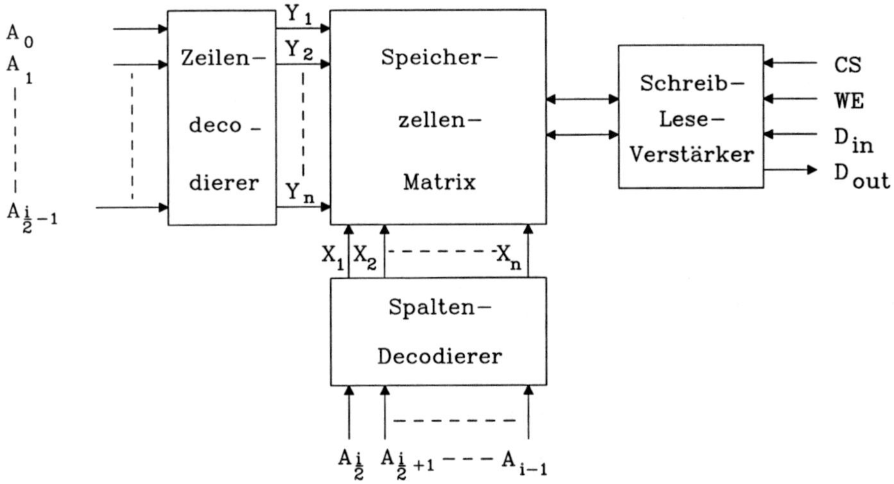

Bild 7.1: Prinzipieller Aufbau eines RAMs der Speicherkapazität n^2 x 1 Bit mit den $i = 2 \cdot \mathrm{ld}\ n$ Adressenleitungen $A_0 \ldots A_{i-1}$. Es bedeuten:

$A_0 \ldots A_{i-1}$	: Adresseingänge	D_{in}	: Dateneingang
D_{out}	: Datenausgang	CS	: Chip Select, Bausteinauswahl
WE	: Write Enable, Schreibaktivierung		

7.1.1 Statisches RAM (SRAM)

Ein statisches RAM enthält eine große Anzahl von Speicherzellen, die über Zeilen- und Spaltenleitungen adressiert und über Bitleitungen gelesen bzw. beschrieben werden können. Solange die Versorgungsspannung anliegt, bleibt die Information im SRAM gespeichert.

Die beiden Transistoren T3 und T4 ersetzen in integrierter Technik die Arbeitswiderstände. Die Transistoren T1 und T2, die kreuzweise miteinander gekoppelt sind, arbeiten im Gegentakt. Während der eine Transistor leitet, sperrt der andere. Diese vier Transistoren bilden eine bistabile Kippstufe (Flipflop), deren Zustand über die Transistoren T5, T6, T7 und T8 bei entsprechender Adressierung abgefragt und verändert werden kann. B und ¬B sind Bitleitungen, die an alle Speicherzellen führen.

Lesevorgang:

Zuordnung: T1 leitet = Speicherzelle enthält eine "0"
T2 leitet = Speicherzelle enthält eine "1"

Annahme: T1 sperrt und T2 leitet; also ist eine "1" gespeichert

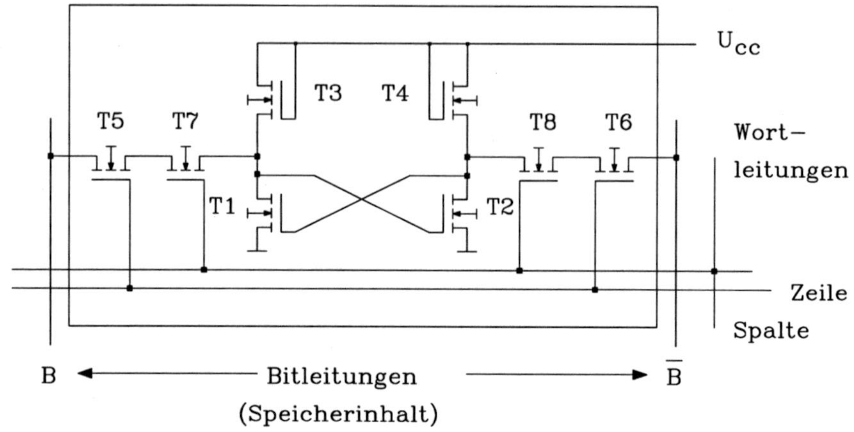

Bild 7.2: Speicherzelle eines statischen RAMs in NMOS-Technik

Beim Lesen legt eine Steuerlogik die Bitleitungen an die Eingänge des Leseverstärkers. Über H-Pegel an Zeilen- und Spaltenleitung wird die Speicherzelle adressiert. Der leitende Transistor T2 legt über die durchgeschalteten Transistoren T6 und T8 L-Pegel an die Bitleitung ¬B. Da T1 sperrt, liegt die Bitleitung B über die durchgeschalteten Transistoren T5 und T7 an H-Pegel. Mit Hilfe des Leseverstärkers wird nun H-Pegel an dem entsprechenden Datenausgang erzeugt. Bei positiver Logik entspricht dieser Zustand einer gespeicherten "1".

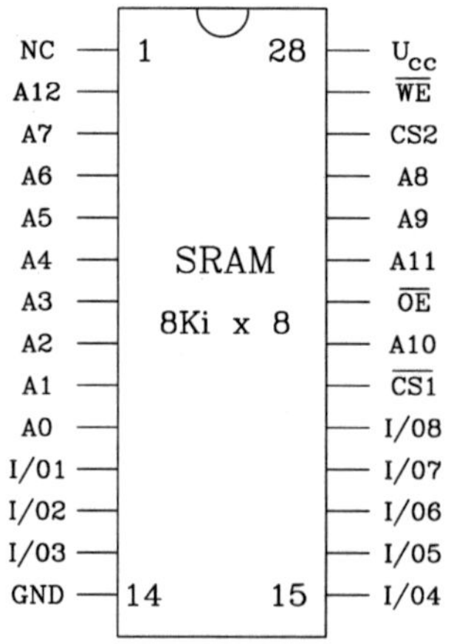

¬CS1	CS2	¬OE	¬WE	Betriebsart
1	x	x	x	nicht selektiert
x	0	x	x	nicht selektiert
0	1	1	1	Ausg. hochohmig
0	1	0	1	lesen
0	1	x	0	schreiben

CS	Chip Select
OE	Output Enable
WE	Write Enable
NC	No Connection
X	Beliebiger Logikzustand erlaubt
U_{CC}	Versorgungsspannung (5V)
A0..A12	Adresseingänge
I/01..I/08	Daten-Ein-/Ausgänge

Bild 7.3: Anschlussbelegung und Wahrheitstabelle eines SRAMs der Kapazität 8 KiB

Schreibvorgang:

Annahme: T1 sperrt und T2 leitet, es soll eine "0" abgespeichert werden.

Die Steuerlogik legt H-Pegel an die Zeilen- und Spaltenleitung und adressiert damit die gewünschte Speicherzelle. Danach schaltet der Schreibverstärker L-Pegel an die Bitleitung B und H-Pegel an ¬B. Über die leitenden Transistoren T5 und T7 wird der Transistor T2 gesperrt und über T6 und T8 wird T1 durchgeschaltet. Nach der oben getroffenen Zuordnung ist nun eine "0" gespeichert.

In Bild 7.3 wird die Ansteuerung beim Lesen und Schreiben des statischen RAMs (SRAM) anhand der Wahrheitstabelle verdeutlicht. Es wird hier exemplarisch ein SRAM der Speicherkapazität 8 KiB (8 Ki x 8 Bit) vorgestellt.

Zu Beginn eines Speicher-Lesezugriffs (Bild 7.4) wird die Adresse angelegt. Anschließend wird der Baustein durch ¬CS = 0 eingeschaltet. Durch ¬OE = 0 werden die Leseverstärker niederohmig geschaltet, gleichzeitig muss ¬WE = 1 gelten. Insgesamt vergeht die Adressen-Zugriffszeit t_{AA}, bis die gültigen Daten stabil an den Datenausgängen anstehen.

Zu Beginn eines Speicher-Schreibzugriffs (Bild 7.5) wird die Adresse angelegt. Dann wird der Baustein durch ¬CS = 0 eingeschaltet und durch ¬WE = 0 in Schreibrichtung eingestellt. Anschließend muss die zu speichernde Information noch genügend lange stabil an den Dateneingängen anliegen, damit der Speichervorgang fehlerfrei abläuft.

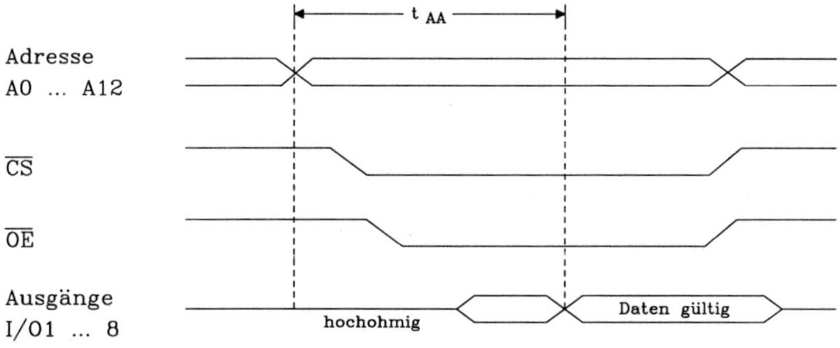

t_{AA}: Address Access Time (Adressen–Zugriffszeit)

Bild 7.4: Lesezyklus eines SRAMs (8 Ki x 8 Bit). Es gilt ¬WE = 1

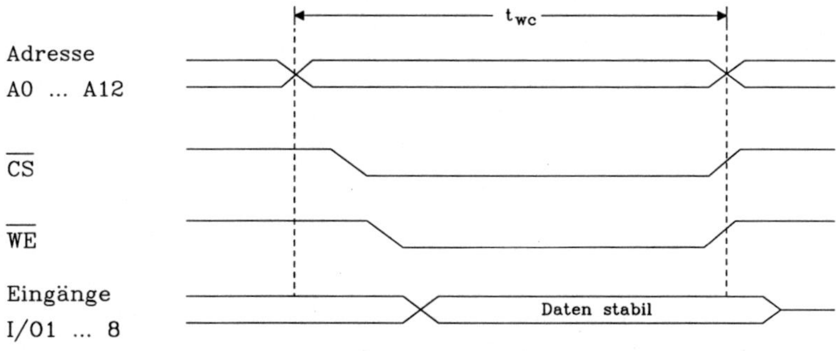

t_{wc} : Write Cycle Time (Schreibzykluszeit)

Bild 7.5: Schreibzyklus eines SRAMs (8 Ki x 8 Bit)

7.1.2 Dynamisches RAM (DRAM)

Beim dynamischen RAM besteht die Speicherzelle aus der inneren Kapazität eines MOSFETs. Soll eine "1" gespeichert werden, so wird die Kapazität über einen leitenden Transistor geladen. Der Zustand ist jedoch nicht stabil, da die elektrische Ladung über Leckströme abfließt. Deshalb ist ein regelmäßiges Auffrischen des gesamten Speicherinhaltes in Abständen von etwa 2...16 ms erforderlich (Refresh-Zyklus).

a) Aufbau und Funktionsweise einer Ein-Transistor-Speicherzelle. Durch das Ausnutzen der inneren Kapazität eines MOSFETs kann die einzelne Speicherzelle sehr einfach aufgebaut sein. Früher verwendete man bei Speicherbausteinen bis 4 KBit gewöhnlich die Drei-Transistor-Speicherzelle, während man bei der heute verfügbaren höheren Integrationsdichte die Ein-Transistor-Speicherzelle einsetzt, auf die hier näher eingegangen werden soll.

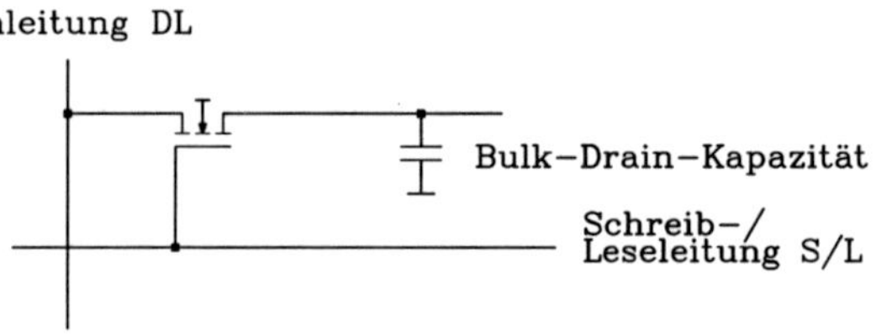

Bild 7.6: Prinzip einer Speicherzelle eines dynamischen RAMs in NMOS-Technik

Schreibvorgang: Die Zuordnung lautet:

Kondensator geladen: Speicherzelle enthält "1"
Kondensator entladen: Speicherzelle enthält "0"

Die Adressierung erfolgt über die Schreib-/Leseleitung S/L (Adressinformation), die in dieser Darstellung mit dem Schreibsignal UND-verknüpft ist. Liegt H-Pegel an S/L, so wird der Transistor leitend und die Information, die an der Datenleitung DL liegt, wird übernommen. Bei H-Pegel an DL wird der Kondensator aufgeladen und bei L-Pegel entladen.

Lesevorgang: Die Adressierung erfolgt über die Schreib-/Leseleitung S/L, die in dieser Darstellung mit dem Lesesignal UND-verknüpft ist. Die Speicherzelle ist adressiert, wenn H-Pegel an S/L liegt. Falls der Kondensator aufgeladen ist ("1"), kann die Ladung vom Kondensator über den leitenden Transistor abfließen. Der über die Datenleitung DL fließende Strom wird von einem Leseverstärker ausgewertet. Da die in der Zelle gespeicherte Information beim Lesen verloren geht, muss sie zwischengespeichert und wieder neu in die Speicherzelle eingegeben werden.

Mit der zunehmenden Miniaturisierung der dynamischen Speicherzellen in den letzten Jahren wird auch die Speicherkapazität selbst kleiner (typ. Wert: 100 fF, gespeicherte Ladung ca. 10^5 Elektronen). Sie kommt damit in die Größenordnung der parasitären Kapazität der Spaltenleitung und daher ist es problematisch, im Leseverstärker den Ladezustand des Speicherkondensators sicher zu erkennen. Dazu wird eine "Vorlade-Vergleichstechnik" (Precharge) verwendet, die anhand des Prinzipschaltbildes des Leseverstärkers (Sense Amplifier) in einer Spalte eines dynamischen RAMs erläutert werden soll (Bild 7.7).

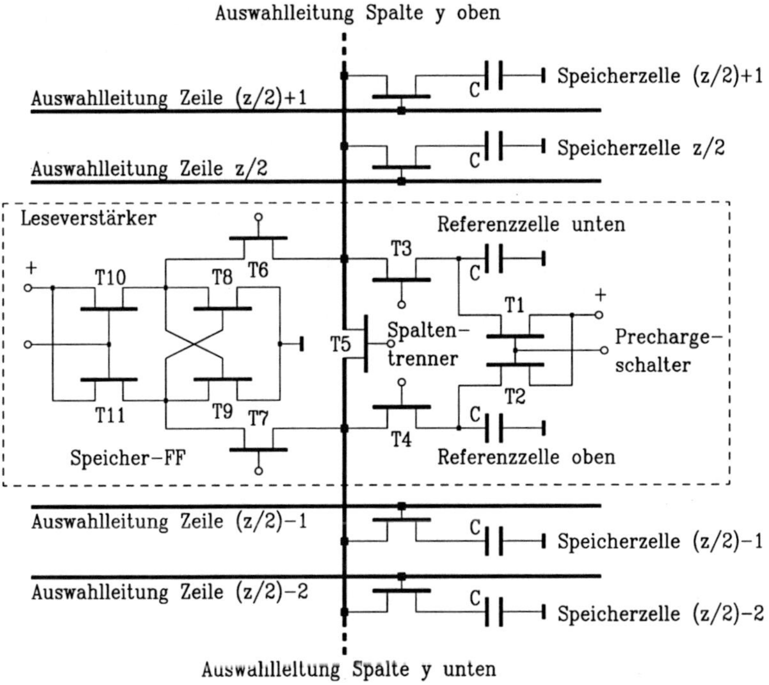

Bild 7.7: Vereinfachtes Schaltbild des Leseverstärkers im DRAM mit Precharge-Technik

Zu Beginn eines Lesevorgangs ist der Transistor T5 hochohmig (Spaltentrenner). Der Leseverstärker befindet sich in der Mitte der Spaltenleitung y, und damit ist beim Lesevorgang die Spaltenleitungskapazität halbiert. Der Lesevorgang wird mit einem kurzzeitig niederohmigem Prechargeschalter (T1/T2) eingeleitet. Dabei fließt eine Ladung auf die Kondensatoren der oberen und unteren Referenzspeicherzellen. Diese Referenzladung entspricht jeweils dem halben Wert, der zur Darstellung einer "1" in einem Zellenkondensator nötig ist (Precharge-Vorgang). Anschließend werde eine zu lesende Speicherzelle SPZ z.B. im unteren Spaltenbereich selektiert und die beiden Transistoren T6/T7 sowie T3 der *Referenzzelle unten* niederohmig geschaltet. Damit fließt die Ladung der selektierten Speicherzelle über T7 auf das Gate des Transistors T8 im Speicher-Flipflop des Leseverstärkers und die Referenzladung über T6 auf das Gate des gegenüberliegenden Transistors T9. Während dieses Vorgangs sind T10 und T11 noch hochohmig, so dass entsprechend dem Ladungsvergleich einer der beiden Transistoren T8/T9 niederohmig und der andere hochohmig wird. Anschließend werden T10/T11 niederohmig und der gelesene logische Zustand der selektierten Speicherzelle stabil im Lese-Flipflop gespeichert.

Da es sich um ein zerstörendes Leseverfahren handelt, muss der gelesene Zustand in die Zelle SPZ rückgespeichert werden. Das geschieht automatisch, wenn der Transistor T7 noch kurzzeitig niederohmig bleibt und dadurch den logischen Zustand des Leseverstärkers niederohmig in den Speicherkondensator überträgt. Damit ist ein Lesezyklus abgeschlossen.

Bei Schreibzugriffen bleibt der Transistor T5 niederohmig und damit die gesamte Spaltenleitung für die Selektierung der betreffenden Speicherzelle zugänglich.

b) Innerer Aufbau und Funktion des DRAM-Speichers. Die Adressen werden beim dynamischen RAM im Multiplexverfahren eingegeben (Bild 7.8). Zuerst wird mit dem 0-Zustand des Steuersignals ¬RAS die Zeilenadresse (8 Bit), danach wird mit dem 0-Zustand von ¬CAS die Spaltenadresse (8 Bit) in Zwischenspeicher des Bausteins übernommen (s. auch Bilder 7.10 und 7.11). Daher hat das DRAM im Unterschied zu dem statischen RAM ein zusätzliches Zeilen- und Spalten-Adress-Latch. Wie die Bilder 7.10 und 7.11 zeigen, wird bei jedem Zugriff auf ein dynamisches RAM mit ¬RAS die Zeilenadresse und mit ¬CAS die Spaltenadresse im Zeitmultiplex übergeben. Die Teiladressen werden im Zeilen- und Spalten-Adress-Latch zwischengespeichert und decodiert. Von den Decoderausgängen wird eine Speicherzelle innerhalb der Speichermatrix selektiert. Über die Schreib-/Leselogik wird der zeitliche Ablauf für korrektes Lesen und Schreiben gesteuert.

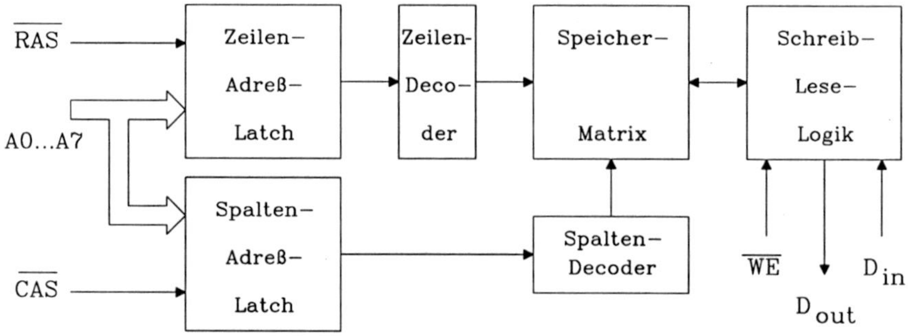

Bild 7.8: Blockschaltbild eines dynamischen RAMs der Speicherkapazität 64 Ki x 1 Bit

Gelesen wird mit ¬WE = 1. Nach der Adressen-Zugriffszeit steht das gelesene Bit am Datenausgang D_{out}. Mit ¬WE = 0 wird der Speicher auf Schreiben eingestellt. Anschließend muss die Information am Dateneingang D_{in} bis zum Verstreichen der Schreibzykluszeit stabil bleiben, damit der Schreibvorgang fehlerfrei abläuft.

Da die Adresse in zwei Hälften an das DRAM übertragen wird, benötigt man auch nur halb so viele Adressanschlüsse am Speicherbaustein. Deshalb ist der Platzbedarf für DRAMs im Vergleich zu SRAMs vergleichbarer Speicherkapazität deutlich geringer. Wird die Anzahl der Adressbits am Baustein um 1 erhöht, so entspricht das einer Vervierfachung der Speicherkapazität. Aus dem Grund wird auch in der technologischen Weiterentwicklung die Speicherkapazität eines DRAMs vervierfacht.

Mit Hilfe von DRAMs lassen sich kostengünstig Speichersysteme großer Kapazität aufbauen. Für die Ansteuerung der DRAMs wird ein zusätzlicher Baustein, der DRAM-Controller, benötigt. Er übergibt die Adressen im Zeitmultiplex an den Speicherbaustein und frischt die dynamischen Speicherzellen auf.

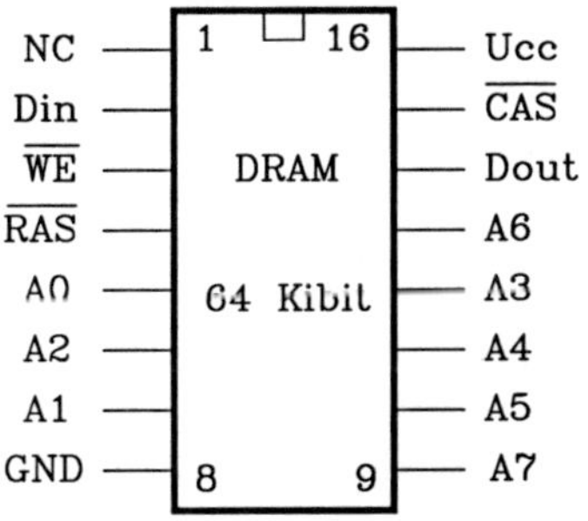

A0 ...A7	Adresseingänge
¬RAS	Row Address Strobe (Zeilenadressen-Puls)
¬CAS	Column Address Strobe (Spaltenadressen-Puls)
¬WE	Write Enable
Din	Data Input (Dateneingang)
Dout	Data Output (Datenausgang)
Ucc	+ 5V

Bild 7.9: DRAM der Kapazität 64 Kibit

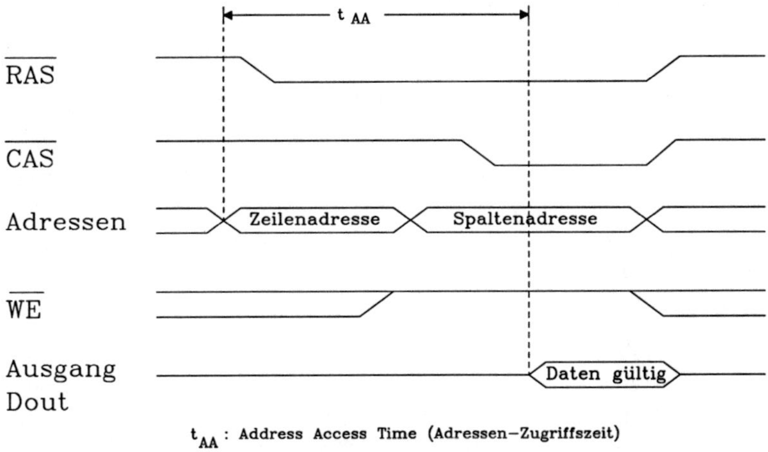

Bild 7.10: Lesezyklus eines DRAMs mit 64 Kibit

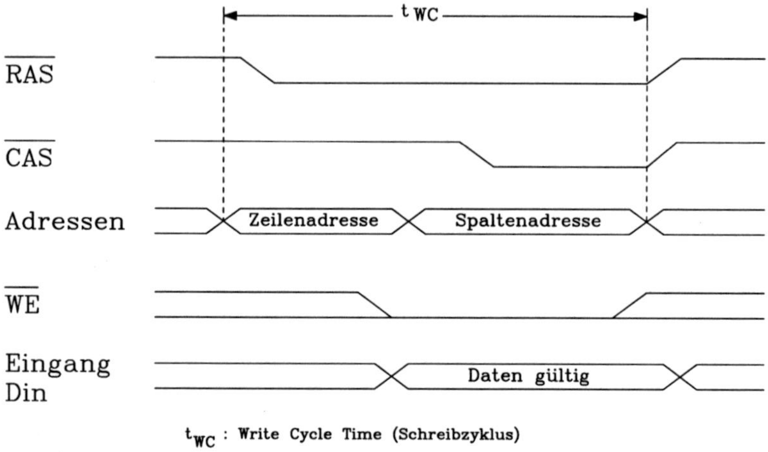

Bild 7.11: Schreibzyklus eines DRAMs mit der Kapazität von 64 Kibit

c) Auffrischen der Speicherinhalte bei dynamischen RAMs. Die Inhalte dynamischer Speicherzellen müssen in festgelegten Zeitabschnitten aufgefrischt werden (Refresh). Dies geschieht zwar automatisch nach jedem Lese- bzw. Schreibzugriff. Damit aber jede Speicherzelle mit Sicherheit erfasst wird, ist ein systematischer Auffrischprozess nötig. Bei früheren DRAM-Bausteinen betrug die maximale Zeit zwischen zwei Auffrischvorgängen 2 ms. Heute werden größere Intervalle benutzt. Für Bausteine mit 1024 Zeilen werden z. B. 16-ms-Intervalle, und mit 4096 Zeilen werden sogar 64-ms-Intervalle verwendet, so dass in beiden Fällen eine Zeile im Mittel alle 15,6 µs aufgefrischt werden muss. Grundsätzlich unterscheidet man bei DRAMs drei Auffrisch-Methoden:

1) ¬RAS only Refresh: Dieses ist das Standardverfahren, bei dem der DRAM-Controller dem Speicherbaustein jeweils eine Zeilenadresse mit fallender Flanke an ¬RAS übergibt. Sämtliche Speicherzellen dieser Zeile werden im Baustein gemeinsam aufgefrischt. Während dieses Vorgangs muss das Signal ¬CAS H-Pegel führen

2) ¬CAS before ¬RAS Refresh (CBR-Refresh, Concurrent Refresh): Hierbei muss die Zeilenadresse nicht extern verwaltet werden, da im Speicherbaustein ein Zeilenzähler implementiert ist. Ein Refreshzyklus wird eingeleitet durch eine fallende Flanke an ¬CAS und danach an ¬RAS und durch steigende Flanken an beiden Steuerleitungen beendet. Die gegenüber dem Normalbetrieb vertauschte Reihenfolge der Steuersignale signalisiert dem DRAM, dass es sich um einen Refreshzyklus handelt.

Das CBR-Refresh-Verfahren ist gegenüber dem Standardverfahren schneller, da die Übergabe der Zeilenadresse entfällt, der Prozess wird lediglich von außen angestoßen. Die Zeilenadressgeneratoren dieser Bausteine müssen nach dem Einschalten der Betriebsspannung durch einen Burst von ¬RAS-Signalen initialisiert werden. Gelegentlich wird der CBR-Refresh fälschlicherweise als Hidden Refresh bezeichnet. Dabei handelt es sich aber eigentlich um einen Refreshvorgang, der sich unmittelbar an einen normalen DRAM-Zugriff anschließt und sich dadurch zeitlich nahezu versteckt. Der Controller wertet dabei den Zustand des ¬CS-Signals aus um sicherzustellen, dass der Prozessor momentan nicht auf den Speicher zugreift.

3) Self Refresh (Auto Refresh): Hierbei handelt es sich um eine Weiterentwicklung des CBR-Refreshs. Im Speicherbaustein ist neben dem Adressgenerator auch ein Timer vorhanden, so dass auch der Anstoß für einen Refresh-Vorgang intern erfolgt.

Eine weitere Klassifizierung der Refresh-Arten kann man anhand ihrer zeitlichen Verwaltung innerhalb des 16-ms-Rahmens vornehmen. Man unterscheidet dann:

1) *Burst Refresh (Bündel-Refresh):* Zu Beginn jeder 16-ms-Periode wird ein Speicherzugriff unterbrochen und alle Auffrischzyklen nacheinander durchgeführt.

2) *Distributed Refresh (verteilter Refresh):* Die einzelnen Refreshzyklen werden gleichmäßig über den 16-ms-Rahmen verteilt.

3) *Hidden Refresh:* Siehe CBR-Refresh.

Um Konflikte zwischen Lese-/Schreib-Zyklen und Refresh-Zyklen zu vermeiden, wird der Prozessor ggf. in den Wartezustand versetzt.

7.1.3 Das Fast-Page-Mode-DRAM (FPM-DRAM)

Die Leistungsfähigkeit moderner Mikroprozessoren hat in den letzten Jahren als Antwort auf neue Anforderungen wie etwa die digitale Bildverarbeitung ständig zugenommen. Die Taktfrequenzen betragen mittlerweile für Prozessoren über 2,5 GHz und auch für Bussysteme (z.B. den PCI-Bus) über 200 MHz mit steigender Tendenz. Diesen Anforderungen sind die herkömmlichen im Arbeitsspeicher verwendeten dynamischen Speicherbausteine (DRAMs) nicht mehr gewachsen. Neue Speichertechnologien warten inzwischen mit reduzierten Zugriffszeiten auf. Darüber wird in diesem und weiteren Kapiteln berichtet.

Wie bereits im Kap. 7.1.2 beschrieben, übergibt man bei herkömmlichen DRAMs die Reihen- und Spaltenadressen nacheinander mittels der Steuersignale ¬RAS (Row Address Strobe) und ¬CAS (Column Address Strobe) an den Baustein und wählt damit eine einzige Speicherzelle aus. Im Unterschied dazu wird bei FPM-DRAMs nach der Übergabe der Reihenadresse mit ¬RAS die gesamte zugehörige Speicherzeile (Page) parallel in eine Zeile von Leseverstärkern (Sense Amplifier) übertragen und dort zwischengespeichert. Die anschließende Übergabe der Spaltenadresse mit ¬CAS bewirkt nun das Auslesen des adressierten Leseverstärkers. Diese Technik lässt den sogenannten Fast Page Mode zu, bei dem nach einmalig übergebener Zeilenadresse sequenziell nacheinander die durch unterschiedliche Spaltenadressen ausgewählten Daten aus dem Leseverstärker abgerufen werden können, solange diese in derselben Zeile liegen (Page Hit-Zugriff). Anschließend muss die Zeile wieder in die Speicherzellen zurückgeschrieben und damit aufgefrischt werden. Die Zeilenadresse kann im Baustein allerdings nur für eine maximale Dauer von 100 µs gehalten werden, da hierfür ebenfalls eine dynamische Speicherstruktur benutzt wird. In Bild 7.12 ist ein Fast Page Mode-Lesezyklus dargestellt.

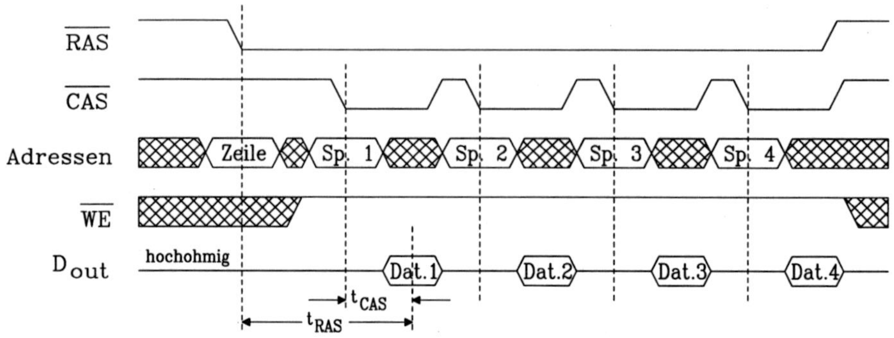

Bild 7.12: Fast Page Mode-Lesezyklus für vier Datenbytes bei einem FPM-DRAM. Bei Page-Hit-Zugriffen wird die CAS-Zykluszeit t_{CAS} auch Fast Page Mode-Zykluszeit genannt.

Zeitgewinne gegenüber herkömmlichen DRAMs entstehen hierbei dadurch, dass die Reihenadresse nur einmal angelegt und der dynamische Lesevorgang einschließlich Precharge (s. Kap. 7.1.2) für eine ganze Zeile nur einmal durchgeführt werden muss. Gegenüber der RAS-Zugriffszeit von z.B. 60 ns (Zeitdifferenz von der fallenden Flanke des ¬RAS-Signals bis zum Vorliegen stabiler Daten) kann die im Fast Page Mode entscheidende CAS-Zykluszeit dadurch innerhalb einer Page auf etwa 30...40 ns nahezu halbiert werden.

7.1.4 Das Enhanced DRAM (EDRAM)

Enhanced DRAMs sind eine Weiterentwicklung der Fast Page Mode DRAMs (Kap. 7.1.3). Während bei letzteren nach Übergabe der Zeilenadresse eine Speicherzeile parallel in ein Leseverstärkersystem übertragen wird, steht bei EDRAMs dafür ein SRAM-Cachespeicher zur Verfügung. Im Falle eines Cache-Hit verhält sich der Speicher wie ein sehr schnelles SRAM mit einer ¬CAS-Zugriffszeit von 15 ns, und bei Cache Miss wird eine neue Speicherzeile innerhalb von 35 ns geladen. Precharge-Zeiten fallen hierbei nicht ins Gewicht, da während Burst-Lesezugriffen bereits die DRAMs im Hintergrund vorgeladen werden können. Ein EDRAM kann daher bei einem 33-MHz-Bustakt sogar bei einem Cache Miss eine Cachezeile (4 Byte gemäß 3-1-1-1-Burst) in 6 Takten liefern.

Schreiboperationen auf den Baustein umgehen den Cachespeicher und greifen direkt auf das DRAM zu. Deshalb bleibt die zuletzt ausgelesene Zeile im Cache gespeichert. Die Schreiboperation dauert zwar insgesamt ca. 60 ns, aber infolge einer internen Zwischenspeicherung von Adressen und Daten kann der eigentliche Speichervorgang im Hintergrund ablaufen, während der Baustein z.B. bereits den nächsten Cache Hit-Lesezyklus durchführt. Schreibzugriffe benötigen aus der Sicht des Prozessors ebenfalls nur 15 ns.

Unter Umständen benötigt ein mit EDRAMs bestückter Rechner keinen Second Level-Cachespeicher, da seine Funktion vom Speicherbaustein übernommen wird.

7.1.5 Das Extended-Data-Output-DRAM (EDO-DRAM)

Beim FPM-DRAM hat das Signal ¬CAS zwei Aufgaben. Die fallende Flanke übernimmt bei Leseoperationen die gültige Spaltenadresse, die steigende Flanke zeigt an, dass das Datum gelesen wurde und die Datentreiber hochohmig geschaltet werden können (siehe Bild 7.12). Erst dann kann nach einer weiteren CAS-Precharge-Zeit die nächste Spaltenadresse angelegt werden. Dadurch wird eine vermeidbar große Zeit zwischen zwei aufeinanderfolgenden Datenzugriffen erzwungen und die erreichbare Datenrate im Fast Page Mode begrenzt. Datenzugriffe mit höherer Geschwindigkeit sind dann möglich, wenn die Steuerung der Datentreiber nicht durch die Rückflanke von ¬CAS, sondern durch interne Signale realisiert wird.

Diese Technik wird bei den Extended-Data-Output-DRAMs (EDO-DRAMs) angewandt. Bei diesen Bausteinen kann bereits die nächste Spaltenadresse mittels ¬CAS übergeben werden, während am Ausgang das vorherige Datum noch gültig ist. Bezogen auf ¬CAS beim FPM-DRAM kann also hier der Datenausgang länger aktiv sein, was den Namen des Bausteins begründet.

Die CAS-Zykluszeit lässt sich durch diese Maßnahme um ca. 15 ns verkürzen und liegt damit bei 60- ns-DRAMs bei ca. 25 ns.

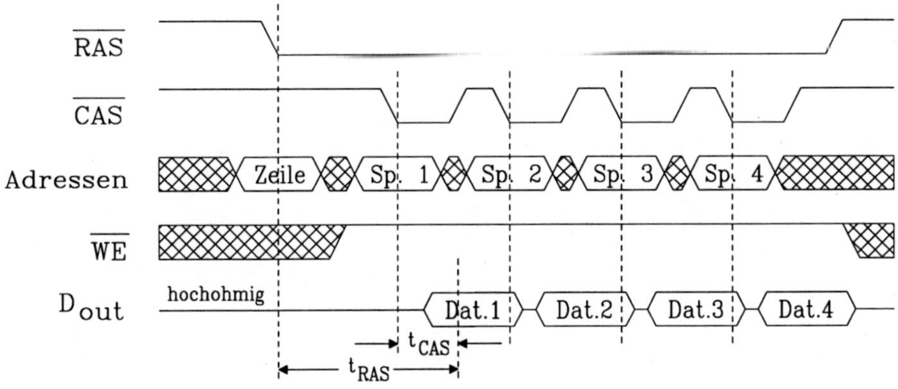

Bild 7.13: EDO Page Mode-Lesezyklus für vier Datenbytes bei einem EDO-DRAM.

7.1.6
Burst Extended Data Output DRAM (BEDO-DRAM)

Mit der Verwendung von Cache-Speichern in Mikrorechnern kommen Arbeitsspeicherzugriffe auf beliebige Spaltenadressen innerhalb einer Page sehr selten vor. Cache-Speicheranforderungen benutzen stattdessen z.B. vier aufeinanderfolgende, also gebündelte Adressen. Einen derartigen Speicherzugriff nennt man auch Burst. Da hierbei die Reihenfolge der Spaltenadressen bekannt ist, lässt sich das Zugriffsverfahren vereinfachen und damit beschleunigen.

BEDO-RAMs sind hinsichtlich dieser Burst-Zugriffe optimiert. Das ¬CAS-Signal erhält hierbei eine andere Bedeutung als bei EDO-RAMs. Zunächst wird wie üblich mit ¬RAS die Zeilenadresse und mit ¬CAS die erste Spaltenadresse festgelegt (Lead Off Cycle). Anschließend hat ¬CAS die Bedeutung eines Zählimpulses, der einen internen Spaltenzähler inkrementiert. Jeweils ca. 10 ns nach der fallenden Flanke des ¬CAS-Taktes (beginnend mit dem zweiten) sind die Daten am Ausgang gültig. Daher sind für einen Viererburst insgesamt fünf ¬CAS-Takte nötig. Allerdings kann während des letzten ¬CAS-Taktes eines Bursts wegen einer internen Pipelinestruktur bereits die Spaltenadresse für den nächsten übertragen werden, so dass sich bei Page-Hit der nächste Burst unmittelbar anschließen kann. Diese Situation ist in Bild 7.14 dargestellt: Der erste ¬CAS-Takt übernimmt dabei aus der internen Pipeline die Spaltenadresse, die bereits am Ende des vorigen Bursts übermittelt wurde.

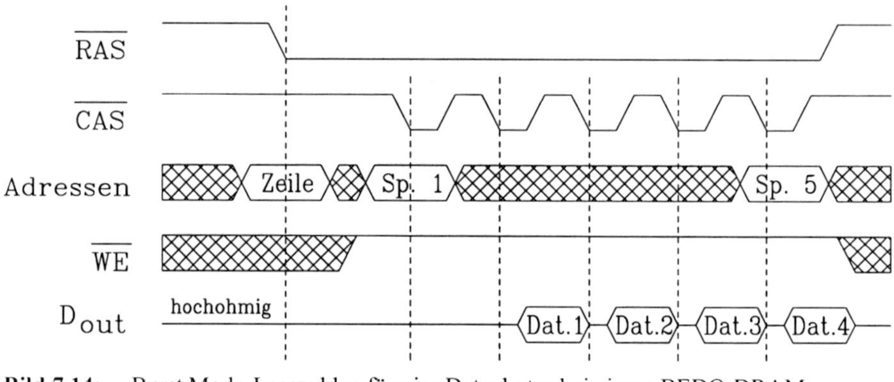

Bild 7.14: Burst Mode-Lesezyklus für vier Datenbytes bei einem BEDO-DRAM.

7.1.7
Das Synchrone DRAM (SDRAM)

In der Vergangenheit wurden mit Fast-Page-Mode-DRAM-Bausteinen (FPM-DRAMs) bestückte Speichersysteme für hohe Geschwindigkeitsanforderungen häufig im Interleaving-Mode eingesetzt. Dabei wird der Speicher in zwei Bänke aufgeteilt, auf die dann abwechselnd zugegriffen wird. So lassen sich z.B. Precharge- oder Refreshzyklen in einer Bank parallel zu einer vorbereitenden Adressauswahl in der anderen Bank ausführen. Diese Technik wurde für SDRAMs übernommen. Diese Bausteine enthalten zwei gleichgroße, voneinander unabhängige Speicherbänke und die erforderliche Steuereinheit in einem Gehäuse. Die Bänke sind adressenmäßig parallelgeschaltet, die Bankauswahl erfolgt mit einem weiteren Bit als "Bank Select" (BS), welches der Gesamtadresse als MSB hinzugefügt ist. Die Vorgänge im Baustein erfolgen taktsynchron.

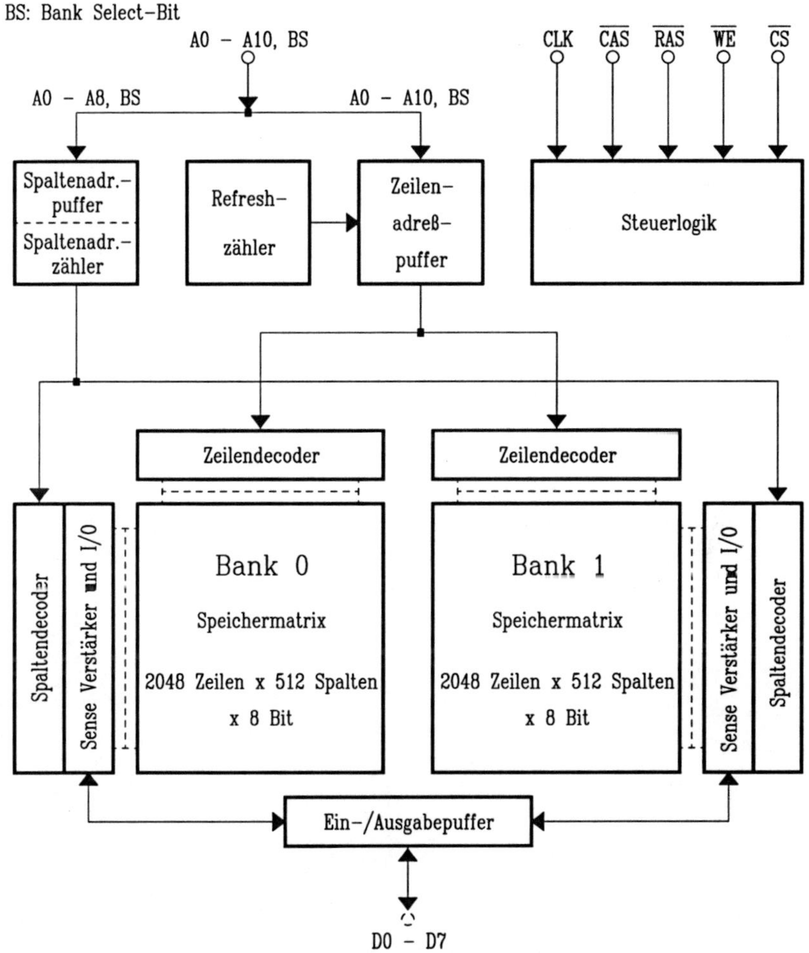

Bild 7.15: Blockschaltbild eines 16-Mibit-SDRAMs (Hitachi)

In Bild 7.15 ist das Blockschaltbild eines 16-Mibit-SDRAMs (Hitachi) dargestellt, das zwei Speicherbänke mit je 1Mi x 8Bit enthält. Die Taktfrequenz beträgt 100 MHz, daher lässt sich bei einer Datenbusbreite von 32 Bit (vier Speicherbausteine) eine Burst-Datenrate von 400 MByte/s erreichen.

Bei herkömmlichen DRAMs bestimmen die fallenden Flanken der Signale ¬RAS (Row Address Strobe) und ¬CAS (Column Address Strobe) die Betriebsfunktionen. Bei SDRAMs werden dagegen die Zustände der Steuersignale ¬CS, ¬WE, ¬RAS und ¬CAS zum Zeitpunkt der steigenden Flanke des Taktsignals (synchroner Betrieb) als Kommandos interpretiert, die die Steuerlogik ausführt. Dadurch lassen sich Probleme infolge zeitkritischer Flanken vermeiden. Als Kommandos sind implementiert:

- ACTIVE: Auswahl der Reihenadresse und Aktivierung einer Bank
- READ: Lesevorgang an der angelegten Spaltenadresse
- WRITE: Schreibvorgang an der angelegten Spaltenadresse
- BST: Beendet einen Full Page Burst beim Auslesen
- PRE: Precharge einer Bank
- PALL: Precharge beider Bänke
- REF: Refreshvorgang einleiten
- MRS: Mode Register Set zur Auswahl der Betriebsparameter:
  * Schreiben im Burst- oder Single-Mode
  * Burstlänge, d.h. Anzahl der fortlaufend gelesenen oder geschriebenen Datenbytes
  * CAS Latency: Taktperiodenzahl, nach der bei READ die Daten am Ausgang stehen

Bild 7.16 zeigt ein Beispiel für den Betrieb eines SDRAMs. Es wird zunächst aus der Bank 0 und dann aus der Bank 1 jeweils ein 4-Byte-Burst ausgelesen, so dass sich ein fortlaufender Datenstrom von 100 MByte/s ergibt. Dazu sind in jeder Bank die Kommandos ACTIVE und frühestens 3 Takte später READ auszuführen. Im Beispiel ist eine CAS Latency von 2 Taktzyklen eingestellt. Nach einer Burst-Leseoperation müssen die Sense-Verstärker mit dem Kommando PRECHARGE (s. Kap. 7.1.2) nur dann für den nächsten Speicherzugriff vorbereitet werden, falls die neuen Daten in einer anderen Speicherzeile liegen. Infolge einer internen Kommando-Pipeline dieses Bausteins können unmittelbar nach dem letzten Read-Kommando weitere Kommandos aktiviert werden, obwohl die Datenausgabe noch nicht beendet ist.

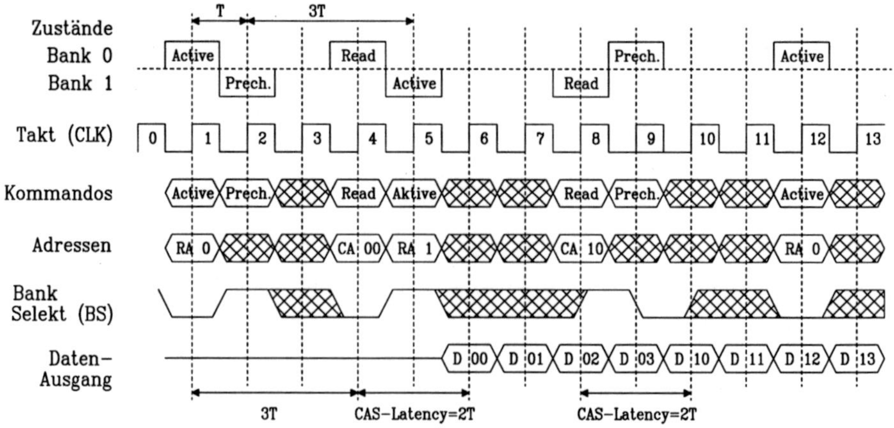

Bild 7.16: Liniendiagramm eines Burst-Lesebetriebs bei einem synchronen DRAM (SDRAM)

7.1.8
Das Enhanced SDRAM (ESDRAM)

Enhanced SDRAMs sind weiterentwickelte *synchrone DRAMs* (s. Kap. 7.1.7). Sie sind funktions- und pinkompatibel zu SDRAMs, gestatten aber eine höhere Datenrate, weil sie zusätzliche SRAM-Caches enthalten, die jeder Speicherbank als Zeilenspeicher (Row Cache) zugeordnet sind.

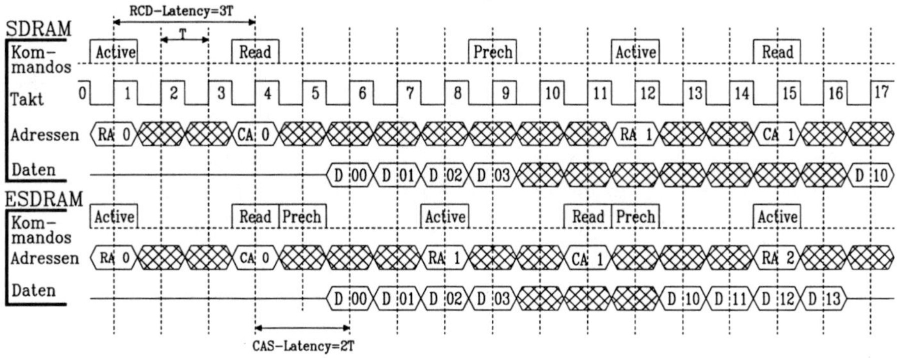

Bild 7.17: Vergleich von Random-Speicherlesezugriffen mit 4-Byte-Bursts beim synchronen DRAM (SDRAM) und enhanced SDRAM (ESDRAM).
Abkürzungen: RA: Row Address; CA: Column Address; Prech: Precharge; D: Daten

Beim SDRAM kann nämlich innerhalb einer Speicherbank ein Precharge-Vorgang (s. Kap. 7.1.2) zur Vorbereitung z. B. eines weiteren Burst-Lesezugriffs erst am Ende des vorhergehenden Datenbursts aktiviert werden. Dadurch entstehen längere Pausen im Datenstrom, die vom Mikroprozessor per Wartezyklen überbrückt werden müssen. Der Cachespeicher ermöglicht es nun, den Precharge- hinter dem Lese-Vorgang zu verstecken, denn der Lesezugriff wird über den Cache abgewickelt, die Speicherbank ist also frei für den Vorladeprozess.

Dieses unterschiedliche Verhalten von ESDRAMS im Vergleich zu SDRAMs ist im Bild 7.17 am Beispiel von Random-Burst-Speicherlesezugriffen mit 4 Bytes Länge innerhalb einer Speicherbank verdeutlicht (man beachte hierzu Bild 7.16).

Es wird deutlich, dass beim ESDRAM das Precharge-Kommando bereits unmittelbar auf das Read-Kommando folgen darf und damit Precharge und Lesezugriff zeitlich parallel stattfinden. Beim SDRAM laufen beide Vorgänge nacheinander ab. Unter den genannten Randbedingungen benötigt ein Burstzyklus beim SDRAM 11 Taktzyklen und beim ESDRAM 7, also lediglich 64%.

Verfügbar sind ESDRAMS momentan mit Kapazitäten bis 64 Mibit, angeordnet in 2 oder in 4 Speicherbänken. Minimale Zugriffszeiten betragen 4,3 ns bei einer Bustaktfrequenz von 166 MHz (Baustein SM2603T-6, Fa. Enhanced Memory Inc.).

7.1.9
Das Double Data Rate SDRAM (DDR SDRAM)

Die 1996 begonnene Entwicklung einer Speichertechnologie auf der Basis *Synchroner DRAMs* (SDRAMs, s. Kap. 7.1.7) wurde ab 2000 mit dem Ziel eines höheren Datendurchsatzes fortgeführt, dabei entstand das *Double Data Rate SDRAM* (DDR SDRAM). Hierbei handelt es sich um ein synchron arbeitendes DRAM, bei dem die Daten nicht nur an der fallenden, sondern zusätzlich an der steigenden Flanke des Datentaktes (CK, Clock) übertragen werden. Dadurch lässt sich bei gleicher Taktfrequenz die Datenrate verdoppeln.

Eine Double Rate Daten-Leseoperation wird in einem DDR SDRAM prinzipiell wie folgt abgewickelt (n entspricht einer vorgegebenen Anzahl von Bits):

- ein 2n-Zugriff auf die Speichermatrix pro Voll-Taktzyklus,
- ein 2n-Datentransfer im Speicherchip pro Voll-Taktzyklus und
- zwei 1n breite Halb-Takt-Datentransfers an die I/O-Anschlüsse.

Schreiboperationen enthalten die gleichen Schritte in umgekehrter Reihenfolge. Der Datentransfer wird üblicherweise bidirektional zwischen dem Speicherbaustein und einem Memory Controller abgewickelt.

Bei Speicherbausteinen wirken sich schaltungsbedingte Laufzeitverzögerungen für Steuersignale, z.B. bedingt durch unterschiedliche Leitungslängen oder –kapazitäten, besonders im Bereich hoher Bustaktfrequenzen von über 100 MHz kritisch aus. Wie bei den SDRAMs geschieht daher die Steuerung aller Speicheroperationen über Kommandos, die die erforderlichen Bussteuersignale taktsynchron initialisieren.

Darüber hinaus erzeugt das DDR SDRAM bei Leseoperationen ein Strobesignal (DQS), das als Zeitreferenz parallel zu den Daten übertragen wird und die Datenübernahme im Memory Controller laufzeitunabhängig synchronisiert. Umgekehrt erzeugt bei Schreiboperationen der Memory Controller das Strobesignal und übergibt damit die Daten an beiden Flanken dem Dateneingang des Speichers.

In Bild 7.18 ist das Blockschaltbild eines 128-Mibit-DDR SDRAM-Bausteins (HYB25D128800AT, Infineon) dargestellt, der als 16 Mi x 8Bit organisiert ist.

SDRAMs mit einer Kapazität ab 64 Mibit enthalten stets 4 Speicherbänke. Die Adressierung erfolgt über Zeilen- und Spalten-Decoder. Jede Speicherbank hat einen Lese- bzw. Sense-Verstärker, der eine ganze Speicherzeile umfasst und sich wie ein Pufferspeicher nutzen lässt (s.S. 227). Eine solche Speicherzeile, auch Page genannt, enthält beim vorliegenden Baustein 2^{10}=1024 einzelne Sense-Verstärker mit je 1Byte.

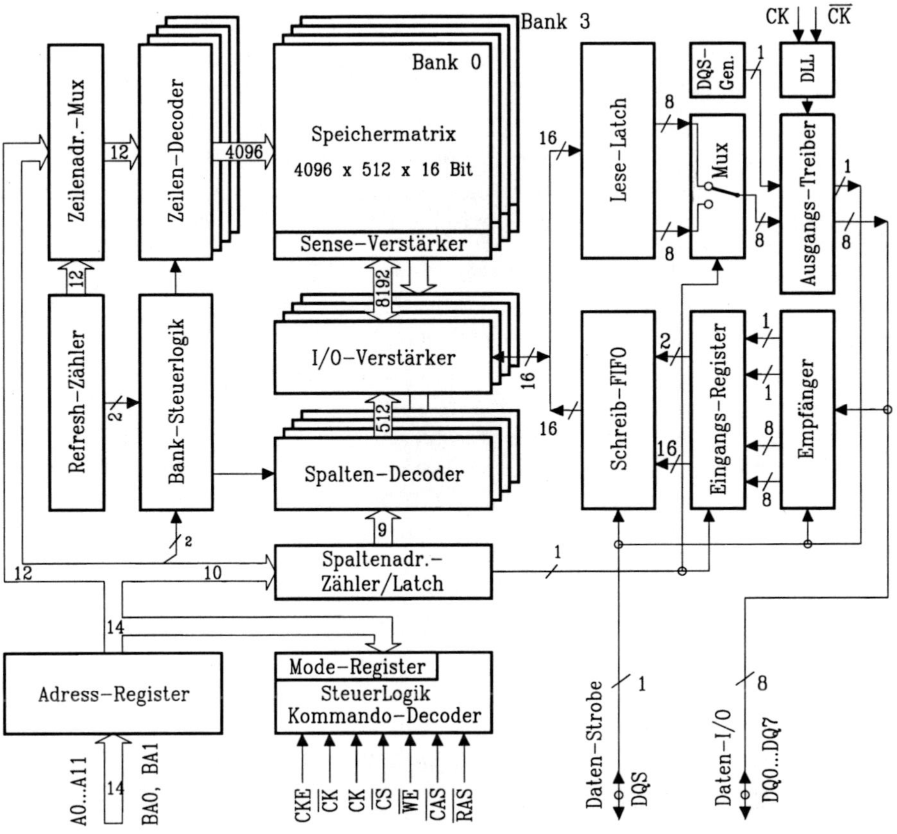

Bild 7.18: Blockschaltbild des DDR SDRAMs HYB25D128800AT (Infineon) mit der-Kapazität von 16 Mi x 8 Bit (128 Mibit). Die Abkürzungen bedeuten:

CKE: Clock Enable	CK: Clock	CS: Chip select
WE: Write Enable	CAS: Column Addr. Strobe	RAS: Row Addr. Strobe
DQS: Data Strobe	BA0, BA1: Bank Select Bits	A0-A11: Address

Bei Lese- oder Schreibzugriffen auf bestimmte Speicherzellen im DDR SDRAM wird durch ein Kommando (*Active*) zunächst diejenige Page (Zeile, Row) einer Bank aktiviert, in der die Zellen liegen. Die dafür erforderliche Zeit heißt *RAS to CAS Delay*. Während dieser Zeit lesen die Sense-Verstärker den Inhalt der adressierten Speicherfeldzeile ein. Die Adresse hierfür umfasst 2 Bit für die Bank, die restlichen Bits adressieren die Speicherzeile. Anschließend wird durch ein zweites Kommando (*Read*) unter der Spaltenadresse (Column) in dieser Page die gewünschte Speicherzelle angesprochen. Diese Adresse umfasst 2 Bit für die Bank, die restlichen Bits adressieren den Speicherplatz innerhalb der Zeile. Die Umsetzung der dafür erforderlichen Teiloperationen geschieht also durch *Kommandos*, die funktionell vergleichbar sind mit Maschinenzyklen bei der Abarbeitung von Befehlen in einem Mikroprozessor.

Interne Refreshzähler und Timer steuern das Auffrischen der dynamischen Speicherzeilen, auch im Power Down Modus des Rechnersystems. Im Datenausgangspfad des Speicherbausteins befinden sich weiterhin zwei für die DDR-Technik spezifische Blöcke:

1. *DQS-Generator:* Er erzeugt das Data Strobe Signal, das bei Leseoperationen als Zeitreferenz parallel zum Datensignal mitübertragen wird.
2. *DLL (Digitally Locked Loop):* Diese Schaltung sorgt für eine zeitlich exakte Positionierung des Datensignals zwischen den Flanken des Strobesignals.

Der Kommandosatz des Speicherbausteins umfasst:

1. **Deselect:** Begonnene Kommandos werden zu Ende geführt, die Ausführung weiterer Kommandos wird unterdrückt.
2. **No Operation (NOP):** Wie Deselect, jedoch werden auch während Idle- oder Wait-Zuständen keine Kommandos angenommen.
3. **Mode Register Set:** Über die Anschlüsse A0-A11, BA0, BA1 werden die Betriebsart, die CAS Latency, Burst-Typ und Burst -Länge eingestellt.
4. **Active:** Dieses Kommando aktiviert (öffnet) eine Zeile (Row) in der ausgewählten Bank. Die Zeile bleibt für Zugriffe aktiviert, bis eine Precharge-Operation ausgeführt wurde.
5. **Read:** Startet eine Burst-Leseoperation in der adressierten Spalte (Column) einer aktiven Zeile (Row) der ausgewählten Bank. Ein Bit im Modewort entscheidet, ob die Leseoperation mit einem Auto Precharge abgeschlossen werden soll. Falls ja, ist anschließend die Zeile deaktiviert, im anderen Fall bleibt sie für weitere Leseoperationen geöffnet.
6. **Write:** Startet eine Burst-Schreib-Operation. Ansonsten gelten gleiche Randbedingungen wie bei Read.
7. **Precharge:** Deaktiviert (schließt) eine offene Zeile (Row) in der adressierten Bank oder wahlweise in allen Bänken. Weitere Lese- oder Schreibzugriffe auf die Zeile erfordern zunächst eine Aktivierung.
8. **Autoprecharge:** Bewirkt eine Precharge-Operation in der adressierten Bank wie unter Precharge. Ist aber nur im Anschluss an eine Lese- oder Schreib-Operation nutzbar.
9. **Burst Terminate:** Bricht die letzte Read-Burst-Operation, die vor dem Burst Terminate Kommando aktiviert wurde, ab.
10. **Auto Refresh:** Entspricht dem CAS before RAS Refresh (CBR-Refresh) bei älteren DRAM-Typen (s. S. 230). Alle Zeilen des hier vorliegenden Speicherbausteins müssen spätestens nach 15,6µs aufgefrischt werden.
11. **Self Refresh:** Dieses Kommando bewirkt, dass die Speicherdaten auch im Power Down Modus des restlichen Systems , also ohne externes Clocksignal, erhalten bleiben, da ein interner Timer im Speicherbaustein vorhanden ist. (s. S. 230)

Der Speicherbaustein benötigt als Zentraltakt ein differenzielles Clocksignal (CK, ¬CK). Der Kreuzungspunkt zwischen CK und ¬CK an der steigenden Flanke von CK ist dabei als positive Taktflanke definiert. Zu jedem Kommando des DDR SDRAMs gehört während der positiven Taktflanke eine bestimmte Kombination der drei Steuersignale ¬RAS (Row Addr. Strobe), ¬CAS (Column Addr. Strobe) und

$\neg$WE (Write Enable). Im Bild 7.19 sind die Steuersignalkombinationen für die beiden Kommandos *Active* und *Read* in Liniendiagrammen dargestellt.

Datentransfers geschehen vorteilhaft in Form von Bursts programmierbarer Länge (2, 4 oder 8) ab der gewünschten Adresse. Vom Zeitaufwand her gesehen sind derartige konsekutive Zugriffe auf Speicheradressen in derselben Zeile besonders günstig, weil die Zeile nur einmal aktiviert werden muss und die Speicherplätze dann sehr schnell durch Inkrementieren der Spaltenadresse erreichbar sind. Derartige Speicherzugriffe heißen Bursts.

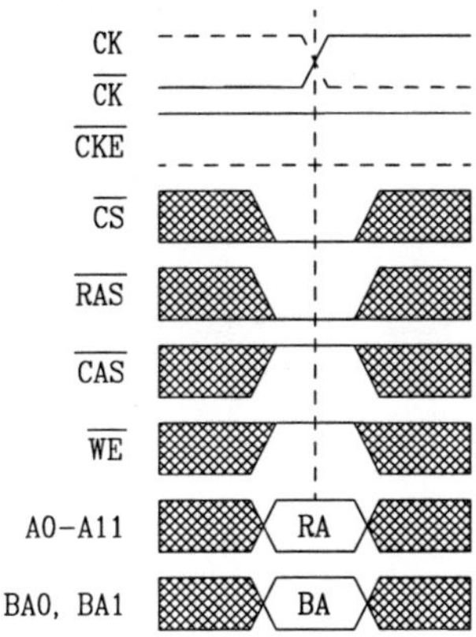

Die Abkürzungen:
CK: Clock
CKE: Clock Enable
CS: Chip Select
RAS: Row Addr. StrobeCAS:
WE: Write Enable
A0-A11: Addr. Lines
BA0,1: Bank Select Bits
RA: Row Addr.
CA: Column Addr.
BA: Bank Addr.

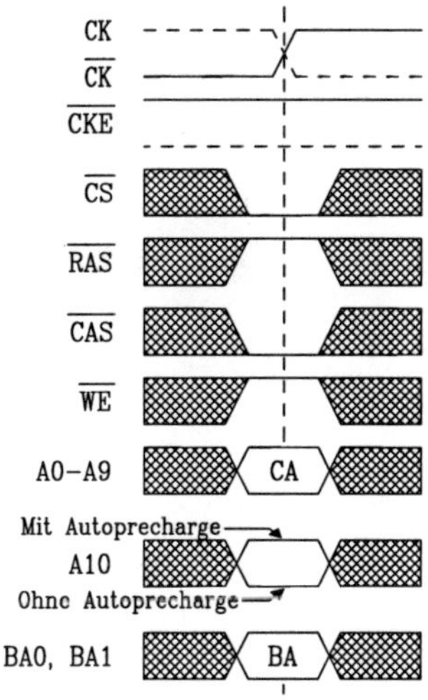

Bild 7.19: Steuersignalschemata für zwei Kommandos des DDR SDRAMs. Links für das Kommando *Active* und rechts für das Kommando *Read*.

Bild 7.20 zeigt das Liniendiagramm für einen konsekutiven Vierer-Burst-Lesezugriff mit einer CAS-Latency von 2 Takten. Unter CAS-Latency (Read latency) versteht man die Verzögerung in Taktperioden zwischen der Registrierung des Read-Kommandos und dem Erscheinen des ersten Daten-Bursts. Diese Verzögerung ist programmierbar mit 2, 2,5 oder 3 Takten.

Das erste READ-Kommando übergibt dem Spalten-Decoder der Bank 1 die Spaltenadresse m. Zuvor wurden bereits das Moderegister mit den Parametern Burst Length = 4 und CAS Latency = 2 initialisiert und mit dem Kommando *Active* die gewünschte Zeilenadresse übergeben. Nach der Latenzzeit 2T erscheint mit steigender Taktflanke am Datenausgang das erste Datum DO1, m und mit fallender Taktflanke das zweite Datum des Vierer-Bursts DO1, m+1 usw.. Bereits zu Beginn der ersten Burstausgabe erfolgt mit dem zweiten READ-Kommando die Vorbereitung der zweiten Burstausgabe von der Spaltenadresse n, die sich nahtlos an die erste anschließt.

Nach Einschalten der Betriebsspannung (Power On) muss der Memory Controller zunächst einen festgelegten Initialisierungsprozess aktivieren. Anschließend befindet sich der Speicher im Idle-Zustand. Von hier aus lässt sich jede Betriebsfunktion des Speichers über Kommandos ausführen. Alle vorgesehenen Betriebszustände sind im Zustandsdiagramm erkennbar (Bild 7.21).

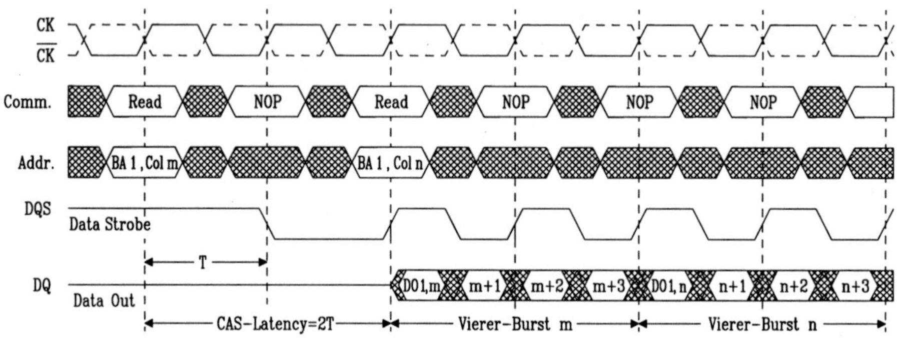

Bild 7.20: Liniendiagramm für einen konsekutiven Vierer-Burst-Lesezugriff mit einer CAS-Latency von 2 Takten beim DDR SDRAM HYB25D128800AT. Die Abkürzungen bedeuten:

CK: Clock Comm.: Command BA1: Bank 1 Col: Column

Als Beispiel werde der in Bild 7.20 dargestellte konsekutive Vierer-Burst-Lesezugriff im Zustandsdiagramm veranschaulicht.

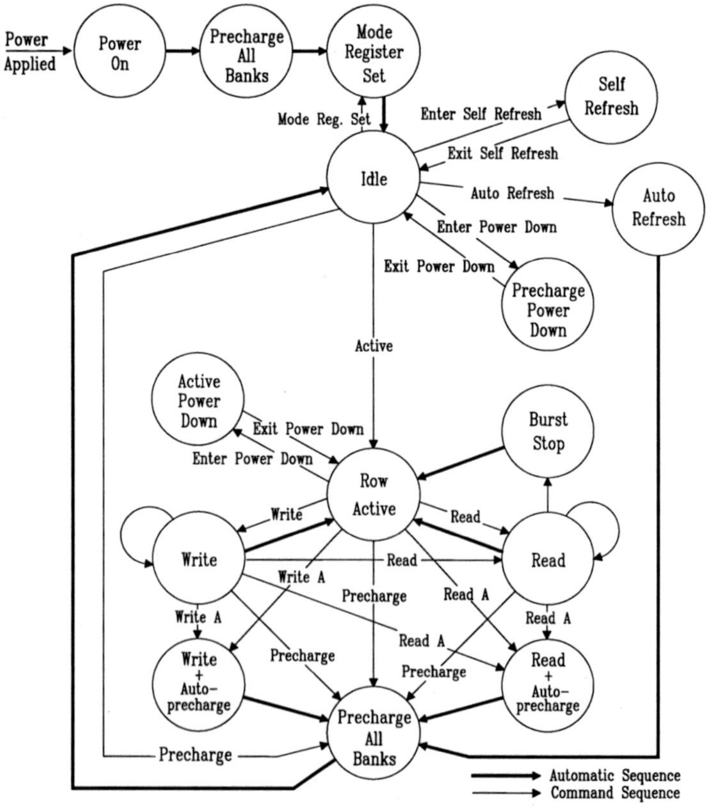

Bild 7.21: Vereinfachtes Zustandsdiagramm des DDR SDRAMs HYB25D128800AT

Nach Power On und der oben besprochenen Initialisierung befindet sich der Speicher im *Idle Mode.* Mit dem Kommando *Active,* das die gewünschte Zeilennummer enthält, erreicht er den Zustand *Row Active,* in der diese Zeile geöffnet wird. Mit dem nächsten Kommando *Read,* das die gewünschte Spaltennummer enthält, wird dem Datenausgang das erste Byte übergeben. Mittels des Kreispfeils kann unmittelbar das nächste Byte des Bursts gelesen werden. Nach Beendigung des Bursts kehrt der Speicher automatisch in den Zustand *Row Active* zurück, in welchem durch das vorgezogene zweite Burst *Read* Kommando die neue Spaltenadresse bereits vorliegt. Anschließend werden der zweite Burst gelesen und die Daten dem Ausgang übergeben.

7.1.10 Das Quad Data Rate SDRAM (QDR SDRAM)

Die Leistungssteigerung im Datentransfer, die durch Einsatz der im Kapitel 7.1.9 dargestellten DDR SDRAM-Technik erreicht werden kann, basiert darauf, dass nicht nur an der steigenden, sondern auch an der fallenden Flanke des Speicher-Datentaktes (CK) Daten übertragen werden können. Darüber hinaus enthält dieser Speichertyp einen Port, der sich alternativ lesen oder beschreiben lässt. Damit können im Gegensatz zu den einfachen SDRAMs in jedem Taktzyklus 2 Datenworte transferiert werden, daher der Name Double Data Rate (DDR).

Diese Technik wurde seit 1999 mit dem Ziel größeren Datendurchsatzes weiterentwickelt. Ein Konsortium namhafter Halbleiterproduzenten legte 2002 den Standard für ein neues SRAM-Konzept mit dem Namen QDR RAM fest. Dieses beschreibt eine leistungsfähigere synchrone Speicherarchitektur mit getrennten Ein- und Ausgangs-Ports, die beide als DDR-Interface ausgeführt sind und damit unabhängig voneinander und gleichzeitig aktiv werden können. Damit lassen sich pro Taktzyklus 4 statt 2 Datenworte transferieren. Diese Technik wird daher als "Quad Data Rate" bezeichnet, und die Bausteine heißen QDR SDRAMs.

Damit lassen sich die steigenden Anforderungen an Datentransfers für die ebenfalls komplexer und schneller gewordenen Prozessoren besser erfüllen. Insbesondere erfordern Netzwerkapplikationen neben einem hohen Datendurchsatz die Möglichkeit, Speicherlese- und Speicherschreibzugriffe simultan und sogar auf dieselbe Speicheradresse durchführen zu können.

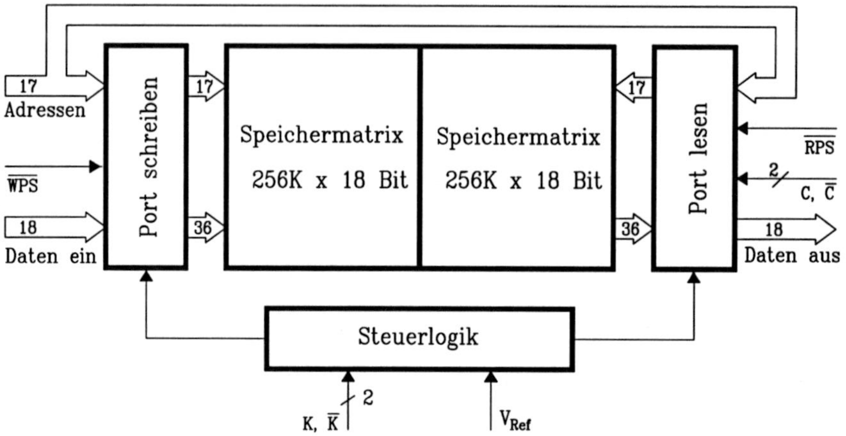

Bild 7.22: Vereinfachtes Blockschaltbild eines QDR SDRAMs mit der Bezeichnung CY7C1302V25 und einer Kapazität von 512 Ki x 18 Bit (Fa. Cypress, 2005).
¬WPS: ¬Write Port Select ¬RPS: ¬Read Port Select
K, ¬K: Input Sampling Signal C, ¬C: Output Sampling Signal

Bild 7.22 zeigt ein vereinfachtes Blockschaltbild eines QDR SDRAMs.

Der Baustein enthält zwei Speicherblöcke mit je 256 Ki x 18 Bit, insgesamt also 9,4 Mbit. Diese können wahlweise im Zweier- oder Vierer-Burst-Zugriff betrieben werden. Mit den Steuersignalen ¬WPS und ¬RPS lassen sich die beiden DDR-Ports auf Schreib- und/oder Lesezugriffe einstellen. Die dabei transferierte Bitzahl beträgt für den hier gewählten Zweier-Burst-Betrieb jeweils 36 Bit.

Für diese Betriebsart ist unter Bild 7.23 ein Liniendiagramm dargestellt, das in Kurzform erläutert werden soll: Im 1. Taktzyklus werden die Steuersignale ¬WPS und ¬RPS durch L-Pegel aktiviert.

Die Adresse RA1 für den ersten Speicher-Lesezugriff wird während der steigenden Flanke des Abtastsignals K erfasst und die Adresse WA1 für den ersten Speicher-Schreibzugriff an der steigenden Flanke von ¬K.

Die 36 Bytes Daten für den Speicher-Schreibzugriff auf die Adresse WA1, nämlich D(WA1) und D(WA1+1), werden ebenfalls zu den Zeitpunkten K bzw. ¬K erfasst. Das bedeutet, die zu schreibenden Bytes werden zur gleichen Taktzeiten erfasst wie die zugehörigen Adressen.

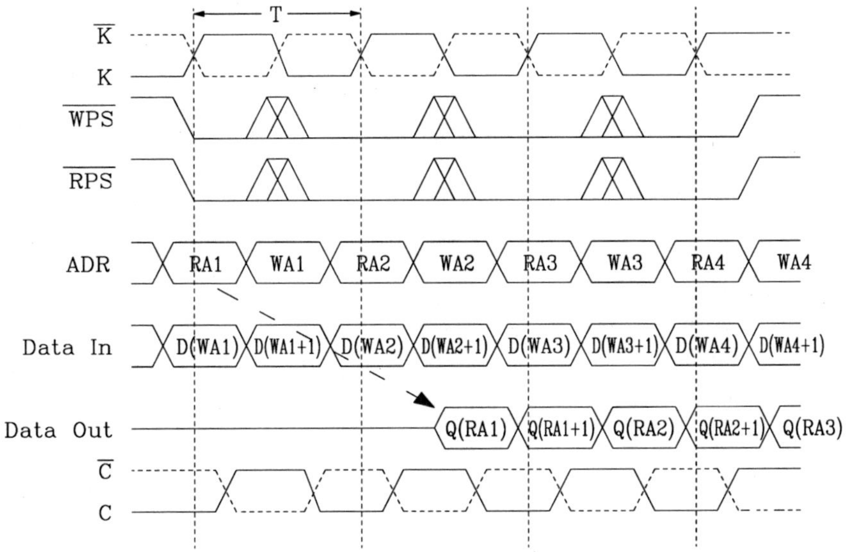

Bild 7.23: Liniendiagramm für einen Zwei-Wort-Burst-Schreib-Lese-Zugriff beim QDR SDRAM CY7C1302V25 der Kapazität von 512 Ki x 18 Bit (Fa. Cypress)

RAn: Read-Operation unter Adressen WAn: Write- Operation unter Adressen
D(WAn): Speicherdaten unter der Adr. WAn Q(RAn): Daten am Datenausgang

Lesezugriffe auf den Speicher sind beim 2-Wort-Burstzugriff in zwei Zyklen aufgeteilt (2-Stufen-Pipeline). Im ersten Zyklus wird die Adresse während der steigenden Flanke von K übernommen. Diese Adresse wird an den Speicher gelegt. Die nächste steigende Flanke am Steuersignal C (Übernahmetakt des Speichers) überträgt das erste 18-Bit-Datenwort Q(RA1) in den Speicher. Die nächste steigende Flanke an ¬C überträgt das zweite 18-Bit-Datenwort Q(RA1+1) auf den Speicher.

Aufgrund des Zusammenhangs zwischen Lese- und Schreibbetrieb beim QDR SRAM eignet sich dieser Speichertyp besonders für Anwendungen, bei denen das Verhältnis von Lese- zu Schreibzyklen nahe bei 1 liegt.

Am Liniendiagramm ist erkennbar, dass eine QDR-Lese-Schreib-Operation auf die gleiche Adresse im selben Takt möglich ist. In diesem Falle bereitet der QDR-Speicher den Schreibvorgang vor und stellt sicher, dass die vorher gültigen Speicherdaten auf den Datenbus gelangen.

Weiterentwicklungen der QDR-Technologie beziehen sich momentan auf QDR II- und -III-Bausteine, die mit veränderter Architektur, größeren Kapazitäten und Taktfrequenzen besonders auf Anwendungen im Bereich der Netzwerktechnologie zielen. Der Vergleich einiger Eigenschaften zwischen QDR- und QDRII-Bausteinen ist in Tab. 7.1 dargestellt.

Tab. 7.1: Gegenüberstellung wesentlicher Eigenschaften bei QDR- und QDRII-SDRAM-Speicherbausteinen

Eigenschaften	QDR SRAM	QDRII SRAM
Frequenz bei 2-Wort-Burst/MHz	166	250
Frequenz bei 4-Wort-Burst/MHz	200	333
Speicher-Latenzzeit	2 Taktzyklen	2,5 Taktzyklen
Daten-Gültigkeits-Fenster für Leseoperationen	1,4 ns bei 166 MHz	1,9 ns bei 166 MHz 0,98 ns bei 333 MHz
Speicherkapazität/Mbit	9, 18, 36	18, 36, 72
Betriebsspannung/V	2,5	1,8

Tab. 7.1 zeigt, dass bei den Bausteinen das sog. "Data Valid Window" nahe bei oder unterhalb von 1ns liegt. Daraus ergeben sich technische Probleme bei der zeitlichen Positionierung des Lesetakts in der Steuerlogik und dem Layout-Design der Schaltung. Üblicherweise verwendet man heute dafür ASICs oder FPGAs im Zusammenhang mit kommerziellen Timing-Analysewerkzeugen.

7.1.11 Quasistatisches dynamisches RAM

Die Vorteile dynamischer RAMs, wie hohe Speicherdichte und günstige Kosten, lassen sich mit quasistatischen RAMs besonders bei kleineren Speichersystemen nutzen, ohne den Aufwand für einen Refresh-Controller in Kauf nehmen zu müssen.

Es handelt sich hierbei um dynamische RAMs mit zusätzlicher Auffrisch-Logik. In der Anwendung entsprechen sie weitgehend den statischen RAMs. Ist sogar ein eigenständig arbeitender Refresh-Timer und eine Refresh-Überwachungsschaltung (Arbiter) enthalten, wird der Baustein auch als iRAM (integrated RAM) bezeichnet.

Im iRAM 2186 (8 Ki x 8 Bit, INTEL) z.B. ist ein Refresh-Timer enthalten, der in regelmäßigen Zeitabständen Refresh-Anforderungen erzeugt und ein Arbiter, der die Speicherzugriffs- und Auffrisch-Zyklen koordiniert (asynchrone Betriebsweise). Es können generell zwei Kollisionen auftreten:

1. Während eines Speicher-Lese/Schreib-Zugriffs wird ein Refresh-Zyklus nötig.
2. Während ein autonomer Refresh-Zyklus durchgeführt wird, erfolgt ein Speicher-Lese/Schreib-Zugriff.

Der Arbiter löst den Konflikt 1, indem er den Refresh-Zyklus bis zum Abschluss des Speicherzugriffs (also z.B. 1 µs) verzögert. Im Fall des Konflikts 2 kann der Mikroprozessor über einen Steuerausgang zum Einschieben von Wartezyklen veranlasst und damit der Speicherzugriff verzögert werden. Für große dynamische Speichersysteme sind herkömmliche DRAMs und ein getrennter Refresh-Controller günstiger.

7.1.12 Dual-Port-RAM und Video-RAM

Neben den oben besprochenen RAM-Typen existiert eine Variante, bei der jede einzelne Speicherzelle von zwei weitgehend voneinander unabhängigen Ports aus schreibend oder lesend erreichbar ist: das Dual-Port-RAM. Dieses Bauelement ist vorteilhaft anwendbar zur Kopplung von Mikroprozessoren oder BUS-Systemen.

a) Das Dual-Port-RAM. Die Funktion von Dual-Port-RAMs soll anhand des Bausteins VT 2130 (VLSI TECHNOLOGY INC.) erläutert werden, der auf einem statischen RAM der Kapazität von 1 Ki x 8 Bit basiert und zwei parallele, symmetrische 8 Bit breite Daten- und 10 Bit breite Adressports enthält. Bild 7.24 zeigt die Struktur einer 1-Bit-Speicherzelle mit den erforderlichen Steuersignalen. Als Speicherzelle dient eine bistabile Kippstufe (Flipflop). Die Ansteuerelektronik ist in symmetrischer Form zweifach vorhanden, sie gestattet Zugriffe von "links" und/oder "rechts".

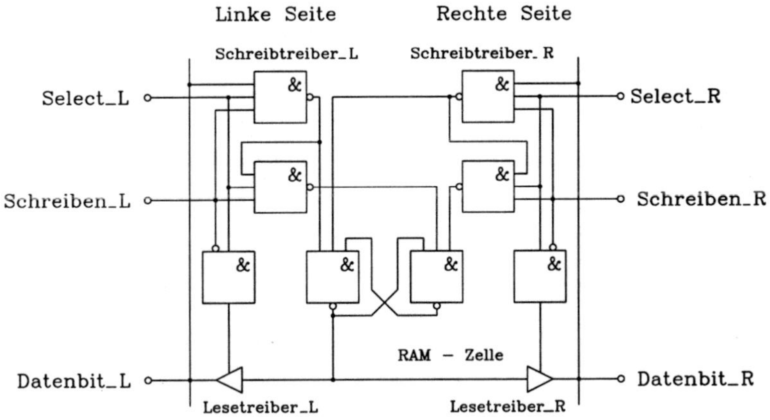

Bild 7.24: Aufbau einer Speicherzelle eines statischen Dual-Port-RAMs

Im Folgenden sei ein Zugriff von links vorausgesetzt. Liegt die der Speicherzelle zugeordnete Adresse am Baustein an, ist Select_L = 1. Wird der Eingang Schreiben-L mit 1 zum Speicher Schreiben aktiviert, kann über den Anschluss Datenbit_ L eine Information in die Speicherzelle geschrieben werden. Ein Schreibzugriff von der rechten Seite arbeitet entsprechend.

Mittels Steuereingang Schreiben_L = 0 wird auf Lesen umgeschaltet: Der Lesetreiber ist niederohmig, und der Speicherinhalt am Anschluss Datenbit_L verfügbar.

Es ist erkennbar, dass sowohl der rechte als auch der linke Port die Speicherzelle unabhängig beschreiben und sogar unabhängig und gleichzeitig auslesen kann. Der gleichzeitige beidseitige Zugriff auf unterschiedliche Speicherzellen eines Bausteins ist ebenfalls möglich. Probleme treten jedoch bei folgenden Konstellationen auf:

1. Beide Ports wollen (fast) gleichzeitig und mit gleicher Adresse schreiben.
2. Ein Port schreibt und der zweite will (fast) gleichzeitig von gleicher Adresse lesen.

In beiden Fällen ist das Ergebnis nicht eindeutig, daher müssen diese Situationen erkannt und durch Blockierung eines Ports gelöst werden (Arbitration). Die erforderliche Logik hierfür ist auf dem Speicherchip enthalten. Sie kann den Konflikt auf zweierlei Weise lösen:

1. Ein BUSY-Signal wird für den Port erzeugt, der zuletzt aktiviert wurde. Falls die Zugriffe exakt gleichzeitig sind, wird ein BUSY-Signal für einen fest vorgegebenen niedriger priorisierten Port ausgegeben. Das BUSY-Signal kann bei der zugeordneten CPU über den RDY-Eingang Wartezyklen einschieben.
2. Realisierung einer Arbitration durch Semaphoren (Haltepunkte). Hierzu ist dem linken Port die höchste Adresse (hier 3FF) und dem rechten die zweithöchste (hier 3FE) zugeordnet. Schreibt z.B. die CPU der linken Seite auf die Adresse 3FF, wird auf der rechten Seite ein Interruptlatch gesetzt und ein zugehöriger Interruptausgang aktiviert, der die rechte CPU blockieren kann. Das Interruptlatch wird durch Lesen dieser Adresse durch die rechte CPU rückgesetzt. Über die Adresse 3FE wird der Interrupt in umgekehrter Richtung übertragen.

Das Blockschaltbild des gesamten Dual-Port-RAM VT2130 ist im Bild 7.25 dargestellt. Hinzugekommen sind ¬OE-Anschlüsse (Output Enable), welche die Lesetreiber niederohmig schalten können. Im Block "Arbitrations-Logik" werden die Steuersignale für die Arbitration erzeugt. Dual-Port-RAMs höherer Speicherkapazität lassen sich durch Kaskadierung mehrerer Bausteine gewinnen.

Anwendungsbeispiele des Dual-Port-RAMs:

1. Multiprozessorsysteme werden durch Anwendung von Dual-Port-RAMs grundsätzlich vereinfacht, da die Möglichkeit des schnellen und gleichzeitigen Zugriffs auf den globalen Speicher besteht. Zwei CPUs können untereinander ohne verzögernde Zugriffskonflikte und ohne zusätzliche Bussteuerlogik kommunizieren. Die Leistung eines Zweiprozessorsystems wird dadurch doppelt so groß wie ein Time-Sharing-System mit einem Prozessor.
2. In der Robotertechnik werden verteilte Multiprozessorsysteme verwendet, die aus einem Masterprozessor und mehreren untergeordneten Sensor-Prozessoren bestehen. Letztere liefern Ergebnisdaten, etwa über die Stellung eines Gelenks usw., und speichern diese im Dual-Port-RAM ab. Der Masterprozessor kann auf diese Daten asynchron zugreifen. Die Sensor-Prozessoren können also parallel arbeiten und gleichzeitig ohne besondere Synchronisationshardware mit dem Master kommunizieren.
3. Sind zwischen der Peripherie und einem Mikrorechner über Controller (z.B. Diskcontroller oder spezielle Datenübertragungscontroller) Daten mit hoher Rate zu übertragen, können diese unter Verwendung eines Dual-Port-RAMs direkt im Speicher abgelegt werden, ohne den Mikroprozessor zu unterbrechen und ohne Speicherzugriffszyklen des Hostbusses zu beanspruchen. Hierbei arbeitet das Dual-Port-RAM als Zweiweg-Interface-Puffer.

Seit kurzer Zeit existiert auf dem Markt auch ein QuadPort-RAM (CYPRESS). Es enthält 4 völlig unabhängige 18-Bit-Ports, welche mit unterschiedlichen Frequenzen bis zu 133 MHz und sogar gleichzeitig auf eine Speichermatrix der Größe 64 Ki x 18 Bit zugreifen können. Anwendungsgebiete liegen z.B. im Bereich der Multiprozessorsysteme. Der höchstmögliche Datenumsatz im Baustein beträgt 9.6 GBit/s.

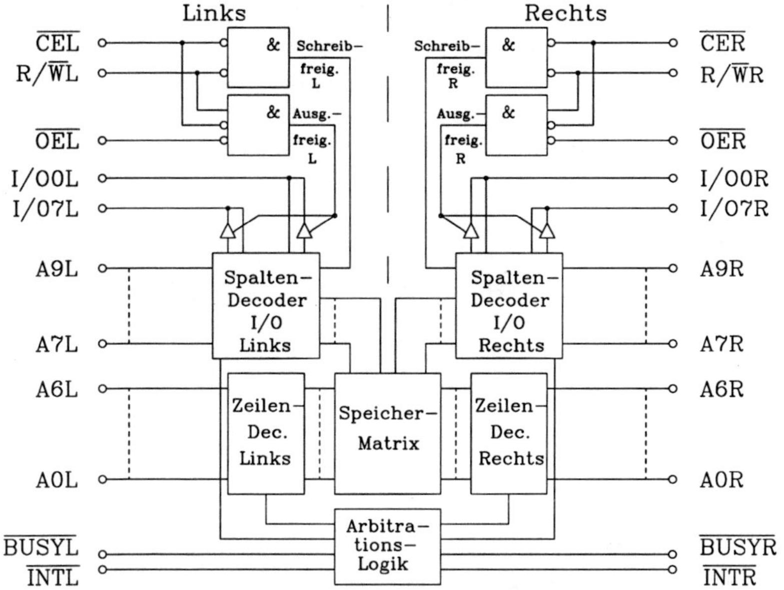

Bild 7.25: Blockschaltbild des Dual-Port-RAMs VT 2130. Die folgenden Anschlussbezeichnungen existieren doppelt. Mit dem angehängten Buchstaben L für den linken Port und mit R für den rechten Port:

R/¬W	:Lese-/Schreib-Eingänge	¬CE	: Chip Enable-Eingänge
¬OE	: Output Enable-Eingang	¬BUSY	: Arbiter-Steuerausgang
¬INT	: Interruptausgang	I/O0...I/O7	: Daten-Ein-/Ausgänge
A0...A9	: Adresseingänge		

b) Das Video-RAM (VRAM), ein spezielles Dual-Port-RAM. Weitere Einsatzgebiete für spezielle Dual-Port-Speicher liegen im Bereich der grafischen Anwendungen von Computern. Hier werden besonders hohe Geschwindigkeitsanforderungen an die Speicherbausteine gestellt. Üblicherweise existiert in grafischen Systemen ein Bildspeicher, in welchem jedes gespeicherte Bit einen Punkt auf dem Bildschirm repräsentiert (Schwarz-Weiß-Darstellung). Um eine flimmerfreie Wiedergabe zu erzielen, muss der gesamte Speicherinhalt ≥ 50 mal pro Sekunde zyklisch auf den Bildschirm gegeben werden. Daher stehen bei 1024 x 1024 Punkte/Vollbild für das Auslesen eines Bildpunktes etwa 20 ns zur Verfügung. Zugriffsmöglichkeiten des Prozessors zur Aktualisierung des Bildspeicherinhalts sind daher normalerweise nur auf die Strahlrücklaufzeiten beschränkt. Der Engpass entsteht hier also dadurch, dass über die Datenleitungen des Speichers einerseits der Bildinhalt sehr schnell ausgelesen werden und andererseits der Speicher zur Aktualisierung neu beschrieben werden muss.

Eine Entkopplung der beiden genannten Datenströme lässt sich auch hier erreichen, wenn von zwei Seiten auf die Speichermatrix zugegriffen werden kann. Falls der Ausleseport auf Videoanwendung zugeschnitten ist und daher seriell arbeitet, werden diese Dual-Port-RAMs auch Video-RAMs (VRAMs) genannt.

In Bild 7.26 ist das Blockschaltbild eines VRAMs (z.B. UPD 41264C der Firma NEC 64 Ki x 4 Bit) angegeben. Die mit dynamischen Speicherzellen realisierte Matrix (256 x 1024 Bit) arbeitet einerseits wie ein normales dynamisches RAM, andererseits kann eine Speicherzeile von 1024 Bit parallel in ein Schieberegister (256 x 4 Bit) kopiert und von dort asynchron zu sonstigen Speicherzugriffen seriell ausgelesen werden.

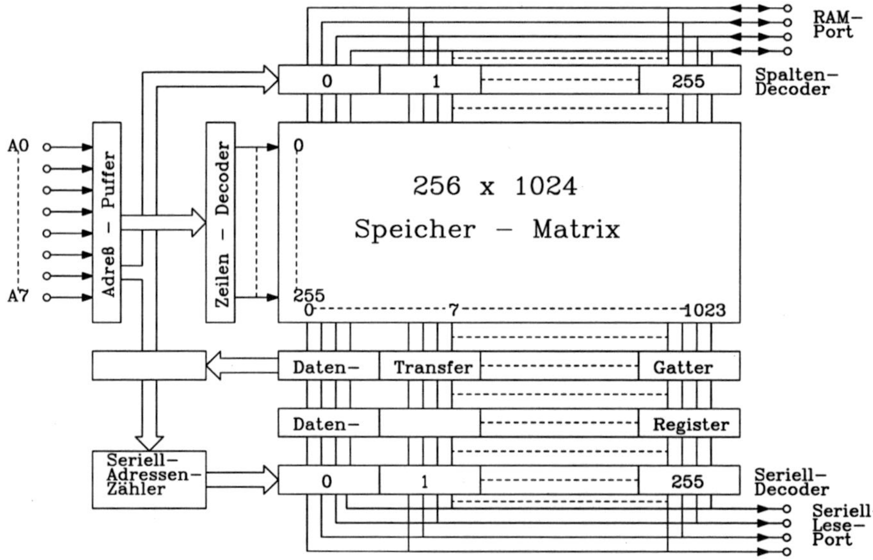

Bild 7.26: Blockschaltbild des Video-RAMs 41264 von NEC mit 64 Ki x 4 Bit. Die CPU kommuniziert mit dem RAM-Port und der Seriell-Lese-Port mit dem Bildschirm-Controller.

7.1.13 First-In/First-Out-Speicher (FIFO-Speicher)

Für spezielle Aufgaben werden Schreib-/Lesespeicher mit seriellem Zugriff eingesetzt. Dabei werden Daten mit Hilfe eines Taktes ϕ_S seriell in den Speicher eingeschrieben und mit Hilfe eines Taktes ϕ_L wieder ausgelesen. Die Frequenzen für den Schreib- und Lesetakt können unabhängig voneinander vorgegeben werden. Nach der Reihenfolge bei der Datenein- und Ausgabe unterscheidet man zwei Verfahren:

1. First In/First Out (FIFO): Zuerst eingegebene Daten werden zuerst ausgegeben.
2. Last In/First Out (LIFO): Zuletzt eingegebene Daten werden zuerst ausgegeben.

FIFO-Speicher haben im Bereich der Digital- und Mikroprozessortechnik die größere Bedeutung, deshalb wird im Folgenden nur auf diesen Typ eingegangen. FIFO-Speicher werden seriell beschrieben und gelesen. Sie basieren aber prinzipiell auf Dual-Port-Speichern (Kap. 7.1.12). Die Adresspositionen, an denen als nächstes geschrieben bzw. gelesen werden soll, werden durch Schreib- bzw. Lesezeiger markiert. Diese werden automatisch und (fast) unabhängig voneinander bei jedem Schreib-/Lesezugriff inkrementiert. Der Speicher ist als Ringspeicher organisiert, d.h. die Adressen sind zyklisch angeordnet. Da der Schreibzeiger unabhängig vom Lesezeiger bewegt wird, ist der FIFO-Speicher besonders als asynchroner Datenpuffer geeignet. Schreib- und Leseoperationen können sogar gleichzeitig ablaufen.

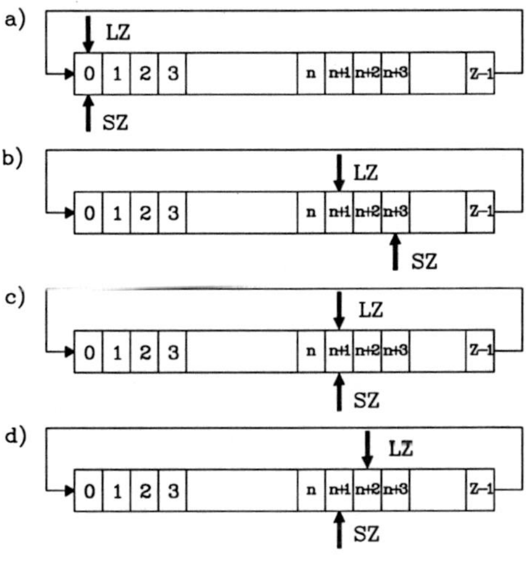

a) Nach dem Rücksetzen zeigen Schreibzeiger (SZ) und Lesezeiger (LZ) auf die Adr. 0. Es kann noch nicht gelesen werden. Flags: ¬EF=0, ¬FF=1.

b) Im Normalbetrieb eilt der SZ dem LZ voraus. Nachdem er die Adresse (Z-1)erreicht hat, beginnt er wieder bei Adresse 0. Flags: ¬EF=1, ¬FF=1.

c) Der LZ hat den SZ erreicht, der Speicher ist leer. Flags: ¬EF=0, ¬FF=1.

d) Der SZ hat infolge der zyklischen Eigenschaften den LZ erreicht, d.h. der Speicher ist voll. Weiteres Schreiben wird verhindert. Flags: ¬EF=1, ¬FF=0.

Bild 7.27: Schreib-/Lesezeigersteuerung beim Betrieb eines FIFO-Speichers

Zum Funktionsprinzip: Ein FIFO-Speicher muss zunächst rückgesetzt werden. Danach zeigen Schreib- und Lesezeiger auf die Adresse 0. Anschließend wird er zuerst beschrieben und kann dann gelesen werden. Eine interne Überwachungsschaltung verhindert, dass der Lesezeiger den Schreibzeiger überholt. Außerdem verhindert die interne Steuerung, dass ein noch nicht gelesener Speicherinhalt überschrieben wird. Falls der Lesezeiger den Schreibzeiger erreicht, ist der Speicher leer und dieser Zustand wird über das "Empty Flag" (¬EF=0) angezeigt. Der andere Grenzfall, bei dem infolge der zyklischen Anordnung der Schreibzeiger den Lesezeiger erreicht, bedeutet, dass der Speicher voll ist. Dieser Zustand wird über das "Full Flag" (¬FF=0) markiert. Diese Zusammenhänge werden in Bild 7.27 veranschaulicht.

Die Komponenten eines FIFO-Speichers und deren Zusammenwirken werden in Bild 7.28 deutlich, das exemplarisch das vereinfachte Blockschaltbild des Bausteins IDT7204S/L der Fa. Integrated Device Technologie Inc. [52] zeigt. Es ist in CMOS-Technologie gefertigt, seine Organisation ist 4 Ki x 9 Bit, daher kann bei Datenworten der Breite von einem Byte das Paritätsbit mitgeführt werden.

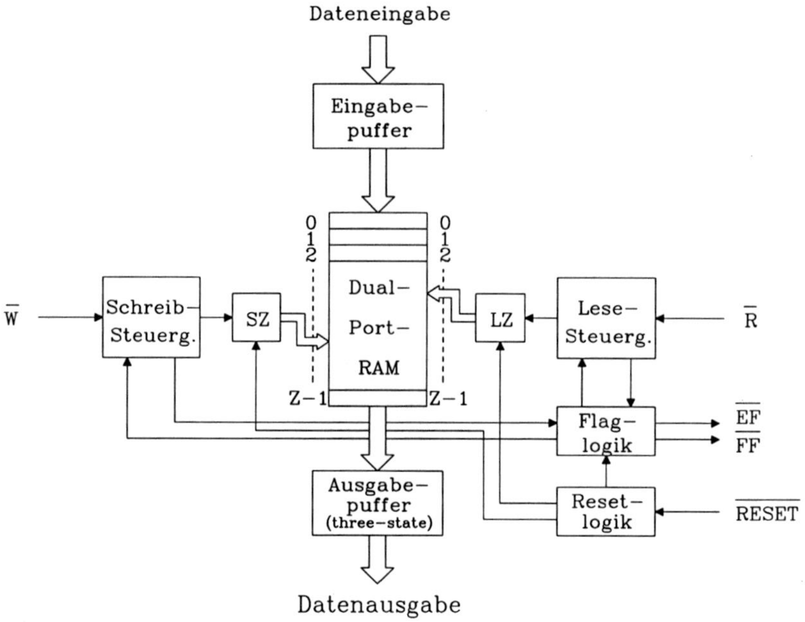

Bild 7.28: Blockschaltbild des FIFO-Speichers IDT 7204S/L mit 4 Ki x 9 Bit (Fa. INTEGRATED DEVICE TECHNOLOGIE INC.)

SZ	:	Schreibzeiger	¬W	:	Schreiben	LZ	:	Lesezeiger
¬R	:	Lesen	¬EF	:	Empty	¬FF	:	Full Flag

Zusätzlich enthält der Baustein eine Expansionslogik zur Kaskadierung von Wortbreite und/oder Speichertiefe. Im unkaskadierten Betrieb steht ein Half-Full Flag (¬HF) zur Verfügung um den Füllungszustand zusätzlich überwachen zu können.

FIFO-Speicher werden vorwiegend als schnelle Datenpuffer und als Koppelelement in Multiprozessorsystemen eingesetzt. Der Vorteil gegenüber Dual-Port-RAMs liegt darin, dass keine Adressen angelegt werden müssen, denn der Baustein erzeugt und verwaltet die Adressen über die Zeiger selbstständig.

7.1.14
Das FRAM

Wie in den vorangehenden Kapiteln dargestellt wurde, sind heute leistungsfähige Halbleiterspeicher hoher Kapazität mit geringen Zugriffszeiten auf DRAM-Basis am Markt verfügbar. Auch im Bereich der nichtflüchtigen Speicher gibt es ein weitgefächertes Angebot, wie EPROMS, EEPROMs und Flash-EPROMs. Beide Speichertypen befriedigen jedoch nicht Ansprüche, wie sie zunehmend im Bereich mobiler Anwendungen gestellt werden. Insbesondere hier besteht Bedarf an Halbleiterspeichern, die günstige Eigenschaften beider Gruppen in sich vereinen.

Seit ca. 20 Jahren wird ein Speichermedium erforscht, das diese Forderung erfüllen könnte, nämlich der ferroelektrische Speicher. Die Bezeichnung FRAM wurde von der Fa. Ramtron geschützt. Andere Hersteller nennen diesen Speichertyp daher FeRAM. Nach Einschätzung von Fachleuten werden ferroelektrische und magnetoresitive Speicher (MRAMs, s.Kap. 7.1.15) die Speichertechnologie in nächster Zukunft dominieren. Ein qualitativer Vergleich wesentlicher Eigenschaften von Halbleiterspeichern macht dieses deutlich (Tab. 7.2). Es werden FRAMs angestrebt, die als Universalspeicher bisherige Speichertypen ersetzen sollen (All-in-One-Solution).

Tab. 7.2: Wesentliche Eigenschaften unterschiedlicher Speichertechnologien

Eigenschaften	**SRAM**	**DRAM**	**EEPROM**	**FLASH**	**FRAM MRAM**
Nichtflüchtig	nein	nein	ja	ja	ja
Kleine Zellenmaße	nein	ja	nein	ja	ja
Wortweise les- und beschreibbar	ja	ja	ja	nein	ja
Geringer Leistungsbedarf	ja	ja	nein	nein	ja
Schneller Schreibzugriff	ja	ja	nein	nein	ja
10^{15} Schreibzyklen	ja	ja	nein	nein	ja
Kostengünstig	nein	ja	nein	ja	ja

Wird an einen Kondensator eine elektrische Spannung angelegt, nimmt er eine Ladung Q auf, und zwischen seinen Belägen entsteht ein elektrisches Feld. Dieses führt zu einer Ladungsverschiebung im Dielektrikum, die man als dielektrische Polarisation bezeichnet. Wird der Kondensator entladen, verschwindet auch die Polarisation.

Unter dem *ferroelektrischen Effekt* versteht man die Eigenschaft einiger Isolierstoffe, durch Anlegen geeigneter elektrischer Felder spontan einen von zwei unterschiedlichen Polarisationszuständen einnehmen zu können, und diesen Zustand auch nach Entfernen der Spannung als *remanente Polarisation* beizubehalten. Diese Eigenschaft beruht auf der speziellen Kristallstruktur des Stoffes und ist nutzbar bei würfelförmigen Perovskit-Kristallen aus Blei-Zirkonium-Titanat (PZT) und bei geschichteten Perovskit-Kristallen aus Strontium-Wismut-Tantal (SBT).

Nutzt man diese Stoffe als Dielektrikum in einem Kondensator, erhält man ein bistabiles Element, das zum Speichern digitaler Information geeignet ist und *ferroelektrischer Kondensator* (C_{FE}) heißt. Das Speicherprinzip ist in Bild 7.29 gezeigt. Im Zentrum des Kristalls befindet sich in Abhängigkeit von der Legierung ein Titan- oder Zirkoniumatom. Die unterschiedliche bistabile Position dieses Atoms bestimmt die Polarisationsrichtung des Kristalls.

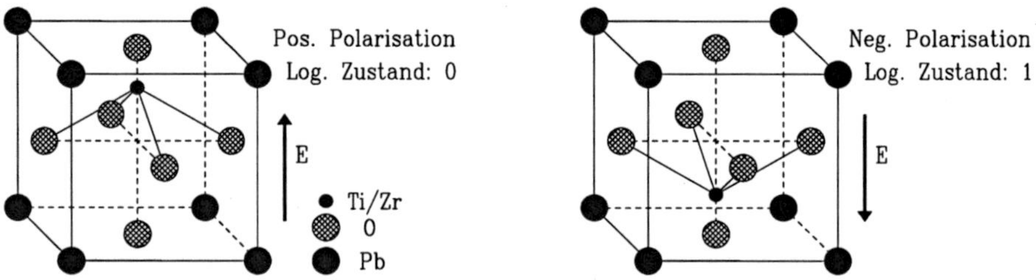

Bild 7.29: Ferroelektrische Perovskit-Kristalle (PZT), die durch elektrische Feldstärken E in unterschiedliche stabile Polarisationsrichtungen versetzt worden sind

Der funktionelle Zusammenhang zwischen der angelegten Spannung U und der aufgenommenen Ladung Q zeigt eine Hysterese, deren Form der Magnetisierungskurve ferromagnetischer Stoffe vergleichbar ist, wie Bild 7.30 zeigt.

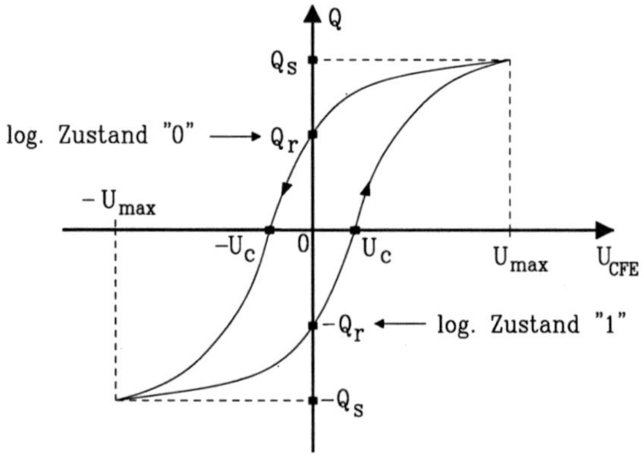

Bild 7.30: Zusammenhang zwischen Spannung U_{CFE} und aufgenommener Ladung Q bei einem ferroelektrischen Kondensator C_{Fe}. Die Abkürzungen bedeuten: Q_s:Sättigungsladg., Q_r: Remanentladg, U_{CFE}: Kondensator- und U_c: Koerzitivspannung

Wird der Kondensator an eine Spannung $+U_{max}$ gelegt und dann die Spannungsquelle entfernt, wird der stabile Arbeitspunkt Q_r angenommen. Damit ist die log. "0" gespeichert. Der log. Zustand "1" wird erreicht, indem kurzzeitig die Spannung $-U_{max}$ angelegt wird. Diese Vorgänge sind dem Speichervorgang in einem magnetischen Ringkernspeicher äquivalent, der heute nur noch für Spezialzwecke verwendet wird, da er Ansprüche an Kapazität, Geschwindigkeit und Steuerleistung nicht mehr erfüllt.

Die Organisation der einzelnen Speicherzellen in einem FRAM entspricht prinzipiell der bei DRAMs verwendeten Technik: Jede ferroelektrische Zelle wird über einen n-Kanal-Enhancement-Transistor angesteuert. Daraus entsteht die sog. 1T-1C-Zelle (1 Transistor, 1 Kapazität, Bild 7.31). Sie enthält als Speicherelement den ferroelektrischen Kondensator C_{Fe}. Die Zelle wird angesprochen durch einen ausreichend großen H-Pegel an der Wortleitung WL. Dadurch wird der Transistor leitfähig, und C_{Fe} kann beschrieben oder gelesen werden. C_{BL} repräsentiert die parasitäre Kapazität der Bitleitung.

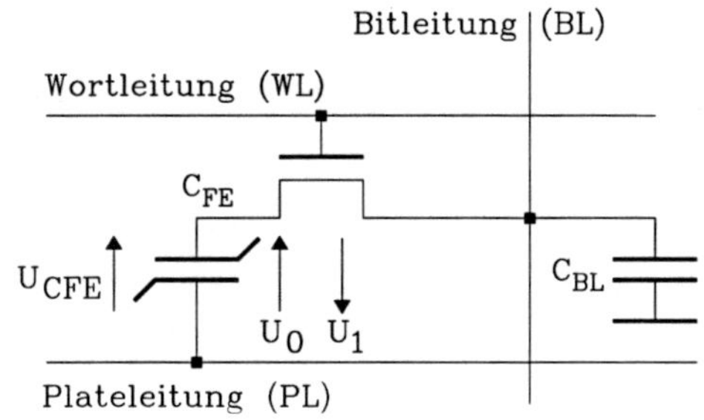

Bild 7.31: Ferroelektrische 1T-1C-Speicherzelle, bestehend aus Zugangstransistor, Speicherkondensator C_{Fe}, und der parasitären Kapazität der Bitleitung C_{BL}

Schreibvorgang: Das Liniendiagramm ist in Bild 7.32 gezeigt. Die Speicherzelle befinde sich für $t < t_0$ unselektiert in einem der beiden Zustände "0" oder "1".

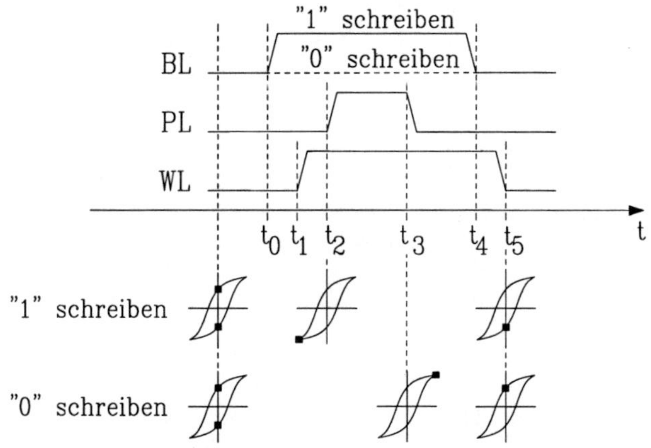

Bild 7.32: Schreibvorgang bei einer FRAM-Speicherzelle. Wichtige Zustände des ferromagnetischen Kondensators sind an der Hystereseschleife verdeutlicht.
Die Abkürzungen bedeuten: BL: Bitleitung PL: Plateleitung WL: Wortleitung

Schreiben einer "1": Alle drei Steuersignale befinden sich zunächst auf 0V. Der Speicherzugriff beginnt mit:

- $\mathbf{t_0}$: Die Bitleitung (BL) geht vorbereitend auf H-Pegel.
- $\mathbf{t_1}$: Die Wortleitung (WL) geht auf H-Pegel. Der Transistor leitet, und C_{Fe} wird über den ON-Widerstand des Transistors auf H-Pegel geladen. Damit befindet sich die Zelle in der Hystereseschleife im Punkt $-Q_S$.
- Zum Zeitpunkt $\mathbf{t_2}$ wird ein kurzer positiver Impuls auf die Plateleitung PL gegeben, der hier keine Bedeutung hat.
- Nach dessen Ende bei $\mathbf{t_3}$ steht an C_{Fe} wieder H-Pegel, da WL und BL noch gesetzt sind. Damit gilt: $U_{CFE} = -U_1 = -U_{max}$.
- Zum Zeitpunkt $\mathbf{t_4}$ geht BL auf "0" bei leitendem Transistor, d.h. $U_{CFE} = 0$ und C_{Fe} geht in den Zustand remanenter Polarisation Q_r, speichert also das Bit "1".
- Bei $\mathbf{t_5}$ wird die Speicherzelle durch WL deselektiert und der Zustand "1" bleibt ohne weitere Energiezufuhr erhalten.

Schreiben einer "0": BL bleibt stets auf L-Pegel.

- Bei $\mathbf{t_1}$ nimmt WL H-Pegel an, der Transistor leitet. Der Kondensator CFe liegt an der Spannung UCFE = 0V, d.h. sein logischer Zustand bleibt unverändert.
- Im Intervall $\mathbf{t_2}$ bis $\mathbf{t_3}$ geht PL auf "1", dadurch wird UCFE = U0 = +Umax, d.h. CFe befindet sich auf der Hysteresekurve im 1. Quadranten bei QS .
- Im Intervall $\mathbf{t_3}$ bis $\mathbf{t_4}$ beträgt UCFE = 0 und CFe befindet sich im Zustand remanenter Polarisation im Punkt +Qr, hat also das Bit "0" gespeichert.
- Bei $\mathbf{t_5}$ wird die Speicherzelle durch WL deselektiert und der Zustand "0" bleibt ohne weitere Energiezufuhr erhalten.

Lesevorgang: Der Lesevorgang an einer FRAM-Speicherzelle besteht prinzipiell darin, dass der ferromagnetische Kondensator C_{FE} bei hochohmig geschalteter Bitleitung einen Teil seiner Ladung auf die parasitäre Kapazität C_{BL} überträgt. Die dabei transportierte Ladung und daher auch die an C_{BL} entstehende Spannung hängen davon ab, ob vorher eine "0" oder eine "1" gespeichert war. Ein Sense-Verstärker führt diese Auswertung durch. Daraus folgt, dass es sich um ein zerstörendes Leseverfahren handelt. Der ursprüngliche Wert muss anschließend wieder rückgespeichert werden. Bild 7.33 zeigt einen Lesevorgang nach der Methode des *Step-Sensing-Approach.* Dieser Vorgang hat sehr große Ähnlichkeit mit dem Leseverfahren an einem DRAM.

Die FRAM-Speicherzelle befinde sich für $t \ll \mathbf{t_0}$ unselektiert in einem der beiden Zustände "0" oder "1". Dann folgen:

- $t < \mathbf{t_0}$: Eine Leseoperation beginnt mit einem Precharge-Vorgang, der zunächst die Bitleitung hochohmig schaltet und anschließend die parasitäre Kapazität CBL entlädt. Der Speicherinhalt verändert sich dabei nicht. Zum Zeitpunkt $\mathbf{t_0}$ ist dieses abgeschlossen.
- Bei $\mathbf{t_0}$ geht die Wortleitung auf H-Pegel und schaltet den Transistor in den leitenden Zustand. Dadurch sind C_{FE} und CBL zwischen PL und Masse in Serie geschaltet und bilden einen Spannungsteiler.
- Kurze Zeit später wird die Plateleitung auf Betriebsspannungspotential (U_{CC}) angehoben. Der dadurch verursachte Ladungstransport, und damit das Spannungsteilerverhältnis zwischen C_{FE} und C_{BL}, hängt vom aktuellen Wert von C_{FE}

ab. Für die Kapazität gilt: $C_{FE} = \Delta U_{CFE}/\Delta Q$, und dieser Quotient wird vom Betriebspunkt auf der Hystereseschleife während des Ladeprozesses bestimmt (s. Bild 7.33 (rechts).

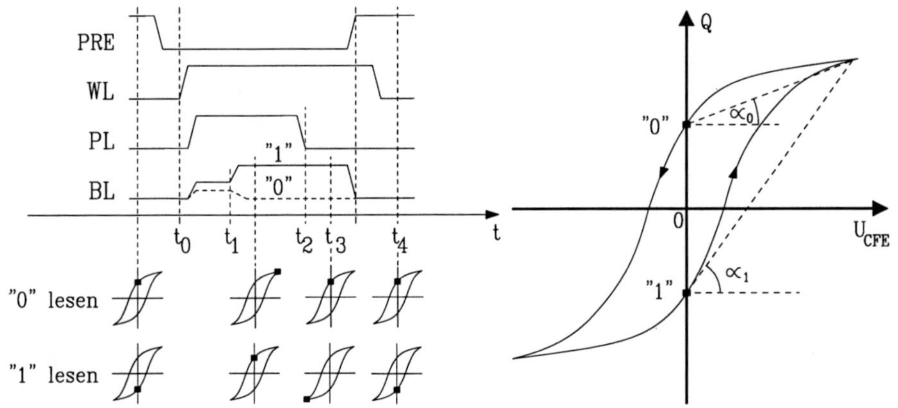

Bild 7.33: Lesevorgang bei einer FRAM-Speicherzelle mit Zuständen des ferromagnetischen Kondensators in der Hystereseschleife und Näherungen für die Kapazitäten von C_{FE} : $\tan \alpha 1 = C_1$ und $\tan \alpha 0 = C_0$. Die Abkürzungen bedeuten:
PRE: Prechargesignal BL: Bitleitung PL: Plateleitung WL: Wortleitung

- Approximiert man die beiden Kapazitäten als Geraden, ergibt sich überschlägig für $C_0 = \tan \alpha 0$ und für $C_1 = \tan \alpha 1$ mit $C_1 > C_0$. An der Bitleitung liegt dann die Spannung U_{CBL} und es gilt $U_{CBL}(C_{FE} = C_1) > U_{CBL}(C_{FE} = C_0)$. Diese Verhältnisse sind an der Stelle $t = \mathbf{t_1}$ in Bild 7.33 erkennbar.

$$U_{CBL} = U_{CC} \cdot \frac{C_{FE}}{C_{FE} + C_{BL}}$$

- Zum Zeitpunkt $t = \mathbf{t_1}$ wertet der Sense-Verstärker die Spannung U_{CBL} aus und erkennt den Wert des gelesenen Bits. War es "1", legt er die Spannung U_{CC} an die Bitleitung, ansonsten 0V.
- Da WL weiterhin auf H-Pegel liegt und zum Zeitpunkt $t = \mathbf{t_3}$ L-Pegel an PL liegt, wird der gelesene Bitwert in den Speicher zurückgeschrieben.
- Der Lesezyklus endet bei $\mathbf{t_4}$ durch WL = L-Pegel und der gelesene Zustand bleibt ohne weitere Energiezufuhr in der Speicherzelle erhalten.

Die maximale Datenhaltung (data retention) für FRAMs wird heute mit 10 Jahren beziffert. Gründe für die Begrenzung sind im Wesentlichen:

- Mit zunehmendem Alter tritt eine Depolarisation auf. Sie äußert sich dadurch, dass der remanente Ladungsbetrag $|Q_r|$ für beide Betriebspunkte abnimmt (Fatigue). Der Effekt ist auch durch die Anzahl der Zugriffe begründet.

- Wenn FRAM-Zellen überwiegend einen festen log. Zustand speichern, passt sich die Hystereseschleife diesem Zustand an, indem der remanente Ladungsbetrag $|Q_r|$ des gegenüberliegenden Arbeitspunktes abnimmt (Imprint).

Durch Weiterentwicklung der Schaltungskonzepte für Speicherzellen und Sense-Verstärker wird versucht, die Spannungsunterschiede zwischen den Lesesignalen für "0" und "1" zu vergrößern, um die Wahrscheinlichkeit von Lesefehlern zu reduzieren. Die oben beschriebene 1T-1C-Zelle wird sich künftig voraussichtlich gegenüber der seit längerer Zeit auf dem Markt befindlichen 2T-2C-Zelle durchsetzen, da sie weniger Platz benötigt und Kosten spart.

Wesentliche Betriebsdaten von FRAMs sind in der Tab. 7.3 denen anderer Speicherkonzepte gegenübergestellt.

Tab. 7.3: Gegenüberstellung wesentlicher Daten unterschiedlicher Speichertypen

Eigenschaften	**SRAM**	**DRAM**	**NAND-FLASH**	**NOR-FLASH**	**MRAM (FET)**	**FRAM**
Zellengröße/µm^2	100	8	1,3	2,5	>8	4-20
Betriebsspannung /V	2,5	2,5	1,8	3,3	1,8-5	3-5
Datenhaltung/a	<<1 mit Batterie	flüchtig	10	10	10	10
Lesezeit/ns random	2	60	10^4	60-90	10-50	60
Schreibzeit/ns random Program/Erase Speed	2	60	2,1/5,3 MB/s	0,2/0,08MB/s	10-40	60
Lesezyklenzahl	$> 10^{15}$	$> 10^{15}$	$> 10^{15}$	$> 10^{15}$	$> 10^{15}$	10^{12}-10^{15}
Schreibzyklenzahl	$> 10^{15}$	$> 10^{15}$	10^5	10^5	$> 10^{15}$	10^{10}-10^{15}

7.1.15 Das MRAM

Im Kapitel 7.1.14 wird mit dem FRAM ein neuer Speichertyp vorgestellt, der ähnliche Eigenschaften wie ein DRAM besitzt, aber nichtflüchtig ist und daher neue Möglichkeiten im Bereich mobiler Anwendungen und als Arbeitsspeicher in der Computertechnik bietet.

Auf diese Anwendungsbereiche zielt auch ein anderer nichtflüchtiger Speichertyp, das *Magnetoresistive RAM* (MRAM). Es hat gegenüber dem FRAM einen weiteren Vorteil, denn es lässt sich zerstörungsfrei lesen. Damit entfällt das Rückspeichern der gelesenen Information, welches Zeit und Energie benötigt. Insgesamt hält damit in der Halbleiterindustrie eine neue Entwicklung Einzug, die *Magnetoelektronik*, welche die moderne Halbleiterprozesstechnologie mit der Technologie ferromagnetischer Schichten verbindet. Die Grundlagen der Magnetoelektronik wurden 1989 gelegt, als es gelang, den elektrischen Stromfluss in sehr dünnen Metallschichten durch ein magnetisches Feld zu beeinflussen (*Giant Magnetoresistance*, GMR).

Ein weiterer, mit GMR verwandter magnetoelektrischer Effekt beruht darauf, dass eine nur etwa vier Atomlagen dünne dielektrische Schicht (Al_2O_3) zwischen zwei ferromagnetischen Metallbelägen einen Tunnelstrom führen kann, der sich durch die Orientierung der magnetischen Diplomomente in den Metallbelägen verändern lässt. Eine derartige Zelle heißt *Magnetische Tunnelbarriere* (Magnetic Tunnel Junction, MTJ) und wird vorwiegend als Speicherzelle verwendet.

Der Entwicklungsstand von Speicherbauelementen, die dieses Prinzip nutzen, hinkt etwa drei Jahre hinter dem von FRAMs her. Aufgrund einer weltweit vollzogenen Konzentration der Entwicklungsarbeiten sind aber seit 2007 marktreife Produkte verfügbar.

Aufbau und Funktion einer MTJ-Speicherzelle: Sie besteht aus einem Stapel zweier ferromagnetischer Schichten, die durch ein dünnes Dielektrikum voneinander getrennt sind. Wird an diese Zelle eine Spannung gelegt, fließt ein Tunnelstrom, dessen Größe davon abhängt, ob die Orientierung des magnetischen Feldes in den ferromagnetischen Schichten parallel oder antiparallel ist (Bild 7.34).

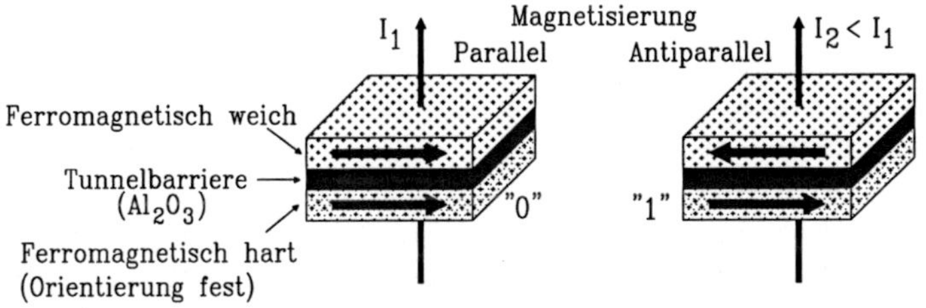

Bild 7.34: Funktionsweise eines MTJ-Speicherelements (Magnetic Tunnel Junction). Die Richtung des magnetischen Feldes in der ferromagnetisch weichen Schicht verändert den Tunnelstrom. Daher besitzt das Element zwei stabile Zustände, denen die log. Zustände "0" bzw. "1" zugeordnet sind.

Verursacht wird dieses Verhalten durch eine Spin-Polarisation der Leitungselektronen in den ebenfalls nur wenige Atomlagen dicken ferromagnetischen Elektroden, die von der Orientierung des Magnetfeldes bestimmt wird. Sind etwa Leitungselektronen nach dem Passieren der ersten Elektrode in einer Richtung 1 polarisiert, wird ihr Durchgang durch die zweite Elektrode behindert, wenn diese für die andere Polarisationsrichtung 2 eingestellt ist. Daher bewirkt die parallele magnetische Feldorientierung in beiden Leitern gegenüber antiparalleler einen um bis zu 50% geringeren Widerstand. Diesen Effekt nennt man *Magnetoresistanz*.

Die Speicherzelle hat also infolge der Remanenz im magetisch weichen Leiter zwei stabile Zustände, die sich durch ihre Leitfähigkeit unterscheiden und den log. Zuständen "0" oder "1" entsprechen. Durch eine zusätzliche Leitung, die isoliert an der ferromagnetisch weichen Elektrode vorbeiläuft, lässt sich deren magnetische Orientierung umkehren und damit der log. Zustand der Zelle verändern.

Die Einordnung in ein Speicherarray ist beim MRAM prinzipiell möglich, indem man eine Elektrode der Zelle mit der Bitleitung und die andere mit der Wortleitung direkt verbindet (Kreuzpunkt-Zelle). Zur Reduzierung parasitärer Leckströme müssen die Zellen dann aber sehr hochohmig gefertigt werden. Dadurch sinkt wegen der parasitären Kapazitäten des Systems die Geschwindigkeit um etwa drei Zehnerpotenzen. Sind kleine Zugriffszeiten nötig, schließt man jede Zelle über einen Transistor an das Array an und erhält damit eine 1T-1MTJ-Zelle (Bild 7.35).

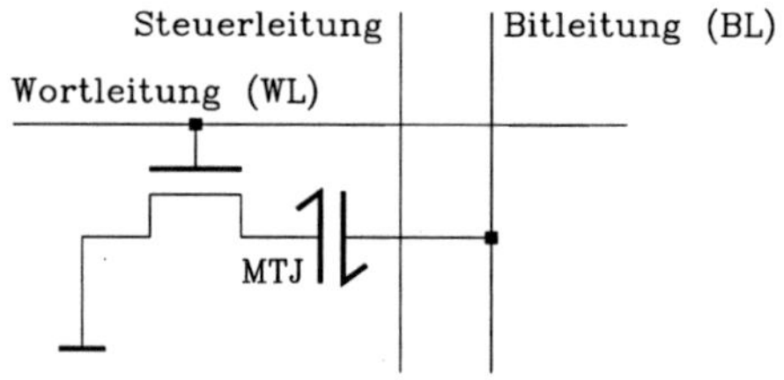

Bild 7.35: Magnetoresistive 1T-1MTJ-Speicherzelle. MTJ bedeutet: Magnetic Tunnel Junction. Die Steuerleitung ist für Schreiboperationen erforderlich.

Zur Erläuterung der Funktionsweise eines MTJ-Speichers ist in Bild 7.36 ein vereinfachter Ausschnitt aus der räumlichen Anordnung eines Speicher-Arrays dargestellt. Es besteht aus zwei Wort- und zwei Bitleitungen und enthält die vier Speicherzellen Z11, Z12, Z21 und Z22 mit ihren Zugangstransistoren. Zwei zusätzliche Steuerleitungen sind für den Schreibvorgang nötig. Bit- und Steuerleitungen sind voneinander isoliert. Die Zugangstransistoren sind nur bei Leseoperationen durchgeschaltet.

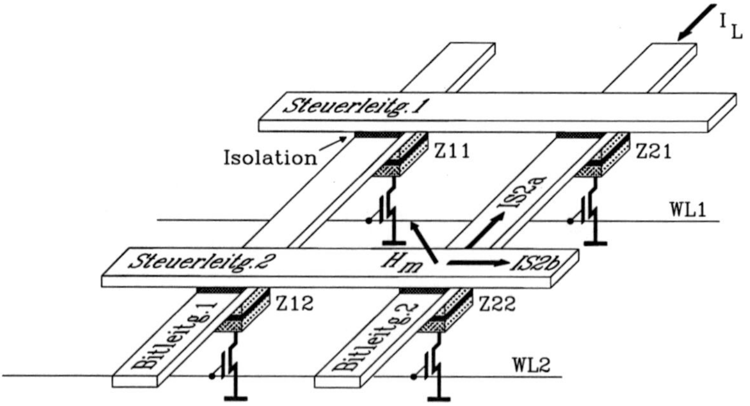

Bild 7.36: Ausschnitt aus einem 1T-1MTJ-Array mit 4 Speicherzellen. Die Abkürzungen bedeuten: MTJ: Magnetic Tunnel Junction WLi: Wortleitungen Zii: MTJ-Zellen

Lesevorgang: Betrachtet werde ein Lesevorgang an der Speicherzelle Z22. Dazu wird die Wortleitung WL2 aktiviert und damit der zugeordnete Transistor leitfähig. Anschließend wird ein konstanter Lesestrom I_L auf die Bitleitung 2 geschaltet, der die

Zelle Z22 durchtunnelt. Die Spannung an der Bitleitung hängt nun vom log. Zustand, also der Leitfähigkeit des MTJ-Elements ab, sie wird durch einen Sense-Verstärker ausgewertet und liefert das gespeicherte Bit. Das MTJ-Element ändert während des Lesevorgangs seinen Zustand nicht, daher handelt es sich um einen nicht-zerstörenden Leseprozess, ein besonderer Vorteil dieses Speichertyps.

Schreibvorgang: Alle Zugangstransistoren in den Wortleitungen sind gesperrt. Es werde die Speicherzelle Z22 beschrieben. Dazu fließen Ströme in den beiden isoliert voneinander angeordneten Leitungen: In Bitleitung 2 fließt der Strom IS2a und in der Steuerleitung der Strom IS2b. Beide Ströme verursachen Magnetfelder, die sich an der oberen, ferromagnetisch weichen Elektrode der MTJ-Zelle vektoriell zur Feldstärke H_m addieren. Die Ströme sind so bemessen, dass H_m die Elektrode in magnetische Sättigung bringt. Nach Wegnahme der Ströme verbleibt die Elektrode im Remanenzpunkt. Die Zelle enthält damit z. B. den log. Zustand "0" und dieser ist ohne Zufuhr von Energie stabil, es handelt sich also um einen nichtflüchtigen Speicher. Zum Schreiben einer "1" ist die Richtung des Stroms IS2a der Bitleitung umzukehren.

Im Kap. 7.1.14 ist in Tab. 7.3 ein Vergleich wesentlicher Eigenschaften unterschiedlicher Speicherkonzepte dargestellt. Daraus geht hervor, dass *Magnetoresistive RAMs* (MRAMs) gegenüber *Ferromagnetischen RAMs* (FRAMs) Vorteile bezüglich einer höheren Schreib-/Lesezyklenzahl und geringerer Zugriffszeiten haben.

Es wird damit gerechnet, dass die neuen nichtflüchtigen Speicher MRAMs und FRAMs die künftige Speicherlandschaft revolutionieren. Beispielsweise wird heute an Konzepten gearbeitet, diese Speichertypen in Computern künftig nicht nur als Arbeits-, sondern auch als Massenspeicher einzusetzen. Damit würden der Bootprozess überflüssig und Massenspeicherzugriffe erheblich beschleunigt.

7.2 Festwertspeicher (ROM)

Der Aufbau eines Festwertspeichers (Nur-Lese-Speicher, ROM) entspricht hinsichtlich der Matrixanordnung seiner Speicherzellen und der Adressverwaltung prinzipiell demjenigen eines RAMs (Bild 7.1). Allerdings fehlen die Eingänge D_{in} und $\neg$WE, da ein Festwertspeicher während des Betriebes ausschließlich gelesen werden kann. Verwendet werden ROMs zum Abspeichern unveränderlicher Daten, wie etwa Maschinenprogrammen in der Mikroprozessortechnik.

7.2.1 Maskenprogrammiertes ROM

In Bild 7.37 ist der prinzipielle Aufbau eines maskenprogrammierten ROMs dargestellt. Die Anordnung der einzelnen Speicherzellen in Form quadratischer Matrizen entspricht allerdings nicht einer Speicherzellenebene des Bildes 7.1, sondern sie verläuft dort in die Zeichenebene hinein. Damit ist auch in dieser Darstellung jedem Kreuzungspunkt von Wort- und Bitleitung eine Speicherzelle zugeordnet.

Sind die beiden Leitungen im Kreuzungspunkt über ein Koppelelement (hier: Diode) verbunden, enthält die Speicherzelle eine "1", andernfalls eine "0". Die Dioden sind erforderlich, um die Ausgänge des Wortleitungstreibers untereinander zu entkoppeln. Diese Aufgabe kann aber auch durch bipolare Transistoren oder MOSFETs gelöst werden (Bild 7.38).

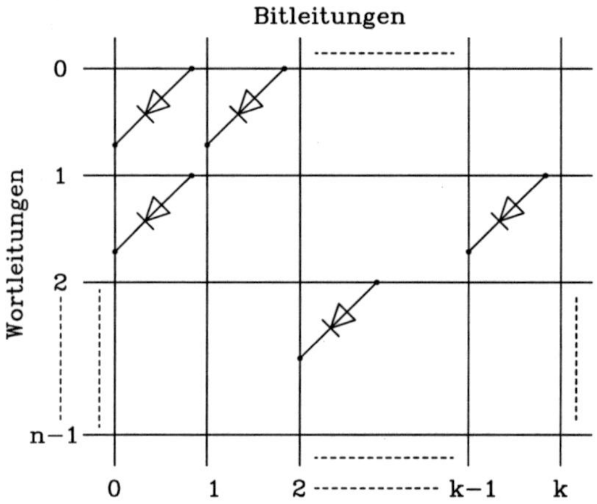

Bild 7.37: Prinzipieller Aufbau eines ROMs

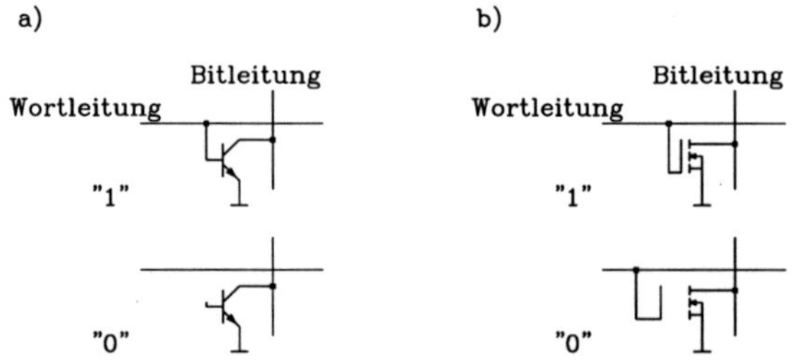

Bild 7.38: Programmierung eines ROMs durch a) Kontaktierung der Basis eines bipolaren Transistors und b) Variieren der Schichtdicke eines MOSFETs

Lesevorgang: Über H-Pegel an einer Wortleitung wird ein Speicherplatz adressiert. Ist eine Bitleitung über eine Diode mit der Wortleitung verbunden, so fließt ein Strom in den angeschlossenen Leseverstärker, und dieser erzeugt am Speicherausgang, der dieser Bitleitung zugeordnet ist, H-Pegel. Falls kein Strom fließt, gibt der Leseverstärker L-Pegel an den Ausgang weiter.
Programmierung der ROMs: Bei großen Stückzahlen wird bei der Herstellung die zu speichernde Information mittels einer Metallisierungsmaske mit eingegeben. Des-

halb werden diese Festwertspeicher auch als maskenprogrammierte ROMs bezeichnet. Dieses Verfahren ist kostspielig und lohnt deshalb nur bei großen Stückzahlen.

Einsatzgebiete für maskenprogrammierte ROMs sind Zeichengeneratoren, Mikroprogrammspeicher, Steuerungen von Haushaltsgeräten, Decoder, etc..

7.2.2 Programmierbares ROM (PROM)

Neben den maskenprogrammierten ROMs gibt es Festwertspeicher, die als Massenprodukt erst nach der Herstellung von außen programmiert werden. Man nennt sie daher programmierbare ROMs oder kurz PROMs (Programmable ROMs). Mit Hilfe eines Programmiergerätes sind PROMs auch durch den Anwender selbst programmierbar. Dabei werden durch elektrische Impulse kleine Sicherungselemente aus Titan-Wolfram durchgebrannt, die in Reihe mit den Koppelelementen (z.B. Dioden) liegen. Die Programmierung erzeugt also Nullen und ist irreversibel.

7.2.3 UV-löschbares, programmierbares ROM (EPROM)

PROMs haben den Nachteil, dass die gespeicherte Information nach der Programmierung nicht mehr geändert werden kann. Soll etwa das in einem PROM gespeicherte Programm auch nur um ein Bit modifiziert werden, ist der gesamte Baustein wertlos und muss durch einen neuen ersetzt werden. Diesen Nachteil haben mehrfach programmierbare Speicher, wie etwa EPROMs (Erasable PROMs) nicht. Die prinzipielle Anordnung der Speicherelemente eines EPROMs in einer Matrix entspricht der eines PROMs, jedoch werden spezielle Koppeltransistoren verwendet.

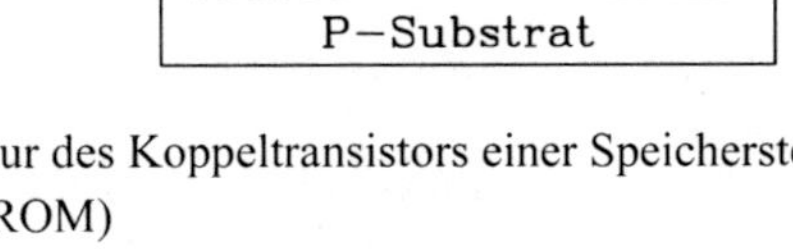

Bild 7.39: Grundstruktur des Koppeltransistors einer Speicherstelle in einem EPROM (Erasable PROM)

Der Aufbau eines dieser Transistoren ist in Bild 7.39 dargestellt. Die Besonderheit liegt in einem zusätzlichen, isoliert angebrachten, elektrisch "schwebenden" (floating) Gate. Im unprogrammierten Zustand enthält dieses Gate keine Ladungen, so dass der Transistor wie ein gewöhnlicher MOS-Transistor arbeitet und das EPROM in jeder Speicherstelle eine "1" gespeichert hat.

Bei der Programmierung des EPROMs erfolgt mittels einer Programmierspannung von ca. 20V durch den Avalanche- oder Lawinen-Effekt eine Injektion elektrischer Ladungen in das schwebende Gate.

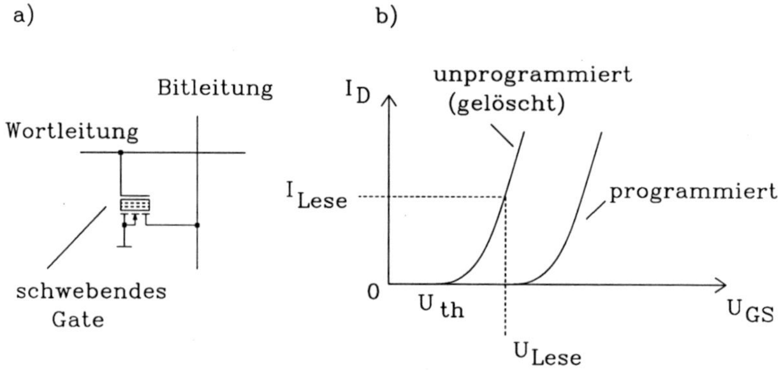

Bild 7.40: Programmierung einer EPROM-Speicherzelle
a) Durch den Programmierimpuls wird negative Ladung auf das Floating-Gate übertragen. Die Speicherstelle enthält daher eine "0".
b) Unprogrammiert ist das "Floating Gate" ladungsfrei und die Speicherstelle enthält eine "1".

Dadurch wird die Schwellwertspannung des als Koppelelement eingesetzten MOSFETs so erhöht, dass er nicht mehr durchschalten kann und daher enthält die betreffende Speicherstelle eine "0". Dieses ist in Bild 7.40 verdeutlicht.

Dieser Vorgang ist reversibel; man kann die Programmierung durch Bestrahlen des Speicherchips mit UV-Licht durch ein eigens dafür vorgesehenes Fenster wieder rückgängig machen. Das energiereiche Licht erzeugt im SiO_2 eine elektrische Leitfähigkeit, so dass die im Floating Gate gespeicherte Ladung wieder abfließen kann und der gesamte Chip wieder gelöscht ist.

Sowohl für den Programmier- als auch für den Löschvorgang sind für EPROMs spezielle separate Geräte erforderlich.

7.2.4 Elektrisch löschbare, programmierbare ROMs (EAROM, EEPROM)

Die UV-löschbaren EPROMs haben einige Nachteile:

1. Sie sind zum Löschen der gespeicherten Daten aus der Schaltung zu entfernen.
2. Der Löschvorgang dauert, verglichen mit in der Halbleiterelektronik üblichen Verzögerungszeiten, mit 10...30 Minuten sehr lange.
3. Es sind spezielle Programmier- und Löschgeräte erforderlich.

In den vergangenen Jahren führten daher Weiterentwicklungen zu elektrisch löschbaren, programmierbaren Festwertspeichern. Man unterscheidet drei verschiedene Typen:

1. *EAROM* = Electrically Alterable ROM; elektrisch änderbarer Festwertspeicher.
2. *EEPROM* = Electrically Erasable Programmable ROM; elektrisch löschbare, programmierbare Festwertspeicher.
3. *NOVRAM* (NVRAM) = Non Volatile RAM; nichtflüchtige Schreib-/Lesespeicher (Kap. 7.2.5).

In der Wirkungsweise unterscheiden sich 1 und 2 nicht. Trotz unterschiedlicher Bezeichnungsweise einzelner Hersteller hat sich folgende Gruppierung durchgesetzt:

1. EAROMs sind elektrisch lösch- und programmierbare Festwertspeicher mit meist kleiner Kapazität. Anwendungsbereiche liegen überwiegend in der Konsum-Elektronik, z.B. zum Speichern von Einstellparametern in ferngesteuerten Fernsehempfängern.
2. EEPROMs sind elektrisch lösch- und programmierbare Festwertspeicher hoher Kapazität (größer als 16 KiBit), z.B. als Ersatz für bisher gebräuchliche EPROMs in Computersystemen.

EEPROMs werden in zwei unterschiedlichen Techniken realisiert:

- Floating-Gate-Technologie
- Nitrid-MOS-Technologie

Im Folgenden soll die Floating-Gate-Technologie anhand des von INTEL entwickelten FLOTOX-Speichertransistors erläutert werden. Dabei handelt es sich um ein weiterentwickeltes EPROM-Prinzip. Der Aufbau ist im Bild 7.41 gezeigt. Es handelt sich um einen NMOS-Transistor mit einem Floating-Gate aus Polysilizium, das in SiO_2 eingebettet ist. Von der Drain-Diffusionszone wird das Floating-Gate jedoch nur durch eine 20 nm dünne Oxidschicht (Tunneloxid) getrennt. Diese kann bei Feldstärken von einigen 10^6 V/cm entsprechend dem sog. Fowler-Nordheim-Tunneleffekt von Elektronen durchtunnelt werden. Im Unterschied zum gewöhnlichen EPROM wird beim EEPROM auch beim Löschvorgang der Tunneleffekt ausgenutzt.

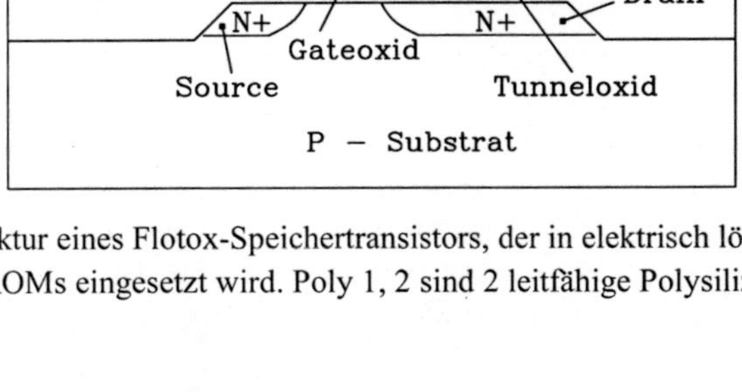

Bild 7.41: Struktur eines Flotox-Speichertransistors, der in elektrisch löschbaren EPROMs eingesetzt wird. Poly 1, 2 sind 2 leitfähige Polysiliziumelektroden.

***Löschvorgang*:** Die Gate-Elektrode wird an +21 V und Drain auf Bezugspotential gelegt. Damit stellt sich im Tunneloxid die erforderliche Feldstärke ein und Elektronen tunneln vom Drain zum Floating-Gate. Dadurch wird die Schaltschwelle des Transistors zu höheren positiven Steuerspannungen verschoben und der Drainstrom kann im Betrieb nicht mehr eingeschaltet werden. Diesen Zustand interpretiert der Ausgangsverstärker als "1", d.h. der Speicher ist gelöscht.

Schreibvorgang: Wie beim EPROM können beim Beschreiben eines EEPROMs die 1-Zustände in 0-Zustände umgewandelt werden. Dazu wird das Gate an Bezugspotential und Drain der zu programmierenden Transistoren bei offener Source an die positive Programmierspannung gelegt. Dadurch kann sich das Floating-Gate per Tunneleffekt entladen, und die Schaltschwelle des Transistors wird wieder erniedrigt, so dass im Betrieb ein Strom fließen kann. Dieser Zustand entspricht dem 0-Zustand. Im übrigen arbeitet die einzelne Speicherzelle wie in einem EPROM.

Einige Hersteller bieten inzwischen EEPROMs an, die die erforderliche Programmierspannung von 21 V aus der Betriebsspannung von 5V selbst erzeugen (z.B.: INTEL 2816A, 2817A, HITACHI HN58064P).

Weiterhin gibt es Bausteine, die die gesamte Logik zum Löschen und Schreiben der Daten enthalten (z.B.: INTEL 2817A, INMOS 3630). Sie können in der Schaltung vom Mikroprozessor prinzipiell wie ein SRAM unter Benutzung der üblichen Steuerleitungen beschrieben werden. Allerdings dauert der Schreibvorgang, dem jeweils ein Löschzyklus vorgeschaltet ist, pro Byte etwa 10 ms. Während dieser Zeit werden alle Speicheranschlüsse hochohmig geschaltet, so dass der Prozessor das Bussystem weiter nutzen kann. Ist der Schreibvorgang abgeschlossen, meldet sich der Speicherbaustein über einen Steuerausgang.

Einige EEPROMs können mit einem 25-V-Impuls von 1 s Dauer den gesamten Speicher löschen (z.B.: GENERAL INSTRUMENTS ER 5716), dafür aber nicht byteweise, andere lassen auch Blocklöschungen von 32 Byte (INTEL 2864) zu.

Typische Werte für die Anzahl möglicher Lösch-/Schreibzyklen liegen bei wenigstens 10.000 und für die Speicherdauer bei mindestens 10 Jahren. Die Lese-Zugriffszeiten entsprechen denen von EPROMs.

7.2.5 Nichtflüchtige RAMs (Non Volatile RAMs, NOVRAMs)

Wegen der vergleichsweise großen Schreibzykluszeit von typisch 10 ms/Byte können EEPROMs nicht direkt herkömmliche RAMs ersetzen. Andererseits sind auch nicht für alle Anwendungen nichtflüchtige RAMs erforderlich. Häufig reicht es, die Nichtflüchtigkeit nur beim Ausfall oder Abschalten der Betriebsspannung sicherzustellen, während in der übrigen Zeit schnelle Datenwechsel erwünscht sind. Auf diese Anwendungsfälle zielt das NOVRAM (NVRAM, Non Volatile RAM), das ein SRAM monolithisch mit einem EEPROM als Hintergrundspeicher verbindet. Im Normalbetrieb arbeitet es als RAM. Auf ein Steuersignal z.B. bei Netzspannungsausfall wird der gesamte RAM-Inhalt innerhalb von ca. 10 ms parallel in das EEPROM dauerhaft gerettet. Nach Wiederkehr der Betriebsspannung können die gesicherten Daten durch ein RECALL-Signal wieder ins RAM kopiert werden.

Mit elektrisch löschbaren Festwertspeichern ergeben sich neben dem Vorteil höherer Flexibilität beim Ersatz herkömmlicher EPROMs auch völlig neue Möglichkeiten, z.B. die über ein Modem ferngesteuerte Aktualisierung von Software in Computersystemen oder die dynamische Selbstanpassung von Programmen während maschineller Lernprozesse.

7.2.6 Flash-Speicher (Flash Memory)

Die Flash-Speicher haben sich aus den EEPROMs (Kap. 7.2.4) entwickelt. In einer Flash-Speicherzelle wird ähnlich wie beim EEPROM ein MOS-Transistor mit Floating-Gate verwendet. Der wesentliche Unterschied besteht in der Löschtechnik. Während beim EEPROM jedes Byte individuell gelöscht werden kann, wird beim Flash-Speicher der Speicher blockweise gelöscht. Der Name Flash (Blitz) stammt aus den Anfängen der Entwicklung, in der der gesamte Speicher mit einem Spannungsimpuls (wie von einem Blitz) gelöscht wurde. In der heutigen Zeit wird der gesamte Flash-Speicher in Blöcken von ca. 8 KiB – 64 KiB aufgeteilt, und jeder Block kann separat gelöscht werden. Flash-Speicher haben gegenüber den EEPROMs den Vorteil, dass sie nur einen Transistor zur Speicherung eines Datenbits benötigen.

Halbleiterhersteller verwenden unterschiedliche Architekturen beim Entwurf von Flash-Speicherzellen. Auf die beiden wichtigsten Basisarchitekturen NOR-Flash und NAND-Flash soll im Folgenden näher eingegangen werden. Die Fa. Intel hat im Jahr 1988 die NOR-Flash-Speicher als Ersatz für die EPROMs und EEPROMs eingeführt. Weitere Firmen wie AMD, Fujitsu, Sharp und Toshiba fertigen auch Flash-Speicher in NOR-Technik. Im Jahr 1989 führte Toshiba die NAND-Architektur ein. Der NAND-Flash dient hauptsächlich zur seriellen Speicherung von großen Datenmengen (z.B. Dateien), während der NOR-Flash mit seinem wahlfreien Zugriff auf den Speicherinhalt gut an einen Mikroprozessorbus angepasst ist.

Bild 7.42 enthält eine vereinfachte Darstellung der internen Speicherzellenstruktur in NOR- und NAND-Technik. In der NOR-Architektur sind die Speicherzellen, bestehend aus einem MOS-Speichertransistor mit Floating-Gate, parallel an die Bitleitung angeschlossen. Dies entspricht einer Schaltung aus Kap. 3.4.1.3, die als verdrahtete NOR-Funktion (Wired NOR) bezeichnet wird. Der Ausgang wird dann "0", wenn ein Eingang "1" wird. Beim NOR-Flash wird die Bitleitung auf L-Pegel gezogen, wenn eine Wortleitung aktiv (H-Pegel) ist und der (gelöschte) Speichertransistor durchschaltet. Die Speicherzelle enthält in diesem Fall eine "1". Falls die Speicherzelle programmiert ist, wird aufgrund der höheren Schwellspannung der Transistor auch dann nicht durchschalten, wenn die Wortleitung aktiv ist. Das Ergebnis ist H-Pegel auf der Bitleitung, das entspricht einer gespeicherten "0". Hierbei wird vorausgesetzt, dass alle weiteren Wortleitungen deaktiv sind.

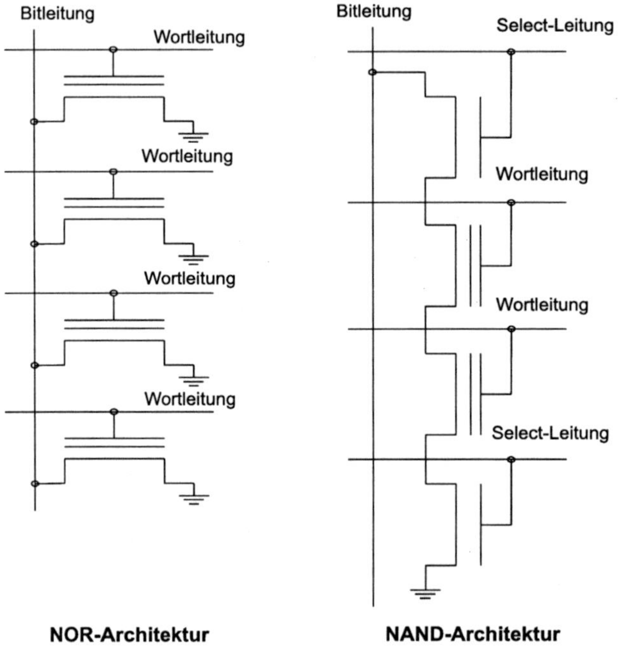

Bild 7.42: Interne Flash-Speicherzellenstruktur in NOR- und NAND-Technik

Im Gegensatz zur NOR-Technik sind in NAND-Technik die MOS-Speichertransistoren und zwei zusätzliche Select-Transistoren seriell an die Bitleitung angeschlossen. Diese Anordnung entspricht einer verdrahteten NAND-Technik. Der Ausgang wird dann "0", wenn alle Eingänge "1" sind. Beim NAND-Flash wird die Bitleitung auf L-Pegel gelegt, wenn alle Transistoren, die seriell an die Bitleitung angeschlossen sind, durchschalten. Über die Select-Leitungen wird der Zugriff auf eine Gruppe von Speichertransistoren möglich.

Die NAND-Architektur hat aufgrund der seriellen Kopplung der Speichertransistoren trotz der beiden zusätzlichen Select-Transistoren einen um ca. 30–40% geringeren Platzbedarf als die NOR-Technologie. Nachteilig wirkt sich die serielle Kopplung der Transistoren auf die Lesezugriffszeit aus. Da der Lesezugriff indirekt ist, ist der NAND-Flash-Speicher für den direkten wahlfreien Zugriff auf ein Speicherbyte nicht geeignet.

Im Allgemeinen wird eine komplette Seite mit 528 Bytes von der internen Speichermatrix in ein Datenregister übertragen und dann byteweise am I/O-Port ausgegeben. Die Programmier- und Löschzeit sind beim NAND-Flash kürzer als beim NOR-Flash.

In der Tab. 7.4 sind Vor- und Nachteile der beiden Flash-Architekturen zusammengestellt. Die angegebenen Programmier-, Lösch- und Zugriffsgeschwindigkeiten sind Durchschnittswerte.

Tab. 7.4: Vor- und Nachteile der NOR- und NAND-Flash-Architekturen

Flashtyp	Vorteile	Nachteile
NOR-Flash	Wahlfreier Lesezugriff: 60 – 90 ns / 16 Bit-Wort Ersatz für EEPROMs Mikroprozessorkompatibel	Höherer Platzbedarf Programmiergeschw.: 0,2 MB/s Löschgeschw.: 0.08 MB/s
NAND-Flash	Geringerer Platzbedarf Programmierzeit: 2 MB/s Löschzeit: 5 MB/s Gut geeignet als Massenspeicher: Speicherkarten	Serieller Zugriff: 15 µs/Seite (528 Byte)

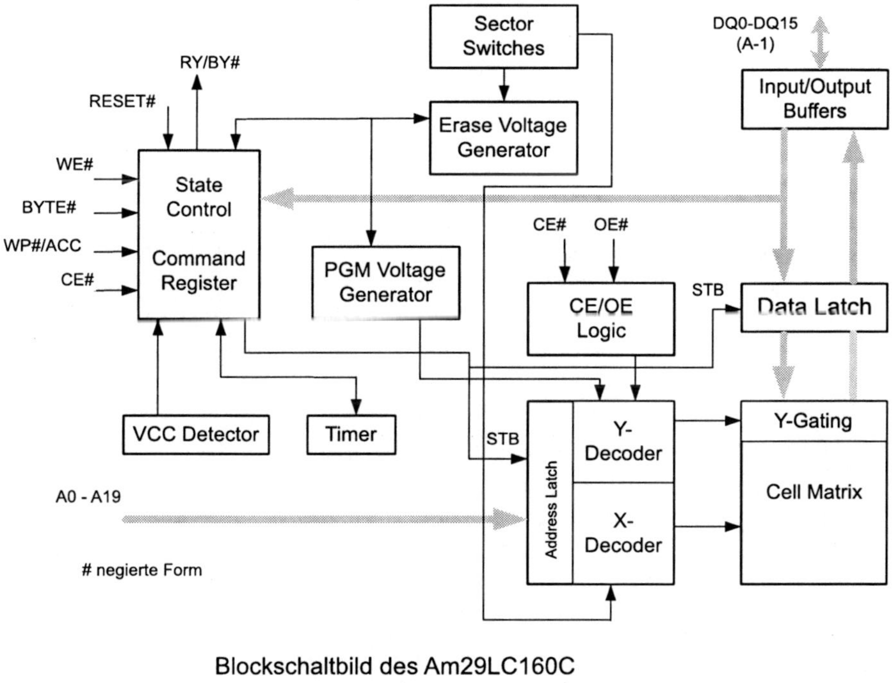

Bild 7.43: Blockschaltbild des NOR-Flash-Speichers Am29LC160C der Fa. AMD

Das Blockschaltbild in Bild 7.43 zeigt den NOR-Flash-Speicher Am29SL160C der Fa. AMD. Er hat eine Speicherkapazität von 1 Mi x 16 Bit. Die Flash-Speicherzellen sind in der Cell Matrix untergebracht. Sie werden ähnlich wie beim statischen RAM über die Adressleitung in Verbindung mit einem Zeilendecoder (X-Decoder) und einem Spaltendecoder (Y-Decoder) adressiert. Über den Input/Output Buffer werden die 16 Bits des adressierten Speicherplatzes ausgegeben. Der PGM Voltage Generator sorgt beim Programmieren der Flashzellen für die erforderliche Programmierspannung. In der Programmierphase werden die Daten über den Input/Output Buffer und das Data Latch den Flashzellen zugeführt. Beim Löschen wird im Erase Voltage Generator die Löschspannung erzeugt und mit Hilfe des Sector Switches der zu löschende Block ausgewählt. Der Block State Control und das Command Register sind für die Ablaufsteuerung und das Timing zuständig.

Wenn auch die Basisarchitekturen sich in absehbarer Zeit nicht stark verändern werden, so gibt es doch Entwicklungstrends, die noch höhere Speicherdichten in naher Zukunft erwarten lassen. Erwähnenswert sind die Multi-Level-Cell Technologie (MLC) und die MirrorBit-Cell Technologie.

In der Multi-Level-Cell Technologie werden vier unterscheidbare Ladungen auf dem Floating-Gate untergebracht. Mit Hilfe unterschiedlicher Schwellspannungen wird beim Lesevorgang die einzelne gespeicherte Ladung einem 2-Bit-Wert (00, 01, 10 oder 11) zugeordnet. Damit sind quasi in einer Zelle 2 Bits gespeichert. Theoretisch könnten auch 8 (entspricht 3 Bit) und mehr unterschiedliche Ladungen gespeichert werden. Allerdings wird sich hierbei die Auslesezeit stark erhöhen.

Auch die MirrorBit-Cell Technologie bietet einen erfolgsversprechenden Ansatz für eine Steigerung der Speicherdichte. In dieser Technologie werden zwei getrennte Speicherbereiche in einem MOS-Speichertransistor untergebracht. Die Anordnung ist symmetrisch, quasi gespiegelt an der Mittellinie der Zelle. Jeder Speicherbereich ist separat programmier- und löschbar. Vorteilhaft ist bei dieser Neuentwicklung, dass sich die Auslesezeiten nicht erhöhen. Die Fa. AMD hat Flash-Speicher in MirrorBit Technologie von 256 Mibit schon im Jahr 2003 auf den Markt gebracht.

7.3 Entwurf komplexer Speichersysteme

Ein Speichersystem mit einer gewünschten Speicherkapazität lässt sich aus mehreren einzelnen Speicherbausteinen aufbauen. Die Speicherbausteine werden untereinander durch Busse verbunden und mit Hilfe eines Adressdecoders selektiert.

Ein Bus ist ein System von mehreren Leitungen. Man unterscheidet Adressbus, Datenbus und Steuerbus. Das komplette Speichersystem kann über die vorhandenen Busse mit einem weiteren System, z.B. einem Mikroprozessor Daten austauschen, wie Bild 7.44 zeigt.

Im konkreten Dimensionierungsfall sind die Anzahlen der Bits für Adress-und Datenbus vorgegeben. Soll nun ein Speichersystem mit festgelegter RAM- und ROM-Kapazität aufgebaut werden, so werden die in Frage kommenden Speicherbausteine ausgesucht und anschließend der Adressdecoder entworfen.

Für die Adressdecodierung gibt es prinzipiell zwei Möglichkeiten:

a) Vollständige Adressdecodierung. Der Speicherplatz eines Speicherbausteins ist nur unter einer einzigen Adresse ansprechbar, d.h. alle Bits des Adressbusses, die nicht direkt am Speicherbaustein anliegen, werden zur Adressdecodierung verwendet.

Vorteil: Eindeutige Adressierung, eine Speichererweiterung ist leicht möglich.
Nachteil: Relativ hoher Decodieraufwand.

b) Unvollständige Adressdecodierung: Es werden nur die Adressbits zur Adressdecodierung herangezogen, die zur Unterscheidung der im System vorhandenen Bausteine unbedingt erforderlich sind. Jeder Speicherplatz des Speicherbausteines ist dann unter mehreren Adressen ansprechbar.

Vorteil: Gegenüber a) geringerer Decodieraufwand
Nachteil: Mehrdeutige Adressierung, Speichererweiterung ist aufwendig.

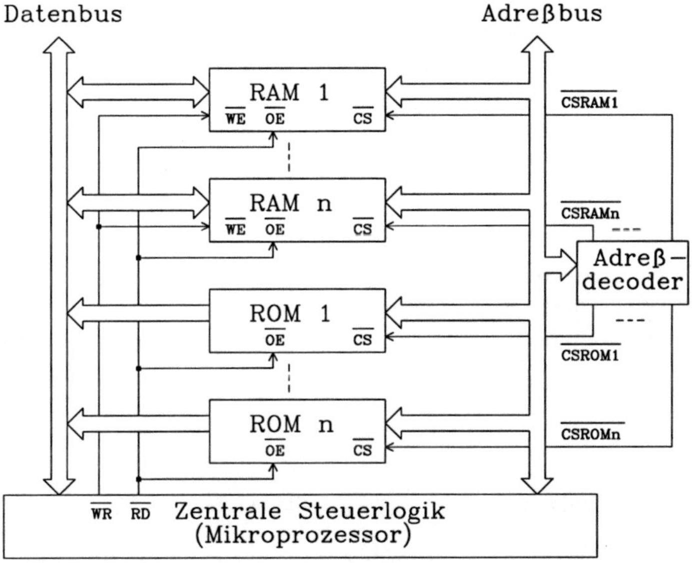

Bild 7.44: Aufbau eines komplexen Speichersystems mit RAMs und ROMs

Beispiel zum Entwurf eines Speichersystems. Aufgabenstellung: Entwerfen Sie ein Speichersystem mit einem zusammenhängenden Schreib-/Lesespeicher von insgesamt 28 Ki x 8 Bit und einem Festwertspeicher von 16 Ki x 8 Bit. Randbedingungen:

- Der Adressbus hat 16 Bit und der Datenbus 8 Bit
- Anfangsadresse des Festwertspeichers: 0000H
- Für den Aufbau des Festwertspeichers steht ein EPROM (16 Ki x 8 Bit) zur Verfügung.
- Anfangsadresse des Schreib-/Lesespeichers: 8000H

- Für den Aufbau des Schreib-/Lesespeichers stehen folgende statische RAMs mit folgenden Speicherkapazitäten zur Verfügung: 32 Ki x 8 Bit, 16 Ki x 8 Bit, 8 Ki x 8 Bit und 4 Ki x 8 Bit

Jeder Speicher hat Adress- und Datenanschlüsse sowie Steuerleitungen ¬OE (output enable) und ¬CS (chip select, Bausteinauswahl). Die RAMs haben zusätzlich einen Anschluss ¬WE (write enable).

Lösung: Im ersten Schritt werden die Speicherbausteine ausgewählt, die zum Entwurf des Speichersystems geeignet sind. Als Festwertspeicher wird ein EPROM mit der Speicherkapazität von 16 Ki x 8 Bit eingesetzt. Mit Hilfe der Adressdecodierung wird die Anfangsadresse auf 0000H eingestellt. Für den Schreib-/Lesespeicher sind mehrere Kombinationen der vorhandenen Speichertypen denkbar. Zwei mögliche Lösungen sollen hier behandelt werden.

1. Es werden RAMs mit folgenden Speicherkapazitäten ausgewählt: 16 Ki x 8 Bit, 8 Ki x 8 Bit und 4 Ki x 8 Bit. Der Speicher mit der größten Kapazität (16 Ki x 8 Bit) wird ab Adresse 8000H angeordnet, dann folgt der Speichertyp mit 8 Ki x 8 Bit und zum Schluss der Speichertyp mit 4 Ki x 8 Bit.
2. Es wird ein Speichertyp der Kapazität 32 Ki x 8 Bit ausgewählt. Mit Hilfe der Adressdecodierung wird sichergestellt, dass nur 28 KiB der gesamten Kapazität angesprochen wird. Obwohl die mögliche Kapazität nicht voll ausgeschöpft wird, ist dies die kostengünstigste Lösung, da nur ein RAM-Baustein benötigt wird.

Mit Hilfe der Umrechnungstabelle Tab. 1.5 (s. Kap. 1.6) lässt sich die Speicherbelegung für die gestellte Aufgabe leicht bestimmen. In Tab. 7.5 ist die Anordnung der Speicherbausteine im Adressbereich für die erste Lösung dargestellt. Als Festwertspeicher wird ein EPROM mit der Speicherkapazität 16 Ki x 8 Bit gewählt. Für den Schreib-/Lesespeicher benötigt man drei RAMs mit den Kapazitäten 16 Ki x 8 Bit, 8 Ki x 8 Bit und 4 Ki x 8 Bit.

Tab. 7.5: Speicherbelegungsplan für die gestellte Aufgabe

Speicher Adresse-	Adresse (hex.)	Adresse (binär) A15	A14	A13	A12	A11	....	A0	Speicher-typ	¬Chip Select-Signal
Anfang	0000	0	0 |	0	0	0	....	0	EPROM	¬CSEPROM
Ende	3FFF	0	0 |	1	1	1	....	1	16Ki x 8Bit	
Anfang	4000	0	1 |	0	0	0	....	0	nicht belegt	
Ende	7FFF	0	1 |	1	1	1	....	1	16Ki x 8Bit	
Anfang	8000	1	0 |	0	0	0	....	0	RAM1	¬CSRAM1
Ende	BFFF	1	0 |	1	1	1	....	1	16Ki x 8Bit	
Anfang	C000	1	1	0 |	0	0	....	0	RAM2	¬CSRAM2
Ende	DFFF	1	1	0 |	1	1	....	1	8Ki x 8Bit	
Anfang	E000	1	1	1	0 |	0	....	0	RAM3	¬CSRAM3
Ende	EFFF	1	1	1	0 |	1	....	1	4Ki x 8Bit	
Anfang	F000	1	1	1	1 |	0	....	0	nicht belegt	
Ende	FFFF	1	1	1	1 |	1	....	1	4Ki x 8Bit	

Mit Hilfe der Adressbits links von dem Sonderzeichen "|" (Tab. 7.5) lassen sich die logischen Gleichungen für vollständige Adressdecodierung ermitteln. Da nicht der gesamte Adressbereich belegt ist, ergeben sich redundante Terme, die zur weiteren Vereinfachung der Gleichungen führen (s. unvollständige Adressdecodierung).

Vollständige Adressdecodierung	Unvollständige Adressdecodierung
$\overline{CSEPROM} = \overline{\overline{A15}\,\overline{A14}}$	$\overline{CSEPROM} = \overline{\overline{A15}} = A15$
$\overline{CSRAM1} = \overline{A15\,\overline{A14}}$	$\overline{CSRAM1} = \overline{A15\,\overline{A14}}$
$\overline{CSRAM2} = \overline{A15\,A14\,\overline{A13}}$	$\overline{CSRAM2} = \overline{A15\,A14\,\overline{A13}}$
$\overline{CSRAM3} = \overline{A15\,A14\,A13\,\overline{A12}}$	$\overline{CSRAM3} = \overline{A15\,A14\,A13}$

Wie oben erwähnt gibt es noch weitere Realisierungsmöglichkeiten für den Schreib-/Lesespeicher. Falls ein RAM der Kapazität 32Ki x 8 Bit (2. Lösung) eingesetzt wird, so lässt sich über die Adressdecodierung der Speicher in dem gleichen Adressbereich von 8000H ... EFFFH ansprechen. Der verwendete Adressbereich des Speichers wird in drei Teilbereiche aufgeteilt. Teilbereich 1 entspricht dem Adressbereich von RAM1, Teilbereich 2 dem Adressbereich von RAM 2 und Teilbereich 3 dem Adressbereich von RAM 3. Die logische Gleichungen ¬CSRAM32K ergibt sich durch disjunktive Verknüpfung der drei UND-Terme und anschließender Negation. In der unvollständigen Adressdecodierung ist der Speicher in dem gesamten 32Ki-Bereich ansprechbar.

Vollständige Adressdecodierung:

$$\overline{CSRAM32K} = \overline{A15\,\overline{A14} \vee A15\,A14\,\overline{A13} \vee A15\,A14\,A13\,\overline{A12}}$$

Unvollständige Adressdecodierung:

$$\overline{CSRAM32K} = \overline{A15}$$

In einem Blockschaltbild (Bild 7.45) wird das gesamte Speichersystem für die erste Lösung dargestellt.

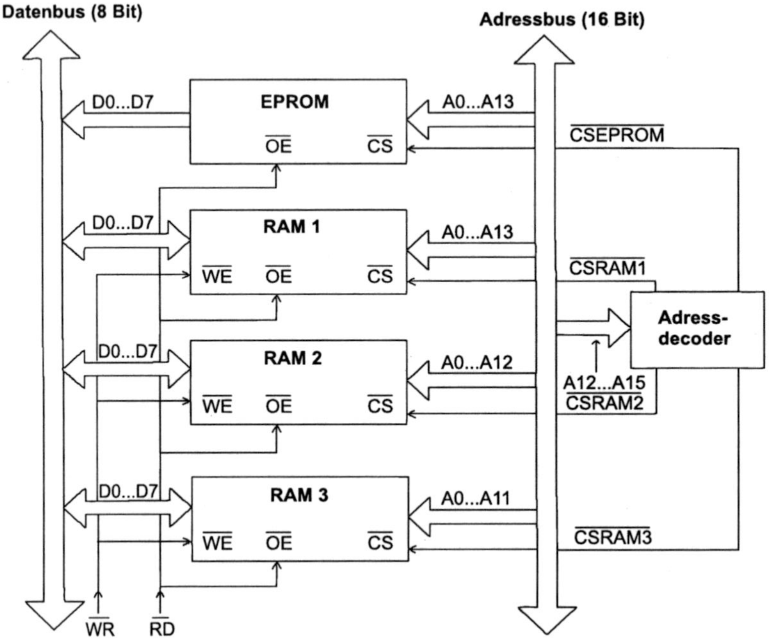

Bild 7.45: Aufbau eines Speichersystems mit einem EPROM und drei RAMs, entsprechend der gestellten Aufgabe

7.4 Tabellarische Übersicht über verfügbare Speicherbausteine

Die folgenden zwei Tabellen geben einen Überblick über eine Auswahl der zur Zeit (2000) verfügbaren Halbleiterspeicher. Tab. 7.6 zeigt Schreib-/Lesespeicher und Tab. 7.7 zeigt Festwertspeicher.

Tab. 7.6: Übersicht über statische und dynamische Schreib-/Lesespeicher

Typ	Hersteller	Größe (Bit)	Gehäuse	Strom-aufnahme aktiv (mA)	Zugriffs-zeit (ns)
SRAM					
HM621400HCJP-10	Hitachi	4Mix1	32 - SOJ	140	10
HM6216514LTTI-5SL	Hitachi	512Kix16	44 - TSOP	20	55
µPD448012GY-B55X-MJH	NEC	512Kix16	48 - TSOP	50	55
K6F1616R6A	Samsung	1Mix16	48 - TBGA	25	70
K6R4004V1D-08	Samsung	1Mix4	32 - SOJ	80	8
TC55VBM416AFTN55	Toshiba	1Mix16	48 - TSOP	30	55
SDRAM					
EDS5104ABTA	Elpida	128Mix4	54 - TSOP2	140	70
HYB 39S512800AT-8	Infineon	64Mix8	54 - TSOP2	150	70
MT48LC16M16A2	Micron	16Mix16	54 - TSOP2	135	70
K4S51153LC-YG/S	Samsung	32Mix16	54 - CSP	130	70
DDR - SDRAM					
EDD5104ABTA-6B	Elpida	128Mix4	66 - TSOP2	210	45
HY5DU12422AT-D43	Hynix	128Mix4	66 - TSOP2	200	45
HYB25D512800AT-6	Infineon	64Mix8	66 - TSOP2	170	45
K4T1G164QA	Samsung	64Mix16	84ball FBGA	240	45
FIFO					
AL440B-12	Averlogik	512Kix8	44 - TSOP2	52	12
MS81V10160	OKI	648Kix16	70 - TSOP2	210	12
CY7C4808V25	Cypress	64Kix80	288 - FBGA	600	5
FRAM, FeRAM					
FE128Kx3216RAB	VCI	128Kix32		15	70
FM18L08-70-S	Ramtron	32Kix8	28-pin SOIC	15	70
FM30C256-SE	Ramtron	32Kix8	20-pin SOIC	0,2-100kHz	ser. 1MHz
MRAM					
CY9C6264-70PC	Cypress	8Kix8	28L Mo DIP		70
CY9C62256-70PC	Cypress	32Kix8	28L Mo DIP		70

Hersteller:

TOSH:Toshiba
MIT:Mitsubishi
CYP:Cypress Semiconductor
ST: SGS-Thomson
Ramtron Int. Corporation
HIT:Hitachi
XCR:Xicor
NSC:National Semiconductors
SIE: Siemens
VCI: Vertical Circuits Inc.
SI:Simtek
GI:Greenwich Instruments
AMD: Advanced Micro Devices
SAM: Samsung

Tab. 7.7: Übersicht über Festwertspeicher

Typ	Her-steller	Größe (Bit)	Gehäuse	VCC (V)	Strom-aufnahme (mA), (aktiv)	Zugriffs-zeit (ns)
PROM						
Kaum Neuentwicklungen. Aber OTP-Versionen von EPROM-Typen z.B.:						
27C160	ST	1Mix8	DIL-42	+5	70 (8 Mhz)	100
EPROM						
CY27C128-45PC	CYP	16Kix4	28 pin d.i.l.	+5	45	45
CY27C256-70PC	CYP	32Kix8	28 pin d.i.l.	+5	45	70
27C010	AMD	128Kix8	DIP-32/P	+5	45	70
27C020	AMD	256Kix8	DIP-32/P	+5	55	70
27C2001	ST	256Kix8	DIP-32/P	+5	30 (5MHz)	80
27C040	AMD	512Kix8	DIP-32/P	+5	90	90
27C4001	ST	512Kix8	DIP-32/P	+5	30 (5MHz)	70
27C801	ST	1Mix8	DIP-32/P	+5	35 (5MHz)	70
27C322	ST	4Mix8	DIP-42/P	+5	50 (8MHz)	150
EEPROM						
X28HC64P25	XCR	8Kix8	28-pin d.i.l.	+5	150	250
X28C256P-12	XCR	32Kix8	28-pin d.i.l.	+5	80	120
X28C512D12	XCR	64Kix8	32 pin d.i.l.	+5	50	120
58C1001	HIT	128Kix8	DIP-32/P	+5	20mW/MHz	150
M28256	ST	256Kix8	PLCC32	+5	30	120
M28010	ST	1Mix8	PLCC32	+5	40	100
NOR-FLASH						
AM42DS640AG	AMD	4Mix16	FBGA-73	+3	30	70
28F128J3	INT	8Mix16	TSOP56	+3	30	57
NAND-FLASH						
TH58100FT	TOSH	128Mix8	TSOP-I-48	+3	20	50 seriell
K9K2G16QOM	SAM	128Mix16	TSOP	+1,9	30	50 seriell
KFN4G16Q2M	SAM	256Mix16	FBGA-63	+1,8	30	50 seriell

Hersteller:

TOSH:Toshiba
MIT:Mitsubishi
CYP:Cypress Semiconductor
ST: SGS-Thomson
HIT:Hitachi
XCR:Xicor
NSC:National Semiconductors
SAM: Samsung Semiconductor
INT: Intel
GI:Greenwich Instruments
AMD: Advanced Micro Devices
TI: Texas Instruments

Literatur zu Kap. 7: [2, 3, 12, 23, 24, 27, 31, 32, 33, 37, 39, 42, 43, 44, 45, 47, 53, 60, 64, 79, 84, 85, 86, 89, 90, 91, 92, 94, 96 , 99, 106, 112, 114, 118, 119, 121, 124, 125, 130, 131, 132, 141, 142]

8 Analog-Digital- und Digital-Analog-Umsetzer

Analog-Digital-Umsetzer (ADU, Analog-Digital-Converter, ADC) sind Bindeglieder zwischen herkömmlichen analogen Signalquellen wie

- Messwandler für Druck, Temperatur, Weg, Beschleunigung usw.
- Mikrophone
- Videokameras

und digital arbeitenden Systemen.

Technische Probleme beim Einsatz von ADUs und DAUs liegen in der Umsetzung der Anforderungen an Genauigkeit und Geschwindigkeit.

Beispiele:

- Auflösung für die Verarbeitung von Sprachsignalen mit Fernsprechqualität: 12 Bit (linear quantisiert), entsprechend $0{,}25 \cdot 10^{-3}$
- Erforderliche Geschwindigkeit (Datenrate) zur Verarbeitung digitalisierter Bilder in Fernsehqualität: 80 MBit/s

Wirtschaftliche Probleme liegen in den Kosten der Umsetzer, die durch geeignete Dimensionierung so klein zu halten sind, dass sie durch die infolge digitaler Technik ausnutzbaren Vorteile aufgewogen werden.

Generelle Vorteile der digitalen gegenüber der analogen Technik bestehen wegen:

- der Störunanfälligkeit digitaler Signale, bzw. ihre Regenerierfähigkeit
- der Einsatzmöglichkeit besonders hoch integrierter Digitalbausteine wie Mikroprozessoren, Signalprozessoren, Arithmetikprozessoren, Speicher usw.
- wirkungsvoller Möglichkeiten zur Datensicherung mittels Verschlüsselung
- einfacher Möglichkeiten eines Multiplexbetriebs im Zeitbereich

Im Folgenden stehen Umsetzer zur Verarbeitung elektrischer Signale im Vordergrund. Prinzipien der Umsetzung werden aber der Anschaulichkeit halber auch an Systemen gezeigt, die Strecken in binäre Zahlen umsetzen.

8.1 Das Wesen von Analog-Digital-Umsetzern

Analog-Digital-Umsetzer (ADU) sind Systeme, die einer analog vorliegenden elektrischen Messgröße (z.B. einer Spannung U) eine digitale Repräsentationsgröße (z.B. eine binäre Zahl) zuordnen. Bei analogen Systemen liegt demgegenüber die Repräsentationsgröße, z.B. der Zeigerausschlag, eines Messgerätes in analoger Form vor. Analoge Größen sind zeit- und wertkontinuierlich wie Bild 8.1 zeigt.

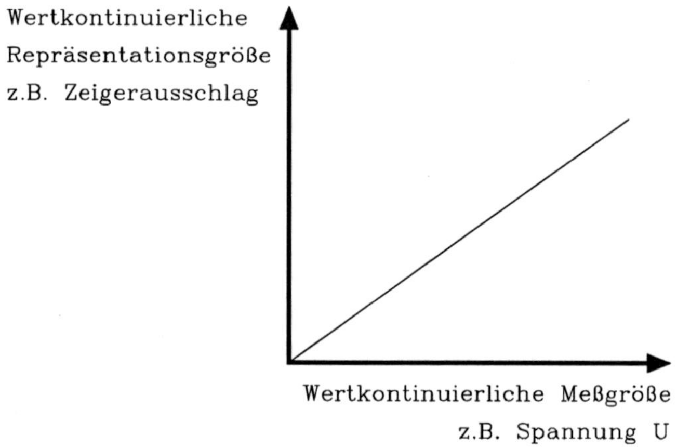

Bild 8.1: Prinzipielle Wirkungsweise eines Analog-Messgerätes

Ein ADU ordnet der analogen Eingangsgröße eine zeit- und wertdiskrete Repräsentationsgröße zu, z.B. Binärzahlen, wie Bild 8.2 zeigt. Ein ADU bildet demzufolge ein Signalintervall (Quantisierungsintervall Q) auf einen diskreten Wert ab. Dadurch werden systematische Fehler, die Quantisierungsfehler, verursacht.

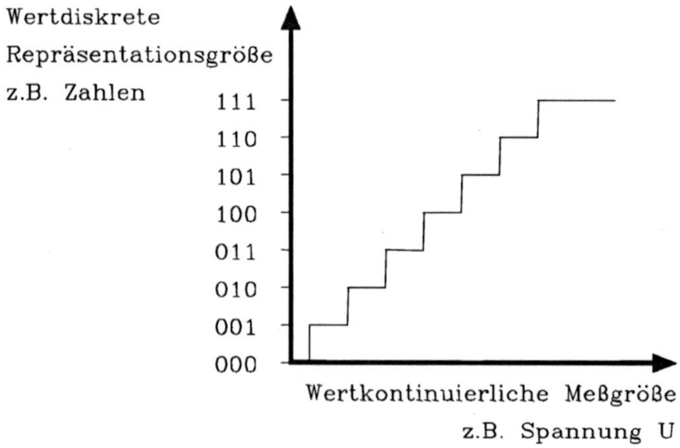

Bild 8.2: Prinzipielle Wirkungsweise eines Analog-Digital-Umsetzers

Beim Vorliegen zeit- und wertkontinuierlicher, also analoger Signale bewirkt der ADU eine Diskretisierung in zweifacher Hinsicht:

1) Diskretisierung in eine endliche Anzahl zugelassener Amplitudenwerte, auch Quantisierung genannt.
2) Diskretisierung in zeitlicher Richtung, denn ein Amplitudenwert gilt für eine bestimmte Mindestzeit. Diesen Vorgang nennt man Abtastung.

Weiterhin liefert der ADU die digitale Information in einem bestimmten Code, z.B. dem Dual-Code. Dieser Vorgang heißt Codierung.

Die erforderlichen Verarbeitungsschritte beim Übergang vom analogen zum digitalen Signal sind in DIN 40146, Bl. 1 genormt und in Bild 8.3 veranschaulicht.

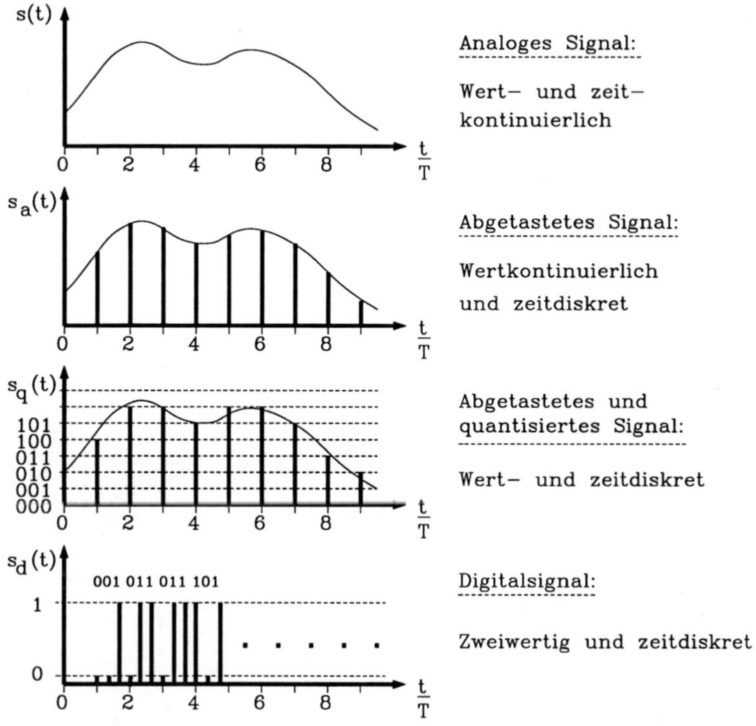

Bild 8.3: Verarbeitungsschritte beim Übergang von analogen zu digitalen Signalen

8.2 Anwendungen von Analog-Digital- und Digital-Analog-Umsetzern

Wesentliche Anwendungsgebiete für ADUs und DAUs sind:

1) *Digitalmessinstrumente*: Analoge Messgrößen wie Strom, Spannung, Widerstand, Frequenz, Temperatur, Gewicht usw. werden mit endlicher Auflösung als Ziffern angezeigt.

2) *Fernmesssysteme* (Telemetrie): Häufig bedient hierbei ein ADU mehrere Messstellen im Zeitmultiplex (MUX, hier: Analogmultiplexer). Anwendung findet diese Technik z. B. bei der Übermittlung von Daten aus dem Weltraum oder physiologischer Daten von Mensch oder Tier während körperlicher Bewegung.

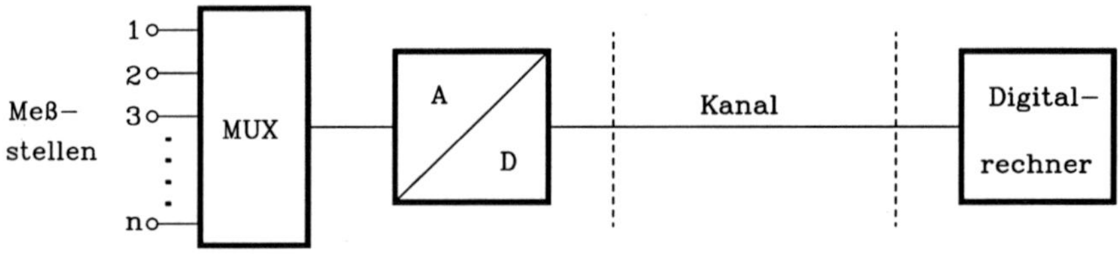

Bild 8.4: Komponenten eines digitalen Fernmesssystems (MUX=Multiplexer)

3) *Digitale Regelungssysteme und Prozesssteuerung:* Ein Digitalregler (Computer) kann mehrere Regelkreise im Zeitmultiplex (MUX) betreiben. *Beispiele:* Werkzeugmaschinen, Walzwerke, Hochöfen, allgemeine Prozessabläufe, Überwachung von Verbundsystemen zur elektrischen Energieversorgung.

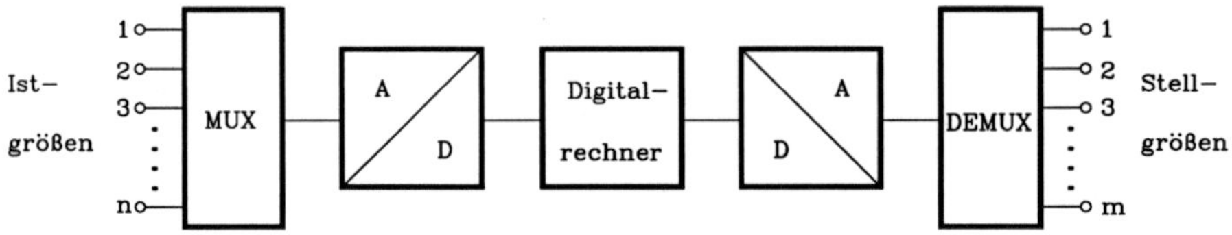

Bild 8.5: Komponenten eines digitalen Regelungssystems (MUX=Multiplexer)

4) *Nachrichtentechnische Einrichtungen, digitale Signalverarbeitung:* Hiermit können Sprach- oder Videosignale, die zunächst in analoger Form vorliegen, digitalisiert und einzeln oder im Zeitmultiplex (MUX) übertragen oder gespeichert werden. *Beispiele:* Pulscodemodulationssysteme (PCM), digitale Signalverarbeitung in Quellcodierern.

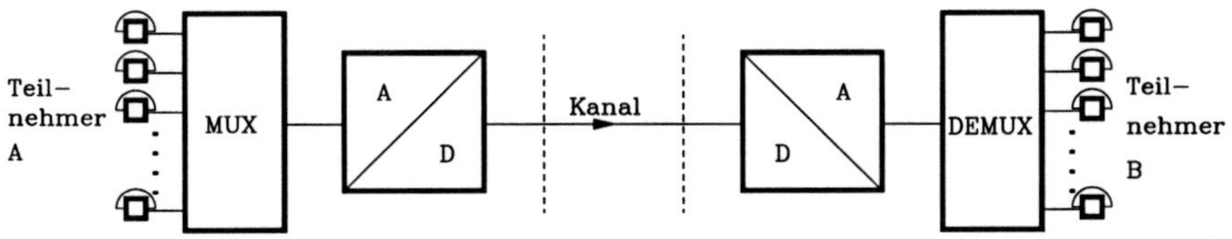

Bild 8.6: Darstellung eines digitalen Fernsprechsystems für eine Übertragungsrichtung (MUX=Multiplexer)

8.3 Systeme zur Umsetzung analoger in digitale und digitaler in analoge Signale

Wie bereits angesprochen, umfasst die Analog-Digital-Umsetzung in der digitalen Signalverarbeitung die folgenden drei Schritte:

1. Abtastung im Abtasthalteglied (AHG, Sample & Hold),
2. Quantisierung und
3. Codierung. Die beiden Schritte gemäß 2. und 3. werden im ADU realisiert.

Ein System zur Digitalisierung analoger Signale lässt sich daher durch folgendes Blockschaltbild (Bild 8.7) beschreiben:

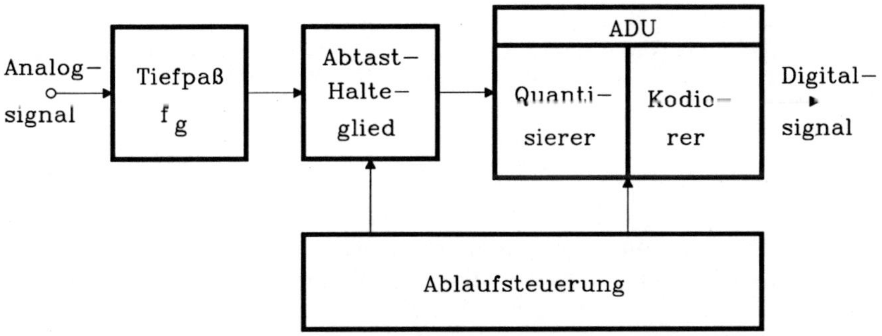

Bild 8.7: Gesamtsystem zur Digitalisierung analoger Signale

Der Eingangstiefpass mit der Grenzfrequenz f_g ist nur für den Fall erforderlich, dass das Analogsignal nicht hinreichend bandbegrenzt ist. Seine Dimensionierung wird durch das Abtasttheorem bestimmt (Kap. 8.3.1). Als nächster Block ist ein Abtasthalteglied (AHG) vorgesehen. Dieses hält während der Wandlungsdauer des ADU das umzusetzende Analogsignal konstant (Kap. 8.3.2). Das AHG speist direkt den ADU, der aus Quantisierer und Codierer besteht. Es sind auf dem Markt heute auch ADUs erhältlich, die bereits das AHG beinhalten. Eine Ablaufsteuerung koordiniert die Aufgaben der einzelnen Blöcke.

Soll das Digitalsignal, z.B. nach einer digitalen Signalverarbeitung wieder in ein Analogsignal überführt werden, sind ein DAU und ein Interpolatortiefpass erforderlich, wie Bild 8.8 zeigt.

Der DAU liefert ein treppenförmiges Signal, in dem noch hochfrequente Spektralanteile enthalten sind, die durch die Abtastung verursacht werden. Der Interpolatortiefpass eliminiert diese Spektralanteile und liefert ein zeit- und wertkontinuierliches Signal.

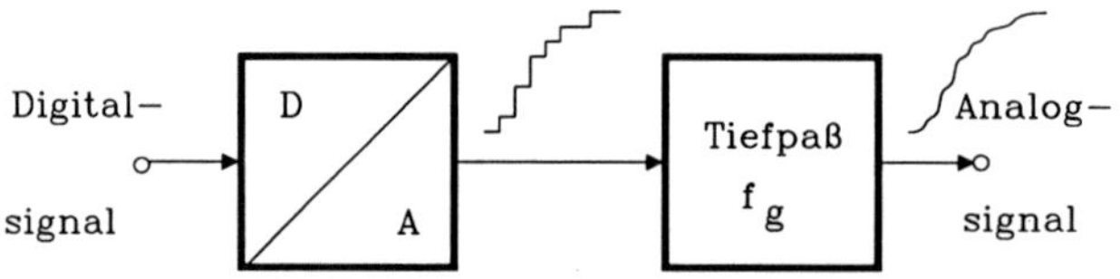

Bild 8.8: Prinzipielles System zur Umsetzung digitaler in analoge Signale

Bei der Digitalisierung verursacht die Zeitdiskretisierung keine bleibenden Fehler, wenn das Abtasttheorem eingehalten und sehr schmale Abtastimpulse verwendet werden. Die Wertdiskretisierung führt zu den schon angesprochenen Quantisierungsfehlern. Diese sind systematischer Natur und können nicht mehr eliminiert werden.

Häufig wird bei der DA-Umsetzung im DAU ein digitales Eingangsregister benutzt. Dieses hat zur Folge, dass am DAU-Ausgang der jeweilige Analogpegel für eine Abtastperiode konstant bleibt (s. Bild 8.8). Die oben erhobene Forderung sehr schmaler Abtastimpulse ist damit verletzt. Die Folge sind lineare Verzerrung mit Tiefpasscharakter. Dieser Fehler kann durch Filterung mit dem inversen Frequenzgang beseitigt werden (s. Kap.8.5).

8.3.1 Das Abtasttheorem

Das Abtasttheorem von Shannon gibt an, in welchen zeitlichen Abständen dem vorliegenden Analogsignal mindestens Proben (Abtastwerte, AW) entnommen werden müssen, damit nach einer späteren DA-Umsetzung das Ursprungssignal (bis auf die Quantisierungsfehler) fehlerfrei rekonstruiert werden kann.

Abtasttheorem: Eine auf f_g bandbegrenzte Signalfunktion s(t) wird vollständig bestimmt durch ihre zeitdiskreten und äquidistanten Ordinaten s_a (t) im zeitlichen Abstand von $T = T_{abt} \leq 1/(2f_g)$.

Das bedeutet, die in einem Signalgemisch auftretende höchstfrequente spektrale Komponente muss wenigstens zweimal pro Vollperiode T_g abgetastet werden. Dieses lässt sich sowohl im Zeit- als auch im Spektralbereich begründen. Das Gleichheitszeichen hat dabei allenfalls theoretische, aber keine praktische Bedeutung. Wird das Abtasttheorem verletzt, entstehen Signalfehler, die in der Regel nicht zu eliminieren sind (Ausnahme: Kammfilter bei periodischem Spektrum).

Beispiel:

Es soll eine Zeitfunktion $s(t) = \cos^2\omega_1 t$ digital verarbeitet werden. Die im Signal vorhandene höchstfrequente Komponente (Grenzfrequenz f_g) beträgt $f_g = 2f_1$ mit $f_1 = \omega_1/2\pi$. Daraus folgt eine Abtastfrequenz von $f_{abt} \geq 4f_1$.

8.3.2 Das Abtasthalteglied (AHG)

Das AHG soll dem vorliegenden Signal in Abständen, die durch das Abtasttheorem festgelegt sind, Signalproben entnehmen und diese während der Umsetzdauer t_u des ADUs konstant halten (speichern), wie Bild 8.9 zeigt. Die Haltedauer t_H muss größer als die Umsetzdauer t_u des ADUs gewählt werden, so dass $t_u \leq t_H \leq T = T_{abt}$ gilt.

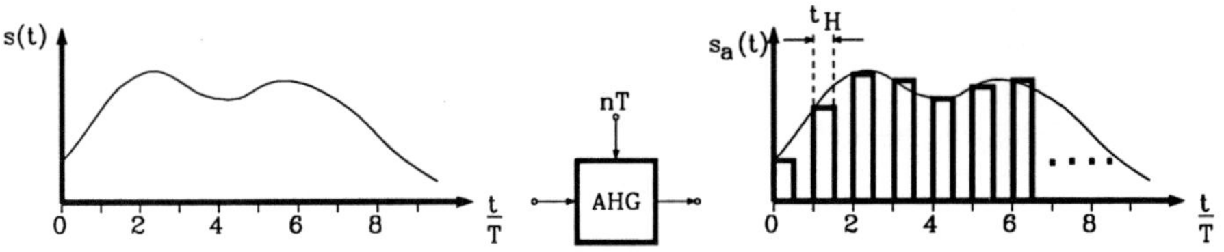

Bild 8.9: Prinzipielle Wirkungsweise eines Abtasthaltegliedes

Ist allerdings die Umsetzdauer $t_u << T_{abt}$, kann auf eine Abtasthaltung verzichtet werden. Diese Forderung lässt sich in der Praxis selten sinnvoll erfüllen, da der ADU dadurch sehr teuer wird. Die Zusammenhänge sollen an einem Beispiel konkretisiert werden:

Wird kein AHG benutzt, kann sich während der Umsetzdauer t_u des ADU das Eingangssignal s(t) um ds ändern, was zu einem falschen Wandlungsergebnis führt. Soll die prinzipbedingte maximale Genauigkeit eines ADU von 1/2 LSB (Least Significant Bit) erhalten bleiben, muss im Sinne einer worst case Betrachtung gefordert werden, dass an der Stelle größtmöglicher Signalsteigung die Signaländerung kleiner als 1/2 LSB bleibt. Beispielsweise führt diese Forderung bei einem vollaussteuernden Sinussignal $s(t) = A \cdot \sin \omega_g t$ zu folgendem Ergebnis:

$$\left(\frac{ds}{dt}\right)_{max} = A \cdot \omega_g = S_{max}$$

Das ist die max. Steigung des Signals mit der Amplitude $A = m \cdot Q/2$, wobei Q die Quantisierungsintervallbreite und m die Quantisierungsstufenzahl im Aussteuerbereich sind. Weiter gelte $f_g = 1/(2 \cdot T_{abt})$ als Grenzfall für die Abtastung. Dann folgt:

$$S_{max} = \frac{m \cdot Q \cdot 2 \cdot \pi \cdot f_g}{2} = \frac{m \cdot Q \cdot \pi}{2 \cdot T_{abt}} \quad \text{(Gl. 1)}$$ Mit der oben formulierten Bedingung

$$S_{max} \cdot t_u \leq Q/2 \quad \text{(Gl. 2)}$$ folgt durch Gleichsetzen Gl.1 = Gl.2

$$S_{max} = \frac{m \cdot Q \cdot \pi}{2 \cdot T_{abt}} \le \frac{Q}{2 \cdot t_u}$$ und nach t_u umgestellt:

$$t_u \le \frac{T_{abt}}{m \cdot \pi}$$ *Dieses ist die erforderliche Umsetzdauer eines ADUs, welche bei der Abtastung ein AHG entbehrlich macht. Diese Forderung geht sehr weit, da in der Regel m >> 1 gilt.*

Beispiel:

Gelte eine Abtastperiodendauer von 125µs, wie z.B. in der digitalen Sprachsignalverarbeitung mit Telefonqualität, und werde ein linearer ADU mit n = 12 Bit verwendet, gilt mit $m = 2^n - 1 = 4095$ für die Umsetzdauer:

$$t_u = \frac{125\mu s}{4095 \cdot \pi} = 9{,}72 \text{ ns!}$$

Dieses lässt sich nicht sinnvoll realisieren, da ADUs mit diesen Leistungsmerkmalen zwar verfügbar, jedoch zu teuer sind. Wird dagegen ein AHG eingesetzt, darf die Umsetzdauer t_u des ADU näherungsweise T_{abt}, also im vorliegenden Beispiel 125 µs betragen. *Darin liegen Sinn und Vorteil eines AHG.*

Die Arbeitsweise eines AHG werde am Prinzipschaltbild (Bild 8.10) erläutert.

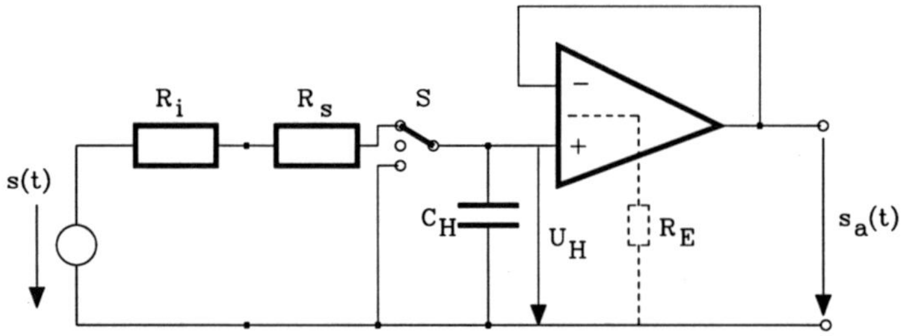

Bild 8.10: Prinzipieller Aufbau eines Abtasthaltegliedes und sein Anschluss an die Signalquelle s(t)

Wird der Schalter S in die obere Stellung gebracht, lädt sich der Haltekondensator C_H auf die Signalspannung auf. Dieses entspricht der ***Abtastphase***. Nach Bewegen des Schalters S in die Mittelstellung beginnt die ***Haltephase***, während der das Signal in C_H gespeichert bleibt. Die Spannung U_H ist durch einen hochohmigen Leseverstärker (Elektrometerverstärker) als s_a (t) verfügbar. R_S ist der Eingangswiderstand des AHG, R_i der Innenwiderstand der Signalquelle und R_E ein zunächst symbolisch angenommener Eingangswiderstand des Leseverstärkers.

In modernen Pipeline-ADUs in CMOS-Technologie (s. Kap. 8.4.4.2) werden die vorhandenen S&H-Glieder mit geschalteten Kondensatoren (switched capacity circuits) realisiert, wie in Bild 8.11 dargestellt ist (z.B. AD876, Analog Devices).

In der Abtastphase sind die Schalter S_1 und S_3 geschlossen, und S_2 ist offen. Da der Summationspunkt des Operationsverstärkers auf Bezugspotential liegt, wird der Kondensator C_H mit der Eingangsspannung U_i geladen.

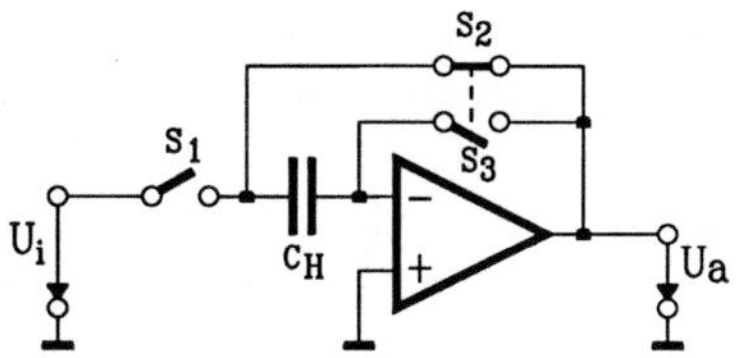

Bild 8.11: Prinzipschaltbild eines Abtasthalteglieds mit geschaltetem Kondensator in CMOS-Technik, wie es z.B. in Pipeline-ADUs verwendet wird.

Für die Haltephase werden die Schalter S_1 und S_3 geöffnet und S_2 geschlossen und damit die Haltekapazität in den Gegenkopplungskreis des Operationsverstärkers gelegt. Da die Ladung von C_H nicht über den Summationspunkt abfließen kann, bleibt sie erhalten, und die Ausgangsspannung U_a nimmt den Wert U_i an.

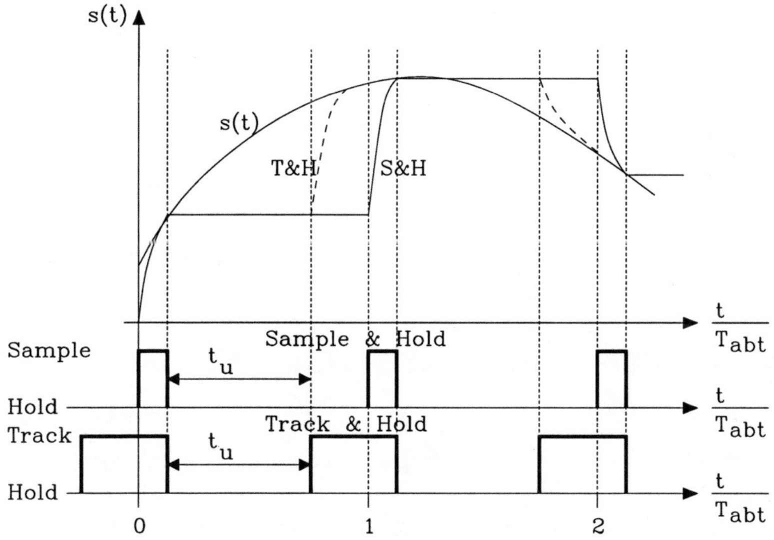

Bild 8.12: Vergleich der Funktionsweise eines Sample&Hold- (S&H) mit der eines Track&Hold-Gliedes (T&H) bei der Abtastung der Zeitfunktion s(t). (T&H-Glied: Signalverlauf gestrichelt; S&H-Glied: Signalverlauf durchgezogen)

Neben Sample&Hold-Gliedern (S&H, Abtasthaltegliedern) sind auch Track&Hold-Glieder (T&H, Nachlaufhalteglieder) gebräuchlich. Bei letzteren beginnt die Abtastphase unmittelbar nach der Beendigung der Umsetzdauer des ADUs. Dadurch ist für die Abtastphase ein längerer Zeitraum verfügbar, falls die Abtastrate geeignet gewählt wird. In Bild 8.12 ist die unterschiedliche Funktion der beiden Abtastsysteme an einem Signalbeispiel s(t) gezeigt. Der Signalverlauf am Ausgang des T&H-Bausteins ist gestrichelt und der am S&H-Baustein durchgezogen dargestellt.

Generell sollen die durch nichtideale Eigenschaften von Abtast-Haltegliedern bedingten Fehler so klein sein, dass sie insgesamt nicht in Erscheinung treten. Daraus erwachsen Forderungen an AHGer, die in den folgenden Kapiteln diskutiert werden.

8.3.2.1
Forderungen an ein Abtasthalteglied während der Abtastphase

Gefordert ist eine möglichst rasche Aufladung der Haltekapazität C_H bis auf einen Restfehler kleiner als 1/2 LSB. Die dafür nötige Einschwingzeit heißt t_i = Aquisition-time (s. Bild 8.52). Sie besteht aus Verzögerungszeit, Anstiegszeit und Überschwingzeit (Settling time) und ist abhängig von der Sprunghöhe und der Zeitkonstanten $\tau_A = (R_i + R_s) \cdot C_H$. Die Zeit t_i muss klein gegenüber der Periodendauer der höchsten Signalfrequenz sein, ansonsten verursacht das AHG eine Mittelwertbildung. Daher hat ein AHG auch einen Frequenzgang mit einer Bandbreite B.

Angestrebt wird ein möglichst kleiner Wert für t_i, und da R_i und R_s vorgegeben sind, eine kleine Haltekapazität C_H.

Beispiel:
Es werde ein ADU mit n = 13 Bit verwendet. Das AHG muss daher wenigstens bis auf 2^{-14} auf den Signalwert einschwingen. Sei im ungüstigsten Fall $s(t) = U_{max}$ = konst., dann folgt:

$$u_C(t) = U_{max}\left(1 - e^{-t/\tau}\right)$$, der relative Fehler beträgt demnach:

$$\frac{U_{max} - u_C(t)}{U_{max}} = e^{-t/\tau} \leq 2^{-14}$$ und für $t = t_i$ folgt daraus:

$$t_i = 14 \cdot \tau \cdot \ln 2$$

Diese Bedingung fordert eine kleine Zeitkonstante τ, da t_i selbst klein sein soll.

8.3.2.2
Forderungen an ein Abtasthalteglied während der Haltephase

Zunächst soll modellhaft davon ausgegangen werden, dass der Leseverstärker an seinem Eingang wie ein hochohmiger Widerstand R_E wirkt, sein Eingangsfehlerstrom werde zunächst vernachlässigt. Dann entlädt sich die Haltekapazität während der Haltedauer über den Eingangswiderstand. Diese Entladung muss während der Umsetzdauer t_u kleiner 1/2 LSB sein. Im ungünstigsten Fall beträgt die Haltespannung $u_C(0) = U_{max}$ = gesamter Aussteuerbereich (Bild 8.13).

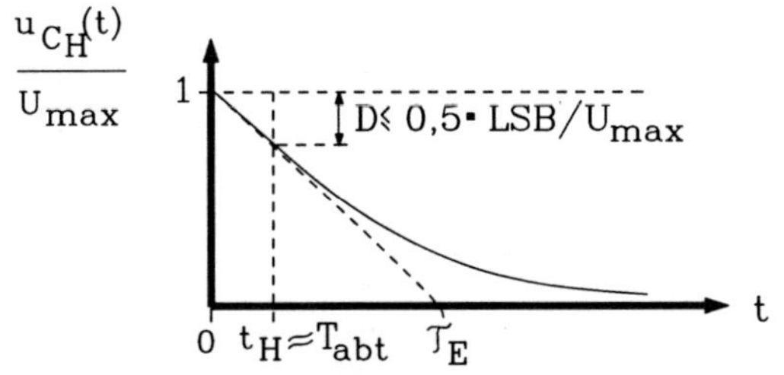

Bild 8.13: Zeitlicher Verlauf der Haltespannungspannung $u_{CH}(t)$ eines Abtasthaltegliedes

Die Entladefunktion ist im ersten Moment weitgehend linear, daher gilt:

$$D \leq \frac{0{,}5 \cdot Q}{(2^n - 1) \cdot Q} \approx 2^{-(n+1)} \Rightarrow \frac{D}{T_{abt}} = \frac{1}{\tau_E}.$$ Mit $\tau_E = C_H \cdot R_E$ gilt für einen n-Bit-ADU:

$$\tau_E = \frac{T_{abt}}{D} \geq 2^{(n+1)} \cdot T_{abt}$$ *Dieses ist die erforderliche Entladezeitkonstante des AHG für einen n-Bit-ADU.*

Beispiel:

Werde ein ADU mit n = 13 Bit betrachtet und sei $T_{abt} = 125\mu s$, folgt $\tau_E \geq 1{,}25 \cdot 10^{-4}$ s · $2^{14} \approx 2$ s. Im Gegensatz zur Forderung während der Abtastphase wird für die Haltephase eine sehr große Zeitkonstante $\tau_E = C_H \cdot R_E$ benötigt. Dieses ist ein grundsätzliches technisches Problem eines Abtasthaltegliedes.

Bei den heute überwiegend verfügbaren monolithisch realisierten AHG hat der Anwender keine Möglichkeit, die Eingangsdaten des Leseverstärkers, wie Eingangswiderstand und Eingangsfehlerstrom, zu beeinflussen. In der Praxis überwiegt der Einfluss des Eingangsfehlerstroms des Leseverstärkers den des Eingangswiderstands. Der Hersteller gibt daher die Entladecharakteristik als *Droop Rate*, also als zeitliche Spannungsänderung etwa in µV/µs oder als *Droop Current* in µA im Datenblatt an. Die erste Angabe (Droop Rate) bezieht sich auf eine fest eingebaute Haltekapazität C_H, und die zweite (Droop Current) beziffert den auf die Haltekapazität einwirkenden Fehlerstrom i_F des Leseverstärkers. Durch Beschaltung mit einer externen Haltekapazität C_H kann damit die Haltecharakteristik gemäß $i_F/C_H = du_{CH}/dt$ eingestellt werden.

Eine weitere Fehlerquelle bei Abtasthaltegliedern im Haltemodus liegt im kapazitiven Übersprechen des Eingangssignals in den Haltekondensator. Ihr Einfluss steigt mit der Frequenz und wird im Datenblatt als "Feedthrough" in mV angegeben.

8.3.2.3
Forderungen an ein Abtasthalteglied bezüglich der Umschaltcharakteristik

Eine wichtige Rolle spielt bei einem AHG die Zeit, die zwischen dem Steuersignal zum Öffnen des Schalters in die Haltephase und der tatsächlichen völligen Öffnung verstreicht. Diese Zeit heißt *Aperture Time* t_{Ap} (Apertur-, Abschaltzeit). Sie soll möglichst klein und unabhängig vom momentanen Signalwert sein.

Ist die Aperturzeit konstant, kann sie in der Ansteuerschaltung berücksichtigt werden und stellt dann keine eigentliche Fehlerquelle dar. In der Praxis ist t_{Ap} jedoch abhängig vom Momentansignalwert und von überlagerten Störsignalen in der Ansteuerschaltung. Dieses macht sich als unkalkulierbare Verschiebung des Abtastzeitpunktes bemerkbar (Bild 8.14) und wird als *Aperture Uncertainty Time* oder *Aperture Jitter* t_{Apj} (Abtastunsicherheit), z.B. in ns im Datenblatt angegeben. Die Abtastzeitpunkte sind daher nicht äquidistant und es werden falsche Signalwerte verarbeitet.

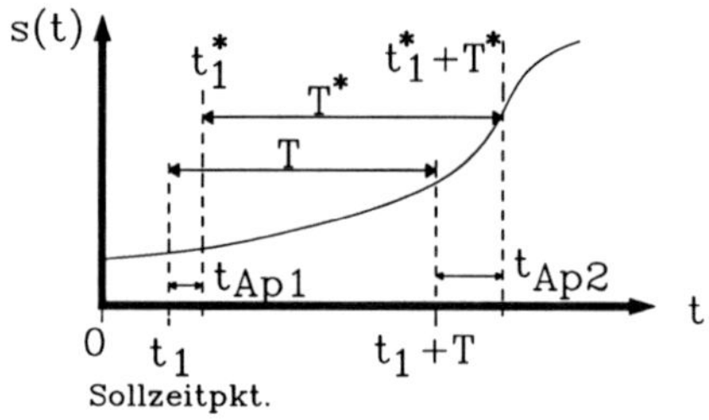

Bild 8.14: Ein AHG mit spannungsabhängiger Aperturzeit liefert den Abtastjitter T* – T

Wird die Forderung erhoben, dass bei maximaler Steigung S_{max} an einem voll ausgesteuerten Sinussignal während t_{Apj} der Signalfehler 0,5· LSB nicht überschreiten darf, also $t_{Apj} \cdot S_{max}$ T Q/2 gilt, ergibt sich folgende Grenzfrequenz des AHGs:

$$f_g \leq \frac{2^{-(n+1)}}{\pi \cdot A_{pj}}$$ *Grenzfrequenz eines Abtasthaltegliedes infolge des Abtastjitters t_{Apj}. n ist die im ADU verwendete Bitzahl.*

Beispiel:

Beträgt der Aperture Jitter z.B. t_{Apj} = 0,5 ns, ergibt sich für n = 10 Bit eine Grenzfrequenz von 310,8 kHz. Sie sinkt für n = 12 Bit auf 77,7 kHz.

Für sehr schnelle Abtasthalteglieder werden häufig Diodenbrücken als Analogschalter eingesetzt (Bild 8.15, z.B. HTS-0010). Sie lassen Schaltzeiten von weniger als 1 ns zu und werden aus technologischen Gründen in Hybridtechnik realisiert.

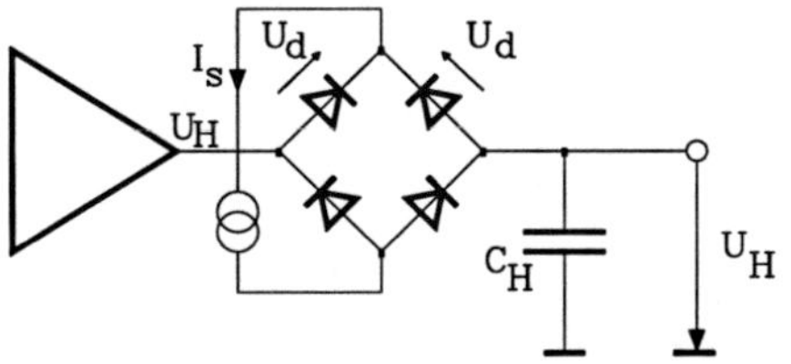

Bild 8.15: Prinzipschaltbild eines Abtasthaltegliedes mit Diodenbrücke

Ist die Stromquelle eingeschaltet, fließt der Strom $I_S/2$ durch alle Dioden, sie leiten daher, und das AHG befindet sich in der Abtastphase. Der Haltekondensator C_H kann sich exakt auf die Ausgangsspannung U_H des Operationsverstärkerausgangs aufladen, da sich im Signalzweig die gegensinnig orientierten Durchlassspannungen U_d der Dioden kompensieren. Wird $I_S = 0$, ist der Operationsverstärker von der Haltekapazität getrennt, da im Signalpfad unabhängig von der Signalpolarität eine Diode in Sperrrichtung gepolt ist. Das AHG befindet sich also in der Haltephase.

Als Zusammenfassung der in diesem Kapitel beschriebenen Fehlerquellen von Abtasthalteschaltungen ist in Bild 8.16 das Abtastverhalten eines realen T&H-Gliedes veranschaulicht.

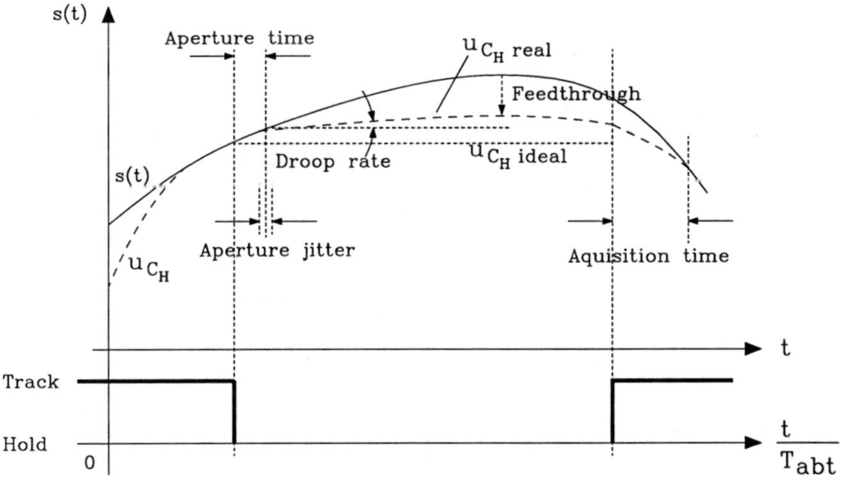

Bild 8.16: Das Abtastverhalten eines realen T&H-Gliedes mit wesentlichen Fehlerquellen

Beispiele für käufliche AHG

Exemplarisch werden in Tab. 8.1 einige Leistungsdaten kommerzieller AHG dargestellt (Analog Devices, Fairchild).

1) Monolithischer Low Cost S&H Amplifier AD 585 (s. Bild 8.17)
2) T&H Amplifier für 14-Bit-Auflösung in Hybridtechnik AD389

3) Monolithischer S&H Amplifier AD783 mit Selbstkorrektur von Haltefehlern
4) Sehr schneller monolithischer Track-And-Hold-Baustein SPT9101

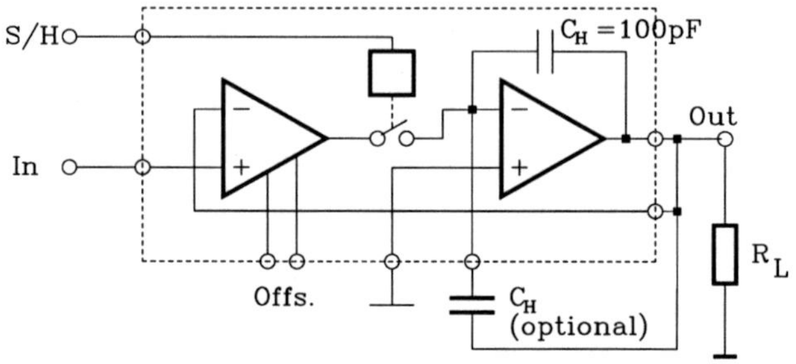

Bild 8.17: Blockschaltbild des monolithischen Abtasthalteverstärkers AD585

Beim Baustein AD 585 ist eine Haltekapazität C_H = 100pF eingebaut, eine zusätzliche ist extern anschließbar. Die Gegenkopplung ist vom Ausgang des zweiten Operationsverstärkers an den Eingang des ersten geführt, um Fehler des Analogschalters zu reduzieren. Am Steuereingang S/H wird der Baustein in die Abtast- oder Haltephase geschaltet.

Bei den beiden Hochgeschwindigkeits-AHG in Tab. 8.1 treten negative Werte für die Aperturzeit auf. Hierbei ist die effektive Aperturzeit gemeint. Im AHG ist nämlich die Signalverzögerung des analogen Eingangsverstärkers größer als die im digitalen Steuerpfad, so dass das Signal effektiv zu früh abgetastet wird.

Tab. 8.1: Die wichtigsten Eigenschaften einiger käuflicher Abtasthalteglieder

Kenngrößen	AD585	AD783	LF398 Semc.	SPT9101 FC
Aquisition Time	3 µs für 20 V step to 0,01%, 12 Bit für C_H = 100 pF	250 ns 5V step to 0,01%, 9 Bit	< 4 µs to 0,1%	11ns 2V step to 0,01%, 12 Bit
Aperture Time	35 ns für 20 V_{ss} Eingangsspannung	15 ns	200 ns	-250ps
Aperture Jitter	0,5 ns	50 ps		<1 ps eff.
Droop Current = $C_H \cdot du/dt$	-	-	30 pA	-
Droop Rate = i_F/C_H	1 mV/ms	0,02 µV/µs		± 5 mV/µs
Feedthrough	20 V_{ss}, 10 kHz Eing. 0,5 mV	-80 dB ±2,5V 500 kHz	-90 dB, 1 kHz	-66 dB bei 50 MHz

8.3.3 Erreichbare Genauigkeit für ADUs mit einer Codewortlänge von n Bit

Sei Q die Quantisierungsintervallbreite und U_{max} der im Datenblatt angegebene Aussteuerbereich. Dann ist Q für einen n-Bit-ADU wie folgt definiert:

$$Q = \frac{\text{Aussteuerbereich}}{2^n} = \frac{U_{max}}{2^n} \quad \textit{Definition der Quantisierungsintervallbreite}$$

Beispiel:
Es seien der Aussteuerbereich 10V und n = 12 Bit. Dann beträgt $Q = 10\ V/2^{12} = 10V/4096 = 2{,}4414\ mV$. Der höchste kodierbare Spannungswert beträgt bei einem n-Bit-ADU: $U_{max}^* = (2^n - 1)Q = mQ$, da ein Codewort für den Spannungswert Null benötigt wird. Die Zahl der Quantisierungsintervalle beträgt dann m, also:

$m + 1 = 2^n$ *Zahl der darstellbaren Pegel und*
$m = 2^n - 1$ *Zahl der Quantisierungsintervalle im Aussteuerbereich*

Gelte nun n = 3 Bit und U_{max} = 1 V unipolar (nur pos. Werte), folgt

$$Q = \frac{U_{max}}{2^n} = \frac{1V}{8} = 0{,}125\ V$$

Die Quantisierungskennlinie dieses ADUs ist in Bild 8.18 dargestellt. Es existieren 8 darstellbare Spannungswerte, aber nur 7 Intervalle, da die Randintervalle nur halb vertreten sind. Der höchste darstellbare Digitalwert ist um ein Quantisierungsintervall kleiner als die max. Eingangsspannung U_{max}.

Die beiden Punkte in den Ecken des Diagramms legen die ideale Quantisierungsgerade fest. Diese verläuft durch die Mittelpunkte aller Quantisierungsintervalle einer idealen Quantisierungskennlinie. Verbindet man jedoch bei einer realen Quantisierungskennlinie die Mittelpunkte aller Quantisierungsintervalle, ergibt sich i.a. keine Gerade. Darin äußern sich unterschiedliche Fehler realer Umsetzer, wie sie im Kap. 8.6 im Einzelnen erläutert sind.

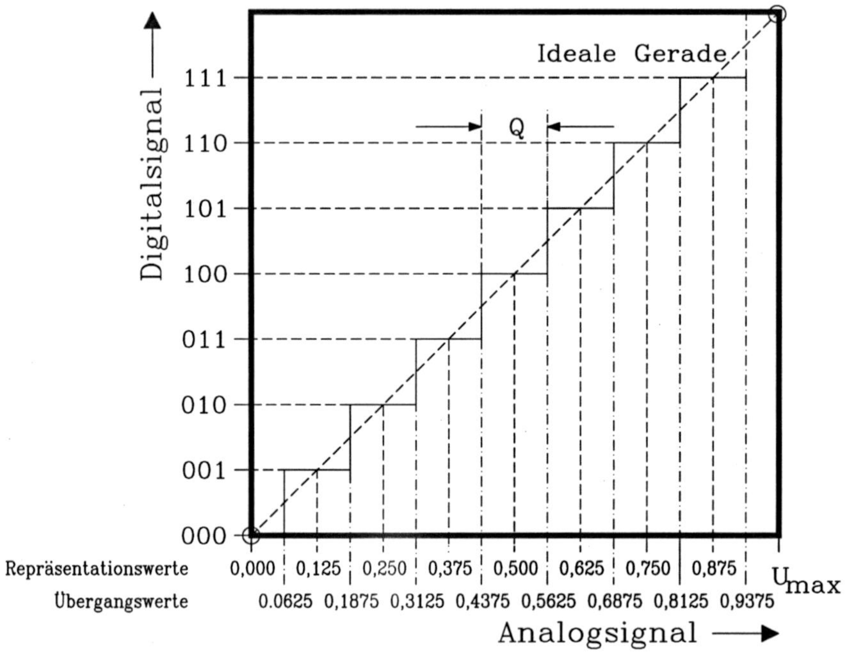

Bild 8.18: Quantisierungskennlinie eines 3-Bit-ADUs mit Umax= 1 V. Die Spannungen für die einzelnen Übergangs- und Repräsentationswerte sind angegeben.

Beispiel:

Man gebe die darstellbaren Pegel und ihre Analogäquivalente für einen 12-Bit-ADU mit dem Aussteuerbereich von 0...10 V an. Die Quantisierungsintervalle betragen

$Q = \frac{U_{max}}{2^n} = \frac{10V}{4096} = 2{,}4414\ mV$, und die Codetabelle lautet auszugsweise:

Tab. 8.2: Repräsentationswerte y_j und zugehörige Codeworte eines 12-Bit-ADU

Codewort-Nr.	Repräsentationswert/V	Codewort unipolar
0	0	0000 0000 0000
1	0,0024414	0000 0000 0001
2	0,0048828	0000 0000 0010
:	:	:
1024	2,5000000	0100 0000 0000
:	:	:
2048	5,0000000	1000 0000 0000
:	:	:
4095	9,9975586	1111 1111 1111

Sind im Aussteuerbereich, wie bisher stets angenommen, alle Quantisierungsintervalle Q gleich groß, spricht man von ***linearer Quantisierung***. In diesem Falle beträgt der maximale Quantisierungsfehler Q/2:

$$F_{\text{max abs}} = \frac{Q}{2} = \frac{U_{\text{max}}}{2^{(n+1)}} = \frac{U_{\text{max}}}{2(m+1)}$$ *Maximaler absoluter Fehler eines n-Bit-ADU*

Der relative Fehler hängt von der aktuellen Aussteuerung ab, er nimmt bei Vollaussteuerung sein Minimum an:

$$F_{\text{rel voll}} = \frac{Q}{2Q(m+1)} = \frac{1}{2^{(n+1)}} = \frac{1}{2(m+1)}$$ *Minimaler rel. Fehler eines n-Bit-ADU*

Beispiel :
Für n = 3 Bit beträgt dieser Fehler 1/16 = 6,25%.

Wird bei einer Digitalisierung die relative Genauigkeit $F_{\text{rel voll}}$ verlangt, ist ein ADU mit n^* Bit erforderlich, mit n^* = nächstgrößerer ganzzahliger Wert von n.

$$n \geq -1 + \text{ld}\frac{1}{F_{\text{relvoll}}}$$ *Erforderliche Bitzahl für einen vorgegebenen relativen Fehler*

Soll beispielsweise wenigstens eine relative Genauigkeit bei Vollaussteuerung von 1% erreicht werden, sind dafür n* = 6 Bit nötig, da n = 5,64 Bit gilt.

Das Fehlerverhalten eines ADU ist vergleichbar dem eines Zeigermessgerätes, denn dort ist der absolute Fehler von der Lagerreibung abhängig und konstant, daher wird der relative Fehler stets für Vollausschlag des Gerätes angegeben.

8.3.4 Digitalcodes für ADUs und DAUs

Für ADUs /DAUs werden unterschiedliche Codes eingesetzt. Codes, bei denen alle Codeworte positive Zahlenwerte repräsentieren, werden *unipolar* genannt, während *bipolare* Codes für Aussteuerbereiche verwendet werden, die positive und negative Zahlen beinhalten. Allen Codes gemeinsam ist, dass die üblicherweise analog bezeichneten Aussteuerungsgrenzen, beispielsweise 0...10 V oder −10 V...+10 V an der oberen Grenze nicht vollständig erreicht werden können, wie bereits in Kap. 8.3.3 dargestellt wurde. Wichtige Codes für ADUs und DAUs sind:

1 ***Unipolare Codes:***
1.1 Unipolarer Binärcode (Straight Binary Code)
1.2 Unipolarer BCD-Code

2 ***Bipolare Codes:***
2.1 Offset Binärcode (Offset Binary Code)
2.2 Zweierkomplementcode (Two's Complement Code)
2.3 Code mit Absolutwert und Vorzeichen

Im Folgenden werden diese Codes am Beispiel eines 10-V-Aussteuerbereichs, d.h. unipolar 0...10 V und bipolar −5 V...+5 V für n = 8 Bit dargestellt (ausgenommen BCD-Code).

1.1 Unipolarer Binärcode:

Codewort-Nr.	Repräsentationswert/V	Codewort
0	0,000	00000000
1	0,039	00000001
2	0,078	00000010
:	:	:
64	2,500	01000000
:	:	:
128	5,000	10000000
:	:	:
255	9,961	11111111

1.2 Unipolarer BCD-Code:

Dargestellt wird hier ein dreistelliger BCD-Code:

Codewort-Nr.	Repräsentationswert/V	Codewort
0	0,00	0000 0000 0000
1	0,01	0000 0000 0001
2	0,02	0000 0000 0010
:	:	:
100	1,00	0001 0000 0000
:	:	:
999	9,99	1001 1001 1001

2.1 Offset Binärcode:

Die zur Verfügung stehenden Bitmuster werden zur Hälfte in den negativen Spannungsbereich verschoben:

Codewort-Nr.	Repräsentationswert/V	Codewort
0	−5,000	00000000
2	−4,922	00000010
:	:	:
64	−2,500	01000000
:	:	:
128	0,000	10000000
:	:	:
255	4,961	11111111

2.2 Zweierkomplementcode:

Die Bitmuster sind im Sinne einer Zweierkomplementdarstellung auf den bipolaren Spannungsbereich verteilt:

Codewort-Nr.	**Repräsentationswert/V**	**Codewort**
128	−5,000	10000000
129	−4,961	10000001
:	:	:
192	−2,500	11000000
:	:	:
255	−0,039	11111111
0	0,000	00000000
1	0,039	00000001
:	:	
64	2,500	01000000
:	:	:
127	4,961	01111111

2.3 Code mit Absolutwert und Vorzeichen:

Codewort-Nr.	**Repräsentationswert/V**	**Codewort**
127	−4,961	01111111
:	:	:
64	−2,500	01000000
:	:	:
1	−0,039	00000001
0	−0,000	00000000
128	0,000	10000000
129	0,039	10000001
:	:	:
192	2,500	11000000
:	:	:
255	4,961	11111111

8.4 Prinzipien der Analog-Digital-Umsetzung

In den folgenden Kapiteln werden die wesentlichen Prinzipien der AD-Umsetzung jeweils zunächst am Beispiel einer mechanischen Längenmessung veranschaulicht.

8.4.1 Das Parallelverfahren

Umsetzer nach diesem Verfahren heißen auch Direkt- oder Flash-Umsetzer.

Sei die Länge x eines Stabes unbekannt. Beim Parallelverfahren werden m Normale Q verwendet, die alle gleichzeitig auf einem Normalenmaßstab der Länge $m \cdot Q$ aufgetragen sind, wie z.B. bei einem Zollstock, entsprechend Bild 8.19.

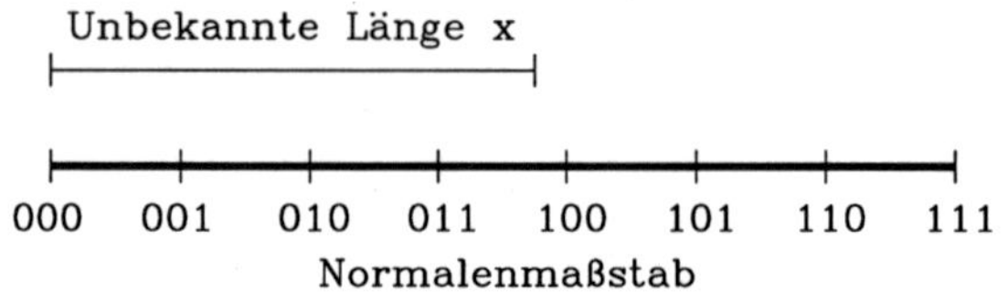

Bild 8.19: Prinzipielles Messverfahren zur Bestimmung der unbekannten Länge x mit dem Parallelverfahren

Die Messung erfolgt in einem Vergleichsschritt durch Anlegen der unbekannten Größe x an den Normalenmaßstab. Der nächstliegende ganzzahlige Wert ist die gesuchte Länge, im Beispiel x = 100.

Für die elektronische Realisierung dieses Verfahrens wichtig ist Folgendes:

- Es ist nur ein Messschritt nötig, das Verfahren arbeitet vom Prinzip her schnell.
- Es sind m Normale nötig, also großer Aufwand an Präzisionsbauelementen.

Elektrisch kann dieses Normalenlineal durch eine Spannungsteilerkette mit m gleichgroßen Präzisionswiderständen realisiert werden. Für jede der m+1 darstellbaren Stufen außer der Stufe Null wird ein Widerstand benötigt, also m Stück. Das Blockschaltbild des entsprechenden Parallelumsetzers ist in Bild 8.20 dargestellt.

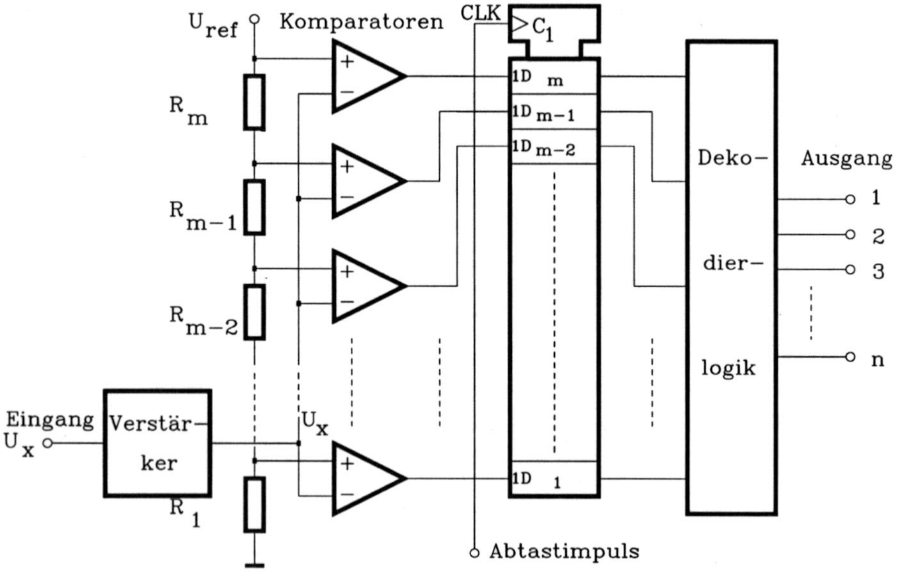

Bild 8.20: Blockschaltbild eines ADUs nach dem Parallelverfahren. Es gilt: $R_1 = R_2 = ... = R_m$.

Mittels m Komparatoren wird die unbekannte Spannung U_X mit den einzelnen Abgriffen des Normalen-Spannungsteilers verglichen. Alle Komparatoren, deren

Spannungen an den Teilereingängen größer als U_X sind, liefern am Ausgang eine log. 1, alle anderen eine 0. Diese Werte werden mit einem Abtastimpuls in das D-Register übernommen und in der Dekodierlogik (Priority Encoder) in die n = ld(m + 1) Bit umgesetzt. Das D-Register realisiert eine digitale Abtasthaltung, so dass dieser Umsetzer prinzipiell ohne ein zusätzliches AHG betrieben werden kann.

Der hohe Aufwand zeigt sich in der großen erforderlichen Anzahl von Präzisionswiderständen und Komparatoren. Daher ist dieses Verfahren zur Zeit noch beschränkt auf Auflösungen P12 Bit. Technische Probleme bei hoher Auflösung liegen außerdem im Eingangsverstärker, der m Komparatoreingänge treiben muss und in den Komparatoren selbst, die kleine Hysterese und hohe Gleichtaktunterdrückungen aufweisen müssen. Ein weiterer Nachteil ist die vergleichsweise hohe Verlustleistung dieses Wandlertyps.

Die Geschwindigkeit des Umsetzers wird durch den langsamsten Komparator bestimmt, der erst eingeschwungen sein muss, bevor der Abtastimpuls eintrifft. Heute sind Wandler dieses Typs in Hybridtechnik und monolitischer Technik verfügbar. Anwendungsschwerpunkte liegen bei der digitalen Signal- insbesondere Bildverarbeitung mit Datenraten von mehr als 80 MBit/s und bei Transientenrecordern. Einige Beispiele für Parallelumsetzer sind in Tab. 8.3 aufgeführt.

Tab. 8.3: Beispiele für AD-Umsetzer nach dem Parallelverfahren:

Hersteller	Typ	Auflösung	Max. Abtastfrequenz
Maxim	MAX 108	8 Bit	1,5 GHz
"	MAX 104	8 Bit	1 GHz
"	MAX 1124	10 Bit	250 MHz
"	MAX 1215	12 Bit	250 MHz
Analog Devices	AD9054A	8 Bit	200 MHz
" "	AD 9012	8 Bit	100 MHz
" "	AD 9410	10 Bit	210 MHz

8.4.2 Das Wägeverfahren

Beim Wägeverfahren wird pro Messschritt ein Bit des Digitalwortes erzeugt. Der Name dieses Verfahrens stammt von dem bei einer Balkenwaage üblichen Messvorgang: Das Wägegut unbekannten Gewichts wird in eine Waagschale gelegt. In die andere kommt zunächst das größte verfügbare Gewicht. Ist dieses zu schwer, wird es wieder entfernt und eine Null notiert. Ist es nicht zu schwer, bleibt es liegen und es wird eine Eins notiert. Anschließend werden nacheinander alle verfügbaren kleineren Gewichte in gleicher Weise benutzt. Das unbekannte Gewicht entspricht der Summe aller mit Eins markierten Gewichte. Quantitativ wird das Verfahren zunächst wieder an der Messung einer unbekannten Länge x betrachtet.

Das Wägeverfahren benutzt mehrere Normale q_i mit dualer Abstufung ihrer Länge. Die Auflösung entspricht einer Quantisierungsstufe Q, also dem LSB des fertigen Codewortes. Ein entsprechender Normalensatz für n = 3 Bit ist in Bild 8.21 gezeigt und allgemein in der darunterstehenden Tab. 8.4.

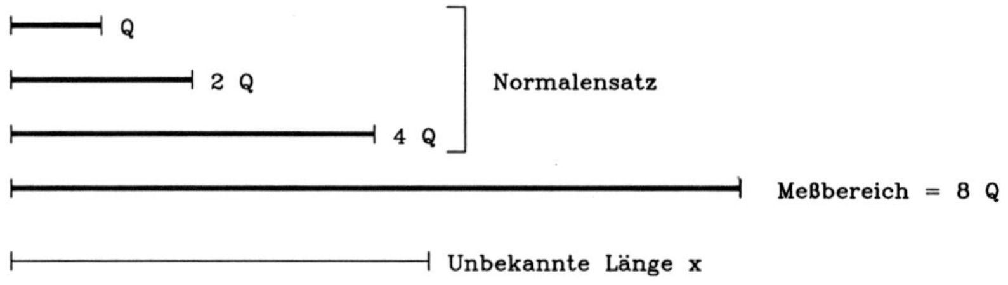

Bild 8.21: Messbereich und Normalensatz eines 3-Bit-ADUs für das Wägeverfahren

Tab. 8.4: Normalensatz für einen n-Bit-ADU nach dem Wägeverfahren:

Nummer	Name	Länge	Wert im Codewort
0	q_0	$2^0 \cdot Q$	000001
1	q_1	$2^1 \cdot Q$	000010
2	q_2	$2^2 \cdot Q$	000100
:	:	:	:
n−1	q_{n-1}	$2^{(n-1)} \cdot Q$	100000

Da die Anwendung jedes Normals q_i genau 1 Bit liefert, sind für einen n-Bit-ADU also n Normale nötig. Das größte umfasst den halben Messbereich, also $U_{max}/2$ und die Summe aller Normale ergibt den gesamten darstellbaren Messbereich $U_{max} - Q$.

Die Messung beginnt mit dem Vergleich von x mit dem größten Normal q_{n-1}.

Gilt $x \geq q_{n-1}$, wird $b_{n-1} = 1$ und q_{n-1} bleibt angelegt.
Gilt dagegen $x < q_{n-1}$, wird $b_{n-1} = 0$ und q_{n-1} wird entfernt.

Damit ist das MSB (Most Significant Bit) gebildet. Im zweiten Schritt wird der verbleibende Rest der Messgröße mit dem nächstkleineren Normal verglichen.

Gilt $x - b_{n-1} \cdot q_{n-1} \geq q_{n-2}$ wird $b_{n-2} = 1$ und q_{n-2} bleibt angelegt
Gilt dagegen $x - b_{n-1} \cdot q_{n-1} < q_{n-2}$ wird $b_{n-2} = 0$ und q_{n-2} wird entfernt.

Anschließend wird mit den restlichen Normalen der Vorgang fortgesetzt bis zum kleinsten Normal der Größe Q. Die Zahl Z der Messschritte entspricht der Normalenzahl N und damit der Bitanzahl, also gilt:

$Z = N = n$ *Erforderliche Messschrittzahl beim Wägeverfahren.*

Das Messergebnis lautet $x = b_{n-1} \cdot 2^{n-1} + b_{n-2} \cdot 2^{n-2} + \ldots + b_2 \cdot 2^2 + b_1 \cdot 2 + b_0$.

Beispiel:
Betrachtet werde ein Wägecodierer mit m = 255 Quantisierungsintervallen, also mit einer Auflösung von Q = 1/256. Es sind Z = N = 8 und n = ld(m + 1) = 8 Bit, daher sind auch N = 8 Normale und Z = 8 Messschritte erforderlich. Das größte Normal hat den Wert $q_{n-1} = 2^{(n-1)} \cdot Q = 128 \cdot Q$ und das kleinste den Wert $q_0 = Q$.

Die Umsetzzeit im Wägecodierer ist i.a. größer als beim Direktumsetzer, da mehr Schritte erforderlich sind. Dafür werden weniger Normale benötigt, d.h. der Aufwand an Präzisionsbauteilen ist prinzipiell geringer.

Bei der technischen Realisierung des Wägeverfahrens unterscheidet man:
1. Umsetzer mit schrittweiser Annäherung (Sukzessive Approximation, Successive Approximation) und
2. Kaskadenumsetzer (Pipeline-A/D-Umsetzer).

Diese Varianten werden in den nächsten beiden Kapiteln beschrieben.

8.4.2.1 Analog-Digital-Umsetzer mit sukzessiver Approximation

Die Funktionsweise dieses Umsetzers werde am Beispiel eines Rückkopplungscodierers erläutert (Bild 8.22). Merkmal dieses Umsetzertyps ist die Rückkopplung. Über sie wird eine Referenzspannung U_{ref} entsprechend der Summe der aktivierten Normale schrittweise variiert. Im ersten Schritt ist das MSB gesetzt und $U_{ref} = U_{max}/2$. Gilt beispielsweise U_x^* Y U_{ref}, folgt $U_k = 1$. Dieses führt dazu, dass das MSB im Successive Approximation Register (SAR) gesetzt bleibt. Der DAU erzeugt hieraus den entsprechenden Analogwert, der vom Eingangssignal subtrahiert wird. Im nächsten Schritt wird die verbleibende Differenz (Residuum) einem erneuten Vergleich unterzogen, bei dem das zweithöchste Bit zu 1 gesetzt ist, usw.,

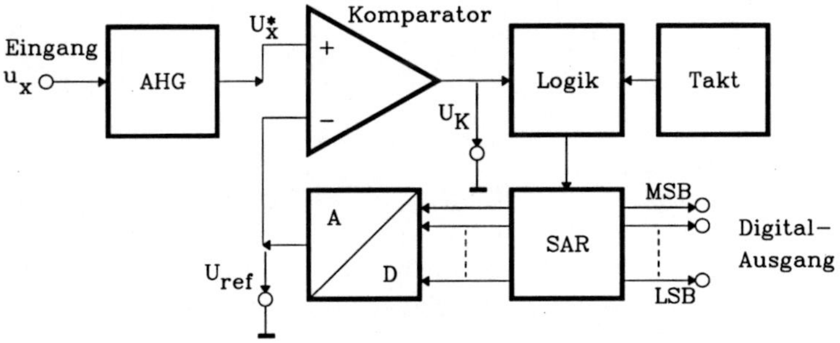

Bild 8.22: Blockschaltbild des Rückkopplungscodierers nach dem Wägeverfahren. SAR ist die Abkürzung für Successiv Approximation Register.

Das Verfahren ist in Bild 8.23 für einen ADU mit n = 3 Bit und U_{max} = 1 V anhand des Verlaufs der Spannung U_{ref} während der drei Messschritte dargestellt.

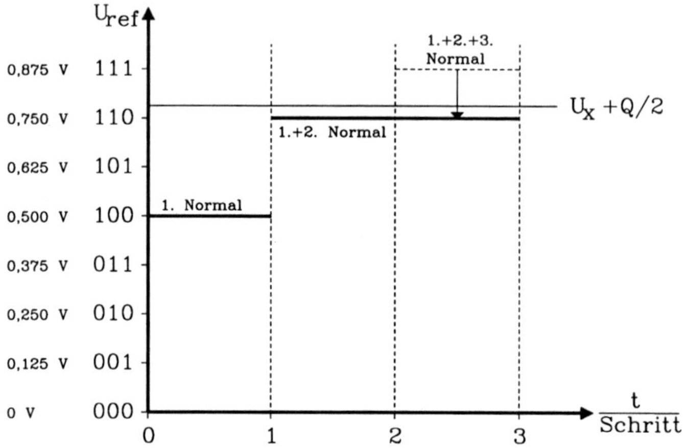

Bild 8.23: Referenzspannungsverlauf U_{ref} eines 3-Bit-Rückkopplungscodierers während eines Messzyklus für U_{max} = 1 V. U_x ist die unbekannte Spannung.

ADUs nach dem Wägeverfahren werden überwiegend nach diesem Prinzip realisiert. Einige Beispiele in monolithischer Technik zeigt Tab. 8.5.

Tab. 8.5: Beispiele für monolithische ADUs nach dem Wägeverfahren

Hersteller	Typ	Auflösung	Umsetzdauer	Bemerkungen
Maxim	MAX 1106	8 Bit	1 μs	T&H, Ser. Out
"	MAX 1392	10 Bit	2,8 μs	T&H, Ser. Out
"	MAX1332	12 Bit	290 ns	Ser. Out
"	MAX 1300	16 Bit	8,7 μs	T&H, Ser. Out
Analog Dev.	AD7450	12 Bit	1 μs	Ser. Out
" "	AD7622	16 Bit	0,5 μs	Ser. , Par. Out
" "	AD7982	18 Bit	1 μs	Ser. Out

8.4.2.2 Analog-Digital-Umsetzer nach dem Wägeprinzip in Kaskadenstruktur

Die in diesem Kapitel dargestellte Version eines Wägecodierers besteht aus kaskadierten Einzelblöcken ohne Rückkopplung, wie Bild 8.24 zeigt.

Ein ADU für n Bit benötigt n gleiche Blöcke. Im Komparator des ersten Blocks wird entschieden $u_X \geq U_{max}/2$. Falls dieses zutrifft, wird b_{n-1} = MSB = 1, und am Ausgang des ersten Blocks steht die Spannung $u_{n-2} = 2(u_x - U_{max}/2)$, andernfalls wird b_{n-1} = MSB = 0, und am Ausgang des ersten Blocks erscheint $2 \cdot u_x$. Die Übertragungskennlinie des allgemeinen Blocks i lautet also $u_{n-i-1} = 2 \cdot (u_{n-i} - b_{n-i} \cdot U_{max}/2)$, d.h in jedem Block erfolgt eine Streckung des verbleibenden Messgrößenrests um den Faktor 2. Daher ist in jedem Block das gleiche Spannungsnormal $U_{max}/2$ verwendbar.

Vorteile dieser Realisierung liegen darin, dass für alle Blöcke gleiche Komparatoren, DAUs, Subtrahierer und Normale verwendbar sind. Prinzipiell muss jeder Block zur Bildung seines Bits warten, bis alle vorherigen Blöcke eingeschwungen sind. Daher erzeugt zu einem Zeitpunkt nur jeweils ein Block signifikante Information.

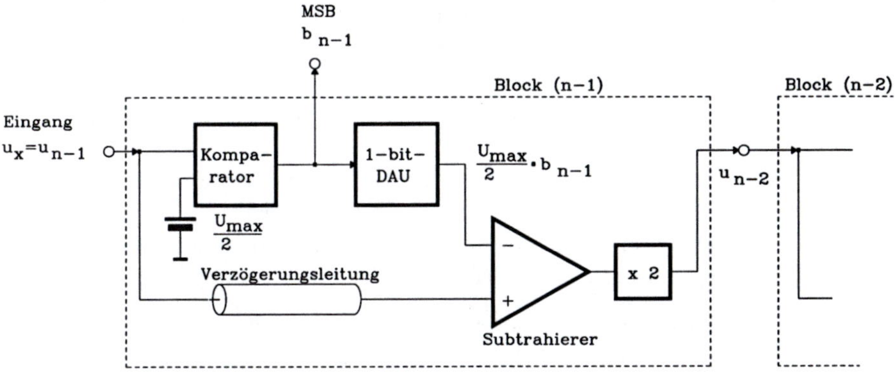

Bild 8.24: Blockschaltbild des ersten Blocks eines Wägecodierers in Kaskadenstruktur

Eine bessere Ausnutzung der Schaltung ist erreichbar, wenn bereits fertige Bits verzögert werden, bis das LSB vorliegt. In diesem Falle können alle Blöcke gleichzeitig aktiv sein, und die erreichbare Wortrate entspricht der des Direktverfahrens, allerdings mit einer generellen Verzögerung von n Blockverzögerungszeiten. Während z.B. Block n−2 das zweite Bit des ersten Wortes generiert, erzeugt der (n−1)te Block gleichzeitig das erste Bit des zweiten Wortes usw., wie Bild 8.25 zeigt.

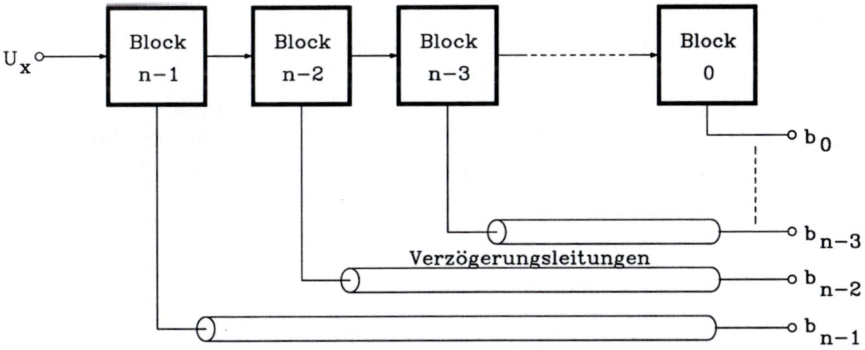

Bild 8.25: Blockschaltbild eines n-Bit-Wägecodierers in Kaskadenstruktur. Die Verzögerungselemente lassen eine Wortrate zu, die dem Parallelverfahren entspricht.

Dieses Prinzip wird auch als ***Pipeline-Verfahren*** und die entsprechenden Umsetzer als Pipeline-ADUs bezeichnet (s. Kap. 8.4.4.2). Sie erreichen einen Datendurchsatz, der prinzipiell dem eines Parallelverfahrens entspricht, da jeder Block zu jedem

Zeitpunkt aktiv ist. Es tritt allerdings eine generelle Verzögerungszeit auf. Moderne Umsetzer dieses Typs werden heute monolithisch in CMOS-Technologie anhand geschalteter Kondensatoren (switched capacitor circuits) realisiert. Dieses Pipeline-Prinzip wird heute auch in modifizierter Form realisiert, indem die Einzelblöcke statt eines einzigen Bits gleichzeitig mehrere Bits mit einem Flash-Umsetzer generieren (s. Kap. 8.4.4.2). Dabei handelt es sich dann um das erweiterte Parallelverfahren.

8.4.3 Das Zählverfahren

Beim Zählverfahren handelt es sich um ein rein seriell arbeitendes Verfahren. Es existiert nur ein Normal der Länge Q und während der Messung wird gezählt, wie oft dieses Normal an die unbekannte Länge x angelegt werden muss, um x zu erreichen. Das Zählergebnis entspricht dann dem gesuchten Digitalwert von x.

Die Zahl der erforderlichen Vergleichsschritte Z hängt von der Messgröße ab und beträgt maximal $Z = m = 2^n - 1$, denn falls beim $(2^n - 1)$ten Messschritt immer noch gilt $x > (2^n - 1) \cdot Q$, dann muss x im letzten Quantisierungsintervall liegen.

Der Vorteil dieses Umsetzertyps ist, dass nur ein Normal, also ein geringer Aufwand an Präzisionsbauelementen, benötigt wird. Da die Anzahl der Messschritte jedoch von allen Umsetzverfahren am größten ist, arbeitet es auch am langsamsten.

Elektronisch realisieren lässt sich das Zählverfahren z.B. durch den im Kap. 8.4.2.1 dargestellten Rückkopplungsumsetzer, wenn das SAR durch einen Zähler ersetzt und damit U_{ref} pro Messschritt nur um eine Quantisierungsstufe Q erhöht wird.

Vergleicht man die drei bisher dargestellten Umsetzverfahren miteinander, so zeigt sich, dass elektronischer Aufwand (bzw. Kosten) und Wandlungsdauer bis zu einem gewissen Grade untereinander austauschbar sind. Dieses ist in Bild 8.26 anschaulich dargestellt. Häufig besteht bei der Anwendung von ADUs jedoch der Wunsch, die Auswahl hinsichtlich Geschwindigkeit und Kosten präziser an das vorliegende Digitalisierungsproblem anzupassen, als es die drei bisher genannten Verfahren zulassen. Dafür stehen zwei weitere Verfahren zur Verfügung: Das *erweiterte Parallel-* und das *erweiterte Zählverfahren*. Beide werden in den nächsten Kapiteln vorgestellt.

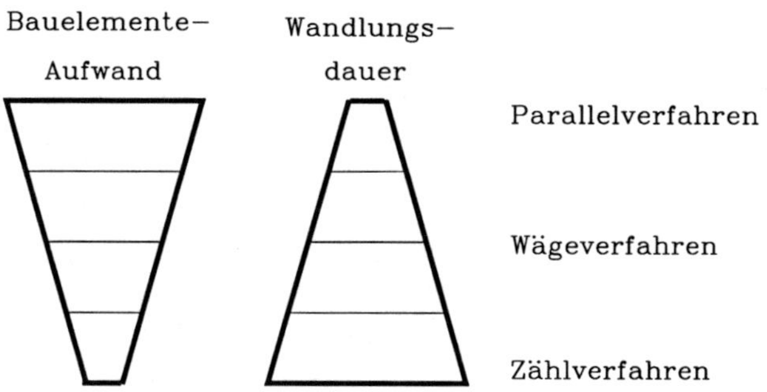

Bild 8.26: Vergleich der drei klassischen AD-Umsetzverfahren hinsichtlich des Hardwareaufwands und der Geschwindigkeit

8.4.4 Das erweiterte Parallelverfahren

Das Direktverfahren ist zwar sehr schnell, hat aber den Nachteil, dass der Aufwand an Präzisionsbauteilen exponentiell mit der Auflösung steigt; denn es werden $N = m = 2^n - 1$ Normale für einen n-Bit-Umsetzer benötigt. Abhilfe schafft hier das erweiterte Parallelverfahren, das funktionell zwischen Parallel- und Wägeverfahren liegt.

Im folgenden Unterkapitel wird zunächst das allgemeine Prinzip des erweiterten Parallellverfahrens dargelegt und in einem weiteren Unterkapitel eine moderne Realisierung dieses Prinzips anhand des Pipeline-A/D-Umsetzers erläutert.

8.4.4.1 Das allgemeine Prinzip des erweiterten Parallelverfahrens

Man erhöht, ausgehend von einem Parallelverfahren, die Anzahl der Messschritte von $Z = 1$ auf $Z > 1$, z.B. auf $Z = 2$, bildet im 1. Schritt $(m' + 1)$ Grobstufen und unterteilt die Grobstufe, in der die unbekannte Länge x liegt, in $(m'' + 1)$ Feinstufen. Die Gesamtauflösung beträgt dann $m + 1 = (m' + 1) \cdot (m'' + 1)$, und die Zahl der Normale verringert sich auf $N = m' + m''$. Das soll an einem Beispiel verifiziert werden:

Beispiel:

Man gebe Lösungen für einen erweiterten Parallelwandler mit $n = 8$ Bit an. Für 8 Bit gilt $m = 2^8 - 1 = 255$. Dann muss z. B. für $Z = 2$ Messschritte gelten: $m + 1 = (m'+ 1) \cdot (m''+ 1) = 256$. Hierfür gibt es die in Tab. 8.6 dargestellten Möglichkeiten.

Tab. 8.6: Möglichkeiten für die Realisierung eines ADUs nach dem erweiterten Parallelverfahren, das mit n = 8 Bit und Z = 2 Schritten arbeitet

Grobstufen	Feinstufen	N=m'+m''	Bemerkungen
1	256	255	Direktverfahren
2	128	128	
4	64	66	
8	32	38	
16	16	30	Minimale Normalenzahl
32	8	38	Ab hier Wiederholung

Allgemein gilt, dass die minimale Normalenzahl, also der kleinste Hardwareaufwand, im Fall $(m'+1) = (m''+1)$ erreicht wird.

Geht man allgemein auf $Z > 2$ Messschritte über, muss gelten:
$(m'+1)\cdot(m''+1)\cdot(m'''+1)\ldots\cdot(m^{(Z)}+1) = m+1 = 2^n$ und die Normalenzahl beträgt:

$$N = \sum_{i=1}^{Z} m^{(i)} \qquad \textit{Normalenzahl erweiterter Parallelverfahren mit Z>2 Messschritten}$$

Die Zahl der nötigen Normale wird wiederum minimal, wenn für alle $m^{(i)} = m' =$ konst. gilt. Dann beträgt die Anzahl Quantisierungsstufen pro Messschritt :
$(m'+1) = (m''+1) = \ldots = (m^{(Z)}+1) = \sqrt[Z]{m+1} = \sqrt[Z]{2^n}$, und die erforderliche Normalenzahl beträgt $N = Z\cdot m'$.

Beispiel 1:

Für m + 1 = 256 darstellbare Stufen (8 Bit) soll in Z = 4 Schritten mit minimaler Normalenzahl umgesetzt werden. Wie sind die Normale zu wählen und welche Umsetzerstruktur ergibt sich?

Es gilt: $(m'+1)\cdot(m''+1)\cdot(m'''+1)\cdot(m''''+1) = m+1 = 256$. Die minimale Normalenzahl ergibt sich für:

$(m'+1) = (m''+1) = (m'''+1) = (m''''+1) = 256^{1/4} = 4$, d.h. pro Umsetzerstufe werden 2 Bit generiert. Die Zahl der Normale beträgt $N = Z\cdot m' = 4\cdot 3 = 12$ und die Umsetzerstruktur entspricht Bild 8.27.

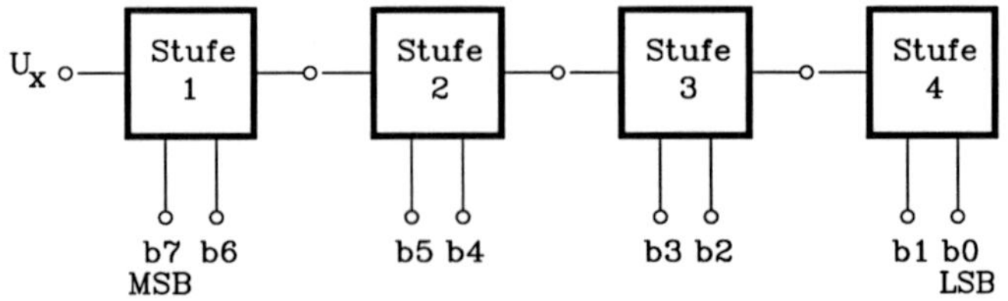

Bild 8.27: Struktur eines vierschrittigen 8-Bit-ADU nach dem erweiterten Parallelverfahren mit minimaler Normalenzahl

Falls die Einzelquantisierungsstufenzahl $2^{n/Z}$ keine Potenz von 2 ergibt, ist eine andere Aufteilung nötig:

$m + 1 = 2^n = 2^{(n1+n2+n3+...+nZ)}$, wobei n1, n2, n3,..., nZ die Bitzahlen in den Z Blöcken sind und als Randbedingung gelten muss: $n1 + n2 + n3 + ... + nZ = n$.

Für minimale Normalenzahl muss dann gelten: $N = \sum_{i=1}^{Z} 2^{ni} - 1 = \text{Min.}$

Beispiel 2:

Für m + 1 = 256 darstellbare Stufen (8 Bit) soll in Z = 3 Schritten mit minimaler Normalenzahl umgesetzt werden. Wie sind die Normale zu wählen und welche Umsetzerstruktur ergibt sich?

In diesem Falle gilt $256^{1/3} = 6{,}35$, also keine Zweierpotenz, daher wird gewählt: $256 = 2^8 = 2^{(n1+n2+n3)}$ mit $n1 + n2 + n3 = 8$. Die minimale Normalenzahl ist 17 für n1= n2 = 3 Bit und n3 = 2 Bit. Die Umsetzerstruktur ist in Bild 8.28 gezeigt.

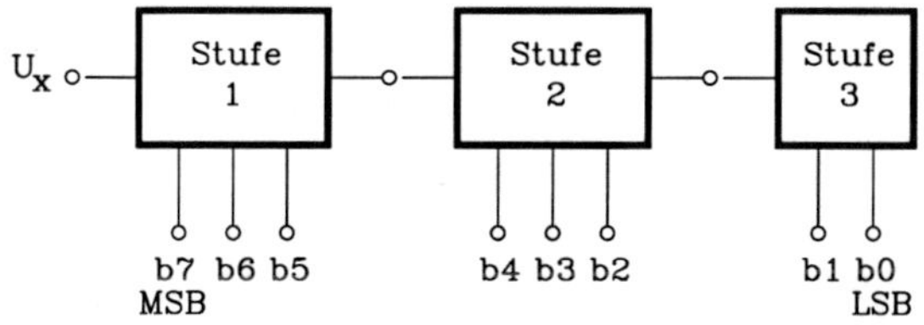

Bild 8.28: Struktur eines dreischrittigen 8-Bit-ADU nach dem erweiterten Parallelverfahren mit minimaler Normalenzahl

Abschließend ist ein weiterer tabellarischer Überblick über den Zusammenhang zwischen Schrittzahl Z und Normalenzahl N für einen Umsetzer mit m + 1 = 256 Stufen (n = 8 Bit) nach dem ersten erweiterten Parallelverfahren dargestellt. Es wird deutlich, dass das Verfahren die Lücke zwischen Parallel- und Wägeverfahren füllt.

Umsetzer nach dem erweiterten Direktverfahren mit der Schrittzahl Z = 2 sind als Half-Flash-Umsetzer auf dem Markt vertreten. Dafür einige Beispiele.

Tab. 8.7: Zusammenhang zwischen Schrittzahl Z und Normalenzahl N für einen Umsetzer mit 256 Stufen nach dem erweiterten Parallelverfahren

Schrittzahl	Normalenzahl	Einzelstufenzahl	Bemerkungen
Z	N	(m^i+1)	
1	255	256	Direktverfahren
2	30	16	Erw. Dir.-Verf.
4	12	4	"
8	8	2	Wägeverfahren
Schrittzahl	Normalenzahl	Einzelstufenzahl	Bemerkungen
Z	N	(m^i+1)	
1	255	256	Direktverfahren
2	30	16	Erw. Dir.-Verf.
4	12	4	"
8	8	2	Wägeverfahren

Tab. 8.8: Beispiele für monolithische Half-Flash-Umsetzer (MSPS =Mega Samples/s)

Hersteller	Typ	Auflösung	Umsetzung
Maxim	MAX118	8 Bit	0,66 µs
"	MAX1182	10 Bit	1,5 µs
Analog Devices	AD9054	8 Bit	200 MSPS
"	AD7829	8 Bit	2 MSPS
"	AD9070	10 Bit	100 MSPS

Das vereinfachte Blockschaltbild des Half-Flash-Umsetzers AD 7821 (Analog Devices) mit 8 Bit ist in Bild 8.29 dargestellt. Ein 4-Bit-Direktumsetzer erzeugt im ersten Schritt die vier höchstwertigen Bits (MSB). Deren Analogäquivalent wird anschließend von der analogen Eingangsspannung, die im S&H gespeichert ist, subtrahiert. Die verbleibende Differenz wird dann mit einem zweiten 4-Bit-Direktumsetzer feinvermessen (LSB).

Umsetzer nach dem erweiterten Parallelverfahren in monolithischer Technik mit Schrittzahlen Z = 3 und Z = 4 sind auch erhältlich. Z. B. arbeiten der 12-Bit-ADU AD7886 mit Z = 3 und t_u = 1,33µs und der ADU AD671 mit Z = 4 und der Auflösung von 12 Bit bei t_u = 1µs und mit 10 Bit bei t_u = 0,5µs (Analog Devices).

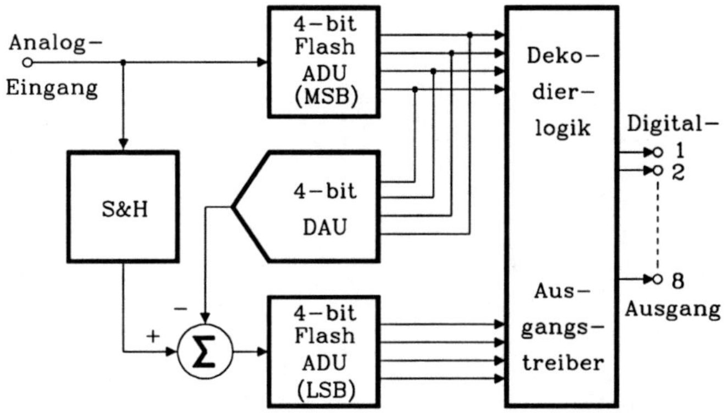

Bild 8.29: Vereinfachtes Blockschaltbild eines 8-Bit-Half-Flash-Umsetzers

8.4.4.2
Der Pipeline-Analog-Digital-Umsetzer

ADUs mit sehr kurzen Umsetzzeiten wurden in der Vergangenheit als Flash- oder Half-Flash-Umsetzer realisiert. Seit wenigen Jahren gewinnen hierfür Verfahren mit Pipeline-Architektur, auch Subranging Quantisierer genannt, an Bedeutung. Dabei handelt es sich formell um ein erweitertes Parallelverfahren, das auf dem in Kap. 8.4.4.1 dargelegten Verfahren mit mehreren Messschritten Z und jeweils unterschiedlicher oder auch gleicher Einzelquantisierungsstufenzahl 2^{n1} basiert. Im letztgenannten Fall werden also pro Block n1 Bit erzeugt, im gesamten ADU also $Z \cdot n1 = n$ Bit. Die einzelnen Messschritte werden in getrennten, gleichartigen Blöcken durchgeführt, die in Kette geschaltet eine Pipeline-Struktur aufweisen. In Bild 8.30 ist ein entsprechendes Blockschaltbild für Differenz-Signaleingänge dargestellt. Heute erhältliche Bausteine dieser Art verfügen in der Regel zumindest intern über ein differentielles Design, um eine ausreichende Gleichsignal-Störunterdrückung bezüglich Einstreuungen aus dem Digitalteil zu erreichen.

In jedem Block hält ein S&H-Verstärker die analoge Eingangsgröße hinreichend lange konstant. Dieses ermöglicht die gleichzeitige Wandlung mehrerer Abtastwerte in verschiedenen Stufen der Pipeline. Ein Flash-ADU erzeugt daraus das Digitaläquivalent mit n1 Bits. Dieses wird in einem DAU in einen Analogwert rückkonvertiert, vom Eingangssignal subtrahiert und um den Faktor 2^{n1} verstärkt. Dieses Restsignal (Residuum) gelangt in den nächsten Block und wird dort im nächsten Messschritt um den Faktor 2^{n1} präziser ausgemessen.

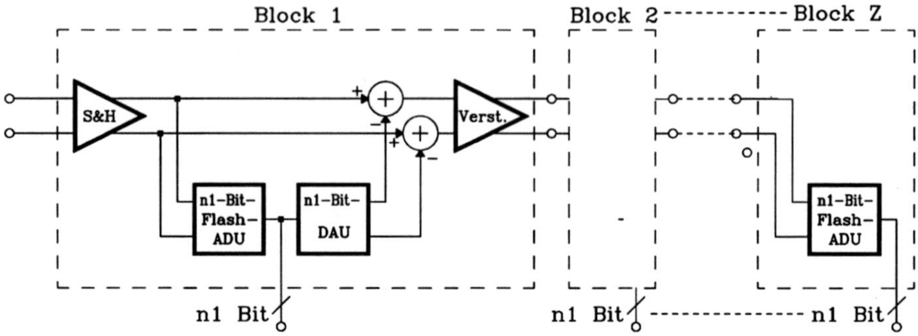

Bild 8.30: Blockschaltbild eines Sampling-Analog-Digital-Umsetzers

Falls in jedem Block nur ein Bit erzeugt wird, handelt es sich formell um einen Sonderfall, der im Kap. 8.4.2.2 als Wägecodierer in Kaskadenstruktur dargestellt und erläutert ist, denn in jedem Messschritt wird wie beim Wägecodierer 1 Bit erzeugt.

Beim Pipeline-ADU werden heute das Abtasthalteglied (S&H), der n1-Bit-DAU und die Subtraktionsschaltung energie- und platzsparend mittels geschalteter Kondensatoren (switched-capacitor circuits) in monolithischer CMOS-Technik realisiert. Die Funktion beispielsweise eines 2-Bit-DAU einschließlich der Subtrahierschaltung wird anhand zweier Teilschaltungen kurz erläutert (Bild 8.31).

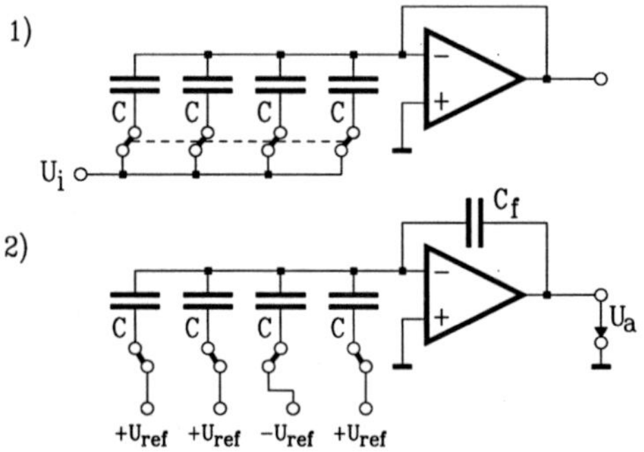

Bild 8.31: Teilschaltungen zur Erläuterung eines 2-Bit-DAU einschließlich der Subtrahierschaltung in einem Block eines Sampling-ADU.

Teilschaltung 1) zeigt den Ladevorgang der 4 Kondensatoren an der Eingangsspannung Ui und Teilschaltung 2) die Subtraktion des Digitaläquivalents von U_i. Die Schalter verbinden die Kondensatoren C gemäß der DAU-Bits mit $+U_{ref}$ oder $-U_{ref}$.

Der oben angesprochene 2-Bit-DAU liefert nicht direkt das Analogäquivalent des 2 Bit-Digitalwertes, sondern berechnet die Differenz zwischen dem analogen Eingangswert des jeweiligen Pipeline-Umsetzersblocks und dessen Digitaläquivalent, die als Residuum bezeichnet und in den folgenden Block weitergeleitet wird.

Die Schaltung eines Blocks für n = 2 Bit enthält $2^2 = 4$ gleiche Kondensatoren C. Im ersten Schritt werden diese gemeinsam auf die Eingangsspannung U_i geladen, da der negative Eingang des Operationsverstärkers und sein Ausgang Bezugspotential haben (Teilschaltung 1). Zuvor hatte der 2-Bit-Flash-ADU bereits das Digitaläquivalent bestimmt. Dieses betätigt nun die 4 Schalter der Teilschaltung 2), welche die Fußpunkte der Kondensatoren entweder mit $+U_{ref}$ ("1") oder mit $-U_{ref}$ ("0") verbinden. Dabei werden die 4 Kondensatoren auf die jeweilige Referenzspannung umgeladen. Dadurch wird die gewünschte Differenzbildung erreicht. Die am Summationspunkt des Operationsverstärkers zugeführte Ladungssumme wird vom Rückführungskondensator C_f übernommen und ergibt am Ausgang des Operationsverstärkers die Spannung U_a, die das Residuum darstellt.

Der Datendurchsatz dieser Umsetzer entspricht infolge des Pipeline-Prinzips prinzipiell dem eines Flash-Umsetzers (s. auch Kap. 8.4.2.2), allerdings verbunden mit einer systematischen Verzögerungszeit infolge der Signallaufdauer durch die Z Blöcke. Aus diesem Grunde wird in den Datenblättern üblicherweise nicht die Umsetzdauer t_u, sondern die maximale Umsetzrate, z.B. in MSPS (Mega Samples Per Second) angegeben. Einige Beispiele für AD-Umsetzer nach dem Pipeline-Verfahren sind in der Tab. 8.9 gezeigt. MSPS steht für Mega Samples Per Second.

Tab. 8.9: Beispiele für AD-Umsetzer nach dem Pipeline-Verfahren

Hersteller	Typ	Auflösung	Umsetzrate	Stufenzahl
Maxim	MAX1180	10 Bit	105 MSPS	10
"	MAX1420	12 Bit	60 MSPS	12
Analog Devices	AD9200	10 Bit	20 MSPS	5
" "	AD6640	12 Bit	65 MSPS	2
" "	AD9254	14 Bit	150 MSPS	8

8.4.5 Das erweiterte Zählverfahren

Das erweiterte Zählverfahren liegt funktionell zwischen dem Zähl- und dem Wägeverfahren. Das Zählverfahren hat zwar den Vorteil minimalen Aufwands an Präzisionsbauelementen, dafür ist aber die Schrittzahl und damit die Umsetzdauer die höchste der drei klassischen Umsetzverfahren. Eine Reduzierung der Umsetzdauer lässt sich prinzipiell folgendermaßen erreichen:

- Es wird zunächst ein Normal der Größe 2Q verwendet. Damit wird eine Grobmessung mit max. $Z' = (m + 1)/2 - 1$ Schritten durchgeführt.
- Eine Feinmessung mit $Z'' = 1$ Schritt mit der Auflösung Q beendet den Messzyklus.

Für einen 8-Bit-Umsetzer sind damit insgesamt $Z = Z' + Z'' = 127 + 1 = 128$ Schritte nötig, was einer Reduzierung auf nahezu die Hälfte gegenüber dem reinen Zählverfahren entspricht. Die Zahl der Normale beträgt dafür N = 2.

Verallgemeinert man das Verfahren auf N > 2 Normale, ergibt sich:

- Zunächst wird für eine Grobmessung das Normal der Größe $2^{(N-1)} \cdot Q$ benutzt. Das erfordert maximal $(m + 1)/(2^{(N-1)} - 1)$ Schritte.
- Anschließend werden eine Zwischenmessung mit dem Normal $2^{(N-2)} \cdot Q$ und dann weitere Zwischenmessungen mit je einem Normal halbierter Länge bis zum Normal einschließlich der Länge 2Q durchgeführt.
- Die Feinmessung mit dem Normal Q beendet den Messzyklus.

$$Z = \frac{m+1}{2^{(N-1)}} - 1 + (N-1) = \frac{m+1}{2^{(N-1)}} + N - 2$$

Maximale Schrittzahl des erweiterten Zählverfahrens mit N Normalen und der Auflösung von n = ld(m+1) Bit

Eine praktische Bedeutung bei der Realisierung von ADUs hat das erweiterte Zählverfahren bislang nicht erreicht.

8.4.6
Sonderformen von Analog-Digital-Umsetzern

8.4.6.1
Indirekte Verfahren

Bisher wurden ausschließlich Umsetzverfahren betrachtet, bei denen die elektrische Spannung direkt gemessen wurde. Bei den indirekten Verfahren wird dagegen die Messgröße zunächst in eine Hilfsgröße überführt, welche genauer, schneller oder mit kleinerem Aufwand messbar ist. Die wichtigsten Hilfsgrößen sind:

a) Eine messgrößenproportionale Frequenz. Ausgewertet wird diese durch Zählung der Perioden während einer festen Zeit. Als entsprechendes Bauelement dient ein VCO (Voltage Controlled Oscillator).

b) Eine messgrößenproportionale Zeit. Ausgewertet wird diese durch Zählung einer festen Frequenz während dieser variablen Zeit. Beispiele: Single Slope- und Dual Slope-Verfahren.

8.4.6.1.1
Das Sägezahnverfahren

ieses Verfahren wird auch als Single Slope-Verfahren bezeichnet. Es arbeitet mit der Hilfsmessgröße Zeit, wie unter b) dargestellt. Die Funktion wird an einem Blockschaltbild beschrieben (Bild 8.32). Zu Beginn der Messphase wird die zeitlinear ansteigende Spannung U_{K2} gestartet. Wenn diese die Spannung Null erreicht, wechselt der log. Pegel U_2 am Ausgang von Komparator 2 von 0 auf 1. Erreicht U_{K2} die unbekannte Messspannung u_X, wechselt der log. Pegel U_1 am Ausgang des Komparators 1 von 1 auf 0. Die beiden Spannungen U_2 und U_1 öffnen nach ihrer UND-Verknüpfung eine Torzeit $t_1 - t_2$. Diese entspricht der Messzeit T_m, während der die Perioden einer festen Taktfrequenz gezählt werden, wie Bild 8.33 zeigt. Es handelt sich also um das Zählverfahren, wobei die Spannungsänderung dU_{K2}/dt während einer Taktperiode als Quantisierungsintervall zu interpretieren ist.

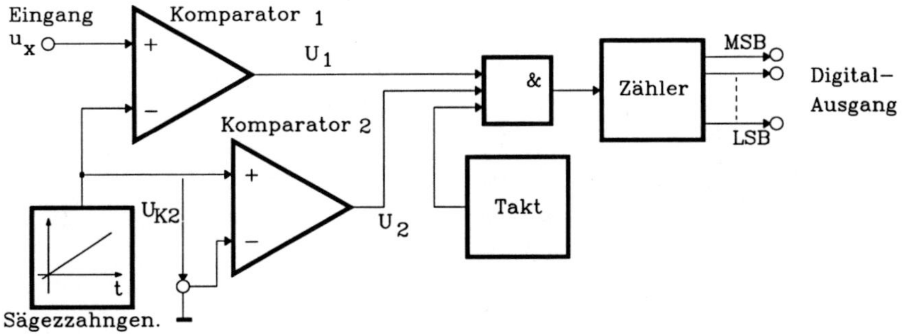

Bild 8.32: Blockschaltbild eines ADUs nach dem indirekt arbeitenden Sägezahnverfahren

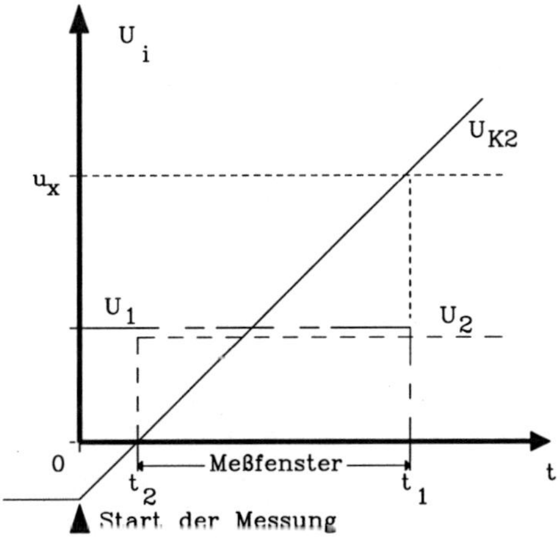

Bild 8.33: Spannungsverläufe im Sägezahn-Umsetzer während des Messzyklus

Die zeitlinear ansteigende Spannung U_{K2} kann z.B. durch Integration einer Referenzspannung U_{ref} mit einem Operationsverstärker erzeugt werden (Bild 8.34).

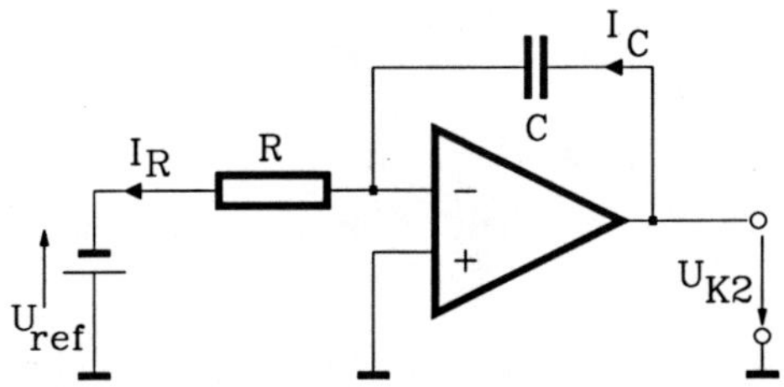

Bild 8.34: Integratorschaltung zur Erzeugung einer zeitlinear ansteigenden Spannung

Die Messhilfsgröße $Tm = t_1 - t_2$ wird durch Periodenzählung einer festen Frequenz f_T gemessen. Das Zählergebnis Z_m lautet nach kurzer Rechnung:

$$Z_m = f_T \cdot T_m = f_T \frac{R \cdot C}{U_{ref}} \cdot u_x = k \cdot u_x$$ *Zählergebnis für einen Messzyklus in einem Sägezahnumsetzer*

Falls k = konst. gilt, ist das Zählergebnis Z_m der zu messenden Spannung u_x direkt proportional. Dieses Konzept beinhaltet jedoch Fehlereinflüsse:

– Alterungs- oder temperaturbedingte Änderungen der Bauelemente R, C, der Referenzspannung U_{ref} und der Taktfrequenz f_T.
– Das Verfahren bestimmt den Momentanwert der Messgröße, deshalb können Störspannungen (Rauschen, 50-Hz-Einstreuungen) das Ergebnis verfälschen.

Die erreichbare Genauigkeit des Umsetzverfahrens unterschreitet 10 Bit und wird in dieser einfachen Form nicht für industriell gefertigte ADUs verwendet.

8.4.6.1.2
Das Doppel-Integrations-Verfahren

Dieses Verfahren ist auch unter den Namen Doppelflanken- oder Dual Slope-Verfahren bekannt. Hierbei wird, anders als beim unter 8.4.6.1.1 beschriebenen Verfahren, die Messgröße u_X und nicht eine Referenzspannung über eine feste Zeit t_1 integriert zu einer linear ansteigenden Funktion. Der Vorteil liegt darin, dass 50-Hz-Störungen keinen Einfluss haben, falls die Messdauer t_1 einem Vielfachen der Netzperiodendauer (n · 20 ms) entspricht. Ähnliches gilt für mittelwertfreie Rauschsignale. Das Messprinzip soll zunächst an einem vereinfachten Schaltbild und dem Spannungsverlauf während des Messzyklus dargestellt werden (Bilder 8.34 und 8.35).

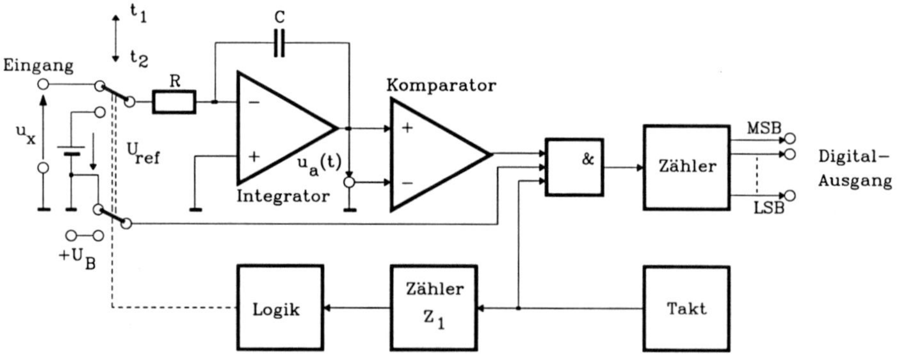

Bild 8.35: Prinzipschaltbild eines AD-Umsetzers nach dem Dual Slope-Verfahren

Während der festen Messdauer t_1 wird in einem Integrator die unbekannte Spannung u_x bis zur Endspannung U_a aufintegriert und anschließend mit U_{ref} in umgekehrter Richtung abintegriert, bis nach der Zeit t_2 0V erreicht sind. Die Entladedauer t_2 wird durch Periodendauerzählung bei fester Frequenz gemessen. Das Zählergebnis entspricht dann dem Digitalwert der Messgröße u_x.

Eine Rechnung zeigt die Vorteile dieses Messverfahrens. Sei u_x = konst. oder sogar u_x = konst. + $u_{max} \cdot \sin \omega t + u_{Rausch}(t)$, dann gilt für den Integrationsvorgang:

$$U_a = \frac{1}{R \cdot C} \cdot \int_0^{t1} u_x \, dt = \frac{u_x}{R \cdot C} \cdot t_1 \qquad \text{(Gl. 1)}$$

Dabei wird t_1 festgelegt durch Zählung eines frequenzkonstanten Referenztaktes bis zu einem festen Zählergebnis Z_1, also $t_1 = Z_1/f_1$. Anschließend wird der Kondensator C mit konstantem Strom $I_C = U_{ref}/R$ entladen, bis $u_C = 0$ gilt. Das dauert die Zeit t_2.

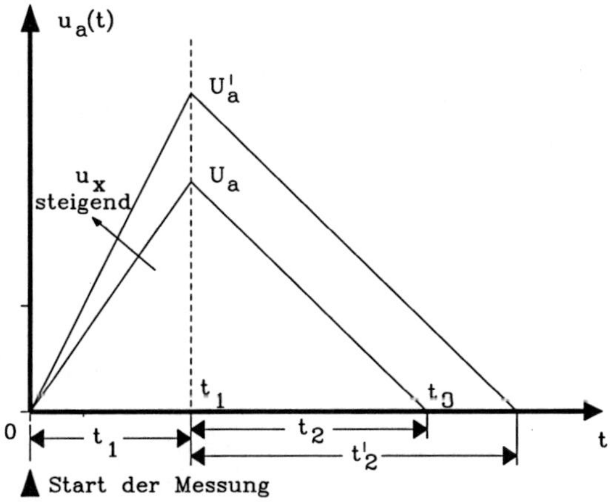

Bild 8.36: Spannungsverläufe im Dual Slope-Umsetzer während des Messzyklus

$$0 = U_a - \frac{1}{R \cdot C} \cdot \int_{t1}^{t3} U_{ref} \, dt \qquad \text{mit } t_2 = t_3 - t_1 \Rightarrow$$

$$U_a = \frac{1}{R \cdot C} \cdot \int_{t1}^{t3} U_{ref} \, dt = \frac{U_{ref}}{R \cdot C} \cdot t_2 \qquad \text{(Gl. 2)}$$

Mit (Gl. 1) = (Gl. 2) ergibt sich:

$$\frac{u_x}{R \cdot C} \cdot t_1 = \frac{U_{ref}}{R \cdot C} \cdot t_2 \quad \Rightarrow \quad u_x \cdot t_1 = U_{ref} \cdot t_2$$

Die Integrationszeitkonstante R · C kürzt sich heraus, hat also keinen Einfluss auf das Messergebnis. $t_1 = Z_1/f_1$ und $t_2 = Z_2/f_1$ werden durch Zählung eines frequenzkonstanten Referenztaktes der Frequenz f_1 gemessen. Das Zählergebnis Z_2 lautet:

$$Z_2 = \frac{Z_1}{U_{ref}} \cdot u_x \qquad \textit{Zählergebnis beim Doppel-Integrations-Verfahren}$$

Das Zählergebnis ist der Messspannung u_X direkt proportional, denn Z_1 ist eine fest vorgegebene nicht fehlerbehaftete Zahl. Die Präzision wird daher nur von U_{ref} bestimmt. Wesentliche Eigenschaften dieses Verfahrens sind zusammengefasst:

Vorteile:

- gute Störspannungsunterdrückung, da integrierendes Verfahren
- unabhängig von alterungs- und temperaturbedingten Änderungen der Bauelemente und des Taktoszillators. Sie müssen nur während der Messdauer konstant sein.
- Die Langzeitpräzision wird nur durch U_{ref} bestimmt. Dafür stehen heute sehr präzise und hochkonstante Band-Gap-Dioden zur Verfügung.
- erzielbare Genauigkeit: ca. 0,001%, d.h. 15–16 Bit bzw. 5 Dezimalstellen.

Nachteil:

- Das Verfahren arbeitet langsam mit Umsetzdauern $t_u \geqslant 20$ ms.

Die häufigste Anwendung findet dieser Umsetzertyp in Digitalvoltmetern. Beispiele für käufliche Schaltungen:

Tab. 8.10: Beispiele für käufliche ADUs nach dem Dual Slope Verfahren

Hersteller	Typ	Auflösung		Bemerkungen
		Digits	Counts	
Maxim	MAX130	3,5	±2000	LCD Out
"	MAX133	3,75	±4000	µP-Interface
"	ICL7135	4,5	±20000	BCD

8.4.6.1.3 Das Mehrflanken-Umsetz-Verfahren

Das Mehrflanken-Umsetzverfahren wird für besonders hochauflösende ADUs verwendet und arbeitet auf der Basis des Doppelflanken-Verfahrens, umgeht aber einen Nachteil desselben:

Besonders bei hochauflösenden ADUs muss die Abintegrationsdauer t_2 (s. Bild 8.36) sehr genau, also mit vielen Perioden des Zähltaktes ausgemessen werden. Das führt bei vorgegebener Zähltaktfrequenz zu hohen Wandlungszeiten. Die Zeitmessung wird schneller, wenn die Abintegration in mehreren Phasen durchgeführt wird:

1) Grobe und daher schnelle Messung von t_2 mit z.B. auf $f_T/8$ reduzierter Taktfrequenz, wobei der Zeitzähler in diesem Falle mit jedem Schritt um 8 erhöht wird.

2) Nach erfolgtem Nulldurchgang des Integratorausgangs wird der nun unter Null liegende Spannungswert wieder bis zum Überschreiten der Null aufintegriert. Die hierfür nötige Zeit wird jetzt aber mit hoher Zähltaktfrequenz und Zählerinkrementen von 1 genau gemessen. Hierbei werden Vor-/Rückwärtszähler verwendet.

Die Zahl dieser Schritte kann auch mit jeweils steigender Genauigkeit erhöht werden. Realisiert wurde dieses Verfahren beispielsweise bei dem Umsetzer MAX 132 (Maxim), der mit den vier Zählerabstufungen 512, 64, 8 und 1 arbeitet. Die erreichte Auflösung beträgt 18 Bit bei einer Wandlungsdauer von 63 ms.

8.4.6.2
Der Sigma-Delta-Umsetzer

Sigma-Delta-Umsetzer (ΣΔ-Umsetzer) werden aus noch zu erläuternden Gründen auch Oversampling-Umsetzer genannt. Sie basieren prinzipiell auf Delta-Modulatoren (DM), wie sie z.B. in der Nachrichtentechnik zur Codierung von Sprachsignalen Verwendung finden, werden aber durch einen zusätzlichen Integrator am Eingang erweitert. Dadurch vermeidet man den Nachteil von DM, nur Spannungsänderungen zu codieren, nicht aber Gleichspannungen. Seine Wirkungsweise soll am Blockschaltbild erläutert werden (Bild 8.37), das einen Integrator 1 am Eingang, einen weiteren Integrator 2 in der Rückführung eines Komparators und ein digitales Filter (Tiefpass) enthält. Der Komparator liefert am Ausgang ±1 und arbeitet daher als 1-Bit-ADU. Integrator 1 bildet z.B. eine Eingangsspannung U_e = konst. als U_e-proportionale Steigung ab. Diese wird durch den Komparator mit einer durch Integrator 2 rekonstruierten Eingangsspannung U_e^* verglichen und liefert eine ±1-Folge, für deren Mittelwert M gilt: $M \sim U_e$. Dieses ist in Bild 8.38 an zwei Signalbeispielen gezeigt.

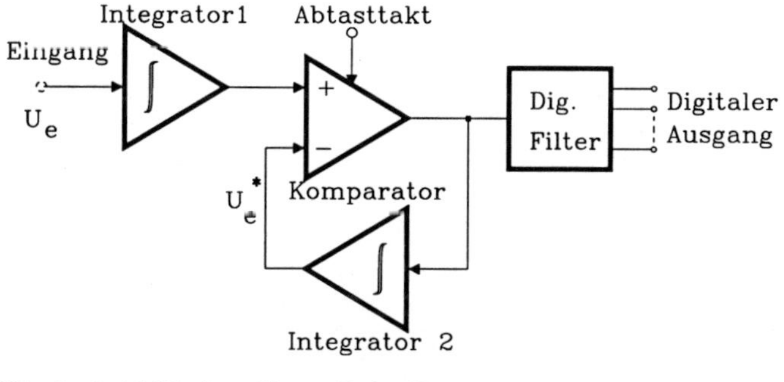

Bild 8.37: Blockschaltbild eines Sigma-Delta-Umsetzers

Die Eingangsspannung $U_e = 0$ erzeugt am Ausgang des Integrators 1 ebenfalls 0. Dann liefert die Ausgangsfolge des Komparators abwechselnd ±1, also den Mittelwert M = 0. Je größer die Messspannung ist, desto größer wird die Steigung am Ausgang von Integrator 1 und desto mehr ist die +1 in der Ausgangsfolge vertreten. Das digitale Filter erzeugt aus der hochfrequenten 1-Bit-Folge eine niederfrequentere Folge von n-Bit-Datenworten.

Das Messprinzip des ΣΔ -Umsetzers unterscheidet sich damit maßgebend von dem der bisher dargestellten Umsetzer. Letztere liefern bei einer Abtastfrequenz, die möglichst nahe der unteren durch das Abtasttheorem erlaubten Grenze liegt, jeweils ein vollständiges Codewort. Der ΣΔ -Umsetzer liefert jedoch eine 1-Bit-Folge mit sehr viel höherer Abtastfrequenz. Dieses Verfahren nennt man daher auch "Oversampling-Technik". Der ΣΔ-Umsetzer hat gegenüber anderen eine Reihe von Vorteilen:

1) Er kann nahezu völlig aus digitalen Komponenten aufgebaut werden. Die Anforderungen an die 1-Bit-Sektion sind nicht sehr hoch.
2) Er wirkt für das Eingangssignal wie ein Tiefpass, für das Quantisierungsfehlersignal jedoch wie ein Hochpass. Das Spektrum des Quantisierungsfehlersignals wird daher schwerpunkthaft in die Nähe der sehr hohen Abtastfrequenz verschoben. Der digital arbeitende Tiefpass eliminiert erhebliche Teile davon und kann so dimensioniert werden, dass er 50 Hz-Störungen unterdrückt.
3) Diesem Umsetzerprinzip inherent ist eine monotone Quantisierungskennlinie.

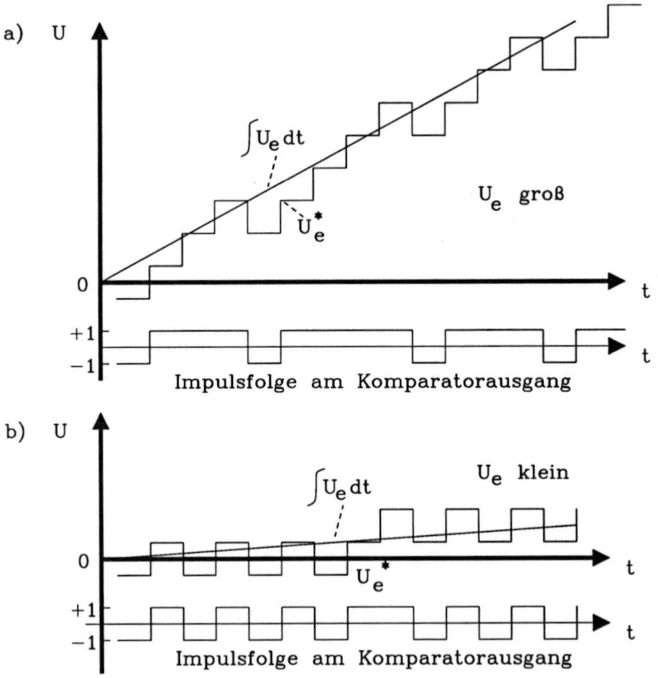

Bild 8.38: Zwei Signalbeispiele zur Erläuterung der Wirkungsweise eines Sigma-Delta-Umsetzers: Signalverlauf für a) große und b) kleine Eingangsspannung U_e

4) Wegen der sehr hohen Abtastfrequenz kommt der ΣΔ -Umsetzer generell ohne Abtast-Halteglied aus und er arbeitet mit sehr kleinen Aperturfehlern.
5) Derzeit liefert dieses Verfahren die höchsten verfügbaren Auflösungen.

Den Vorteilen stehen auch einige Nachteile gegenüber:

1) Es existiert wegen des mittelwertbildenden digitalen Filters eine große Latenzzeit zwischen dem ersten Abtastwert und dem ersten Codewort. Daher eignet sich dieser Umsetzer nicht zum Multiplexbetrieb für mehrere Signalquellen.

2) Z.B. gegenüber Flash-Umsetzern arbeitet das $\Sigma\Delta$ -Verfahren langsam.

$\Sigma\Delta$ -Umsetzer nach dem Oversampling-Prinzip haben sich inzwischen mit Auflösungen von n = 16 Bit in der hochwertigen Tonsignalverarbeitung etabliert. Weiterhin wird dieses Verfahren in der Telemetrie und zur präzisen Überwachung langsam veränderlicher Signale, z.B. bei Dehnungsmessstreifen eingesetzt. Einige Beispiele für industriell gefertigte Umsetzer sind in der folgenden Tab. 8.11 aufgeführt.

Tab. 8.11: Beispiele für käufliche ADUs nach dem $\Sigma\Delta$ -Verfahren

Hersteller	Typ	Auflösung	Codewortrate
Maxim	MAX1414	16 Bit	60 SPS
"	MAX1402	18 Bit	4800 SPS
Analog Devices	AD9260	16 Bit	2,5 MSPS
" "	AD1555/56	24 Bit	16 KSPS

8.4.6.3 Die nichtlineare Digital-Umsetzung

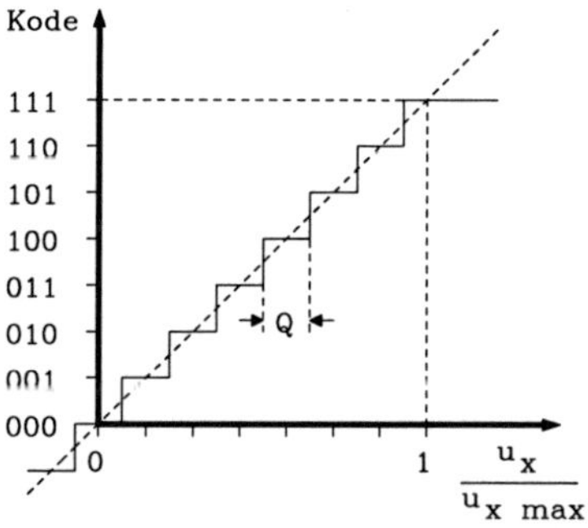

Bild 8.39: Lineare Quantisiererkennlinie

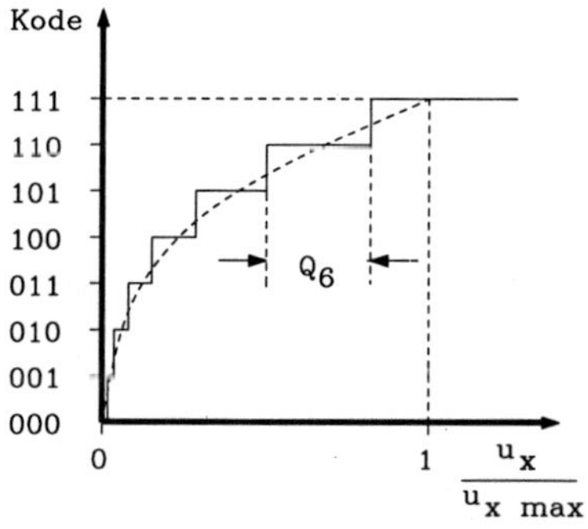

Bild 8.40: Nichtlineare Quantisiererkennlinie

Bei den bisher beschriebenen Analog-Digital-Umsetzverfahren war die Größe eines Quantisierungsintervalls unabhängig von ihrer Lage im Aussteuerbereich des Umsetzers. Abgesehen von der (mikroskopischen) Stufung durch die Quantisierungsintervalle ergibt sich dabei eine lineare Wandlerkennlinie (Bild 8.39) und man spricht von linearer AD-Umsetzung. Derartige Umsetzer werden überwiegend eingesetzt.

Bei der linearen Quantisierung ist die absolute max. Größe des Quantisierungsfehlers im gesamten Aussteuerbereich Q/2 = konst. Die Quantisierungsfehlerleistung N (Noise) beträgt für diesen Fall $N = Q^2/12$. Sie ist von der Signalleistung S unabhängig. Daher steigt der relative Fehler, wie er leistungsbezogen z.B. im Rauschabstand SNR (Signal to Noise Ratio) formuliert wird, mit steigender Signalleistung:

$$\mathrm{SNR} = 10 \cdot \log \frac{S}{N} = 10 \cdot \log \frac{S \cdot 12}{Q^2}$$ *Erzielbarer Signal-Rauschabstand für eine lineare Quantisierung*

Dieses Verhalten ist nicht bei allen Anwendungen erwünscht. In der Sprachsignalverarbeitung wird z.B. häufig ein von der Signalleistung möglichst unabhängiger Rauschabstand angestrebt. Dann muss aber $Q = f(u_x)$ gelten und zwar steigt Q mit steigender Eingangsspannung u_x. Eine solche Quantisierungskennlinie wird nichtlinear (Bild 8.40). In modifizierter Form wird diese Kennlinie zur Sprachsignalcodierung, als sog. 13-Segment-Kennlinie, in PCM-Systemen verwendet.

8.5 Prinzipien der Digital-Analog-Umsetzung

Digital-Analog-Umsetzer (DAU) dienen der Rückgewinnung des Analogsignals aus codierten digitalen Werten. Das ursprüngliche Analogsignal kann dabei bestenfalls bis auf die Quantisierungsfehler rekonstruiert werden.

Im allgemeinen liefert der DAU Impulse der Höhe, die durch die Digitalwerte vorgegeben ist, und endlicher Breite (Bild 8.41). Dieses Signal ist also noch zeitdiskret. Durch anschließende Filterung in einem Tiefpass (Interpolator-Tiefpass) wird dieses Signal wieder zu einer stetigen Analogfunktion interpoliert.

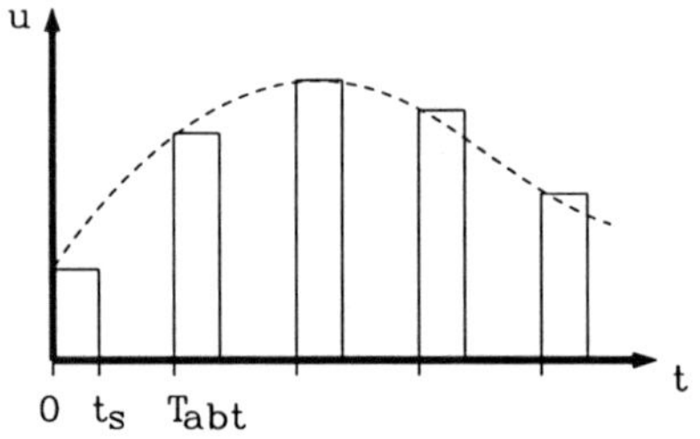

Bild 8.41: Das Ausgangssignal eines DAU besteht i.a. aus Impulsen endlicher Breite.

Eine bis auf die Quantisierungsfehler korrekte Rekonstruktion des Analogsignals ist ohne weitere Maßnahmen nur für sehr kleine Impulsbreiten möglich, also $t_s \to 0$. Häufig wird jedoch $t_s \approx T_{abt}$ gewählt, um die Signalleistung zu erhöhen. In diesem Falle tritt eine merkliche lineare Verzerrung des Signals auf. Das Spektrum $F(\omega)$ des zu digitalisierenden Signals wird dadurch nämlich mit dem Spektrum $F_1(\omega)$ einer Rechteckfunktion der Breite T_{abt} multipliziert. $F_1(\omega)$ wird durch die Fouriertransformation bestimmt:

$$F_1(\omega) = \int_{-\frac{T_{abt}}{2}}^{\frac{T_{abt}}{2}} \cos \omega t \, dt = \frac{2}{\omega} \cdot \sin \frac{\omega \cdot T_{ABT}}{2} = T_{abt} \cdot \frac{\sin \frac{\omega \cdot T_{abt}}{2}}{\frac{\omega \cdot T_{abt}}{2}}$$

Die erste Nullstelle dieser Funktion (Bild 8.42) liegt bei $f_{abt} = 2f_g$, wenn f_g die Grenzfrequenz des Signals ist, und die Abtastfrequenz an der unteren Grenze liegt. An der Bandgrenze f_g ist der Frequenzgang also auf 64% gegenüber der Bandmitte abgesenkt, was einer linearen Verzerrung mit Tiefpasscharakter entspricht. Der Fehler lässt sich jedoch durch Filterung mit dem inversen Frequenzgang eliminieren.

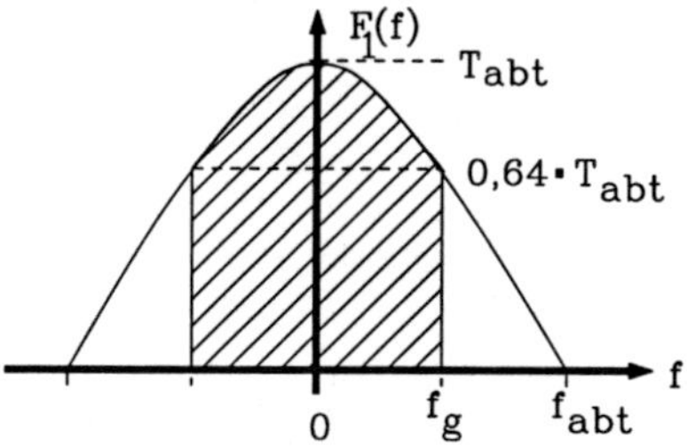

Bild 8.42: Filterfunktion, die sich durch Ausgangsimpulse des DAUs von endlicher Dauer ergibt. Sie verursacht lineare Signalverzerrungen.

8.5.1 Die Summation gewichteter Ströme

Es gelte die Voraussetzung, dass das Digitalsignal in dualkodierter Form vorliege. Ein DAU nach dem Verfahren der Summation gewichteter Ströme basiert auf folgendem Prinzip: Es wird für jedes auf 1 gesetzte Bit des Dualwortes ein dem Bitgewicht entsprechender Strom erzeugt und alle Ströme werden rückwirkungsfrei summiert. Hierfür eignet sich ein Operationsverstärker (OP). Für einen DAU mit n Bit ergibt sich daraus die in Bild 8.43 gezeigte Schaltung. Das digitale Codewort steuert die Schalter b_0 bis b_{n-1}. Die Ausgangsspannung des OPs beträgt dann:

$$U_2 = -R_F \cdot (b_0 \cdot i_0 + b_1 \cdot i_1 + b_2 \cdot i_2 + \ldots\ldots + b_{n-1} \cdot i_{n-1}) \quad \text{und mit}$$

$$i_k = \frac{U_{ref} \cdot 2^k}{R} \qquad \text{für } 0 \le k \le n-1 \quad \text{folgt für die Stellenwerte } b_k \text{ gleich 0 oder 1:}$$

$$U_2 = -R_F \cdot \frac{U_{ref}}{R} \cdot \sum_{k=0}^{n-1} b_k \cdot 2^k \qquad \textit{Ausgangsspannung } U_2 \textit{ des DAU}$$

Es ist ersichtlich, dass die Ausgangsspannung U_2 eine Form hat, die dem vorgegebenen Dualwort bis auf eine multiplikative Konstante entspricht. Die elektronischen Schalter werden in bipolarer oder MOS-Technik realisiert.

Eigenschaften dieser DAU-Schaltung:

– Für einen n-Bit-Wandler unterscheiden sich die Widerstandswerte um den Faktor $2^{(n-1)}$. Dieses ist in monolithischer Technik schwer zu realisieren, da der herstellbare Wertebereich technologisch begrenzt ist.

– Die Anforderungen an die Präzision besonders des kleinsten Widerstands (höchster Strombeitrag) sind sehr hoch. Soll sein Stromfehler kleiner sein als 1/2 LSB, was der Hälfte des Strombeitrags des größten Widerstands entspricht, muss die Genauigkeit besser als 2^{-n} sein. Daher erfordert z.B. ein 12-Bit-Wandler für den kleinsten Widerstand mindestens die Genauigkeit von 2^{-12}, also ca. $2{,}44 \cdot 10^{-4}$.

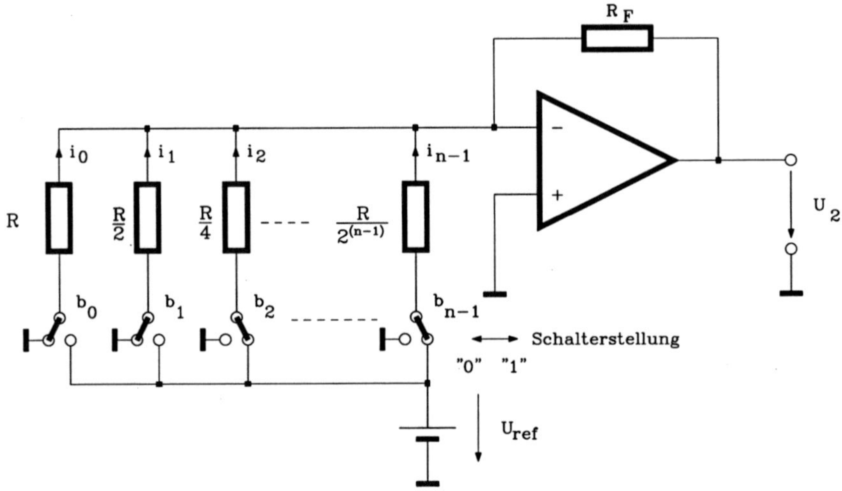

Bild 8.43: Prinzipschaltbild eines DAU nach dem Summationsprinzip gewichteter Ströme

Aus den genannten Gründen werden DAUs nicht nach dem oben dargestellten Prinzip realisiert, sondern durch fortgesetzte Spannungsteilung in einem Kettenleiternetzwerk. Dieses Verfahren wird im nächsten Kapitel beschrieben.

8.5.2 Umsetzer mit R-2R-Leiternetzwerk

Die Arbeitsweise dieses DA-Umsetzertyps basiert prinzipiell auf dem gleichen Verfahren wie der des oben dargestellten, es werden nämlich Ströme addiert, die dem Wert der einzelnen Dualstellen des vorgegebenen Digitalwortes entsprechen. Allerdings werden hier die Ströme mit stufenweise gleichgroßen Widerständen anhand fortgesetzter Spannungsteilung in einem Leiternetzwerk erzeugt. Grundelement ist dabei ein π-Glied (Längswiderstand: R, Ableitwiderstände: r), das als belasteter Spannungsteiler mit folgenden Eigenschaften betrieben wird:

1) Belastet man den Spannungsteiler mit einem Abschlusswiderstand Z, so soll sein Eingangswiderstand ebenfalls Z sein. Das ermöglicht eine einfache Kettenschaltung der einzelnen Spannungsteiler.
2) Der Teilerfaktor in jeder abgeschlossenen Teilerstufe soll entsprechend der dualen Abstufung 2 sein.

Diese Forderungen lassen sich mit symmetrischen Vierpolen erreichen, die mit ihrem Wellenwiderstand abgeschlossen sind. Eine Rechnung liefert das in Bild 8.44 dargestellte verlängerbare Kettenleiternetzwerk. Wegen der charakteristischen Widerstandswerte wird diese Schaltung auch als ***R-2R-Leiternetzwerk*** bezeichnet.

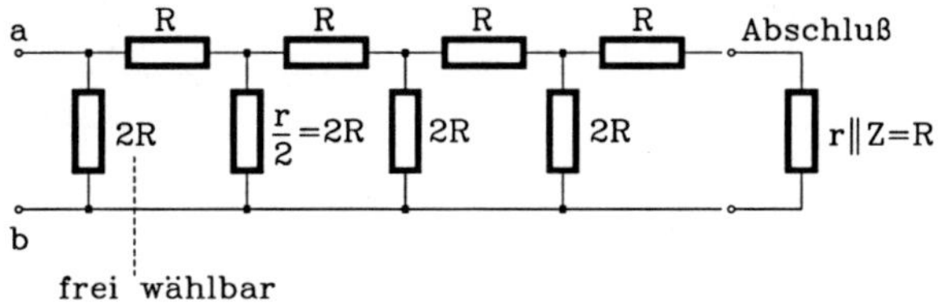

Bild 8.44: R-2R-Leiternetzwerk für einen Digital-Analog-Umsetzer

An die Klemmen a,b wird eine Referenzspannung U_{ref} angeschlossen. Der Spannungsteilerfaktor von 2 in jeder Stufe ist erkennbar. Der Spannungsteilerkette werden über Stromschalter die Einzelströme gemäß dem vorliegenden Binärwort entnommen und am Summationspunkt eines OP rückwirkungsfrei addiert (Bild 8.45).

Es gelten: $U_0 = 0{,}5 \cdot U_1$; $U_1 = 0{,}5 \cdot U_2$; $U_2 = 0{,}5 \cdot U_{ref}$ und die einzelnen Ströme betragen: $I_3 = 0{,}5 \cdot U_{ref}$; $I_2 = 0{,}5 \cdot I_3$; $I_1 = 0{,}25 \cdot I_3$; $I_0 = 0{,}125 \cdot I_3$

Die Stromschalter werden in Bipolar- oder CMOS-Technik realisiert. Es tritt lediglich noch das gut realisierbare Widerstandsverhältnis 2:1 auf. Ein typischer Wert für R ist 500 Ω. Nach diesem Prinzip arbeiten die meisten käuflichen DAUs in monolithischer und hybrider Technik. Außerdem ist in ADUs mit sukzessiver Approximation im Gegenkopplungspfad ein DAU dieses Typs enthalten.

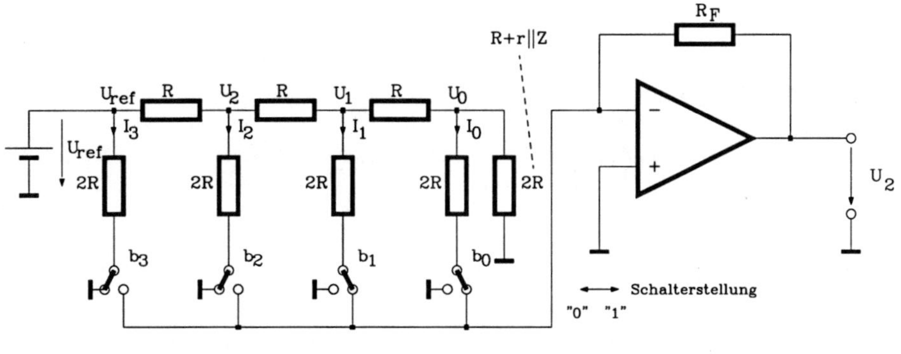

Bild 8.45: Prinzipschaltbild eines 4-Bit-DA-Umsetzers mit R-2R-Leiternetzwerk

Tab. 8.12: Einige Beispiele für DAUs mit Kettenleiternetzwerken

Hersteller	Typ	Auflösg.	Umsetzdauer	Bemerkungen
Analog Devices	AD9748	8 Bit	11 ns	I-Ausgang
" "	AD5399	12 Bit	800 ns	U-Ausgang, Seriell in
" "	AD5453	14 Bit	180 ns	I-Ausgang, Seriell in
" "	AD5541	16 Bit	1 µs	U-Ausgang, Seriell in
" "	AD768	16 Bit	25 ns	I-Ausgang, Parallel in
Maxim	MAX5188	8 Bit	25 µs	I-Ausgang, µP-Interface
"	MAX1969	12 Bit	0,43 ns	I-Ausgang
"	MAX5541	16 Bit	1 µs	3-Wire-Ausg. seriell

Anm.:

Bei der Auswahl von DAUs ist auf den Signalausgang zu achten. Stromausgänge sind erheblich schneller, wie aus Tab. 8.12 deutlich wird.

8.6 Eigenschaften realer AD- und DA-Umsetzer

Reale Wandlerbausteine sind mit Fehlern behaftet. Diese Fehler sind bauelemente-, schaltungs- oder prinzipbedingt und können sowohl im ADU als auch im DAU auftreten. Sie lassen sich in ***statische*** und ***dynamische Fehler*** unterteilen.

Die zunächst betrachteten statischen Fehler treten in ADUs und bis auf den Quantisierungsfehler auch in DAUs auf. Die in den folgenden Kapiteln hierzu dargestellten Diagramme beziehen sich auf ADUs. Durch Spiegelung an der Einheitsgeraden erhält man daraus die entsprechenden Darstellungen für DAUs. Bei dynamischen Fehlern muss zwischen ADUs und DAUs unterschieden werden.

8.6.1 Statische Fehler

Als statische Fehler werden solche Fehler bezeichnet, die nach dem Abklingen aller Einschwingvorgänge übrigbleiben.

8.6.1.1 Die Quantisierungsfehler

Die Beschränkung auf eine endliche Anzahl darstellbarer Amplitudenstufen bei der AD-Umsetzung verursacht systematische Fehler, deren Amplitude im Allgemeinen $\pm 0{,}5 \cdot Q$ erreichen kann. Nach der DA-Umsetzung ergibt sich dadurch ein Fehlersignal, der Quantisierungsfehler, der rauschsignalähnlichen Charakter hat und den Signal-Rausch-Abstand begrenzt. Der Quantisierungsfehler ist auch interpretierbar als Auswirkung der nichtlinearen Stufenkennlinie eines Quantisierers auf das Signal. Da in praktischen Fällen die Stufigkeit der Quantisiererkennlinie, z.B. bei Darstellung auf dem Oszilloskop, sehr klein ist (sie verschwindet in der Strichbreite), kann man hierbei anschaulich auch von einer mikroskopischen Nichtlinearität sprechen.

Setzt man eine lineare Quantisierung, ein in jedem Quantisierungsintervall gleichverteiltes Signal und einen mitten im Quantisierungsintervall Q liegenden Repräsentationswert voraus, beträgt die Quantisierungsgeräuschleistung (Noise) $N = Q^2/12$. Wird z.B. ein vollaussteuerndes Sinussignal bei einem Umsetzer mit $m \cdot Q \approx 2^n$ Quantisierungsintervallen angenommen, beträgt die Signalleistung S:

$$S = \left(\frac{m \cdot Q}{2 \cdot \sqrt{2}}\right)^2 = \frac{2^{2n} \cdot Q^2}{8} \quad ; \text{ mit } n = \text{Bitzahl pro Codewort.}$$

Dann beträgt der max. erreichbare Signal-Rausch-Abstand (Signal to Noise Ratio):

$$SNR = 10 \cdot \log \frac{S}{N} = (1{,}76 + 6{,}02 \cdot n)\ \text{dB}$$ *Max. Quantisierungsgeräusch-Abstand für ein mit n Bit digitalisiertes Sinussignal*

Unter den oben getroffenen Voraussetzungen ist daher mit einem 12-Bit-Umsetzer ein max. Rauschabstand von SNR = 74 dB erreichbar. *Daraus geht hervor, dass der Quantisierungsfehler bei der Digitalisierung in der Regel mit einem erträglichen technischen Aufwand genügend klein gehalten werden kann.*

Für die weiteren Betrachtungen werde die Stufenkennlinie mittels einer Geraden durch die Quantisierungsintervallmitten ersetzt (Wandlerkennlinie) und es wird die lineare Quantisierung betrachtet. Der neben der Quantisierung ideale lineare Wandler hat dann eine Wandlerkennlinie, wie sie in Bild 8.46 für einen ADU dargestellt ist. Verwendet man für Ein- und Ausgangsgrößen gleiche Maßstäbe, verläuft die ideale Kennlinie unter 45^0. Weicht ein Wandler von dieser Kennlinie ab, ist er fehlerhaft.

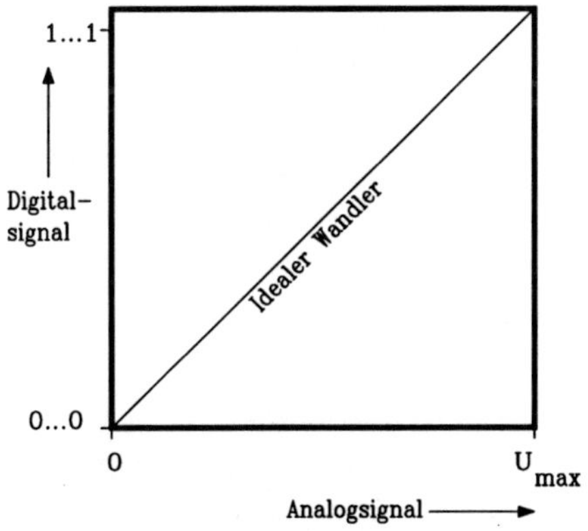

Bild 8.46: Kennlinie eines idealen AD-Umsetzers

8.6.1.2
Der Offsetfehler

schaulich gesehen liegt ein Offsetfehler (Zero Error) vor, wenn die Wandlerkennlinie gegenüber der idealen Kennlinie parallelverschoben ist, z.B. infolge eines Offsetfehlers des Eingangsverstärkers (Bild 8.47). Konkret entspricht dieser Fehler der Lageabweichung des ersten Übergangswerts oberhalb von Null von der Ideallage bei 0,5 · Q (s. Bild 8.18 in Kap. 8.33). Der Offsetfehler verursacht einen konstanten absoluten Fehler im gesamten Aussteuerbereich und ist auf Null abgleichbar.

Die Angabe des Offsetfehlers im Datenblatt erfolgt üblicherweise in Bruchteilen des Aussteuerbereichs. Der Offsetfehler hat darüberhinaus einen Temperatur-Koeffizienten, der nur mit großem Aufwand kompensiert werden kann.

8.6.1.3
Der Verstärkungsfehler

Anschaulich gesehen liegt ein Verstärkungsfehler (Gain Error) vor, wenn die Kennliniensteigung von der idealen Steigung 1 abweicht (Bild 8.48). Er verursacht einen konstanten relativen Fehler im Aussteuerbereich und ist auf Null abgleichbar.

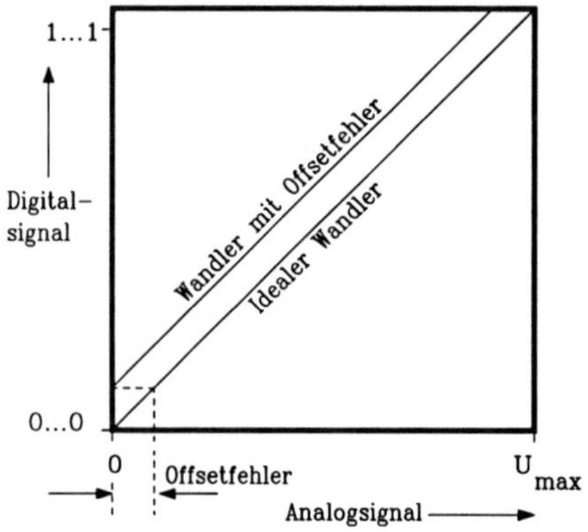

Bild 8.47: Wandlerkennlinie mit Offsetfehler

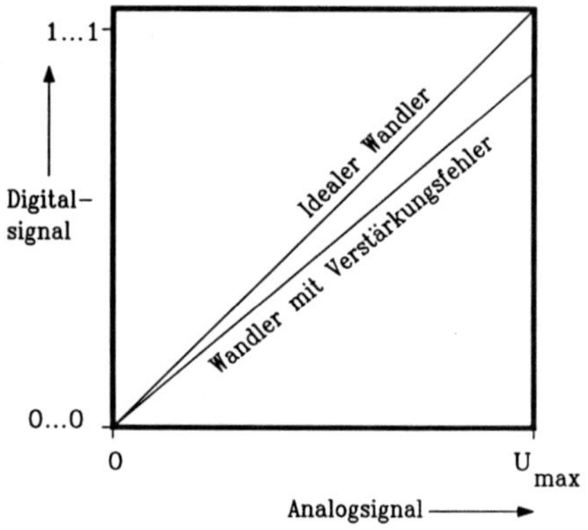

Bild 8.48: Wandlerkennlinie mit Verstärkungsfehler

Die exakte Definition des Verstärkungsfehlers ist die Abweichung der real vorliegenden Spannungsdifferenz zwischen dem ersten Übergangswert bei 0,5 · Q und dem letzten bei U_{max} - 1,5 · Q vom idealen Wert (s. Bild 8.18 in Kap. 8.33).

Die Angabe des Verstärkungsfehlers im Datenblatt erfolgt entweder absolut in LSB oder relativ in % des Aussteuerbereichs. Der Verstärkungsfehler hat einen Temperatur-Koeffizienten, der nur mit großem Aufwand kompensiert werden kann.

8.6.1.4 Die Nichtlinearität

Die Nichtlinearität (Nonlinearity) eines Umsetzers, auch Integrale Nichtlinearität (INL) genannt, entspricht der maximalen Kennlinienabweichung von der Geraden durch die Endpunkte des Diagramms. Nach Abgleich der Offset- und Verstärkungsfehler entspricht sie der max. Abweichung von der idealen Kennlinie (Bild 8.46). Gelegentlich wird allerdings in Datenblättern die Nichtlinearität auch als maximale Abweichung von der bestmöglichen Geraden interpretiert. Dann ist ein Offsetfehler einzustellen, damit die Nichtlinearität den Herstellerangaben entspricht (!).

Der Grund für Nichtlinearitäten sind ungleich große Quantisierungsintervalle. Die Nichtlinearität kann durch mehrere benachbarte Quantisierungsintervalle verursacht werden, welche Abweichungen in gleicher Richtung haben.

Die Angabe der Nichtlinearität erfolgt üblicherweise in Bruchteilen des LSB.

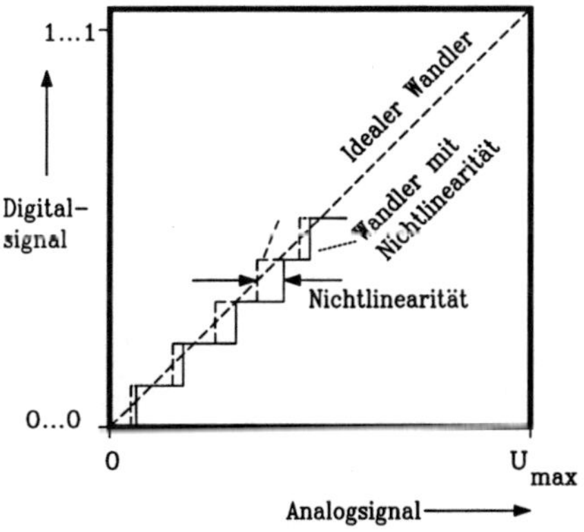

Bild 8.49: Wandlerkennlinie mit integraler Nichtlinearität

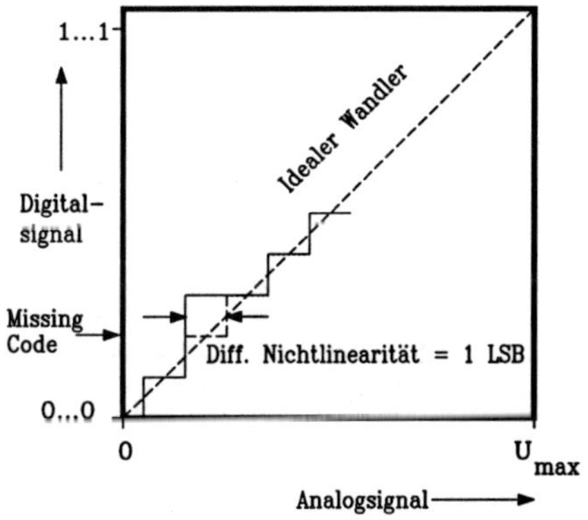

Bild 8.50: Wandlerkennlinie mit differenzieller Nichtlinearität.

8.6.1.5 Die differenzielle Nichtlinearität

Als differenzielle Nichtlinearität (Differential Nonlinearity) bezeichnet man die Abweichung der Breite genau eines Quantisierungsintervalls vom Idealwert Q. Dabei bezieht man sich auf dasjenige Quantisierungsintervall mit der größten Abweichung (Bild 8.49). In der gezeigten Kennlinie fehlt zudem ein Codewort (Missing Code).

Die Angabe im Datenblatt erfolgt üblicherweise in Bruchteilen eines LSB. Ist die Differenzielle Nichtlinearität im Datenblatt z.B. mit ±0,5 LSB angegeben, müssen alle Quantisierungsintervalle im Bereich 1 LSB ± 0,5 LSB liegen. Eine Sonderform der differenziellen Nichtlinearität liegt vor, wenn einzelne Codeworte fehlen (Missing Code). In diesem Falle beträgt sie ≥ 1 LSB.

8.6.1.6
Der Monotoniefehler

Ein Wandler hält die Monotonität (Monotonicity) ein, wenn die Wandlerkennlinie für steigende Eingangswerte stufenweise monoton ansteigt.

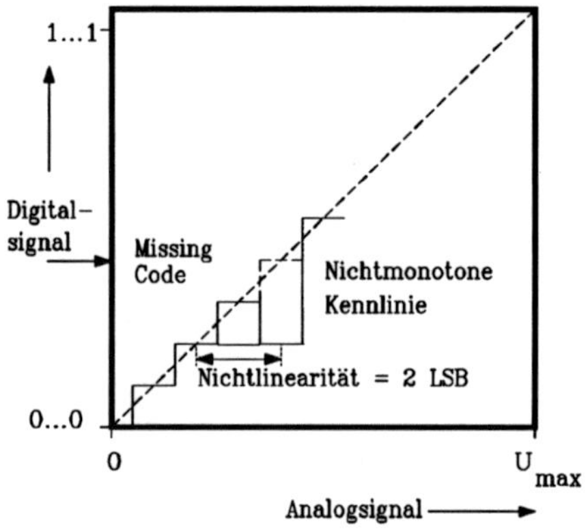

Bild 8.51: Wandlerkennlinie mit Monotoniefehler

Hinreichende Bedingung für Monotonität ist, dass die Nichtlinearität < 2 LSB bleibt. Eine Kennlinie, die diese Bedingung nicht einhält, ist in Bild 8.51 gezeigt.

8.6.1.7
Die Betriebsspannungsabhängigkeit der Wandlerparameter

Die Ausgangsgrößen von Wandlern sind auch von der Betriebsspannung abhängig. In den Datenblättern wird diese Eigenschaft als Power Supply Sensitivity (bzw. Power Supply Rejection) bezeichnet. Die Angabe erfolgt als (prozentuale Änderung der Ausgangsgrößen)/(prozentuale Änderung der Betriebsspannung). In der Regel bezieht sie sich auf Tracking-Netzteile, bei denen die beiden Spannungen unterschiedlicher Polarität sich nur symmetrisch ändern können. Die Verwendung getrennter Netzteile für die pos. und neg. Betriebsspannung wirkt sich in dieser Beziehung nachteilig aus.

8.6.2
Dynamische Fehler

Dynamische Fehler an Wandlern treten auf, wenn diese unter nichtstatischen Bedingungen, insbesondere in der Nähe ihrer maximalen Geschwindigkeit, betrieben werden. Sie lassen sich aus den statischen Fehlerkenndaten in der Regel nicht gewinnen.

Bei ADUs muss dazu das Abtasthalteglied mitberücksichtigt werden (s. Kap. 8.3.2). Ähnliches gilt für Analogverstärker, wie sie am Eingang von ADUs und am Ausgang von DAUs verwendet werden. Sie können die dynamischen Wandlereigenschaften wegen ihrer Einschwingcharakteristik deutlich einschränken.

Die wichtigsten heute weiterhin üblichen Kenndaten zur Beschreibung des dynamischen Verhaltens von ADUs sind der Signal-Rausch-Abstand, die Effektive Auflösung, die Harmonischen Verzerrungen und das Histogramm. Sie werden in den folgenden Kapiteln dargestellt. Ihre Messung erfolgt auf digitaler Ebene mit schnellen Rechnern und bis auf das Histogramm anhand der Fast Fourier-Transformation (FFT), daher werden hierfür keine Präzisions-DAUs benötigt. Eine für DAUs wichtige dynamische Kenngröße ist die Glitchfläche (s. Kap. 8.6.2.5).

8.6.2.1 Die Einschwingzeit

Die Einschwingzeit (Aquisition time) eines DAUs ist die Zeit, die nötig ist, damit sich die Spannung bzw. der Strom bei einem Sprung über den gesamten Aussteuerbereich in einen Toleranzschlauch zurückzieht, der die Breite eines LSB hat und symmetrisch zum stationären Endwert liegt (Bild 8.52).

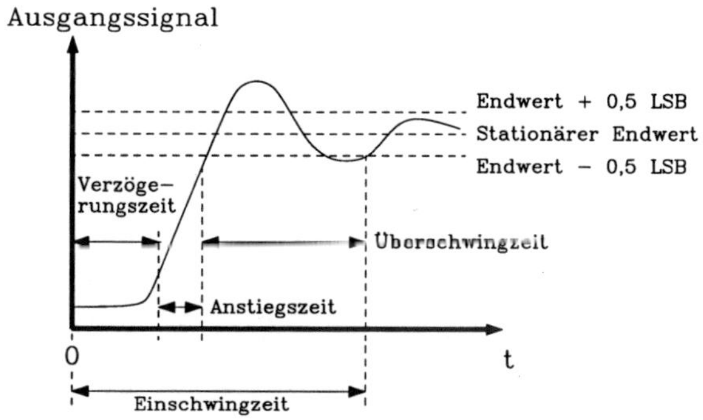

Bild 8.52: Definition der Einschwingzeit (Äquisition time) eines DAU oder Abtast-Haltegliedes. Die Überschwingzeit wird auch als Settling time bezeichnet.

Die Einschwingzeit setzt sich aus Verzögerungs-, Anstiegs- und Überschwingzeit zusammen. Erst nach Verstreichen der Einschwingzeit entsprechen die Messwerte der geforderten Genauigkeit.

8.6.2.2 Der Signal-Rausch-Abstand und die Effektive Auflösung

Das Verhältnis der Leistung eines den ADU vollkommen aussteuernden Sinussignals zur Leistung aller Wechselspannungsanteile außer der Grundwelle, die der ADU liefert, entspricht dem Signal-Rausch-Abstand SNR' (Signal To Noise Ratio), häufig auch als SINAD bezeichnet. Diese Größe, dynamisch häufig bis zur Nyquistgrenze (doppelte Signalgrenzfrequenz) ermittelt, enthält neben den Quantisierungsfehlern weitere Verzerrungen, die durch nichtideales Verhalten der Bauelemente verursacht werden. Der Signal-Rausch-Abstand eines idealen ADUs berücksichtigt nur die Quantisierungsfehler und errechnet sich zu (s. Kap. 8.6.1.1):

$$\mathrm{SNR} = (1{,}76 + 6{,}02 \cdot \mathrm{n})\,\mathrm{dB}$$ *Signal-Rausch-Abstand eines idealen ADUs (*)*

Für einen idealen ADU mit einer Auflösung von n = 12 Bit ergibt sich daraus ein Wert von SNR = 74 dB. Reale Umsetzer liefern kleinere Werte, die darüber hinaus mit steigender Signalfrequenz abnehmen. Die Darstellung dieses über die FFT gemessenen SNR' über der Signalfrequenz wird daher zur Beurteilung der dynamischen Qualität eines ADUs herangezogen.

Benutzt man die gemessenen Werte SNR', setzt sie in die Beziehung (*) ein und stellt diese nach n um, gewinnt man als äquivalentes Qualitätskriterium die Effektive Auflösung n' (Effective Number Of Bits, ENOB) gemäß:

$$\frac{n'}{\mathrm{Bit}} = \frac{\mathrm{SNR}' - 1{,}76}{6{,}02}$$ *Effektive Auflösung n' (ENOB) eines ADUs*

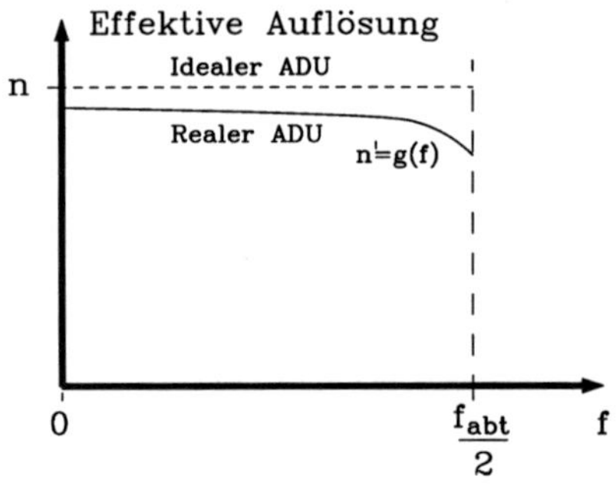

Bild 8.53: Prinzipieller Verlauf der Effektiven Auflösung n' in Bit (ENOB = Effective Number Of Bits) über der Frequenz für einen realen n-Bit-ADU

Ein realer ADU mit der Auflösung von n Bit entspricht also in seinem dynamischen Verhalten einem fiktiven idealen ADU mit der Auflösung von n'< n Bit. Ein typischer Verlauf der Effektiven Auflösung ist in Bild 8.53 dargestellt.

8.6.2.3 Harmonische Verzerrungen

Zur Bestimmung der Harmonischen Verzerrungen (Total Harmonic Distortion, THD) werden in der Literatur bezüglich der Anzahl verwendeter Oberwellen unterschiedliche Definitionen benutzt. Sie reicht von 2 bis zur Gesamtzahl aller messbaren Oberwellen. Die Firma Analog Devices z.B. benutzt 5 Oberwellen, damit ergibt sich:

$$THD = 10 \cdot \log \frac{U_1^2 + U_2^2 + U_3^2 + U_4^2 + U_5^2}{U_0^2} \qquad \textit{Total Harmonic Distortion}$$

Dabei entspricht U_0 dem Effektivwert der Grundwelle und U_i ist der Effektivwert der i-ten Oberwelle.

8.6.2.4
Das Histogramm

Das Histogramm gestattet Aussagen darüber, wie sich bei einem ADU unter dynamischer Belastung Integrale und Differenzielle Nichtlinearitäten verhalten. Dazu wird der ADU mit einem vollaussteuernden Eingangssignal konstanter Verteilungsdichte gespeist und in einem Digitalrechner die Häufigkeitsverteilung der einzelnen Codeworte durch Zählung ermittelt. Wird ein anderes Testsignal (z.B. Sinus) verwendet, kann die Abweichung von einer konstanten Verteilungsdichte rechnerisch kompensiert werden.

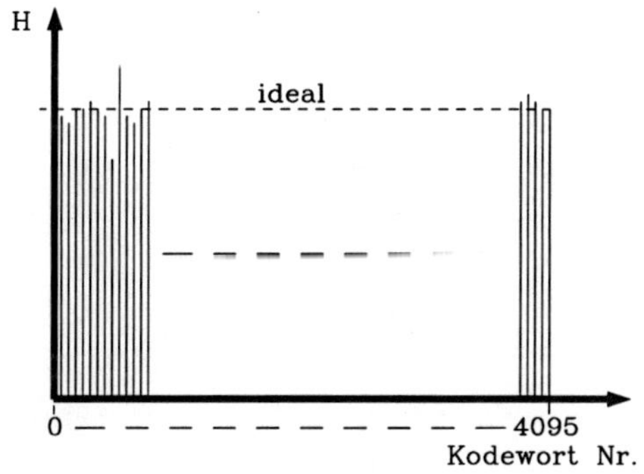

Bild 8.54: Prinzipielle Darstellung eines Histogramms H für einen ADU mit 4096 darstellbaren Stufen, entsprechend 12 Bit

Die grafische Darstellung der relativen Häufigkeiten H über den Codeworten ist das Histogramm (diskrete Verteilungsdichte). Ein Prinzipbeispiel zeigt Bild 8.54.

Für einen in dieser Hinsicht idealen ADU gilt H = konst.. Nichtideale Umsetzer weichen hiervon ab. Zeigt das Histogramm etwa benachbarte Spitzen oder Einbrüche, sind das Hinweise auf Differenzielle Nichtlinearitäten. Fehlt eine Linie völlig, ist das zugehörige Codewort nicht ansprechbar (Missing Code).

8.6.2.5
Glitch-Fläche

Die dynamischen Eigenschaften speziell von DAUs können durch die Einschwingzeit (Settling Time) nicht hinreichend beschrieben werden. Infolge Unzulänglichkeiten der elektronischen Stromschalter können nämlich am Ausgang kurzzeitig sehr hohe Störimpulse, die sog. Glitches, auftreten. Dieses werde an einem Beispiel erläutert:

Der Eingangscode eines 8-Bit-DAU möge sich von 0111 1111 auf 1000 0000 ändern. Alle elektronischen Stromschalter am Leiternetzwerk werden in diesem Falle umgeschaltet. Im Realfall geschieht dieses nicht exakt gleichzeitig. Es werde angenommen, dass der Schalter für das MSB schneller als alle anderen schaltet. Dann wird kurzzeitig der Zwischencode 1111 1111 angenommen. Dieses führt am Ausgang zu einem Störimpuls, dessen Höhe dem halben Aussteuerbereich nahekommt, obwohl der Wert sich eigentlich nur um 1 LSB ändern soll.

Im Datenblatt wird diese Größe durch das Integral über die Glitchfunktion, also die Glitchfläche, z.B. in der Einheit nVs bei spezifiziertem Messmodus angegeben. Dieser Wert sollte möglichst klein sein.

Einige Hersteller (Siemens, SDA 8005) sehen einstellbare Korrekturschaltungen zur Minimierung der Glitchfläche vor. Glitches können auch vermieden werden, indem der Ausgang des DAUs nach Abklingen der Einschwingvorgänge durch Track and Hold-Glieder abgetastet und bis zur nächsten Umsetzung konstant gehalten wird. Teilweise sind derartige Deglitch-Einrichtungen bereits in den DAUs enthalten (z.B.: AD7546, Analog Devices). Allerdings vergrößert sich dadurch die Gesamteinschwingzeit des Umsetzers.

8.7
Betrieb von Analog-Digital-Umsetzern

Prinzipiell existieren zwei Gruppen von AD- und DA-Umsetzern:

1) Universalbausteine ohne speziell zugeschnittenes Steuersignalschema und
2) Bausteine mit Mikroprozessor-Interface, die direkt zum Anschluss an ein Mikroprozessor-Bussystem ausgerüstet sind.

In den folgenden Kapiteln wird der Betrieb je eines ADU-Exemplars beider Gruppen dargestellt. Bezüglich des Betriebs von DAU wird auf die Literatur verwiesen.

8.7.1
Betrieb von Universal-Analog-Digital-Umsetzern

Als Beispiel für den Anschluss und den Betrieb eines Universal-ADUs werde der Typ AD571 (Analog Devices) herangezogen. Dieses ist ein 10-Bit-ADU mit sukzessiver Approximation (s. Kap. 8.4.2.1) und der Umsetzzeit von 40 μs. Er ist in einem 18-poligen DIL-Gehäuse untergebracht, wie Bild 8.55 zeigt.

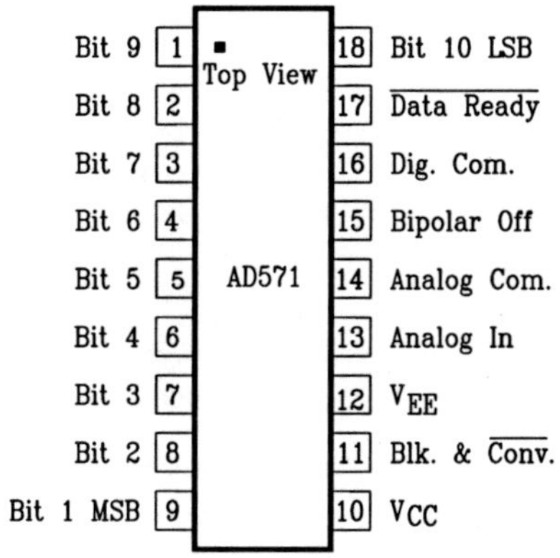

Bild 8.55: Anschlüsse des ADUs AD571

Zur Steuerung des Bausteins sind hauptsächlich zwei Anschlüsse vorgesehen:

1) Blank&¬Convert (B&¬C). Liegt dieser Eingang auf H-Pegel, ist das Ausgangsregister gelöscht und die Bitanschlüsse sind hochohmig. Legt man den Pegel auf L, beginnt ein Umsetzzyklus. Andere Hersteller bezeichnen einen ähnlich wirkenden Steuereingang auch als "¬Start Conversion" (¬STC).

2) ¬Data Ready. Dieses ist ein Ausgang. Er geht nach Beendigung der Umsetzzeit auf L-Pegel und signalisiert damit, dass gültige Daten an den Bitanschlüssen verfügbar sind. 1,5 µs nach erneutem Setzen des B & ¬C-Eingangs geht ¬Data Ready auf H-Pegel und das heißt "Data Not Ready". Bei ADUs anderer Hersteller wird ein entsprechender Steuerausgang auch mit "Busy" bezeichnet.

Das zeitliche Zusammenspiel beider Steuersignale bei einer Sequenz von Umsetzzyklen ist in Bild 8.56 gezeigt.

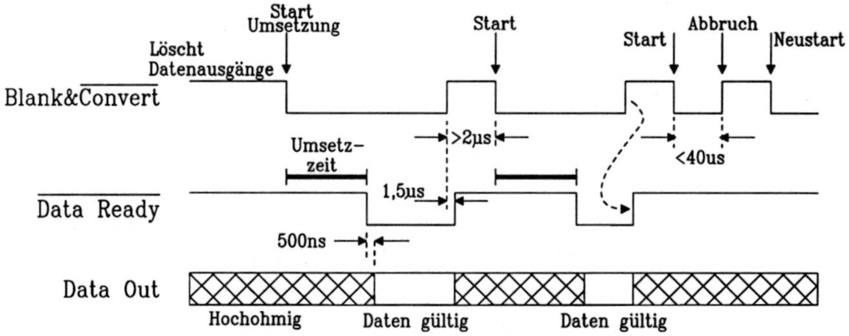

Bild 8.56: Das Zusammenspiel der beiden Steuersignale B & ¬C (¬Blank & Convert) und ¬DR (¬Data Ready) bei einer Sequenz von Umsetzzyklen

Mit B&¬C = 1 und ¬DR = 1 befindet sich der ADU im Wartezustand (Stand By). Durch den Übergang auf B&¬C = 0 wird ein Umsetzzyklus eingeleitet. Nach Ablauf der Umsetzzeit wird ¬DR = 0, danach sind die gewandelten Daten an den Bitausgängen niederohmig verfügbar. B&¬C = 1 beendet den Umsetzzyklus. Nach 1,5µs geht ¬DR auf 1 und zeigt damit erneut den Stand By-Zustand an, d. h. es sind keine gültigen Daten verfügbar und die Datenausgänge sind hochohmig. Wird vor Abschluss einer laufenden Umsetzung mittels B&¬C = 1 das Ausgangsregister gelöscht, wird der Umsetzvorgang abgebrochen und dieses durch ¬DR = 1 angezeigt. Die beiden Steuersignale sind für zwei verschiedene Betriebsarten nutzbar:

Convert Pulse Mode: In dieser Betriebsart stehen die Ausgangsdaten ständig zur Verfügung, ausgenommen während der Umsetzzeiten. Der B&¬C-Anschluss befindet sich normalerweise auf 0 und Umsetzungen werden jeweils mittels eines (kurzen) Impulses aktiviert, wie Bild 8.57 zeigt.

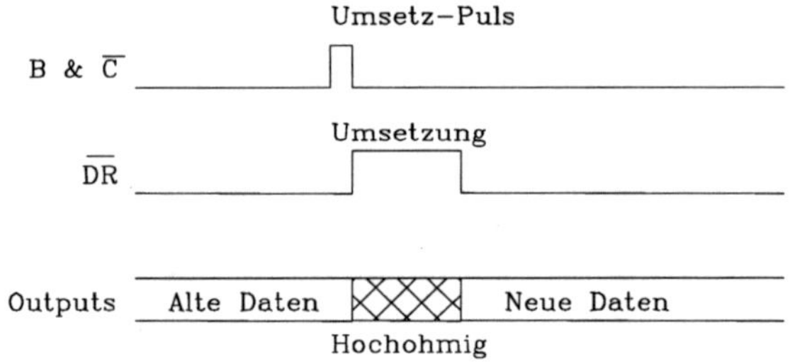

Bild 8.57: Steuersignale des ADU AD571 in der Betriebsart "Convert Pulse Mode"

Multiplex Mode: In dieser Betriebsart sind die Datenausgänge normalerweise hochohmig, ausgenommen der ADU wird zur Umsetzung aktiviert und die Daten ausgelesen (Bild 8.58). Dieser Modus eignet sich besonders für den Betriebsfall, wo mehrere ADU an einem gemeinsamen Datenleitungssystem (Bus) arbeiten. Werden die Umsetzer einzeln z.B. in zyklischer Reihenfolge aktiviert, während alle anderen hochohmig sind, handelt es sich um ein Datenmultiplex-System.

8.7.2 Betrieb von Analog-Digital-Umsetzern mit Mikroprozessor-Interface

Als Beispiel für einen ADU mit Mikroprozessor-Interface soll im Folgenden der Baustein AD7821 (Analog Devices) betrachtet werden. Es handelt sich dabei um den bereits in Kap. 8.4.4.1 beschriebenen Umsetzer nach dem erweiterten Parallelverfahren (Half Flash), mit einer Auflösung von 8 Bit und einer Umsetzzeit von 0,66 µs. Sein Anschlussschema ist in Bild 8.59 dargestellt.

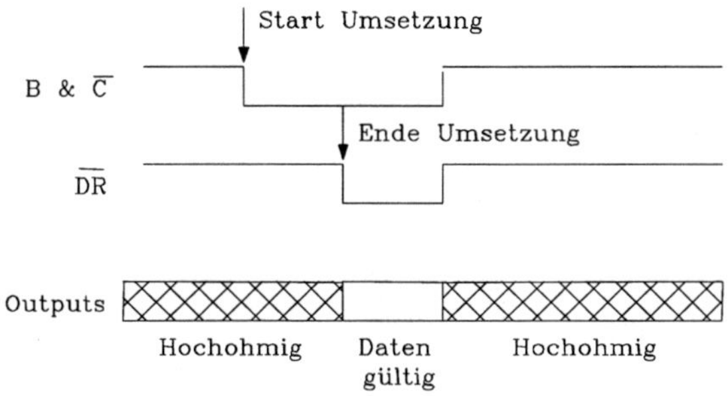

Bild 8.58: Steuersignale des ADUs AD571 in der Betriebsart "Multiplex Mode"

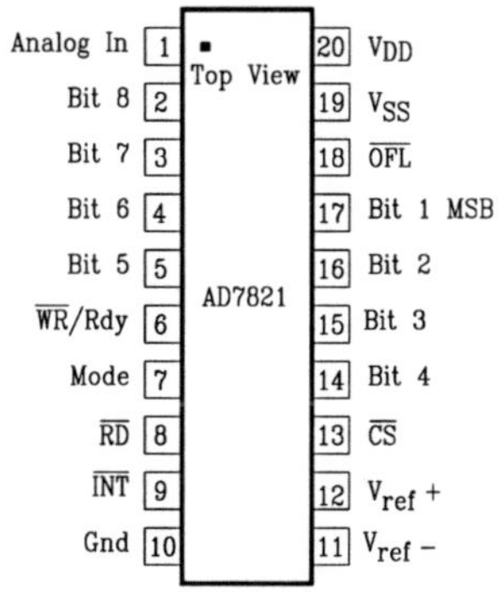

Bild 8.59: Anschlussbelegung des Half-Flash-ADUs AD7821 mit der Auflösung von 8 Bit

Der Baustein AD7821 hat zwei Betriebsarten, die durch den Pegel am Anschluss "Mode" gewählt werden können:

1) RD Mode (Mode = 0): Diese Betriebsart ist für den Anschluss an Mikroprozessoren bestimmt, die in Lesezyklen Wartezustände (Wait States) zulassen (Bild 8.60).

Ein Umsetzzyklus wird eingeleitet durch ¬CS = 0 und ¬RD = 0. Das entspricht einem Lesezugriff des Mikroprozessors. In dieser Betriebsart des ADU arbeitet Pin 6 als Statusausgang RDY, der mit einem externen Pull Up-Widerstand beschaltet sein muss und mit dem Ready-Eingang des Mikroprozessors verbunden wird. Nach der fallenden Flanke am Anschluss ¬CS geht RDY auf 0 und veranlasst damit den Prozessor, Wartezyklen einzuschieben. Nach Ablauf der Umsetzdauer t_U geht RDY in den hochohmigen Zustand und wegen des Pull Up-Widerstands auf 1. Zu diesem Zeitpunkt stehen gültige Daten am Ausgang des ADUs, die nun vom Prozessor mittels des begonnenen Lesezyklus eingelesen werden. Diese Betriebsart entspricht, vom Prozessor aus gesehen, dem Lesen eines Datenspeichers mit großer Zugriffszeit.

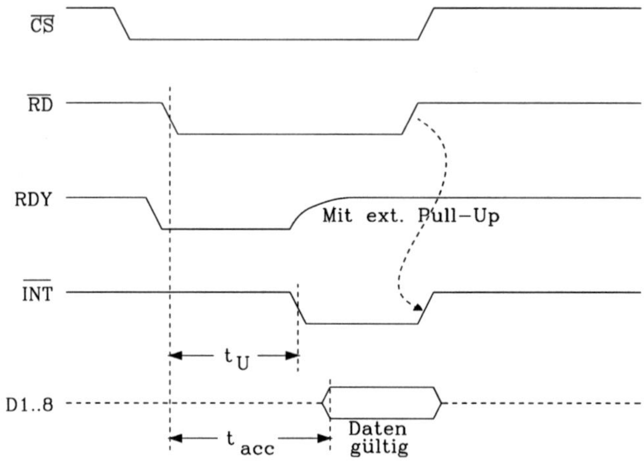

Bild 8.60: Zusammenwirken der Steuersignale beim ADU AD7821 bei einem Umsetzzyklus nach dem RD Mode

Eine weitere Möglichkeit der Datenübernahme durch den Prozessor ist in diesem Mode durch den Interrupt-Ausgang ¬INT des ADUs gegeben. Für diesen gilt normalerweise solange ¬INT = 1, bis die Umsetzdauer abgelaufen ist, und anschließend geht er auf 0. Damit kann am Prozessor ein Interrupt ausgelöst werden, der zum Einlesen des Datenwortes genutzt wird.

2) WR-RD Mode (Mode = 1): In dieser Betriebsart arbeitet Pin 6 als ¬WR (¬Write) (Bild 8.61)

Falls ¬CS = 0 gilt, beginnt die Umsetzung mit der fallenden Flanke an ¬WR. Diese wird bewirkt durch einen Schreibbefehl des Prozessors an die ADU-Adresse. Der begonnene Umsetzprozess endet mit fallender Flanke an ¬INT. Zu diesem Zeitpunkt stehen gültige Daten im Ausgangspuffer des ADUs, der Ausgang ist aber noch hochohmig. Falls der Prozessor in einer Interruptservice-Routine eine Leseoperation zur Übernahme der Daten durchführt, wird mit fallender Flanke an ¬RD der ADU-Ausgang niederohmig. Der Interrupt wird mit steigender Flanke an ¬RD oder ¬CS zurückgenommen und der ADU-Ausgang wieder hochohmig geschaltet.

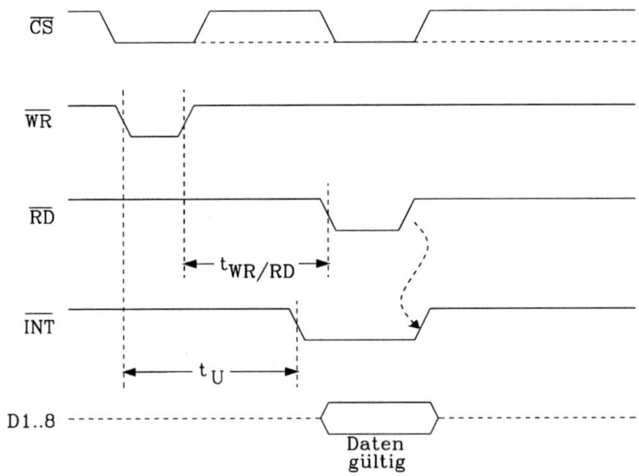

Bild 8.61: Zusammenwirken der Steuersignale beim ADU AD7821 bei einem Umsetzzyklus nach dem WR-RD Mode

Während der Zeit $t_{WR/RD}$ kann der Prozessor infolge der verwendeten Interrupt-Technik andere Aufgaben bearbeiten.

Der Umsetzer AD7821 kann im Zusammenwirken mit einigen Zusatzbausteinen an unterschiedliche Mikroprozessor-Bussysteme angeschlossen werden. In Bild 8.62 ist beispielsweise ein Anschluss an den Prozessor 8088 gezeigt.

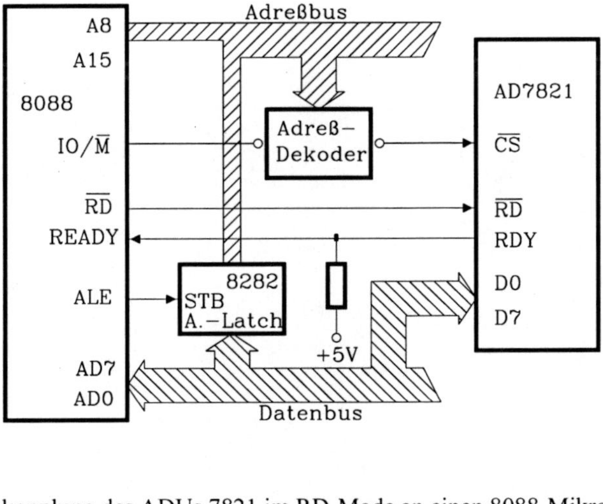

Bild 8.62: Ankopplung des ADUs 7821 im RD-Mode an einen 8088-Mikroprozessorbus

Der ADU arbeitet hier im RD-Interface-Mode. Seine Datenausgänge sind an den Datenbus angeschlossen. Eine Leseoperation des Mikroprozessors, z.B. mittels des Befehls MOV AX,adr unter der ADU-Adresse adr startet den Umsetzzyklus. Der Lesezyklus des Prozessors wird mittels Steuerung über RDY-->Ready durch Einschieben von Wartezyklen solange ausgedehnt, bis die Umsetzung beendet ist. Anschließend wird der Lesezyklus durch Einlesen des gewandelten Datenbytes in das Register AX beendet.

Literatur zu Kapitel 8: [5, 6, 7, 8, 13, 14, 19, 25, 48, 49, 55, 71, 74, 75, 76, 77, 80, 85, 88, 108, 113, 129]

9 Mikroprozessoren und Mikrocontroller

Mikroprozessoren und Mikrocontroller sind hochintegrierte Halbleiterschaltungen, mit denen leistungsfähige Mikrorechner aufgebaut werden können. Sie erobern sich ständig neue Anwendungsgebiete in der gesamten Technik, da sie infolge der Programmierbarkeit sehr flexibel unterschiedlichen Aufgaben angepasst werden können.

Neben einigen Grundlagen soll in den folgenden Kapiteln ein 8-Bit-Mikroprozessor in Kurzform und ein Mikrocontroller aus der 8-Bit-Familie hard- und softwaremäßig ausführlich beschrieben werden.

9.1 Grundlagen der Mikroprozessortechnik

Die Entwicklung von Mikroprozessoren wurde ermöglicht durch den raschen Fortschritt in der Technologie zur Herstellung hochintegrierter Halbleiterschaltkreise, deren Grundlage 1958 durch die Realisierung der ersten integrierten Schaltungen gelegt war.

Zunächst war jedoch nicht beabsichtigt, vollwertige Rechner soweit zu miniaturisieren, dass sie auf wenigen Halbleiter-Chips Platz fanden. Vielmehr ließ die fortschreitende Integrationsdichte den Wunsch aufkommen, der zunehmenden Spezialisierung immer komplexer werdender anwenderspezifischer Halbleiterschaltungen durch Standardisierung des Schaltungskonzeptes zu begegnen. Diese Maßnahme versprach wegen der erwarteten großen Stückzahlen rentable hochintegrierte Standard-Schaltungen, die sich durch Programme den jeweiligen Aufgaben anpassen ließen.

Die Realisierung dieses Konzeptes gelang erstmalig der Firma Intel, die nach zweijähriger Entwicklungszeit Ende 1971 einen monolithischen "Universal-Informations-Prozessor" auf den Markt brachte, der aus vier Chips bestand:

1. Zentral-Prozessor (Central Processing Unit, CPU)
2. Programmspeicher (Read Only Memory, ROM)
3. Datenspeicher (Random Access Memory, RAM)
4. Schieberegister als schneller Zwischenspeicher

Der Zentral-Prozessor erhielt den Namen: *Mikroprozessor*.

Dieser erste Mikroprozessor (4004) enthielt ca. 2.300 Transistoren, sowie 45 Befehle und war der Auftakt einer stürmischen Entwicklung, die bis heute andauert. Sie verläuft exponenziell steigend und ist in Bild 9.1 anhand der Komplexität der aufeinanderfolgenden Mikroprozessortypen dargestellt.

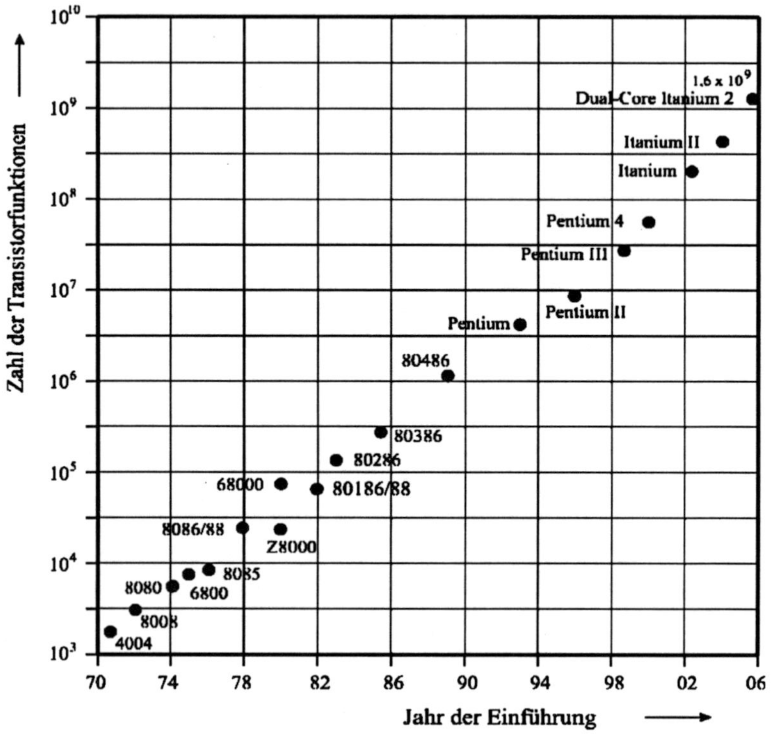

Bild 9.1: Entwicklung der Komplexität einiger Mikroprozessoren

Mikroprozessoren sind hochintegrierte Standardschaltungen und daher in immer höheren Stückzahlen immer billiger produzierbar. Sie lassen sich durch spezielle Anwenderprogramme vielen Aufgaben flexibel anpassen. Sie bestehen aus einem oder mehreren Chips und arbeiten normalerweise mit anderen Bausteinen zusammen, etwa Speichern, Interfacebausteinen, DMA-Controllern und Analog-Digital-Umsetzern. Die gesamte funktionsfähige Einheit wird dann als Mikrocomputer oder Mikrorechner bezeichnet.

Heute sind Mikrocomputer bereits in Leistungsbereiche ehemaliger Großrechner vorgedrungen. Andererseits werden sie häufig in kleinen Systemen für spezielle Aufgaben in der Daten-, Nachrichten-, Mess- und Automatisierungstechnik verwendet. Hiermit hat sich der Wandel von der festverdrahteten Logik anwenderspezifischer Bauelemente zur programmierbaren Logik vollzogen.

Mit Einführung des Mikroprozessors gewann daher die Entwicklung von Software an Bedeutung (Software-Engeneering). Dieser Trend hat das Tätigkeitsfeld des Entwicklungsingenieurs zunehmend von der Hardware zur Software verlagert.

Für speziellere technische Anwendungen wurden neben Standard-Mikroprozessoren andere Prozessortypen entwickelt, wie etwa:

1. *Mikrocontroller.* Sie enthalten einen funktionsfähigen Mikrocomputer, samt Speicher und Interfaceeinheiten, teilweise sogar Analog/Digitalumsetzer (ADU) auf einem Chip und werden vorwiegend für Steuerungsaufgaben eingesetzt.
2. *Signalprozessoren.* Sie sind spezialisiert auf die sehr schnelle Ausführung von Multiplikationen, Additionen und Schiebeoperationen und eignen sich daher insbesondere für Aufgaben in der digitalen Signalverarbeitung. Beispiele hierfür sind die digitale Filterung oder die Fast Fourier Transformation (FFT).

9.2 Anwendungsbereiche und Trends

Anwendungsgebiete für Mikrocomputer existieren heute nahezu überall in der Technik. Einige Beispiele sind:

- Datenverarbeitung
- Nachrichten-, Kommunikationstechnik
- Mess-, Steuer- und Automatisierungstechnik
- Flug- und Raumfahrttechnik
- Medizintechnik
- Fahrzeug- und Konsumelektronik

Bei der Weiterentwicklung hochintegrierter Schaltkreise und daher auch bei Mikroprozessoren zeichnen sich gewisse Trends ab:

- *Steigerung der Integrationsdichte.* G. Moore formulierte 1965 eine Gesetzmäßigkeit, nach der die technisch erreichbare Integrationsdichte exponenziell wächst, da sie sich jedes Jahr etwa verdoppelt, d.h. in zehn Jahren vertausendfacht. Dabei handelt es sich nicht um ein Naturgesetz, sondern um eine durch empirische Beobachtung entdeckte Regel, die auf planerischen Vorgaben der Halbleiterindustrie, der sog. Roadmap, beruht. Diese Roadmap ist ein Generalplan, der -in zeitlichen Intervallen aktualisiert- auch heute noch die Entwicklungsziele der Halbleiterindustrie vorgibt. Das Moore`sche Gesetz gilt weiterhin, ist aber auf eine Verdoppelung der Integrationsdichte in etwa 1,6 Jahren gesunken.
- *Steigerung der Arbeitsgeschwindigkeit.*
- *Senkung des Leistungsverbrauchs.* Die beiden letztgenannten Trends widersprechen sich aus technischer Sicht.

Die Steigerung der erreichten Integrationsdichte ist in Bild 9.2 dargestellt. Die Gültigkeit des Moore´schen Gesetzes ist erkennbar.

Eine Steigerung der Schaltgeschwindigkeit in hochintegrierten Schaltungen konnte erreicht werden durch:

- Fortentwicklung der Herstellverfahren und Schaltungstypen, wie PMOS, NMOS, CMOS und I^2L als auch durch
- Verkleinerung der Schaltungsstrukturen und damit der parasitären Schaltelemente ($du/dt = I/C$).

Beispielsweise bewirkte der Übergang von der Al- zur Si-Gate-Technologie einen Geschwindigkeitszuwachs um den Faktor 2...3. Bei der Al-Gate-Technologie war nämlich eine Überlappung der Gatewannenmaske über die Diffusionsgebiete als Justiertoleranz erforderlich. Dadurch wurden neben einem langen Kanal zusätzliche Kapazitäten zwischen Gate und Source-Drain verursacht. Die Si-Gate-Technologie ermöglicht dagegen eine selbstjustierende Diffusion von Drain und Source mit polykristallinem Si-Gate als Maske. Dabei wird die Ionenimplantation angewandt. Neben höherer Geschwindigkeit der Bauelemente konnte dadurch auch die Integrationsdichte um ca. 30% gesteigert werden. Weiterhin erbringt der Übergang von der P-MOS- zur N-MOS-Technologie einen Geschwindigkeitszuwachs um den Faktor 3, wegen der dreifach höheren Beweglichkeit der Ladungsträger im N-Kanal.

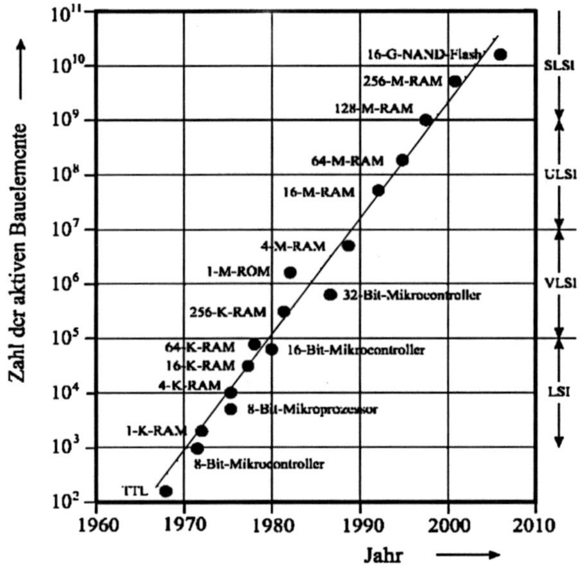

Bild 9.2: Zeitliche Entwicklung der Integrationsdichte bei digitalen Halbleiterschaltungen

Hinsichtlich der weiteren Steigerung des Integrationsgrades sind heute im Wesentlichen drei Grenzen erkennbar:

1. *Physikalische Grenzen*: Abmessungen von Halbleiterstrukturen lassen sich nicht beliebig verkleinern, z.B. haben PN-Übergänge für bestimmte Spannungen bestimmte Mindestabmessungen.
   Weiterhin sind die bei Schaltvorgängen transportierten Energiemengen in digitalen Schaltungen in den vergangenen Jahren immer weiter reduziert worden. Als unterste denkbare Grenze hat hier ein Elektron zu gelten, das die thermische Energiebarriere 1 kT (ca. 0,25 eV bei Zimmertemp.) überschreitet. Wird diesbezüglich die gegenwärtige Entwicklung in die Zukunft extrapoliert, so würde diese Grenze etwa im Jahre 2020 erreicht.

Die Firmen Intel und Xilinx produzierten Anfang 2006 bereits mit der 65 nm – Technologie. Bei Strukturgrößen von < 50 nm sind jedoch fundamentale Probleme der Bauelementephysik zu erwarten. Beispielsweise wird der MOSFET an physikalische Grenzen stoßen, weil Fluktuationen der Dotierstoff-Verteilung im Kanal und quantenmechanische Tunneleffekte im Gate-Oxid auftreten. Es wird erwartet, dass sich Device- und Technologieprobleme nicht mehr durch einfaches "down scaling" lösen lassen, sondern nur durch neue innovative Ansätze bei der Prozess-, Bauelemente- und Schaltungsarchitektur.

Ein internationaler Verbund von Mikroelektronikherstellern hat im Jahre 2004 mit der "International Technology Roadmap for Semiconducters" das Ziel formuliert, die Strukturbreiten z.B. bei DRAMs bis zum Jahr 2011 auf 40 nm und bis 2018 auf 18 nm zu reduzieren.

Ein anderer Speichertyp, der Phase-Change-Speicher, der z. Zt. gemeinsam von den Firmen IBM, Macronix und Qimoda entwickelt wird, soll auf Grund neuartiger Funktionsweise noch bis zu einer Strukturgröße von 22 nm einsetzbar sein .

Als weiteres Beispiel hierfür können auch aktuelle Forschungen an "Single Electron Transistors (SET)" genannt werden, die in Kombination mit konventionellen CMOS-Transistoren logische Funktionen mit bis herunter zu einer Elementarladung ausführen können sollen.

Ein anderer Ansatz zur Reduzierung des effektiven Flächenbedarfs einer Speicherzelle, etwa in einem Flashspeicher, besteht darin, im Floating Gate mehrere unterscheidbare Ladungsmengen abspeichern und wiedererkennen zu können. Speicherzellen dieser Art existieren als "Multi-Level-Cells" in den sog. "Mirror-Bit"-Speichern.

2. *Ökonomische Grenzen:* Die Praxis zeigt, dass der finanzielle Aufwand zur Entwicklung und Herstellung von hochintegrierten Halbleiterschaltkreisen ebenfalls exponenziell -und sogar schneller als die Integrationsdichte- wächst. Daher wird ein weiteres Wachstum durch das jeweils verfügbare Kapital begrenzt .
3. *Grenzen in der Softwareentwicklung*: Die künftig bei gleichbleibendem Wachstum des Integrationsgrades verfügbaren höchstintegrierten Schaltungen müssen in neuartige, bisher unbekannte Architekturkonzepte eingebettet werden. Hierfür könnten z.B. Erkenntnisse aus der Biologie herangezogen werden. Die dafür erforderliche hochkomplexe Software droht jedoch zu einem Engpass zu werden.

Insgesamt rechnet man z. Zt. noch mit Steigerungen der Integrationsdichte in den nächsten 15 bis 20 Jahren.

9.3 Die Struktur eines Mikrorechners

Ausgangspunkt für moderne Rechnerkonzepte und damit auch für den Mikroprozessor ist der "Von Neumannsche Universalrechenautomat" (Burks, Goldstine, v. Neumann, 1947), der im Bild 9.3 dargestellt ist. Der Rechner ist räumlich und logisch in Teile zerlegt [66]:

- Steuerwerk, das den Programmablauf steuert
- Rechenwerk, in dem arithmetische und logische Verknüpfungen durchgeführt werden (Arithmetic Logic Unit, ALU)

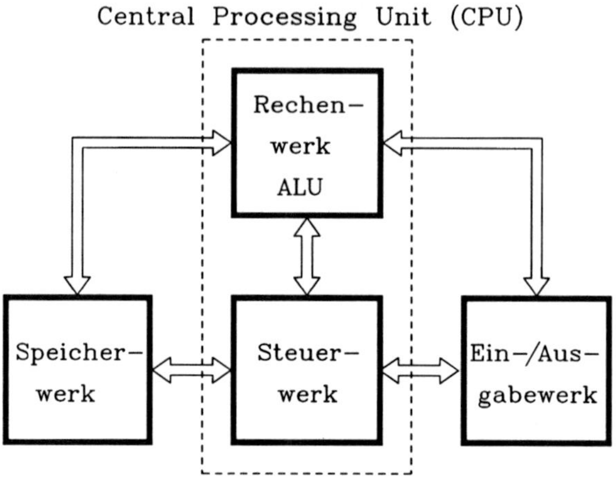

Bild 9.3: Blockschaltbild des Von-Neumann-Universalrechenautomaten

- Speicherwerk, in dem Programme und Daten abgespeichert werden
- Ein-/Ausgabewerk für die Kommunikation zwischen Rechner und Benutzer
- System von Verbindungsleitungen, die nicht im Einzelnen spezifiziert sind.

Weitere Merkmale der Von-Neumann-Struktur sind:

- Der Rechner ist in seiner Struktur unabhängig von den zu bearbeitenden Problemen. Jedes Problem wird durch eine spezielle Bearbeitungsvorschrift, nämlich das Programm, gelöst. Dieses ist in einem Speicher – in der Regel in einem Festwertspeicher (z.B. ROM, EPROM) – vorgegeben.

- Programme und Daten werden im Speicher abgelegt. Damit jede Information eindeutig erreichbar ist, erhält jeder Speicherplatz eine Adresse, über die auf den Inhalt zugegriffen werden kann.

- Befehle eines Programms werden i.a. aus aufeinanderfolgenden Speicherplätzen geholt und abgearbeitet. Eine Ausnahme bilden Sprung- und Verzweigungsbefehle. Jeder Befehl besteht aus zwei Teilen. Der erste ist der Operations- und der weitere ist der Operandenteil. Der Operator bestimmt, was zu tun ist, z.B. arithmetische Operation oder Ausführung eines Sprungs, während der Operand Informationen darüber enthält, wo sich die zu verarbeitenden Zahlenwerte befinden. Die Befehle sind als Bitkombinationen verschlüsselt.

Im Bild 9.4 ist eine Minimalkonfiguration eines gebräuchlichen Mikrocomputersystems dargestellt. Es finden sich alle Blöcke der Von-Neumann-Struktur wieder:

- *Speicherwerk:* RAM und ROM
- *Steuer- und Rechenwerk:* CPU, sie enthält Mikroprozessor und Taktzentrale
- *Ein-/Ausgabeeinheit:* E/A-Einheit, E/A-Interface

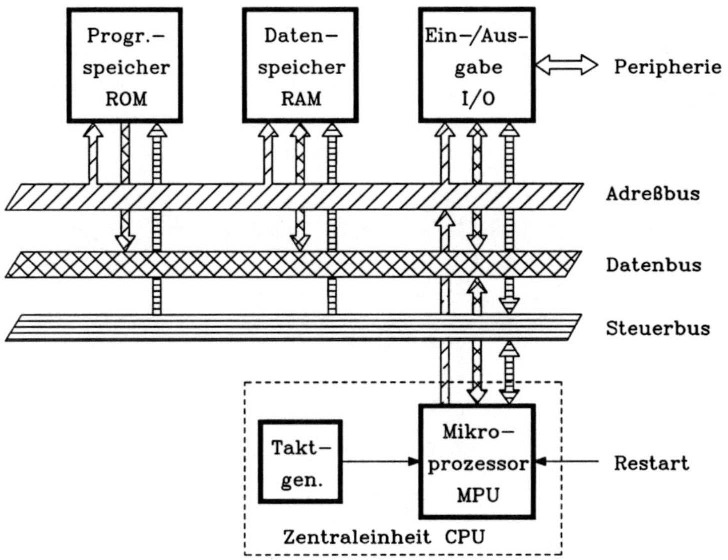

Bild 9.4: Minimalkonfiguration eines Mikrocomputers

Ein wesentlicher Unterschied zur Von-Neumann-Architektur ist, dass alle Funktionsblöcke des Mikrocomputers über ein Bussystem miteinander verknüpft sind: *Ein Bus ist eine Datensammelschiene.*

Die hierfür benutzte Technik beruht auf der Three-State-Fähigkeit moderner Digitalbausteine. Das Bussystem ist gewissermaßen das Rückgrat des Computers und besteht aus drei Teilen:

- *Adressbus.* Über diesen überträgt der Mikroprozessor die Adressen von Speicherplätzen oder Ein-/Ausgabekanälen, auf die zugegriffen werden soll. Daher arbeitet der Adressbus stets unidirektional, und der Mikroprozessor fungiert als Sender. Für 8-Bit-Mikrocomputer umfasst der Adressbus 16 Leitungen, entsprechend einem Adressbereich von 64 KByte und für 16-Bit-Mikrocomputer 20-24 Leitungen mit einem Adressbereich von 1-16 MByte.
- *Datenbus.* Dieser kann Daten vom Mikroprozessor zu den Speicher- oder Ein-/Ausgabebausteinen oder auch in umgekehrter Richtung übertragen, arbeitet also bidirektional. Der Datenbus umfasst 8 Leitungen bei 8-Bit- und 16 Leitungen bei 16-Bit-Prozessoren.
- *Steuerbus.* Er führt Steuersignale zur Koordinierung der Funktionen der einzelnen Mikrocomputerkomponenten. Seine Breite und die Bedeutung der Steuersignale hängen vom Steuerkonzept der verschiedenen Mikroprozessortypen ab und sind unterschiedlich.

Die Abarbeitung eines Befehls geschieht in mehreren Schritten und zunächst grob dargestellt folgendermaßen: Der Mikroprozessor legt die Adresse, unter der der abzuarbeitende Befehl im Programmspeicher (ROM) liegt, auf den Adressbus und liest über den Datenbus ein einzelnes oder nacheinander mehrere Bitmuster ein, welche den Befehl repräsentieren. Im Prozessor wird das erste Bitmuster des Befehls (Operationsteil) entschlüsselt, und anschließend werden alle erforderlichen Teiloperationen ausgeführt, z.B. die arithmetische Verknüpfung von Zahlenwerten und das Speichern des Ergebnisses in den Datenspeicher. Der später näher beschriebene Mikroprozessor 8085 basiert auf der Von-Neumann-Architektur.

Hinsichtlich der Verarbeitungsgeschwindigkeit wird hier ein Nachteil der betrachteten Computerarchitektur deutlich. Über den Datenbus werden nacheinander (byteseriell) sowohl Befehle als auch Daten transportiert. Der Datenbus ist daher ein Engpass, der die Verarbeitungsgeschwindigkeit begrenzt.

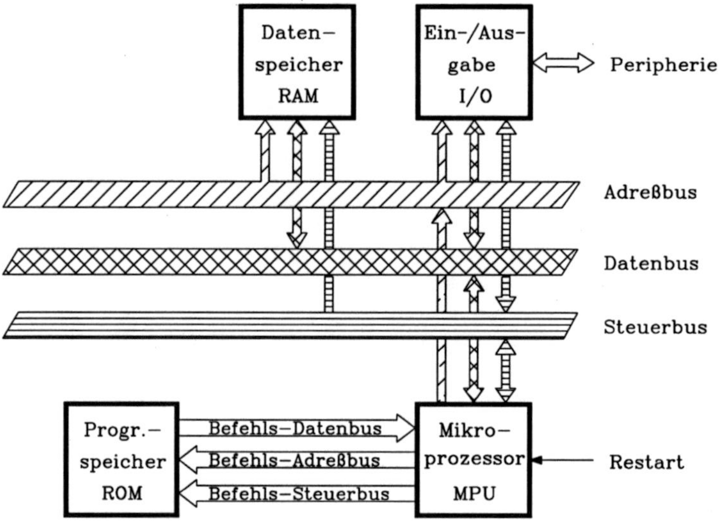

Bild 9.5: Konfiguration eines Mikrocomputers mit Harvard-Architektur

Abweichend vom Von-Neumann-Konzept wurden daher auch andere Architekturen entwickelt, die diesen Nachteil umgehen. Ein Beispiel dafür ist die Harvard-Architektur (Bild 9.5). Hierbei sind zwei getrennte Bus-Systeme vorgesehen, die u. U. auch parallel arbeiten können. Eines verbindet den Programmspeicher (ROM) direkt mit dem Mikroprozessor, und das andere überträgt die Daten zwischen Prozessor sowie den Speicher- und Ein-/Ausgabeeinheiten.

Die Entwicklung der Mikroprozessoren tendiert ausgehend vom ersten Prozessor 4004 mit einer Datenwortbreite von 4 Bit über 8 Bit und 16 Bit zu 32 Bit. Zusätzlich konnten die Arbeitstaktfrequenzen und damit insgesamt die Leistungsfähigkeit der Mikroprozessoren um ein Vielfaches gesteigert werden.

Einen Überblick über die Entwicklung der Mikroprozessortechnik anhand der Typenspektren einiger verbreiteter Prozessoren gibt die Tab. 9.1. Die mit "*" gekennzeichneten Prozessoren arbeiten intern mit 16 Bit, kommunizieren aber mit ihrer Umgebung über einen 8-Bit-Datenbus. Vorteilhaft ist hierbei die hohe interne Leistungsfähigkeit. Trotzdem können diese Prozessoren mit den weiteren preisgünstigen Bausteinen eines 8-Bit-Systems zusammenarbeiten.

Tab. 9.1: Typenspektrum einiger verbreiteter Mikroprozessorfamilien. Die Abkürzung "DC" bedeutet "Dual Core".

Datenwort-breite	Taktfrequenz max. in MHz	Hersteller und Prozessortyp		
		Intel	Zilog	Motorola
4Bit		4004	-	-
8Bit		8008		
"		8080	Z80	6800
"	5	8085		
16Bit	10	8086	Z8000	68000
"	12	80186		
"	16	80286		
32Bit	40	80386		68020
"		80486		
"	1000	Pentium III		
"	3400	Pentium IV, DC		
"	1600	Itanium, DC		

9.4 Aufbau und Funktion eines 8-Bit-Mikroprozessors

Für einen Mikrocomputer, der einen 8-Bit-Standard-Mikroprozessor enthält, gilt ebenfalls das Blockschaltbild Bild 9.4, mit dem folgenden Bussystem:

- *8-Bit-Datenbus.* Die Betriebsweise ist bidirektional.
- *16-Bit-Adressbus.* Dieser arbeitet stets unidirektional, der Mikroprozessor arbeitet hierbei als Quelle. Es kann ein Speicherbereich von 64 KiB adressiert werden.
- *Steuerbus (6-12 Bit).* Die Breite des Steuerbusses ist abhängig vom Prozessortyp Er enthält teilweise Ein- und teilweise Ausgänge des Prozessors.

Einige 8-Bit-Standard-Prozessoren:

8080, 8085	Intel, Siemens	1802	RCA
6800	Motorola	6500	Rockwell
Z 80	Zilog	6502	Synertek
5065	Mostek	9980A	Texas Instr.
2650	Signetics, Valvo	NSC 800	National Semic.
F83850	Fairchild (CMOS)		

Im Folgenden wird exemplarisch der Prozessor 8085 von Intel in Kurzform vorgestellt, der lange Zeit als Industriestandard galt.

9.4.1
Die Hardware-Struktur des Mikroprozessors 8085

Der Mikroprozessor 8085 ist eine vollständige Zentraleinheit (CPU). Er ist in N-Kanal-MOS-Technologie hergestellt und benötigt lediglich eine 5-Volt-Spannungsversorgung. Die maximale Arbeitsfrequenz beträgt 5 MHz, mit Hilfe eines Schwingquarzes kann das Taktsignal direkt vom eingebauten Taktgenerator bereitgestellt werden. Der 8085 verwendet einen Datenbus, der im Zeitmultiplex-Betrieb mit dem Adressbus arbeitet. Dazu ist die Adresse in zwei Teile aufgespalten. Die Bits A8...A15 (HByte der Adresse) werden über den Adresspuffer direkt auf den Adressbus gegeben. Die Bits A0...A7 (LByte der Adresse) werden dagegen im Wechsel mit den Daten über den Daten-/Adresspuffer an einen externen Zwischenspeicher ausgegeben. Während der ersten Taktperiode eines jeden Maschinenzyklus wird zunächst das LByte der Adresse über den Daten-Adresspuffer ausgegeben, vom Zwischenspeicher übernommen und an den externen Adressbus gelegt. Während der restlichen Zeit des Maschinenzyklus werden nur Daten über den Daten-Adresspuffer transferiert. Außerdem besitzt der 8085 eine Interrupt-Steuerung für fünf Interrupt-Eingänge und eine serielle Ein-/Ausgabeeinheit mit dem seriellen Eingang SID (Serial Input Data) und dem seriellen Ausgang SOD (Serial Output Data).

Das Blockschaltbild des Mikroprozessors 8085 ist in Bild 9.6 dargestellt. Der Prozessor umfasst folgende Funktionseinheiten:

1. Registerfeld und Adressenlogik
2. Adresspuffer und Daten-/Adresspuffer
3. Befehlsregister, Befehlsentschlüssler und Steuerlogik
4. Arithmetik-Logik-Einheit (ALU)
5. Interrupt- und serielle Ein-/Ausgabesteuerung
6. Anschlüsse des Mikroprozessors 8085

a) Registerfeld und Adressenlogik. Das Registerfeld enthält sechs Mehrzweckregister B, C, D, E, H und L, die entweder als Einzelregister mit je 8 Bit oder als Registerpaare B,C; D,E; H,L; mit je 16 Bit eingesetzt werden können. Datenbytes (8 Bit) können zwischen den Registern ausgetauscht und über den internen Datenbus transferiert werden.

Übertragungen von 16-Bit-Worten sind zwischen den Registerpaaren, dem Stack und dem Adress-Zwischenspeicher (Address Latch) möglich. Der Befehlszähler (Program Counter, PC) enthält die Speicheradresse des als nächsten auszuführenden Programmbefehls oder Befehlsteils und wird automatisch nach Abruf jedes Befehlsbytes inkrementiert. Der Stapelzeiger (Stack Pointer, SP) enthält die Adresse des zuletzt im Kellerspeicher (Stapelspeicher, Stack) gespeicherten Bytes. Der Auf-/Abwärtszähler (Inkrementer, Dekrementer) kann unabhängig von der ALU die Inhalte aller Register oder Registerpaare sehr schnell inkrementieren oder dekrementieren.

b) Adresspuffer und Daten-/Adresspuffer. Im Adresspuffer wird das HByte der Adresse gepuffert (A8...A15); die Ausgänge können hochohmig geschaltet werden und sind mit dem Adressbus verbunden. Das LByte der Adresse (A0...A7) wird im Multiplexverfahren mit dem Datenbyte über den Daten-/Adresspuffer auf den Daten-/Adressbus gegeben. Über einen Zwischenspeicher, z.B. 74LS373 kann extern das LByte der Adresse demultiplext und auf den Adressbus gelegt werden.

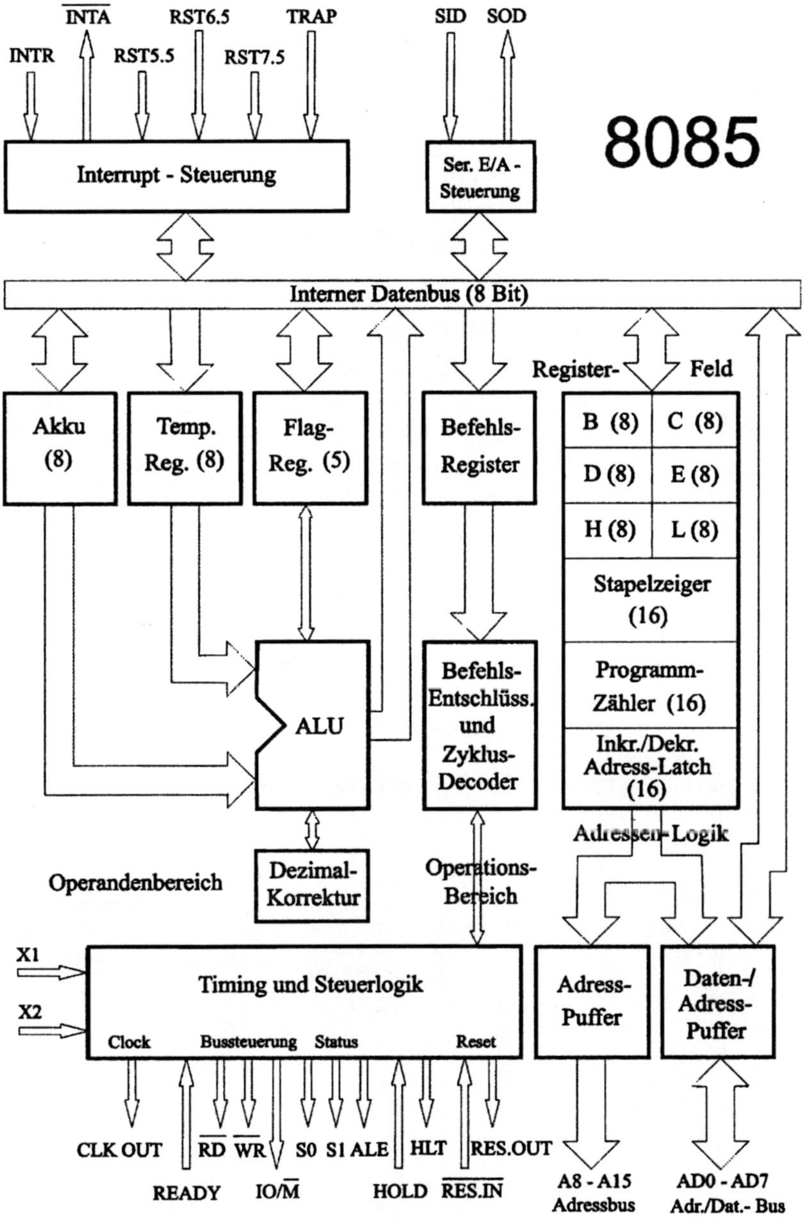

Bild 9.6: Das Blockschaltbild des Mikroprozessors 8085

c) Befehlsregister, Befehlsentschlüssler und Steuerlogik. Das Befehlsregister übernimmt nacheinander alle Bytes eines Befehls vom internen Datenbus und gibt sie an den Befehlsentschlüssler weiter. Hier wird der Befehl entschlüsselt und die zu seiner Ausführung nötigen Steuersignale an die Steuerlogik gegeben. Diese enthält den Taktgenerator und die Schaltzentrale für die zeitliche und logische Steuerung des Mikroprozessors.

d) Arithmetik-Logik-Einheit (ALU). Die ALU enthält folgende Register:
- *Akkumulator* mit 8 Bit
- *Hilfsakkumulator* mit 8 Bit (Temporäres Register)
- *Zustandsregister* (Status-, Flagregister), 8 Bit breit mit 5 Flags: Null (Zero), Übertrag (Carry), Vorzeichen (Sign), Parität (Parity) und Hilfsübertrag (Auxiliary Carry)

Die ALU führt arithmetische, logische und Schiebeoperationen aus. Sie wird vom Akkumulator, Hilfsakku und dem Zustandsregister mit Daten versorgt. Mit einer Dezimalkorrektur (Decimal Adjust) können auch Zahlen im BCD-Code addiert werden.

e) Interrupt- und serielle Ein-/Ausgabe-Steuerung. Die Interrupt-Steuerung entscheidet über Prioritäten von Programmunterbrechungsanforderungen (Interrupts) und liefert die erforderlichen Steuersignale zur Programmunterbrechung an die CPU.

Mit Hilfe der seriellen Ein-/Ausgabe-Steuerung wird das höchstwertige Akkumulatorbit (MSB) am Prozessorausgang SOD (Befehl: SIM) ausgegeben sowie die über SID seriell eintreffenden Daten in den Akkumulator (MSB) übertragen (Befehl: RIM). Der Anwender kann unter Verwendung der Rotationsbefehle den Akkumulatorinhalt im Kreis schieben, so dass eine Parallel-Serien- bzw. eine Serien-Parallel-Wandlung möglich ist.

Eine weitere funktionelle Strukturierung des Blockschaltbildes erhält man durch Zusammenfassen von Blöcken. So ergeben:
- Befehlsregister, Befehlsentschlüssler und Maschinenzyklus-Decoder den Operationsteil und
- Akkumulator, Temporäres Register, Flagregister und ALU den Operandenteil des Mikroprozessors.

f) Anschlüsse des Mikroprozessors 8085. Der Mikroprozessor 8085 ist in einem 40-poligen Gehäuse (Bild 9.7) untergebracht. Die Anschlüsse werden im Folgenden kurz beschrieben.

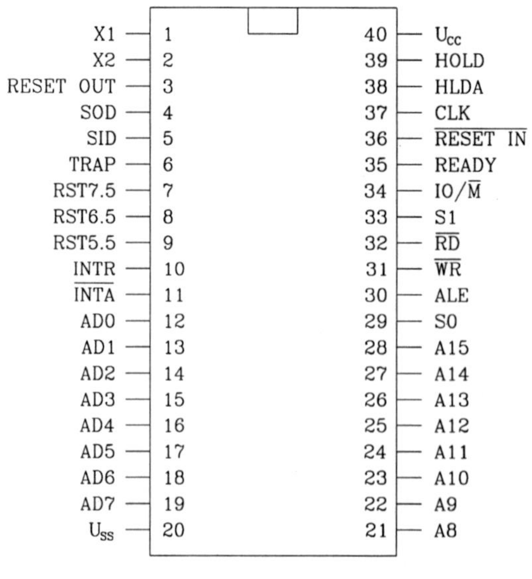

Bild 9.7: Die Anschlüsse des Mikroprozessors 8085

Tab. 9.2: Bezeichnung und Funktion der Anschlüsse des Mikroprozessors 8085

Anschlüsse	Funktion
A8 ... A15 Ausgänge (3-State)	Adressbus. Höherwertiges Byte der Speicheradresse oder Ein-/ Ausgabe-Adresse. Hochohmig: HOLD-, HALT- und RESET-Zustand
AD0 ... AD7 Ein-Ausgänge (3-State)	Daten-/Adressbus. Niederwertiges Byte der Speicheradresse wird im Zeitmultiplex mit dem Datenbyte ausgegeben. Hochohmig: HOLD- und HALT-Zustand
ALE Ausgang	Address Latch Enable. Steuersignal zur Übernahme des niederwertigen Adressbytes in ein externes D-Latch.
S0, S1 Ausgänge	Datenbus-Status. S0=0, S1=0: Halt ;S0=1, S1=0: Schreiben; S0=0, S1=1: Lesen; S0=1, S1=1: Operationscode-Abruf
IO/¬M Ausgang (3-State)	Input-Output/Memory. IO/¬M=0: Datentransfer zwischen CPU und Speicher; IO/¬M=1: Datentransfer zwischen CPU und Ein-/Ausgabeeinheit. Hochohmig: HOLD- und HALT-Zustand
¬RD Ausgang (3-State)	Read. Mit ¬RD=0 werden Daten aus dem Speicher oder der Ein-/ Ausgabeeinheit in den Prozessor übertragen (gelesen). Hochohmig: HOLD- HALT- und RESET-Zustand
¬WR Ausgang 3-State)	Write. Mit ¬WR=0 werden Daten in den Speicher oder die Ein-/ Ausgabeeinheit übertragen (geschrieben). Hochohmig: HOLD-, HALT- und RESET-Zustand
Ready Eingang	Ready. Über den Anschluss Ready werden der Lese- und Schreibzyklus des Prozessors gesteuert. Ready=0: Wartezustände einfügen.
HOLD Eingang	Hold. Über ein Steuersignal (HOLD=1) kann ein externes System die Kontrolle über den Daten- und Adressbus übernehmen.
HLDA Ausgang	HOLD Acknowledge. Über HLDA=1 quittiert der Mikroprozessor die HOLD-Anforderung.
INTR Eingang	Interrupt Request. Über INTR=1 wird von außen eine Unterbrechungs-Anforderung am Allzweck-Interrupteingang gestellt.
¬INTA Ausgang	Interrupt Acknowledge. Mit ¬INTA=0 quittiert der Prozessor die Unterbrechungsanforderung. Gleichzeitig dient ¬INTA zum Lesen des Startbefehls der Unterbrechungs-Bedienroutine.
RST 7.5 **RST 6.5** **RST 5.5** Eingänge	Restart Interrupts. Diesen drei Interrupt-Eingängen sind feste Sprungadressen zugeordnet. Die Interrupts sind einzeln maskierbar (abschaltbar).
TRAP Eingang	Nicht abschaltbarer Interrupt. Der Interrupt-Eingang TRAP hat eine feste Einsprungadresse und die höchste Priorität.
¬(RESET IN) Eingang	Rücksetzeingang. Mit ¬(RESET IN)=0 wird der Prozessor in den RESET-Zustand versetzt
RESET OUT Ausgang	Rücksetzausgang. Im RESET-Zustand erzeugt der Prozessor an dem Rücksetzausgang ein synchrones Rücksetzsignal für andere Bausteine der Mikroprozessorbaugruppe.
X1, X2 Eingänge	Anschlüsse für Schwingquarz oder RC-Netzwerk. Alternativ kann an X1 auch ein externer Taktgenerator angeschlossen werden.
CLK Ausgang	Clock. An CLK gibt der Prozessor den Systemtakt aus. Die Periodendauer ist doppelt so groß wie die des Signals an X1 und X2.
SID Eingang	Serial Input Data. Die Information am seriellen Dateneingang SID wird mit dem Befehl RIM in den Akkumulator (MSB) geladen.
SOD Ausgang	Serial Output Data. Mit dem Befehl SIM wird das MSB des Akkumulators an SOD ausgegeben.
U_{CC}, U_{SS}	Versorgungsspannung. U_{CC} = +5V und U_{SS} = 0V.

9.4.2 Die Arbeitsweise des Mikroprozessors 8085

Bei 8-Bit-Universal-Mikroprozessoren handelt es sich um sog. Einadress-Maschinen. Dahinter steht der folgende Gedanke: Bei fortlaufenden arithmetischen oder logischen Verknüpfungen in der ALU wird das Verknüpfungsergebnis stets in einem Sonderregister, dem Akkumulator (Akku), zwischengespeichert (bzw. akkumuliert). Daher wird für eine weitere Verknüpfung nur ein Operand, z.B. eine Adresse oder ein Datenbyte benötigt. Das bedeutet aber auch, dass vor einer Verknüpfung der eine Operand bereits im Akkumulator stehen muss, der zweite wird dann durch den Verknüpfungsbefehl hinzugefügt.

Ausführung eines Befehls: Betrachtet werde die Ausführung des Befehls ADI FFH. Dieser bewirkt, dass die Konstante FFH zum Inhalt des Akkumulators addiert und das Ergebnis wieder in den Akkumulator gebracht wird. Der Befehl umfasst zwei Bytes, die z.B. unter den Adressen 1800H und 1801H im Programmspeicher stehen.

Der Prozessor legt die Adresse 1800H auf den Adressbus und greift lesend auf den Programmspeicher zu. Damit wird das erste Befehlsbyte (C6H) über den Daten-Adresspuffer und den internen Datenbus in das Befehlsregister und den Befehlsentschlüssler gebracht. Hier erkennt der Prozessor, was der Befehl bewirken soll und dass noch ein weiteres Byte erforderlich ist. Er inkrementiert also den Befehlszähler, gibt die Adresse 1801H auf den Adressbus, liest aus dem Programmspeicher das zweite Befehlsbyte, den Operanden FFH, und transportiert diesen über den internen Datenbus in das temporäre Register. Damit verfügt die ALU über die erforderliche Eingangsinformation, so dass die Steuerlogik die Verknüpfung veranlassen kann. Anschließend wird das Ergebnis vom Ausgang der ALU über den internen Datenbus in den Akkumulator gebracht und der dort stehende erste Operand überschrieben. Damit ist der Befehl abgearbeitet, und es kann auf den nächsten zugegriffen werden.

9.4.2.1 Die zeitliche Struktur der Befehlsausführung

Der Mikroprozessor 8085 arbeitet synchron. Er holt einen Befehl in die Zentraleinheit, führt die erforderlichen Verarbeitungsschritte durch, holt den nächsten Befehl usw.. Die Abarbeitung der Befehle erfolgt nach einem genauen Zeitplan (Timing). Dazu benötigt der Prozessor eine Taktzentrale mit einem (quarz-)stabilen Systemtakt, von dem die Bezugssignale für die einzelnen Verarbeitungsschritte abgeleitet werden.

Das Abrufen, Entschlüsseln und Ausführen eines Befehls wird als *Befehlszyklus* (Instruction Cycle) bezeichnet. Jeder Befehlszyklus wird seinerseits zeitlich untergliedert in *Maschinenzyklen* (Operationszyklen). Jeder Befehlszyklus besteht aus einem bis fünf Maschinenzyklen. Für jeden Zugriff auf den Speicher oder einen Ein-/Ausgabekanal wird ein Maschinenzyklus benötigt. In der Befehlsabrufphase braucht der Prozessor für den Transfer jedes Befehlsbytes vom Programmspeicher in den Befehlsentschlüssler einen Maschinenzyklus. Die Dauer der Befehlsausführung hängt von der speziellen Befehlsart ab.

Jeder Maschinenzyklus besteht seinerseits aus drei, vier oder sechs Zuständen. Ein Zustand entspricht einer Taktperiode des Systemtaktes, gemessen von negativer Flanke zu negativer Flanke.

Zusammenfassung: Jede Taktperiode definiert einen Zustand, drei bis sechs Zustände ergeben einen Maschinenzyklus, und ein bis fünf Maschinenzyklen bilden einen Befehlszyklus. Dieses ist im Bild 9.8 dargestellt.

B E F E H L S Z Y K L U S											
Maschinenzyklus 1					Maschinenzyklus 2			bis max.	Maschinenzyklus 5		
Z 1	Z 2	Z 3	bis max.	Z 6	Z 1	Z 2	Z 3		Z 1	Z 2	Z 3

Bild 9.8: Strukturierung der 8085-Befehlszyklen. Z 1...Z 6 sind sogenannte Zustände, die jeweils eine Taktperiode lang sind.

Im Allgemeinen ist die Anzahl der Maschinenzyklen gleich der Anzahl der Zugriffe auf den Speicher oder auf einen Ein-/Ausgabekanal. Mit dem ersten Maschinenzyklus wird in jedem Befehlszyklus der Operationscode des Befehls vom Programmspeicher in die CPU geholt. Folglich kommt in jedem Befehlszyklus mindestens ein Speicherzugriff vor. Der weitere Ablauf hängt vom Befehlstyp ab.

Man unterscheidet sieben Typen von Maschinenzyklen; der erste Maschinenzyklus innerhalb eines Befehlszyklus besteht aus vier oder sechs Zuständen, während sich alle weiteren aus drei Zuständen zusammensetzen. Im Folgenden sind die Maschinenzyklen des Prozessors 8085 aufgeführt:

Operationscode-Abruf	Opcode Fetch	OF
Speicher-Lesezugriff	Memory Read	MR
Speicher-Schreibzugriff	Memory Write	MW
Ein-/Ausgabe-Lesezugriff	Input Output Read	IOR
Ein-/Ausgabe-Schreibzugriff	Input Output Write	OW
Unterbrechungs-Quittung	Interrupt Acknowledge	INA
Bus-Ruhezustand	Bus Idle Machine Cycle	BIMC

In Bild 9.9 ist ein vereinfachtes Zustandsdiagramm der Maschinenzyklen des Prozessors 8085 wiedergegeben. Für ein vertieftes Studium der Abläufe eignet sich das entsprechende Datenbuch der Fa. Siemens [128].

Beim Rücksetzen (L-Pegel an ¬(RESET IN)) wird der Prozessor in den RESET-Zustand TR versetzt. Während dieses Zustands werden der Programmzähler und das Befehlsregister auf "0" gesetzt und alle Flipflops, die für die Interrupt-Verarbeitung und zur Kennzeichnung der inneren Zustände erforderlich sind, rückgesetzt.

Die Rücksetzphase wird beendet, wenn am Eingang ¬(RESET IN) wieder H-Pegel liegt. Nach einer kurzen Übergangszeit erreicht der Prozessor den Zustand T1 im ersten Maschinenzyklus des ersten Befehls. Im Zustand T1 wird vom Prozessor die Adresse auf den Adressbus gelegt (hier zunächst Adresse 0).

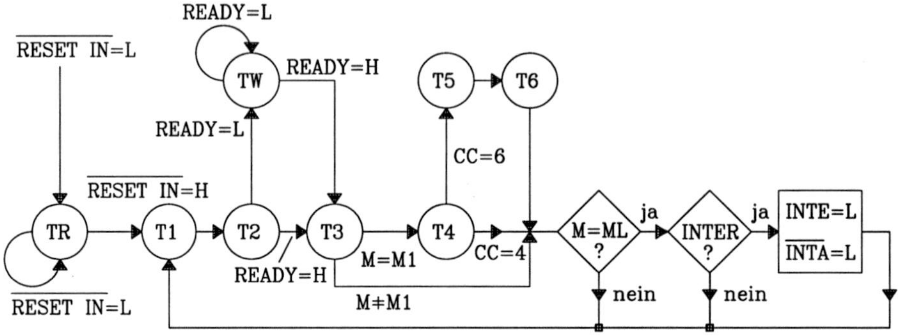

Bild 9.9: Vereinfachtes Zustandsdiagramm eines Maschinenzyklus beim Mikroprozessor 8085. Die Abkürzungen bedeuten:

T1 = Adresse einstellen	M	=	Maschinenzyklus
T2 = Datenbusrichtung einstellen	M1	=	Erster Maschinenzyklus
T3 = Busoperation Datentransfer	ML	=	Letzter Maschinenzyklus
T4 = Entschlüsseln	INTER	=	Gültiger Interrupt
T5 = Interne Operation	¬INTA	=	Interruptquittung
T6 = Interne Operation	CC	=	Zustandsanzahl in M1

Im ersten Maschinenzyklus wird der Operationscode des Befehls vom Programmspeicher in den Befehlsentschlüssler der CPU geholt und ausgewertet. In Abhängigkeit von der Befehlsart sind dazu vier (CC = 4) oder sechs (CC = 6) Zustände erforderlich. Alle weiteren Maschinenzyklen eines Befehls benötigen drei Zustände.

Außer im Maschinenzyklus vom Typ "Bus-Ruhezustand" wird im Zustand T2 stets das Signal am Eingang READY abgefragt und ausgewertet. Liegt an READY L-Pegel, so nimmt der Prozessor den Wartezustand TW (TWAIT) an, den er erst wieder nach Erreichen des H-Pegels an READY verlassen kann. Mit Hilfe dieser externen Steuerung über den READY-Eingang ist z.B. der Anschluss von Speichersystemen mit großen Zugriffszeiten oder AD-Umsetzern an den Mikroprozessor 8085 möglich. Während des Zustands T2 wird außerdem die Übertragungsrichtung des bidirektionalen Datenbusses festgelegt. Dazu dienen die Steuersignale ¬RD bzw. ¬WR. Im ersten Maschinenzyklus eines Befehls ist es stets die Leserichtung.

Nach dem Zustand T2 wird entweder direkt oder über den Wartezustand TW der Zustand T3 erreicht, in welchem die zuvor eingestellte Busoperation durchgeführt wird (im Beispiel: "Speicher lesen"). Anschließend werden während des ersten Maschinenzyklus innerhalb eines Befehlzyklus der Zustand T4 (CC = 4) oder die Zustände T4, T5 und T6 (CC = 6) durchlaufen. Danach wird abgefragt, ob der letzte Maschinenzyklus schon erreicht ist. Ist dies nicht der Fall, fährt der Prozessor beim Zustand T1 des nächsten Maschinenzyklus fort. Im letzten Maschinenzyklus innerhalb eines Befehls wird abgefragt, ob eine gültige Interrupt-Anforderung vorliegt. Ist dies der Fall, wird das Interrupt-Flipflop INTE rückgesetzt und die Annahme des anstehenden Interrupts erfolgt durch Maschinenzyklen des Typs "Bus-Ruhezustand".

Anmerkung:

In dem vereinfachten Zustandsdiagramm fehlen die Zustände THOLD und THALT und alle Übergänge von und zu diesen Zuständen. Durch ein externes Steuersignal

(H-Pegel an HOLD) kann der Zustand THOLD erreicht werden; er wird wieder verlassen durch L-Pegel an HOLD oder an H-Pegel an ¬(RESET IN). Der HOLD-Zustand ermöglicht es anderen Bausteinen, die Kontrolle über das Bussystem zu übernehmen, z.B. einem DMA-Controller (Direct Memory Access).

Nach Ausführung des Befehls "HLT" wird im 2. Maschinenzyklus nach dem Zustand T1 der Zustand THALT erreicht. Dieser wird wieder verlassen durch:

a) Rücksetzen (¬(RESET IN) = L),
b) H-Pegel am HOLD-Eingang oder
c) eine gültige Interrupt-Anfrage an INTR, RST 5.5, RST 6.5, RST 7.5 oder TRAP.

9.4.2.2
Beispiel für einen Befehlszyklus im Liniendiagramm

Der zeitliche Ablauf eines Befehlszyklus lässt sich anhand eines Liniendiagrammes gut verdeutlichen. Es soll hier exemplarisch der Befehlszyklus des Befehls "OUT nr" betrachtet werden. "OUT nr" ist ein Zwei-Byte-Befehl, der die Ausgabe des Akkumulatorinhalts an den Ausgabekanal mit der Kanalnummer "nr" ($0 \leq nr \leq 255$) bewirkt.

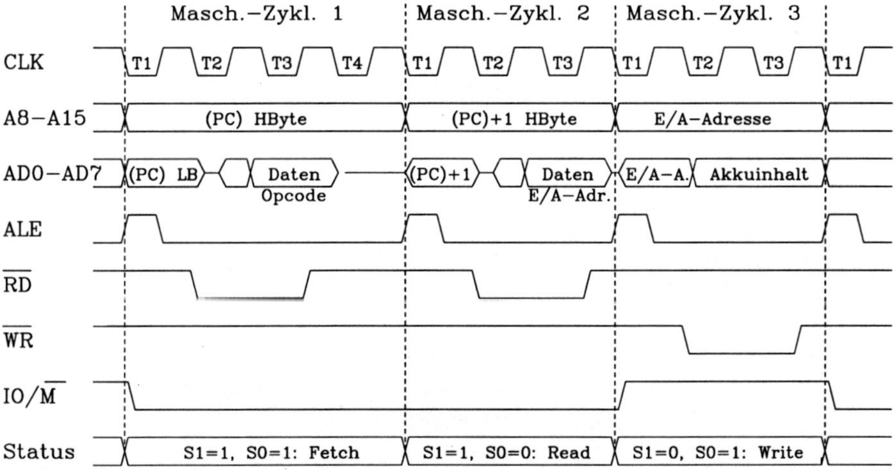

Bild 9.10: Zeitlicher Ablauf des Befehlszyklus für den Befehl "OUT nr" beim 8085

Der Befehlszyklus besteht aus den drei Maschinenzyklen M1, M2 und M3 (Bild 9.10). Im ersten Maschinenzyklus (M1) wird der Operationscode abgerufen (OPCODE FETCH). Dabei wird die Adresse vom Programmzähler (PC) in den Adresspuffer (höherwertiges Byte des Programmzählers = PCH) und in den Da ten-Adresspuffer (niederwertiges Byte des Programmzählers = PCL) übertragen.

Mit dem Steuersignal ALE (Address Latch Enable) wird zu Beginn des Maschinenzyklus das niederwertige Byte der Adresse in einen externen Zwischenspeicher übernommen, so dass nun die vollständige Adresse auf dem Adressbus zur Verfügung steht. Im Zustand T3 wird mit L-Pegel an ¬RD das erste Befehlsbyte

(OPCODE) aus dem Programmspeicher gelesen und über den Daten-Adressbus in die CPU gebracht. Während des Transfers zwischen der CPU und dem Speicher liegt IO/¬M auf L-Pegel. Das erste Byte des Befehls gelangt in das Befehlsregister und wird während des Zustands T4 entschlüsselt. Anhand des Operationscodes erkennt der Prozessor, ob noch weitere Bytes erforderlich sind. In diesem Fall wird noch das zweite Byte des Befehls mit der Nummer "nr" des Ausgabekanals gelesen.

Im zweiten Maschinenzyklus (M2) wird der neue Programmzählerstand (PC) + 1 vom Adresspuffer und Daten-/Adresspuffer übernommen. Mit Hilfe des Steuersignals ALE wird das niederwertige Byte der Adresse zwischengespeichert, und anschließend wird mit L-Pegel an ¬RD die Ausgabekanal-Nummer gelesen.

Im dritten Maschinenzyklus (M3) gibt die CPU die Kanalnummer auf den Adresspuffer (A8 ... A15) und außerdem auf den Daten-/Adresspuffer (AD0 ... AD7). Mit ALE wird die Kanalnummer vom Ein-/Ausgabebaustein (z.B. 8155) übernommen. Anschließend übergibt die CPU mit L-Pegel an ¬WR den Akkumulatorinhalt an den entsprechenden Ausgabekanal. Da hier ein Datentransfer zwischen der CPU und einer Ein-/Ausgabeeinheit abläuft, liegt IO/¬M auf H-Pegel.

9.5 Aufbau und Funktion des Mikrocontrollers 8051

Ein Mikrocontroller ist ein programmierbarer integrierter Baustein, der eine vollständige Mikroprozessorbaugruppe mit den zum Betrieb notwendigen Komponenten wie ROM, RAM, Ein-/Ausgabekanälen, Zählern, serieller Schnittstelle usw. enthält.

Mikrocontroller lassen sich ohne Zusatzbausteine für viele technische Aufgaben eingetzen. Wichtige Einsatzgebiete sind die KFZ-Elektronik, Unterhaltungselektronik, Mess-, Steuer-, Automatisierungs-, Regelungs-, Nachrichten- und Datentechnik. Dabei unterscheidet man zwischen Standard- und kundenspezifischen Mikrocontrollern. Der Standardtyp ist nicht für eine spezielle Anwendung konzipiert; sondern er wird erst durch die Software des Anwenders zur Lösung einer bestimmten Aufgabe ausgelegt. Dagegen sind kundenspezifische Mikrocontroller mit zusätzlicher Hardware versehen, so dass sie für die Lösung spezieller Aufgaben geeignet sind, wie etwa die Steuerung von Armbanduhren, Taschenrechnern, Haushalts- und Fernsehgeräten. Im Folgenden werden ausschließlich Standard-Mikrocontroller behandelt.

Die Bezeichnung der Mikrocontroller richtet sich – wie bei Mikroprozessoren – nach der Datenwortbreite. Man unterscheidet zwischen 4-Bit-, 8-Bit-, 16-Bit- und 32-Bit-Mikrocontrollern. Im Jahr 1971 erschien der erste 4-Bit-Mikrocontroller (TMS 1000) der Firma Texas Instruments auf dem Markt. Fünf Jahre später stellte die Firma Intel den ersten 8-Bit-Mikrocontroller (8048) der Öffentlichkeit vor. Inzwischen sind auch 16-Bit- und 32-Bit-Mikrocontroller verfügbar.

9.5.1 Die Hardware des Mikrocontrollers 8051

Anhand des weit verbreiteten 8-Bit-Mikrocontrollers 8051 (Intel) sollen Aufbau und Funktion eines Mikrocontrollers erläutert werden. Er wird in HMOS-Technologie gefertigt; seine maximale Taktfrequenz beträgt 16 MHz. In Bild 9.11 ist zunächst ein Übersichtsblockschaltbild dargestellt, ein detailliertes findet sich in Bild 9.12.

Der Mikrocontroller 8051 enthält die auch in einem Standard-Mikroprozessor vorhandenen Komponenten, wie Zentraleinheit (CPU), Bus- und Interruptsteuerung und einen Taktgenerator. Darüberhinaus sind aber auch Daten- und Programmspeicher, parallele und serielle Interfaces sowie zwei Timer vorhanden. Der Mikrocontroller ist daher ein vollständiger Mikrorechner.

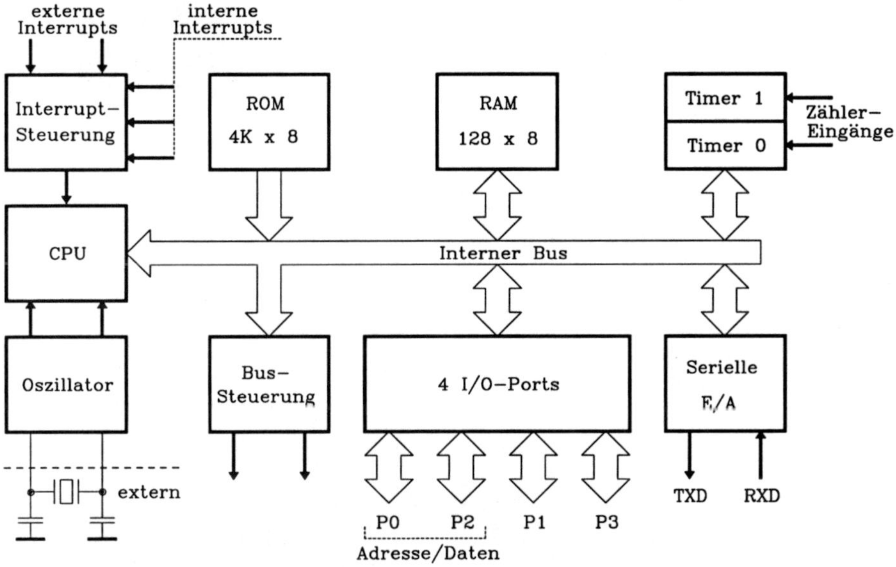

Bild 9.11: Übersichtsblockschaltbild des Mikrocontrollers 8051

Der Mikrocontroller 8051enthält folgende Funktionseinheiten:

a) Zentraleinheit (CPU)
b) Speichereinheit, mit ROM (4Ki x 8 Bit) und RAM (128 x 8 Bit)
c) Special Function Register (SFR)
d) I/O-Ports (8 Bit)
e) Timer (16 Bit)
f) Serielle Ein-/Ausgabe
g) Interrupt-Steuerung
h) Steuerlogik
i) Oszillator

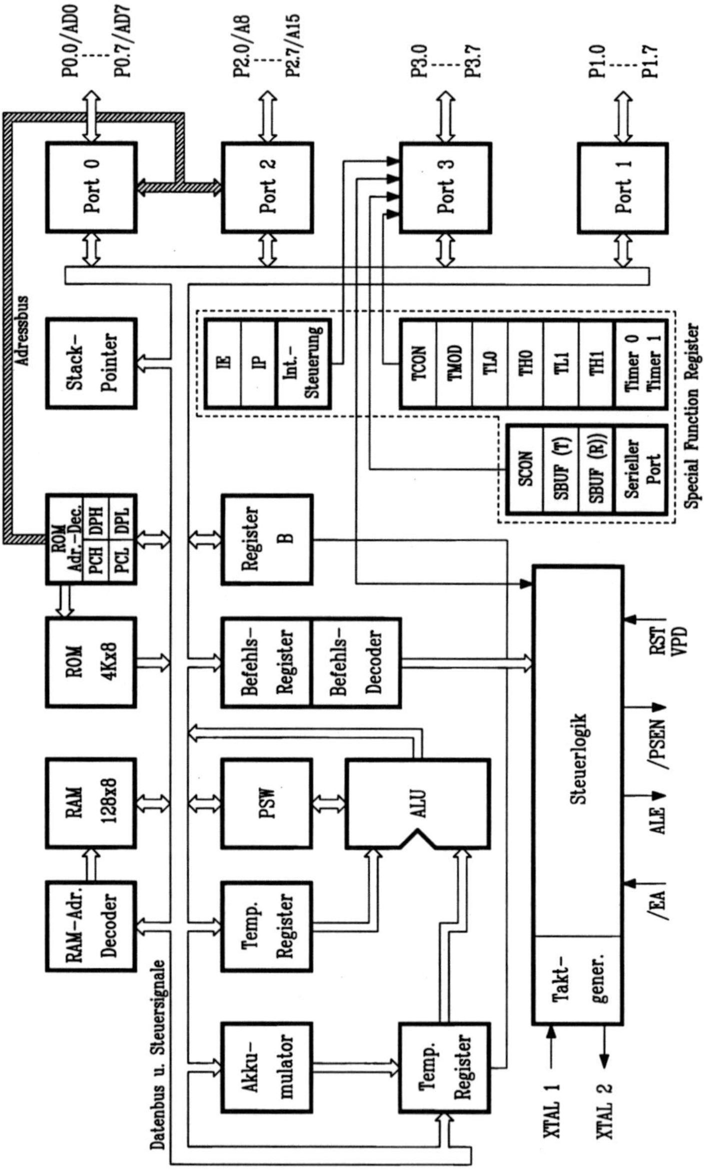

Bild 9.12: Detailliertes Blockschaltbild des Mikrocontrollers 8051. Die schraffiert dargestellte Struktur ist der interne Adressbus. Die Abkürzungen bedeuten:

PCH/ PCL: Program Counter H-/L-Byte
DPH/DPL: Data Pointer H-/L-Byte
IE: Interrupt Enable
IP: Interrupt Priority
SCON: Serial Control
SBUF: Serial Buffer für Senden und Empfangen
TCON: Timer Control
TMOD: Timer Mode
TH0/TL0: Timer 0 Higher/Lower Byte
TH1/TL1: Timer 1 Higher/Lower Byte
¬EA: External Address Enable
ALE: Address Latch Enable
¬PSEN: Program Store Enable
RST/VPD: Restart/Voltage Pull Down

9.5.1.1
Die Zentraleinheit

Die Zentraleinheit untergliedert sich in

- den Operationsbereich, der aus dem Befehlsregister und dem Befehlsdecoder besteht. In den Operationsbereich wird bei der Befehlsausführung der Operationsteil, also das 1. Byte des über den Befehlszähler (Program Counter, PC) adressierten aktuellen Befehls übertragen und entschlüsselt.
- den Operandenbereich, in welchem Operanden, also die durch Befehle zugänglichen Zahlenwerte verarbeitet werden. Neben den Rechenregistern Akkumulator und Register B sind hier temporäre Register und das Programmstatuswort (PSW, Flagregister) vorhanden. Der Operandenbereich umfasst weiterhin die Arithmetik-Logik-Einheit (ALU) mit einem integrierten Einzelbitrechner (Boolescher Prozessor). Sie führt arithmetische und logische Verknüpfungen sowie Schiebeoperationen aus. Im Unterschied zu dem Befehlssatz von Universal-8-Bit-Mikroprozessoren enthält der Mikrocontroller 8051 auch Multiplikations- und Divisionsbefehle. Mit Hilfe des integrierten Booleschen Prozessors ist der Mikrocontroller 8051 in der Lage, auch Bitoperationen durchzuführen. Das Arbeitsregister für Bitoperationen ist das Carry-Flag. Der Mikrocontroller 8051 verfügt über einen entsprechenden Vorrat an Bitbefehlen. Im RAM und in den meisten Registern stehen bitadressierbare Speicherplätze zur Verfügung.
- die Steuerlogik enthält das zentrale Schaltwerk, das den logischen und zeitlichen Ablauf des Mikrorechners vorgibt. Der hierfür erforderliche Taktgenerator ist integriert. Er enthält einen Oszillator, der aus einem rückgekoppelten Inverter besteht und über einen extern angeschlossenen Quarz in Parallelresonanz oder über einen Keramikresonator angeregt wird. Alternativ lässt sich an XTAL2 ein externer Takt anschließen, wobei dann XTAL1 an Masse gelegt wird.
- den Registerbereich, der vier Registerbänke für allgemeine Anwendungen enthält und weitere Steuerregister, welche mit Ausnahme des Programmzählers in einem wie ein RAM organisierten Special Function Register (SFR) zusammengefasst sind. Das Special Function Register wird weiter unten getrennt erläutert.

9.5.1.2
Die Speichereinheit

Der Mikrocontroller 8051 und alle seine Derivate verfügen über separate Adressbereiche für Programm- und Datenspeicher. Dieses wird ermöglicht durch die Verwendung zweier unterschiedlicher Steuersignale: Z.B. wird mit ¬PSEN auf den externen Programmspeicher und mit ¬RD bzw. ¬WR auf den externen Datenspeicher zugegriffen. Die logische Unterscheidung zwischen Programm- und Datenspeicher erlaubt auch sehr schnelle ausgeführte Datenspeicherzugriffe mittels 8-Bit-Adressen.

Daher lässt sich beim Mikrocontroller 8051 prinzipiell neben der Harvard-Architektur auch die Von-Neumann-Architektur (s. Bild 9.3) verwirklichen [151], indem die beiden Signale ¬PSEN und ¬RD zum gemeinsamen Steuersignal ¬OE (¬ Output Enable) UND-verknüpft werden.

9.5.1.2.1
Der Programmspeicher, ROM (4 Ki x 8 Bit).

Der Mikrocontroller enthält intern einen 4-KiB-Festwertspeicher (ROM) für Programme und Konstanten. Er ist vom Hersteller bei der Fertigung maskenprogrammierbar. Während des Betriebs gibt das Programmadressregister die ROM-Speicheradresse vor. Auf das interne ROM wird zugegriffen, wenn das Steuersignal ¬EA=1 und Adresse < 1000H gelten. Der verbleibende adressierbare ROM-Bereich bis max. 64 KiB kann in diesem Fall durch einen externen Programmspeicher im Adressbereich 1000H bis FFFFH zusätzlich genutzt werden (Bild 9.13).

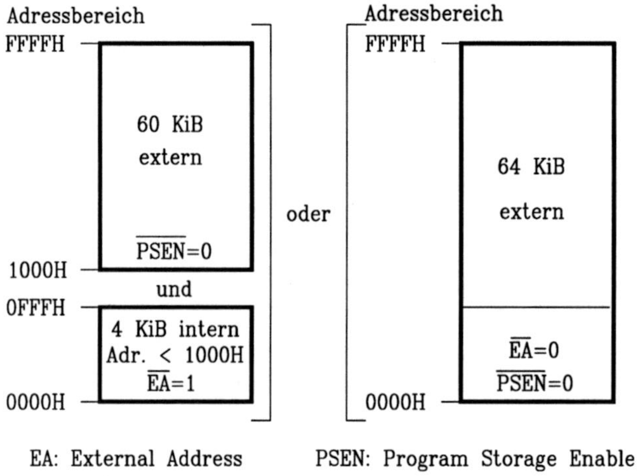

Bild 9.13: Der Controller 8051 kann mit dem eingebauten 4-KB-ROM oder mittels Erweiterung maximal mit 64-KB-Programmspeicher betrieben werden.

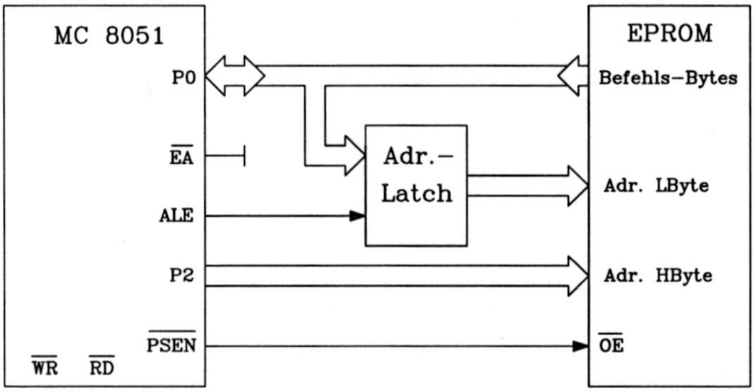

Bild 9.14: Hardware-Struktur einer Befehlsspeicher-Erweiterung für den Controller 8051

Wird auf die Nutzung des internen ROMs verzichtet, kann mit ¬EA=0 auf einen externen Programmspeicher im Adressbereich 0000H bis FFFFH zugegriffen werden.

Hierbei fungiert ¬PSEN=0 als Lese-Strobesignal (dagegen liefert die CPU bei Datenspeicherzugriffen die Steuersignale ¬RD bzw. ¬WR).

Bei Zugriffen auf externe Programmspeicher ist die erforderliche Adresse an den Ports 0 und 2 verfügbar und die Daten werden im Zeitmultiplex mit dem niederwertigen Adressbyte über Port 0 in den Mikrocontroller übertragen. Eine entsprechende Hardware-Konfiguration ist in Bild 9.14 dargestellt. Die Adressen 0 ... 23H sind im Programmspeicher für Interrupt-Einsprungvektoren reserviert (s. Kap. 9.5.1.7).

9.5.1.2.2 Der Datenspeicher, RAM (128 x 8 Bit).

Der Mikrocontroller 8051 enthält einen internen Datenspeicher (RAM) von 128 x 8 Bit (*Lower 128 Byte*). Im RAM enthalten sind 4 Registerbänke mit je 8 Registern, 128 direkt adressierbare Bits und 80 byteadressierbare RAM-Speicherplätze. Mit Hilfe zweier Bits im Prozessorstatuswort (PSW) kann eine aktive Registerbank selektiert werden. Durch die Organisation des internen Datenspeichers als Register sind schnelle Speicherzugriffe möglich.

Die Datenspeicheradresse wird über das 8Bit breite RAM-Adressregister zur Verfügung gestellt. Daher sind auch Zugriffe auf die Adressen 80H ... FFH möglich. Dieser Bereich ist in der 8051-Familie teilweise doppelt belegt, nämlich

- einerseits mit einem normalen RAM-Bereich (*Upper 128 Byte*) und
- andererseits mit dem *Special Function Register* (SFR).

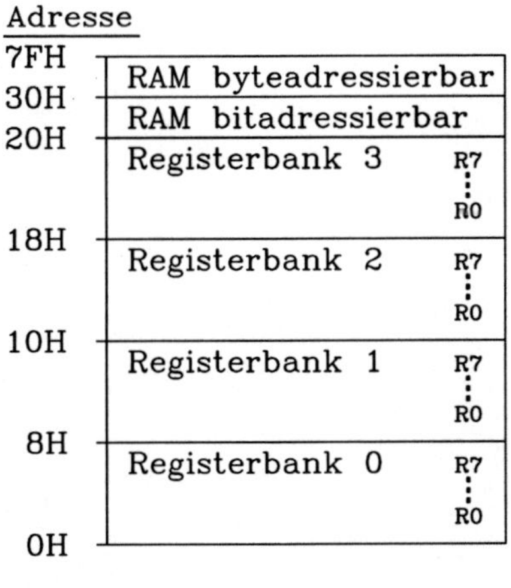

Bild 9.15: Die Organisation des internen RAMs (Lower 128 Byte) im Mikrocontroller 8051 im Überblick

Die Unterscheidung wird anhand der Adressierungsart der Zugriffsbefehle getroffen. Der *Upper-128-Byte*-RAM-Bereich ist z. B. beim Controller 8052 per indirekter Adressierung ansprechbar, dieser Controller verfügt daher über 256 Byte RAM. Im Controller 8051 existiert der *Upper-128-Byte*-RAM-Bereich dagegen nicht. Jedoch befindet sich bei allen 8051-Varianten im Adressbereich 80H ... FFH das *Special Function Register*, das den Akkumulator, die Port-Latches und verschiedene Steuerregister für interne Timer und Interfacekomponenten enthält. Bild 9.16 zeigt die Organisation des SFRs in einer Übersicht, im nächsten Teilkapitel wird es ausführlich dargestellt. Das SFR lässt sich generell nur mittels direkter Adressierung ansprechen.

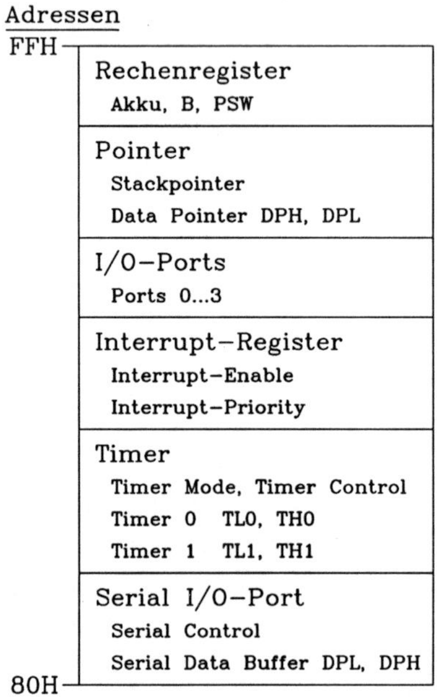

Bild 9.16: Die Organisation des Special Function Registers (SFR) im Überblick

Eine detaillierte Darstellung des internen Datenspeicherbereichs (*Lower 128 und Upper 128 Byte*) einschließlich zugeordneter Adressen und Adressierungsarten findet sich in Tab. 9.3.

Im Bedarfsfall kann der interne Datenspeicher extern um 64 KiB erweitert werden, so dass sich die in Bild 9.17 dargestellte Struktur ergibt.

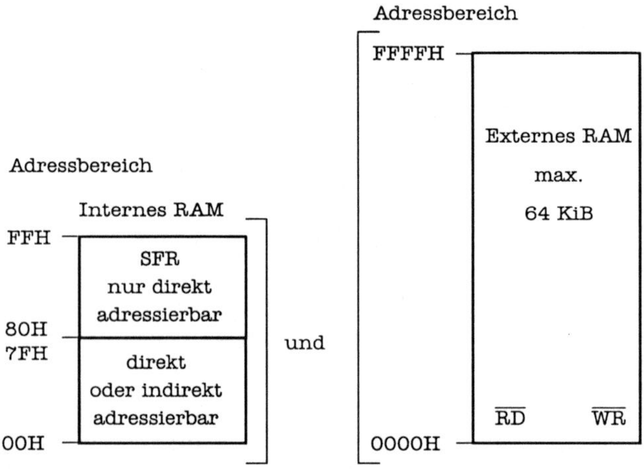

Bild 9.17: Maximalkonfiguration des Datenspeichers (RAM) für den Controller 8051

Tab. 9.3: Detaillierte Organisation des internen Datenspeicherbereichs (*Lower 128 Byte und Upper 128 Byte*) im Mikrocontroller 8051

Byte-Adressen dezimal	Byte-Adressen hexadezimal	Speicherbereiche								Direkte Adressierung Bits	Direkte Adressierung Bytes	Register – Adressierung	Register –Indirekte Adressierung über R0, R1 bzw. SP
255 : 128	FFH : 80H	Special Function Register (SFR)								teil- wei- se			
127 : 48	7FH : 30H	Freies RAM (Scratch Pad Area)											
47	2FH	7F	7E	7D	7C	7B	7A	79	78				
46	2EH	77	76	75	74	73	72	71	70				
45	2DH	6F	6E	6D	6C	6B	6A	69	68				
44	2CH	67	66	65	64	63	62	61	60				
43	2BH	5F	5E	5D	5C	5B	5A	59	58				
42	2AH	57	56	55	54	53	52	51	50				
41	29H	4F	4E	4D	4C	4B	4A	49	48				
40	28H	47	46	45	44	43	42	41	40				
39	27H	3F	3E	3D	3C	3B	3A	39	38				
38	26H	37	36	35	34	33	32	31	30				
37	25H	2F	2E	2D	2C	2B	2A	29	28				
36	24H	27	26	25	24	23	22	21	20				
35	23H	1F	1E	1D	1C	1B	1A	19	18				
34	22H	17	16	15	14	13	12	11	10				
33	21H	0F	0E	0D	0C	0B	0A	09	08				
32	20H	07	06	05	04	03	02	01	00				
31 : 24	1FH : 18H	R7 : R0	Registerbank 3										
23 : 16	17H : 10H	R7 : R0	Registerbank 2										
15 : 8	0FH : 08H	R7 : R0	Registerbank 1										
7 : 0	07H : 00H	R7 : R0	Registerbank 0										

Der externe Datenspeicher wird adressmäßig, wie der externe Programmspeicher, über Port 0 und Port 2 angesprochen. Falls nicht alle 8 Bits des Ports 2 für die Adressdarstellung benötigt werden, kann mit einer reduzierten I/O-Bitanzahl ein Pagebetrieb des RAMs realisiert werden, wobei die verbleibenden Anschlüsse des Ports 2 als beliebige I/O-Leitungen verwendbar sind. Die Steuersignale ¬WR und ¬RD werden im Port 3 bereitgestellt. Eine entsprechende Hardware-Konfiguration ist in Bild 9.18 dargestellt.

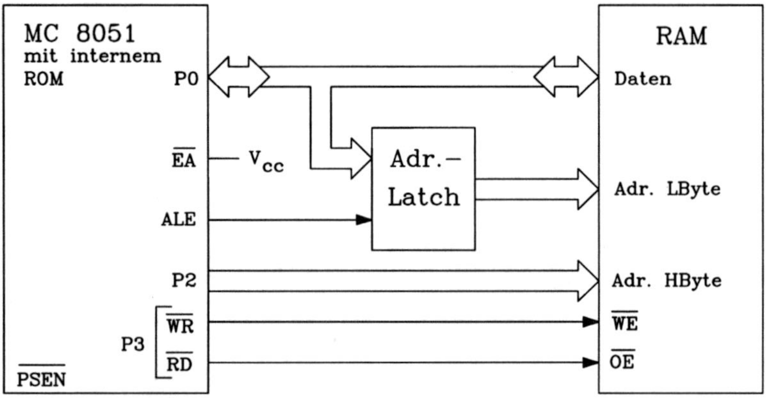

Bild 9.18: Hardware-Konfiguration einer Datenspeicher-Erweiterung für den Mikrocontroller 8051

9.5.1.2.3
Das Special Function Register (SFR)

Das Special Function Register enthält alle Register mit Ausnahme des Befehlszählers und der Registerbänke; es ist wie ein RAM organisiert, enthält unterschiedliche Funktionsgruppen (Tab. 9.4) und ist ausschließlich direkt adressierbar.

Tab. 9.4: Das Special Function Register (SFR) im Mikrocontroller 8051 im Überblick.

Rechenregister	Adresse
ACC Akkumulator	(E0H)
B RegisterB	(F0H)
PSW Flagregister	(D0H)

Pointer (Zeiger)	Adresse
SP Stackpointer	(81H)
DPL Datenpointer (L)	(82H)
DPH Datenpointer (H)	(83H)

I/O-Ports	Adresse
P0 Port 0	(80H)
P1 Port 1	(90H)
P2 Port 2	(A0H)
P3 Port 3	(B0H)

Interrupt-Register	Adresse
IE Interrupt Enable	(A8H)
IP Interrupt Priority	(B8H)

Timer	Adresse
TMOD Timer Mode	(89H)
TCON Timer Control	(88H)
TL0 Timer 0 (Low)	(8AH)
TH0 Timer 0 (High)	(8CH)
TL1 Timer 1 (Low)	(8BH)
TH1 Timer 1 (High)	(8DH)

Seriell I/O-Ports	Adresse
SCON Serial Control	(98H)
SBUF Serial Data Buffer	(99H)

Eine detaillierte Darstellung des Special Function Registers (SFR) im *Upper-128-Byte-Bereich* einschließlich der zugeordneten Adressen findet sich in Tab. 9.5.

Tab. 9.5: Detaillierte Organisation des Special Function Registers (SFR) im Mikrocontroller 8051, einschließlich der Adressen im *Upper-128-Byte-Bereich*. Die bitadressierbaren Register sind grau unterlegt. Sie enthalten unter den Bitadressen zusätzlich die Steuerbit-Bezeichnungen in Kursivschrift.

Direkt adressierbare Bits **MSB**							**LSB**	**Sym-bol. Adr.**	**Dir. Byte Adr. dez.**	**Dir. Byte Adr. hex**	**Register-funktion**	**Startwert nach POWER-ON oder RESET**
F7	F6	F5	F4	F3	F2	F1	F0	**B**	240	F0	Hilfsreg. B	0000 0000
E7	E6	E5	E4	E3	E2	E1	E0	**ACC**	224	E0	Akkumulator	0000 0000
D7 *CY*	D6 *AC*	D5 *F0*	D4 *RS1*	D3 *RS0*	D2 *OV*	D1 --	D0 *P*	**PSW**	208	D0	Program Status Word	0000 0000
-	-	-	BC *PS*	BB *PT1*	BA *PX1*	B9 *PT0*	B8 *PX0*	**IP**	184	B8	Interrupt Priority	xxx0 0000
B7	B6	B5	B4	B3	B2	B.1	B0	**P3**	176	B0	Port 3	1111 1111
AF *EA*	-	-	AC *ES*	AB *ET1*	AA *EX1*	A9 *ET0*	A8 *EX0*	**IE**	168	A8	Interrupt Enable	0xx0 0000
A7	A6	A5	A4	A3	A2	A1	A0	**P2**	160	A0	Port 2	1111 1111
								SBUF	153	99	Ser.Data Buff.	Undef.
9F *SM0*	9E *SM1*	9D *SM2*	9C *REN*	9B *TB8*	9A *RB8*	99 *TI*	98 *RI*	**SCON**	152	98	Serial Control	0000 0000
97	96	95	94	93	92	91	90	**P1**	144	90	Port 1	1111 1111
								TH1	141	8D	Timer1 HByte	0000 0000
								TH0	140	8C	Timer0 HByte	0000 0000
								TL1	139	8B	Timer1 LByte	0000 0000
								TL0	138	8A	Timer0 LByte	0000 0000
								TMOD	137	89	Timer Mode	0000 0000
8F *TF1*	8E *TR1*	8D *TF0*	8C *TR0*	8B *IE1*	8A *IT1*	89 *IE0*	88 *IT0*	**TCON**	136	88	Timer Control	0000 0000
								PCON	135	87	Power Control	0xxx xxxx
								DPH	131	83	DP HByte	0000 0000
								DPL	130	82	DP LByte	0000 0000
								SP	129	81	Stack Pointer	0000 0111
87	86	85	84	83	82	81	80	**P0**	128	80	Port 0	1111 1111

Im Folgenden wird zunächst die Bedeutung der elf bitadressierbaren Steuer-/ Statusregister des SFR in Kurzform dargestellt. Eine ausführliche Darstellung findet sich ggf. in den entsprechenden Spezialkapiteln zur Interfacetechnik.

- ***Accumulator (ACC):*** Der Akkumulator (Register A) ist das Hauptarbeitsregister der CPU. Hier werden logische und arithmetische Verknüpfungen durchgeführt. Das im Programm Statuswort (PSW) im SFR vorhandene Carry Flag ist das Arbeitsregister des Boolschen Prozessors.
- ***B Register:*** Es ist ein Hilfsregister, das den Akkumulator bei der Multiplikation und Division unterstützt. Es kann auch für allgemeine Anwendungen als Datenquelle oder –sinke dienen.
- ***Program Status Word (PSW):*** Es enthält 6 Flags, die den jeweils aktuellen Zustand des Operandenteils im Controller 8051 enthalten: Carry (CY), Auxiliary Carry (AC), Overflow (OV), Parity (P) und zwei durch den Benutzer definierbare Flags. Weiterhin sind zwei Selektbits (RS1, RS0) zur Auswahl einer von vier Registerbänken als Arbeitsregisterbank vorhanden.

Tab. 9.6: Das Program Status Word PSW des Mikrocontrollers 8051

MSB	6	5	4	3	2	1	LSB	**PSW**
CY	AC	F0	RS1	RS0	OV	-	P	

Das Register PSW ist bitadressierbar. Es enthält die 5 Flags des Operandenbereichs im 8051 und 2 Bit zur Auswahl der aktiven Registerbank. Die Bits bedeuten:

Bit	**Adresse**	**Funktion**
CY	**PSW.7**	***Carry Flag:*** Boolscher Akkumulator; Übertragsbit bei Addition; Borgerbit bei Subtraktion
AC	**PSW.6**	***Auxiliary Carry Flag:*** Hilfsflag für BCD-Arithmetik
F0	**PSW.5**	***Flag 0:*** Freies Flag für allgemeine Anwendungen
RS 1	**PSW.4**	***Register Bank Selector Bit 1:*** MSB der aktiven Registerbank-Nummer
RS 0	**PSW.3**	***Register Bank Selector Bit 0:*** LSB der aktiven Registerbank-Nummer
OV	**PSW.2**	***Overflow Flag:*** Überlaufindikator für arithmetische Operationen: Division durch 0 und Zweierkomplementüberlauf
-	**PSW.1**	***User definable Flag:*** Freies Flag für allgemeine Anwendungen
P	**PSW.0**	**Partity Flag:** Falls Akkumulatorinhalt ungerade Parität hat: P=1 und sonst P=0

- ***Interrupt Priority Register (IP):*** Der Mikrocontroller 8051 verfügt über fünf Interruptquellen (Timer 0, Timer 1, External 0, External 1, Serial Port). Jede Interruptquelle ist durch 1 Bit vertreten. Ist dieses Bit=1, gilt die Quelle als hoch, andernfalls als niedrig priorisiert. Dabei gilt:
  - Hoch priorisierte Interruptquellen können sich nicht gegenseitig, wohl aber niedrig priorisierte unterbrechen.
  - Niedrig priorisierte Interrupts können sich nicht gegenseitig unterbrechen

Detailliert ist das IP-Register im Kap. 9.5.1.7 dargestellt.

- ***Interrupt Enable Register (IE):*** Der Mikrocontroller 8051 verfügt über fünf Interruptquellen (Timer 0, Timer 1, External 0, External 1, Serial Port). Jede Interruptquelle ist durch 1 Bit vertreten, mit dem die zugeordneten Quellen individuell maskiert (0) oder freigeschaltet (1) werden können. Zusätzlich ist eine generelle Maskierung aller Interrupts durch ein weiteres Bit (EA=1) möglich. Detailliert ist das IE-Register im Kap. 9.5.1.7.1 dargestellt.
- ***Port 3, Port 2, Port 1, Port 0:*** Die vier Ports des 8051 verfügen über insgesamt 32 bidirektionale digitale I/O-Interface-Anschlüsse, die sowohl byte- als auch bit-adressierbar sind. Alternativ können die Ports P0 und P2 bei Zugriffen auf externe Speicher die erforderlichen Adressen und Port 0 zusätzlich Datenbytes liefern. Port 3 kann in alternativer Betriebsweise als serielles Interface arbeiten und weitere Steuersignale handhaben.
- ***Serial Control Register (SCON):*** Mit zwei Bits kann die Baudrate der seriellen Schnittstelle eingestellt werden. Zwei weitere Bits gestatten die Verwaltung der Paritätsinformation. Zwei Bits liefern Sende- und Empfangs-Interruptsignale. Mit einem Bit kann der Empfangskanal abgeschaltet werden und ein letztes Bit dient der Kommunikation bei Multicontrollerbetrieb.
- ***Timer/Counter Control Register (TCON):*** Mit zwei Bits dieses Registers können die beiden Timer ein- bzw. ausgeschaltet werden, zwei weitere Bits signalisieren Timerüberläufe, die Interrupts auslösen können. Die vier restlichen Flags legen fest, ob externe Interruptsignale an den Port 3-Anschlüssen ¬INT0/¬INT1 mit neg. Signalflanken (IT0/IT1=1) oder mit L-Zustand (IT0/IT1=0) Interrupts auslösen können.

Im Folgenden wird die Bedeutung der 9 ausschließlich byteadressierbaren Steuer-/Statusregister des SFR in Kurzform dagestellt. Eine ausführliche Darstellung findet sich in den entsprechenden Spezialkapiteln zur Interfacetechnik..

- ***Serial Data Buffer (SBUF):*** Dieses Register fungiert für die serielle Übertragung als 1-Byte-Datenpuffer, der als Schnittstelle zu den seriellen Sende- und Empfangsregistern dient. Schreiben nach SBUF lädt das Senderegister, Lesen von SBUF liefert ein Byte aus dem Empfangsregister.
- ***Timer/Counter 1 (High/Low), Timer/Counter 0 (High/Low) (TH1, TL1, TH0, TL0):*** Für die beiden 16-Bit-Zeitgeber/Zähler-Komponenten Timer 1 und Timer 0 sind im SFR vier Bytes als Zählregister reserviert. TH bezeichnet die Higher Bytes und TL die Lower Bytes der beiden Timer. Auf diese Register kann sowohl schreibend als auch lesend zugegriffen werden.
- ***Timer/Counter Mode Register (TMOD):*** Dieses Steuerbyte ist in zwei Halbbytes unterteilt. Das höherwertige Halbbyte ist Timer 1 zugeordnet und das andere Timer 0. Jedes Halbbyte bestimmt Betriebsart und Startbedingung des zugeordneten Timers. Die Startbedingung für jeden Timer ist H-Pegel an einem zählerspezifischen Interrupteingang des Ports 3.
- ***Datenpointer High, Datenpointer Low (DPH, DPL):*** Im Mikrocontroller 8051 wird für die register-indirekte Adressierungsart (s.S.391) ein 16-Bit-Datenpointer (Data Pointer, DPTR) verwendet. DPL ist das lower und DPH das higher Byte dieses Datenpointers.

- ***Stack Pointer (SP):*** Der 8-Bit-Stackpointer dient zur indirekten Adressierung des Stack-Speichers und wird von der CPU verwaltet. Er zeigt stets auf das per PUSH-Befehl zuletzt auf den Stack gespeicherte Byte, bzw. auf das nächste per POP-Befehl aus dem Stack zu lesende Byte. Anders als bei Standard-Mikroprozessoren wächst beim Controller 8051 der Stack in Richtung steigender Adressen. Der SP-Inhalt ist beliebig im internen RAM-Bereich plazierbar. Nach einem RESET wird der SP automatisch mit 07H initialisiert. Der Stack belegt dann das interne RAM ab der Adresse 08H.

9.5.1.3 Parallele I/O-Ports (8 Bit)

Der Mikrocontroller 8051 hat vier parallele I/O-Ports mit je acht bidirektionalen digitalen Anschlüssen. Jeder davon kann separat als Ein- oder Ausgang genutzt werden. Jeder Port hat ein Latch im SFR, einen Ausgangstreiber und einen Eingangspuffer.

Die Ausgangstreiber von Port 0 und 2 und die Eingangspuffer von Port 0 werden beim Zugriff auf externe Speicher benutzt. Port 0 liefert in diesem Fall das Lbyte der externen Speicheradresse und im Zeitmultiplex damit werden die Speicherdaten geschrieben oder gelesen. Port 2 stellt dann das Hbyte der Adresse zur Verfügung. Falls für die Adresse weniger als 16 Bit benötigt werden, liefern die restlichen Bits den Inhalt des zugeordneten Portpuffers im SFR.

Tab. 9.7: Übersicht über die Portanschlüsse des Mikrocontrollers 8051

Portanschluss	Bemerkung	Alternative Funktion
P0.0...P0.7	treibt 8TTL-LS-Lasten, bitadressierbar, ohne Pull-Up-Widerstand	Lbyte der Adresse/Datenbyte
P1.0...P1.7	treibt 4TTL-LS-Lasten, bitadressierbar, Pull-Up-Widerstand vorhanden (10-40 kΩ)	
P2.0...P2.7	treibt 4TTL-LS-Lasten, bitadressierbar, Pull-Up-Widerstand vorhanden(10-40 kΩ)	Hbyte der Adresse
P3.0...P3.7	treibt 4TTL-LS-Lasten, bitadressierbar, Pull-Up-Widerstand vorhanden (10-40 kΩ)	
P3.0		RxD serieller Eingang
P3.1		TxD serieller Ausgang
P3.2		¬INT0 externer Interrupt 0
P3.3		¬INT1 externer Interrupt 1
P3.4		T0 Takteingang Zähler0
P3.5		T1 Takteingang Zähler1
P3.6		¬ WR schreiben (ext.RAM)
P3.7		¬RD lesen (ext.RAM)

Die Ein- und Ausgänge der Ports können auch für besondere Aufgaben (alternate Functions) benutzt werden (Tab. 9.7). In dem Fall stehen sie nicht mehr als Port zur Verfügung. Diese alternativen Funktionen sind nur dann aktiviert, wenn das zugeordnete Bit-Latch im SFR Einsen enthält, andernfalls führen die Portanschlüsse Nullen.

9.5.1.3.1 Die Ein-/Ausgabe-Hardware

Aufgrund der verschiedenen Aufgaben der einzelnen Ports unterscheiden sich auch ihre Hardware-Konfigurationen, wie Bild 9.19 zeigt. Übereinstimmend verfügen aber alle vier Ports über Ein-/Ausgabe-Puffer und die im SFR angeordneten Bit-Latches P0...P3. Letztere sind als D-Flipflops realisiert und ermöglichen folgende Funktionen:

1. Die CPU lädt mit "Write to Latch" vom internen Bus einen Wert in das Flipflop.
2. Der Q-Ausgang des Flipflops wird mit dem Signal "Read Latch" auf den internen Bus gegeben.
3. Das Signal "Read Pin" liest den Wert am Portanschluss auf den internen Bus.

Einige Befehle des 8051 , die lesend auf einen Port zugreifen, benutzen das Steuersignal Read Latch und andere das Steuersignal Read Pin (s. Kap. 9.5.1.3.2).

Wie die Teilbilder a) und c) zeigen, lassen sich die Ausgangstreiber der Ports 0 und 2 durch Steuersignale an den internen Adress-/Daten-Bus oder den Adress-Bus anschließen, um auf externe Speicher zugreifen zu können. Bei externen Speicherzugriffen bleibt das P2-SFR unverändert, aber das P0-SFR wird mit "1" beschrieben.

Wenn das Latch des Ports 3 eine "1" enthält, wird der Zustand des Portanschlusses P3.X durch das Signal "Alternate Output Function" bestimmt, also eine Alternativfunktion des Ports ausgeführt.

Der Port 0 verfügt über Open-Drain-Anschlüsse. Der obere (Pull-Up-) FET ist nur dann aktiv, wenn während externer Speicherzugriffe Einsen übertragen werden. Andernfalls handelt es sich um echte Open-Drain-Anschlüsse. Liegt im Bit-Latch eine Eins vor, sind beide FETs stromlos, die Anschlüsse also hochohmig. In diesem Zustand kann Port 0 als hochohmiger Eingang betrieben werden. Port 0 lässt sich daher als echter bidirektionaler Port ansehen, da im Eingabebetrieb das Potential nur durch die Datenquelle bestimmt wird.

Die Ports 1, 2 und 3 verfügen dagegen über interne (elektronische) Pull-Up-Widerstände (s.Bilder 9.19 und 9.20). Werden die Anschlüsse als Eingänge betrieben (SFR-Latches enthalten Einsen und die FETs der Ausgangstreiber sind abgeschaltet), treiben sie infolge der Pull-Up-Widerstände Strom durch die Ausgänge der Datenquelle, falls diese die Spannung auf Nullpotential ziehen. Daher bezeichnet man diese Anschlüsse auch als "quasi bidirektional".

Während einer Reset-Operation werden alle Ports mit Einsen beschrieben und sind daher als Eingänge konfiguriert. Falls später Port-Latches mit Null beschrieben werden, können sie durch Beschreiben mit Eins wieder als Eingänge konfiguriert werden.

Bild 9.20 zeigt die Pull-Up-Hardware in den Ports 1, 2 und 3 des Controllers 8051.

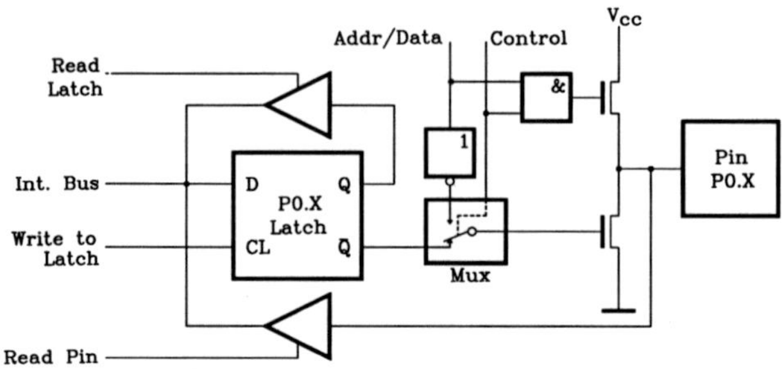

a) Port 0

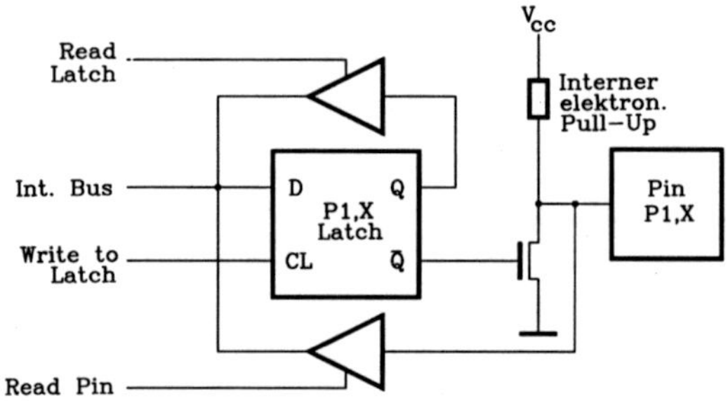

b) Port 1

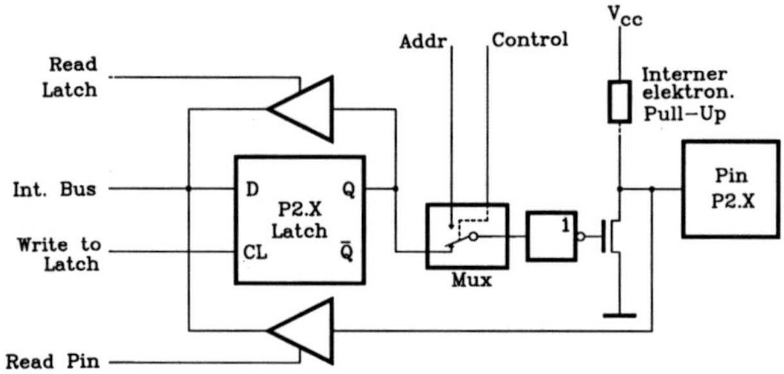

c) Port 2

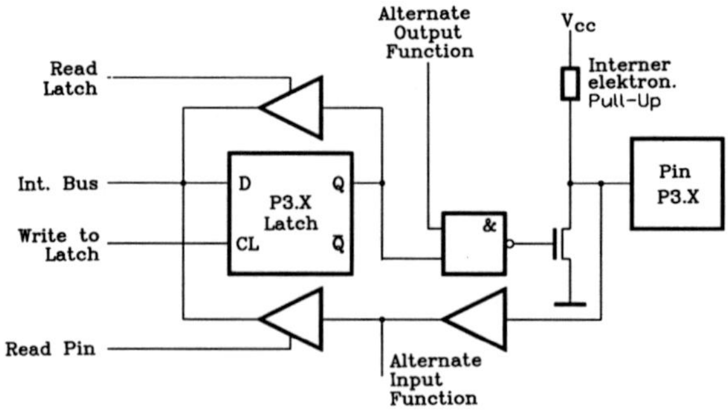

d) Port 3

Bild 9.19: Hardware der vier 8051-Ports. Der Anschluss CL der Latches bedeutet "Clock".

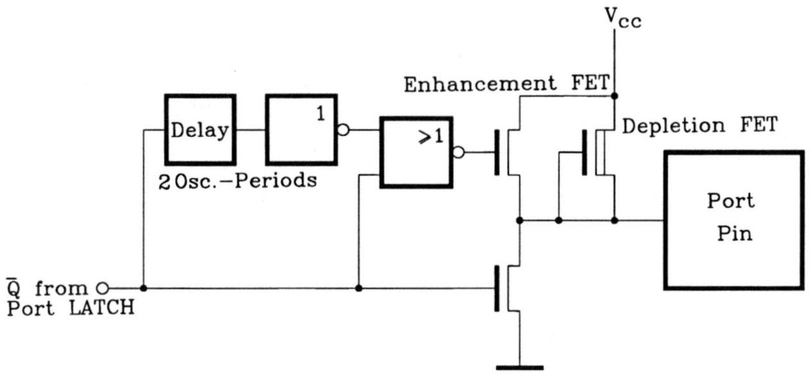

Bild 9.20: Realisierung der Pull-Up-Hardware in den Ports 1, 2 und 3 des Mikrocontrollers 8051. Port 0 enthält stattdessen einen echten Open-Drain Anschluss.

Der interne Pull-Up-Widerstand ist als Depletion Mode FET realisiert, bei dem Gate und Source miteinander verbunden sind. Erfolgt beim Portzugriff ein Signalwechsel von 0 nach 1, liefert dieser Transistor einen Strom von ca. 0,25 mA, wenn der Portanschluss Nullpotential hat. Zusätzlich wird während dieser Phase kurzfristig der parallel geschaltete Enhancement Mode FET aktiv, der bei Nullpotential am Portanschluss einen zusätzlichen Strom von ca. 30 mA liefert. Diese Technik sorgt für eine schnelle Aufladung von kapazitiver Last, d.h. die Signalflanken werden sehr steil.

9.5.1.3.2
Die Read-Modify-Write-Technik bei den Ports des 8051

Im Befehlssatz des 8051 sind Port-Lese-Befehle enthalten (Zieloperand ist ein Port oder ein Portanschluss), die das Port-Register lesen und andere, die direkt den Signalpegel am Portanschluss lesen. Befehle, die zunächst das Port-Register lesen, gehören zu einer Gruppe, die den Registerinhalt lesen, ihn eventuell verändern und dann ins Register zurück schreiben. Diese Gruppe heißt "Read-Modify-Write-Befehle".

Tab. 9.8: Port-Lese-Befehlsgruppe des Mikrocontrollers 8051 nach dem READ-MODIFY-WRITE-Prinzip

Befehl	**Funktion**	**Beispiel**
ANL adr, ...	Logisches AND	ANL P1, A
ORL adr, ...	Logisches OR	ORL P2, A
XRL adr, ...	Logisches EXOR	XRL P3, A
JBC adr, ...	Sprung wenn BIT=1 und lösche BIT	JBC P1.1, Marke
CPL PX.Y	Complement BIT	CPL P3.0
INC adr, ...	Increment	INC P2
DEC adr, ...	Decrement	DEC P1
DJNZ adr, ...	Decrement und springe, wenn nicht	DJNZ P3, Marke
MOV PX.Y,C	MOV Carrybit nach Port X, Bit Y	MOV P1.4, C
CLR PX.Y	Clear Bit Y in Port X	CLR P1.7
SETB PX.Y	Set Bit Y in Port X	SET P3.5

Der Grund für dieses Vorgehen ist, dass Fehlinterpretationen durch sich ändernde oder unbestimmte Signalpegel an den Portanschlüssen vermieden werden. Treibt ein Portanschluss beispielsweise die Basis eines externen Bipolartransistors mit "1", ist der Transistor eingeschaltet und am Portpin liegt die Durchlassspannung der Basis-Emitter-Diode von ca. 0,7V, die beim Lesen des Pins als "0" missinterpretiert werden kann. Wird dagegen der entsprechende Registerinhalt gelesen, ergibt sich der korrekte Wert, nämlich "1". In Tab. 9.8 ist die entsprechende Befehlsgruppe aufgeführt.

9.5.1.3.3 Das Zeitverhalten beim Beschreiben eines Ports

Bei der Ausführung eines Befehls, der den Inhalt des Port-Latchs ändert, erreicht der neue Wert das Latch während S6P2 im letzten Maschinenzyklus des Befehls. Das Port-Latch wird vom Ausgangspuffer jedoch nur während der Phase 1 jeder Taktperiode abgetastet (während Phase 2 hält der Ausgangspuffer den Wert von der vorhergehenden Phase 1). Daher erscheint der Inhalt des Latchs erst bei der nächsten Phase 1, also im ersten Maschinenzyklus des Folgebefehls während S1P1 (s. Bild 9.43).

9.5.1.4 Die Timer des Mikrocontrollers 8051

Der Mikrocontroller 8051 enthält zwei 16-Bit-Timer/Counter, Timer/Counter 0 und Timer/Counter 1, die wahlweise als Timer (Zeitgeber) oder Counter (Ereignis-Zähler) eingesetzt werden können. Für jeden von ihnen sind im SFR zwei 8-Bit-Register als Zählregister vorhanden, die auch als 16-Bit-Register nutzbar sind: TH0 und TL0 für Timer/Counter 0 bzw. TH1 und TL1 für Timer/Counter 1. Die Auswahl zwischen den Betriebsfunktionen Timer bzw. Counter geschieht durch Programmierung des Steuerbits C/¬T im Timer/Counter Mode Control Register TMOD. Weitere Steuermöglichkeiten bestehen durch das Timer/Counter Control Register TCON. Beide Register befinden sich im SFR und werden weiter unten erläutert.

- Im ***Timer-Betrieb*** ist der Zähler an einen internen Controllertakt angeschlossen, der das Zählregister mit jedem Maschinenzyklus inkrementiert. Da ein Maschinenzyklus des Mikrocontrollers 8051 stets 12 Oszillatorperioden benötigt, entspricht das einer Arbeitsweise, bei der die Timer-Eingänge über einen 12:1-Frequenzteiler an den internen Takt angeschlossen sind.
- Im ***Counter-Betrieb*** wird das betreffende Zählregister durch eine fallende Flanke am Eingang T0 (Portanschluss P3.4) bzw. T1(Portanschluss P3.5) inkrementiert. Dabei tastet die Hardware in jedem Maschinenzyklus während S5P2 den Pegel des Eingangssignals ab. Ist der Pegel in einem Maschinenzyklus "1" und im folgenden "0", wurde die Flanke erfasst. Das Register wird dann im folgenden Maschinenzyklus (S3P1) inkrementiert. Da die Erfassung der Flanke zwei Maschinenzyklen, d.h. 24 Oszillatorperioden, benötigt, beträgt die maximale Zählfrequenz 1/24 der Oszillatorfrequenz.

Im Folgenden werden die beiden Timer/Counter vereinfacht als Timer 0 und Timer 1 bezeichnet. Beide Timer verfügen über vier Betriebsarten (Modes) 0, 1, 2 und 3, die durch Programmierung eines Bitpaares (M1, M0) im Timer/Counter Mode Control Register TMOD ausgewählt werden (s. Tab. 9.9).

Tab. 9.9: Das Timer/Counter Mode Control Register TMOD des Mikrocontrollers 8051 (nicht bitadressierbar)

Timer 1				Timer 0			
MSB	6	5	4	3	2	1	LSB
GATE	C/¬T	M1	M0	GATE	C/¬T	M1	M0

TMOD

Das nicht bitadressierbare Steuerregister TMOD ist in zwei Hälften unterteilt, jede von ihnen ist für einen Timer zuständig. Die Steuerbits bedeuten:

- **Gate:** Falls Gate=1 gilt, wird z.B. der Timer 1 nur dann aktiviert, wenn ¬INT1=1 (Porteingang P3.3) und Steuerbit TR1=1 sind (Timer/Counter Control Register, TCON). Falls GATE=0 gilt, wird z.B. Timer 1 immer dann aktiviert, wenn TR1=1 gilt.
- **C/¬T:** Dieses Bit legt die Funktion des Counters/Timers fest. Mit C/¬T=0 arbeitet er als Zeitgeber (Timer, interner Systemtakt) und mit C/¬T=1 als Zähler (Counter, externer Takt).
- **M1, M0:** Diese beiden Bits legen die Betriebsart des Counters/Timers fest:

M1	M0	Betriebsart (MODE) des Counters/Timers
0	0	13-Bit-Timer/Counter: THx ist das 8-Bit-Timer/Counter-Register und TLx ein 5-Bit-Vorteiler (8048-Mode)
0	1	16-Bit-Timer/Counter: THx und TLx sind kaskadiert.
1	0	8-Bit-Auto-Reload Timer/Counter: THx speichert den Voreinstellwert, der beim Überlauf nach TLx kopiert wird.
1	1	Timer 0: TL0 ist ein 8-Bit Timer/Counter, gesteuert durch die Timer 0-Steuerbits Timer 0. TH0 ist ein 8-Bit Timer, gesteuert durch die Timer 1-Steuerbits Timer 1: Timer/Counter stoppt

Tab. 9.10: Das Timer/Counter Control Register TCON des Mikrocontrollers 8051 ist bitadressierbar und enthält Status-/Steuerinformationen.

MSB	6	5	4	3	2	1	LSB
TF1	TR1	TF0	TR0	IE1	IT1	IE0	IT0

TCON

Das Register TCON enthält Status-/Steuerinformationen und ist bitadressierbar. Die einzelnen Bits bedeuten:

Bit	Adresse	Funktion
TF1	TCON.7	***Timer 1 Overflow:*** Hardware setzt Flag bei Zähler/Zeitgeber-Überlauf und löscht Flag bei Sprung in die Interruptroutine
TR1	TCON.6	***Timer 1 Run Control***: Durch Software gesetzt / rückgesetzt: Zähler/Zeitgeber 1 ein / aus
TF0	TCON.5	***Timer 0 Overflow:*** Hardware setzt Flag bei Zähler/Zeitgeber-Überlauf und löscht Flag bei Sprung in die Interruptroutine
TR0	TCON.4	***Timer 0 Run Control:*** Durch Software gesetzt / rückgesetzt: Zähler/Zeitgeber 0 ein / aus

IE1	TCON.3	*Interrupt 1 Edge:* Fallende Flanke am ext. Interrupteingang ¬INT1 setzt dieses Flag hardwaremäßig und löscht es bei Sprung in die Interruptroutine
IT1	TCON.2	*Interrupt Type 1 Control:* Dieses Steuerbit wird per Software gesetzt / rückgesetzt und bestimmt die Triggerbedingung am externen Interrupteingang ¬INT1. 1: Triggert bei negativer Flanke; 0: Triggert bei Low Pegel
IE0	TCON.1	*Interrupt 0 Edge:* Fallende Flanke am ext. Interrupteingang ¬INT0 setzt dieses Flag hardwaremäßig und löscht es bei Sprung in die Interruptroutine
IT0	TCON.0	*Interrupt Type 0 Control:* Dieses Steuerbit wird per Software gesetzt / rückgesetzt und bestimmt die Triggerbedingung am externen Interrupteingang ¬INT0. 1: Triggert bei negativer Flanke; 0: Triggert bei Low Pegel

Die Modes 0, 1, und 2 sind für beide Timer gleich, nicht jedoch Mode 3. Im Folgenden werden die vier Betriebsarten mit Funktionsschaltbildern detailliert erläutert.

9.5.1.4.1
Der Timer-Mode 0

Dieser Mode ist für beide Timer gleich und kompatibel zum Vorgänger des Controllers 8051, dem 8048, bei dem ein voreinstellbarer 5-Bit-Frequenzteiler und ein nachfolgender 8-Bit-Zähler vorgesehen ist.

Beim 8051 arbeitet das Timer-Register mit 13-Bit (s. Bild 9.21), davon belegt der Frequenzteiler die niederwertigen 5 Bits der Register TL0/TL1, die 3 höherwertigen Bits sind ohne Bedeutung. Der 8-Bit-Zähler arbeitet mit den Registern TH0/ TH1.

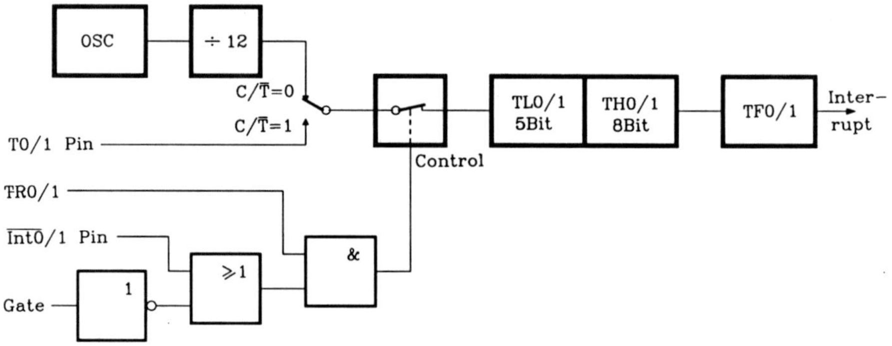

Bild 9.21: Blockschaltbild der beiden Timer/Counter 0/1 des Controllers 8051 im Mode 0

Falls im 13-Bit-Zähler ein Überlauf zum Ergebnis 000...000 stattfindet, wird das Timer-Interruptflag TF0 bzw. TF1 gesetzt, das sich im Timer/Counter Control Register TCON im SFR befindet.

Der Zählereingang kann durch zusätzliche Steuersignale gesperrt oder aktiviert werden. Er wird z.B. für den Timer 1 aktiviert mit TR1=1 und entweder Gate=0 oder ¬INT1=1. Falls Gate=1 gilt, kann der Timer über den externen Eingang ¬INT1 (Port

P3.3) gesteuert werden. Der Zähler ist dann nur dann aktiv, wenn High-Pegel an ¬INT1 liegt. Damit kann auf einfache Weise eine Pulsbreite gemessen werden.

9.5.1.4.2
Der Timer-Mode 1

Mode 1 arbeitet für beide Timer mit 16 Bit-Registern und entspricht sonst Mode 0.

9.5.1.4.3
Der Timer-Mode 2

Mode 2 ist für beide Timer gleich. Diese Betriebsart konfiguriert z. B. im Timer 1 die Zählregister TL1 als 8-Bit-Zähler und TH1 als Reloadregister (s. Bild 9.22). Falls im Zählregister TL1 ein Überlauf auftritt, wird nicht nur das Interruptflag TF1 gesetzt, sondern der Inhalt des Reloadregisters TH1, der softwaremäßig vorgegeben sein muss, in das Zählregister kopiert.

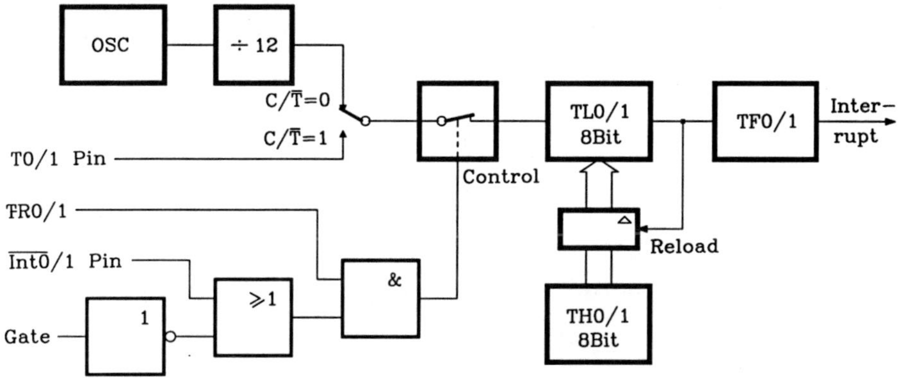

Bild 9.22: Blockschaltbild der beiden Timer/Counter 0/1 des Controllers 8051 im Mode 2

9.5.1.4.4
Der Timer-Mode 3

Mode 3 wirkt unterschiedlich auf die beiden Timer (s. Bild 9.23):

Timer 1 speichert den aktuellen Zählerstand. Dieses hat die gleiche Wirkung, als wenn TR1 rückgesetzt ist.

Timer 0 wird in zwei unabhängige 8-Bit-Zähler mit den Registern TL0 und TH0 aufgeteilt (s. Bild 9.23). Für den TL0-Zähler gilt das Steuerkonzept mit C/¬T, Gate, TR0, ¬INT0 und TF0, wie unter Mode 1 beschrieben. Der zweite 8-Bit-Timer auf der Basis des Registers TH0 zählt die Maschinenzyklen und nutzt die nun freien Steuerelemente TR1 und TF1 vom Timer 1.

Die Betriebsart Mode 3 ist für solche Fälle gedacht, wo im Mikrocontroller 8051 drei Timer benötigt werden. Arbeitet Timer 0 im Mode 3, kann Timer 1 in seinen eigenen Betriebsarten aus- und eingeschaltet werden, indem Mode 3 für Timer 1 aktiviert wird (Timer 1 stoppt) oder jeder andere Mode für Timer 1 vorgegeben wird (Timer 1 startet). Timer 1 kann z.B. als Baudraten-Generator für die serielle Schnittstelle oder aber für andere Zwecke verwendet werden, soweit er keine Überlauf-Interrupts erzeugen muss.

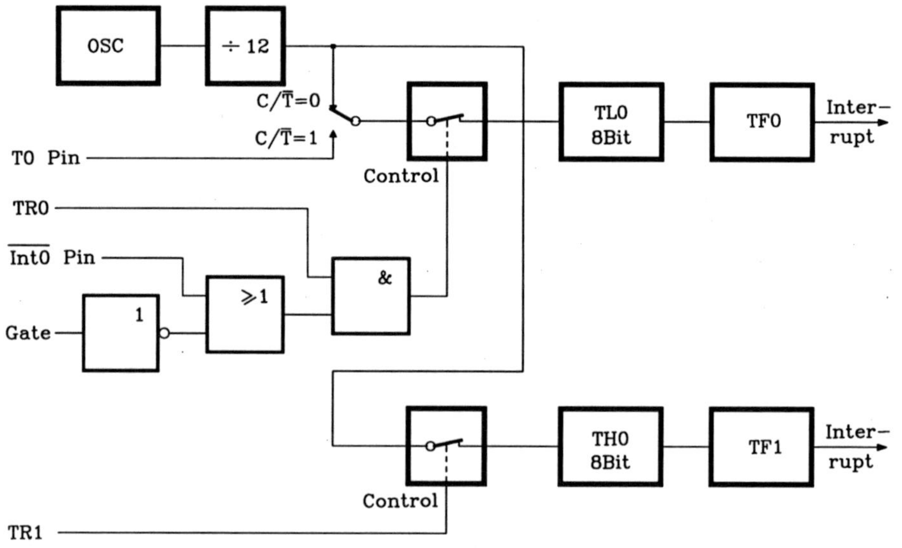

Bild 9.23: Blockschaltbild für den Timer/Counter 0 des Controllers 8051 im Mode 3

9.5.1.5 Grundlagen der seriellen Datenübertragung gemäß V.24 und RS-232C

Serielle Schnittstellen gemäß V.24 unterscheiden sich von parallelen generell dadurch, dass

1. weniger Datensender, -empfänger und -leitungen nötig sind. Dieses ist ein Vorteil insbesondere bei längeren Verbindungen.
2. kleinere Datenraten erzielbar sind.

Unter den bitseriell arbeitenden Schnittstellen unterscheidet man noch

3. synchrone, also in einem festen Taktraster und ohne Lücken arbeitende, und
4. asynchron arbeitende. Hierbei wird jeweils ein Zeichen, entsprechend einer bestimmten Bitanzahl, durch einen Synchronisationsrahmen umgeben, der aus einem Startschritt und einem oder zwei Stoppschritten besteht. Die Synchronisation geschieht daher für jedes Zeichen neu, d.h. der Zeitpunkt des Eintreffens ist gleichgültig (Start-Stopp-Verfahren). Die getrennten Taktgeneratoren in Sender und Empfänger müssen nur während eines Zeichens Synchronismus gewährleisten. Das ist erfüllt, wenn sie auf die gleiche Baudrate eingestellt sind.

Weiterhin unterscheidet man

1. Spannungsschnittstellen (RS-232C, RS-422, RS-423 und V.24), bei denen die Logik-Pegel durch vorgegebene Spannungsbereiche repräsentiert werden und
2. Stromschnittstellen (TTY–; 20mA–), bei denen die Logik-Pegel durch Ströme dargestellt werden (z.B. H-Pegel = 20 mA; L-Pegel = 0 mA bei Einfachstrombetrieb). Der Vorteil liegt darin, dass Übergangswiderstände auf dem Übertragungsweg innerhalb gewisser Grenzen keine Rolle spielen.

In der folgenden Tabelle sind einige serielle Schnittstellen mit ihren charakteristischen Daten zusammengestellt:

Tab. 9.11: Typische Daten einiger serieller Schnittstellen

Kenngrößen	**V.24**	**RS–232C**	**TTY**	**RS–422**	**RS–423**
Max. Leitungslänge/m	30	30	> 30	1500	1500
Max. Übertragungsrate/kBd	19,2	19, 2	19,2	1000	100
Besondere Merkmale	Sehr weit verbreitet		Strom-schnittstelle 20mA	symm. Spezielle Leitungs-treiber vorgesehen	asymm.

Serielle Schnittstellen werden zur Verbindung von Rechnern mit Druckern, Sichtgeräten, Modems und anderen Rechnern benutzt. Als genormter Stecker wird ein 25-poliger Miniatur-D-Stecker (z.B. Cannon 7529) eingesetzt.

9.5.1.5.1
Die seriellen Schnittstellen RS-232C und V.24

Bei der Schnittstelle RS-232C handelt es sich um eine serielle bidirektionale asynchrone Schnittstelle entsprechend der US- Industrienorm nach EIA (Electronic Industries Associated). Das international nach CCITT (Comité Consultatif International Telegrafique et Telefonique; wurde inzwischen ersetzt durch ITU-T) genormte Pendant zu RS-232C ist die Schnittstelle V.24, die auch in DIN 66020/66021 genormt ist. Allerdings sind bei V.24 einige Daten mehr festgelegt als bei RS-232C. Trotzdem können folgende Parameter noch frei vereinbart werden:

1. Zahl der Informationsbits/Zeichen (5 bis 8)
2. Übertragung mit oder ohne Paritätsbit
3. Gerade oder ungerade Parität, falls mit Paritätsbit
4. Anzahl der Stop-Bits (1 oder 2)
5. Baudrate. Standardmäßig festgelegt sind: 110, 150, 200, 300, 600, 1200, 2400, 4800, 9600 und 19200 Bd

Das Datenformat für die asynchrone serielle Übertragung z.B. des ASCII-Zeichens "S" ist in Bild 9.24 dargestellt. Dabei gelten einige Besonderheiten:

- Die Steuersignale werden in pos. Logik dargestellt, z.B. DTR (Data Terminal Ready) ist wahr für (+3...+15V).
- Die Zeichenkodierung im Kanal erfolgt in negativer Logik nach dem
  - Baudot-Kode (5 bit) im ehemaligen Fernschreib-Netz oder dem
  - ASCII-Kode (7 bit) (American Standard Code for Information Interchange) für andere Anwendungen.

- Ts entspricht der Schrittdauer, z.B. Ts = 1s/9600 = 104 µs bei einer Übertragungsrate von 9,6 kBd.
- Bei der Schnittstelle V.24 beträgt die maximale Rate 19,2 kBd.
- Die auf den Übertragungskanal führenden Signale werden in Treibern in der Regel invertiert, d.h. die Bausteinanschlüsse lauten TxD bzw. RxD.
- Die Datenübertragung zwischen zwei Geräten wird durch Datenübertragungsprotokolle koordiniert. Bei V.24 gibt es drei verschiedene:

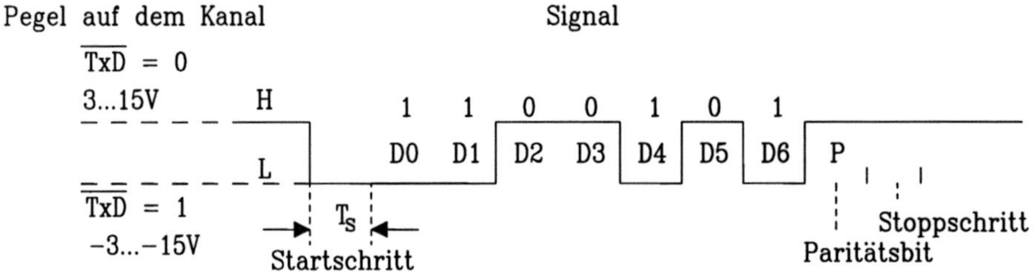

Bild 9.24: Datenformat zur Übertragung des ASCII-Zeichens "S" = 53H mit einem Stop bit bei der V.24 – Schnittstelle

a) ***RDY/BSY – Prozedur:*** Hierbei wird eine ordnungsgemäße Kommunikation hardwaremäßig über zusätzliche Anschlüsse sichergestellt. Zur Signalisierung des Status "Ready" (bereit zum Datenempfang) oder "Busy" (Gerät ist beschäftigt) wird im einfachsten Fall nur eine Leitung benötigt, nämlich DTR (Data Terminal Ready, Pin 20). Führt sie H-Pegel, besteht Empfangsbereitschaft, führt sie L-Pegel, liegt der Busy-Status vor. Für Vollduplexbetrieb sind daher fünf Leitungen nötig.

Die beiden anderen Protokolle arbeiten softwaremäßig mit ASCII- Zeichen auf den Datenleitungen. Daher sind auch bei Vollduplexbetrieb nur drei Leitungen nötig.

b) ***ETX/ACK-Prozedur:*** Bei dieser Prozedur werden die ASCII-Zeichen ETX (End of Text = 03H) und ACK (Acknowledge = 06H) verwendet. Ist das Datenempfangsgerät bereit, Daten anzunehmen (DTR positiv), sendet es ACK an den Datensender. Dieser sendet einen Datenblock, der mit ETX abgeschlossen wird. Erkennt der Datenempfänger das ETX-Zeichen und ist er bereit, neue Daten aufzunehmen, quittiert er den Empfang des Datenblocks durch Aussenden von ACK an den Datensender und signalisiert damit gleichzeitig, dass ein neuer Datenblock gesendet werden kann. Das Zeichen ETX muss im Datenfluss des Datensenders entsprechend der Pufferkapazität des Datenempfängers angeordnet sein.

c) ***XON/XOFF-Prozedur:*** Hierfür werden die ASCII-Zeichen XON (DC1 = Device Control 1 = 11H) und XOFF (Device Control 3 = 13 H) verwendet. Das Datenempfangsgerät sendet bei Empfangsbereitschaft (Ready) den XON-Kode, im anderen Fall den XOFF-Kode (Busy).

Die wichtigsten Signale einer V.24-Schnittstelle sind in Tab.9.12 angegeben.

Tab. 9.12: Die wichtigsten Signale einer V.24-Schnittstelle

Pin Nr.	Signalname	Kurzzeichen	Ausg.	Eing.	Bedeutung
2	Transmit Data	TxD	x		Sendedaten
3	Received Data	RxD		x	Empfangsdaten
4	Request to Send	RTS	x		Modemsteuerung
5	Clear to Send	CTS		x	Senderfreigabe
6	Data Set Ready	DSR		x	Modemsteuerung
7	Signal Ground	SG			Bezugspotential
20	Data Terminal Ready	DTR	x		Modemsteuerung

Viele Schnittstellenbausteine für die serielle Datenübertragung lassen auch eine synchrone Übertragung zu. Hierbei werden aufeinanderfolgende Zeichen lückenlos in einem konstanten Zeitraster übertragen. Falls kein Zeichen zur Sendung ansteht, werden automatisch Synchronisationszeichen (wahlweise 1 oder 2 verschiedene) eingefügt. Damit wird eine Synchronisation auf die Zeichenanfänge erreicht. Das Datenformat sieht dann z.B. folgendermaßen aus:

Mit getrennten Sende- und Empfangs- Taktgeneratoren sind in diesem Fall die Präzisionsanforderungen sehr hoch, daher werden Sende- und Empfangstakt (TxC, RxC) häufig (falls möglich) vom peripheren Gerät vorgegeben (z.B. synchrone Datenstationen, Datenblatt 8251A).

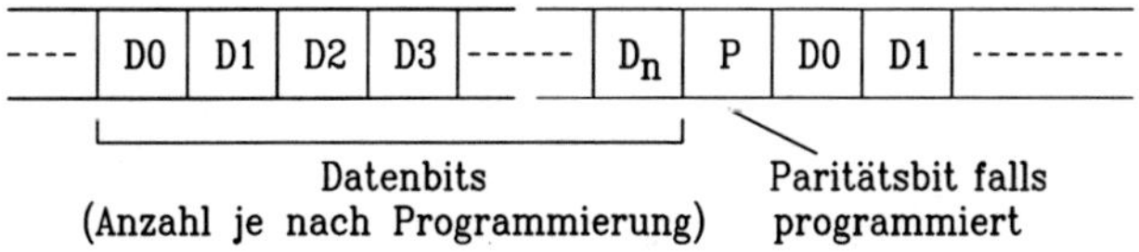

Bild 9.25: Format einer seriellen synchronen Datenübertragung

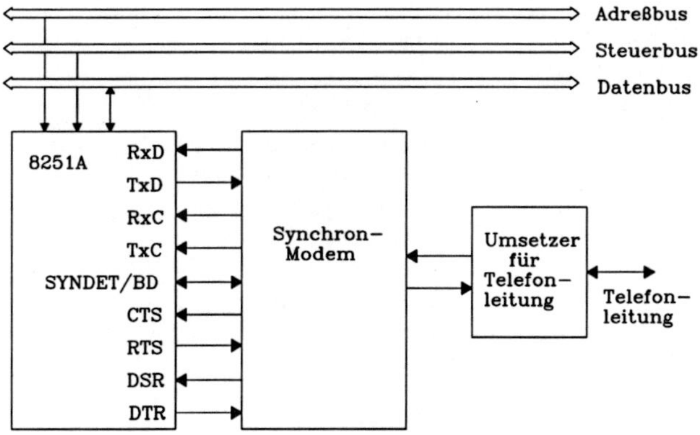

Bild 9.26: Blockschaltbild eines synchronen Datenübertragungssystems für Telefonkanäle

In Bild 9.26 ist eine entsprechende Verbindung des seriellen Schnittstellenbausteins 8251A mit einem Synchron-Modem (Modulator/Demodulator) gezeigt, mit dem eine Datenübertragung auf Telefonleitungen möglich ist.

9.5.1.6 Die serielle Schnittstelle des Mikrocontrollers 8051

Der Mikrocontroller 8051 verfügt über ein serielles Interface mit einem Sende- und einem Empfangskanal. Über die Anschlüsse P3.0 und P3.1 von Port 3 lassen sich Daten seriell senden und empfangen. Es ist Vollduplex-Betrieb, d.h. gleichzeitiges Senden und Empfangen ist möglich. Es ist ein zusätzlicher Empfangspuffer vorhanden, so dass der Empfang eines weiteren Bytes bereits begonnen werden kann, bevor das vorher empfangene Byte aus dem Register SBUF gelesen wurde. Wird jedoch das erste Byte nicht gelesen, bevor das nächste Byte vollständig vorliegt, geht eins der beiden Bytes verloren.

Die Baudrate ist programmierbar über die Taktfrequenz des Mikrocontrollers oder über einen Timer. Da der Mikrocontroller 8051 nur mit einer Betriebsspannung von 5V arbeitet, ist eine Anpassung an die genormten Spannungspegel für serielle Schnittstellen extern erforderlich.

Der serielle Port verfügt über 4 verschiedene Betriebsarten, die in den folgenden Kapiteln einzeln beschrieben werden. Die Betriebsarten des seriellen Interfaces werden über das bitadressierbare Steuerregister SCON im SFR festgelegt. Es enthält 3 Steuerbits zur Betriebsartenwahl für die serielle Schnittstelle im 8051, 2 Interruptbits und 3 sonstige Bits, deren Bedeutungen der Tab 9.13 zu entnehmen sind.

Tab. 9.13: Das bitadressierbare Serial Port Control Register SCON des Controllers 8051

MSB	6	5	4	3	2	1	LSB	
SM0	SM1	SM2	REN	TB8	RB8	TI	RI	**SCON**

Bit	Adresse	Funktion
SM0	SCON.7	***Serial Port Mode Specifier:*** Steuerbit, siehe untenstehende Tabelle A
SM1	SCON.6	***Serial Port Mode Specifier:*** Steuerbit, siehe untenstehende Tabelle A
SM2	SCON.5	***Multiprocessor Communication Enable***: Steuerbit, siehe Tabelle B
REN	SCON.4	***Reception Enable: Steuerbit: REN=1/0:*** Empfang möglich/nicht möglich
TB8	SCON.3	***Transmitted Bit 8:*** TB8 wird in den Modi 2 und 3 als 9. Bit gesendet . Es ist softwaremäßig vorzugeben und wird i.A. als Paritätsbit verwendet.
RB8	SCON.2	***Received Bit 8***: Ist in den Modi 2 und 3 das 9. Empfangsbit (i.A. Paritätsbit). Im Mode 1 es das empfangene Stopbit, falls SM2=0. Im Mode 0 ist es unbenutzt.
TI	SCON.1	***Transmit Interrupt Flag***: Wird hardwaremäßig gesetzt a) im Mode 0 am Ende des 8. Bit-Zeitschlitzes; b) in den anderen Modi am Anfang des Stopbit-Zeitschlitzes. Das Bit muss softwaremäßig gelöscht werden.
RI	SCON.0	***Receive Interrupt Flag***: Wird hardwaremäßig gesetzt a) im Mode 0 am Ende des 8. empfangenen Bits; b) in den anderen Modi am Anfang des Stopbits. Das Bit muss softwaremäßig gelöscht werden.

Tab. A: Programmierung der Betriebsarten der seriellen Schnittstelle

SM0	SM1	Mode	Betriebsart	Baudrate
0	0	0	Schieberegister	$1/12 \cdot f_{OSC}$
0	1	1	8-Bit-UART	Variabel
1	0	2	9-Bit-UART	$1/64 \cdot f_{OSC}$ oder $1/32 \cdot f_{OSC}$
1	1	3	9-Bit-UART	Variabel

Tab. B: Steuercodes zur Wahl der Betriebsarten der seriellen Schnittstelle

Mode	SCON	Betriebsart
0	10H	Ein-Prozessor-System (SM2=0)
1	50H	
2	90H	
3	D0H	
0	-	Multi-Prozessor-System (SM2=1)
1	70H	
2	B0H	
3	F0H	

9.5.1.6.1 Serielles Interface des Mikrocontrollers 8051 im Mode 0 (Schieberegisterbetrieb)

Das serielle Interface arbeitet hier in einer Variante des standardisierten seriellen Übertragungsverfahrens, nämlich in einem Schieberegister-Betrieb. Die seriellen Daten werden über den externen Anschluss RXD (Read Data) sowohl gesendet als auch empfangen. Der Anschluss TXD (Transmit Data), der sonst als Datenausgang fungiert, wird hier zur Ausgabe des Schiebetaktes benutzt.

Das Datenformat ist vorgegeben: 8-Bit-Daten, LSB zuerst, ohne Start- und Stopbit und ohne Paritätsbit. Die Baudrate ist auf 1/12 der Taktoszillatorfrequenz eingestellt.

a) Sendebetrieb im Mode 0

Der Sendebetrieb wird durch jeden Befehl ausgelöst, der das Senderegister SBUF als Zielregister nutzt. Das Signal "Write to SBUF" schreibt während S6P2 eine "1" in die 9. Bitposition des Sende-Schieberegisters und veranlasst den "TX Control"-Block , den Sendebetrieb einzuleiten. Es vergeht ein voller Maschinenzyklus zwischen dem Signal "Write to SBUF" und der Aktivierung des Steuersignals "Send". Das Signal "Send" überträgt den Ausgang des Sende-Schieberegisters an den ext. Anschluss P3.0, der hierbei als Sendeausgang dient und schaltet den Schiebetakt "Shift Clock" an den Taktausgang P3.1. In jedem Maschinenzyklus gilt (Shift Clock)=0 während S3, S4 und S5 und (Shift Clock)=1 während S6, S1 und S2. Während S6P2 in jedem Maschinenzyklus, in dem "SEND" aktiv ist, wird der Inhalt des Sende-Schieberegisters um eine Position nach rechts geschoben, während links Nullen nachgezogen werden. Wenn das MSB des Datenbytes in der Ausgabeposition des Schieberegisters steht, befindet sich die anfänglich auf Position 9 gebrachte "1" unmittelbar links vom MSB und alle Positonen links davon enthalten "0". Dieser Zustand veranlasst den "TX Control"-Block, eine letzte Schiebeoperation einzuleiten, dann das "Send"-Signal zu deaktivieren und TI (Transmit Interrupt Flag im Serial Port Control Register SCON) zu setzen. Diese letzten beiden Aktionen finden statt während S1P1 des 10. Maschinenzyklus nach "Write to SBUF". Damit wurde 1 Datenbyte gesendet.

b) Empfangsbetrieb im Mode 0

Der Empfangsbetrieb wird gestartet mit dem Setzen des Flags REN=1 und RI=0 (Reception enable und Receive Interrupt im Register SCON). Während S6P2 im nächsten Maschinenzyklus schreibt der "RX Control"-Block das Bitmuster 11111110 in das Empfangs-Schieberegister und aktiviert im nächsten Systemtakt das Steuersignal "Receive", welches "Shift Clock" auf den externen Anschluss P3.1 schaltet.

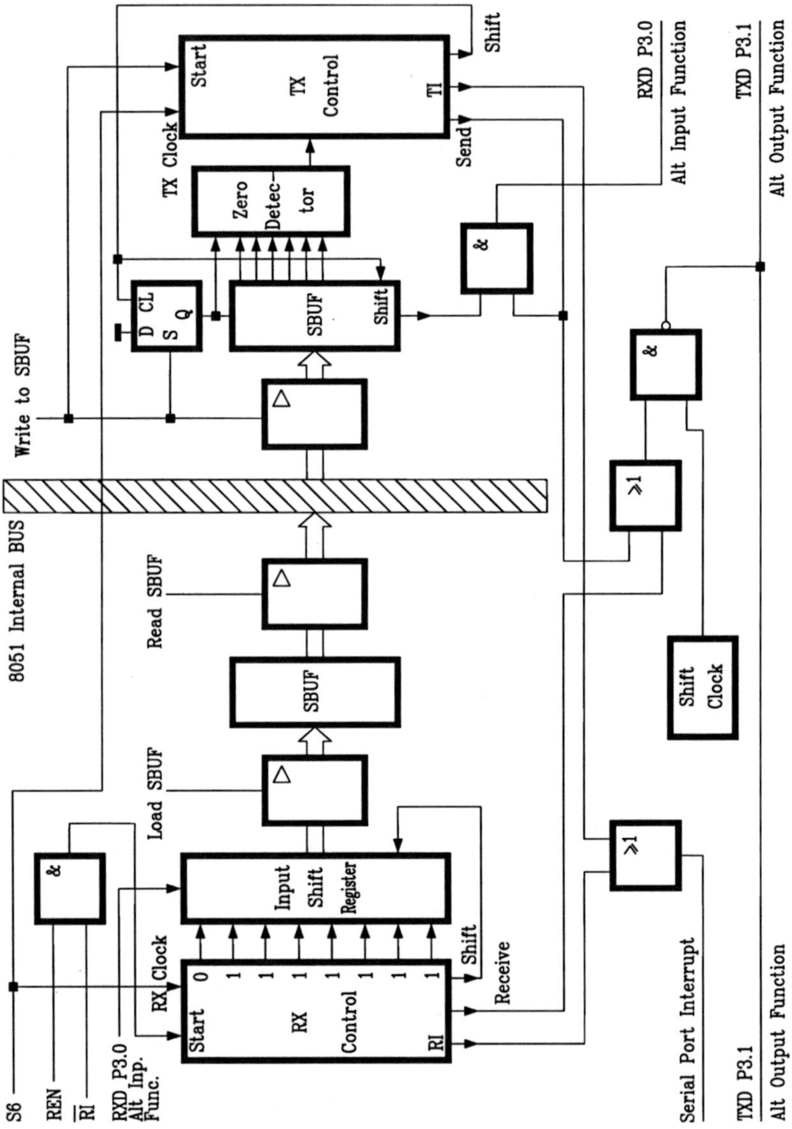

Bild 9.27: Funktionsschaltbild des seriellen Ports im Mikrocontroller 8051 für den Mode 0. Das serielle Interface arbeitet hier im Schieberegister-Betrieb.

"Shift Clock" wechselt seinen Zustand während S3P1 und S6P1 in jedem Maschinenzyklus. Bei S6P2 in jedem Maschinenzyklus, in welchem "Receive" aktiv ist, wird der Inhalt des Empfangs-Schieberegisters nach links geschoben, während von rechts das am externen seriellen Eingang P3.0 zum Zeitpunkt S5P2 desselben Maschinenzyklus liegende Bit übernommen wird. Dabei wird das anfangs initialisierte Bitmuster nach links herausgeschoben. Der "RX Control"-Block erkennt beim Eintreffen der "0", dass noch ein letzter Schiebeschritt erforderlich ist und dann das Signal "Load SBUF" das empfangene Datenbyte parallel ins Register SBUF übertragen werden kann. Während S1P1 des 10. Maschinenzyklus nach Setzen von REN und Löschen von RI wird das Signal "Receive" deaktiviert und RI gesetzt. Damit ist ein Datenbyte empfangen worden. (Liniendiagramme Senden/Empfangen s. Bild 9.28)

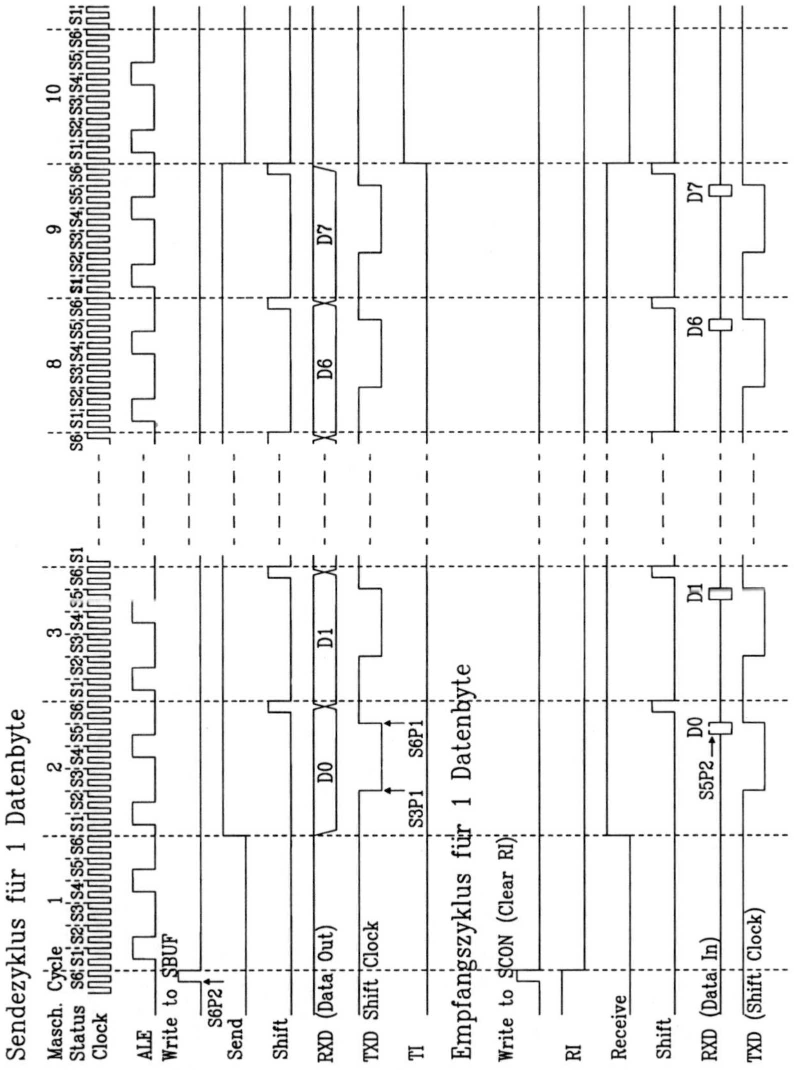

Bild 9.28: Liniendiagramme für den Sende- und für den Empfangsbetrieb über die serielle Schnittstelle des Mikrocontrollers 8051 im Mode 0 (Schieberegisterbetrieb).

9.5.1.6.2
Serielles Interface des Mikrocontrollers 8051 Mode 1

In dieser Betriebsart werden 10Bit über die externen Anschlüsse TxD gesendet und/oder über RXD empfangen. Das Datenformat: 1 Startbit (L), 8 Datenbits mit dem LSB zuerst und ein Stopbit (H). Beim Empfang wird das Stopbit automatisch im Bit RB8 des SFR-Registers SCON (Serial Control) gespeichert. Die Baudrate ist einstellbar mit der Überlaufrate des Timers 1 (s.Kap. 9.5.1.6.5)

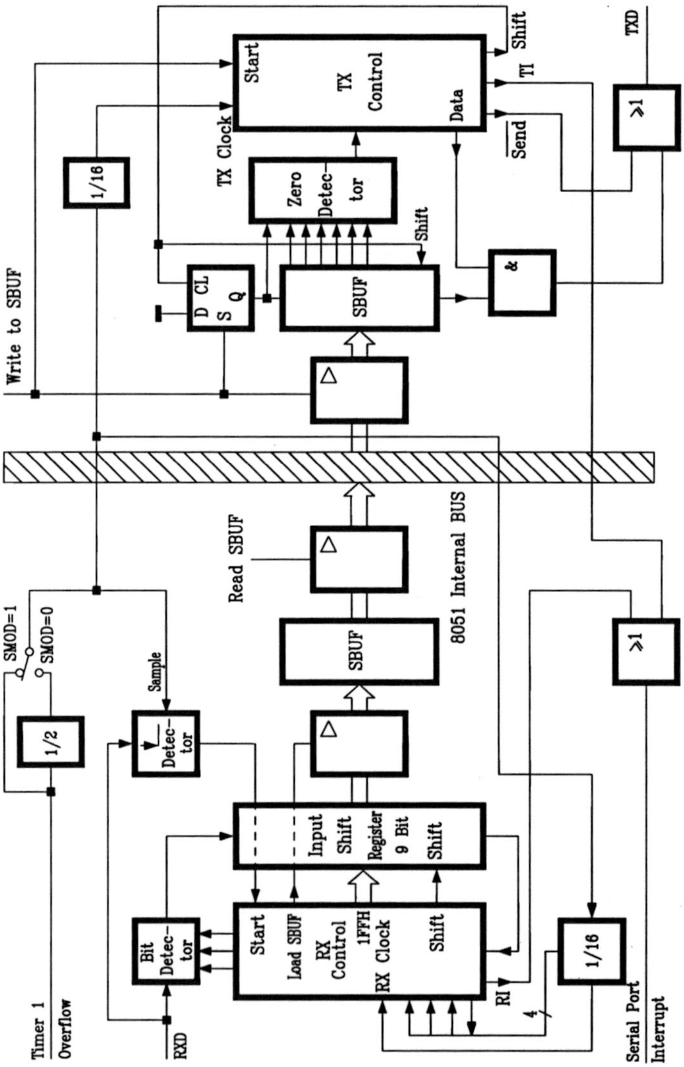

Bild 9.29: Funktionsschaltbild des seriellen Ports im Controller 8051 im Mode 1. Es werden 10Bit über die ext. Anschlüsse TXD gesendet und über RXD empfangen. Datenformat: 1 Startbit (L), 8 Datenbits, LSB zuerst und ein Stopbit (H).

a) Sendebetrieb im Mode 1

Der Sendebetrieb wird mit jedem Befehl eingeleitet, der den seriellen Puffer SBUF als Ziel anspricht. Das Steuersignal "Write to SBUF" lädt eine "1" in die 9. Bitposition des Sende-Schieberegisters und aktiviert die Steuereinheit "TX Control". Sendeaktivitäten beginnen aber erst bei S1P1 des Maschinenzyklus, der auf den nächsten Überlauf des 1:16-Teilers folgt, da die Einzelbitdauern (Schritte) auf "TX Clock" synchronisiert sind und nicht auf das Steuersignal "Write to SBUF". Die Datenausgabe beginnt zum Zeitpunkt ¬Send=0 mit dem Startbit an "TXD". Eine Schrittdauer später wird das Steuersignal "Daten" aktiviert und damit das LSB des Datenbytes aus dem Sende-Schieberegister nach "TXD" übertragen. Nach einer weiteren Schrittdauer kommt der erste Schiebetakt. Wenn das MSB des Datenbytes in der Ausgabeposition des Schieberegisters steht, folgt ihr direkt die anfangs initialisierte "1" und alle Positionen weiter links sind mit "0" gefüllt. Dieser Zustand bewirkt, dass "TX Control" eine letzte Schiebeoperation durchführt, anschließend ¬Send deaktiviert und das Bit TI (Transmit Interrupt) im Register SCON setzt. Dieses passiert beim zehnten Überlauf des 1/16-Zählers. Infolge ¬Send=1 liegt am Ausgang "TXD"eine "1". Das entspricht dem Stop-Bit und auch dem Ruhezustand auf dem Übertragungskanal. Damit ist der Sendevorgang für ein Datenbyte abgeschlossen.

b) Empfangsbetrieb im Mode 1

Der Empfang wird eingeleitet, sobald am seriellen Eingang "RXD" ein 1-0-Übergang (Startschritt) auftritt. Dafür wird der Eingang mit einer Frequenz abgetastet, die der 16-fachen gewählten Baudrate entspricht. Ist der Startschritt erkannt, wird 1FFH parallel in das Input Shift Register übertragen und der 16:1-Teiler rückgesetzt. Dieses bewirkt eine Synchronisierung des Teiler-Überlaufs mit den Schrittdauern der zu empfangenden Datenbits.

Die 16 Zustände des 16:1-Teilers unterteilen die Schrittdauer in 16 Intervalle. Während des 7., 8. und 9. Intervalls wird der Pegel des seriellen Eingangs abgetastet, also genau in der Mitte eines jeden Schrittes. Als Pegel gilt der Zustand des Eingangs "RXD", der während wenigstens 2 der abgetasteten 3 Intervalle besteht. Dieses Abtastverfahren verhindert, dass kurzzeitige Störimpulse auf der Datenleitung fälschlicherweise als Daten interpretiert werden.

Dieses gilt auch bei der Erkennung des Startschrittes. Wird dieser nicht zuverlässig als L-Pegel erkannt, wird die Empfangseinrichtung zurückgesetzt und wartet erneut auf einen H-zu-L-Übergang. Falls das Startbit gültig ist, wird es in das Eingangs-Schieberegister übernommen und die restlichen Schritte des Datenrahmens werden erwartet.

Im Bild 9.30 sind Liniendiagramme für Sende- und Empfangsbetrieb über die serielle Schnittstelle des Mikrocontrollers 8051 im Mode 1 dargestellt. Während die Datenbits von rechts in das Empfangs-Schieberegister einlaufen, werden Einsen nach links herausgeschoben. Steht das Startbit auf der letzten Position des 9-Bit-Schieberegisters, veranlasst die Steuereinheit "RX Control" zu folgenden Aktionen:

1. eine letzte Schiebeoperation,
2. Laden des Registers "SBUF" mittels "Load SBUF",
3. Laden von RB8 im SFR-Register SCON mit dem Stopbit und
4. Setzen von RI (Receive Interrupt) im SFR-Register.

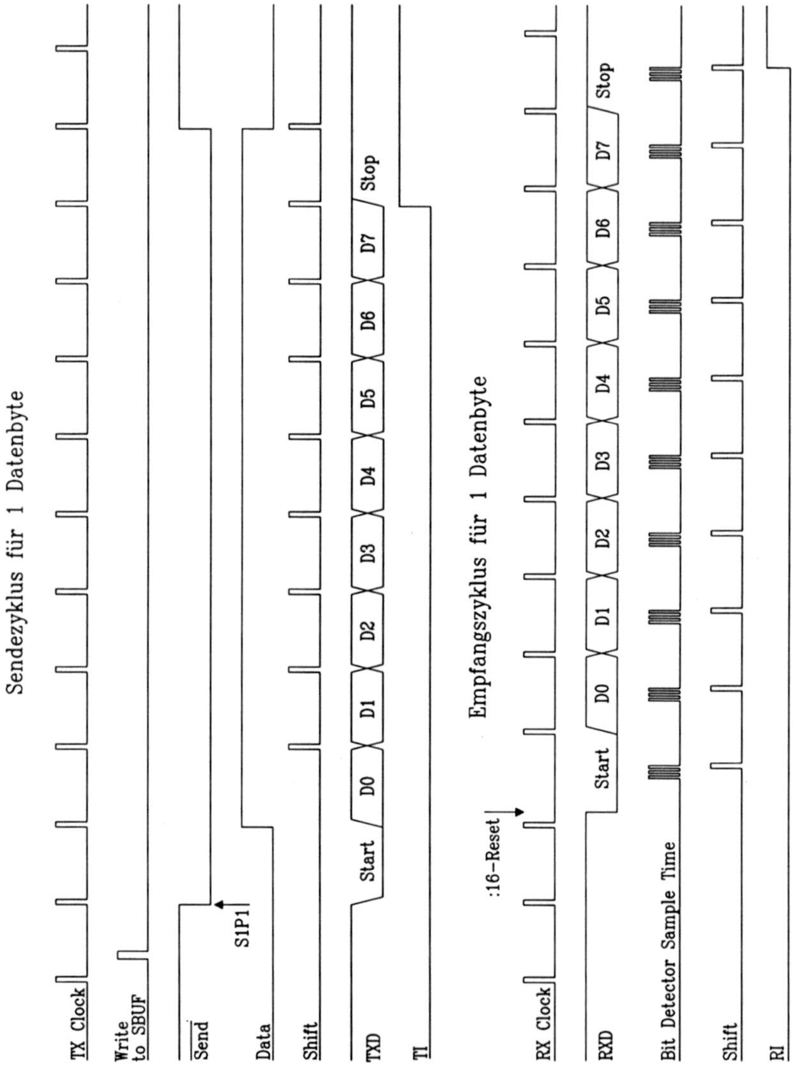

Bild 9.30: Liniendiagramme für Sende- und Empfangsbetrieb über die serielle Schnittstelle des Mikrocontrollers 8051 im Mode 1. In dieser Betriebsart werden 10 Bit über die externen Anschlüsse TXD gesendet und über RXD empfangen. Das Datenformat: 1 Startbit (L), 8 Datenbits, LSB zuerst und ein Stopbit (H)

Die Steuersignale zur Umsetzung der Schritte 2, 3 und 4 werden jedoch ausschließlich dann erzeugt, wenn zum Zeitpunkt, an dem der letzte Schiebeimpuls erzeugt wird, die folgenden beiden Bedingungen wahr sind:

- RI=0 (Bit 0 in SCON) und
- *entweder* SM2=0 (Bit 5 in SCON) *oder* das empfangene Stopbit=1

Sind die Bedingungen erfüllt, gehen das Stopbit nach RB8, die 8 Datenbits nach SBUF, und RI wird gesetzt. Im anderen Fall geht der empfangene Datenrahmen irreversibel verloren. In beiden Fällen wird die Empfangseinrichtung rückgesetzt und wartet damit erneut auf einen H-zu-L-Übergang an "RXD".

9.5.1.6.3
Serielles Interface des Mikrocontrollers 8051 im Mode 2

In dieser Betriebsart werden 11Bit über die externen Anschlüsse TXD gesendet und über RXD empfangen. Das Datenformat: 1 Startbit (L), 8 Datenbits mit dem LSB zuerst, 1 programmierbares 9. Datenbit und ein Stopbit (H).

- Im ***Sendebetrieb*** wird als 9. Bit automatisch das Bit TB8 aus dem SFR-Register SCON (Serial Control) eingefügt. Üblicherweise benutzt man dieses 9. Bit als Paritätsbit und bringt zur Vorbereitung das Paritätsbit aus dem PSW zunächst in das Bit TB8.
- Im ***Empfangsbetrieb*** wird das 9. Bit automatisch im Bit RB8 des SFR-Registers SCON (Serial Control) gespeichert und kann zur Erkennung von Übertragungsfehlern ausgewertet werden. Das Stopbit wird ignoriert .

Die Baudrate lässt sich durch Programmierung des Bits SMOD im SFR-Register PCON (Power Control Register) auf 1/32 oder 1/64 der Taktoszillatorfrequenz einstellen. Ein Funktionsschaltbild für diese Betriebsart ist in Bild 9.31 dargestellt.

a) Sendebetrieb im Mode 2

Der Sendebetrieb wird mit jedem Befehl eingeleitet, der den seriellen Puffer SBUF als Ziel anspricht. Das Steuersignal "Write to SBUF" lädt TB8 (SCON.3) in die 9. Bitposition des Sende-Schieberegisters und aktiviert die Steuereinheit "TX Control". Sendeaktivitäten beginnen aber erst bei S1P1 des Maschinenzyklus, der auf den nächsten Überlauf des 1:16 Teilers folgt, da die Einzelbitdauern (Schritte) auf "TX Clock" synchronisiert sind und nicht auf das Steuersignal "Write to SBUF".

Die Datenausgabe beginnt zum Zeitpunkt ¬Send=0 mit dem Startbit an "TXD". Eine Schrittdauer später wird das Steuersignal "Daten" aktiviert und damit das LSB des Datenbytes aus dem Sende-Schieberegister nach "TXD" übertragen. Nach einer weiteren Schrittdauer kommt der erste Schiebetakt.

Der erste Schiebevorgang bringt einen H-Pegel, das Stopbit, in die 9. Bitposition des Schieberegisters, danach werden nur Nullen eingefügt.Während also Datenbits nach rechts herausgeschoben werden, werden von links Nullen nachgezogen. Wenn TB8 in der Ausgabeposition des Schieberegisters ist, befindet sich das Stopbit unmittelbar links davon. und alle folgenden Stellen enthalten Nullen. Dieser Zustand bewirkt, dass "TX Control" noch eine letzte Schiebeoperation durchführt, anschließend ¬Send deaktiviert und das Bit TI (Transmit Interrupt) im Register SCON setzt. Dieses passiert beim elften Überlauf des 1/16-Zählers nach dem Steuersignal "Write to SBUF". Damit ist der Sendevorgang für ein Datenbyte abgeschlossen.

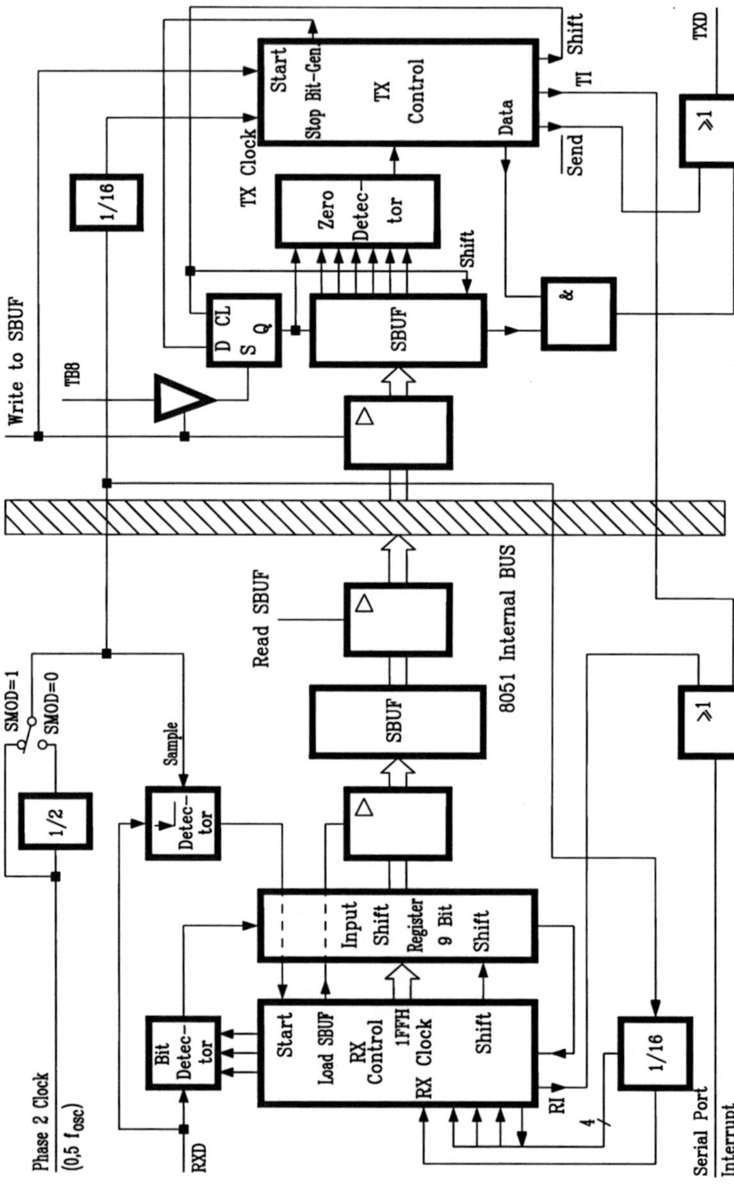

Bild 9.31: Funktionsschaltbild des seriellen Ports im Controller 8051 im Mode 2. Es werden 11Bit über die ext. Anschlüsse TXD gesendet und über RXD empfangen. Datenformat: 1 Startbit (L), 8 Datenbits, LSB zuerst, 1 Paritätsbit und ein Stopbit (H).

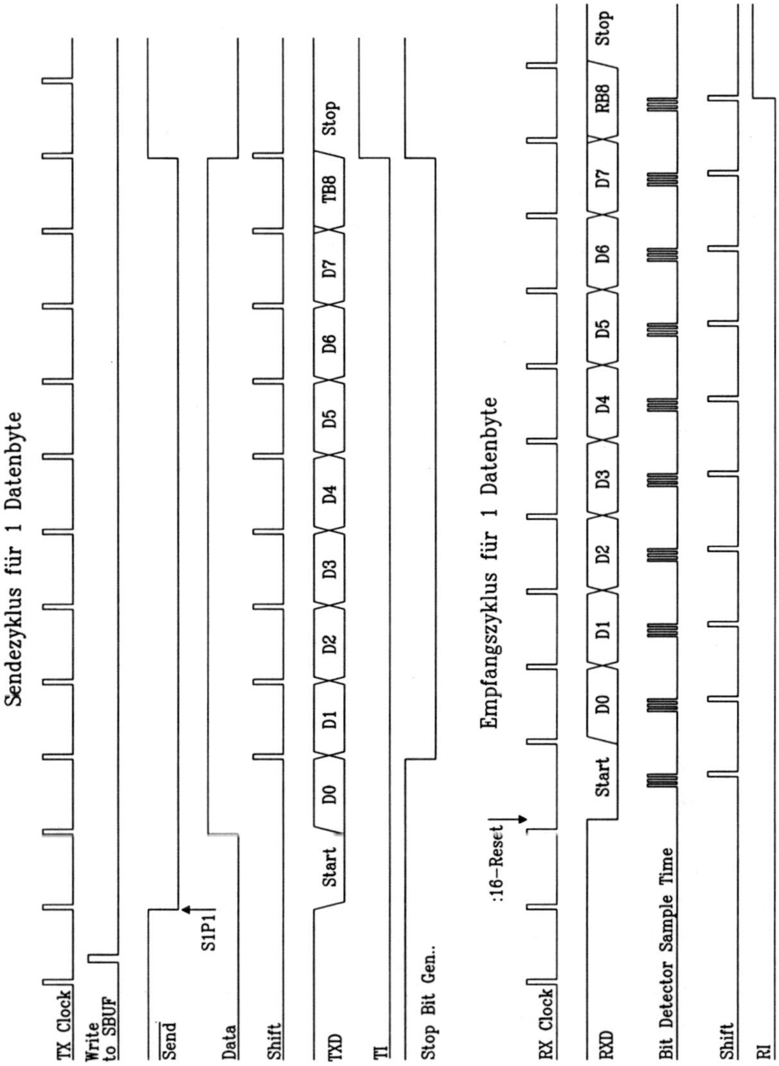

Bild 9.32: Liniendiagramme für Sende- und Empfangsbetrieb über die serielle Schnittstelle des Controllers 8051 im Mode 2. In dieser Betriebsart werden 11Bit über die externen Anschlüsse TXD gesendet und/oder über RXD empfangen.
Datenformat: 1 Startbit (L), 8 Datenbits, LSB zuerst, 1 Paritätsbit und ein Stopbit (H).

b) Empfangsbetrieb im Mode 2

Der Empfang wird eingeleitet, sobald am seriellen Eingang "RXD" ein H-L-Übergang (Startschritt) auftritt. Dafür wird der Eingang mit einer Frequenz abgetastet, die der 16-fachen gewählten Baudrate entspricht. Ist der Startschritt erkannt, wird 1FFH parallel in das Input Shift Register übertragen und der 16:1-Teiler rückgesetzt. Dieses bewirkt eine Synchronisierung des Teiler-Überlaufs mit den Schrittdauern der zu empfangenden Datenbits.

Die 16 Zustände des 16:1-Teilers unterteilen die Schrittdauer in 16 Intervalle. Während des 7., 8. und 9. Intervalls wird der Pegel des seriellen Eingangs abgetastet, also genau in der Mitte eines jeden Schrittes. Als Pegel gilt der Zustand des Eingangs "RXD", der während wenigstens 2 der abgetasteten 3 Intervalle besteht. Dieses Abtastverfahren verhindert, dass kurzzeitige Störimpulse auf der Datenleitung fälschlicherweise als Daten interpretiert werden.

Dieses gilt auch bereits bei der Erkennung des Startschrittes. Wird dieser nicht zuverlässig als Null erkannt, wird die Empfangseinrichtung zurückgesetzt und wartet erneut auf einen 1-0-Übergang. Falls das Startbit gültig ist, wird es in das Eingangs-Schieberegister übernommen und die restlichen Schritte des Datenrahmens erwartet.

Während die Datenbits von rechts in das Empfangs-Schieberegister einlaufen, werden Einsen nach links herausgeschoben. Wenn das Startbit auf der letzten Position des 9-Bit-Schieberegisters erscheint, veranlasst dieses die Steuereinheit "RX Control" zu folgenden Aktionen:

1. eine letzte Schiebeoperation,
2. Laden des Registers "SBUF" mittels "Load SBUF",
3. Laden von RB8 im SFR-Register SCON mit dem Stopbit und
4. Setzen von RI (Receive Interrupt) im SFR-Register.

Die Steuersignale zur Umsetzung der Schritte 2, 3 und 4 werden jedoch ausschließlich dann erzeugt, wenn zum Zeitpunkt, an dem der letzte Schiebeimpuls erzeugt wird, die folgenden beiden Bedingungen wahr sind:

- RI=0 (Bit 0 in SCON) *und*
- *entweder* SM2=0 (Bit 5 in SCON) *oder* das empfangene Stopbit=H

Nur wenn die Bedingungen erfüllt sind, gehen also das 9. Datenbit nach RB8 (i.a. Paritätsbit), die 8 Datenbits nach SBUF und RI wird gesetzt. Im anderen Fall gehen die empfangenen Daten irreversibel verloren. In beiden Fällen wird die Empfangseinrichtung rückgesetzt und wartet nach einer Schrittdauer erneut auf einen 1-zu-0-Übergang an "RXD". Zu beachten ist, dass der Zustand des empfangenen Stopbits irrelevant ist bezüglich SBUF, RB8 und RI.

9.5.1.6.4
Serielles Interface des Mikrocontrollers 8051 im Mode 3

Mode 3 entspricht bis auf die Wahl der Baudrate exakt dem Mode 2. Die Baudrate ist wie im Mode 1 einstellbar mittels der Überlaufrate des Timers 1 (s. nächstes Kapitel).

9.5.1.6.5
Die Baudraten für das serielle Interface des Mikrocontrollers 8051

In einer Zusammenfassung wird in diesem Kapitel die Baudraten-Generierung für den Mikrocontroller 8051 dargestellt.

Tab. 9.14: Zusammenstellung einiger gängiger Baudraten und ihre Erzeugung im Mode 1 oder Mode 3 des seriellen Interfaces

Baudrate im Seriellen	f_{OSC}/MHz	SMOD	C/¬T	Timer-Mode	(TH1)
62,5 kBaud (Maximal)	12	1	0	2	FFH
19.2 kBaud	11,059	1	0	2	FDH
9,6 kBaud	11,059	0	0	2	FDH
4,8 kBaud	11,059	0	0	2	FAH
2,4 kBaud	11,059	0	0	2	F4H
1,2 kBaud	11,059	0	0	2	E8H
137,5 Baud	11,059	0	0	2	1DH
110 Baud	6	0	0	2	72H
110 Baud	12	0	0	1	FEEBH

- ***Baudrate im Mode 0:*** In dieser Betriebsart ist die Baudrate mit 1/12 der Oszillatorfrequenz fest vorgegeben.
- ***Baudraten in den Modi 1 und 3:*** In diesen beiden Betriebsarten werden die Baudraten einheitlich geregelt. Sie werden durch die variabel einstellbare Überlaufrate des Timers 1 und den Bitwert (0 oder 1) von SMOD im Register PCON des SFR entsprechend folgender Beziehung bestimmt:

$$(\text{Baudrate im Mode 1 / Mode 3}) = \frac{2^{\text{SMOD}}}{32} \cdot (\text{Überlaufrate des Timers 1})$$

Der Timer 1 kann entweder als Timer oder Counter und in einer der 3 möglichen Betriebsarten genutzt werden. Der Interrupt wird gesperrt. Häufig wird der Timer 1 als Timer im auto-reload Mode (Timer Mode 2) betrieben. Dabei ist (TH1) der Inhalt des 8-Bit-Reload-Registers im SFR. In diesem Fall gilt für die Baudrate:

$$(\text{Baudrate im Mode 1/ Mode 3}) = \frac{2^{\text{SMOD}}}{32} \cdot \frac{\text{Oszillatorfrequenz}}{12 \cdot (256 - (\text{TH1}))}$$

Tab. 9.14 stellt einige gängige Baudraten und ihre Erzeugung dar:

- ***Baudraten im Modus 2:*** In dieser Betriebsart wird die Baudrate außer von der Frequenz des Taktoszillators nur vom Bitwert in SMOD (Register PCON im SFR) bestimmt nach folgender Beziehung:

$$(\text{Baudrate im Mode 2}) = \frac{2^{\text{SMOD}}}{64} \cdot \text{Oszillatorfrequenz}$$

9.5.1.7
Interrupts des Mikrocontrollers 8051

Wie bei Mikroprozessoren besteht auch bei Mikrocontrollern die Möglichkeit, ein gerade laufendes Programm durch externe Steuersignale, also hardwaremäßig, zu unterbrechen, um mit Hilfe von Interrupt-Service-Routinen zeitkritische Operationen einzuschieben. Ist die Interrupt-Routine abgearbeitet, nimmt der Controller die Abarbeitung des unterbrochenen Programms ab der Unterbrechungsstelle wieder auf. Der Mikrocontroller 8051 verfügt über *zwei externe und drei interne Interrupt-Quellen:*

1. Extern zugeführte Signale an 2 Portanschlüssen: Externe Interrupts 0 und 1
2. Intern bei Timer-Überlauf ausgelöste Signale für die Internen Timer 0 und 1
3. Intern von der seriellen Schnittstelle ausgelöstes Signal: Interner Serieller Port

Alle Interrupts können auch softwaremäßig ausgelöst werden. Für alle Interrupts können Prioritäten auf zwei Prioritätsebenen festgelegt werden.

Jeder Interruptquelle ist eine Adresse im Befehlsspeicher fest zugeordnet (Interrupt-Vektoradresse, s. Tab. 9.15), unter welcher der Programmierer einen unbedingten Sprungbefehl (LJMP-/AJMP-Befehl, Interrupt-Vektor) an die Startadresse der zugeordneten Interrupt-Service-Routine anordnet. Im Interruptfall springt damit der Controller an die Startadresse der entsprechenden Interrupt-Service-Routine.

Tab. 9.15: Interrupt-Vektoren für die 5 Interrupt-Quellen des Mikrocontrollers 8051

Interrupt-Quelle	**Interrupt-Vektor**
Externer Interrupt 0	0003H
Interner Timer/Counter 0	000BH
Externer Interrupt 1	0013H
Interner Timer/Counter 1	001BH
Interner serieller Port	0023H

9.5.1.7.1
Die Interrupt-Quellen des Mikrocontrollers 8051

Die Interrupt-Quellen beim Mikrocontroller 8051 und die Möglichkeiten ihrer Aktivierung sind in Bild 9.33 gezeigt.

Externe Interrupts: Im Alternativbetrieb des Ports 3 stehen zwei Pins als externe Interruptanschlüsse zur Verfügung: ***¬INT0*** (P3.2) und ***¬INT1*** (P3.3). Beide lassen sich entweder (neg.) flankengesteuert oder zustandsgesteuert aktivieren, je nach dem Zustand der Bits IT0 bzw. IT1 im Register TCON.

Ein Interrupt wird generiert durch internes Setzen der zugeordneten Interrupt-Anforderungsflags IE0 bzw. IE1, falls diese durch "1" in den Interrupt-Enable-Bits EX0 (IE.0) bzw. EX1 (IE.2) und EA freigegeben waren. Hierbei verhalten sich die flankengesteuerte und die zustandsgesteuerte Variante unterschiedlich:

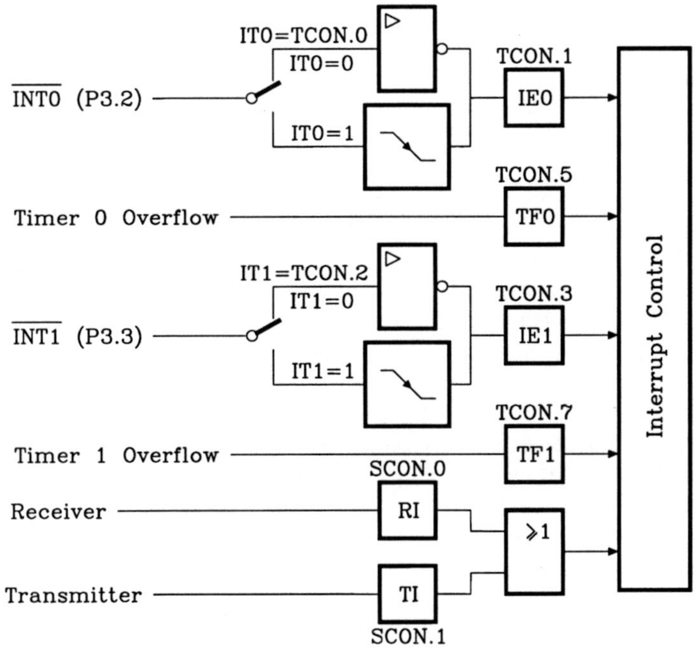

Bild 9.33: Die Aktivierungsarten der 5 Interrupt-Quellen im Mikrocontroller 8051. Die Flags IE0, IE1, TF0, TF1, RI und TI fungieren als Interrupt-Anforderungsflags (Interrupt Request Flags)

a) Ist die Flankensteuerung aktiviert, wird der Signalzustand etwa zum Zeitpunkt der fallenden Flanke des ALE-Signals in der 10., 22., 34. und 46. Taktperiode eines Befehlszyklus in einem internen Flipflop gespeichert. Ist er "0" und war er bei der vorigen Abtastung "1", wird das zugeordnete Flag IE0 bzw. IE1 gesetzt. Der Zustand des Interrupt-Eingangs muss wenigstens 12 Taktperioden lang auf "0" liegen. Danach kann die ansteigende Flanke zu einem beliebigen Zeitpunkt eintreffen, jedoch wenigstens 12 Taktperioden vor einer neuen Interrupt-Aktivierung. Die Interrupt-Anforderungsflags IE0 bzw. IE1 werden intern automatisch rückgesetzt, wenn der 8051 in die Interrupt-Service-Routine verzweigt.

b) Ist die Zustandssteuerung aktiviert, wird der Signalzustand etwa zum Zeitpunkt der fallenden Flanke des ALE-Signals in der 10., 22., 34. und 46. Taktperiode eines Befehlszyklus vom 8051 abgetastet. Ist der Signalzustand "0" während der Abtastung 14 Takte vor dem Ende des gerade laufenden Befehlszyklus, wird das Interrupt-Anforderungsflags IE0 bzw. IE1 gesetzt und damit ein Jmp-Befehl zur Interrupt-Routine ausgeführt. Der Signalpegel am Interrupt-Eingang muss lediglich während des Abtastzeitpunkts 14 Takte vor dem Ende des gerade laufenden Befehlszyklus auf "0" liegen, kann diesen Zustand aber während der Ausführung der Interrupt-Routine ohne weitere Auswirkungen beibehalten. Der Pegel muss aber vor Beendigung der Interrupt-Routine wieder auf "1" zurückgehen, um einen erneuten Interrupt zu vermeiden.

Timer 0- und Timer 1-Interrupts: Timer-Interrupts werden durch Setzen der Interrupt-Anforderungsflags TF0 bzw.TF1 erzeugt, sobald die Timer/Counter-Register im zugeordneten Timer überlaufen (außer Timer 0 im Mode 3). Die Interrupt-Anforderungsflags werden intern automatisch zurückgesetzt, wenn der 8051 in die Interrupt-Service-Routine verzweigt.

Serieller Port-Interrupt: Dieser Interrupt wird erzeugt, wenn die ODER-Verknüpfung (RI ∨ TI) der beiden Flags Receive-/Transmit-Interrupt wahr ist und zuvor die Enable-Bits EA (IE.7) und ES (IE.4) auf "1" gesetzt wurden. Die Flags werden nicht automatisch durch Einsprung in die Interrupt-Routine gelöscht. Normalerweise wird in der Interrupt-Routine geprüft, ob der Sende- oder Empfangszweig den Interrupt ausgelöst hat und das entsprechende Flag softwaremäßig rückgesetzt.

Software- Interrupts: Alle Interrupt-Anforderungsflags können auch softwaremäßig gesetzt oder rückgesetzt werden, wobei ihre Bedeutung erhalten bleibt. Interrupts können also ausgelöst oder anstehende Interrupts können gelöscht werden. Ausnahmen sind die zustandsgesteuerten Interrupts 0 und 1. Es wird der negierte Pegel in das zugeordnete Anforderungsflag übertragen. Die Software-Interrupts 0 bzw. 1 werden dann durch Schreiben in die Portregister ¬INT0 (P3.2) bzw. ¬INT1 (P3.3) erzeugt.

Das Interrupt-Enable-Register: Jede Interrupt-Quelle des 8051 kann durch Programmierung bestimmter Bits im bitadressierbaren Interrupt-Enable-Register IE (s. SFR) individuell maskiert oder demaskiert werden. Zusätzlich ist eine generelle Interruptfreigabe über das Bit EA im selben Register möglich (s. Tab. 9.16). Nur generell als auch individuell freigegebene Interrupts sind funktionsfähig.

Tab. 9.16: Das Interrupt Enable Register IE des Mikrocontrollers 8051

MSB	6	5	4	3	2	1	LSB	
EA	-	-	ES	ET1	EX1	ET0	EX0	**IE**

Bit	Adresse	Funktion
EA	**IE.7**	***Generelle Interrupt-Freigabe mit:*** EA=1; EA=0 sperrt alle Interrupts.
-	**IE.6**	Beim 8051 nicht belegt. Anwenderprogramme dürfen hier keine "1" programmieren, da für Weiterentwicklungen genutzt.
-	**IE.5**	Beim 8051 nicht belegt. Anwenderprogramme dürfen hier keine "1" programmieren, da für Weiterentwicklungen genutzt.
ES	**IE.4**	***Seriell-Port-Interrupt-Freigabe:*** ES=1 gibt Interrupt frei; ES=0 sperrt ihn.
ET1	**IE.3**	***Timer 1-Interrupt-Freigabe:*** ET1=1 gibt Interrupt frei; ET1=0 sperrt ihn.
EX1	**IE.2**	***Externe Interrupt 1-Freigabe:*** EX1=1 gibt Interrupt frei; EX1=0 sperrt ihn.
ET0	**IE.1**	***Timer 0-Interrupt-Freigabe:*** ET0=1 gibt Interrupt frei; ET0=0 sperrt ihn.
EX0	**IE.0**	***Externe Interrupt 0-Freigabe:*** EX0=1 gibt Interrupt frei; EX0=0 sperrt ihn.

9.5.1.7.2
Die Prioritätsstruktur der 8051-Interrupts

Jede Interrupt-Quelle kann individuell einer *hohen* oder einer *niedrigen* Prioritätsebene zugeordnet werden, indem im SFR-Register IP (Interrupt Priority Register; Adr. B8H) ein zugeordnetes Bit *gesetzt* oder *rückgesetzt* wird. Die Bedeutung der einzelnen Bits im IP-Register ist in Tab. 9.17 erläutert.

MSB	6	5	4	3	2	1	LSB
-	-	-	PS	PT1	PX1	PT0	PX0

IP

Tab. 9.17: Das Interrupt Priority Register IP des Mikrocontrollers 8051

Bit	Adresse	Funktion
-	IP.7	Beim 8051 nicht belegt. Anwenderprogramme dürfen hier keine "1" programmieren, da für Weiterentwicklungen genutzt.
-	IP.6	Beim 8051 nicht belegt. Anwenderprogramme dürfen hier keine "1" programmieren, da für Weiterentwicklungen genutzt.
-	IP.5	Beim 8051 nicht belegt. Anwenderprogramme dürfen hier keine "1" programmieren, da für Weiterentwicklungen genutzt.
PS	IP.4	***Seriell-Port-Interrupt-Priorität:*** PS=1 setzt hohe Priorität. PS=0: niedrige Priorität.
PT1	IP.3	***Timer 1-Interrupt-Priorität:*** PT1=1 setzt hohe Priorität. PT1=0: niedrige Priorität.
PX1	IP.2	***Externe Interrupt 1-Priorität:*** PX1=1 setzt hohe Priorität. PX1=0: niedrige Priorität.
PT0	IP.1	***Timer 0-Interrupt-Priorität:*** PT0=1 setzt hohe Priorität. PT0=0: niedrige Priorität.
PX0	IP.0	***Externe Interrupt 0-Priorität:*** PX0=1 setzt hohe Priorität. PX0=0: niedrige Priorität.

Bei der Interruptannahme durch den Mikrocontroller gelten die folgenden Regeln:

1. Ein niedrig priorisierter Interrupt kann durch einen hoch priorisierten unterbrochen werden, aber nicht durch einen anderen niedrig priorisierten.
2. Ein hoch priorisierter Interrupt ist durch andere Interrupts nicht unterbrechbar.
3. Falls zwei Interrupts unterschiedlicher Priorität gleichzeitig auftreten, wird der hoch priorisierte angenommen.
4. Falls mehrere Interrupts infolge gesetzter Interruptflags (s. Bild 9.33) auf der gleichen Prioritätsebene auftreten, läuft eine interne Pollingsequenz ab, die eine für diesen Fall zusätzlich implementierte Prioritätsstufe festlegt.

Prioritätsstufe	Interrupt-Flags	Priorität innerhalb der gleichen Prioritätsebene
I.	IE0	Höchste
II.	TF0	
III.	IE1	
IV.	TF1	
V.	RI + TI	Kleinste

9.5.1.7.3
Der Ablauf einer Interruptverarbeitung im 8051

Der Controller fragt während S5P2 in jedem Maschinenzyklus alle Interruptflags ab. Im darauffolgenden Maschinenzyklus werden die Interruptquellen anhand einer Pollingsequenz identifiziert. War ein Interruptflag gesetzt, erzeugt das Interruptsystem einen internen Sprung auf die zugeordnete Interrupt-Vektoradresse, falls dieses nicht durch eine der folgenden Bedingungen blockiert ist:

1. Ein Interrupt höherer oder gleicher Priorität ist aktiv
2. Der gerade ausgeführte Befehl befindet sich noch nicht im letzten Maschinenzyklus. Damit ist sichergestellt, dass der während einer Interrupt-Meldung gerade laufende Befehl abgearbeitet wird, bevor in eine Interrupt-Serviceroutine verzweigt wird.

3. Der gerade ausgeführte Befehl ist ein RETI (Return from Interrupt) oder beschreibt eines der Register IE oder IP. Dieses stellt sicher, dass wenigstens ein weiterer Befehlszyklus abgearbeitet wird, bevor die Service-Routine aktiv wird.

Der Polling-Zyklus wird mit jedem Maschinenzyklus wiederholt. Erfasst wird dabei stets der Interruptflag-Zustand, wie er während S5P2 des vorhergehenden Maschinenzyklus bestand. Falls ein per Flag angeforderter Interrupt infolge eines der drei dargestellten Gründe blockiert wurde, ist es erforderlich, diese Interrupt-Anforderung solange aufrecht zu erhalten, bis sie angenommen werden kann. Die Tatsache, dass ein Interruptflag irgendwann gesetzt war, der zugehörige Interrupt aber nicht bedient wurde, wird im Controller nicht gespeichert. Jeder Pollingzyklus repräsentiert den aktuellen Interrupt-Status. Bild 9.34 zeigt das Zeitverhalten des Mikrocontrollers bei der Annahme eines Interrupts. Dargestellt ist die kürzest mögliche Reaktionszeit, wenn Maschinenzyklus 2 (MZ2) der letzte Maschinenzyklus eines Befehls ist (außer dem Befehl RETI oder Zugriffsbefehlen auf IE/IP).

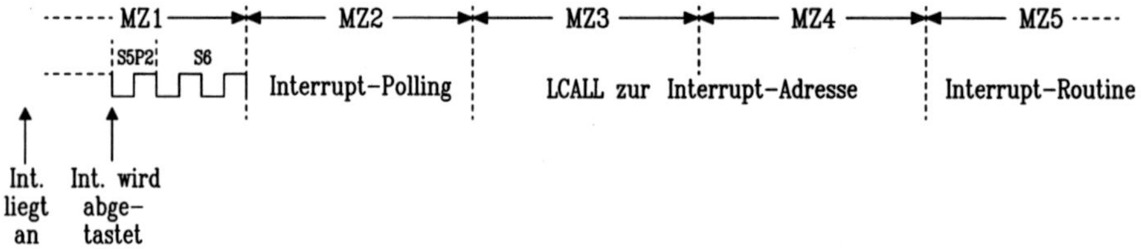

Bild 9.34: Zeitliche Reaktion des Mikrocontrollers 8051auf eine Interrupt-Anforderung.

Man beachte den Fall, dass ein bereits als gültig erkannter niedrig priorisierter Interrupt nicht weiter verfolgt wird, wenn ein höher priorisierter vor S5P2 des 3. Maschinenzyklus (MZ3) eintrifft. In diesem Falle wird in MZ5 und MZ6 der hochpriorisierte Interrupt per LCALL durchgeführt, ohne dass ein Befehl der niedrigpriorisierten Interruptservice-Routine abgearbeitet wurde.

Falls der Controller durch Ausführung eines LCALL-Befehls zur Service-Routine einen Interrupt anerkannt hat, wird er an zwei weiteren Stellen aktiv:

1. Er löscht für folgende Quellen die Flags, welche den Interrupt ausgelöst haben: Timer 0, Timer 1 sowie externe Interrupts 0 und 1, falls diese flankengesteuert ausgelöst wurden. In allen anderen Fällen müssen die Interruptflags softwaremäßig gelöscht werden.
2. Für alle Hardware-Interrupts wird mit Ausführung des LCALL-Befehls der aktuelle Inhalt vom Program Counter (PC) auf den Stapel gerettet, nicht jedoch das Processor Status Word (PSW).

Der Rücksprung des Controllers nach Beendigung der Service-Routine erfolgt durch den Befehl RETI (Return From Interrupt). Dazu liest er die Rücksprungadresse aus dem Stapelspeicher und überschreibt damit den Program Counter. Weiterhin veranlasst der Befehl RETI ein Rücksetzen der Interrupt-Steuerlogik in den Normalzustand. Auch ein RET-Befehl würde die Übergabe der Programmsteuerung an die Unterbrechungsstelle bewirken, setzt aber nicht die Interrupt-Steuerlogik zurück.

Interrupt-Antwortzeiten: Zwischen dem Eintreffen einer Interruptanforderung und ihrer Bearbeitung vergeht eine Reaktionszeit des Mikrocontrollers:

- Aus Bild 9.34 geht hervor, dass die Interrupt-Reaktionszeit mindestens 3 Maschinenzyklen umfasst, bevor der erste Befehl der Service-Routine bearbeitet wird, da der Pollingvorgang 1 und der LCALL-Befehl 2 weitere Maschinenzyklen erfordert.
- Trifft der Interrupt im 1. Maschinenzyklus eines angefangenen Befehlszyklus ein, vergehen max. 3 weitere Maschinenzyklen, da die längsten Befehle des Controllers (MUL, DIV) 4 Maschinenzyklen benötigen.
- Ist gerade der Befehl RETI oder ein Zugriff auf die Register IE oder IP aktiv, wird stets noch der nächste Befehl ausgeführt. Die zusätzliche Wartezeit kann dann nicht länger als 5 Zyklen sein (1 weiterer Zyklus um den laufenden Befehl abzuschließen und 4 Zyklen für den längsten Befehl).

Liegt also nur ein Interrupt vor, beträgt die Antwortzeit minimal 3 und maximal 8 Maschinenzyklen. Ist jedoch gerade ein Interrupt der gleichen oder einer höheren Priorität aktiv, hängt die Verzögerungszeit von der Laufdauer der Service-Routine ab.

9.5.1.7.4 Der Single-Step-Betrieb beim 8051

Für Testzwecke ist häufig die Einzelschritt-Abarbeitung eines Programms sehr hilfreich. Die Interruptstruktur des Mikrocontrollers 8051 stellt diese Möglichkeit mit geringem Aufwand zur Verfügung. Die Grundlage hierzu ist, dass eine aktive Interruptservice-Routine nicht von einem anderen Interrupt gleicher Priorität unterbrochen werden kann. Die neue Interruptanforderung wird erst dann berücksichtigt, wenn die alte mit dem Befehl RETI abgeschlossen ist und zusätzlich 1 Befehl aus dem unterbrochenen Programm verarbeitet wurde.

Der Controller arbeitet im Single-Step-Betrieb, wenn ein externer Interrupt, z.B. ¬INT0 (bitadressierbar: P3.2), als zustandsgesteuert programmiert wird und durch einen externen Schalter mit Low-Pegel folgende Interrupt-Routine aufgerufen wird:

JNB P3.2, $	Warten bis ¬INT0=High; $=(PC) ist die rel. Sprungzieladresse, hier Sprung auf Befehlsanfang
JB P3.2, $	Warten bis ¬INT0=Low ist; $=(PC) ist die rel. Sprungzieladresse, hier Sprung auf Befehlsanfang
RETI	Kehre ins unterbrochene Programm zurück und führe dort 1 Befehl aus

Der Interrupteingang liegt über einen Schalter normalerweise auf Low, daher verzweigt der Controller in die Interrupt-Routine und bleibt dort, bis der Interrupteingang mittels einer Low→High→Low-Sequenz aktiviert wird. Dann führt der Controller RETI und 1 Befehl des unterbrochenen Programms aus und kehrt zurück in die Service-Routine. Jeder Low→High→Low-Wechsel an ¬INT0 wiederholt diesen Vorgang.

Die Befehle *JNB P3.2, $* (Jump if Bit Not set) und *JB P3.2, $* (Jump if Bit set) prüfen das Bit P3.2 (Port 3: ext. Interrupteingang ¬INT0) und reagieren so:

- P3.2 = 0, d.h. Interruptanforderung vorhanden, es findet ein Sprung an den Befehlsanfang statt.
- P3.2 = 1, der Folgebefehl wird ausgeführt.

9.5.1.7.5
Reset und Power On Reset beim Mikrocontroller 8051

Der RESET-Anschluss RST des Mikrocontrollers verfügt intern über einen Schmitt-Trigger. Ein Rücksetzvorgang wird asynchron durch Highpegel an RST für eine Dauer von wenigstens zwei Maschinenzyklen bewirkt. Der Controller tastet den Zustand an RST während S5P2 in jedem Maschinenzyklus ab. Zehn Taktperioden später reagiert er mit der Erzeugung eines internen Resets.

Die gerade laufenden Portfunktionen bleiben nach dem Abtasten eines Highpegels an RST noch für 19 bis 31 Taktperioden aktiv. Solange RST=1 gilt, werden die Steuersignale ALE und PSEN auf Highpegel gesetzt und werden erst 1 bis 2 Maschinenzyklen nach Eintreten von RST=0 wieder getaktet. Daher können andere Systemkomponenten während des Rücksetzvorgangs nicht auf das interne Timing des 8051 synchronisiert werden.

Nach dem Einschalten der Betriebsspannung ist bei jedem Mikrorechner ebenfalls ein RESET-Vorgang erforderlich. Er sorgt für einen definierten Anfangszustand des Controllers. Insbesondere wird der Program Counter gelöscht, so dass die Befehle ab Adresse 0 abgearbeitet werden. Außerdem werden die SF-Register einschließlich der Ports während des internen Resetvorgangs mit vorgegebenen Bitmustern geladen, die in Tab. 9.5 aufgeführt sind.

Eine automatische RESET-Schaltung lässt sich für den 8051 (HMOS) durch einen 10-µF-Kondensator zwischen V_{CC} und RST und einen 8,2-kΩ-Widerstand von RST zum Bezugspotential verwirklichen. Sie liefert für eine Dauer von ca. 1ms Highpegel zum Rücksetzen an RST und geht anschließend gegen Null.

Beim Abschalten der Betriebsspannung entsteht mit dieser Schaltung am RST-Anschluss kurzzeitig eine negative Spannung. Der Controller ist durch interne Maßnahmen dagegen geschützt.

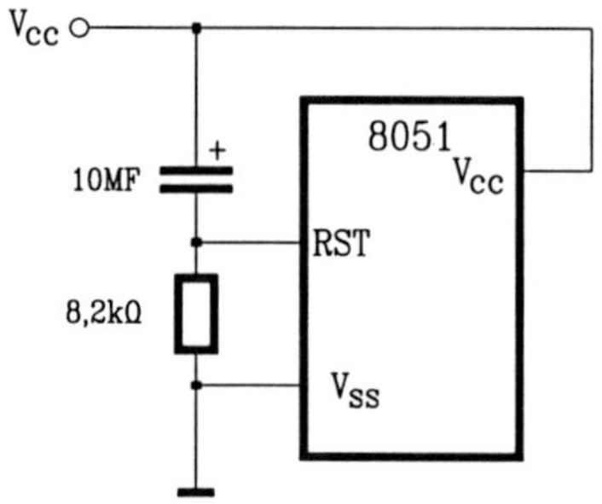

Bild 9.35: Schaltung zur Erzeugung eines Resetvorgangs beim Einschalten der Betriebs spannung beim Mikrocontroller 8051

Die Portanschlüsse des 8051 haben undefinierte Zustände bis der Oszillator arbeitet und sie durch den intern ablaufenden Resetvorgang auf 1 gesetzt wurden.

9.5.1.8 Betriebsarten mit reduziertem Stromverbrauch beim Controller 80C51

Die CHMOS-Variante 80C51 des Mikrocontrollers 8051 verfügt über zwei stromsparende Betriebsarten, die besonders für batteriebetriebene Geräte geeignet sind:

- Idle Mode und
- Power Down Mode

Die beiden Betriebsarten lassen sich durch Programmierung der Bits IDL und PD im Steuerregister PCON (Power Control Register) des SFR aktivieren.

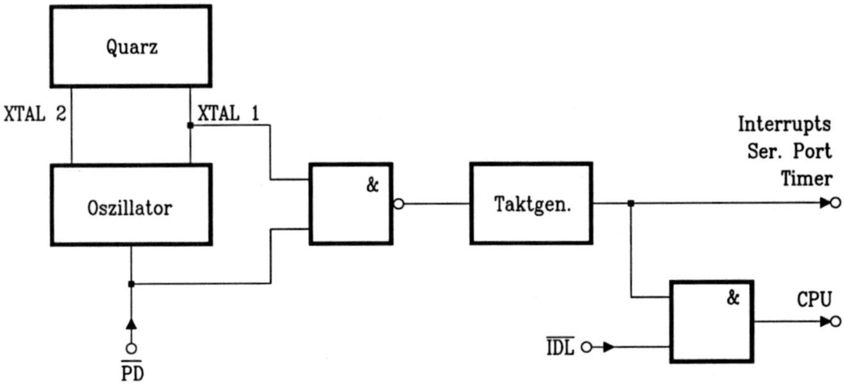

Bild 9.36: Hardwaresteuerungen für Idle Mode und Power Down Mode beim 80C51

Der Idle Mode: Ein Befehl, der im Register PCON IDL=1 (PCON.0=1) setzt, wird noch beendet und versetzt dann den Controller in den Idle Mode. In diesem Betriebszustand arbeitet der Oszillator weiter, die Interrupteinrichtung, der serielle Port sowie die beiden Timer werden getaktet, die CPU jedoch nicht (s. Bild 9.36). Der CPU-Status bleibt erhalten, d.h. Stack Pointer, Program Counter, PSW, Akkumulator und alle anderen Register behalten ihre Inhalte während der Idle-Mode-Dauer. Auch die Portanschlüsse konservieren den Zustand, der bei Eintritt in den Idle Mode bestand. Die Steuersignale ALE und ¬PSEN halten High-Pegel.

Der Idle Mode kann auf zwei Wegen folgendermaßen beendet werden:

- Annahme eines demaskierten Interrupts. Dadurch wird PCON.0 hardwaremäßig rückgesetzt und der Idle Mode verlassen. Der Controller arbeitet die Interrupt-Routine ab, der auf RETI folgende Befehl versetzt ihn wieder in den Idle Mode.

  Im Register PCON sind zwei Flags GF0 und GF1 für allgemeine Anwendungen reserviert, mit denen der Programmierer feststellen kann, ob der Interrupt während eines normalen Programmablaufs oder im Idle Mode eintraf. Ein Befehl, der den Idle Mode aktiviert, kann nämlich auch eines oder beide Flags setzen. Wenn der Idle Mode durch einen Interrupt beendet wurde, kann das innerhalb der Service-Routine an den Flagzuständen erkannt werden.

Tab. 9.18: Das bitadressierbare Power Control Register PCON des Mikrocontrollers 80C51. Der HMOS-Typ 8051 enthält lediglich SMOD.

MSB	6	5	4	3	2	1	LSB	
SMOD	-	-	-	GF1	GF0	PD	IDL	**PCON**

Bit	Adresse	Funktion
SMOD	**PCON.7**	***Double Baudrate-Bit:*** SMOD=1 erzeugt doppelte Baudrate, falls Timer 1 benutzt wird und Betriebsarten 1, 2 oder 3 vorliegen.
-	**PCON.6**	Beim 80C51 nicht belegt. Anwenderprogramme dürfen hier keine "1" programmieren, für Weiterentwicklungen genutzt
-	**PCON.5**	Beim 80C51 nicht belegt. Anwenderprogramme dürfen hier keine "1" programmieren, für Weiterentwicklungen genutzt
-	**PCON.4**	Beim 80C51 nicht belegt. Anwenderprogramme dürfen hier keine "1" programmieren, für Weiterentwicklungen genutzt
GF1	**PCON.3**	***Allgemein verwendbares Flagbit***
GF0	**PCON.2**	***Allgemein verwendbares Flagbit***
PD	**PCON.1**	***Power Down Bit:*** PD=1 aktiviert den Power Down Modus.
IDL	**PCON.0**	***Idle Mode Bit*:** IDL=1 aktiviert den Idle Mode Betrieb.

– Die zweite Möglichkeit, den Idle Mode zu beenden, besteht darin, hardwaremäßig einen RESET zu erzeugen. Dadurch wird das Bit IDL direkt und asynchron zurückgesetzt. Die CPU fährt daraufhin bei der Bearbeitung des Programms mit dem Befehl fort, der auf denjenigen folgt, welcher den Idle Mode verursacht hat.

Der Power Down Mode: Ein Befehl, der im Register PCON das Bit PD=1 (PCON.1=1) setzt, wird noch beendet und versetzt dann den Controller in den Power Down Mode. In diesem Zustand ist der interne Taktoszillator und damit auch der Controller inaktiv, das interne RAM und das SFR halten jedoch ihre Informationen. Die Portausgänge behalten die Zustände, die durch die zugeordneten SFR vorgegeben sind. ALE und ¬PSEN nehmen 0 an.

Befindet sich der Controller im Power Down Modus, darf die Betriebsspannung stromsparend bis auf 2V reduziert werden. Es ist jedoch sicherzustellen, dass die Betriebsspannung wieder dem Normalwert entspricht, bevor mittels RESET der Power Down Modus beendet wird.

Der 80C51 kann den Power Down Zustand nur durch einen Hardware-Reset verlassen. Dadurch wird das SFR neu definiert, das interne RAM wird nicht beeinflusst.

Anm: Ein Hardware-Reset initialisiert das SFR PCON beim Controller 8051 mit dem Wert 0XXXXXXX, beim Controller 80C51 jedoch mit 0XXX0000.

9.5.1.9 Die Anschluss-Belegung des Mikrocontrollers 8051

Der Mikrocontroller 8051 wird entweder in einem DIL40- oder einem PLCC44-Gehäuse hergestellt. Für die DIL40-Version ist die Anschluss-Belegung in Bild 9.37

innerhalb des gestrichelten Rahmens dargestellt. Außerhalb dieses Rahmens sind Alternativfunktionen der Ports angegeben.

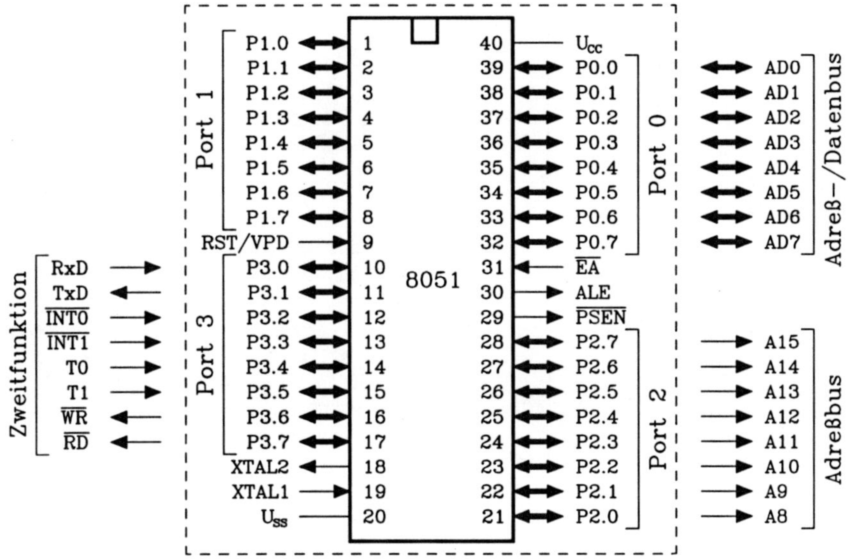

Bild 9.37: Belegung und Bedeutung der Anschlüsse des Mikrocontrollers 8051 für ein DIL40-Gehäuse

Eine tabellarische Kurzbeschreibung der Anschlüsse findet sich in Tab. 9.19 (s. S. 406).

9.5.2 Die zeitliche Struktur bei der Befehlsausführung

Ein Befehl besteht aus einem, zwei oder drei Bytes, wobei das erste Byte den Operationscode enthält. Die Bytes zwei und drei sind Operanden.

Mikrocontroller werden von einem zentralen Taktgenerator gesteuert, daher folgt die Befehlsabarbeitung einem festgelegten Zeitschema. Die zeitlichen Abläufe während der Bearbeitung eines ganzen Befehls nennt man Befehlszyklus. Ein Befehlszyklus untergliedert sich wiederum in befehlsspezifisch definierte Teilaufgaben, die Maschinenzyklen genannt werden. Beim Controller 8051 setzt sich ein Befehlszyklus im allgemeinen aus einem Maschinenzyklus oder zwei Maschinenzyklen zusammen; nur die Multiplikations- und Divisonsbefehle bilden mit vier Maschinenzyklen eine Ausnahme.

In Bild 9.38 ist die zeitliche Struktur eines 8051-Befehlszyklus dargestellt. Er besteht aus einem bis max. vier Maschinenzyklen, jeder von ihnen aus sechs Zuständen (States S1...S6) und jeder Zustand aus zwei Phasen (P1, P2), wobei jede Phase einer Taktperiode entspricht.

Tab. 9.19: Tabellarische Kurzbeschreibung der Anschlüsse des Mikrocontrollers 8051

Pin.-Nr.	Anschlüsse	Eing.	Ausg.	Funktion
1...8	**P1.0...P1.7**	x	x	**Port 1**, 8 Bit breit, bitadressierbar, mit Pull-Up-Widerstand von 10-40kΩ, treibt 4 TTL-LS-Lasten
9	**RST/VPD**	x	x	**Restart/Voltage Pull Down**: Ein H-Impuls (>3V) der Dauer von ≥2 Maschinenzyklen setzt den 8051 zurück und den Programmzähler auf Null (Reset). Ein interner Pulldown-Widerstand lässt automatische Resets nach Einschalten der Betriebsspannung mittels ext. Kondensator nach V_{CC} zu. Sinkt V_{CC} unter 4,5V während VPD auf 1 liegt, liefert VPD die Betriebsspannung für das interne RAM.
10...17	**P3.0...P3.7**	x	x	**Port 3**, 8 Bit breit, bitadressierbar, mit Pull-Up-Widerstand von 10-40kΩ, treibt 4 TTL-LS-Lasten. Folgende Alternativfunktionen können nach Ausgabe von 1 an das Ausgangs-Latch aktiviert werden: P3.0: Serieller Eingang RxD; P3.1: Serieller Ausgang TxD; P3.2: Externer Interrupt ¬INT0 P3.3: Externer Interrupt ¬INT1; P3.4: Takteingang Zähler 0 T0; P3.5: Takteingang Zähler 1 T1; P3.6: Schreiben ext. RAM ¬WR; P3.7: Lesen ext. RAM ¬RD
18	**XTAL2**	x	x	**Ausgang des Oszillatorverstärkers**, Eingang der internen Timing-Hardware. Anschluss für Quarz, Keramikschwinger oder eine ext. Taktquelle
19	**XTAL1**	x		**Eingang des Oszillatorverstärkers**. Anschluss an Nullpotential (V_{SS}), falls ext. Taktquelle genutzt wird
20	V_{SS}			**Nullpotential**, digitale Masse
21...28	**P2.0...P2.7**	x	x	**Port 2**, 8 Bit breit, bitadressierbar, mit Pull-Up-Widerstand von 10-40kΩ, treibt 4 TTL-LS-Lasten. Falls ext. Speicher vorhandenem: HByte-Adressbus.
29	**¬PSEN**		x	**Program Storage Enable**: Steuersignal zum Lesen eines ext. Programmspeichers.
30	**ALE**		x	**Address Latch Enable**: Steuersignal für die ext. Speichererweiterung. Das LByte der Adresse wird in externem Latch zwischengespeichert. Falls keine ext. Speichererweiterung vorliegt, kann das Signal als Takt mit 1/6 Systemtaktfrequenz verwendet werden.
31	**¬EA**	x		**Extern Access Enable**: Bei ¬EA=0 holt der 8051 Befehlsbytes vom ext. Progr.-Speicher. Bei ¬EA=1 holt der 8051 Befehlsbytes vom int. Progr.-Speicher, falls die Adresse im Bereich 0000...0FFFH liegt.
39...32	**P0.0...P0.7**	x	x	**Port 0**, 8 Bit breit, bitadressierbar, ohne Pull-Up-Widerstand, treibt 8 TTL-LS-Lasten. Dient bei vorhandenem ext. Speicher zunächst als LByte-Adressbus und transportiert dann das LByte von Daten- oder Programmcode.
40	V_{CC}			**Betriebsspannungsversorgung +5V**

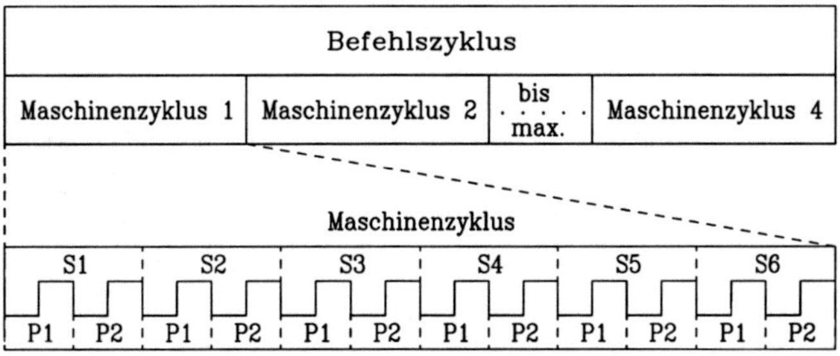

Bild9.38: Zeitliche Struktur von Befehlszyklen im Mikrocontroller 8051. Die kleinsten Zeiteinheiten mit je einer Taktperiode sind die Phasen P1 bzw. P2.
Abkürzungen: S1...S6 = Zustände (States) 1 bis 6 ; P1, P2 = Phasen 1 und 2

Viele 8051-Befehle umfassen nur einen Maschinenzyklus, also 12 Taktperioden, d.h. ihre Ausführungszeit beträgt 1 µs bei der gängigen Taktfrequenz von 12 MHz. Die Zeitstruktur des 8051 legt pro Maschinenzyklus zwei Lesezugriffe auf den Befehlsspeicher (s. ALE-Signal) fest. Daher gibt es 2-Byte-Befehle, die in einem Maschinenzyklus abgearbeitet werden können. Enthält ein Befehl kein Operandenbyte, wird der zweite Lesezugriff dennoch durchgeführt, aber die Steuerung ignoriert das gelesene Byte und erhöht auch nicht den Programmzähler. Stattdessen wird der Befehl während der Zustände S4...S6 bereits ausgeführt.

Varianten des 8051 liegen neuerdings mit überarbeiteter Hardware vor. Sie arbeiten mit Taktfrequenzen von 33 MHz und benötigen pro Maschinenzyklus nur einen Takt, erreichen also einen Durchsatz von $33 \cdot 10^6$ Befehlen pro Sekunde (33 MIPS).

Die Ausführung von drei unterschiedlichen Befehlen (INC A, ADD A, #data, INC DPTR) sind in ihrem zeitlichen Ablauf in Bild 9.39 dargestellt.

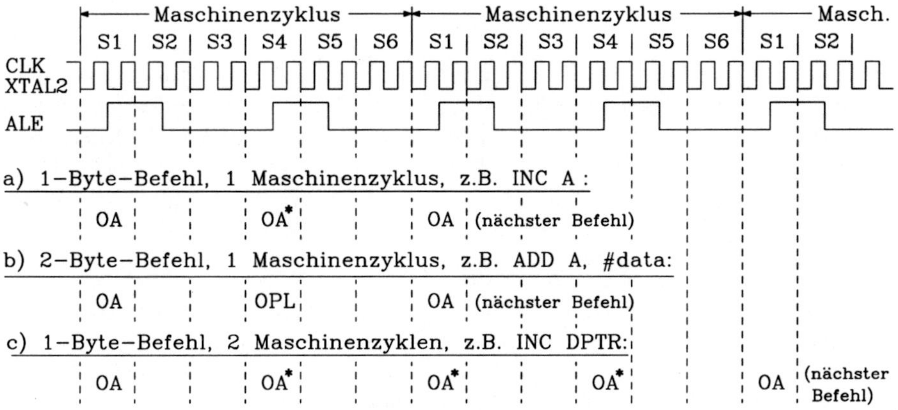

Bild 9.39: Zeitlicher Ablauf der Befehlszyklen bei drei verschiedenen Befehlen.
Abkürzungen: *OA* = Operationscode-Abruf ; *OPL* = Operand lesen
*OA** = Operanden-Abruf wird von der Steuereinheit ignoriert

Beim Befehl **INC A** wird der Operationscode im Zustand S1 abgerufen und anschließend ausgeführt. Im Zustand S6 wird die Ausführung beendet. Beim Befehl **ADD A, #data** wird im Zustand S1 der Operationscode abgerufen und im Zustand S4 der Operand, nämlich die Konstante #data (2. Byte), gelesen. Danach wird der Befehl bis einschließlich Zustand 6 ausgeführt. Abruf und Ausführung des Operationscodes des Befehls **INC DPTR** benötigen zwei Maschinenzyklen. Während der Befehlsausführung ignoriert die Steuerung dreimal den OPCODE-Abruf.

Falls der Mikrocontroller 8051 mit einem externen Programmspeicher ausgerüstet ist, wird das höherwertige Byte der externen Adresse (PCH) über Port 2 und das niederwertige Byte (PCL) an Port 0 ausgegeben (Bild 9.40). Das niederwertige Byte der Adresse wird mit der negativen Flanke von ALE im Zustand S2 und S5 extern in einem D-Latch zwischengespeichert. Am externen Programmspeicher liegt nun die vollständige Adresse. Er wird über das Steuersignal ¬PSEN = 0 selektiert, und im Zustand S4 und S1 wird das entsprechende Befehlsbyte über Port 0 gelesen.

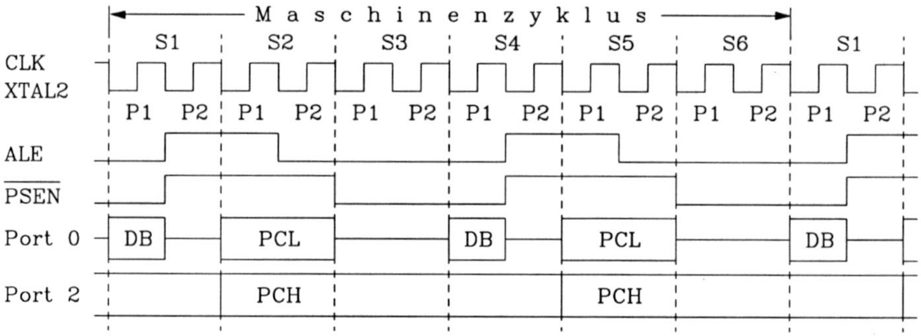

Bild 9.40: Lesezugriff des 8051 auf den ext. Programmspeicher. Die Abkürzungen bedeuten: *PCL* = LByte der Adresse; *PCH* = HByte der Adresse; *DB* = Datenbyte

Das externe RAM lässt sich sowohl über eine 8-Bit-Adresse als auch über eine 16-Bit-Adresse adressieren (siehe Kap. 9.5.1.2.2). Falls Befehle mit einer 8-Bit-Adresse ausgeführt werden, wird der Inhalt von Ri (R0 oder R1) der selektierten Registerbank über Port 0 als Adresse ausgegeben. Hat das externe RAM mehr als 8 Adressbits, so werden die höherwertigen Adressbits über den Inhalt von Port 2 festgelegt. Bei Befehlen mit einer 16-Bit-Adresse wird der Inhalt des Datenpointers über Port 0 (DPL) und Port 2 (DPH) als Adresse ausgegeben (Bild 9.41).

In Bild 9.41 ist der Lesezugriff auf das externe RAM dargestellt. Das Datenbyte wird im Zustand S3 mit dem Leseimpuls ¬RD über Port 0 in den Mikrocontroller übertragen. Bild 9.42 zeigt den entsprechenden Schreibzugriff auf das externe RAM. Die Datenausgabe wird mit dem Schreibimpuls ¬WR gesteuert.

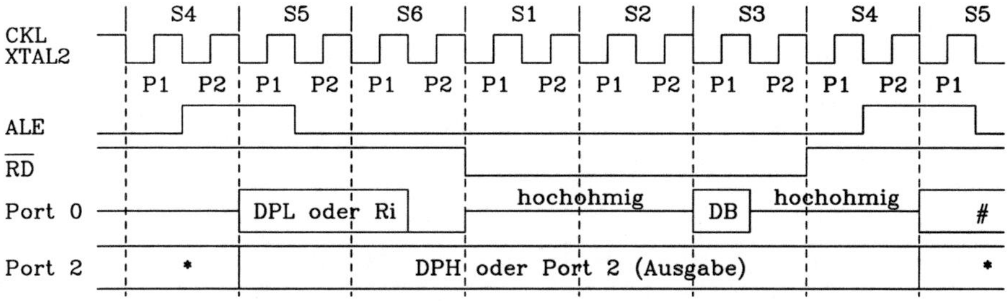

Bild 9.41: Lesezugriff des 8051 auf den ext. Datenspeicher. Die Abkürzungen bedeuten: *DPL* = Data Pointer LByte; *DPH* = Data Pointer Hbyte; *DB* = Datenbyte; *Ri* = 8-Bit-Adresse (Reg.-bank: R0 oder R1); * = PCH oder Port 2 Ausgabe # = LByte des Befehlszählers bei ext. Programmspeicher

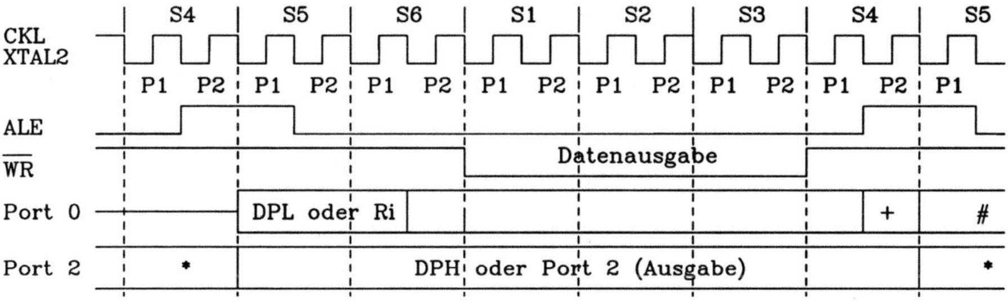

Bild 9.42: Schreibzugriff des 8051 auf den ext. Datenspeicher. Abkürzungen:
DPL = Data Pointer LByte; DPH = Data Pointer Hbyte;
DB = Datenbyte; Ri = 8-Bit-Adresse (Reg.-bank: R0 oder R1)
+ = LByte des Befehlszählers; * = PCH oder Port 2 Ausgabe;
# = LByte des Befehlszählers bei ext. Programmspeicher;

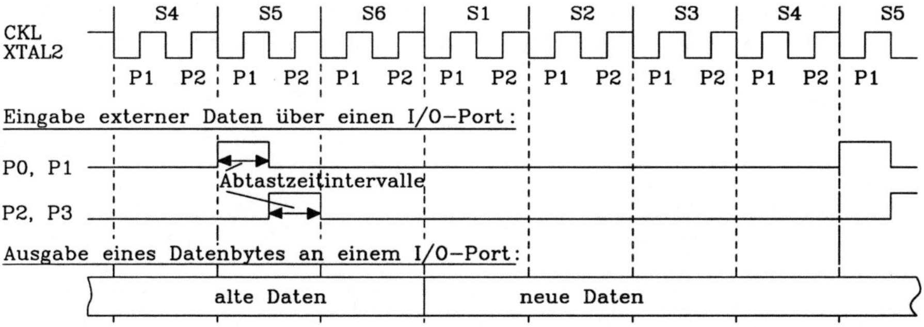

Bild 9.43: Ein- und Ausgabe über I/O-Ports des Mikrocontrollers 8051

Den zeitlichen Ablauf bei der Ein- und Ausgabe über die I/O-Ports zeigt Bild 9.43.

9.5.3 Die Software-Struktur des Mikrocontrollers 8051

Der Mikrocontroller 8051 enthält 111 Basisbefehle, davon 49 Ein-Byte-Befehle, 45 Zwei-Byte-Befehle und 17 Drei-Byte-Befehle.

9.5.3.1 Die Adressierungsarten des Mikrocontrollers 8051

Der Mikrocontroller 8051 verfügt über folgende Adressierungsarten:

a) Registeradressierung (Inherent)
b) Unmittelbare Adressierung (Immediate)
c) Direkte Adressierung
d) Indirekte Adressierung
e) Indizierte Adressierung

a) Registeradressierung. Befehle dieser Adressierungsart enthalten keinen Operanden, da die Adresse des Registers im Befehl enthalten ist. Man bezeichnet derartige Befehle auch als inherent adressiert. Mit Hilfe der Registeradressierung lassen sich die Register R0 ... R7 der selektierten Registerbank und die Register A,B adressieren. Eine Registerbank wird über zwei Selectbits im PSW ausgewählt.

Beispiele:

INC R0	Inkrementiert den Inhalt des adressierten Registers R0
DEC A	Dekrementiert den Inhalt des Akkumulators
MOV A, Rr	Der Inhalt des Registers Rr wird in den Akku kopiert

b) Unmittelbare Adressierung. In dieser Adressierungsart folgt dem Operationscode eine 8-Bit- oder 16-Bit-Konstante.

Abkürzungen: #data = 8-Bit-Konstante, #data16 = 16-Bit-Konstante
Beispiele:

MOV A, #data	8-Bit-Konstante "#data" wird in den Akkumulator gebracht
MOV DPTR, #data16	Das Datenpointer-Register wird mit "#data16" geladen.

c) Direkte Adressierung. In direkter Adressierung wird über eine 8-Bit-Adresse im Operand das interne RAM und das Special Function Register adressiert.

Beispiel:

MOV direct, A	Der Inhalt des Akkumulators wird in das interne RAM mit der 8-Bit-Adresse "direct" kopiert.

d) Indirekte Adressierung. Das interne und das externe RAM lassen sich über den Inhalt eines Registers adressieren. Für die 8-Bit-Adresse (internes RAM) wird R0 und R1 der selektierten Registerbank verwendet, während für die 16-Bit-Adresse nur das 16-Bit-Datenpointer-Register DPTR zuständig ist.

Abkürzungen der Adressen: @Ri (i = 0 oder 1) 8-Bit-Adresse
@DPTR 16-Bit-Adresse

Beispiele:

MOV @R0, A	Der Akkumulatorinhalt wird zum Speicherplatz (internes RAM), dessen Adresse im Register R0 steht, gebracht.
MOVX @R0, A	Der Akkumulatorinhalt wird zum Speicherplatz (externes RAM), dessen Adresse im Register R0 steht, gebracht
MOVX @DPTR, A	Der Akkumulatorinhalt wird zum Speicherplatz (externes RAM), dessen Adresse im Datenpointer-Register DPTR steht, gebracht.

e) Indizierte Adressierung. Diese Adressierungsart wird auch Base-Register-Plus Indexregister Indirect Addressing genannt. Mit Hilfe der indizierten Adressierung kann nur auf den Programmspeicher lesend zugegriffen werden. Diese Adressierungsart erleichert die Benutzung einer Tabelle (Look Up Table: LUT), die im Festwertspeicher abgelegt ist. Die Adresse wird gebildet aus der Summe der Inhalte des Basisregisters und des Indexregisters. Als Basisregister kann das Datenpointer-Register DPTR oder der Programmzähler dienen, während der Akkumulator das Indexregister bildet.

Beispiele:

MOVC A, @A+PC	Die Summe aus Akkumulatorinhalt und Programmzählerstand bildet eine Programmspeicheradresse; der Inhalt dieser Adresse wird in den Akkumulator transferiert.
MOVC A, @A+DPTR	Die Summe aus Akkumulatorinhalt und DPTR-Inhalt bildet eine Datenspeicheradresse, der Inhalt dieser Adresse wird in den Akkumulator gebracht.

9.5.3.2
Der Befehlssatz des Mikrocontrollers 8051

Der Befehlssatz des Mikrocontrollers 8051 gliedert sich in folgende Befehlsgruppen:

a) Transferbefehle
b) Befehle für arithmetische Operationen
c) Befehle für logische Operationen (Boolesche Variable)
d) Bitoperationsbefehle
e) Sprung- und Verzweigungsbefehle

Der Mikrocontroller 8051 enthält in seinem Befehlssatz keine speziellen Ein-/Ausgabebefehle wie der 8085. Über MOV-Befehle können aber in Verbindung mit Portregistern im Special Function Register digitale Signale ein- und ausgegeben werden. Es fehlen auch separate Befehle zur Interruptverarbeitung. Die individuelle und generelle Interruptfreigabe erfolgt durch Transfer eines Datenbytes ins Enable-Register. Interrupt-Prioritäten werden im Interrupt Priority Register festgelegt.

Im Folgenden werden für die genannten Befehlsgruppen zunächst die prinzipiellen Wirkungsweisen anhand exemplarischer Beispiele erläutert. Dann schließt sich eine detaillierte Beschreibung jedes einzelnen Befehls an.

9.5.3.2.1
Der Befehlssatz des Mikrocontrollers 8051 im Überblick

a) Transferbefehle. Transferbefehle dienen zum Transport von Daten (Operanden) zwischen Registern, zwischen Registern und Speicherplätzen oder Ports und zur Eingabe von Konstanten. Die Transferbefehle des Mikrocontrollers 8051 sind ähnlich aufgebaut wie die Transferbefehle des 8085. Sie unterscheiden sich jedoch aufgrund der zusätzlichen Möglichkeiten in Bezug auf die Speicherrealisierung mit internem und externem RAM und ROM.

Transferbefehle haben generell das Format: **MOV Ziel, Quelle**, d.h. der Quelleninhalt wird in das Ziel kopiert. Die Gruppe der Transferbefehle gliedert sich in drei Untergruppen:

1) Datentransfer mit dem internen RAM oder SFR

Beispiele:

MOV R1, direct	Inhalt des Speicherplatzes (int. RAM), dessen Adresse im 2. Byte des Befehls (direct) enthalten ist, wird nach R1 der selektierten Registerbank gebracht.
MOV direct2, direct1	Das Datenbyte eines Speicherplatzes direct1 wird auf einen anderen Speicherplatz direct2 kopiert.

2) Datentransfer mit dem externen RAM

Der Zugriff auf das externe RAM ist nur mit Hilfe der indirekten Adressierung möglich. Man unterscheidet zwischen 8-Bit- und 16-Bit-Adressen. Die MOV-Transferbefehle erhalten den Zusatz X (MOVX).

Beispiele:

MOVX A, @R1	Inhalt des Registers R1 bildet eine 8-Bit-Adresse, das Datenbyte von diesem Speicherplatzes wird in den Akkumulator kopiert.
MOVX @DPTR, A	Inhalt des Akkumulators wird unter der 16-Bit-Adresse abgelegt, die im Datenpointer DPTR gespeichert ist.

3) Datentransfer mit dem internen oder externen Programmspeicher

Beim Zugriff auf den internen oder externen Programmspeicher ist nur das Lesen der gespeicherten Information möglich. Die beiden zur Verfügung stehenden Befehle lassen sich sinnvoll nutzen, um fest im Programmspeicher (Codebereich) abgelegte Tabellen anzusprechen. Die MOV-Transferbefehle erhalten daher den Zusatz C für Code, z.B. MOVC.

Beispiele:

MOVC A, @A+DPTR	Die Speicheradresse wird gebildet durch die Summe der Inhalte des Akkumulators und des Datenpointers. Das unter dieser Adresse gespeicherte Datenbyte wird in den Akkumulator transferiert.
MOVC A, @A+PC	Die Speicheradresse wird gebildet durch die Summe der Inhalte des Akkumulators und des Programmzählers. Das unter dieser Adresse gespeicherte Datenbyte wird in den Akkumulator transferiert.

b) Befehle für arithmetische Operationen. Es sind die gleichen Befehle wie beim 8085 (Addition, Subtraktion, Inkrement und Dekrement) verfügbar. Zusätzlich hat der Mikrocontroller 8051 noch je einen Multiplikations- und Divisionsbefehl.

Beispiele:

MUL AB Der Inhalt des Registers B (8 Bit) wird mit dem Inhalt des Akkumulators (8 Bit) multipliziert. Das Ergebnis wird in B (HByte) und A (LByte) gespeichert.

DIV AB Der Inhalt des Akkumulators wird dividiert durch den Inhalt von B. Das Ergebnis (Integerzahl) wird in A und der Rest (Mod (A/B)) in B gespeichert.

c) Befehle für logische Operationen. Der Mikrocontroller 8051 enthält im Wesentlichen den Befehlsvorrat an logischen Befehlen wie der 8085 (UND, ODER, Exklusiv-ODER, Setz-, Lösch-, Negations- und Rotationsbefehle). Es ist jedoch nicht mehr erforderlich, dass ein Operand im Akkumulator gespeichert ist.

Beispiel:

ANL direct, #data Der Inhalt des Speicherplatzes mit der 8-Bit Adresse "direct" wird logisch mit der 8-Bit-Konstanten "#data" UND-verknüpft. Das Ergebnis wird unter der Adresse "direct" abgespeichert.

d) Bitoperationsbefehle. Da die CPU des Mikrocontrollers 8051 einen Booleschen Prozessor enthält, sind Befehle mit direktem Zugriff auf einzelne Bits möglich. Das Ergebnis einer Bitoperation steht im Carryflag C. Das interne RAM enthält 128 adressierbare Bits, und zusätzlich sind noch weitere 48 adressierbare Bits im Special Function Register enthalten. Alle I/O-Ports sind bitadressierbar. Bitoperationen sind möglich bei logischen, Transfer- und Verzweigungsoperationen.

Beispiel zur logischen Operation:

ANL C, P1.1 Bit 1 von Port 1 wird logisch mit dem Inhalt des Carryflags C UND-verknüpft, das Ergebnis wird in C gespeichert.

Beispiel zu Transferbefehlen:

MOV P2.7, C Inhalt des Carryflags wird an das 7. Bit des Ports 2 ausgegeben.

Beispiel zu Verzweigungsbefehlen:

JB P1.3, Markel Falls das Portbit P1.3 gesetzt ist, wird nach Markel gesprungen.

e) Sprung- und Verzweigungsbefehle. Zu den Verzweigungsbefehlen zählen Sprungbefehle und Unterprogrammaufrufe. Es gibt bedingte und unbedingte Verzweigungsbefehle. Die Sprungbefehle des 8051 gliedern sich in 3 Gruppen:

SJMP rel Short Jump (relativ, 8-Bit-Adresse)

Der Befehl für den kurzen Sprung enthält eine 8-Bit-Adresse. Es ist ein relativer Sprung von -128 bis +127 in Bezug auf die aktuelle Adresse möglich.

LJMP addr16 Long Jump (16-Bit-Adresse)

Der Befehl für den langen Sprung enthält eine 16-Bit-Adresse, ein Sprung im gesamten Adressraum (64 KByte) ist möglich.

AJMP addr11 Absolute Jump (11-Bit-Adresse)

Der Befehl für den absoluten Sprung enthält eine 11-Bit-Adresse. Es ist ein 2-Byte-Befehl, drei Adressbits sind im Operationscode enthalten. Bei der Bildung der vollständigen Adresse werden die fünf Adressbits A11...A15 aus dem Programmzähler übernommen. Dieser Befehl wird vorwiegend beim Zugriff auf den internen Programmspeicher eingesetzt.

Die Unterprogrammaufrufbefehle des Mikrocontrollers 8051 gliedern sich in zwei Gruppen, nämlich ACALL addr11 und LCALL addr16. Die Adressen werden analog zu den entsprechenden Sprungbefehlen gebildet.

Weiterhin enthält der Mikrocontroller 8051 Vergleichsbefehle, die zwei Datenbytes miteinander vergleichen. Sind sie ungleich, wird der Sprung ausgeführt.

Beispiel:

CJNE A, #data, rel Der Akkumulatorinhalt wird mit der 8-Bit-Konstanten #data verglichen. Sind die Bytes ungleich, wird ein relativer Sprung ausgeführt

9.5.3.2.2
Der Befehlssatz des Mikrocontrollers 8051 in detaillierter Darstellung

Zunächst erfolgt eine Darstellung aller Abkürzungen, die für die Kurzbeschreibungen der Befehle verwendet werden:

Symbole	Bedeutung	Symbole	Bedeutung
#	Symbol für unmittelbar adressierte Daten	( )	Inhalt eines Registers oder Speicherplatzes
@	Symbol für Adressen bei indirekter Adressierung	→	übertragen nach
#d8	#data, 8-Bit-Konstante	↔	austauschen mit
#d16	#data16, 16-Bit-Konstante	–	Subtraktion
dir	direct, direkt adressierte Byte-Adresse	+	Addition
bit	Bit-Adresse im Datenspeicher. Format: adr.bitnr, mit $0 \le adr \le 255$ und $0 \le bitnr \le 7$	∧	UND-Verknüpfung
addr11	11-Bit-Adresse	∨	ODER-Verknüpfung
addr16	16-Bit-Adresse	⊕	Exklusiv-ODER
rel	relative Adresse, mit $-128 \le rel \le 127$	**C**	Carry-Flag
A, Akku	Akkumulator	**AC**	Auxiliary Carry-Flag
Rr	Register (R0...R7)	**OV**	Overflow-Flag
Ri	Register (R0 oder R1)	**P**	Parity-Flag
@Ri	Inhalt des Registers Ri (8-Bit-Adresse)		
DPTR	Datenzeiger 16 Bit		
@DPTR	Inhalt des Datenzeiger-Registers (16-Bit-Adresse)		

a) Transferbefehle

Format von Transferbefehlen: **MOV Ziel, Quellenbyte** (und für einen Befehl: **MOV Ziel, Quellenwort**)

Funktion: Das Quellenbyte wird in das Ziel kopiert.

MOV A,Rr (Rr) ➔ A	***Move register to accu:*** Das Datenbyte im Register Rr wird in den Akku kopiert.
MOV @Ri,#d8 #d8 ➔ (Ri)	***Move immediate data to indirect RAM:*** Die 8-Bit-Konstante im Operandenbereich wird in den Speicherplatz kopiert, dessen Adresse im Register Ri steht.
MOV @Ri,A (A) ➔ (Ri)	***Move accu to indirect RAM:*** Das Datenbyte im Akku wird in den Speicherplatz kopiert, dessen Adresse im Register Ri steht.
MOV @Ri,dir (dir) ➔ (Ri)	***Move direct byte to indirect RAM:*** Das Datenbyte, das unter der Operandenbyte-Adresse gespeichert ist, wird in den Speicherplatz kopiert, dessen Adresse im Register Ri steht.
MOV A,#d8 #d8 ➔ A	***Move immediate data to accu:*** Die 8-Bit-Konstante im Operandenbyte wird in den Akku kopiert.
MOV A,@Ri ((Ri)) ➔ A	***Move indirect RAM to accu:*** Das Datenbyte, das unter der Byte-Adresse gespeichert ist, die im Register Ri steht, wird in den Akku kopiert.
MOV A,dir (dir) ➔ A	***Move direct byte to accu:*** Das Datenbyte, das unter der Operandenbyte-Adresse gespeichert ist, wird in den Akku kopiert.
MOV dir,#d8 #d8 ➔ dir	***Move immediate data to direct byte:*** Die 8-Bit-Konstante im 2. Operandenbyte wird in den Speicherplatz kopiert, dessen Adresse im 1. Operandenbyte steht.
MOV dir,@Ri ((Ri)) ➔ dir	***Move indirect RAM to direct byte:*** Das Datenbyte, das unter der Byte-Adresse gespeichert ist, die im Register Ri steht, wird in an die Speicheradresse kopiert, die im Operandenbyte steht.
MOV dir,A (A) ➔ dir	***Move accumulator to direct byte:*** Der Akkuinhalt wird in den Speicherplatz kopiert, dessen Adresse im Operandenbyte steht.
MOV dir,Rr (Rr) ➔ dir	***Move register to direct byte:*** Das Datenbyte im Register Rr wird in den Speicherplatz kopiert, dessen Adresse im Operandenbyte steht.
MOV dir1,dir2 (dir2) ➔ dir1	***Move direct byte to direct:*** Das Datenbyte, das unter der Operandenbyte-Adresse dir2 gespeichert ist, wird in den Speicherplatz mit der Adresse dir1 kopiert. Reihenfolge der Maschinencode-Bytes: 85 dir2 dir1 !
MOV DPTR,#d16 #d16 ➔ DPTR	***Load data pointer with a 16 bit constant:*** Die 16-Bit- Konstante im Operandenbereich wird in den Datenpointer kopiert.
MOV Rr,#d8 #d8 ➔ Rr	***Move immediate data to register:*** Die 8-Bit-Konstante im Operandenbyte wird in das Register Rr kopiert.

MOV Rr,A (A) ➔ Rr	***Move accu to register:*** Das Datenbyte im Akku wird in das Register Rr kopiert.
MOV Rr,dir (dir) ➔ Rr	***Move direct byte to register:*** Das Datenbyte, dessen Adresse im Operandenbyte steht, wird in das Register Rr kopiert.
MOVC A,@A+DPTR ((A)+(DPTR)) ➔ A	***Move code byte relative to DPTR to accu:*** Das Codebyte unter der Adresse, die sich aus der Summe der Inhalte von Akku und Datenpointer ergibt, wird in den Akku kopiert.
MOVC A,@A+PC ((A)+(PC)) ➔ A	***Move code byte relative to PC to accu:*** Das Codebyte unter der Adresse, die sich aus der Summe der Inhalte von Akku und Programmzähler ergibt, wird in den Akku kopiert.
MOVX @Ri,A (A) ➔ (Ri)	***Move accu to external RAM:*** Das Datenbyte im Akku wird in den externen RAM-Speicherplatz kopiert, dessen Adresse im Register Ri steht.
MOVX A,@DPTR ((DPTR)) ➔ A	***Move external RAM to accu:*** Das Datenbyte unter der externen RAM-Speicheradresse, die im Datenpointer steht, wird in den Akku kopiert.
MOVX @DPTR,A (A) ➔ (DPTR)	***Move accu to external RAM:*** Das Datenbyte im Akku wird in den externen RAM-Speicherplatz kopiert, dessen Adresse im Datenpointer steht.
MOVX A,@Ri ((Ri)) ➔ A	***Move external RAM to accu:*** Das Datenbyte aus dem externen RAM-Speicherplatz, dessen Adresse im Register Ri steht, wird in den Akku kopiert.
POP dir ((SP)) ➔ dir (SP)-1 ➔ SP	***Pop direct byte from stack:*** Das Datenbyte im internen RAM (Stack), das durch den Stackpointer adressiert ist, wird in den Speicherplatz kopiert, dessen Adresse im Operandenbyte steht. Anschließend wird der Stackpointer einmal dekrementiert.
PUSH dir (SP)+1 ➔ SP (dir) ➔ (SP)	***Push direct byte onto stack:*** Der Stackpointer wird einmal inkrementiert.Das Datenbyte, dessen Adresse im Operandenbyte steht, wird in den Speicherplatz im internen RAM (Stack) kopiert, der durch nun den Stackpointer adressiert ist.
XCH A,@Ri ((Ri)) ⟷ (A)	***Exchange indirect RAM with accu:*** Das Datenbyte, das unter der Byte-Adresse gespeichert ist, die im Register Ri steht, wird mit dem Akkuinhalt ausgetauscht.
XCH A,dir (dir) ⟷ (A)	***Exchange direct byte with accu:*** Das Datenbyte, das unter der Operandenbyte-Adresse gespeichert ist, wird mit dem Akkuinhalt ausgetauscht.
XCH A,Rr (Rr) ⟷ (A)	***Exchange register with accu:*** Das Datenbyte im Register Rr wird mit dem Akkuinhalt ausgetauscht.
XCHD A,@Ri (A) ⟷ ((Ri)), nur Bits 0...3	***Exchange low order digit indirect RAM with accu:*** Das LHalbbyte, das unter der Byte-Adresse gespeichert ist, die im Register Ri steht, wird mit dem LHalbbyte des Akkus ausgetauscht (z.B. für BCD-Zahlen).

b) Befehle für arithmetische Operationen

Der Befehlssatz für arithmetische Operationen enthält wie bei 8-Bit Mikroprozessoren Addition, Subtraktion, Inkrement und Dekrement. Zusätzlich hat der Mikrocontroller 8051 je einen Multiplikations- und Divisionsbefehl.

Bezüglich seiner Architektur ist der 8051 eine Ein-Adressmaschine, d.h. arithmetische Verknüpfungen laufen in zwei Schritten folgendermaßen ab:

1. Der erste Operand wird per Transferbefehl in den Akku gebracht.
2. Der Verknüpfungsbefehl selbst liefert einen weiteren Operanden und führt die Verknüpfung durch (Ausnahmen: Multiplikation und Division).

Der erste Operand, hier also der Akku, wird i.d.R. mit dem Verknüpfungsergebnis überschrieben. Die Flags werden durch die Verknüpfungsbefehle beeinflusst. Das C-Flag nimmt bei der Addition den Übertrag und bei der Subtraktion den Borger auf.

b1) Additionsbefehle

Für die Addition gilt weiterhin:
- Das C-Flag wird bei Überlauf ins 8. Bit gesetzt und andernfalls rückgesetzt. Haben beide Operanden die Bedeutung von Betragszahlen (unsigned integers), liefert das C-Flag den Überlauf bezüglich einer Betragsarithmetik.
- Das AC-Flag wird bei Überlauf in die 4. Bitposition gesetzt und andernfalls rückgesetzt.
- Haben beide Operanden die Bedeutung von Zweierkomplementzahlen (signed integers), fungiert das OV-Flag als Zweierkomplementüberlauf-Indikator.
- Enthält ein Additionsbefehl im mnemonischen Kürzel ein C, wird der Wert des Carryflags zusätzlich addiert. Diese Befehle verwendet man für sukzessiv durchgeführte Mehr-Byte-Additionen.

Format von Additionsbefehlen: **ADD Akku, Quellenbyte bzw. ADDC Akku, Quellenbyte**
Funktion: Das Quellenbyte wird zum Akkuinhalt addiert und der Akku mit dem Ergebnis überschrieben.

ADD A,#d8
#d8 + (A) ➔ A

Add immediate data to accu: Addiert die im Operandenteil vorhandene 8-Bit-Konstante zum Akkuinhalt.

ADD A,@Ri
((Ri)) + (A) ➔ A

Add indirect RAM to accu: Das Datenbyte, das unter der Byte-Adresse gespeichert ist, die im Register Ri steht, wird zum Akkuinhalt addiert.

ADD A,dir
(dir) + (A) ➔ A

Add direct byte to accu: Das Datenbyte, dessen Adresse im Operandenbyte steht, wird zum Akkuinhalt addiert.

ADD A,Rr
(Rr) + (A) ➔ A

Add register to accu: Das Datenbyte im Register Rr wird zum Inhalt des Akkus addiert.

ADDC A,#d8
#d8 + (C) + (A) ➔ A

Add immediate data to accu: Addiert die im Operandenteil vorhandene 8-Bit-Konstante und den Wert des C-Flags zum Akkuinhalt.

ADDC A,@Ri
((Ri)) + (C) + (A) ➔ A

Add immediate data to accu with carry: Das Datenbyte, das unter der Byte-Adresse gespeichert ist, die im Register Ri steht, und der Wert des C-Flags werden zum Akkuinhalt addiert.

ADDC A,dir
(dir) + (C) + (A) ➔ A

Add direct byte to accu with carry: Das Datenbyte, dessen Adresse im Operandenbyte steht, und der Wert des C-Flags werden zum Akkuinhalt addiert.

ADDC A,Rr
(Rr) + (C) + (A) ➔ A

Add register to accu with carry: Das Datenbyte im Register Rr und der Wert des C-Flags werden zum Inhalt des Akkus addiert.

DA A

Decimal adjust accu: Dezimalkorrektur: Wandelt den Akkuinhalt nach einer Hex-Addition in eine zweiziffrige BCD-Zahl um.

b2) Subtraktionsbefehle

- Alle Subtraktionsbefehle subtrahieren das im Befehl genannte Datenbyte und zusätzlich den Wert des C-Flags vom Akkuinhalt und hinterlassen die Differenz im Akku. Diese Befehle können daher auch für sukzessiv durchgeführte Mehr-Byte-Subtraktionen verwendet werden.
- Das C-Flag wird beim Auftreten eines Borgers aus der 8. Bitposition gesetzt und andernfalls rückgesetzt. Haben beide Operanden die Bedeutung von Betragszahlen (unsigned integers), liefert das C-Flag den Unterlauf bezüglich einer Betragsarithmetik.
- Das AC-Flag wird beim Auftreten eines Borgers aus der 4. Bitposition gesetzt und andernfalls rückgesetzt.
- Haben beide Operanden die Bedeutung von Zweierkomplementzahlen (signed integers), fungiert das OV-Flag als Zweierkomplementüberlauf-Indikator.

Format von Subtraktionsbefehlen: **SUBB Akku, Quellenbyte**
Funktion: Das Quellenbyte und (C) werden vom Akkuinhalt subtrahiert und der Akku mit dem Ergebnis überschrieben.

SUBB A,#d8
(A) - #d8 - (C) ➔ A

Subtract immediate data from accu with borrow: Subtrahiert die im Operandenteil vorhandene 8-Bit-Konstante und den Wert des C-Flags vom Akkuinhalt.

SUBB A,@Ri
(A) - ((Ri)) - (C) ➔ A

Subtract indirect RAM from accu with borrow: Das Datenbyte, das unter der Byte-Adresse gespeichert ist, die im Register Ri steht, und der Wert des C-Flags werden vom Akkuinhalt subtrahiert.

SUBB A,dir
(A) - (dir) - (C) ➔ A

Subtract direct byte from accu with borrow: Das Datenbyte, dessen Adresse im Operandenbyte steht, und der Wert des C-Flags werden vom Akkuinhalt subtrahiert.

SUBB A,Rr
(A) - (Rr) - (C) ➔ A

Subtract register from accu with borrow: Das Datenbyte im Register Rr und der Wert des C-Flags werden vom Inhalt des Akkus subtrahiert.

b3) Dekrement- und Inkrementbefehle

Format dieser Befehlsgruppe: **DEC Quellenbyte bzw. INC Quellenbyte** (für einen Befehl gilt: INC Quellenwort)
Funktion dieser Befehlsgruppe:

- Dekrementbefehle dekrementieren das bezeichnete Byte um 1. Enthält das Byte vorher 00H, ergibt sich ein Unterlauf nach FFH. Flags werden nicht beeinflusst.
- Inkrementbefehle inkrementieren das bezeichnete Byte um 1. Enthält das Byte vorher FFH, erfolgt ein Überlauf nach 00H. Flags werden nicht beeinflusst. Der Befehl INC DPTR inkrementiert den 16-Bit-Datenzeiger.

DEC @Ri ((Ri))-1 ➔ (Ri)	***Decrement indirect RAM:*** Das Datenbyte, das unter der Byte-Adresse gespeichert ist, die im Register Ri steht, wird um 1 dekrementiert.
DEC A (A)-1 ➔ A	***Decrement accu:*** Der Akkuinhalt wird um 1 dekrementiert.
DEC dir (dir)-1➔ dir	***Decrement direct byte:*** Das Datenbyte, dessen Adresse im Operandenbyte steht, wird um 1 dekrementiert.
DEC Rr (Rr)-1 ➔ Rr	***Decrement register:*** Das Datenbyte im Register Rr wird um 1 dekrementiert.
INC @Ri ((Ri))+1 ➔ (Ri)	***Increment indirect RAM:*** Das Datenbyte, das unter der Byte-Adresse gespeichert ist, die im Register Ri steht, wird um 1 inkrementiert.
INC A (A)+1 ➔ A	***Increment accu:*** Der Akkuinhalt wird um 1 dekrementiert.
INC dir (dir)+1➔ dir	***Increment direct byte:*** Das Datenbyte, dessen Adresse im Operandenbyte steht, wird um 1 inkrementiert.
INC DPTR (DPTR)+1➔ DPTR	***Increment data pointer:*** Der 16-Bit-Datenzeiger wird modulo 2^{16} um 1 inkrementiert. Ein Überlauf im Lbyte (DPL) wird im Hbyte (DPH) berücksichtigt. Flags nicht beeinflusst.
INC Rr (Rr)+1 ➔ Rr	***Increment register:*** Das Datenbyte im Register Rr wird um 1 inkrementiert.

b4) Divisions- und Multiplikationsbefehle

Format dieser Befehlsgruppe: **DIV AB bzw. MUL AB**
Funktion dieser Befehlsgruppe: Diese beiden Befehle verwenden als Operanden die Inhalte der beiden 8-Bit-Register A (Akku) und B als Betragszahlen.

DIV AB (A)/(B) ➔ A Integer-Rest ➔ B	***Divide A by B:*** Dividiert den Akkuinhalt durch den Inhalt des Registers B, wobei beide Werte als 8-Bit-Betragszahlen interpretiert werden. Der ganzzahlige Teil des Quotienten geht in den Akku und der Divisionsrest in das Register B. C-Flag und OV-Flag werden gelöscht. Ausnahme: Ist vorher (B)=0, wird das OV-Flag gesetzt, das C-Flag gelöscht und (A) und (B) sind undefiniert.

MUL AB (A)E(B) ➔ B, A	***Multiply A & B:*** Multipliziert den Akkuinhalt mit dem Inhalt des Registers B, wobei beide Werte als 8-Bit-Betragszahlen interpretiert werden. Das LByte des 16-Bit Resultats geht in den Akku und das HByte des Resultats in das Register B. C-Flag und OV-Flag werden gelöscht. Ausnahme: Ist das Multiplikationsergebnis größer als 255_{10} (0FFH), wird das OV-Flag gesetzt und das C-Flag gelöscht.

c) Befehle für logische Operationen

Bezüglich seiner Architektur ist der 8051 eine Ein-Adressmaschine, d.h. die logischen Standardverknüpfungen UND, ODER und EXCLUSIV ODER (EXOR) laufen in zwei Schritten folgendermaßen ab:

1. Der erste Operand wird per Transferbefehl in den Akku oder einen direkt adressierten Speicherplatz gebracht.
2. Der Verknüpfungsbefehl selbst liefert einen weiteren Operanden und führt die Verknüpfung bitweise parallel durch.

Der erste Operand wird mit dem Verknüpfungsergebnis überschrieben. Das P- und das C-Flag können durch Verknüpfungsbefehle beeinflusst werden.

ANL A,#d8 #d8 ∧ (A) ➔ A	***AND immediate data to accu:*** Realisiert eine logische UND-Verknüpfung zwischen der im Operandenteil vorhandenen 8-Bit-Konstante und dem Akkuinhalt.
ANL A,@Ri ((Ri)) ∧ (A) ➔ A	***AND indirect RAM to accu:*** Realisiert eine logische UND-Verknüpfung zwischen dem Datenbyte, das unter der Byte-Adresse gespeichert ist, die im Register Ri steht und dem Akkuinhalt.
ANL A,dir (dir) ∧ (A) ➔ A	***AND direct byte to accu:*** Realisiert eine logische UND-Verknüpfung zwischen dem Datenbyte, dessen Adresse im Operandenbyte steht, und dem Inhalt des Akkus.
ANL A,Rr (Rr) ∧ (A) ➔ A	***AND register to accu:*** Realisiert eine logische UND-Verknüpfung zwischen dem Datenbyte im Register Rr und dem Inhalt des Akkus.
ANL dir,#d8 #d8 ∧ (dir) ➔ dir	***AND immediate data to direct byte:*** Realisiert eine logische UND-Verknüpfung zwischen der im Operandenteil vorhandenen 8-Bit-Konstante (Byte 3) und dem Datenbyte, dessen Adresse im Operandenbyte (Byte 2) steht. Ergebnis im direkt adressierten Speicherplatz.
ANL dir,A (dir) ∧ (A) ➔ dir	***AND accu to direct byte:*** Realisiert eine logische UND-Verknüpfung zwischen dem Akkuinhalt und dem Inhalt der im Operandenteil vorhandenen 8-Bit-Adresse. Ergebnis im direkt adressierten Speicherplatz.
CLR A **0 ➔ A**	***Clear accumulator:*** Löscht den Akku
CPL A **¬(A) ➔ A**	***Complement accumulator:*** Negiert den Akkuinhalt bitweise
ORL A,#d8 #d8 ∨ (A) ➔ A	***OR immediate data to accu:*** Realisiert eine logische ODER-Verknüpfung zwischen der im Operandenteil vorhandenen 8-Bit-Konstante und dem Akkuinhalt.

ORL A,@Ri
((Ri)) ∨ (A) → A

OR indirect RAM to accu: Realisiert eine logische ODER-Verknüpfung zwischen dem Datenbyte, das unter der Byte-Adresse gespeichert ist, die im Register Ri steht und dem Akkuinhalt.

ORL A,dir
(dir) ∨ (A) → A

OR direct byte to accu: Realisiert eine logische ODER-Verknüpfung zwischen dem Datenbyte, dessen Adresse im Operandenbyte steht, und dem Inhalt des Akkus.

ORL A,Rr
(Rr) ∨ (A) → A

OR register to accu: Realisiert eine logische ODER-Verknüpfung zwischen dem Datenbyte im Register Rr und dem Inhalt des Akkus.

ORL dir,#d8
#d8 ∨ (dir) → dir

OR immediate data to direct byte: Realisiert eine logische ODER-Verknüpfung zwischen der im Operandenteil vorhandenen 8-Bit-Konstante (Byte 3) und dem Datenbyte, dessen Adresse im Operandenbyte (Byte 2) steht. Ergebnis im direkt adressierten Speicherplatz.

ORL dir,A
(A) ∨ (dir) → dir

OR accu to direct byte: Realisiert eine logische ODER-Verknüpfung zwischen dem Akkuinhalt und dem Inhalt der im Operandenteil vorhandenen 8-Bit-Adresse. Ergebnis im direkt adressierten Speicherplatz.

RL A

Rotate accu left: Der Akkuinhalt wird um 1 Bit nach links rotiert.

RLC A

Rotate accu left through carry: Der Akkuinhalt wird um 1 Bit nach links durch das C-Flag rotiert.

RR A

Rotate accu right: Der Akkuinhalt wird um 1 Bit nach rechts rotiert.

RRC A

Rotate accu right through carry: Der Akkuinhalt wird um 1 Bit nach rechts durch das C-Flag rotiert.

SWAP
$(A_{0..3})$ ↔ $(A_{4..7})$

Swap nibbles within the accu: Vertauscht im Akku das untere Nibble mit dem oberen Nibble

---

XRL A,#d8
#d8 ⊕ (A) → A

Exclusive-OR immediate data to accu: Realisiert eine logische EXOR-Verknüpfung zwischen der im Operandenteil vorhandenen 8-Bit-Konstante und dem Akkuinhalt. Ergebnis im Akku.

XRL A,@Ri
((Ri)) ⊕ (A) → A

Exclusive-OR indirect RAM to accu: Realisiert eine logische EXOR-Verknüpfung zwischen dem Datenbyte, das unter der Byte-Adresse gespeichert ist, die im Register Ri steht und dem Akkuinhalt.

XRL A,dir
(dir) ⊕ (A) → A

Exclusive-OR direct byte to accu: Realisiert eine logische EXOR-Verknüpfung zwischen dem Datenbyte unter der Operandenadresse und dem Inhalt des Akkus.

XRL A,Rr
(Rr) ⊕ (A) → A

Exclusive-OR register to accu: Realisiert eine logische EXOR-Verknüpfung zwischen dem Datenbyte im Register Rr und dem Inhalt des Akkus.

XRL dir,#d8
#d8 ⊕ (dir) → dir

Exclusive-OR immediate data to direct byte: Realisiert eine logische EXOR-Verknüpfung zwischen der 8-Bit-Konstanten im Operandenteil (Byte 3) und dem Datenbyte, dessen Adresse im Operandenbyte (Byte 2) steht. Ergebnis im direkt adressierten Speicherplatz.

XRL dir,A (A) ⊕ (dir) ➔ dir	***Exclusive-OR accu to direct byte:*** Realisiert eine logische EXOR-Verknüpfung zwischen dem Akkuinhalt und dem Inhalt der im Operandenteil stehenden 8-Bit-Adresse. Ergebnis im direkt adressierten Speicherplatz.

d) Bitoperationsbefehle

Das Kürzel "bit" steht hier für eine Adresse im Datenspeicher, unter der sich ein Speicherplatz der Breite von 1 Bit befindet. Das Format hierfür: **adr.bitnr**, mit $0 \leq adr \leq 255_{10}$ und $0 \leq bitnr \leq 7$.
Das Kürzel "rel" steht für eine vorzeichenbehaftete Byteadresse im Zweierkomplement mit $-128_{10} \leq rel \leq +127_{10}$ entsprechend 80H ≤ rel ≤ 07FH. Sie entspricht einer relativen Sprungweite bezogen auf den aktuellen Wert des Programmzählers.

ANL C,bit (bit) ∧ (C) ➔ C	***AND direct bit to Carry:*** UND-Verknüpfung der durch "bit" adressierten Bitvariablen mit dem Wert des C-Flags. Das Ergebnis steht anschließend im C-Flag. Weitere Flags werden nicht beeinflusst.
ANL C,/bit ¬(bit) ∧ (C) ➔ C	***AND complement of direct bit to Carry:*** UND-Verknüpfung der durch "bit" adressierten negierten Bitvariablen mit dem Wert des C-Flags. Das Ergebnis steht anschließend im C-Flag. Die Bitvariable selbst und weitere Flags werden nicht beeinflusst.
CLR bit 0 ➔ bit	***Clear direct bit:*** Die durch "bit" adressierte Bitvariable wird gelöscht.
CLR C 0 ➔ C	***Clear carry:*** Das C-Flag wird gelöscht.
CPL bit ¬(bit) ➔ bit	***Complement direct bit:*** Die durch "bit" adressierte Bitvariable wird negiert.
CPL C ¬(C) ➔ C	***Complement carry:*** Das C-Flag wird negiert.
JB bit,rel (PC) + rel ➔ PC, falls (bit)=1	***Jump if direct bit is set:*** Falls (bit)=1 gilt, wird nach Einlesen des Befehls, bezogen auf den dann aktuellen Programmzählerstand, ein relativer Sprung der Distanz "rel" durchgeführt. Andernfalls wird der Folgebefehl abgearbeitet. Flags werden nicht beeinflusst.
JBC bit,rel (PC) + rel ➔ PC, falls (bit)=1 0 ➔ (bit)	***Jump if direct bit is set and clear bit:*** Falls (bit)=1 gilt, wird nach Einlesen des Befehls, bezogen auf den dann aktuellen Programmzählerstand, ein relativer Sprung der Sprungweite "rel" durchgeführt. Andernfalls wird der Folgebefehl abgearbeitet. Zusätzlich wird (bit) gelöscht. Flags werden nicht beeinflusst.
JC rel (PC) + rel ➔ PC, falls (C)=1	***Jump if carry is set:*** Falls (C)=1 gilt, wird nach Einlesen des Befehls, bezogen auf den dann aktuellen Programmzählerstand, ein relativer Sprung der Sprungweite "rel" durchgeführt. Andernfalls wird der Folgebefehl abgearbeitet. Flags werden nicht beeinflusst.

JNB bit,rel
(PC) + rel ➔ PC, falls (bit)=0

Jump if direct bit is not set: Falls (bit)=0 gilt, wird nach Einlesen des Befehls, bezogen auf den dann aktuellen Programmzählerstand, ein relativer Sprung der Sprungweite "rel" durchgeführt. Andernfalls wird der Folgebefehl abgearbeitet. Flags nicht beeinflusst.

JNC rel
(PC) + rel ➔ PC, falls (C)=0

Jump if carry is not set: Falls (C)=0 gilt, wird nach Einlesen des Befehls, bezogen auf den dann aktuellen Programmzählerstand, ein relativer Sprung der Sprungweite "rel" durchgeführt. Andernfalls wird der Folgebefehl abgearbeitet. Flags nicht beeinflusst.

MOV bit,C
(C) ➔ bit

Move carry to direct bit: Der Wert des C-Flags wird in die Bitvariable kopiert, die durch "bit" adressiert ist. Flags werden nicht beeinflusst.

MOV C,bit
(bit) ➔ C

Move direct bit to carry: (bit) wird in das C-Flag kopiert. Weitere Flags werden nicht beeinflusst.

ORL C,bit
(bit) ∨ (C) ➔ C

Or direct bit to carry: ODER-Verknüpfung der durch "bit" adressierten Bitvariablen mit dem Wert des C-Flags. Das Ergebnis steht anschließend im C-Flag. Weitere Flags werden nicht beeinflusst.

ORL C,/bit
¬(bit) ∨ (C) ➔ C

Or complement of direct bit to carry: ODER-Verknüpfung der durch "bit" adressierten negierten Bitvariablen mit dem Wert des C-Flags. Das Ergebnis steht anschließend im C-Flag. Weitere Flags werden nicht beeinflusst.

SETB bit
1➔ bit

Set direct bit: Setzt die durch "bit" adressierte Bitvariable auf 1. Weitere Flags werden nicht beeinflusst.

SETB C
1➔ C

Set carry: Setzt das C-Flag auf 1. Weitere Flags werden nicht beeinflusst.

e) Sprung- und Verzweigungsbefehle

Das Kürzel "rel" steht für eine vorzeichenbehaftete Byteadresse im Zweierkomplement mit $-128_{10} \leq \text{rel} \leq +127_{10}$ entsprechend $80\text{H} \leq \text{rel} \leq 07\text{FH}$. Sie entspricht einer relativen Sprungweite bezogen auf den aktuellen Wert des Programmzählers.

ACALL addr11
(PC)+2 ➔ PC
(SP)+1➔ SP
($PC_{0..7}$) ➔ (SP)
(SP)+1➔ SP
($PC_{8..15}$) ➔ (SP)
Page addr. ➔ $PC_{0..10}$

Absolute subroutine call: Unbedingter UP-Aufruf (11-Bit-Adresse). Zunächst wird der 2-Byte-Befehlscode eingelesen, dann die 16-Bit-Rücksprungadresse auf den Stack gerettet. Die Sprungzieladresse setzt sich zusammen aus den 5 führenden Bits des PC, den 3 führenden Bits des Operationscodes und dem 1-Byte-Operand. Die Zieldresse muss daher in einem 2-K-Block bezüglich der Adresse des auf ACALL folgenden Befehls liegen.

AJMP addr11
(PC)+2 ➔ PC
Page addr. ➔ $PC_{0..10}$

Absolute jump: Unbedingter Sprung (11-Bit-Adresse). Zuerst wird der 2-Byte-Befehlscode eingelesen. Die Sprungzieladresse setzt sich zusammen aus den 5 führenden Bits des PC, den 3 führenden Bits des Operationscodes und dem 1-Byte-Operand. Die Zieladresse muss daher in einem 2-K-Block bezüglich der Adresse des auf AJMP folgenden Befehls liegen.

CJNE @Ri,#d8,rel ***Compare immediate to indirect and jump if not equal:*** Falls ((Ri))≠ #d8 gilt, wird nach Einlesen des Befehls, bezogen auf den dann aktuellen Programmzählerstand, ein relativer Sprung der Sprungweite "rel" durchgeführt. Andernfalls wird der Folgebefehl abgearbeitet. Das C-Flag ist gesetzt, solange (Ri) < #d8 gilt, andernfalls ist C-Flag gelöscht. Operanden und andere Flags werden nicht beeinflusst.

CJNE A,#d8,rel ***Compare immediate to accu and jump if not equal:*** Falls (A) ≠ #d8 gilt, wird nach Einlesen des Befehls, bezogen auf den dann aktuellen Programmzählerstand, ein relativer Sprung der Sprungweite "rel" durchgeführt. Andernfalls wird der Folgebefehl abgearbeitet. Das C-Flag ist gesetzt, solange (A) < #d8 gilt, andernfalls ist C-Flag gelöscht. Operanden und andere Flags werden nicht beeinflusst.

CJNE A,dir,rel ***Compare direct byte to accu and jump if not equal:*** Falls (A) ≠ (dir) gilt, wird nach Einlesen des Befehls, bezogen auf den dann aktuellen Programmzählerstand, ein relativer Sprung der Sprungweite "rel" durchgeführt. Andernfalls wird der Folgebefehl abgearbeitet. Das C-Flag ist gesetzt, solange (A) < (dir) gilt, andernfalls ist C-Flag gelöscht. Operanden und andere Flags werden nicht beeinflusst.

CJNE Rr,#d8,rel ***Compare immediate to register and jump if not equal:*** Falls (Rr) ≠ #d8 gilt, wird nach Einlesen des Befehls, bezogen auf den dann aktuellen Programmzählerstand, ein relativer Sprung der Sprungweite "rel" durchgeführt. Andernfalls wird der Folgebefehl abgearbeitet. Das C-Flag ist gesetzt, solange (Rr) < #d8 gilt, andernfalls ist C-Flag gelöscht. Operanden und andere Flags werden nicht beeinflusst.

DJNZ dir,rel ***Decrement direct byte and jump if not zero:*** Befehl dekrementiert (dir) einmal. Ist das Ergebnis ungleich 0, wird nach Einlesen des Befehls, bezogen auf den dann aktuellen Programmzählerstand, ein relativer Sprung der Sprungweite "rel" durchgeführt. Andernfalls wird der Folgebefehl abgearbeitet. Flags nicht beeinflusst.

DJNZ Rr,rel ***Decrement register and jump if not zero:*** Befehl dekrementiert (Rr) einmal. Ist das Ergebnis ungleich 0, wird nach Einlesen des Befehls, bezogen auf den dann aktuellen Programmzählerstand, ein relativer Sprung der Sprungweite "rel" durchgeführt. Andernfalls wird der Folgebefehl abgearbeitet. Flags nicht beeinflusst.

JMP @A+DPTR
(A)+(DPTR) ➔ PC ***Jump indirect relative to the DPTR:*** Befehl addiert (A) als 8-Bit-Betragszahl modulo 2^{16} und (DPTR) und bringt die Summe in den PC. Flags nicht beeinflusst.

JNZ rel ***Jump if accu is not zero:*** Falls (A) ≠ 0 gilt, wird ein relativer Sprung der Weite "rel" durchgeführt, andernfalls der Folgebefehl bearbeitet. Flags nicht beeinflusst.

JZ rel	***Jump if accu is zero:*** Falls (A) = 0 gilt, wird ein relativer Sprung der Weite "rel" durchgeführt, andernfalls der Folgebefehl bearbeitet. Flags nicht beeinflusst.
LCALL addr16 (PC)+3 ➔ PC (SP)+1➔ SP (PC $_{0..7}$) ➔ (SP) (SP)+1➔ SP (PC $_{8..15}$) ➔ (SP) addr16 ➔ PC	***Long subroutine call:*** Unbedingter UP-Aufruf. Zunächst wird der 3-Byte-Befehlscode eingelesen, die 16-Bit-Rücksprungadresse auf den Stack gerettet und anschließend die 16-Bit-Operandenadresse in den PC gebracht. Die Startadresse des UPs kann an beliebiger Stelle im vollen Adressbereich von 64Kbyte des Programmspeichers liegen. Flags nicht beeinflusst.
LJMP addr16 addr16 ➔ PC	***Long jump:*** Unbedingter Sprung zur Adresse (addr16). Zunächst wird der 3-Byte-Befehlscode eingelesen und dann die 16-Bit-Operandenadresse in den PC gebracht. Die Sprungzieladresse kann an beliebiger Stelle im vollen Adressbereich von 64Kbyte des Programmspeichers liegen. Flags nicht beeinflusst.
NOP (PC)+1 ➔ PC	***No operation*:** Es wird nur der PC verändert.
RET ((SP)) ➔ PC$_{15...8}$ (SP)-1 ➔ SP ((SP)) ➔ PC$_{7..0}$ (SP)-1 ➔ SP	***Return from subroutine*:** Holt die 16-Bit-Rücksprungadresse aus dem Stapel in den PC und dekrementiert den Stackpointer zweimal. Flags nicht beeinflusst.
RETI ((SP)) ➔ PC$_{15...8}$ (SP)-1 ➔ SP ((SP)) ➔ PC$_{7..0}$ (SP)-1 ➔ SP	***Return from interrupt*:** Holt die 16-Bit-Rücksprungadresse aus dem Stapel in den PC und dekrementiert den Stackpointer zweimal. Weitere Interrupts der gleichen Priorität wie der gerade bearbeitete werden wieder freigegeben. Weitere Flags werden nicht beeinflusst. Falls ein Interrupt gleicher oder kleinerer Priorität ansteht, wird der Befehl RETI abgearbeitet und erst dann der neue Interrupt aktiviert.
SJMP rel (PC)+2 ➔ PC (PC)+rel ➔ PC	***Short jump*:** Nach Einlesen des Befehls wird, bezogen auf den dann aktuellen Programmzählerstand, ein unbedingter relativer Sprung der Sprungweite "rel" durchgeführt. Flags nicht beeinflusst.

9.5.4 Die modulare Programmentwicklung für den Mikrocontrollers 8051

9.5.4.1 Prinzipien des Software Engineering

In der Anfangsperiode der Entwicklung elektronischer Rechenanlagen war die Programmierung eine Aufgabe für wenige Spezialisten. Häufig war der Programmierer gleichzeitig der Benutzer der selbstverfassten, in der Regel mäßig umfangreichen Software. Individuelle Lösungen des Programmierproblems waren damals erträglich.

In der Zwischenzeit hat sich die Situation grundlegend geändert. Mit der raschen Entwicklung von Komplexität und Leistungsfähigkeit der Rechnerhardware stiegen auch die Anforderungen an die Software, da sie vorgegebene Hardwareressourcen möglichst weitgehend nutzen soll. Heute geht es häufig darum, sehr große Softwaresysteme, die unter Umständen viele Mannjahre oder -jahrzehnte Entwicklungszeit beanspruchen, rationell und mit hoher Qualität zu realisieren. Dabei ist

- der Einsatz mehrerer, parallel arbeitender Programmierer erforderlich, und
- in der Regel werden die Produkte von unterschiedlichen Personen genutzt.

Software ist daher als ein Industrieprodukt zu betrachten, bei dessen Herstellung Maßstäbe anzulegen sind wie sie für anderweitige Industrieprodukte üblich sind.

Verfahrensprinzipien und die Entwicklung von Lösungsansätzen, mit denen die dabei auftretenden Probleme beherrscht werden können, fasst man heute unter dem Begriff des Software Engineering zusammen. Seine Aufgabe könnte man folgendermaßen definieren:

Rationelle Herstellung umfangreicher, qualitativ hochwertiger Programmsysteme unter Beachtung wissenschaftlich erprobter und standardisierter Methoden und Werkzeuge.

Dabei versteht man unter Softwarequalität die Einhaltung folgender Kriterien:

1. **Korrektheit**, d.h. die Spezifikationen werden erfüllt.
2. **Zuverlässigkeit:** Die zeitliche Verfügbarkeit der Software unter der Randbedingung erfüllter Spezifikationen.
3. **Benutzerfreundlichkeit:** Einfache Erlernbarkeit, Klarheit der Benutzerführung, fehlertolerantes Verhalten und übersichtliche Präsentation von Ergebnissen.
4. **Effizienz:** Die Leistung des Programms steht in sinnvoller Relation zum Aufwand an Hardwareressourcen und dem Entwicklungsaufwand.
5. **Wartungsfreundlichkeit:** Die Qualität der Dokumentation, der Testbarkeit und der Erweiterbarkeit.
6. **Portabilität:** Einfache Übertragbarkeit auf verschiedene Hardware-Plattformen.

In den folgenden Ausführungen wird dargestellt, welche Methoden und Werkzeuge bereitstehen und geeignet sind, das oben gesteckte Ziel zu erreichen. Ein klassischer Ansatz für den Entwicklungsprozess eines Softwareproduktes und die Teilaufgaben, die sich daraus für den Entwicklungsingenieur während der gesamten Produktlebensdauer ergeben, sind im Software-Life-Cycle-Modell dargestellt (Bild 9.44).

Die einzelnen Phasen dieses Modells werden zunächst in Kurzfassung dargestellt:

a) Problemanalysen- und Planungsphase

- Feststellen des Istzustandes und Abgrenzung des Problembereichs, der durch Software gelöst werden soll.
- Grobe Formulierung der gewünschten Leistungen
- Umfang und Wirtschaftlichkeit des Projekts ermitteln und
- Projektplan zunächst noch grob formulieren.

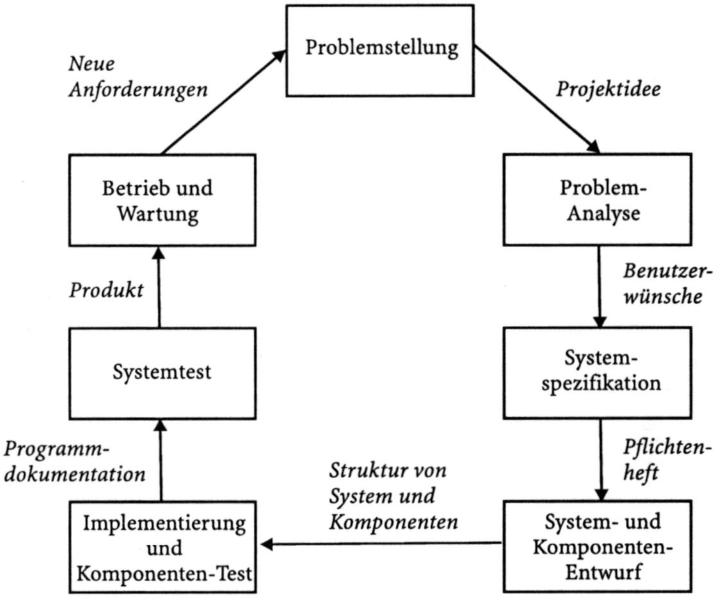

Bild 9.44: Das Software-Life-Cycle-Modell

b) Die Spezifikationsphase

- Anforderungen definieren bezüglich: Systemeinsatz und -umgebung, Benutzerschnittstellen, funktionale Anforderungen, Fehlerverhalten, Dokumentation und Abnahmekriterien. Daraus ergibt sich das
- Pflichtenheft als Vertragsgrundlage zwischen Auftraggeber und -nehmer.
- Detaillierter Projektplan.

c) Die Entwurfsphase

Hier werden auf der Basis der Spezifikationen die Systemkomponenten und ihr Zusammenwirken definiert:

- Entwurf der Systemarchitektur (*Strukturierung im Großen*).
- Entwurf von Struktur und Algorithmen der Komponenten (*Strukturierung im Kleinen*).
- Schnittstellen zwischen den Komponenten definieren.
- Dokumentation.

d) Die Implementierungsphase

Die Entwurfsergebnisse werden in eine vom Rechner ausführbare Form gebracht:

- Codierung der Systemkomponenten
- Syntaktische, semantische Prüfung und Korrektur der Einzelkomponenten
- Dokumentation

e) Die Testphase

- Zusammenspiel der Systemkomponenten unter realen Bedingungen prüfen und korrigieren bis die Systemspezifikationen erfüllt sind

- Während des Entwicklungszyklus dient die schrittweise erstellte Dokumentation zur Kommunikation zwischen den Entwicklern, später erleichtert sie den Einsatz des Softwareprodukts und ist eine Voraussetzung für seine Wartung.

f) Betrieb und Wartung

- Freigabe zur Nutzung des Software-Produkts
- Fehler feststellen und eliminieren
- System weiterentwickeln

In diesem Life-Cycle-Modell werden die Entwicklungsphasen sequentiell abgearbeitet, d.h. eine Phase muss abgeschlossen sein, bevor die nächste in Angriff genommen wird. Obwohl dieses Verfahren prinzipiell organisatorische Vorteile hat, wird es in der Praxis nicht immer einzuhalten sein, da iterative Teilabläufe fehlen. Weiterentwicklungen der Elemente und Methoden zur Verbesserung des Softwareentwicklungs-Prozesses haben zu Begriffen wie Prototyping und objektorientierte Programmierung geführt.

g) Prototyping

Hierunter versteht man die schrittweise Entwicklung eines Prototyps als vereinfachtes Modell des geplanten Softwaresystems. Der Anwender soll anhand dieses Modells alle wesentlichen Systemeigenschaften erproben können. Im Einzelnen existieren hierzu mehrere Modelle, die sich in der Rolle unterscheiden, die Entwickler und künftige Nutzer während der Modellentwicklung spielen. Prototyping ist generell ein Mittel, um den Spezifikationsprozess zu verbessern, denn es ergänzt bereits in frühen Entwicklungsabschnitten das Life-Cycle-Modell um iterative Komponenten:

- Zu den Phasen 1 und 2 wird ein Prototyp der Benutzerschnittstelle entwickelt, in der sich viele funktionelle Anforderungen an das Software-System bereits widerspiegeln. Durch iteratives Zusammenwirken mit den Phasen 1 und 2 wird das Modell verbessert.
- Zur Phase 3 wird ein Architektur- und Komponentenprototyp entwickelt und mit Phase 3 iteriert.

h) Die Objektorientierte Programmierung

Dieses Verfahren verbessert den Entwurfs- und Implementierungsprozess, ist momentan aber auf Hochsprachen beschränkt. Erbringen die Prinzipien der strukturierten und modulorientierten Programmierung im Wesentlichen qualitative Verbesserungen des Softwareprodukts, kann die objektorientierte Programmierung zusätzlich zu Produktivitätssteigerung führen.

Das Prinzip der objektorientierten Programmierung basiert darauf, dass die zu verwendenden Daten als Objekte im Vordergrund stehen und nicht die Algorithmen, wie bei der konventionellen Programmierung. Objekte sind hierbei nicht mehr passive Daten, sondern sie können selbst Aktionen veranlassen. Weiterhin können Klassen von Objekten mit gleichen Eigenschaften definiert werden. Wird aus einer bestehenden Klasse durch Hinzufügen weiterer Eigenschaften eine neue Klasse gebildet, sind die vorher bestehenden Eigenschaften an die neue Klasse "vererbt" worden und müssen nicht erneut definiert werden. Dieses Prinzip erhöht die Übersichtlichkeit des Programms, reduziert den Codieraufwand und hilft Codierfehler zu vermeiden.

9.5.4.2
Der Mikrocomputer-Design-Zyklus

Aus einer 1997 weltweit durchgeführten Studie [Computerwoche 2, 10.98] geht hervor, dass die Programmiersprache C mit 54% einen hohen Anteil im Bereich der hardwarenahen Softwareentwicklung hat. Auch der Assemblersprachenanteil ist mit 23% hoch. Seine Anwendungen liegen besonders im Bereich zeitkritischer Softwareprobleme, wie sie z.B. in Betriebssystemen, der digitalen Signalverarbeitung insbesondere der Bildverarbeitung auftreten, aber auch im Bereich der elektronischen Massengüterproduktion, in dem es besonders auf Kompaktheit des Codes ankommt.

Die folgenden Ausführungen behandeln unter Einhaltung der im Kap. 9.5.4.1 dargestellten Prizipien die modulare Programm-Entwicklung, speziell die Entwurfs-, Implementations- und Testphasen. Sie beziehen sich besonders auf die Assemblersprache, aber auch auf C. Dabei wird der Einsatz spezieller Werkzeuge wie der Integrierten Entwicklungsumgebung oder des Emulators dargestellt.

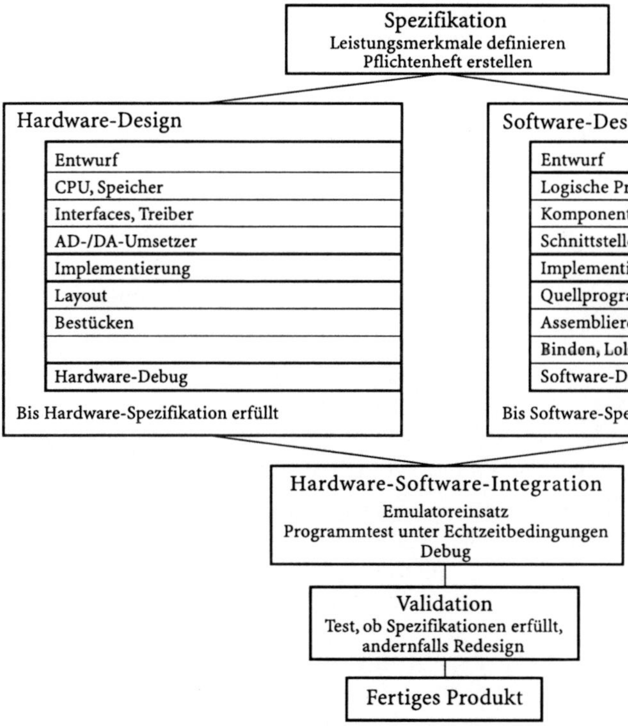

Bild 9.45: Mikrocomputer-Design-Zyklus für Hardware und Software auf Assemblerebene

Betrachtet man die Entwicklung eines vollständigen Mikrorechnersystems, kommt neben der Entwicklung der Software die der Hardware hinzu. In zusammengefasster Form sind die hierfür erforderlichen Aktivitäten des Entwicklungsingenieurs anhand eines Mikrocomputer-Design-Zyklus in Bild 9.45 gezeigt. Auf die Entwicklung der Hardwarekomponenten wird an dieser Stelle nicht weiter eingegangen.

Wie in allen Phasen der Softwareentwicklung ist auch beim Entwurf systematisch vorzugehen. Er untergliedert sich in zwei Teile: Im ersten wird die Systemarchitektur entworfen (*Strukturierung im Großen*) und im zweiten die algorithmische Struktur innerhalb der Komponenten (Module) (*Strukturierung im Kleinen*).

9.5.4.2.1 Die Entwicklung der Systemarchitektur

Die Entwicklung der Systemarchitektur liefert für ein vorliegendes Softwaresystem eine Blockstruktur, die durch grafische Hilfsmittel (Blockstrukturbild) veranschaulicht werden kann. Hierfür sind zwei grundsätzliche Verfahren bekannt: Der *Top Down-Entwurf* und der *Bottom Up-Entwurf*.

a) Der Top Down-Entwurf: Unter Beachtung der Spezifikationen wird das gesamte Softwareproblem schrittweise in Teilaufgaben einer niedrigeren Hierarchiestufe untergliedert, bis einfache, logisch in sich abgegrenzte Teilaufgaben resultieren, für die man unmittelbar einen Lösungsalgorithmus formulieren kann. Diese Teilaufgaben nennt man **Komponenten** oder **Module**. Programmtechnisch gesehen handelt es sich dabei in der Regel um Unterprogramme, die z.B. eine Mehrbyte-Addition oder eine formatierte Datenausgabe realisieren. Dieses Strukturierungsverfahren basiert also auf einer schrittweisen baumartigen Verfeinerung des Gesamtproblems.

b) Der Bottom Up-Entwurf: Dieses Verfahren ist dann sinnvoll anwendbar, wenn bereits eine Menge von Standardkomponenten vorhanden ist, die sich für das vorliegende Softwareproblem verwenden lässt, z.B. in Form von Modulbibliotheken. Aus den Teilfunktionen wird die angestrebte komplexe Gesamtfunktion schrittweise und baumartig zusammengesetzt.

In der Praxis wird häufig weder das eine noch das andere Verfahren in Reinform angewandt, denn Mischmodelle können Vorteile bieten. Unabhängig vom gewählten Verfahren liefert dieser Entwurfsschritt eine Anzahl hierarchisch untergliederter Module (Bild 9.46). Für die Gestaltung der Module gelten folgende Richtlinien:

1. Ein Modul ist eine Zusammenfassung von Operationen und Daten zur Realisierung einer in sich abgeschlossenen Aufgabe.
2. Die Kommunikation eines Moduls mit der Außenwelt darf nur über eine eindeutig spezifizierte Schnittstelle erfolgen. Im einfachsten Fall hat ein Modul einen Eingang und einen Ausgang.
3. Zur Integration eines Moduls in ein Programmsystem darf keine Kenntnis seines inneren Aufbaus erforderlich sein.
4. Die Korrektheit eines Moduls muss ohne Kenntnis seiner Einbettung in ein Programmsystem nachprüfbar sein.

Durch die baumartige Strukturierung ergeben sich mehrere hierarchisch gegliederte Ebenen. Die Komponenten einer Ebene verwalten dabei in der Regel die Module der nächst-untergeordneten Ebene. Eine derartige Programmblockstruktur ist in Bild 9.46 z.B. für drei Ebenen dargestellt. Die oberste Ebene umfasst einerseits die Initialisierung der Hardwarekomponenten und koordiniert andererseits den Einsatz der

Module aus der zweiten Ebene, welche Algorithmen zur Problemlösung enthalten. In der untersten Ebene befinden sich Hilfsmodule, z.B. für Ein-/Ausgaben oder arithmetische Operationen. Gegenüber einem monolithischen Gesamtprogramm ergeben sich etlicheVorteile:

1. Leichte Überschaubarkeit des Gesamtproblems. Keine "Spaghettistruktur". Wirkungsvolle Dokumentation.
2. Zeitsparende Programmentwicklung, da die Module von mehreren Programmierern entwickelt werden können.
3. Es können Module aus Programmbibliotheken benutzt werden.
4. Die einzelnen Module können in unterschiedlichen Programmiersprachen realisiert werden, z.B. Assembler, PL/M oder Hochsprachen wie Pascal oder C.
5. Module können einzeln auf Korrektheit überprüft und auftretende Fehler frühzeitig bereinigt werden.
6. Programmänderungen oder -erweiterungen sind einfacher möglich.

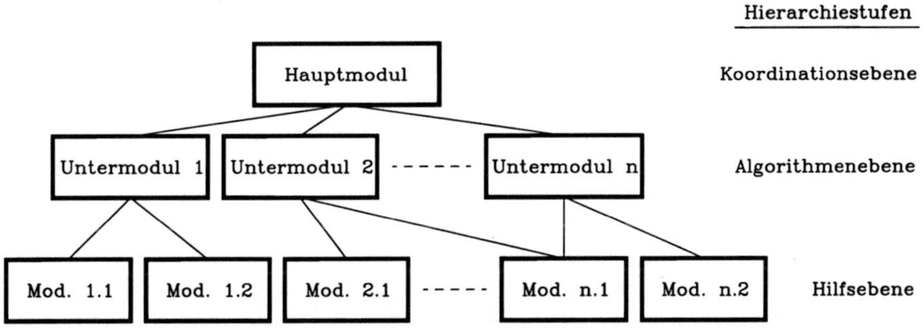

Bild 9.46: Hierarchische Strukturierung beim Entwurf der Softwaresystem Architektur (Strukturierung im Großen)

9.5.4.2.2 Die Entwicklung der Modularchitektur

In diesem Kapitel wird die Entwicklung strukturierter Module (Strukturierung im Kleinen) ausführlicher dargestellt. Das Ziel ist es, die in den Modulen umgesetzten Algorithmen leicht lesbar, testbar und änderbar zu machen. Funktions- und damit auch Programmabläufe lassen sich auf unterschiedliche Weise graphisch planen und dokumentieren. [17], z.B. mittels:

1. der seit langer Zeit in der Datenverarbeitung genormten Programmablaufplänen (Flussdiagrammen, DIN77, DIN 66 001). Es bietet sich an, die dortigen Festlegungen im Hinblick auf die strukturierte Programmierung durch ein Symbol für die Iteration zu ergänzen [120]
2. Struktogrammen (DIN 66 261)
3. Baumdiagrammen nach Jackson und
4. Petrinetzen (Auf Baumdiagramme und Petrinetze wird hier nicht eingegangen.)

Die *Strukturierung im Kleinen* basiert auf folgendem Grundprinzip: Es werden ausschließlich lineare Strukturen für Kontrollflussanweisungen verwendet. Das sind Anweisungen, die keine Daten verändern, sondern den Programmfluss und damit die Reihenfolge der Anweisungen steuern, also z.B. angeben, wie oft eine einfache Anweisung durchgeführt werden soll [45]. Das Aneinanderreihen solcher linearer Strukturblöcke ergibt ein übersichtliches Modul ohne außenliegende Verzweigungen, d.h. was im Programm nacheinander steht, wird auch nacheinander ausgeführt [109].

Diese Forderung wird durch die Verwendung von Struktogrammen nachdrücklich unterstützt. Jeder Strukturblock repräsentiert eine Funktion auf einer bestimmten Abstraktionsstufe. Die zu ihrer Realisierung erforderlichen Funktionen der niedrigeren Abstraktionsstufen befinden sich als eingeschlossene Strukturblöcke im Inneren.

Die Verwendung von Flussdiagrammen ist grundsätzlich ebenfalls möglich, erfordert jedoch besondere Sorgfalt, damit die Module übersichtlich bleiben. Insbesondere sollen unbedingte Sprungbefehle (JMP...,GOTO...) sparsam oder gar nicht verwendet werden. Prinzipiell sind sie auch nicht nötig, wie das *Strukturtheorem von Böhm und Jacopini* aussagt . Demzufolge kann nämlich jedes Programm mittels dreier elementarer Grundstrukturen realisiert werden (Bild 9.47a, b und c):

1. Folge einfacher Strukturblöcke (einfache Anweisungsfolge, Sequenz)
2. Auswahlstrukturblock (Selektion) und
3. Schleifenstrukturblock (Iteration)

Werden zur Darstellung eines Programms ausschließlich diese Strukturblöcke oder deren Kombinationen verwendet, spricht man von der Nassi-Schneidermann-Methode [3]. Im Folgenden sind die hierfür zugelassenen Strukturelemente als Struktogramme und Flussdiagramme einander gegenübergestellt. Zum Vergleich sind äquivalente Hochsprachen-Anweisungen angegeben.

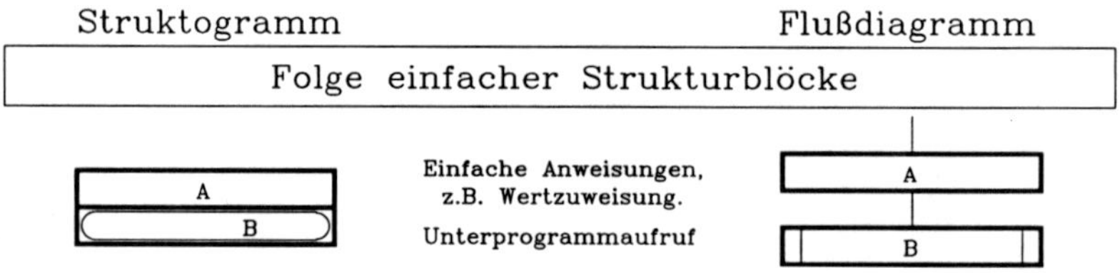

Bild 9.47 a: Bei der modularen Programmierung zugelassene elementare Grundstrukturen, hier Folge einfacher Strukturblöcke gemäß DIN 66 001 und DIN 66 261.

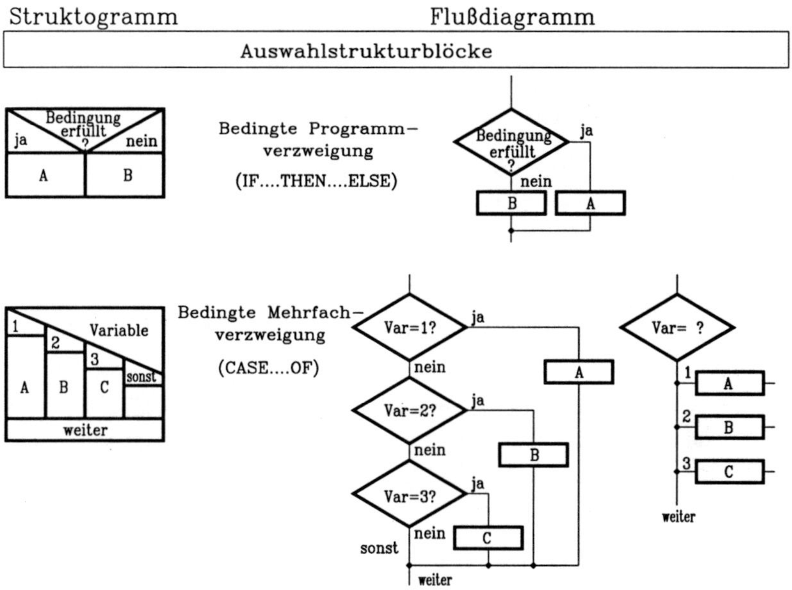

Bild 9.47 b: Bei der modularen Programmierung zugelassene elementare Grundstrukturen, hier Auswahlstrukturblöcke gemäß DIN 66 001 und DIN 66 261.

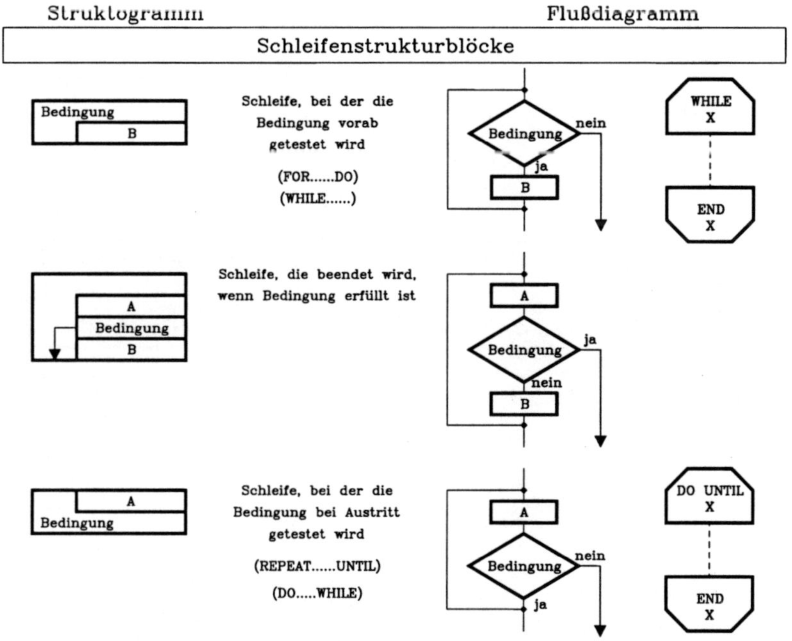

Bild 9.47 c: Bei der modularen Programmierung zugelassene elementare Grundstrukturen, hier Schleifenstrukturblöcke gemäß DIN 66 261 und DIN 66 001. Die Flussdiagramme wurden um eine Iterationsstruktur ergänzt (ganz rechts).

9.5.4.2.3
Die Implementierungsphase

In dieser Phase werden die Entwurfsergebnisse in eine vom Rechner ausführbare Form gebracht. Hierzu sind mehrere Software-Hilfsmittel verfügbar:

1. *Editor* zur interaktiven Eingabe der Quellprogramme.
2. *Assembler* zum Übersetzen des Quelltextes in den Maschinencode.
3. *Debugger* oder Monitore zum Test einzelner Module auf Maschinencode-Ebene.
4. *Library-Manager* zum Anlegen von Modul-Bibliotheken.
5. *Linker-Locator* zur Erzeugung ablauffähiger Programme.
6. *Emulations- und Testadapter* zur Hardware-Software-Integration.

Die Aufgaben dieser Hilfsmittel bei der Programmimplementierung werden zunächst anhand von Funktionsschaubildern in sechs Stufen übersichtlich dargestellt und später ausführlicher erläutert. In der Darstellung ist der Einsatz der verschiedenen Dienstprogramme anhand von Pfeilen besonders hervorgehoben. Die Dateinamen sind willkürlich gewählt.

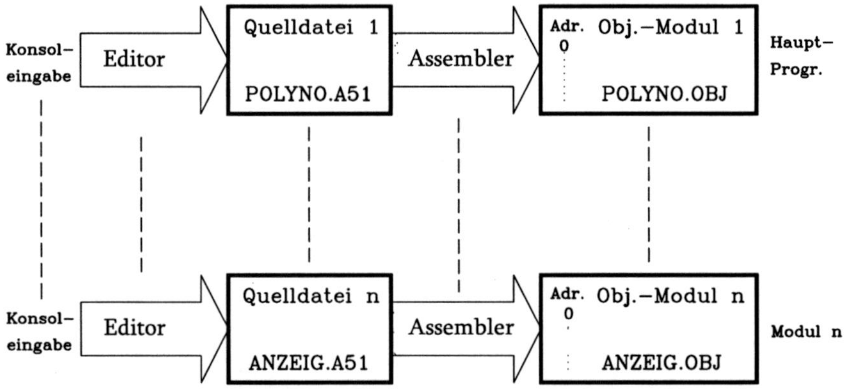

Bild 9.48: Erstellen und assemblieren des Assembler-Quellcodes für n Module

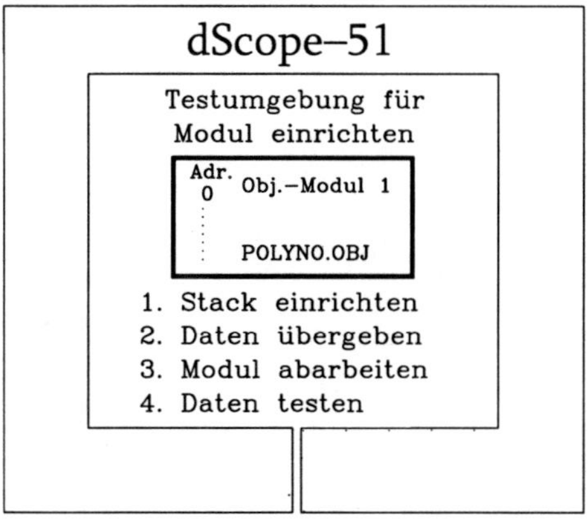

Bild 9.49: Modultest mit einem Debugger z.B. dSCOPE-51 oder DDT

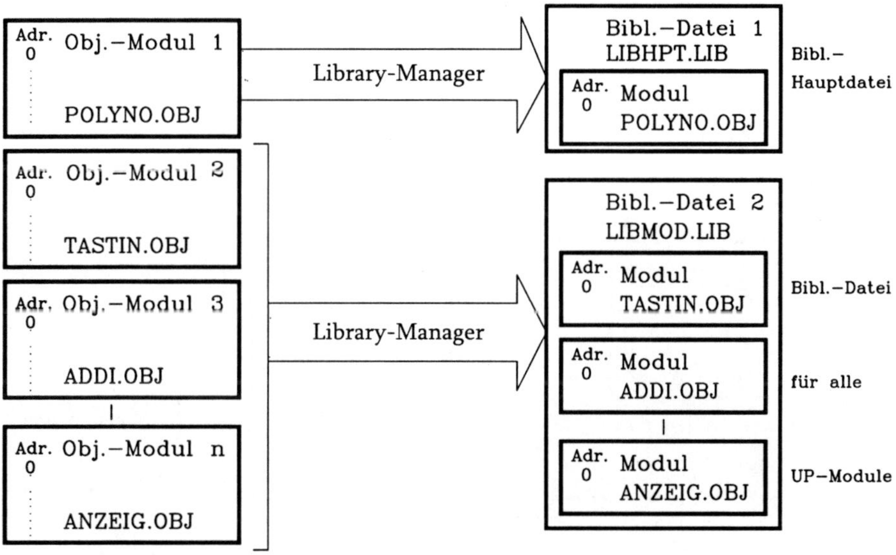

Bild 9.50: Das Anlegen von Bibliotheks-Dateien, im Beispiel werden eine Hauptprogramm- und eine Modulbibliothek erzeugt.

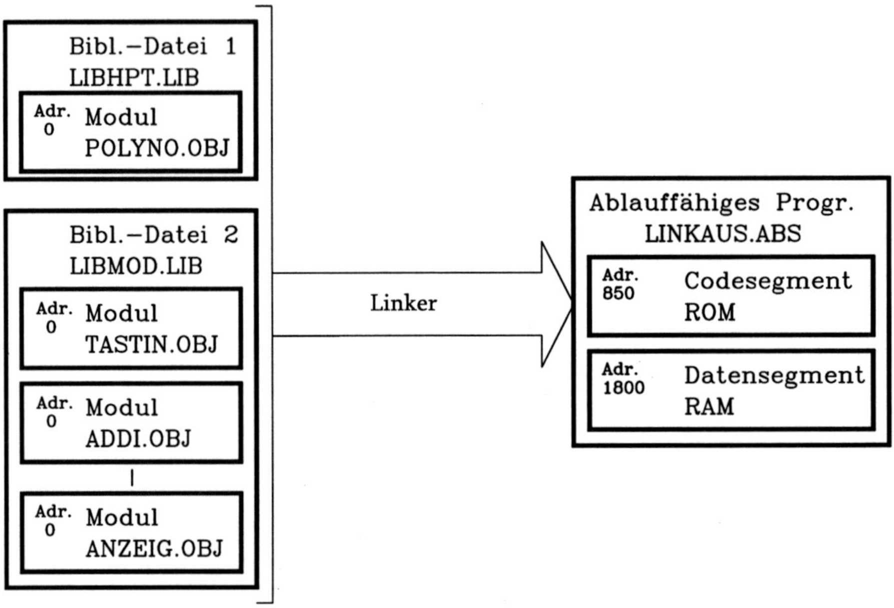

Bild 9.51: Das Binden und Entrelativieren relokativer Bibliotheksmodule mit dem Linker. Dabei wurden die beiden Segmente auf absolute Speicheradressen abgebildet.

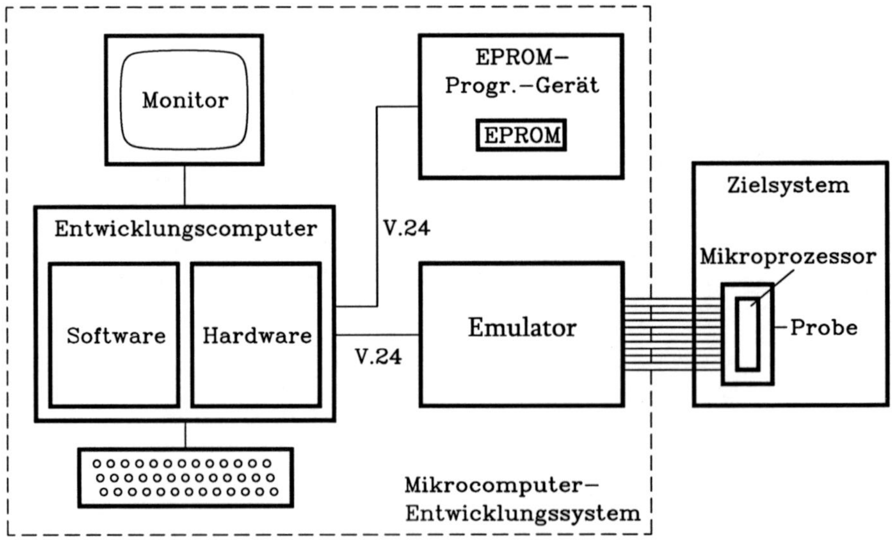

Bild 9.52: Während der Hardware-Software-Integration wird die entwickelte Software auf der Zielhardware mit dem Emulator getestet.

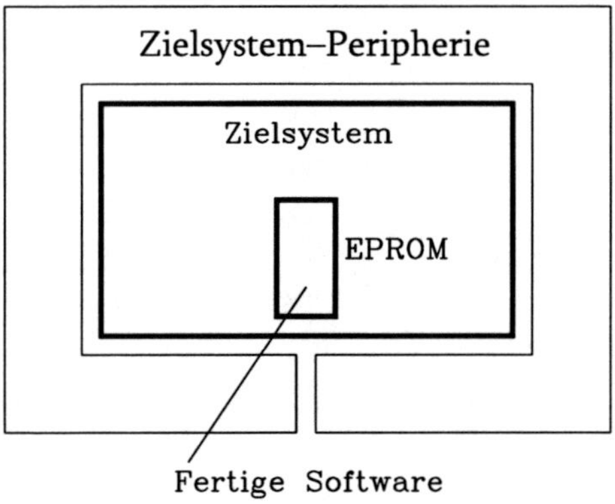

Bild 9.53: Testlauf der Software unter Echtzeitbedingungen in der Zielhardware

Die oben dargestellten Hilfsmittel werden in den folgenden Kapiteln zunächst kurz und im Anhang detailliert erläutert. Dabei wird konkret auf Produkte Bezug genommen, die in einem Praktikum für Mikrorechnertechnik verwendet werden können. Die Hinzunahme der Unterlagen im Anhang und der im Literaturverzeichnis aufgeführten Schriften wird sich für den praktischen Einsatz nicht immer umgehen lassen.

9.5.4.2.3.1
Der Editor

Ein Editor ist ein bildschirmorientiertes Dienstprogramm, mit dem beliebige Texte in den Rechner eingegeben und modifiziert werden können. Er eignet sich daher auch zur Generierung der Assembler-Quellprogramme. Gelegentlich verfügen derartige Editoren über zwei Betriebsmodi, den Dokumentenmodus und den Nichtdokumentenmodus. Für die Eingabe von Assembler-Quellprogrammen verwendet man letzteren, da dieser weniger störende Steuerzeichen erzeugt und etliche der sonst üblichen Textformatierungsfunktionen hierbei überflüssig sind.

Das Format einer Assembler-Befehlszeile ist beim 8051-Assembler wie folgt festgelegt (Optionalangaben in eckigen Klammern):

[Marke:] 8051-Mnemonik [Operand][,Operand] [;Kommentar]

Art und Anzahl der erforderlichen Operanden hängen vom aktuellen Befehl ab. Eine Assembler-Quelldatei für den Controller 8051 hat die Dateierweiterung .A51.

9.5.4.2.3.2
Der relokative Makroassembler

Die Ausführungen in diesem Kapitel beziehen sich in konkreten Fällen auf den relokativen Makroassembler der Fa. Keil. Die Eigenschaften derartiger Assembler sind jedoch weitgehend standardisiert, daher gibt es zwischen verschiedenen Produkten nur geringgradige funktionelle Unterschiede.

Ein Assembler ist ein Dienstprogramm, das eine Assembler-Quelldatei in eine Objektdatei übersetzt, die den Maschinencode (und eventuell Symbole) enthält, und eine Listdatei, welche Dokumentationszwecken dient.

Der Aufruf des 8051-Assemblers erfolgt unter MS-DOS mittels des Kommandos A51, gefolgt vom Namen des Assembler-Quellprogramms, z.B.:

A51 QUELLE.A51

Beim Übersetzungsvorgang werden folgende Dateien erzeugt:

1. QUELLE.OBJ als <u>Obj</u>ektdatei mit dem relokativen Maschinencode und
2. QUELLE.LST als <u>List</u>datei, die den Quellcode, den relokativen Maschinencode in ASCII-Darstellung und eventuelle syntaktische Fehlermeldungen beinhaltet. Sie wird zu Dokumentationszwecken verwendet.

Syntaktische Fehler werden vom Assembler mit Fehlermeldungen quittiert, die in der Listdatei gekennzeichnet sind. (Anm.: Relokative Module dürfen keine ORG-Anweisung enthalten!)

Wird mit Hilfsmitteln, wie einer *Integrierten Entwicklungsumgebung* (IDE: Integrated Development Environment)) z. B. unter Windows gearbeitet (Computer Aided Software Design (CAS) bzw. Computer Aided Software Engineering (CASE) [120], wird das aktuelle Quellprogramm einfach durch Aufruf eines Assemblerfensters assembliert.

Die Entwicklung von Mikroprozessor-Software stellt wegen der erforderlichen Modularität besondere Anforderungen an den Assembler. Wie im Kap. 9.5.4.2 dargestellt wurde, ist es das Ziel der modularen Programmentwicklung, umfangreiche Programmierprobleme in zunächst noch voneinander unabhängige Module zu unterteilen. Diese muss der Assembler <u>einzeln</u> übersetzen können. Enthält z. B. ein Modul den Aufruf eines weiteren Moduls (externe Referenz), ist diese Referenz dem Assembler während der Assemblierung nicht verfügbar. Daher muss der Programmierer im Modulkopf zusätzliche Angaben machen, die dieses Defizit beseitigen. Insgesamt treten drei Probleme auf:

- Die Segmentierung,
- die Realisierung relokativen Codes und
- die symbolische Adressierung

Diese Zusammenhänge werden in den folgenden Teilkapiteln erläutert.

1 Die Segmentierung

In der Assemblerprogrammierung müssen Speicherressourcen verwaltet werden. Neben der Aufspaltung in einzelne Module ist daher eine weitere Untergliederung in Segmente nötig, je nach der Art des Speichers, in dem die entsprechenden Programmteile später aktiv werden sollen. Die Segmente sind vom Programmierer in den Quelldateien festzulegen. Prinzipiell unterscheidet man:

<u>1. **CODE**-Segment</u>:	Für den Befehlsspeicher, also ROM bzw. EPROM bestimmt, es enthält Maschinenbefehle und eventuell auch Konstanten.
<u>2. **DATA**-Segment</u>:	Für variable Daten, also das RAM bestimmt.
<u>3. **STACK**-Segment</u>:	Für variable Daten im Stapelspeicher (Stack), also für das RAM bestimmt. Dieser Segmenttyp ist im 8051-Assembler speziell nicht vorgesehen. Man kann ihn aber wie ein Datensegment definieren, wie später dargestellt wird.

Bei dem im Entwicklungsprozess später ablaufenden Bindevorgang fasst der Binder (Linker) von allen beteiligten Modulen die jeweils gleichlautenden Segmente zu Gesamtsegmenten zusammen und der Lokalisierer (Locator) lokalisiert diese an vorzugebende Adressbereiche der entsprechenden Speichertypen (s. Kap. 9.5.4.2.3.5).

Für die Segmentierung gelten im 8051-Assembler folgende Unterscheidungen:

1. Relokative Segmente und
2. Absolute Segmente

a) Relokative Segmente:

Relokative Segmente der einzelnen Module werden vom Linker/Locator später zu Gesamtsegmenten gleichen Typs gebunden und an vorzugebenden Bereichen des entsprechenden Speichers lokalisiert. Das Format zur Definition eines relokativen Segments lautet für den Controller 8051:

Reloc_Segment_Name SEGMENT Segment_Typ [Reloc-Type]

Reloc_Segment_Name	Wählbarer Name. Er entspricht einem Segment-Symbol, das in Ausdrücken verwendet, die Basisadresse des Segments darstellt.
Segment_Typ	Auswahl aus vorgegebenen Typen (Schlüsselwörter) und gibt an, zu welchem Adressraum das Segment gehört. Es existieren folgende Typen: CODE Programmspeicher XDATA Externer Datenspeicher DATA Interner Datenspeicher (00H...7FH) IDATA Indirekt adressierbarer int. Datenspeicher (00H...7FH) BIT Bitadressierbarer interner Datenspeicher (20h...2FH)
Reloc_Type	Auswahl aus vorgegebenen Typen (Schlüsselwörter). Legt die Platzierungsmethode im Speicher fest: UNIT: Standardeinstellung, spezifiziert ein Segment, das auf einer Einheit beginnt (1Bit für Bit-Segmente, 1Byte für alle anderen Segmente) PAGE: Segment, dessen Anfangsadresse ein Vielfaches von 256_{10} sein muss. Diese Adresse legt der Locator fest. Nur für CODE und XDATA zulässig. INPAGE: Segment, das nach Lokalisation vollständig innerhalb eines 256_{10}-Byte-Blocks liegen muss. Nur für CODE und XDATA zulässig. INBLOCK: Segment, das nach Lokalisation vollständig innerhalb eines 2048_{10}-Byte-Blocks liegen muss. Nur für CODE zulässig. BITADDRESSABLE: Segment, das vom Locator innerhalb des Bit-adressierbaren Bereichs (20H...2FH) platziert wird. Max. Länge: 16Byte. Nur für Datensegmente zulässig. OVERLAYABLE: Segmente, die mit anderen Segm. überlagert werden können (s. C51-Spezifikation).

Beispiele:

Code_Seg1 Segment Code	;definiert ein relokatives Codesegment
Data_Seg1 Segment Data	;definiert ein relokatives Datensegment
Rseg Data_Seg1	;wählt das relokative Datensegment als aktuelles Segment aus
Liste: DS 20H	;Im Datensegment werden 20H Byte reserviert
RSEG Code_Seg1	;wählt das relokative Codensegment als aktuelles Segment aus
Start: Mov SP, #10H	;Programmbeginn
:	:
End	;Programmende

Das STACK-Segment als eigener Segmenttyp ist im 8051-Assembler nicht vorgesehen. Es kann jedoch wie ein beliebiges DATA- oder IDATA-Segment folgendermaßen definiert werden:

Stack Segment Data	;definiert ein relokatives Stacksegment
Rseg Stack	;wählt das relokative Datensegment als aktuelles Segment aus
DS 10H	;im Stacksegment werden 10H Bytes reserviert

b) Absolute Segmente:

Absolute Segmente werden vom Programmierer bereits vor dem Lokalisieren in ihrer Adresslage festgelegt und vom Lokalisierer nicht mehr verändert. Mit den folgenden Assembleranweisungen können absolute Segmente definiert werden. Die Angabe in eckigen Klammern ist optional:

CSEG [AT Absolut_Adr	;definiert ein absolutes Codesegment
DSEG [AT Absolut_Adr]	;definiert ein absolutes Datensegment
XSEG[AT Absolut_Adr]	;definiert ein absolutes Segment im externen Datenspeicher
ISEG[AT Absolut_Adr]	;definiert ein abs. indirekt adressierbares Segment im internen Datenspeicher
BSEG[AT Absolut_Adr]	;definiert ein absolutes bitadressierbares Segment im Datenspeicher

Mit diesen Anweisungen werden absolute Segmente definiert, deren Basisadresse mittels der optionalen [AT Absolut_Adr] schon vor dem Binden vom Programmierer festgelegt wird. Es gelten folgende Randbedingungen:

- Wird AT... angegeben, schließt der Assembler ein vorher behandeltes Segment und erzeugt ein neues entsprechend der Angabe.
- Fehlt AT..., aktiviert der Assembler ein früher behandeltes Segment gleichen Typs und setzt es fort.
- Fehlt AT... und kennt der Assembler kein gleichlautendes Segment, wird es erzeugt und die Basisadresse ist Null.

- Absolut_Adr muss ein absoluter Ausdruck ohne Vorwärtsreferenz sein.
- Der Assembler führt für jedes Segment einen eigenen Adressenzähler.

2 Die Realisierung relokativen Codes

Um die Vorteile der modularen arbeitsteiligen Programmentwicklung ausschöpfen zu können, muss es möglich sein, jedes Modul einzeln zu assemblieren und zu testen. Während des Übersetzungsvorgangs weiß der Assembler jedoch nicht, in welchem Adressbereich dieses Modul innerhalb des Gesamtprogramms später stehen soll. Der erzeugte Objektcode kann daher noch nicht absoluten Speicheradressen zugeordnet werden. Stattdessen wird der Maschinencode vom Assembler bezüglich einer frei wählbaren Anfangsadresse (Adresspegel) erzeugt, wobei der Adresspegel 0 voreingestellt ist. Die erzeugten Objektmodule enthalten daher Code, der noch im Speicher verschieblich oder relokativ und daher nicht direkt ausführbar ist. Assembler, die über diese Eigenschaft verfügen, heißen relokative Assembler, wie z.B. der A51 für den Mikrocontroller 8051.

3 Die symbolische Adressierung

Relokative Module haben weitere Auswirkungen auf die Programmiertechnik, denn der Programmierer kann im Assembler-Quelltext weder für Variablen, Sprungbefehle noch für Unterprogrammaufrufe absolute Zieladressen angeben, da die endgültige Adresslage der Module noch nicht feststeht. Daher sind für Daten-, Sprungziel-, Adressen- und Registernamen symbolische Namen zu vereinbaren, die stets mit einem Buchstaben beginnen müssen, damit der Assembler sie von (Hex-) Zahlen unterscheiden kann. Erst während der Assemblierung bzw. nach dem Binden werden ihnen absolute Zahlenwerte zugeordnet. Die symbolische Schreibweise trägt auch zu einer besseren Lesbarkeit von Assemblerprogrammen bei und vereinfacht die Fehlerbeseitigung während der Debuggingphase.

Das Format für Symbolnamen ist beim 8051 folgendermaßen festgelegt:

1. Die maximale Länge beträgt 31 Zeichen.
2. Beginnen müssen Symbole entweder mit einem Buchstaben "A...Z" in Groß- oder Kleinschreibung oder mit den Zeichen "_" oder "?".
3. Weitere Zeichen wie unter 2) und zusätzlich die Ziffern "0...9"

Im 8051-Assembler sind einige Symbole als reservierte Wörter fest definiert. Sie dürfen daher nicht anderweitig verwendet werden:

Reservierte Symbole	Bedeutung
A	Akkumulator
R0, R1, ... ,R7	Namen der acht 8-Bit-Arbeitsregister in der selektierten Registerbank. Es ex. insgesamt 4 Registerbänke
DPTR	16-Bit-Datenzeigerregister (Data Pointer) zur Adressierung von Festdaten innerhalb des Programmspeichers oder variabler Daten im externen Datenspeicher
PC	16-Bit-Programmzähler (Program Counter) zur Adressierung der Befehlsbytes im Programmspeicher
C	Übertrags-Flag (Carry Flag) im Operandenteil des Controllers. Es markiert Über- bzw. Unterläufe bei arithmetischen Operationen.
AB	Registerpaar A und B für Multiplikations- und Divisionsbefehle
AR0, AR1, ... ,AR7	Absolute Adressen der acht 8-Bit-Arbeitsregister in der aktuellen Registerbank. Ihre Verwendung setzt voraus, dass vorher per USING-Anweisung eine aktuelle Registerbank definiert wurde.
$	Dieses Symbol repräsentiert den aktuellen Wert des Adresszählers im aktuellen Segment.

Die Verwaltung von symbolischen Adressen ist ein für die modulare Programmentwicklung unverzichtbares Assembler-Leistungsmerkmal. Derartige Assembler sind als Two Pass Assembler ausgeführt, da sie für die Übersetzung zwei Durchläufe benötigen: Im ersten wird eine interne Symboltabelle angelegt und erst im zweiten der Code erzeugt. Dazu muss der Assembler verschiedene Aufrufe unterscheiden können:

Intrasegmentaufrufe: Dieses sind Zugriffe auf Symbole im selben Segment. Der vom Übersetzer in seine Symboltabelle eingetragene Wert ist die auf den Segmentanfang (Basisadresse) bezogene relative Adresse der aufgerufenen Speicherzelle. Der Binder passt später diese Adresse an, indem er die aktuelle Basisadresse des Moduls hinzuaddiert.

Intersegmentaufrufe: Dieses sind Zugriffe auf ein anderes Segment innerhalb des gleichen Moduls. Die Adressanpassung findet wie oben statt.

Externaufrufe: Dieses sind Zugriffe auf Symbole, die in einem anderen Modul definiert sind oder Aufrufe anderer Module selbst. Da jedes Modul einzeln übersetzt wird, weiß der Assembler nichts über die zugehörige Symboladresse. Solche Symbole müssen daher am Anfang des aufrufenden Moduls als EXTERNALS (EXTRN) deklariert werden. Dem Assembler wird das Symbol damit als zugelassen bekanntgemacht. Er stellt dann die Wertzuweisung bis nach dem Binden zurück und ersetzt die Symbole im Maschinencode vorläufig durch Nullen.

Im aufgerufenen Modul, bzw. im Modul, in welchem ihnen ein Wert zugewiesen wird, müssen diese Symbole als PUBLIC (öffentlich) deklariert werden. Ihnen wird bei der Assemblierung bereits ein auf die Basisadresse bezogener Wert zugewiesen. Die Deklarationen sind im folgenden Programmbeispiel ausschnitthaft gezeigt:

```
Modul 1                                  Modul n
NAME HAUPT                               NAME ADDITION
POINTER EQU 0FH
CODESEG SEGMENT  CODE                    CODESEG SEGMENT  CODE
RSEG CODESEG                             RSEG CODESEG
EXTRN CODE (ADDI)                        PUBLIC ADDI

MOV SP,#POINTER                   ADDI:  PUSH 18H
:                                        :
ACALL ADDI                               POP 18H
:                                        RET
END                                      END
```

Modul 1 ruft ein Modul n als Unterprogramm auf. Die Startadresse des Unterprogramms ist symbolisch mit ADDI bezeichnet, die erforderlichen Vereinbarungen sind in den Modulköpfen aufgeführt. Der Binder fügt später (u.U. automatisch) diejenigen Module zusammen, die gleichlautende EXTRN-PUBLIC-Referenzen aufweisen. Diesen Schritt nennt man "Absättigen der Externals".

Ein Assembler versteht neben den Mnemonics der entsprechenden Assemblersprache zusätzlich:

a) ***Assembler-Anweisungen (Ass.-Direktiven)***: Sie werden in den Quelltext eingefügt und beeinflussen die Arbeitsweise des Assemblers während des Übersetzungslaufs. Neben den EXTRN- und PUBLIC-Anweisungen ist im obigen Programmausschnitt hierfür ein weiteres Beispiel gezeigt: In der EQU-Anweisung wird dem Symbol POINTER der Wert 0FH zugewiesen. Weitere Assembler-Anweisungen sind im Anhang aufgeführt (s.Anhang Internet).

b) ***Assembler-Steueranweisungen****:* Sie werden auch als Assembler-Steuervariable bezeichnet und wirken sich auf die Form der vom Assembler erzeugten Dokumentation aus (s.Anhang Internet).

Man unterscheidet zusätzlich:

Primäranweisungen (primary Controls), die vor dem Assembliervorgang einmalig festgelegt werden und innerhalb des Moduls nicht veränderbar sind. Sie sind als Kommandos vor dem Quelltext im Modulkopf einzufügen. Beispiele: NAME, PRINT, PAGEWIDTH, SYMBOLS. Weitere Primäranweisungen sind im Anhang aufgeführt (s.Anhang Internet).

Sekundäranweisungen (general Controls), die an jeder Stelle im Modul, auch mehrfach, angebbar sind. Beispiele: EJECT, LIST. Weitere Sekundäranweisungen sind im Anhang aufgeführt (s.Anhang Internet).

9.5.4.2.3.3
Der Debugger

Vor dem Binden der einzeln assemblierten Module zu einem ablauffähigen Gesamtprogramm sind individuelle Tests erforderlich, damit Programmierfehler in einem möglichst frühen Entwicklungsstadium eliminiert werden können. Die Kosten einer Fehlerbeseitigung zu einem späteren Entwicklungszeitpunkt sind unvertretbar höher.

Auf Maschinencode-Ebene stehen dafür Debugger (debuggen heißt entlausen) zur Verfügung. Für den Controller 8051 kann z.B. der Debugger DDT (Dynamic Debugging Tool) genutzt werden, der auf DOS-Rechnern unter der ISIS-Oberfläche emuliert wird. DDT unterstützt nur Dateien im COM- oder INTEL HEX-Format. Daher müssen die Module vor dem Test mittels eines Binders entrelativiert und anschließend mittels des Konvertierungsprogramms M2IHEX.EXE in das HEX-Format überführt werden. Fehlermeldungen des Binders wegen nichtabgesättigter EXTRN-Referenzen treten dabei auf, können aber ignoriert werden.

Eine vorteilhaftere Lösung ist der Debugger dScope (Fa. Keil), der im Rahmen einer integrierten Entwicklungsumgebung für das Betriebssystem Windows angeboten wird. Es handelt sich dabei, wie bei DDT, um einen Software-Debugger, d.h. die Zielhardware wird softwaremäßig emuliert. Von der Kommandoebene derartiger Debugger aus können Standard-Testfunktionen durchgeführt werden, wie:

1) Programmablauf nach Vorgabe von Randbedingungen untersuchen, z.B. mit Haltepunkten
2) Programmablauf im Einzelschrittverfahren
3) Speicherinhalte ansehen und verändern.
4) Prozessorregister ansehen und verändern
5) Assemblieren mnemonisch eingegebener Assemblerbefehle (In Line Assembler)
6) Disassemblieren

Da die zu testenden Module Unterprogramme sind, muss ggf. eine geeignete Testumgebung geschaffen werden, welche die Datenschnittstelle zum Modul realisiert und dieses aufruft. Nach erfolgreichem Debugger-Test, wird das Ergebnis in einem Protokoll dokumentiert.

9.5.4.2.3.4
Das Anlegen von Bibliotheksdateien

Die Ausführungen in diesem Kapitel beziehen sich in konkreten Fällen auf den Library Manager LIB51 (MS-DOS, Fa. Keil). Seine Funktionsweise entspricht jedoch weitgehend allgemeinen Standards, daher gibt es zwischen Produkten unterschiedlicher Hersteller nur geringgradige Unterschiede.

Der Library-Manager LIB51 gestattet das Anlegen und Verwalten von Bibliotheks-Dateien. Derartige Bibliotheken enthalten üblicherweise eine Anzahl relokativer Objektmodule (*.OBJ), die in einem Sinnzusammenhang stehen, z.B. alle Module eines Softwareprojekts oder Modulgruppen mit bestimmten Aufgaben, z.B. Module für arithmetische Operationen.

Außer den rein organisatorischen Vorteilen von Modulbibliotheken gibt es zwei weitere wesentliche Vorteile:

- Sie unterstützen die Wiederverwendbarkeit bereits vorhandener Module und
- sie vereinfachen den später erfolgenden Binderprozess erheblich. Dem Binder müssen nämlich nicht alle Module einzeln übergeben werden (u.U. sehr viele!), sondern nur die Bibliotheken, die mindestens alle erforderlichen Module enthalten. Aus diesen sucht der Binder selbst nur diejenigen Module heraus, die zur Absättigung der EXTRN-PUBLIC-Referenzen erforderlich sind

Aufruf des Library Managers und Eingabe der Kommandos

Der Library Manager LIB51 wird wie folgt aufgerufen:

LIB51 [<command>] <cr>
LIB51 ist der Programmname, und die Optionaleingabe <command> steht für gültige LIB51-Kommandos. Dem Benutzer stehen damit zwei Möglichkeiten zur Verfügung:

1) Ohne Angabe eines Kommandos gelangt man mit <cr> auf die Kommandoebene des Managers. LIB51 meldet sich in diesem Falle durch "*" und wartet auf die Eingabe gültiger LIB51-Kommandos, die sofort ausgeführt werden.
2) Wird dagegen beim Aufruf ein Kommando übergeben, kehrt der Library Manager nach seiner Ausführung selbstständig auf die DOS-Ebene zurück.

In einer LIB-Sitzung lassen sich mit den verfügbaren Kommandos neue Libraries kreieren, Module hinzufügen oder entfernen oder Dokumentationsdateien ausgeben. Das Kommando **EXIT** beendet eine LIB-Sitzung und hinterlässt LIB51-Bibliotheksdateien des Typs *.LIB.

Übersicht über die LIB51 Kommandos

Kommando	**Funktion**
CREATE LIBDAT	Kreiert die neue, leere Librarydatei "LIBDAT.LIB" und wählt sie als Arbeitsdatei
ADD DAT1, DAT2, ...	Fügt die genannten Objekt-Module in die Arbeitsdatei
DELETE DAT3, ...	Entfernt die genannten Objekt-Module aus der Arbeitsdatei
LIST LIBDAT2 [TO LISDAT]	Gibt Modulnamen und (optional) Publics von LIBDAT2 in der Datei LISTDAT.LST aus
HELP	Gibt ein Hilfsmenü für Kommandos aus
EXIT	Schließt die Arbeitsdatei und kehrt zur DOS-Ebene zurück

Anm.: Lange Kommandozeilen können bei Bedarf am Zeilenende durch Eingabe des ' &'-Zeichens in der Folgezeile fortgeführt werden. Die Kommandos ADD, CREATE, DELETE, HELP und LIST lassen sich durch Eingabe der ersten Buchstaben abkürzen. Detaillierte Unterlagen zum Library Manager LIB51 finden sich im Anhang.

Die Funktionsweise eines Library Managers in einer integrierten Entwicklungsumgebung (z.B. µVISION, Fa. Keil) unter Windows entspricht im Detail prinzipiell der obigen Darstellung. Die Bedienung ist jedoch komfortabler, da nicht jeder Einzelschritt explizit durchgeführt werden muss. Der gesamte modulare Entwicklungsprozess für eine geplante Software wird hierbei im Rahmen eines *Projekts* durchgeführt und organisatorisch unterstützt. Das Anlegen der Bibliotheksdateien wird dabei durch das Kommando *Build* initialisiert.

9.5.4.2.3.5
Das Binden relokativer Objektmodule

Die Ausführungen in diesem Kapitel beziehen sich in konkreten Fällen auf den LINKER/LOCATOR mit dem Namen L51 der Fa. Keil (MS-DOS, zusätzliche Unterlagen s. Anhang). Seine Eigenschaften entsprechen jedoch weitgehend allgemeinen Standards, daher gibt es zwischen Produkten unterschiedlicher Hersteller nur geringgradige Unterschiede. Ein LINKER/LOCATOR (Binder) hat, wie der Name sagt, generell zwei Aufgaben: Binden und Lokalisieren.

1 Der Bindevorgang:

Hierbei werden alle zu einem Programmsystem gehörenden relokativen Objektmodule zusammengefasst. Beispielsweise fügt der Linker die Codesegmente aller Module lückenlos zu einem Gesamtcodesegment zusammen. Ebenso verfährt er mit allen weiterhin vorhandenen Segmenttypen. Die daraus resultierenden Gesamtsegmente sind zunächst noch relokativ. Ein Beispiel für den Bindeprozess an drei Modulen ist in Bild 9.54 dargestellt. Das Ergebnis besteht aus den Gesamtsegmenten für den Stack, den Code, variable und feste Daten.

Die Eingabeobjekte können dem Linker auf zweierlei Weise übergeben werden:

1. Alle Objektmodule werden auf der Kommandoebene des Linkers benannt.
2. Die Übergabe erfolgt mittels Bibliotheksdateien, in denen wenigstens alle erforderlichen Module enthalten sind. Der Linker sucht hierbei selbständig alle Module heraus, die zum Absättigen der EXTRN-PUBLIC-Referenzen nötig sind. Sind in Bibliotheken weitere Module enthalten, die momentan nicht benötigt werden, stört das den Binderprozess nicht.

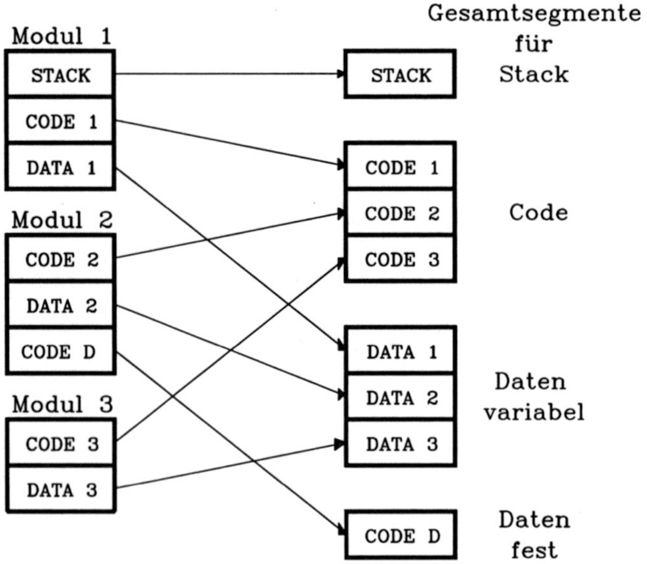

Bild 9.54: Beispiel für einen Bindeprozess an drei Modulen. Es entstehen die Gesamtsegmente für Stack, Code und Daten.

2 Der Lokalisiervorgang:

Dieser Schritt heißt auch *Entrelativieren.* Hierbei erfolgt die adressmäßige Zuordnung der einzelnen Segmenttypen zu den jeweiligen Speichern. Die nötigen Informationen über die Speicherarchitektur des Zielsystems muss dabei vom Programmierer vorgegeben werden. Das Codesegment und falls vorhanden auch das Festdatensegment werden dem Befehlsspeicher, also dem ROM (EPROM) zugeordnet. Das Segment, welches z. B. als Datenschnittstelle variable Daten enthält, wird auf den Arbeitsspeicher (RAM) abgebildet. Diese Schritte beinhalten auch die aktuelle Anpassung aller Zieladressen von Unterprogrammaufrufen und Sprüngen in den entsprechenden Befehlen. Das heißt, die bislang in den Befehlsoperanden noch eingetragenen vorläufigen Platzhalter (Nullen) werden durch absolute und gültige Adressen ersetzt, sodass das entrelativierte Programm prinzipiell ablauffähig ist.

Ausgabeobjekte des Linkers sind zwei Dateien:

1. Eine Datei vom Typ .ABS (Absolute) mit dem entrelativierten Maschinencode im absoluten Objektformat und Symbolinformationen für eine Fehlersuche. Diese Datei kann mit dem Softwaredebugger dScope oder einem Emulator geladen werden oder mittels des Tools OHS51 in eine Intel-Hex-Datei überführt und in ein EPROM programmiert werden.
2. Eine Listingdatei vom Typ .M51 mit Symboltabelle und detailliertem Binderprotokoll einschließlich Fehlermeldungen

Falls man die zu bindenden Dateinamen im Linkeraufruf angibt, wird die Liste möglicherweise so lang, dass sie nicht auf eine Zeile passt. In diesem Falle kann man am Zeilenende durch Eingabe von ′&′ in der nächsten Zeile fortfahren. Das Format des Linker-Aufrufs lautet:

a) **L51 input-list [TO outputfile] [control-list]** oder

b) **L51 @command-file**

Die einzelnen Angaben bedeuten:

input-list	Liste der Namen aller relokativen Eingabedateien (mit ihren Dateierweiterungen), die gebunden werden sollen, jeweils durch Kommata getrennt. Mögliche Dateierweiterungen: .OBJ oder .LIB. Aus Library-Dateien werden nur die erforderlichen Module verwendet. Falls einer *.LIB-Datei eine Klammer mit Modulnamen angefügt ist, werden diese Module zwangsläufig hinzugebunden.
outputfile	Name der zu erzeugenden absoluten Ausgabedatei. Fehlt diese Angabe, wird der Name der ersten Eingabedatei ohne ihre Erweiterung verwendet. (Achtung: Verwechselungsgefahr!)
control-list	Kommandos und Parameter, mit denen die Listingdatei, der Bindeprozess und der Lokalisiervorgang gesteuert werden oder Hochsprachenmodule eingebunden werden können. (s. Anhang)
command-file	Alternativ zum Aufrufformat a) kann eines gemäß b) verwendet werden, indem alle Eingaben aus a) mit gleichem Syntax in eine Datei geschrieben werden.

9.5.4.2.3.6
Der Emulator

Gemäß DIN 44300 gilt folgende Definition: *"Ein Emulator ist eine Funktionseinheit, realisiert durch Programmbausteine und Baueinheiten, die die Eigenschaften einer Rechenanlage A auf einer Rechenanlage B derart nachbildet, dass Programme für A auf B laufen können, wobei die Daten für A von B akzeptiert werden und die gleichen Ergebnisse wie auf A erzielt werden. Die Rechenanlage B kann über wesentlich größere Fähigkeiten verfügen als A."*

Im Zusammenhang mit der Entwicklung von Mikroprozessor/ Mikrocontrollersystemen versteht man unter einem Emulator einen "In -Circuit-Emulator (ICE)" bzw. "Emulations- und Test-Adapter (ETA)". Dieser stellt einen elektronischen Adapter zwischen einem Mikrorechner-Entwicklungssystem und dem zu entwickelnden Mikroprozessor/Mikrocontrollersystemen dar. Die Verbindung dieses Emulators mit dem Zielsystem erfolgt über einen vielpoligen Stecker, der anstelle des Zielprozessors/-controllers in dessen Sockel gesteckt wird. Er enthält seinerseits z.B. einen Mikrocontroller des Typs 8051. Mit dem Entwicklungssystem ist der Emulator z.B.über eine serielle Schnittstelle verbunden, daher können nun alle Operationen des Mikrocontrollers unter Kontrolle der im Entwicklungssystem vorliegenden Emulationssoftware ablaufen.

Einsatzgebiete eines Emulators sind:

- Hardware-Entwicklung von Mikroprozessor/Mikrocontrollersystemen,
- Fehlersuche in Mikrocomputern und
- Hardware-Software-Integration

Bei komfortablen Emulatoren kann außer dem Mikroprozessor/-controller auch der Speicher des Zielsystems ganz oder teilweise durch einen Emulationsspeicher ersetzt werden. Weiterhin sind Trace-Speicher gebräuchlich, in denen die zuletzt abgearbeiteten Befehlszyklen einschließlich aller Buszugriffe gespeichert sind. So können z.B. an Programm-Haltepunkten die Abarbeitung eines Programms rückverfolgt und dabei Fehler lokalisiert werden. Die Kommandostruktur eines Emulators hat Ähnlichkeit mit der eines Debuggers. Typische Hardwarekomponenten eines Emulators sind:

1. EPROM: Für das Betriebssystem des Emulators.
2. V.24: Serielle Schnittstelle zum Dialogrechner
3. RAM: Arbeitsspeicher für interne Emulatoraufgaben.
4. Steuereinheit: Koordination aller Emulatorkomponenten.
5. Map-Speicher: Dieser Speicher kann blockweise dem Zielsystem zugeordnet werden. Software aus dem Entwicklungssystem kann in den Speicher heruntergeladen und getestet werden.
6. Trace-Speicher: Wird die Abarbeitung eines Programms an Haltepunkten gestoppt, sind die zuletzt bearbeiteten Befehle in diesem Speicher dokumentiert und können rückverfolgt werden (Back Trace).
7. Selektive Haltepunktsteuerung: Sie gestattet, Haltepunkte auf Befehle, Symbole oder Datenadressen zu legen. Im letzten Fall hat der Benutzer die Wahl, ob bei Schreib- oder Lesezugriffen angehalten werden soll.
8. Auch für Hardwaretests eines Zielsystems ist der Emulator geeignet, denn es können Speicherzellen oder I/O-Einheiten angesprochen werden.

9.5.4.3
Beispiele für 8051-Assembler- und -C-Programme

9.5.4.3.1
Assembler-Testprogramme

9.5.4.3.1.1
Das Assembler-Programm MOVTEST

```
A51 MACRO ASSEMBLER  MOVTEST
15/02/02 12:15:37 PAGE     1
DOS MACRO ASSEMBLER A51 V5.50
OBJECT MODULE PLACED IN MOVTEST.OBJ
ASSEMBLER INVOKED BY: C:\C51\BIN\A51.EXE MOVTEST.A51 DB EP
LOC  OBJ     LINE SOURCE
               1
               2  NAME MOVTEST
               3  ;*********************************************
               4  ;* TESTPROGRAMM FÜR 8051-TRANSFER-BEFEHLE     *
               5  ;* Die unterschiedlichen Adressierungsarten   *
               6  ;* (in eckigen Klammern) werden demonstriert. *
               7  ;*********************************************
               8                 ;
0000 7403      9  mov a,#3h      ; [Immediate]    3     --> a
0002 FF       10  mov r7,a       ; [Register] (a)--> R7, 3 --> 07h, da Bank0 aktiv
0003 75013F   11  mov 1h,#3fh    ; [Immediate] 3f--> 01h, 3f --> R1  "  Bank 0  "
0006 753F22   12  mov 3fh,#22h   ; [Direkt]      22    --> 3f   im freien RAM (Scratch Pad)
0009 853F4F   13  mov 4fh,3fh    ; [Direkt]      (3f)  --> 4f     "  "          "
000C E7       14  mov a,@r1      ; [Indirekt]    ((r1))--> a, indir. adress. Zugriff mit R1
000D 8740     15  mov 40h,@r1    ; [Indirekt]    ((r1))--> 40, "       "      "     "  "
000F 77FF     16  mov @r1,#0ffh  ; [Indirekt]    ff    --> 3fh "       "      "     "  "
0011 F7       17  mov @r1,a      ; [Indirekt]    22    --> 3fh "       "      "     "  "
              18                 ;
0012 752402   19  mov 24h,#2h    ; [Direkt]      02    --> 24 im bitadressierbaren Bereich
0015 A221     20  mov c, 21h.1   ; [Register]    bit adress. Befehl: 21h.1=1 --> CY = 1
0017 C03F     21  push 3fh       ; [Direkt]      22    --> (SP)+1 = 08h, vorher SP inkrem.
0019 D004     22  pop 4          ; [Direkt]      22    --> 04h, (SP)=07h, SP dekrementiert
001B 7520EF   23  mov 20h, #0efh ; [Direkt]      0efh --> 20h im bitadressbaren Bereich
001E 9204     24  mov 20h.4, c   ; [Register]    ffh  --> 20h, Bit 4 hinzugefügt
0020 901234   25  mov dptr,#1234h; [Immediate]   1234h--> dptr
0023 F0       26  movx @dptr,a   ; [Indirekt]    22   --> 1234h
0024 E0       27  movx a,@dptr   ; [Indirekt]    22   --> a
0025 83       28  movc a,@a+pc   ; [Indiziert]   ((a)+(pc)) --> a , a wirkt als Indexreg.
              29
              30  end


SYMBOL TABLE LISTING
------ ----- -------
N A M E          T Y P E  V A L U E   ATTRIBUTES
MOVTEST. . . . . . N NUMB  -----

REGISTER BANK(S) USED: 0
ASSEMBLY COMPLETE.  0 WARNING(S), 0 ERROR(S)
```

9.5.4.3.1.2 Das Assembler-Programm BANKSWIT

```
A51 MACRO ASSEMBLER  BANKSWIT                       15/02/02 13:18:22 PAGE     1

DOS MACRO ASSEMBLER A51 V5.50
OBJECT MODULE PLACED IN BANKSWIT.OBJ
ASSEMBLER INVOKED BY: C:\C51\BIN\A51.EXE BANKSWIT.A51 DB EP

LOC  OBJ     LINE  SOURCE

                1    NAME BANKSWIT
                2    ;****************************************
                3    ;* T E S T P R O G R A M M  Bank Select  *
                4    ;* Transferbefehle mit Bankumschaltung    *
                5    ;* Prozessor Status Word:                 *
                6    ;* Bit   7   6   5   4   3   2   1   0    *
                7    ;*      CY  AC  F0  RS1 RS0 OV   -   P    *
                8    ;****************************************
                9
0000 7801      10    mov r0,#01h   ;1 --> r0; bank0, direkt adr. Byte: 00H
               11                      ;
0002 D2D3      12    setb psw.3    ;auf bank1 umgeschaltet
0004 7802      13    mov r0,#02h   ;2 --> r0, bank1, direkt adr. Byte: 08H
               14                  ;
0006 C2D3      15    clr psw.3     ;auf ...
0008 D2D4      16    setb psw.4    ;... bank2 umgeschaltet
000A 7803      17    mov r0,#03h   ;3 --> r0, bank2, direkt adr. Byte: 10H
               18                  ;
000C D2D3      19    setb psw.3    ;auf bank3 umgeschaltet
000E 7804      20    mov r0,#04h   ;4 --> r0, bank3, direkt adr. Byte: 18H
0010 7FFF      21    mov r7,#0ffh  ;ff -->r7, bank3, direkt adr. Byte: 1FH
               22                  ;
0012 C2D3      23    clr psw.3
0014 C2D4      24    clr psw.4     ;wieder auf bank 0 umgeschaltet
0016 7FFE      25    mov r7,#0feh  ;fe -->r7, bank0, direkt adr. Byte: 07H
               26    end

SYMBOL TABLE LISTING
------ ----- -------
N A M E             T Y P E  V A L U E   ATTRIBUTES
BANKSWIT . . . . .  N NUMB   -----
PSW. . . . . . . .  D ADDR   00D0H    A

REGISTER BANK(S) USED: 0

ASSEMBLY COMPLETE.  0 WARNING(S), 0 ERROR(S)
```

9.5.4.3.1.3 Das Assembler – Programm ADD1BYTE

```
A51 MACRO ASSEMBLER  ADD1BYTE                          15/02/02 13:48:19 PAGE      1
DOS MACRO ASSEMBLER A51 V5.50
OBJECT MODULE PLACED IN ADD1BYTE.OBJ
ASSEMBLER INVOKED BY: C:\C51\BIN\A51.EXE ADD1BYTE.A51 DB EP
LOC  OBJ      LINE   SOURCE
                 1
                 2     ;
                 3     NAME ADD1BYTE
                 4     ;***************************************************
                 5     ;* A D D I T I O N S - P R O G R A M M            *
                 6     ;* Das Programm holt zwei Summanden aus dem        *
                 7     ;* Scratch-Pad-RAM unter den Adressen              *
                 8     ;* 30H und 31H und rechnet (30h) + (31h) --> 32h   *
                 9     ;*                                                 *
                10     ;* Verschiedene Fälle werden getestet bezüglich    *
                11     ;* der Korrektheit des Programms                   *
                12     ;***************************************************
                13
                14     ;**********************************************
                15     ;*** 1-Byte-Addition ohne Betrags-Überlauf ****
                16     ;**********************************************
                17
0000 753012     18     mov 30h,#12h  ; Speicher mit Summanden initialisieren
0003 753134     19     mov 31h,#34h  ;   "       "     "            "
                20     ;
0006 E530       21     mov a,30h
0008 2531       22     add a,31h     ; kein arithm. Flag wird beeinflusst
000A F532       23     mov 32h,a
                24
                25     ;*********************************************
                26     ;*** 1-Byte-Addition mit Betrags-Überlauf ****
                27     ;*********************************************
                28
000C 7530F2     29     mov 30h,#0f2h ; Speicher mit Summanden initialisieren
000F 753134     30     mov 31h,#34h  ;   "       "     "            "
                31     ;
0012 E530       32     mov a,30h
0014 2531       33     add a,31h     ; C-Flag wird gesetzt
0016 F532       34     mov 32h,a
                35
                36     ;***********************************************
                37     ;*** 1-Byte-Addition mit Z-Kompl.-Überlauf *****
                38     ;***********************************************
                39
0018 75307F     40     mov 30h,#07fh ;Speicher mit Summanden initialisieren
001B 753101     41     mov 31h,#01h  ;  "       "     "           "
                42     ;
001E E530       43     mov a,30h
0020 2531       44     add a,31h     ; OV-Flag wird gesetzt
0022 F532       45     mov 32h,a
                46     ;
                47     end


SYMBOL TABLE LISTING
------ ----- -------
N A M E            T Y P E  V A L U E   ATTRIBUTES
ADD1BYTE . . . . . N NUMB   -----

REGISTER BANK(S) USED: 0

ASSEMBLY COMPLETE.  0 WARNING(S), 0 ERROR(S)
```

9.5.4.3.1.4 Das Assembler – Programm ADD3BYT2

```
A51 MACRO ASSEMBLER ADD3BYT2                    29/08/01 21:49:02 PAGE     1
DOS MACRO ASSEMBLER A51 V5.28
OBJECT MODULE PLACED IN ADD3BYT2.OBJ
ASSEMBLER INVOKED BY: D:\C51EVAL\BIN\A51.EXE ADD3BYT2.A51 RB(0) DB EP

LOC  OBJ      LINE    SOURCE
                1     ;*****************************************************
                2     ;* 3 - B y t e - A d d i t i o n s - P r o g r a m m *
                3     ;* Das Programm holt die Summanden aus dem           *
                4     ;* Scratch-Pad-RAM unter den Adressen                *
                5     ;* Operand 1: 30H, 31H und 32H                       *
                6     ;* Operand 2: 40H, 41H und 42H und addiert sie.      *
                7     ;* Das Ergebnis wird abgespeichert unter 50h...53h   *
                8     ;* Verwendung der symbolischen Adressierung          *
                9     ;*****************************************************
               10     ;
  0030         11     dat1 equ 30h           ;Datenzeiger Summand 1
  0040         12     dat2 equ 40h           ;Datenzeiger Summand 2
  0050         13     sum  equ 50h           ;Datenzeiger Summe
               14     ;
               15     ;*********  Daten initialisieren *************
0000 753012    16     mov dat1,   #012h      ;LSB 1. Summand
0003 753138    17     mov dat1+1, #038h      ;
0006 7532B6    18     mov dat1+2, #0b6h      ;MSB 1. Summand
               19     ;
0009 7540F4    20     mov dat2,   #0F4h      ;LSB 2. Summand
000C 7541C8    21     mov dat2+1, #0c8h      ;
000F 754269    22     mov dat2+2, #069h      ;MSB 2. Summand
               23     ;
               24     ;********* Additionsalgorithmus *************
               25     ;
0012 A830      26     mov r0, #dat1    ;Datenzeiger 1. Summand
0014 7940      27     mov r1, #dat2   ;Datenzeiger 2. Summand
               28     ;
0016 E4        29     clr a           ;1. Summationsschritt...
0017 26        30     add a, @r0      ;... Addition ohne Carry
0018 27        31     add a, @r1      ;...     "      "    "
0019 F550      32     mov sum, a      ;1. Summe -->Speicher
               33     ;
001B 08        34     inc r0
001C 09        35     inc r1
001D E4        36     clr a           ;2. Summationsschritt...
001E 36        37     addc a, @r0     ;... Addition mit Carry
001F 37        38     addc a, @r1     ;...     "      "    "
0020 F551      39     mov sum+1, a    ;2. Summe -->Speicher
               40     ;
0022 08        41     inc r0
0023 09        42     inc r1
0024 E4        43     clr a           ;3. Summationsschritt...
0025 36        44     addc a, @r0     ;... Addition mit Carry
0026 37        45     addc a, @r1     ;...     "      "    "
0027 F552      46     mov sum+2, a    ;3. Summe -->Speicher
               47     ;
0029 E4        48     clr a           ;Letzen...
002A 3400      49     addc a,#0h      ;...Übertrag...
002C F553      50     mov sum+3, a    ;...verarbeiten
               51     ;
               52     end

DAT1 . . . . . . . .  N NUMB   0030H   A
DAT2 . . . . . . . .  N NUMB   0040H   A
SUM. . . . . . . . .  N NUMB   0050H   A

REGISTER BANK(S) USED: 0;  ASSEMBLY COMPLETE.  0 WARNING(S), 0 ERROR(S)
```

9.5.4.3.1.5 Das Assembler-Programm ADD_BCD

```
A51 MACRO ASSEMBLER  ADD_BCD                      03/09/01 13:16:32 PAGE     1

DOS MACRO ASSEMBLER A51 V5.28
OBJECT MODULE PLACED IN ADD_BCD.OBJ
ASSEMBLER INVOKED BY: D:\C51EVAL\BIN\A51.EXE ADD_BCD.A51 RB(0) DB EP

LOC  OBJ  LINE    SOURCE

                  ;***********************************************
                  ; B C D - A D D I T I O N S - P R O G R A M M    *
                  ; Das Programm gibt die BCD Summanden als Symbole *
                  ; vor und berechnet ihre Summe zunächst als       *
                  ; Hexbyte. Anschließend: BCD-Korrektur            *
                  ;***********************************************

  0098            sumnd1 equ 98h     ;Symbol 1. Operand
  0019            sumnd2 equ 19h     ;Symbol 2. Operand
  0031            summe equ 31h      ;Symboladresse Hex-Ergebnis
  0041            bcdlow equ 41h     ;Symboladresse BCD-LByte
  0040            bcdhigh equ 40h    ;Symboladresse BCD-HByte

                  ;
                  ;*** 1-Byte-Addition ohne Betrags-überlauf ***
                  ;
0000 7498         mov a,#sumnd1
0002 2419         add a,#sumnd2      ;Hex-Addition
0004 F531         mov summe,a        ;Hex-Ergebnis
                  ;
                  ;*********** Dezimalkorrektur **************
                  ;
0006 D4           DA A              ;Dezimalkorrektur nur Akkuinhalt!!
0007 F541         mov bcdlow,a      ;BCD-Ergebnis LByte abspeichern
0009 E4           clr a
000A 3500         addc a,#0
000C F540         mov bcdhigh,a     ;BCD-Ergebnis HByte abspeichern
                  ;
                  end


SYMBOL TABLE LISTING
------ ----- -------
N A M E            T Y P E  V A L U E   ATTRIBUTES

BCDHIGH. . . . . . N NUMB   0040H   A
BCDLOW . . . . . . N NUMB   0041H   A
SUMME. . . . . . . N NUMB   0031H   A
SUMND1 . . . . . . N NUMB   0098H   A
SUMND2 . . . . . . N NUMB   0019H   A

REGISTER BANK(S) USED: 0

ASSEMBLY COMPLETE.  0 WARNING(S), 0 ERROR(S)
```

9.5.4.3.1.6 Das Assembler-Programm BCDARITH

```
A51 MACRO ASSEMBLER  BCDARITH                     15/02/02 15:53:13 PAGE     1


DOS MACRO ASSEMBLER A51 V5.50
OBJECT MODULE PLACED IN BCDARITH.OBJ
ASSEMBLER INVOKED BY: C:\C51\BIN\A51.EXE BCDARITH.A51 DB EP


LOC  OBJ    LINE    SOURCE

              1     NAME BCDARITH
              2     ;*****************************************************
              3     ;* P r o g r a m m b e i s p i e l für BCD-Arithmetik *
              4     ;* Der Akku enthält zwei gepackte Dezimalzahlen (BCD) *
              5     ;* Man berechne das Produkt und gebe das Ergebnis     *
              6     ;* als zwei gepackte Dezimalzahlen im Akku zurück     *
              7     ;*****************************************************
              8     ;
0000 7497     9     mov a, #97h      ;Zahl mit Zehner- und Einerstelle...
             10                      ;... in den Akku
0002 F8      11     mov r0, a        ;(a) in r0 sichern
0003 540F    12     anl a, #0fh      ;Zehnerstelle löschen
0005 F5F0    13     mov b, a         ;Einerstelle --> b
0007 E8      11     mov a, r0        ;Zahl nach Akku zurück
0008 54F0    15     anl a, #0f0h     ;Einerstelle löschen
000A C4      16     swap a           ;Zehnerstelle --> L-Nibble
000B A4      17     mul ab           ;Produkt in Hexform --> a, 0 --> b
000C 75F00A  18     mov b, #0ah      ;Divisionsmethode: Durch Basis 10 div.
000F 84      19     div ab           ;...ergibt Zehnerstelle im L-Nibble
             20                      ;...d. Akkus und Rest=Einerstelle in b
0010 C4      21     swap a           ;Zehnerstelle nach H-Nibble bringen..
0011 45F0    22     orl a, b         ;...und Einerstelle aus b einfügen
             23     end




SYMBOL TABLE LISTING
------ ----- -------
N A M E             T Y P E  V A L U E   ATTRIBUTES
B. . . . . . . . .  D ADDR   00F0H   A
BCDARITH . . . . .  N NUMB   -----

REGISTER BANK(S) USED: 0

ASSEMBLY COMPLETE.  0 WARNING(S), 0 ERROR(S)
```

9.5.4.3.1.7 Das Assembler-Programm BUBSORT

```
A51 MACRO ASSEMBLER  BUBSORT                          10/09/02 21:33:56 PAGE     1
DOS MACRO ASSEMBLER A51 V5.50
OBJECT MODULE PLACED IN BUBSORT.OBJ
ASSEMBLER INVOKED BY: C:\C51\BIN\A51.EXE BUBSORT.A51 DB EP

LOC  OBJ      LINE   SOURCE

                 1    NAME BUBSORT
                 2   ;*************************************************************
                 3   ;* B U B B L E - S O R T - S O R T I E R P R O G R A M M     *
                 4   ;* Das Programm legt ab Adr. 20h ein Datenfeld mit 8 Zahlen an*
                 5   ;* und sortiert diese dann in aufsteigender Reihenfolge.      *
                 6   ;*************************************************************
                 7   ;
0000 7820        8   bubsort: mov r0, #20h    ;Datenpointer init. für...
                 9                            ;..Datenfeld 20h...27h
0002 753008     10           mov 30h, #8h     ;Zähler init. für Datenfeld vorbesetzen
0005 752F07     11           mov 2fh, #7h     ;Zähler init. für Sortierschleife
                12                            ;
0008 A630       13   loop:   mov @r0, 30h     ;Datenbereich vorbesetzen mit den...
000A 08         14           inc r0           ;..Zahlen (20h)=8, (21h)=7 u.s.w
000B D530FA     15           djnz 30h, loop   ;Datenbereich schon fertig?
                16                            ;Datenbereich fertig vorbesetzt
000E 7920       17           mov r1,  #20h  ;Für Optimierung: Listenanfang wächst
                18           ;*************************************************
0010 7827       19   aussen: mov r0, #27h     ;Datenpointer P auf untersten Platz
0012 E6         20   weiter: mov a,@r0        ;Datenbyte --> a
0013 18         21           dec r0           ;Datenpointer dekr.
0014 96         22           subb a, @r0      ;((P))-((P)-1) --> a
0015 5008       23           jnc noswap       ;Falls ((P))>= ((P)-1) kein SWAP
0017 8630       24           mov 30h, @r0     ;.. andernfalls...
0019 08         25           inc r0           ;
001A E6         26           mov a, @r0       ;.. wird wird SWAP durchgeführt...
001B A630       27           mov @r0, 30h     ;.. d.h. kleine Zahlen wandern ...
001D 18         28           dec r0           ;
001E F6         29           mov @r0, a       ;...im Datenfeld nach oben
                30           ;                ;
001F E8         31   noswap: mov a, r0        ;Datenpointer schon...
0020 C3         32           clr c            ;...am noch nicht sortierten...
0021 99         33           subb a, r1       ;...Listenanfang angelangt?
0022 70EE       34           jnz weiter       ;Falls nicht prüfe nächstes Zahlenpaar
0024 09         35           inc r1           ;Nächste Sortierung bis Listenanfang+1
0025 D52FE8     36           djnz 2fh,aussen ;Falls doch, beginne mit weiterem SORT
                37           ;
                38           end

SYMBOL TABLE LISTING
------ ----- -------

N A M E            T Y P E  V A L U E   ATTRIBUTES
AUSSEN . . . . . . C ADDR   0010H   A
BUBSORT. . . . . . C ADDR   0000H   A
LOOP . . . . . . . C ADDR   0008H   A
NOSWAP . . . . . . C ADDR   001FH   A
WEITER . . . . . . C ADDR   0012H   A

REGISTER BANK(S) USED: 0

ASSEMBLY COMPLETE.  0 WARNING(S), 0 ERROR(S)
```

Anm.: Die grau unterlegten Zeilen betreffen die Optimierung des Bubbel-Sort-Verfahrens: Die in der Datenliste bereits durch Vertauschen nach oben gelangten Zahlen werden nicht mehr mitsortiert.

9.5.4.3.1.8 Das Assembler-Programm UPR_TEST

```
A51 MACRO ASSEMBLER  UPRTEST                          15/02/02 18:41:55 PAGE     1

DOS MACRO ASSEMBLER A51 V5.50
OBJECT MODULE PLACED IN UPR_TEST.OBJ
ASSEMBLER INVOKED BY: C:\C51\BIN\A51.EXE UPR_TEST.A51 DB EP


LOC  OBJ         LINE  SOURCE  __

                        NAME UPRTEST
                       ;***********************************************************
                       ;* T e s t p r o g r. z u  U n t e r p r o g r a m m e n  *
                       ;* Zum Inhalt der Adr. 30h wird 5h addiert und zum Inhalt *
                       ;* der Adr. 32h wird 0fh addiert. Die Ergebnisse werden   *
                       ;* unter den Adressen 31h bzw. 33h abgespeichert.         *
                       ;* Die Addition wird übungshalber in einem UP realisiert. *
                       ;***********************************************************
                       ;
                       ;************************************
                       ;***** Speicher initialisieren ******
                       ;************************************
0000 753003            mov 30h,#3h     ;Addend1 --> 30h
0003 75320F            mov 32h,#0fh    ;Addend2 --> 32h
                       ;
                       ;************************************
                       ;********* Hauptprogramm ************
                       ;************************************
0006 7630                      mov @r0,#30h    ;Datenpointer
0008 7405                      mov a,#5h       ;Augend1
000A 1113                      acall uprog     ;UP-Aufruf
000C 740F                      mov a,#0fh      ;Augend2
000E 08                        inc r0
000F 1113                      acall uprog     ;UP-Aufruf
0011 00                        nop
0012 00                        nop
                       ;************************************
                       ;************ uprog ****************
                       ;************************************
0013 26                uprog:  add a,@r0
0014 08                        inc r0
0015 F6                        mov @r0,a
0016 22                        ret             ;UP-Rücksprung
                       ;
                       end

SYMBOL TABLE LISTING
------ ----- -------

N A M E             T Y P E  V A L U E   ATTRIBUTES
UPROG. . . . . . .  C ADDR   0013H   A
UPRTEST  . . . . .  N NUMB   -----

REGISTER BANK(S) USED: 0

ASSEMBLY COMPLETE.  0 WARNING(S), 0 ERROR(S)
```

9.5.4.3.2 C-Testprogramme

9.5.4.3.2.1

Das C-Programm Lauflich

```
/* Name lauflich.c
   In einer Zählschleife wird die 1-Byte-Variable k fortlaufend inkre-
   mentiert und der Wert über Port 1 an eine LED-Zeile ausgegeben. An-
   hand einer 2. Zählschleife lässt sich die Laufgeschwindigkeit vari-
   ieren.
*/
#include <reg51.h>
void main (void)
{
  unsigned char k;
  unsigned int l;
  for (k=0; k<=255; k++)
    {
    P1=k;                        /*Ausgabe an Port P1*/
    for (l=0; l<=10000; l++){} /*Verzögerung*/
    }
}
/* ende*/
```

Im Folgenden ist die vom C-Compiler erzeugte Listdatei dargestellt, die neben dem C-Quellcode (optional) auch den für den Controller 8051 erzeugten Assembler- und Objektcode enthält.

```
C51 COMPILER V5.20, LAUFLICH                                12/09/02
19:01:09  PAGE 1
DOS C51 COMPILER V5.20, COMPILATION OF MODULE LAUFLICH
OBJECT MODULE PLACED IN LAUFLICH.OBJ
COMPILER INVOKED BY: C:\C51EVAL\BIN\C51.EXE LAUFLICH.C CD

stmt level    source
   1          #include <reg51.h>
   2
   3          void main (void)
   4          {
   5   1        unsigned char k;
   6   1        unsigned int l;
   7   1
   8   1        for (k=0; k<=255; k++)
   9   1          {
  10   2          P1=k;              /*Ausgabe an Port P1*/
  11   2          for (l=0; l<=10000; l++){} /*Verzögerung*/
  12   2          }
  13   1      }

C51 COMPILER V5.20,  LAUFLICH
ASSEMBLY LISTING OF GENERATED OBJECT CODE
              ; FUNCTION main (BEGIN)
                                              ; SOURCE LINE # 3
                                              ; SOURCE LINE # 4
```

```
                                        ; SOURCE LINE # 8
;---- Variable 'k' assigned to Register 'R7' ----
0000 E4             CLR     A
0001 FF             MOV     R7,A
0002          ?C0001:
                                        ; SOURCE LINE # 9
                                        ; SOURCE LINE # 10
0002 8F90           MOV     P1,R7
                                        ; SOURCE LINE # 11
;---- Variable 'l' assigned to Register 'R4/R5' ----
0004 E4             CLR     A
0005 FD             MOV     R5,A
0006 FC             MOV     R4,A
0007          ?C0004:
0007 0D             INC     R5
0008 BD0001         CJNE    R5,#00H,?C0008
000B 0C             INC     R4
000C          ?C0008:
000C BC27F8         CJNE    R4,#027H,?C0004
000F BD11F5         CJNE    R5,#011H,?C0004
                                        ; SOURCE LINE # 12
0012          ?C0003:
0012 0F             INC     R7
0013 EF             MOV     A,R7
0014 D3             SETB    C
0015 94FF           SUBB    A,#0FFH
0017 40E9           JC      ?C0001
                                        ; SOURCE LINE # 13
0019          ?C0007:
0019 22             RET
              ; FUNCTION main (END)

MODULE INFORMATION:   STATIC OVERLAYABLE
   CODE SIZE        =     26    ----
   CONSTANT SIZE    =   ----    ----
   XDATA SIZE       =   ----    ----
   PDATA SIZE       =   ----    ----
   DATA SIZE        =   ----    ----
   IDATA SIZE       =   ----    ----
   BIT SIZE         =   ----    ----
END OF MODULE INFORMATION.
C51 COMPILATION COMPLETE.  0 WARNING(S),  0 ERROR(S)
```

9.5.4.4
Die Einbindung von Assemblerroutinen in C-Programme

Die Programmentwicklung für den Mikrocontroller 8051 und dessen Derivate kann heute neben der Assemblersprache, durch leistungsfähige Compiler, sehr effizient auch in Hochsprachen erfolgen. Als besonders maschinennahe Hochsprache hat sich hierfür C durchgesetzt. Mit Hilfe einer verfügbaren Include-Datei (reg51.h) sind auch unter C alle Byte- und Bit-Register des Controllers 8051 unter den üblichen symbolischen Namen ansprechbar. Da ein C-Befehl in der Regel mehrere Assemblerbefehle ersetzt, ist der Quellcode effizienter und übersichtlicher und kann besser dokumentiert und gewartet werden. Ein weit verbreiteter C-Compiler wurde z.B. von der Firma Keil entwickelt.

Dennoch können in Assembler formulierte Programm-Module gegenüber C-Modulen die Vorteile eines kompakteren Codes und/oder kürzerer Laufzeiten bieten. Für viele Anwendungen ist es daher sinnvoll, zeitkritische Programmteile in Assembler zu formulieren. Entsprechendes gilt bei der Herstellung von Massenprodukten, die aus Kostengründen mit besonders kleinen Speichern ausgerüstet sein müssen.

C-Compiler und Assembler (z.B. von Keil) sind aufeinander abgestimmt und erzeugen Objektcode im gleichen Format (OMF-51), daher können beide Werkzeuge vorteilhaft kombiniert werden. Als eine sinnvolle Möglichkeit wird im Folgenden erläutert, wie sich Assembler-Routinen von C-Routinen aus aufrufen lassen. Die Assembler-Routinen sind als C-Funktionen zu formulieren, damit Parameter übergeben und Ergebnisse übernommen werden können. Grundsätzlich existieren für den Parametertransfer zwei Möglichkeiten:

a) Transfer über Controllerregister oder
b) über den Datenspeicher.

Als einfachere, häufig ausreichende Lösung wird im Folgenden die Variante a) dargestellt. Damit lassen sich maximal drei Parameter mit jeweils 2 Byte pro Funktion, also insgesamt 6 Bytes übergeben und 4 Byte übernehmen. Reicht dieses nicht aus, ist Variante b) zu wählen [63]. Die für den Transfer festgelegten Controllerregister sind in der Tab. 9.20 dargestellt.

Tab. 9.20: Festgelegte Register des 8051 zur Übergabe von Funktions-Parametern an ein Assemblerprogramm und zur Rückgabe von Funktionswerten an das aufrufende C-Programm (Niedrigste Reg.-Nr. enthält Hbyte usw.)

Festgelegte Register des 8051 zur Übergabe von Funktions-Parametern an ein Assemblerprogramm			
Parameter-Nr.	*Parameter-Typen*		
	char / 1-Byte-Pointer	*int / 2-Byte-Pointer*	*Long / float*
Parameter 1	R7	R6, R7	R4 … R7
Parameter 2	R5	R4, R5	-
Parameter 3	R3	R2, R3	-

Festgelegte Register des 8051 zur Rückgabe von Funktions-Werten an das C-Programm				
Typ des Rückgabe-Wertes				
bit	char	int	long	float
Carry-Flag	R7	R6, R7	R4 ... R7	R4 ... R7

Während des Compiliervorgangs werden die Namen der Funktionen, die Parameter über Controller-Register transferieren, durch einen vorangestellten Unterstrich gekennzeichnet.
Dieser erweiterte Funktionsname hat dann die Bedeutung der Einsprungadresse in das Assemblermodul.

Beispiel 1: Im Folgenden wird ein Beispiel zum Aufruf einer Assembler-Routine aus einem C-Programm mit Parameterübergabe dargestellt. Im Assemblermodul wird der übergebene Parameterwert verdoppelt. Weitere Einzelheiten sind in den Kommentartexten ausführlich erläutert.

C-Modul

```
/* Name test2c.c
 - Im C-Programm ist die Funktion "zahl" als Prototyp definiert und
   wird mit dem Parameter 0ffh aufgerufen.
 - Die Funktion "zahl" ist als Assembler-Routine realisiert. Sie wird
   von test2c.c aufgerufen.
 - Der Parameter ist 1 Byte lang def., der Rückgabewert der Funktion
   ist als int 2Byte lang.
 - Die Übergabe des Parameters an die Ass.-Routine erfolgt (durch C-
   Compiler fest vorgeg.)über das Controller-Register r7.
 - Zur Rückgabe des Ergebnisses von zahl.asm an test2c.c sind die
   beiden Register r7 (LByte)
   und r6 (durch C-Compiler fest vorgeg.).
 - Konkret: Übergabe von 0ffh an Ass.-Funktion. Dort erfolgt
   0ffh+0ffh = 01feh. Das Ergebnis
   wird in die Register r6 und r7 (LByte) gebracht und in diesen Re-
   gistern mit "ret" an das
   aufrufende C-Programm zurückgegeben.
 - Unter dScope findet sich nach einem debug-run das Ergebnis unter
   der Variablen "erg" an den
   Adressen 08h,09h (s. Linker-Protokoll) wieder.
*/

int zahl(unsigned char z3); /* Prototyp der Funktion "zahl" */
main()
{
int erg;
erg = zahl(0xff);
}
```

Assembler-Modul

```
A51 MACRO ASSEMBLER  ZAHL2                              09/09/02 16:43:27 PAGE     1
DOS MACRO ASSEMBLER A51 V5.28
OBJECT MODULE PLACED IN ZAHL2.OBJ
ASSEMBLER INVOKED BY: C:\C51EVAL\BIN\A51.EXE ZAHL2.A51 DB EP


LOC  OBJ       LINE   SOURCE

                  1   name zahl2
                  2   ;*******************************************************************
                  3   ;* Assembler-Funktion wird aufgerufen vom C-Programm "test2c.c"     *
                  4   ;* Die Parameterübergabe (1 Byte) zur Ass.-Funktion erfolgt über    *
                  5   ;* Register r7 (von C-Comp. vorgegeben).                            *
                  6   ;* Die Rückgabe des Resultats = verdoppelter Parameterwert (2 Byte) *
                  7   ;* erfolgt (von C-Compiler vorgeg.) über Register r7 (LByte) und r6. *
                  8   ;*******************************************************************
                  9
                 10   zahlseg segment code
                 11   public _zahl        ;Durch Unterstrich ergänzte Einsprungadresse
                 12   rseg zahlseg
                 13   ;
0000 EF          14   _zahl:  mov a,r7    ;Übergabeparameter LByte --> a
0001 2F          15           add a,r7    ;Addition verdoppelt Parameter, Überlauf im Carry
0002 FF          16           mov r7,a    ;Lbyte Ergebnis --> r7 zur Rückgabe an C-Modul
0003 E4          17           clr a
0004 3400        18           addc a,#0   ;Überlauf nach a
0006 FE          19           mov r6,a    ;Hbyte Ergebnis --> r6 zur Rückgabe an C-Modul
0007 22          20           ret         ;Ergebnis wird in r7, r6 an C-Modul zurückgegeben
                 21   end


A51 MACRO ASSEMBLER  ZAHL2
SYMBOL TABLE LISTING
------ ----- -------
N A M E           T Y P E  V A L U E   ATTRIBUTES
ZAHL2. . . . . .  N NUMB   -----
ZAHLSEG. . . . .  C SEG    0008H       REL=UNIT
_ZAHL. . . . . .  C ADDR   0000H   R   SEG=ZAHLSEG

REGISTER BANK(S) USED: 0

ASSEMBLY COMPLETE.  0 WARNING(S), 0 ERROR(S)
```

Beispiel 2: In diesem Beispiel wird im Rahmen eines Projekts "MULT2BYTC" eine 2-Byte-Multiplikation als zeitkritische arithmetische Operation aus einem C-Modul in ein Assemblermodul verlagert. Dadurch kann die Ausführungszeit deutlich reduziert werden. Einzelheiten hierzu sind in den Kommentartexten ausführlich erläutert.

C-Modul

```
/* Name Mul2bytc
   Das C-Programm definiert eine Funktion "mul2byta", die im Assemb-
   ler geschrieben ist.
   Die Funktion wird aufgerufen und ihr in Controller-Registern zwei
   Parameter mit je 2 Byte übergeben: fak1 in r6, r7 und fak2 in r4,
   r5, jeweils (HByte, LByte).
   Die Funktion berechnet fak1 * fak2 und übergibt das 4-Byte-
   Resultat über r0, r1, r2, r3 (HByte...) an das C-Programm unter
   der Variablen "produkt" zurück. */

unsigned long mul2byta(unsigned int fak1, fak2); /* Prototyp der
Funktion "mul2byta"*/

main ()
{
produkt = mul2byta(0xffff, 0xffff);
}
```

Assembler-Modul

```
A51 MACRO ASSEMBLER  MUL2BYTA                        12/09/02 15:04:10 PAGE     1
DOS MACRO ASSEMBLER A51 V5.28
OBJECT MODULE PLACED IN MUL2BYTA.OBJ
ASSEMBLER INVOKED BY: C:\C51EVAL\BIN\A51.EXE MUL2BYTA.A51 DB EP
LOC  OBJ         LINE     SOURCE
                   1      NAME mul2byta
                   2      ;*****************************************************************
                   3      ;* Modul multipliziert zwei Zwei-Byte-Zahlen (vierziffrig Hex)  *
                   4      ;* nach folgendem Schema:  Multiplikand  x  Multiplikator        *
                   5      ;* Operanden:                    XX XX   x   XX XX               *
                   6      ;* Vorgeg. in den Registern:     R6 R7       R4 R5               *
                   7      ;*                               -----------------               *
                   8      ;* Teilmult. 1                                R7xR5              *
                   9      ;* Teilmult. 2                             R6xR5                 *
                  10      ;* Teilmult. 3                             R7xR4                 *
                  11      ;* Teilmult. 4                          R6xR4                    *
                  12      ;*                                      -----------              *
                  13      ;* Produkt stellenmäßig:                YY YY YY YY              *
                  14      ;* Berechnung in den Registern:         R3 R2 R1 R0              *
                  15      ;* Rückgabe an C-Progr.:                R4 R5 R6 R7              *
                  16      ;*****************************************************************
                  17
                  18      funcseg Segment CODE
                  19      public _mul2byta ; C-Compiler legt CS mit Funktionsnamen und...
                  20      rseg funcseg     ; ...vorangestelltem "_" an (Einsprungadresse)!
                  21
                  22      ;*******************************************************
                  23      ;************* Multiplikationsalgorithmus **************
                  24      ;*******************************************************
                  25                  ;
0000 ED           26    _mul2byta: mov a,r5         ;Teilmultipl. 1
0001 8FF0         27               mov b,r7         ;...multipliziert (R5) x (R7)
0003 A4           28               MUL AB           ;
                  29               ;*******          ;
0004 F8           30               mov r0,a         ;
```

```
0005 A9F0      mov r1,b      ;...Ergebnis in    R0 und R1
               ;*******************************************
0007 ED        mov a,r5      ;Teilmultipl. 2
0008 8EF0      mov b,r6      ;...multipliziert (R5) x (R6)
000A A4        MUL AB        ;
               ;*******      ;
000B 29        add a,r1      ;...Teilresultat verteilen...
000C F9        mov r1,a      ;...auf R1 und R2...
000D E5F0      mov a,b       ;...
000F 3A        addc a,r2     ;...und Übertrag verarbeiten
0010 FA        mov r2,a      ;...Ergebnis in R2 und R1
               ;*******************************************
0011 EC        mov a,r4      ;Teilmultipl. 3
0012 8FF0      mov b,r7      ;...multipliziert (R4) x (R7)
0014 A4        MUL AB        ;
               ;*******      ;
0015 29        add a,r1      ;...Teilresultat verteilen...
0016 F9        mov r1,a      ;...auf R1 und R2...
0017 E5F0      mov a,b       ;...
0019 3A        addc a,r2     ;...und Übertrag verarbeiten
001A FA        mov r2,a      ;...Ergebnis in R7 und R6
001B E4        clr a         ;Die Add. des CY kann einen...
001C 3B        addc a,r3     ;...Überlauf nach r3 bewirken...
001D FB        mov r3,a      ;...der hier berücksichtigt wird!
               ;*******************************************
001E EC        mov a,r4      ;Teilmultipl. 4
001F 8EF0      mov b,r6      ;...multipliziert (R4) x (R6)
0021 A4        MUL AB        ;
               ;*******      ;
0022 2A        add a,r2      ;...Teilresultat verteilen...
0023 FA        mov r2,a      ;...auf r2 und R3...
0024 E5F0      mov a,b       ;...
0026 3B        addc a,r3     ;...und Übertrag verarbeiten
0027 FB        mov r3,a      ;...Ergebnis in r2 und R3
               ;*******************************************
0028 AC03      mov r4,3h     ;Registertausch für Rückgabe an C
002A AD02      mov r5,2h
002C AE01      mov r6,1h
002D AF00      mov r7,0h
               ;
0030 22        ret
               ;*******************************************
               end


A51 MACRO ASSEMBLER  MUL2BYTA

SYMBOL TABLE LISTING
------ ----- -------

N A M E             T Y P E  V A L U E   ATTRIBUTES
B. . . . . . . . .  D ADDR   00F0H   A
FUNCSEG. . . . . .  C SEG    0031H       REL=UNIT
MUL2BYTE . . . . .  N NUMB   -----
_MUL2BYTA. . . . .  C ADDR   0000H   R   SEG=FUNCSEG

REGISTER BANK(S) USED: 0

ASSEMBLY COMPLETE.  0 WARNING(S), 0 ERROR(S)
```

Vergleich der Ausführungszeiten und des Codeumfangs für das Beispiel 2:

Verglichen wurden:

a) 2-Byte * 2-Byte-Multiplikation in einer Assembler-Funktion, die von einem C-Programm aufgerufen wird. Der Controller 8051 arbeitet mit einer Taktfrequenz von 12 MHz.

b) 2-Byte * 2-Byte-Multiplikation in einem reinen C-Programm

Die Ergebnisse basieren auf der Verwendung von Softwaretools der Fa. Keil:

- Relokativer Makro-Assembler V 7.0a
- C-Compiler V 7.0. Compilereinstellung: "Favor speed"
- Linker V 5.0
- Library V 4.2.3

Messgröße	**Version a)**	**Version b)**	**Faktor a /b**
Codeumfang	49 Byte	78 Byte	0,63
Ausführungsdauer	77 µs	138 µs	0,56

Die Ergebnisse sind als <u>ein</u> Fallbeispiel zu betrachten, sie lassen sich nicht verallgemeinern.

9.6 Die Mikrocontroller-Familie MCS51

Zu dem Industriestandard 8051 gibt es von Intel Varianten, die sich in der Hardware unterscheiden, jedoch mit dem (nahezu) gleichen Befehlssatz arbeiten. Die maximal zulässigen Taktfrequenzen der einzelnen Typen liegen zwischen 10 und 50 MHz. In der Tab. 9.21 sind die einzelnen Typen aufgelistet.

Tab. 9.21: Mikrocontroller MCS-51-Familie der Firma Intel (Auszug). Die mit * gekennzeichneten Typen enthalten zusätzlich 8 Analogeingänge.

Technologie	ROM-Version	EPROM-Version	ohne ROM/ EPROM	(EP)ROM Byte	RAM Byte	16-Bit-Timer
HMOS	8051	8751	8031	4 KiB	128	2
HMOS	8051AH	8751H	8031AH	4 KiB	128	2
HMOS	8052AH	8752BH	8032AH	8 KiB	256	3
CHMOS	80C51BH	87C51	80C31BH	4 KiB	128	2
CHMOS	83C51FA	87C51FA	80C51FA	8 KiB	256	3
CHMOS	83C51FB	87C51FB	80C51FB	16 KiB	256	3
CHMOS	83C51GA*	87C51GA*	80C51GA*	4 KiB	128	3

Da der Mikrocontroller 8051 häufig in batteriebetriebenen Geräten eingesetzt wird, ist die Minimierung der Verlustleistung der gesamten Schaltung erforderlich. Für diese Anwendungsfälle empfiehlt sich die CMOS-Version 80C51. Zusätzlich kann die Verlustleistung durch zwei im CMOS-Mikrocontroller vorgesehene Betriebsarten weiter reduziert werden.

Idle Modus (Betriebsart BUS-Ruhezustand, nur 80C51). Der Idle Modus wird softwaremäßig über das Power Control Register (nur beim 80C51 vorhanden) eingeschaltet und beim Reset oder durch eine gültige Interruptanforderung wieder abgeschaltet. Im Busruhezustand arbeitet der Oszillator, und die interne Steuereinheit versorgt alle internen Baugruppen des Mikrocontrollers. Die Steuersignale für den externen Bus (ALE, ¬PSEN, ¬RD, ¬WR) werden inaktiv, d.h. die entsprechenden Anschlüsse werden hochohmig. Im Idle Modus wird die Verlustleistung auf etwa 25 % gegenüber dem Normalbetrieb gesenkt.

Power Down Modus (80C51). Der Power Down Modus wird ebenfalls über das Power Control Register per Befehl eingeschaltet und beim Reset abgeschaltet. Der Oszillator wird im Power Down Modus abgeschaltet; der Inhalt des internen RAMs bleibt erhalten. Die Verlustleistung wird auf etwa 0,25 mW gesenkt. Zusätzlich kann während des Power Down Modus zur weiteren Reduzierung der Verlustleistung die Versorgungsspannung auf einen kleineren Wert abgesenkt werden.

Nach dem Wiedereinschalten des Mikrocontrollers über den Resetimpuls braucht der Quarzoszillator eine Anschwingzeit von etwa 10 ms, dagegen benötigt ein Keramikschwingkreis nur 100µs zum Anschwingen.

9.6.1 Der 8-Bit-Mikrocontroller 80515 mit internem Analog-Digital-Umsetzer

Eine wesentliche Erweiterung für den Bereich von 8-Bit-Mikrocontrollern stellt der von der Firma Siemens entwickelte 80515 dar. Er enthält Baugruppen, die auch eine Verarbeitung analoger Signale ermöglicht. In Bild 9.55 ist das Blockschaltbild des 80515 abgebildet.

Funktionsbeschreibung:

Der 80515 gehört nicht zur Bausteinfamilie MCS-51, obwohl der Kern des Bausteins ein 8051 ist und ein erweiterter Befehlssatz des 8051 verwendet wird. Die Beschreibung des inneren Aufbaus beschränkt sich deshalb auf die zusätzlich vorhandenen Baugruppen. Erweiterungen gegenüber dem Mikrocontroller 8051:

Speichererweiterung. Der Mikrocontroller 80515 verfügt über einen internen Programmspeicher (ROM) von 8 KByte und einen Datenspeicher (RAM) von 256 Bytes. Im Vergleich zum 8051 entspricht das einer Verdoppelung der Speicherkapazität.

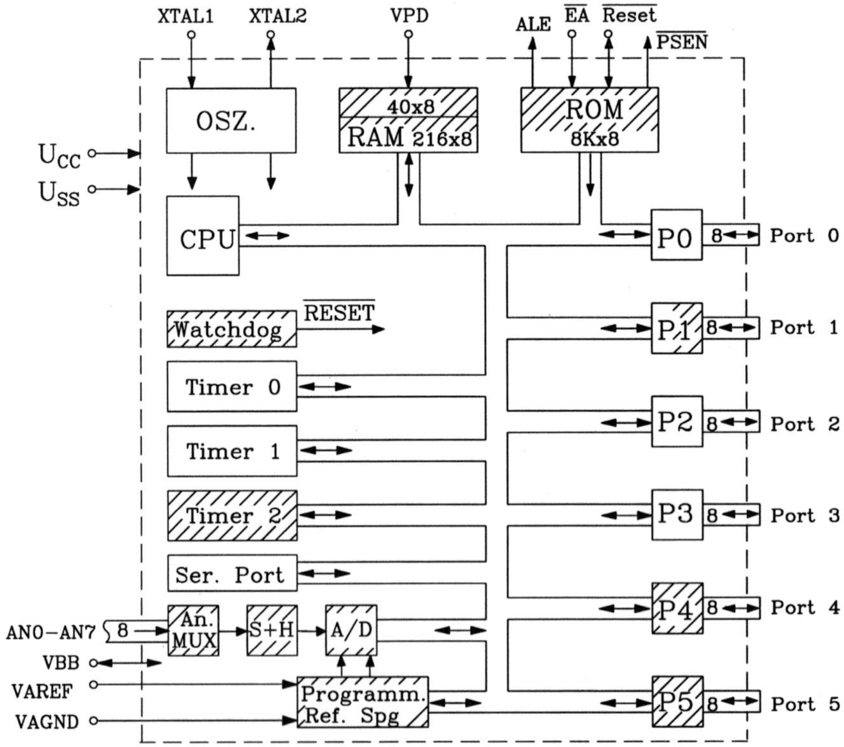

Bild 9.55: Übersichtblockschaltbild des Mikrocontrollers 80515

I/O-Ports. Der Mikrocontroller 80515 enthält zwei I/O-Ports mehr als der 8051, also insgesamt sechs I/O- Ports.

Timer. Der Mikrocontroller 80515 hat einen Timer mehr als der 8051, insgesamt enthält er drei 16-Bit-Timer.

Watchdog. Im Mikrocontroller 80515 ist eine Überwachungseinheit (Watchdog) integriert, die in regelmäßigen zeitlichen Abständen von der Software angesprochen werden muss, sonst löst sie einen Reset aus. Ein Watchdog ist im Prinzip ein Zähler, der von einem vorgegebenen Anfangswert abwärts zählt. Dieser Zähler muss per Befehl wieder auf den Anfangswert gesetzt werden, bevor er den Wert 0 erreicht hat, sonst wird ein Reset ausgelöst.

Analoge Eingabekanäle. Der 80515 eröffnet dem Benutzer die Möglichkeit, acht analoge Eingangssignale zu verarbeiten. Mit Hilfe eines analogen Multiplexers kann ein Signal ausgewählt und über einen Abtast-Halte-Verstärker (Sample & Hold; S+H) an einen Analog-Digital-Umsetzer weitergegeben werden. Der AD-Umsetzer digitalisiert den Analogwert zu einem 8-Bit-Datenwort, das abgespeichert und weiterverarbeitet werden kann. Der AD-Umsetzer ist so aufgebaut, dass der Anwender optional auch eine Genauigkeit von 10 Bit erreichen kann, wobei sich dann die Konvertierungszeit verlängert.

9.6.2 Mikrocontroller-Applikationen

Der Mikrocontroller 8051 kann prinzipiell ohne zusätzliche Hardware eingesetzt werden. In vielen Anwendungsfällen werden externe RAMs und EPROMs benötigt. Außerdem lassen sich Mikrocontroller vom Typ 8051 recht einfach zu einem Multicontrollersystem zusammenschalten. Der Datenaustausch kann entweder über die serielle Schnittstelle oder über Ports vorgenommen werden. Im Folgenden werden einige typische Anwendungen der Mikrocontroller-Familie MCS51 behandelt.

Anm: Für die Varianten ohne internen Programmspeicher, z.B. 8031 ist ein externer Programmspeicher zwingend erforderlich. In dem Fall wird ¬EA an Masse (=L-Pegel) gelegt.

a) Mikrocontroller-Einsatz ohne zusätzliche externe Baugruppen. In diesem Einsatz arbeitet der Mikrocontroller 8051 im Single-Betrieb ohne externe Speicher (Bild 9.56). Lediglich ein Quarz und zwei Kondensatoren sind noch extern anzuschließen. Die Ports P0, P1 und P2 werden als Ein-/Ausgabekanäle benutzt; Port P3 kann entweder vollständig oder teilweise als Ein-/Ausgabekanal eingesetzt werden. Häufig werden einzelne Bits von Port P3 für Sonderaufgaben, z.B. Interruptverarbeitung, herangezogen.

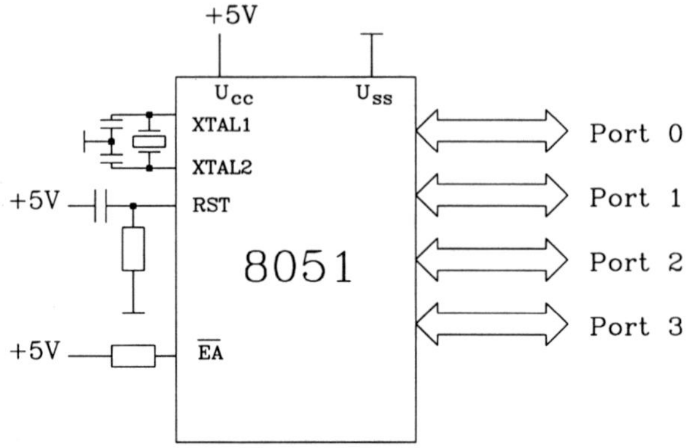

Bild 9.56: Mikrocontroller 8051 im Single-Betrieb

b) Mikrocontroller-Einsatz mit externer Speichererweiterung. Falls der Mikrocontroller 8051 auf eine größere Speicherkapazität, als intern vorgesehen ist, aufgerüstet werden soll, so übernehmen die Portanschlüsse von Port P0 und P2 die Funktion von Adress- und Datenleitungen (Tab. 9.7). Die Daten und das LByte der Adresse werden wie beim 8085 im Multiplexverfahren über Port P0 zur Verfügung gestellt, und die Steuersignale zum Schreiben (¬WR) und Lesen(¬RD) des externen RAMs liefern zwei Anschlüsse von Port P3. Wie beim 8085 ist ebenfalls ein D-Latch als Zwischenspeicher für das LByte der Adresse erforderlich. Das Lesesignal für den Festwertspeicher wird über den Anschluss ¬PSEN bereitgestellt (Bild 9.57).

Anmerkung: Ein Mikrocontroller-Einsatz nur mit externem RAM oder EPROM ist auch möglich.

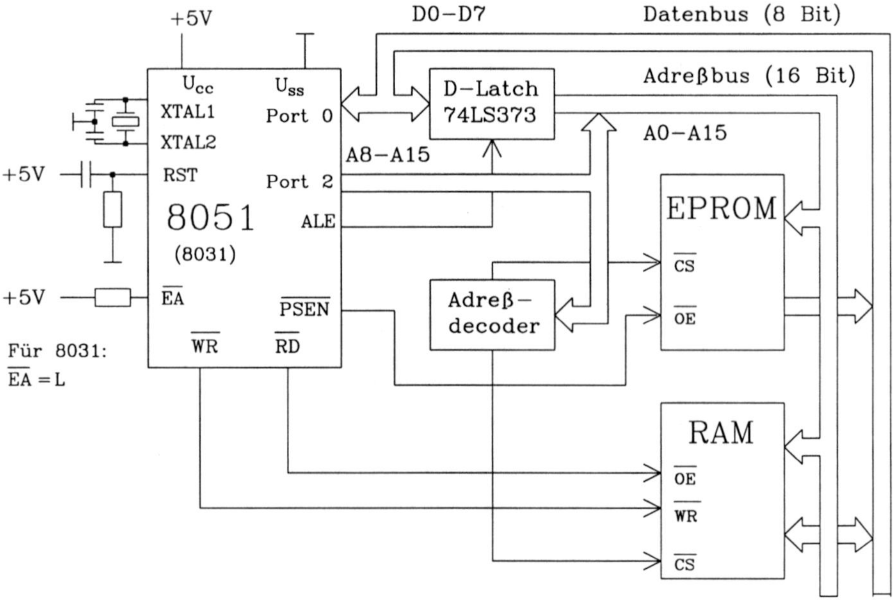

Bild 9.57: Mikrocontroller 8051 mit externem RAM und EPROM

c) Multicontroller-System mit serieller Kopplung. Im Multicontroller-System werden mehrere Mikrocontroller mit und ohne Speichererweiterung über die serielle Schnittstelle gekoppelt. Dabei ist ein Datenaustausch untereinander möglich. Es können auch Aufgaben von einem übergeordneten Rechner (Master) auf die einzelnen Mikrocontroller verteilt werden (Bild 9.58).

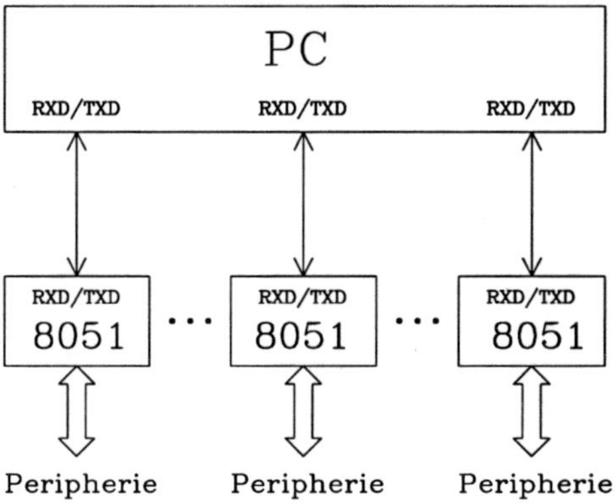

Bild 9.58: Multicontroller-System mit serieller Kopplung

In einer Variante (Bild 9.59) sind die einzelnen Mikrocontroller nicht direkt mit dem Personalcomputer verbunden, sondern in einer Ringschaltung über die seriellen Schnittstellen untereinander gekoppelt. Hierbei können Verbindungsleitungen eingespart werden, jedoch ist kein direkter Zugriff auf jeden einzelnen Mikrocontroller mehr möglich.

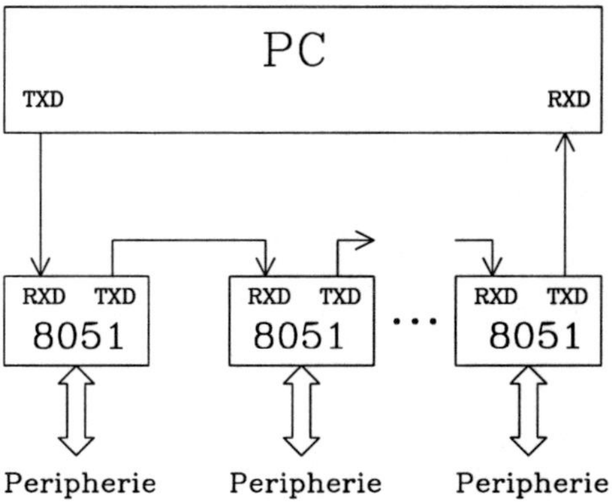

Bild 9.59: Multicontroller-System mit serieller Kopplung als Ringschaltung

Literatur zu Kap. 9: [16, 18, 20, 26, 28–30, 34–36, 38–40, 46, 50–52, 56–59, 61, 62, 67, 68, 72, 73, 81, 83, 87, 93, 95, 98, 100–102, 104, 105, 109, 110–112, 115–117, 122, 123, 128, 133–137, 140]

10 Übungsaufgaben mit Lösungen

Zu den einzelnen Kapiteln sind Übungsaufgaben angegeben. Einige enthalten die Lösung in Kurzform. Sie finden die ausführlichen Musterlösungen zu allen Aufgaben sowie VHDL-Dateien zum Downloaden unter *www.ecs.fh-osnabrueck.de/buch.html.*

Aufg.	Kap.	Thema
1, 2	2	Minimieren logischer Gleichungen
3, 4	2,4	Minimieren logischer Gleichungen [VHDL]* zu 4
5	2,4,5	Entwurf eines 2-Bit-Vergleichers [VHDL]*
6	2,4,5	Schaltnetz zur Wasserstandsregelung [VHDL]*
7	3	Widerstandsdimensionierung für Gatter mit offenem Kollektor
8	2,3	Ansteuerung von Leuchtdioden
9	4,5	VHDL-Entwurf eines Addierers – Test mit einer Testbench [VHDL]*
10	2,4,5	Darstellung von Hexadezimalziffern auf einer 7-Segmentanz. [VHDL]*
11	2,6	Zustands- und flankengesteuertes D-Flipflop
12	2,6	Analyse eines Schaltwerks mit D-Flipflops
13	6	Entwurf eines JK- und eines T-Flipflops mit Hilfe eines D-Flipflops
14	2,4,5,6	Steuerung einer Ampelanlage [VHDL]*
15	4,6	Testbench für einen synchronen Dualzähler [VHDL]*
16	4,6	VHDL-Entwurf des programmierbaren Synchronzählers 74163 [VHDL]*
17	2,4,6	Synchroner Modulo-5-Zähler [VHDL]*
18	2,4,6	Entwurf eines synchronen Schaltwerks (Moore-Automat) [VHDL]*
19	2,4,6	Entwurf eines synchronen Schaltwerks (Mealy-Automat) [VHDL]*
20	2,4,6	Entwurf eines synchronen Schaltwerks mit Registerausgabe [VHDL]*
21	4,7	Entwurf eines SRAMs 1Ki x 8 Bit (VHDL-Modell mit Testbench)*
22	1,2,7	Entwurf eines Speichersystems mit 8-Bit-Wortbreite
23	1,2,7	Speichersystem mit 16-Bit-Wortbreite
24	7,9	Mikrocontrollersystem mit externer Speichererweiterung
25	3,9	Tastendecodierung mit dem Mikrocontroller 8051

Anmerkung:

Bilder und Tabellen in den Übungsaufgaben werden aufgabenweise durchnummeriert und zusätzlich mit "Ü" gekennzeichnet, um Verwechslungen mit den Bild- und Tabellennummern der Kap. 1 bis 9 und 11 zu vermeiden. Aufgaben, die mit [VHDL]* gekennzeichnet sind, enthalten entsprechende VHDL-Modelle. In den Übungsaufgaben Ü9, Ü15 und Ü21 sind ausführliche Beispiele mit VHDL-Modellen, die eine Testbench enthalten, dargestellt.

Aufgabe 1: Minimieren logischer Gleichungen

Gegeben ist folgende logische Gleichung:

$$Y = A\,B\,C \vee \overline{A}\,\overline{B}\,\overline{C} \vee A\,B\,\overline{C} \vee A\,\overline{B}\,C \vee A\,\overline{B}\,\overline{C}$$

a) Vereinfachen Sie die logische Gleichung mit der Booleschen Algebra und geben Sie die negierte und nichtnegierte disjunktive Minimalform an.

b) Minimieren Sie die Gleichung mit dem KV-Diagramm und geben Sie die disjunktiven minimalen Gleichungen an. Entwerfen Sie die zugehörigen digitalen Schaltungen.

Lösung 1: nichtnegierte disjunktive Minimalform $Y = A \vee \neg B \neg C$

Lösung 2: negierte disjunktive Minimalform $\neg Y = \neg A\ C \vee \neg A\ B$

Aufgabe 2: Minimieren logischer Gleichungen

Gegeben ist folgende logische Gleichung mit den Zwischengrößen U und X.

$Y = A\,B\,U \vee \overline{A}\,X\,C \vee [\overline{A} \wedge (B \vee U)]$ mit $U = B\,\overline{C}$ und $X = B \vee \overline{A}\,C$

Gesucht sind die disjunktiven Minimalformen. Geben Sie die zugehörigen Schaltungen an. Vergleichen Sie die negierte mit der nichtnegierten Form.

Lösung 1: nichtnegierte disjunktive Minimalform: $Y = B \neg C \vee \neg A\ C$

Lösung 2: negierte disjunktive Minimalform: $\neg Y = A\ C \vee \neg B \neg C$

Aufgabe 3: Minimieren logischer Gleichungen

Gegeben ist die Wahrheitstabelle Tab. Ü3.1 mit den Eingangsvariablen X1, X2, X3 und den Ausgangsvariablen Y1 und Y2.

	X1	**X2**	**X3**	**Y1**	**Y2**
0	0	0	0	0	0
1	0	0	1	1	1
2	0	1	0	1	1
3	0	1	1	0	0
4	1	0	0	1	0
5	1	0	1	0	1
6	1	1	0	0	1
7	1	1	1	0	1

3.1 Bestimmen Sie aus der Wahrheitstabelle die logischen Gleichungen unter Anwendung der disjunktiven Normalform.

3.2 Geben Sie die disjunktiven Minimalformen an.

Lösung zu 3.1. Disjunktive Normalformen:

$Y1 = \neg X1 \neg X2\ X3 \vee \neg X1\ X2 \neg X3 \vee X1 \neg X2 \neg X3$

$Y2 = \neg X1 \neg X2\ X3 \vee \neg X1\ X2 \neg X3 \vee X1 \neg X2\ X3 \vee X1\ X2 \neg X3 \vee X1\ X2\ X3$

Lösung zu 3.2 Disjunktive Minimalformen:

Y1 = ¬X1¬X2 X3 ∨ ¬X1 X2¬X3 ∨ X1¬X2¬X3 (nichtnegiert)

¬Y1 = ¬X1¬X2¬X3 ∨ X1 X2 ∨ X2 X3 ∨ X1 X3 (negiert)

Y2 = X2¬X3 ∨ X1 X3 ∨ ¬X2 X3 (nichtnegiert)

alternativ: Y2 = X2¬X3 ∨ X1 X2 ∨ ¬X2 X3 (nichtnegiert)

¬Y2 = ¬X2¬X3 ∨ ¬X1 X2 X3 (negiert)

Aufgabe 4: Minimieren logischer Gleichungen

Bestimmen Sie aus der Wahrheitstabelle (Tab. Ü4.1) mit Hilfe des KV-Diagramms die negierten und nichtnegierten Minimalformen für Y1, Y2 und Y3.

Tab. Ü4.1: Wahrheitstabelle zur 4. Aufgabe

	X1	X2	X3	X4	Y1	Y2	Y3
0	0	0	0	0	1	1	1
1	0	0	0	1	0	*	0
2	0	0	1	0	0	0	0
3	0	0	1	1	0	0	0
4	0	1	0	0	1	1	*
5	0	1	0	1	0	0	*
6	0	1	1	0	0	*	0
7	0	1	1	1	0	0	1
8	1	0	0	0	1	1	1
9	1	0	0	1	0	0	0
10	1	0	1	0	0	*	*
11	1	0	1	1	0	0	0
12	1	1	0	0	1	1	1
13	1	1	0	1	0	0	1
14	1	1	1	0	1	1	1
15	1	1	1	1	0	0	0

Lösung zu 4:

Nichtnegierte disjunktive Minimalformen:

Y1 = ¬X3¬X4 ∨ X1 X2¬X4

Y2 = ¬X3¬X4 ∨ X2 ¬X4 alternativ: Y2 = ¬X3¬X4 ∨ X1¬X4

Y3 = X2¬X3 ∨ ¬X3¬X4 ∨ X1¬X4 ∨ ¬X1 X2 X4

Negierte disjunktive Minimalformen:

¬Y1 = X4 ∨ ¬X1 X3 ∨ ¬X2 X3

¬Y2 = X4 ∨ ¬X1 X3 alternativ: ¬Y2 = X4 ∨ ¬X2 X3

¬Y3 = ¬X2 X4 ∨ X1 X3 X4 ∨ ¬X1 X3¬X4

VHDL-Modell: Entwurf zu vorgegebener Wahrheitstabelle Tab. Ü4.1

```
library ieee;
use ieee.std_logic_1164.all;

entity uebung_4 is port (
  x:      in std_logic_vector (1 to 4);  -- Vektor x mit den Elementen x(1), x(2), x(3), x(4)
  y:      out std_logic_vector (1 to 3)); -- Vektor y mit den Elementen y(1), y(2), y(3)
end uebung_4;

architecture verhalten of uebung_4 is begin
wahrheits_tab: process(x) begin
 case x is
  when "0000" => y <= "111";
  when "0001" => y <= "0-0";
  when "0010" => y <= "000";
  when "0011" => y <= "000";
  when "0100" => y <= "11-";
  when "0101" => y <= "00-";
  when "0110" => y <= "0-0";
  when "0111" => y <= "001";
  when "1000" => y <= "111";
  when "1001" => y <= "000";
  when "1010" => y <= "0--";
  when "1011" => y <= "000";
  when "1100" => y <= "111";
  when "1101" => y <= "001";
  when "1110" => y <= "111";
  when "1111" => y <= "000";
  when others => y <= "---";           -- alle anderen Faelle der neunwertigen Logik
  end case;
 end process wahrheits_tab;
end verhalten;
```

Aufgabe 5: Entwurf eines 2-Bit-Vergleichers

Entwerfen Sie einen 2-Bit-Vergleicher. Es sollen die 2-Bit-Dualzahlen A und B in Betragsdarstellung miteinander verglichen und das Ergebnis des Vergleichs ausgegeben werden. Es soll gelten:

Vergleich	Ausgänge
A > B	YA = 1, YB = 0 und YG = 0
A < B	YA = 0, YB = 1 und YG = 0
A = B	YA = 0, YB = 0 und YG = 1

Stellen Sie die nichtnegierten und negierten disjunktiven Minimalformen für YA, YB und YG auf. Welche Gleichungen sind zur Realisierung der digitalen Schaltung nötig, wenn die Anzahl der UND-Verknüpfungen pro Gleichung minimal sein soll?

Lösung:

Nichtnegierte disjunktive Minimalformen:

$YA = A1\neg B1 \vee A1\,A0\neg B0 \vee A0\neg B1\neg B0$

$YB = \neg A1\ B1 \vee \neg A0\ B1\ B0 \vee \neg A1 \neg A0\ B0$

$YG = \neg A1 \neg A0 \neg B1 \neg B0 \vee \neg A1\ A0 \neg B1\ B0 \vee A1 \neg A0\ B1 \neg B0 \vee A1\ A0\ B1\ B0$

Negierte disjunktive Minimalformen:

$\neg YA = \neg A1\ B1 \vee \neg A0\ B1 \vee B1\ B0 \vee \neg A1 \neg A0 \vee \neg A1\ B0$

$\neg YB = \neg B1 \neg B0 \vee A1 \neg B1 \vee A1 \neg B0 \vee A1\ A0 \vee A0 \neg B1$

$\neg YG = \neg A1\ B1 \vee A1 \neg B1 \vee \neg A0\ B0 \vee A0 \neg B0$

Es werden die nichtnegierten disjunktiven benutzt, da die Anzahl der Produktterme im Vergleich zu den negierten Minimalformen geringer ist.

VHDL-Modell: 2-Bit-Vergleicher

```
entity comp is port(
  a,b:        in bit_vector (1 downto 0);   -- 2 Eingangsvektoren mit je 2 Elementen
  ya,yb,yg:         out bit);               -- 3 Ausgaenge
end comp;

architecture verhalten of comp is begin
  vergleich: process (a,b) begin
    if a > b then ya <= '1'; yb <= '0'; yg <= '0';            -- Zahlenvergleich
    elsif a < b then ya <= '0'; yb <= '1'; yg <= '0';
    elsif a = b then ya <= '0'; yb <= '0'; yg <= '1';
    end if;
  end process vergleich;
end verhalten;
```

Aufgabe 6: Schaltnetz zur Wasserstandsregelung

Gegeben ist ein Wasserbehälter mit den beiden Abflüssen AB1 und AB2. Der Behälter kann über zwei Pumpen P1 und P2 gespeist werden. Am Behälterrand sind 4 Schwimmer (X1, X2, X3 und X4) angeordnet, über die der Wasserstand Xw überwacht werden kann. Der Wasserstand im Behälter soll über steuerbare Ventile an den Pumpen und Abflüssen geregelt werden (Bild Ü6.1).

P1 = 1:	Pumpe 1 eingeschaltet	P1 = 0:	Pumpe 1 ausgeschaltet
P2 = 1:	Pumpe 2 eingeschaltet	P2 = 0:	Pumpe 2 ausgeschaltet
AB1= 1:	AbFluss 1 geöffnet	AB1 = 0:	AbFluss 1 geschlossen
AB2 = 1:	AbFluss 2 geöffnet	AB2 = 0:	AbFluss 2 geschlossen

Falls eine unerlaubte Kombination der Eingangsvariablen auftritt, so soll eine Fehler-Variable F den Logik-Zustand "1" annehmen.

Geben Sie die minimalen disjunktiven Gleichungen für alle Ausgangsvariablen in negierter und nichtnegierter Form an. Welche Gleichungen sind günstiger, wenn die Anzahl der Produktterme als Kriterium gewählt wird?

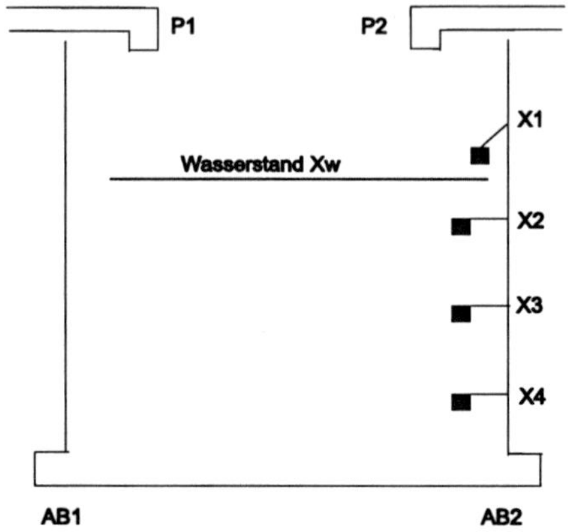

Xw unterhalb von X4:
Beide Pumpen ein; AB1 und AB2 zu

Xw zwischen X4 und X3:
Beide Pumpen ein; AB1 auf, AB2 zu

Xw zwischen X3 und X2:
P1 ein, P2 aus; AB1 zu, AB2 auf

Xw zwischen X2 und X1:
P1 aus, P2 ein; AB1 und AB2 auf

Xw oberhalb von X1:
P1 und P2 aus; AB1 und AB2 auf

Bild Ü6.1: Wasserbehälter zur Aufgabe 6

Lösung:

Nichtnegierte disjunktive Minimalform	Negierte disjunktive Minimalform
P1 $= \overline{X2}$	P1 $= \overline{X2}$
P2 $= \overline{X3} \vee \overline{X1}\ X2$	P2 $= \overline{X1 \vee \overline{X2}\ X3}$
AB1 $= \overline{X3}\ X4 \vee X2$	AB1 $= \overline{\overline{X2}\ X3 \vee \overline{X4}}$
AB2 $= X3$	AB2 $= \overline{\overline{X3}} = X3$
F $= X3\ \overline{X4} \vee X2\ \overline{X3} \vee X1\ \overline{X2}$	F $= \overline{\overline{X1}\ \overline{X2}\ \overline{X3} \vee X2\ X3\ X4 \vee \overline{X1}\ X3\ X4}$

Die Gleichungen in negierter und nichtnegierter Form sind gleich günstig, da sie die gleiche Anzahl an Produkttermen enthalten.

VHDL-Modell: Schaltnetz zur Wasserstandsregelung

```
library ieee;
use ieee.std_logic_1164.all;

entity wasser_beh is port(
  x:        in std_logic_vector (1 to 4); -- Eingangsvektor x: Elemente x(1), x(2), x(3), x(4)
  P1,P2,AB1,AB2,F:        out std_logic);      --5 Ausgaenge
end wasser_beh;

architecture verhalten of wasser_beh is begin
 schwimmer: process(x)
   begin
     case x is
           when "0000" =>                          -- Wasserstand unterhalb von x4
                   P1 <= '1'; P2 <= '1'; AB1 <= '0'; AB2 <= '0'; F <= '0';
           when "0001" =>                          -- Wasserstand zwischen x4 und x3
                   P1 <= '1'; P2 <= '1'; AB1 <= '1'; AB2 <= '0'; F <= '0';
           when "0011" =>                          -- Wasserstand zwischen x3 und x2
                   P1 <= '1'; P2 <= '0'; AB1 <= '0'; AB2 <= '1'; F <= '0';
           when "0111" =>                          -- Wasserstand zwischen x2 und x1
                   P1 <= '0'; P2 <= '1'; AB1 <= '1'; AB2 <= '1'; F <= '0';
           when "1111" =>                          -- Wasserstand oberhalb von x1
                   P1 <= '0'; P2 <= '0'; AB1 <= '1'; AB2 <= '1'; F <= '0';
```

```
        when others =>                   -- Schwimmer defekt: Fehlermeldung
                 P1 <= '-'; P2 <= '-'; AB1 <= '-'; AB2 <= '-'; F <= '1';
    end case;
  end process schwimmer;
end verhalten;
```

Aufgabe 7: Widerstandsdimensionierung für Gatter mit offenem Kollektor

Gegeben sei ein Gatter in Standard TTL mit Open-Kollektor-Ausgang und einem Pull-Up Widerstand R_L an $U_B = 5V$. Der Ausgang werde mit n digitalen Eingängen (Standard TTL) belastet.

Randbedingungen:

- Kollektorströme des Ausgangstransistors:
  - Reststrom des gesperrten Transistors : $I_{CRest} = 250\ \mu A$
  - Max. Kollektorstrom des leitenden Transistors: $I_{Cmax} = 16 mA$
- Eingangsströme der digitalen Eingänge:
  - H-Pegel: $I_{IH} = 40\ \mu A$
  - L-Pegel: $I_{IL} = -1{,}6\ mA$

7.1 Gesucht ist der maximale (R_{Lmax}) und minimale Wert (R_{Lmin}) des Pull-Up-Widerstands für n=5.

7.2 Wie viele Gattereingänge n dürfen den Ausgang maximal belasten?

7.3 Erweitern Sie die Schaltung auf k kollektorseitig verbundene Ausgangstransistoren. Geben Sie für den Fall k=3 und n=5 den Wert für R_{Lmax} und R_{Lmin} an.

Lösung:

7.1 $R_{Lmax} = (U_{CC} - U_{OHmin}) / (n\, I_{IH} + I_{CRest}) = 5{,}77\ k\Omega$

$R_{Lmin} = (U_{CC} - U_{OLmax}) / (n\, I_{IL} + I_{Cmax}) = 575\ \Omega$

7.2 $n = 9$

7.3 $R_{Lmax} = (U_{CC} - U_{OHmin}) / (5 I_{IH} + 3 I_{CRest}) = 2{,}74\ k\Omega$

$R_{Lmin} = (U_{CC} - U_{OLmax}) / (5 I_{IL} + I_{Cmax}) = 575\ \Omega$

Aufgabe 8: Ansteuerung von Leuchtdioden

Zur Anzeige der Logik-Pegel werden in der Digitaltechnik häufig Leuchtdioden (LEDs) eingesetzt, da sie wenig Strom aufnehmen und wenig Platz benötigen. Für die Ansteuerung der LEDs in TTL-Technik können z.B. Gatter mit Gegentakt-Endstufe (Bild Ü8.1 a und b) oder mit Open-Kollektor-Ausgang (Bild Ü8.1 c) eingesetzt werden. Der erforderliche LED-Strom wird mit Hilfe eines Vorwiderstandes eingestellt.

Ergänzen Sie beiden Schaltungen und dimensionieren Sie die Vorwiderstände.

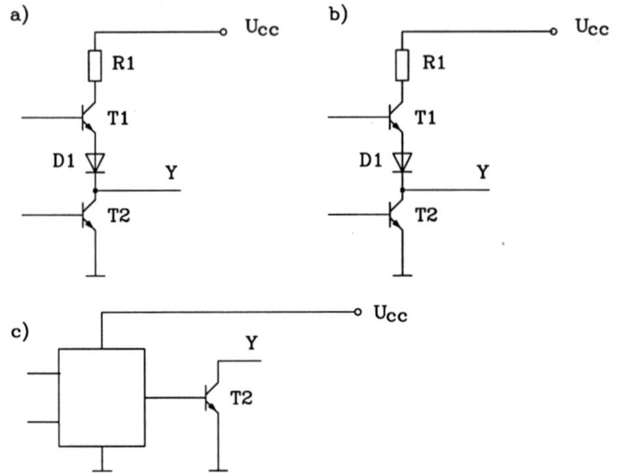

Bild Ü8.1: Vorgegebene Schaltungen zu Aufgabe 8

Anleitung:

Eine rote Leuchtdiode (GaAsP rot) leuchtet bei einem Strom $I_D \approx 10$ mA so hell, dass sie als Indikator zur Anzeige des Logik-Pegels eingesetzt werden kann. Die Spannung an der Leuchtdiode beträgt hierfür etwa 1,7 V. Ist die an der LED anliegende Spannung deutlich kleiner (< 1,5 V), bleibt die Leuchtdiode dunkel. Falls die in Bild Ü8.1 eingesetzten Transistoren durchgeschaltet sind, beträgt die Kollektor-Emitter-Restspannung $U_{CEsat} = 0{,}3$ V. An der Siliziumdiode fällt im durchgeschalteten Zustand eine Spannung von 0,6 V ab. Der Kollektorwiderstand R1 in Schaltung a) und b) hat einen Wert von 130 Ω. Es gilt: $U_{CC} = 5$ V. I_{CRest} ist vernachlässigt.

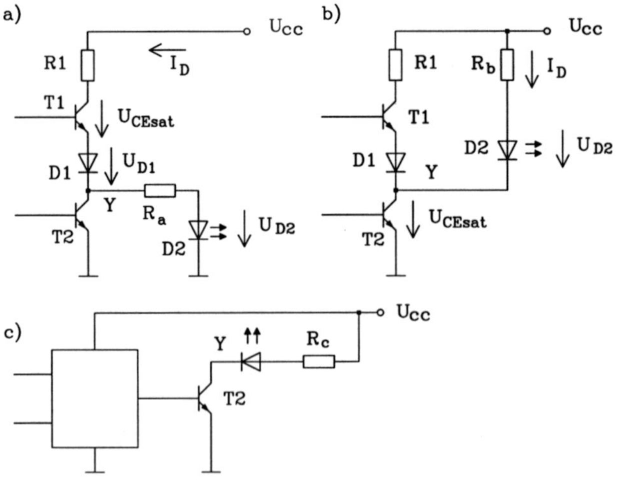

Lösung:

Fall a: $R_a = \frac{U_{CC} - I_D R_1 - U_{CEsat} - U_{D1} - U_{D2}}{I_D} = 110\,\Omega$

Fall b: $R_b = \frac{U_{CC} - U_{CEsat} - U_{D2}}{I_D} = 300\,\Omega$ (gewählt 270Ω)

Fall c: $R_c = R_b = \frac{U_{CC} - U_{CEsat} - U_{D2}}{I_D} = 300\,\Omega$ (gewählt 270Ω)

Ein Vergleich der drei Treiberschaltungen zeigt, dass im Fall a) die im treibenden Gatter entstehende Verlustleistung am größten ist. Sie beträgt für die oben angegebenen Werte 22 mW. Für die beiden anderen Fälle b) und c) ist die im treibenden Ausgangstransistor entstehende Verlustleistung mit 3 mW verhältnismäßig klein.

$P_{Va} = I_D^2 * R_1 + (U_{CEsat} + U_{D1})I_D = 13\text{ mW} + 9\text{ mW} = 22\text{ mW}$

$P_{Vb} = P_{Vc} = I_D * U_{CEsat} = 3\text{ mW}$

Aufgabe 9: VHDL-Entwurf eines Addierers Test mit einer Testbench mit Testvektoren

Entwerfen Sie einen 6-Bit-Ripple-Carry-Addierer und testen Sie ihn mit einer Testbench unter Einsatz von Testvektoren.

Anleitung: Deklarieren Sie die Komponenten für einen Volladdierer und einen parametrisierbaren n-Bit-Ripple-Carry-Addierer (s. Kap. 5.3). Legen Sie die Komponenten in einem Package ab. Danach entwerfen Sie eine Testbench mit Testvektoren (Kap. 4.9.2).

Lösung:

```
-- adder_pack.vhd
-- Volladdierer: full_adder und n-Bit-Addierer: ripadd_n

package adder_pack is
 component full_adder        -- Componenten-Deklaration des 1-Bit-Volladdierers
    port (c_in: in bit;      -- Uebertrag-Eingang
         a1,b1:      in  bit;  -- Bitstellen der Zahlen a und b
         sum1:       out bit;  -- Summe
         c_out:      out bit); -- Uebertrag-Ausgang
 end component;

 component ripadd_n  -- Componenten-Deklaration des n-Bit-Addierers
    generic (n: integer := 8);
    port (ci:        in bit;
       a,b:          in bit_vector(n-1 downto 0);-- zu addierende Zahlen
       summe : out bit_vector (n-1 downto 0);
       co: out bit);
 end component;
end adder_pack;
```

```
-- Modell des 1-Bit-Volladdierers
entity full_adder is
    port (c_in: in bit;              -- Uebertrag-Eingang
        a1,b1:      in bit;     -- Bitstellen der Zahlen a und b
        sum1:       out bit;    -- Summe
        c_out:      out bit);   -- Uebertrag- Ausgang
end full_adder;
architecture logik_full_adder of full_adder is
constant tpd1: time := 10 ns;           -- Verzögerungszeiten fuer die Simulation
constant tpd2: time := 8 ns;
begin
    sum1 <= a1 xor (b1 xor c_in) after tpd1;
    c_out <= ((a1 xor b1) and c_in) or (a1 and b1) after tpd2;
end logik_full_adder;

-- Modell des n-Bit-Addierers
use work.adder_pack.all;
entity ripadd_n is
    generic (n: integer := 8);
    port (ci:         in bit;
      a,b:            in bit_vector(n-1 downto 0);-- zu addierende Zahlen
      summe : out bit_vector (n-1 downto 0);
      co: out bit);
end ripadd_n;
architecture adder_n of ripadd_n is
signal c: bit_vector (n downto 0);      -- Zwischengroessen fuer Netzliste
begin
    c(0) <= ci;
    add: for i in 0 to n-1 generate     -- Instanziierung mit Generate-Anweisung
    addi: full_adder port map(c(i), a(i), b(i), summe(i), c(i+1));
    end generate;
    co <= c(n);
end adder_n;
-- Testbench fuer 6-Bit-Addierer
-- Datum: 19.02.2003
use work.adder_pack.all;
entity tb_add6 is
end tb_add6;
architecture auto_test of tb_add6 is
    signal ci,co,c_in,c_o: bit;
    signal a,b,summe,ergebnis: bit_vector(5 downto 0);
type test_vektor is record
    c_in: bit;
    a: bit_vector(5 downto 0);
    b: bit_vector(5 downto 0);
    ergebnis: bit_vector(5 downto 0);
    c_o: bit;
end record;
type test_vektor_array is array (natural range <>) of test_vektor;
constant test_feld: test_vektor_array:=(
(c_in => '1',a => "100010",b => "000000",ergebnis => "100011", c_o => '0'),
(c_in => '0',a => "111110",b => "000011",ergebnis => "000001", c_o => '1'),
```

```
(c_in => '1',a => "101000",b => "111111",ergebnis => "101000", c_o => '1'),
(c_in => '0',a => "100010",b => "000000",ergebnis => "100001", c_o => '0'),  -- Fehler
(c_in => '1',a => "101000",b => "000011",ergebnis => "100111", c_o => '1')  -- Fehler
);

begin
dut: ripadd_n                       -- instanziieren der Werte
    generic map (n => 6)
    port map (ci,a,b,summe,co);
testen: process      -- Testvektor zuweisen
    variable vektor: test_vektor;
    variable fehler: boolean := false;
begin
    for i in test_feld'range loop
          vektor := test_feld(i);
          ci <= vektor.c_in;
          a <= vektor.a;
          b <= vektor.b;
    wait for 100 ns;
    if summe /= vektor.ergebnis or co /= vektor.c_o then
          assert false
          report "Addierer defekt";
          fehler := true;
    end if;
end loop;

    assert not fehler
    report "Gesamttest ist fehlerhaft"
    severity note;
    assert fehler
    report "Gesamttest ist o.k"
    severity note;
    wait;
end process;
end auto_test;
```

Ausführung mit ModelSim (Xilinx):

```
run -all
# ** Error: Addierer defekt
#    Time: 400 ns  Iteration: 0  Instance: /tb_add6
# ** Error: Addierer defekt
#    Time: 500 ns  Iteration: 0  Instance: /tb_add6
# ** Note: Gesamttest ist fehlerhaft
#    Time: 500 ns  Iteration: 0  Instance: /tb_add6
```

Aufgabe 10: Darstellung von Hexadezimalziffern auf einer 7-Segment-Anzeige

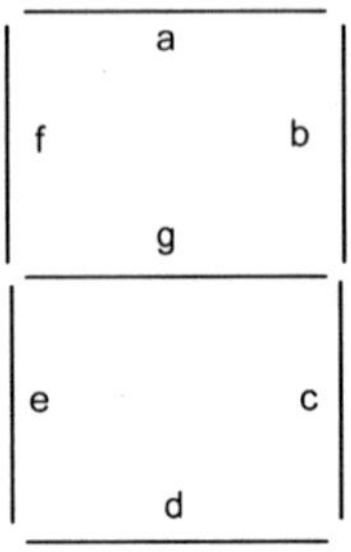

7-Segment-Anzeige

Gegeben ist eine 7-Segmentanzeige mit den Segmenten a,b,c,d,e,f und g. Die Leuchtsegmente werden so kombiniert, dass eine Dezimalziffer oder ein Sonderzeichen dargestellt werden kann.

Mittels der skizzierten 7-Segmentanzeige sollen die in Tab. Ü10.1 gegebenen hexadezimalen Ziffern in Abhängigkeit der Eingangsvariablen X1,X2,X3 und X4 dargestellt werden. Entwerfen Sie dafür eine minimale Schaltung und geben Sie die logischen Gleichungen in disjunktiver Minimalform an. Es gilt folgende Zuordnung: Ein Segment der Anzeige leuchtet, wenn die zugehörige Steuervariable (Sa, Sb, Sc, Sd, Se, Sf, Sg) den Logik-Zustand 1 annimmt.

Tab. Ü10.1: Zuordnung zwischen den Eingangsvariablen und den Hex-Ziffern

X1	X2	X3	X4	Zeichen	Sa Sb Sc Sd Se Sf Sg
0	0	0	0	0	
0	0	0	1	1	
0	0	1	0	2	
0	0	1	1	3	
0	1	0	0	4	
0	1	0	1	5	
0	1	1	0	6	
0	1	1	1	7	
1	0	0	0	8	
1	0	0	1	9	
1	0	1	0	A	
1	0	1	1	b	
1	1	0	0	C	
1	1	0	1	d	
1	1	1	0	E	
1	1	1	1	F	

Lösung:

Nichtnegierte disjunktive Minimalform:

$Sa = X1\,\overline{X4} \vee X2\,X3 \vee \overline{X2}\,\overline{X4} \vee \overline{X1}\,X3 \vee X1\,\overline{X2}\,\overline{X3} \vee \overline{X1}\,X2\,X4$

$Sb = \overline{X1}\,\overline{X2} \vee \overline{X2}\,\overline{X4} \vee \overline{X1}\,\overline{X3}\,\overline{X4} \vee X1\,\overline{X3}\,X4 \vee \overline{X1}\,X3\,X4$

$Sc = X1\,\overline{X2} \vee \overline{X1}\,X2 \vee \overline{X1}\,\overline{X3} \vee \overline{X1}\,X4 \vee \overline{X3}\,X4$

$Sd = X1\,\overline{X3} \vee X2\,\overline{X3}\,X4 \vee X2\,X3\,\overline{X4} \vee \overline{X2}\,X3\,X4 \vee \overline{X1}\,\overline{X2}\,\overline{X4}$

$Se = \overline{X2}\,\overline{X4} \vee X3\,\overline{X4} \vee X1\,X3 \vee X1\,X2$

$Sf = \overline{X3}\,\overline{X4} \vee X2\,\overline{X4} \vee X1\,X3 \vee X1\,\overline{X2} \vee \overline{X1}\,X2\,\overline{X3}$

$Sg = X1\,X4 \vee \overline{X2}\,X3 \vee X3\,\overline{X4} \vee X1\,\overline{X2} \vee \overline{X1}\,X2\,\overline{X3}$

VHDL-Modell: Hexadezimalziffern auf 7-Segment

```
library ieee;
use ieee.std_logic_1164.all;

entity uebung_10 is port(
  x:                        in std_logic_vector (1 to 4);
  sa,sb,sc,sd,se,sf,sg:  out std_logic);
end uebung_10;

architecture verhalten of uebung_10 is
  signal y: std_logic_vector (6 downto 0);            -- y ist Zwischengroesse
begin
  wahrheits_tab: process(x) begin
    case x is
      when "0000" => y <= "1111110";
      when "0001" => y <= "0110000";
      when "0010" => y <= "1101101";
      when "0011" => y <= "1111001";
      when "0100" => y <= "0110011";
      when "0101" => y <= "1011011";
      when "0110" => y <= "1011111";
      when "0111" => y <= "1110000";
      when "1000" => y <= "1111111";
      when "1001" => y <= "1111011";
      when "1010" => y <= "1110111";
      when "1011" => y <= "0011111";
      when "1100" => y <= "1001110";
      when "1101" => y <= "0111101";
      when "1110" => y <= "1001111";
      when "1111" => y <= "1000111";
      when others => y <= "-------";                  -- neunwertige Logik
    end case;
  end process wahrheits_tab;
  sa <= y(6); sb <= y(5); sc <= y(4); sd <= y(3); -- nebenlaeufige Anweisungen
  se <= y(2); sf <= y(1); sg <= y(0);
end verhalten;
```

Aufgabe 11: Zustands- und flankengesteuertes D-Flipflop

Ein zustands- und ein positiv flankengesteuertes D-Flipflop werden von einem Signal X am D-Eingang und Φ am Takteingang angesteuert. Der Ausgang des zustandsgesteuerten D-Flipflops sei Qz und der des flankengesteuerten Qf. Vervollständigen Sie den skizzierten Signalzeitplan und geben Sie Unterschiede der beiden Flipflops an.

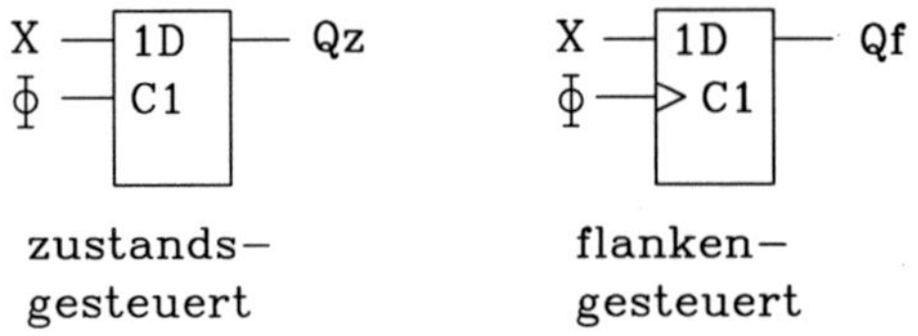

Bild Ü11.1: Ansteuerung der beiden D-Flipflops

Anmerkung: Zu Beginn der Betrachtungen seien beide Flipflops zurückgesetzt. Die Verzögerungszeiten der Flipflops seien vernachlässigbar.

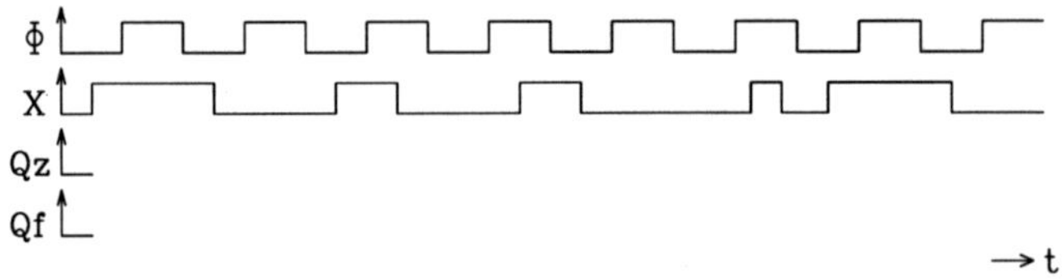

Bild Ü11.2: Vorgegebener Signalverlauf des Taktes und Eingangssignals

Lösung:

Ein zustandsgesteuertes D-Flipflop ist für Φ = 1 transparent, d. h. eine Änderung am D-Eingang wirkt sich direkt am Ausgang aus (Verzögerungszeiten seien vernachlässigbar). Während der Takt Φ im Logik-Zustand 0 ist, speichert das zustandsgesteuerte D-Flipflop den Wert.

Dagegen übernimmt das flankengesteuerte D-Flipflop den Logik-Zustand am D-Eingang mit der positiven Taktflanke und speichert ihn bis zur nächstfolgenden positiven Taktflanke.

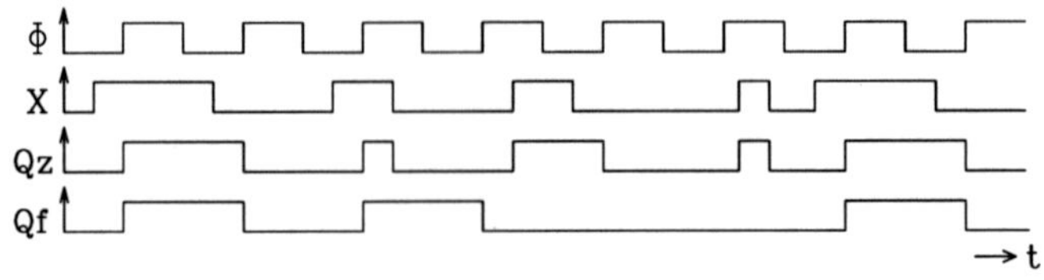

Bild Ü11.3: Vollständiger Signalzeitplan zu Aufgabe 11

Aufgabe 12: Analyse eines Schaltwerks mit D-Flipflops

In einer digitalen Schaltung sollen 3 flankengesteuerte D-Flipflops eingesetzt werden.

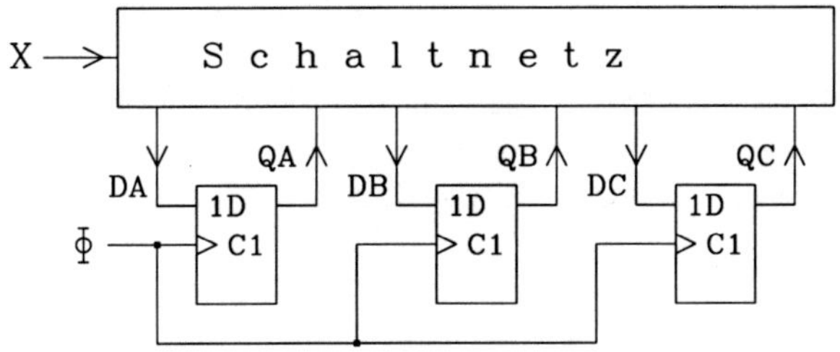

Bild Ü12.1: Blockschaltbild zu Aufgabe 12

Die logischen Gleichungen für die D-Eingänge lauten:

$DA = \overline{QA}$

$DB = \overline{X}\,\overline{QC}\,\overline{QB}\,QA \vee \overline{X}\,QB\,\overline{QA} \vee X\,QB\,QA \vee X\,QC\,\overline{QA}$

$DC = X\,\overline{QC}\,\overline{QB}\,\overline{QA} \vee \overline{X}\,QB\,QA \vee \overline{X}\,QC\,\overline{QA} \vee X\,QC\,QA$

QA, QB, QC sind die Ausgänge der drei D-Flipflops und X ist eine Eingangsvariable (Bild Ü12.1 und Ü12.2). Die Ausgänge QA, QB und QC haben die Wertigkeit 2^0, 2^1 und 2^2. Vervollständigen Sie den in Bild Ü12.2 gegebenen Signalzeitplan und charakterisieren Sie die Schaltung.

Für t = 0 sollen die drei D-Flipflops rückgesetzt sein.

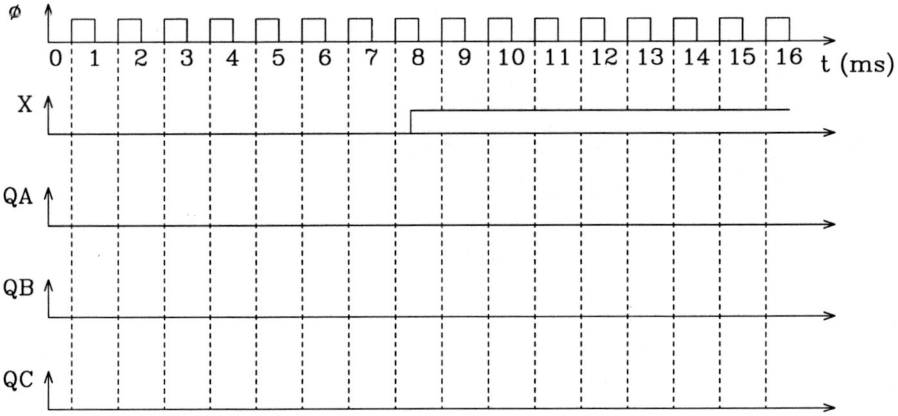

Bild Ü12.2: Signalzeitplan zu Aufgabe 12

Lösung:

Das erste D-Flipflop mit dem Ausgang QA ist als Frequenzteiler (1:2) geschaltet. Der zeitliche Verlauf der Ausgangsgröße QA kann unabhängig von X und den Ausgängen QB und QC bestimmt werden (Bild Ü12.3). Da QB und QC von X, QA, QB und QC abhängen, kann der zeitliche Verlauf dieser beiden Flipflopausgänge nur für eine Taktperiode zwischen zwei benachbarten positiven Taktflanken bestimmt werden. Dann werden die neu ermittelten Logik-Zustände wieder in die Gleichungen eingesetzt und der Signalverlauf für die nächste Periode gewonnen, usw. (Bild Ü12.3).

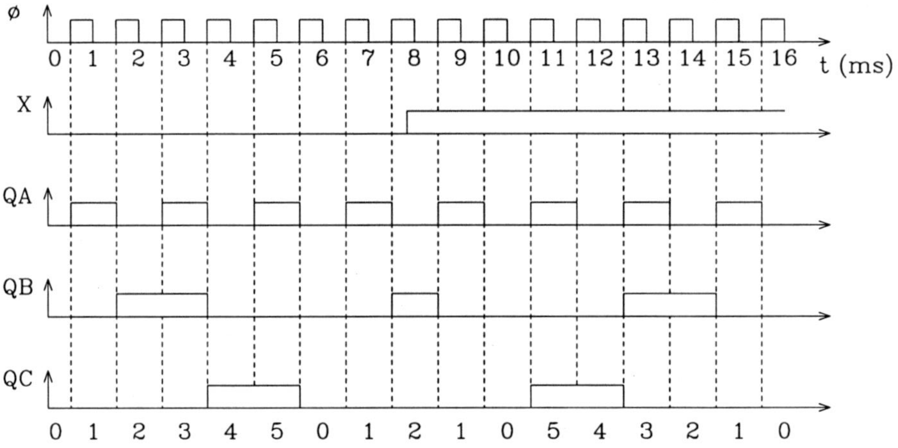

Bild Ü12.3: Vollständiger Signalzeitplan zu Aufgabe 12

Die Schaltung stellt einen synchronen Vorwärts-/Rückwärts-Modulo-6-Zähler dar, der über das Eingangssignal X in der Zählrichtung umgeschaltet werden kann. Der Zähler zählt für X = 0 vorwärts und für X = 1 rückwärts.

Aufgabe 13: Entwurf eines JK- und eines T-Flipflops mit Hilfe eines D-Flipflops

Entwerfen Sie mit Hilfe eines flankengesteuerten D-Flipflops und eines Schaltnetzes ein flankengesteuertes JK- und T-Flipflop.

Lösung:

Es gelten folgende Übergangsbedingungen:

D-Flipflop	JK-Flipflop	T-Flipflop
$Q^* = D$ (Gl.1)	$Q^* = J\,\overline{Q} \vee \overline{K}\,Q$ (Gl.2)	$Q^* = T\,\overline{Q} \vee \overline{T}\,Q$ (Gl.3)

a) Entwurf des JK-Flipflops: Gleichsetzen der Übergangsbedingungen nach Gl.1 und Gl.2: $D = J\,\overline{Q} \vee \overline{K}\,Q$

b) Entwurf des T-Flipflops durch Gleichsetzen von Gl.1 und Gl.3:

$$D = T\,\overline{Q} \vee \overline{T}\,Q$$

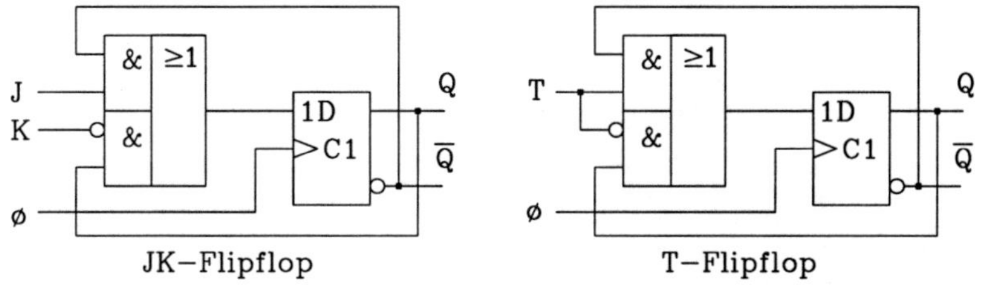

Bild Ü13.1: Realisierung eines JK- und eines T-Flipflops mit Hilfe eines D-Flipflops

Aufgabe 14: Steuerung einer Ampelanlage

Eine Straßenkreuzung mit Haupt- und Nebenstrecke soll von einer Ampelanlage gesteuert werden. Für die Lichtsignale der Hauptstrecke soll gelten: 14 s grün, 2 s gelb, 14 s rot, 2 s rotgelb, usw.. Für die Lichtsignale der Nebenstrecke soll gelten: 6 s grün, 2 s gelb, 22 s rot, 2 s rotgelb, usw.. Beim Umschalten sollen sich die Rotphasen beider Ampelanlagen für 2 s überlappen. Daraus folgt, dass innerhalb eines Ampelzyklus beide Ampelanlagen zweimal für je 2 s gleichzeitig rot geschaltet sind.

Zum Entwurf werde ein Zähler eingesetzt. Dessen Ausgänge sollen über ein Schaltnetz die sechs Lampen der beiden Ampelanlagen ansteuern.

14.1 Geben Sie den Zählertyp und die erforderliche Taktfrequenz an.

14.2 Geben Sie in Form einer Wahrheitstabelle die Abhängigkeit der sechs Steuervariablen vom Zählerstand an, beginnen Sie beim Zählerstand 0 mit der Grünphase der Hauptstrecke.

14.3 Stellen Sie die logischen Gleichungen für die sechs Steuervariablen auf. Zum Entwurf soll ein PAL mit nichtnegierten Ausgängen eingesetzt werden. Minimieren Sie die Gleichungen, so dass die Anzahl der erforderlichen Produktterme (UND-Verknüpfungen) des PALs minimal wird.

Lösung zu 14.1: Da ein Lichtsignalzyklus der Haupt- und Nebenstrecke 32 s benötigt und die kleinste Zeiteinheit 2 s beträgt, ist eine Zählerkapazität von 32 s/2 s = 16 nötig. Gewählt wird ein asynchroner Vorwärts-Dualzähler mit einer Taktfrequenz von 0,5 Hz. Der Zähler kann asynchron über ¬R rückgesetzt werden (Bild Ü14.3).

Lösung zu 14.2: siehe Tab. Ü14.1

Tab. Ü14.1: Wahrheitstabelle mit den geforderten Steuervariablen

	QD	QC	QB	QA	GRÜN_H	ROT_H	GELB_H	GRÜN_N	ROT_N	GELB_N
0	0	0	0	0	1	0	0	0	1	0
1	0	0	0	1	1	0	0	0	1	0
2	0	0	1	0	1	0	0	0	1	0
3	0	0	1	1	1	0	0	0	1	0
4	0	1	0	0	1	0	0	0	1	0
5	0	1	0	1	1	0	0	0	1	0
6	0	1	1	0	1	0	0	0	1	0
7	0	1	1	1	0	0	1	0	1	0
8	1	0	0	0	0	1	0	0	1	0
9	1	0	0	1	0	1	0	0	1	1
10	1	0	1	0	0	1	0	1	0	0
11	1	0	1	1	0	1	0	1	0	0
12	1	1	0	0	0	1	0	1	0	0
13	1	1	0	1	0	1	0	0	0	1
14	1	1	1	0	0	1	0	0	1	0
15	1	1	1	1	0	1	1	0	1	0

Lösung zu 14.3:

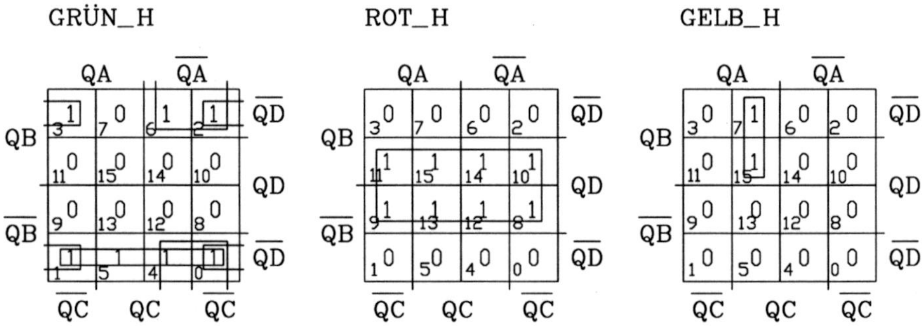

Bild Ü14.1: KV-Diagramme zur Minimierung der logischen Gleichungen GRÜN_H, ROT_H und GELB_H

GRÜN_H = (0)∨(1)∨(2)∨(3)∨(4)∨(5)∨(6) = $\overline{QD}\,\overline{QB} \vee \overline{QD}\,\overline{QC} \vee \overline{QD}\,\overline{QA}$

ROT_H = (8)∨(9)∨(10)∨(11)∨(12)∨(13)∨(14)∨(15) = QD

GELB_H = (7)∨(15) = QC QB QA

GRÜN_N = (10)∨(11)∨(12) = QD QB $\overline{QC}$ ∨ QD QC $\overline{QB}\,\overline{QA}$

ROT_N = (0)∨(1)∨(2)∨(3)∨(4)∨(5)∨(6)∨(7)∨(8)∨(9)∨(14)∨(15) = $\overline{QD} \vee \overline{QC}\,\overline{QB}$ ∨ QC QB

GELB_N = (9)∨(13) = QD $\overline{QB}$ QA

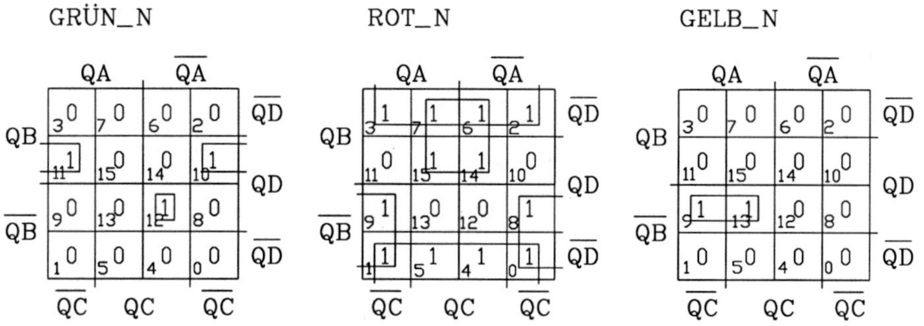

Bild Ü14.2: KV-Diagramme zur Minimierung der logischen Gleichungen GRÜN_N, ROT_N und GELB_N

In Bild Ü14.3 ist das Blockschaltbild der Ampelsteuerung abgebildet. Der eingesetzte Zähler kann über ¬R = 0 rückgesetzt werden. Dadurch wird die Grünphase für die Hauptstrecke eingeleitet.

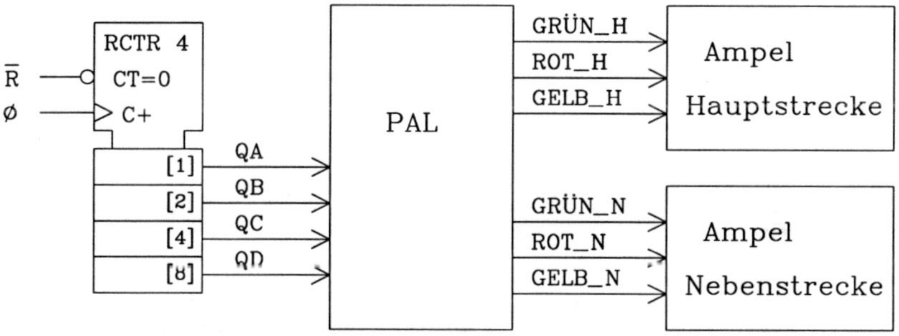

Bild Ü14.3: Blockschaltbild der Ampelsteuerung

VHDL-Modell: Ampelanlage

```
library ieee; use ieee.std_logic_1164.all; use work.std_arith.all;

entity ampel is port (
        clk, r_neg:                 in  std_logic;        -- r_neg = reset nicht
        gruen_h, rot_h, gelb_h,gruen_n, rot_n, gelb_n:   out std_logic);
end ampel;

architecture verhalten of ampel is       -- Architektur mit 2 Prozessen
        signal zaehl: std_logic_vector(3 downto 0);       -- interner Zaehler
begin
zaehler: process (r_neg, clk)            -- Prozess zur Modellierung des Zaehlers
begin
        if r_neg='0' then  zaehl <= "0000";      -- asynchroner Reset
        elsif (clk'event and clk='1') then  zaehl <= zaehl +1;
        end if;
```

```
end process zaehler;
ausgabe: process (zaehl)              -- Prozess fuer die Ausgabe
begin
        if (zaehl < "0111")  then       gruen_h <= '1'; rot_h <= '0'; gelb_h <= '0';
                                        gruen_n <= '0'; rot_n <= '1'; gelb_n <= '0';
        elsif (zaehl = "0111") then     gruen_h <= '0'; rot_h <= '0'; gelb_h <= '1';
                                        gruen_n <= '0'; rot_n <= '1'; gelb_n <= '0';
        elsif (zaehl = "1000") then     gruen_h <= '0'; rot_h <= '1'; gelb_h <= '0';
                                gruen_n <= '0'; rot_n <= '1'; gelb_n <= '0';
        elsif (zaehl = "1001") then     gruen_h <= '0'; rot_h <= '1'; gelb_h <= '0';
                                gruen_n <= '0'; rot_n <= '1'; gelb_n <= '1';
        elsif (zaehl > "1001" and zaehl < "1101") then
                                        gruen_h  <=  '0';  rot_h  <=  '1';  gelb_h  <=  '0';
                                gruen_n <= '1'; rot_n <= '0'; gelb_n <= '0';
        elsif (zaehl = "1101") then     gruen_h <= '0'; rot_h <= '1'; gelb_h <= '0';
                                        gruen_n <= '0'; rot_n <= '0'; gelb_n <= '1';
        elsif (zaehl = "1110") then     gruen_h <= '0'; rot_h <= '1'; gelb_h <= '0';
                                        gruen_n <= '0'; rot_n <= '1'; gelb_n <= '0';
        elsif (zaehl = "1111") then     gruen_h <= '0'; rot_h <= '1'; gelb_h <= '1';
                                gruen_n <= '0'; rot_n <= '1'; gelb_n <= '0';
        end if;
end process ausgabe;
end verhalten;
```

Aufgabe 15: Testbench für einen synchronen Dualzähler

Entwerfen Sie eine Testbench für einen synchronen 4-Bit Dualzähler mit asynchronem Reset. Verwenden Sie sowohl eine Testbench mit Testvektoren als auch eine Testbench mit Ein- und Ausgabedatei.

Lösung:

Im VHDL-Entwurf wird an einer Stelle ein Fehler eingebaut und die Reaktion auf diesen Fehler wird dokumentiert.

1. Testbench mit Testvektoren (Kap. 4.9.2)

```
-- zaehler_pack.vhd
-- Package zaehler_pack mit der Komponente bin_4
library ieee;
use ieee.std_logic_1164.all;
use ieee.std_logic_unsigned."+";          -- Erweiterung des Operators "+" auf Vektoren

package zaehler_pack is
component bin_4 port (
    clk, reset:       in std_logic;
    q:    buffer std_logic_vector(3 downto 0));
end component;
end zaehler_pack;

-- 4-Bit-Dualzaehler mit asynchronem Reset
library ieee;
use ieee.std_logic_1164.all;
use ieee.std_logic_unsigned."+";

entity bin_4 is port (
```

```
        clk, reset:          in std_logic;
        q:      buffer std_logic_vector(3 downto 0));
end bin_4;
architecture archcounter of bin_4 is
begin
        zaehler: process (reset, clk)
        begin
          if reset = '0' then
                q <=  "0000";
          elsif (clk'event and clk = '0') then  -- negative Flanke ist aktiv
                q <= q + 1;
                if q >= "0110" then q <= "0000";        -- eingebauter Fehler "modulo-7-zaehler"
                end if;
          end if;
        end process zaehler;
end archcounter;

-- test_bench_zaehl.vhd
-- Testbench fuer 4-Bit-Dualzaehler mit asynchronem Reset
library ieee;
use ieee.std_logic_1164.all;
use work.zaehler_pack.all;

entity test_bench_zaehl is
end test_bench_zaehl;

architecture auto_test of test_bench_zaehl is
        signal clk,reset: std_logic;
        signal q: std_logic_vector(3 downto 0);
type test_vektor is record
        clk: std_logic;
        reset: std_logic;
        q: std_logic_vector(3 downto 0);
end record;
type test_vektor_array is array (natural range <>) of test_vektor;
constant test_feld: test_vektor_array:=(
        (clk => '0',reset => '0',q => "0000"),          -- neg. Taktflanke aktiv
        (clk => '1',reset => '1',q => "0000"),
        (clk => '0',reset => '1',q => "0001"),
        (clk => '1',reset => '1',q => "0001"),
        (clk => '0',reset => '1',q => "0010"),
        (clk => '1',reset => '1',q => "0010"),
        (clk => '0',reset => '1',q => "0011"),
        (clk => '1',reset => '1',q => "0011"),
        (clk => '0',reset => '1',q => "0100"),
        (clk => '1',reset => '1',q => "0100"),
        (clk => '0',reset => '1',q => "0101"),
        (clk => '1',reset => '1',q => "0101"),
        (clk => '0',reset => '1',q => "0110"),
        (clk => '1',reset => '1',q => "0110"),
        (clk => '0',reset => '1',q => "0111"),
        (clk => '1',reset => '1',q => "0111"),
        (clk => '0',reset => '1',q => "1000"),
        (clk => '1',reset => '1',q => "1000")
);
```

```
begin      -- instanziieren der component bin_4
dut: bin_4 port map (clk, reset, q);
testen: process      -- Testvektor zuweisen und pruefen
    variable vektor: test_vektor;
    variable fehler: boolean := false;
begin
    for i in test_feld'range loop
    vektor := test_feld(i);
    clk <= vektor.clk;
    reset <= vektor.reset;
    wait for 20 ns; -- Vergleich nach 20ns
    if q /= vektor.q then
           assert false
           report "Zaehler reagiert falsch"; -- zeitabhängige Fehlermeldung
           fehler := true;
    end if;
    wait for 30 ns; -- Taktperiode = 100 ns = 2 x (20+30)ns
end loop;
-- Ausgabe eines Reports nach Testende
    assert not fehler
    report "Gesamttest ist fehlerhaft"
    severity note;
    assert fehler
    report "Gesamttest ist o.K"
    severity note;
    wait;
end process testen;
end auto_test;
```

```
Fehlerprotokoll des Compiler ModelSim:
# ** Error: Zaehler reagiert falsch
#    Time: 720 ns  Iteration: 0  Instance: /test_bench_zaehl
# ** Error: Zaehler reagiert falsch
#    Time: 770 ns  Iteration: 0  Instance: /test_bench_zaehl
# ** Error: Zaehler reagiert falsch
#    Time: 820 ns  Iteration: 0  Instance: /test_bench_zaehl
# ** Error: Zaehler reagiert falsch
#    Time: 870 ns  Iteration: 0  Instance: /test_bench_zaehl
# ** Note: Gesamttest ist fehlerhaft
#    Time: 900 ns  Iteration: 0  Instance: /test_bench_zaehl
```

Nachdem der Fehler beseitigt ist, wird erneut compiliert und mit dem Run-Kommando ausgeführt:

```
Protokoll des Compiler ModelSim mit fehlerfreiem VHDL-Modell:
run -all
# ** Note: Gesamttest ist o.K
#    Time: 900 ns  Iteration: 0  Instance: /test_bench_zaehl
```

2. Testbench mit Ein- und Ausgabedatei

Beim zweiten Test wird – wie in Kap. 4.9.3 erläutert – die Eingabe der Stimuli über eine formatierte Textdatei vorgenommen. In gleicher Weise werden die Testergebnisse formatiert in einer Ausgabedatei abgelegt. Im folgenden Beispiel wird vorausgesetzt, dass die compilierten Packages zaehler_pack und text_io in der Work-Library gespeichert sind.

```
-- tb_zaehl_io.vhd
-- Testbench mit Ein- und Ausgabedatei
library ieee;
use ieee.std_logic_1164.all;
use std.textio.all;
use work.text_io_pack.all;   -- siehe Kap. 4.9.3
use work.zaehler_pack.all;
entity tb_textio is          -- Testbench
end tb_textio;
architecture auto_test of tb_textio is
    signal clk,reset: std_logic;
    signal q: std_logic_vector(3 downto 0);
begin
dut: bin_4 port map (clk, reset, q);
testen: process
    file eingabe_datei: text is in "zaehl_ein.txt";       -- Stimuli-Eingabe
    file ausgabe_datei: text is out "zaehl_aus.txt";      -- Ergebnis-Ausgabe
    variable zeile_ein,zeile_aus: line;
    variable v_clk: std_logic;
    variable v_reset: std_logic;
    variable v_q: std_logic_vector(3 downto 0);
    variable aus_q: std_logic_vector(3 downto 0);
    variable fehler: boolean := false;
    variable gut: boolean;
    variable char: character;
    variable fehler_aus: string(1 to 4) := "nein";
    constant abstand_2: string(1 to 2) := "  ";
    constant abstand_3: string(1 to 3) := "   ";
    constant abstand_4: string(1 to 4) := "    ";
-- Ueberschrift der Ausgabedatei
    constant ueber: string(1 to 29) := "clk reset   q    qsoll Fehler";
begin
        write(zeile_aus, ueber);         -- Ueberschriftausgabe
        writeline(ausgabe_datei, zeile_aus); -- Ausgabe der Zeile
        writeline(ausgabe_datei, zeile_aus); -- Ausgabe einer Leerzeile
zeile_loop:        while not endfile(eingabe_datei) loop
    readline (eingabe_datei,zeile_ein); -- Zeile einlesen
    -- Zeile auswerten: Uebergabe an Signale
    -- ueberspringe Zeile, falls Zeichen kein Tabulator
    read (zeile_ein,char,gut);
    if not gut or char /= HT then next;
    end if;
    assert gut
    report "Fehler beim Lesen"
    severity note;
    read (zeile_ein,v_clk,gut);
    next when not gut;
    read (zeile_ein,char);
    read (zeile_ein,v_reset,gut);
```

```
    next when not gut;
    read (zeile_ein,char);
    read (zeile_ein,v_q,gut);
    next when not gut;
    clk <= v_clk;  -- Typ-Konvertierung: variable --> signal
    reset <= v_reset;
    wait for 20 ns;
-- ueberpruefen des Ergebnisses
    aus_q := q;
    if aus_q /= v_q then
        assert false
        report "Zaehler reagiert falsch";
        fehler := true;
        fehler_aus := " ja ";
    end if;
-- formatierte Ausgabe
    write(zeile_aus, ' ');
    write(zeile_aus, v_clk);
    write(zeile_aus, abstand_4);
    write(zeile_aus, v_reset);
    write(zeile_aus, abstand_3);
    write(zeile_aus, aus_q);
    write(zeile_aus, abstand_3);
    write(zeile_aus, v_q);
    write(zeile_aus, abstand_3);
    write(zeile_aus, fehler_aus);
    writeline(ausgabe_datei, zeile_aus);
        fehler_aus := "nein";
    wait for 30 ns; -- Taktperiode = 100 ns = 2 x (20+30)ns
end loop zeile_loop;
-- Ausgabe eines Reports
    assert not fehler
    report "Gesamtbewertung: Zaehler ist fehlerhaft"
    severity note;
    assert fehler
    report "Gesamtbewertung: Zaehler ist o.K"
    severity note;
    wait;
end process testen;
end auto_test;
```

Fehlerprotokoll ModelSim: (s. o)

Tab. Ü15.1: Ein- und Ausgabedatei, die innerhalb der Testbench verwendet werden

eingabe_datei: zaehl_ein.txt	ausgabe_datei: zaehl_aus.txt
4-Bit-Binärzähler mit asnchronem Reset	clk reset q qsoll Fehler
0 0 0000	0 0 0000 0000 nein
1 1 0000	1 1 0000 0000 nein
0 1 0001	0 1 0001 0001 nein
1 1 0001	1 1 0001 0001 nein
0 1 0010	0 1 0010 0010 nein
1 1 0010	1 1 0010 0010 nein
0 1 0011	0 1 0011 0011 nein
1 1 0011	1 1 0011 0011 nein
0 1 0100	0 1 0100 0100 nein
1 1 0100	1 1 0100 0100 nein
0 1 0101	0 1 0101 0101 nein
1 1 0101	1 1 0101 0101 nein
0 1 0110	0 1 0110 0110 nein
1 1 0110	1 1 0110 0110 nein
0 1 0111	0 1 0000 0111 ja
1 1 0111	1 1 0000 0111 ja
0 1 1000	0 1 0001 1000 ja
1 1 1000	1 1 0001 1000 ja

Aufgabe 16: VHDL-Entwurf des programmierbaren Synchronzählers 74163

Entwerfen Sie das VHDL-Modell des programmierbaren synchronen 4-Bit-Dualzählers 74163. Eine detaillierte Beschreibung des Zählertyps finden Sie in Kapitel 6.2.2.1.

Lösung:

```
-- Ladbarer 4-Bit-Binaerzaehler: Typ SN74163
-- Steuereingaenge: clr, load, ent, enp
-- Takteingang clk
-- Ladeeingaenge: d (4-Bit-Vektor)
-- Ausgaenge: q (4-Bit-Vektor) und Uebertrag rco

library ieee;
use ieee.std_logic_1164.all;
use ieee.std_logic_unsigned."+";

entity SN74163 is port (
     clr, load, ent, enp:        in std_logic;
    clk:  in std_logic;
    d: in std_logic_vector(3 downto 0);
    q:     buffer std_logic_vector(3 downto 0);
    rco: out std_logic);
end SN74163 ;

architecture arch_bin4 of SN74163 is
constant tco: time := 8 ns;
constant tpd: time := 10 ns;
```

```
begin
zaehlen: process (clk)
   begin
    if (clk'event and clk = '1') then
           if clr = '0' then        -- synchroner Reset
            q <= (others => '0') after tco;
           elsif load = '0' then q <= d after tco;
            elsif (ent = '1' and enp = '1') then -- zaehlt, falls beide enable aktiv
            q <= q + 1 after tco;
           end if;
    end if;
  end process zaehlen;

ueberlauf: rco <= '1' after tpd when q = 15 and ent = '1' else
    '0' after tpd;
end arch_bin4;
```

Aufgabe 17: Synchroner Modulo-5-Zähler

Geben Sie zu den drei Unterpunkten jeweils die nichtnegierten disjunktiven Minimalformen an.

17.1 Entwerfen Sie mit Hilfe von D-Flipflops einen synchronen Modulo-5 Zähler. Der Zähler soll vorwärts zählen.
17.2 Entwerfen Sie mit Hilfe von D-Flipflops einen synchronen Modulo-5 Zähler. Der Zähler soll rückwärts zählen.
17.3 Entwerfen Sie mit Hilfe von D-Flipflops einen umschaltbaren synchronen Modulo-5 Zähler. Mit UM = 0 soll vorwärts und mit UM = 1 soll rückwärts gezählt werden.

Lösung:

17.1 Vorwärtszähler

Tab. Ü17.1: Wahrheitstabelle für den synchronen Modulo-5-Vorwärtszähler

QC	QB	QA	Zahl	QC*	QB*	QA*
0	0	0	0	0	0	1
0	0	1	1	0	1	0
0	1	0	2	0	1	1
0	1	1	3	1	0	0
1	0	0	4	0	0	0
1	0	1	5	*	*	*
1	1	0	6	*	*	*
1	1	1	7	*	*	*

Übergangsbedingung für das D-Flipflop: $D = Q^*$

$DA = QA^* = (0) \vee (2) = \overline{QA}\,\overline{QC}$

$DB = QB^* = (1) \vee (2) = QA\,\overline{QB} \vee \overline{QA}\,QB$

$DC = QC^* = (3) = QA\,QB$

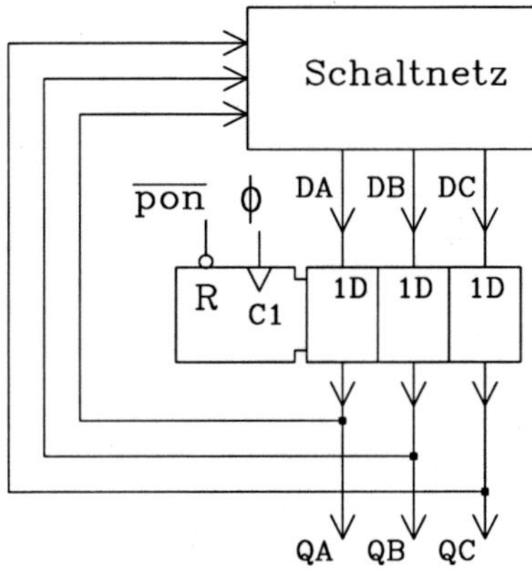

Bild Ü17.1: Schaltung des Modulo-5-Vorwärtszählers

17.2 Rückwärtszähler

Tab. Ü17.2: Wahrheitstabelle für den synchronen Modulo-5-Rückwärtszähler

QC	QB	QA	Zahl	QC*	QB*	QA*
0	0	0	0	1	0	0
0	0	1	1	0	0	0
0	1	0	2	0	0	1
0	1	1	3	0	1	0
1	0	0	4	0	1	1
1	0	1	5	*	*	*
1	1	0	6	*	*	*
1	1	1	7	*	*	*

Übergangsbedingung: $D = Q^*$

$DA = QA^* = (2) \vee (4) = QC \vee \overline{QA}\,QB$
$DB = QB^* = (3) \vee (4) = QC \vee QA\,QB$

$DC = QC^* = (0) = \overline{QA}\,\overline{QB}\,\overline{QC}$

Es gilt die Schaltung nach Bild Ü17.1.

17.3 Umschaltbarer Vor-/Rückwärtszähler

Für die Umschaltvariable UM wird in der Wahrheitstabelle eine zusätzliche Eingangsgröße berücksichtigt.

Übergangsbedingung: $D = Q^*$

$DA = QA^* = (0) \vee (2) \vee (10) \vee (12) = QC\,UM \vee \overline{QA}\,QB \vee \overline{QA}\,\overline{QC}\,\overline{UM}$

$DB = QB^* = (1) \vee (2) \vee (11) \vee (12) =$

$= QC\,UM \vee QA\,QB\,UM \vee \overline{QA}\,QB\,\overline{UM} \vee QA\,\overline{QB}\,\overline{UM}$

$DC = QC^* = (3) \vee (8) = QA\,QB\,\overline{UM} \vee \overline{QA}\,\overline{QB}\,\overline{QC}\,UM$

Tab. Ü17.3: Wahrheitstabelle für Aufgabe 17.3

UM	QC	QB	QA	Zahl	QC*	QB*	QA*
0	0	0	0	0	0	0	1
0	0	0	1	1	0	1	0
0	0	1	0	2	0	1	1
0	0	1	1	3	1	0	0
0	1	0	0	4	0	0	0
0	1	0	1	5	*	*	*
0	1	1	0	6	*	*	*
0	1	1	1	7	*	*	*
1	0	0	0	8	1	0	0
1	0	0	1	9	0	0	0
1	0	1	0	10	0	0	1
1	0	1	1	11	0	1	0
1	1	0	0	12	0	1	1
1	1	0	1	13	*	*	*
1	1	1	0	14	*	*	*
1	1	1	1	15	*	*	*

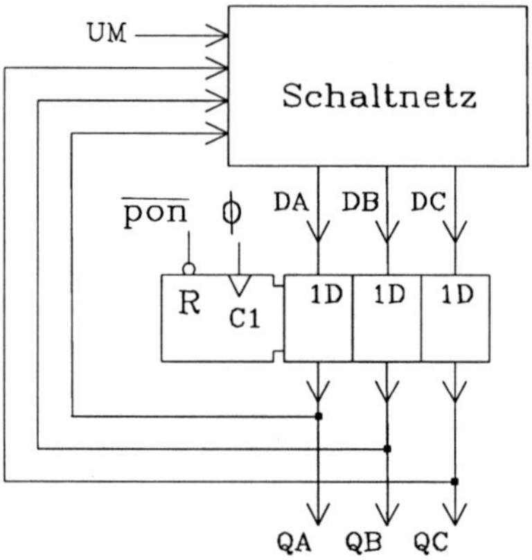

Bild Ü17.2: Schaltung des umschaltbaren Modulo-5-Vorwärts-/Rückwärtszählers

VHDL-Modell: Umschaltbarer Modulo-5-Zähler

```
library ieee;
use ieee.std_logic_1164.all;
entity mod_5_um is port (
        clk, pon, um: in std_logic;
        q: out std_logic_vector (2 downto 0));
end mod_5_um;
architecture verhalt_mod_5 of mod_5_um is   -- Realisierung mit einer Zustandsmaschine
        type zustand_type is (S0, S1, S2, S3, S4);
        signal zustand: zustand_type;
begin
zustand_machine: process (clk, pon)                    --Registerausgabe
begin
        if pon = '0' then q <= "000"; zustand <= S0;   -- Anfangszustand
          elsif clk'event and clk = '1' then
```

```
        case zustand is                    -- Zustandsfolge ist von "um" abhaengig
            when S0 =>
                    if um='1' then zustand <= S4; q <= "100";
                    elsif um='0' then zustand <= S1; q <= "001";
                    end if;
            when S1 =>
                    if um='1' then zustand <= S0; q <= "000";
                    elsif um='0' then  zustand <= S2; q <= "010";
                    end if;
            when S2 =>
                    if um='1' then zustand <= S1; q <= "001";
                    elsif um='0' then zustand <= S3; q <= "011";
                    end if;
            when S3 =>
                    if um='1' then zustand <= S2; q <= "010";
                    elsif um='0' then zustand <= S4; q <= "100";
                    end if;
            when S4 =>
                    if um='1' then zustand <= S3; q <= "011";
                    elsif um='0' then zustand <= S0; q <= "100";
                    end if;
            when others => null;
        end case;
    end if;
end process zustand_machine;
end verhalt_mod_5;
```

Aufgabe 18: Entwurf eines synchronen Schaltwerks (Moore-Automat)

Gegeben ist ein Takt ϕ mit der Periodendauer $T_p = 1\,\mu s$ und ein zum Takt asynchrones Eingangssignal X1 (Bild Ü18.1). Die Eingangsimpulse sind breiter als T_p und der Abstand zwischen den Eingangsimpulsen, gemessen von negativer Flanke bis zur nächstfolgenden positiven, ist größer als 3 T_p.

Entwerfen Sie einen digitalen Differenzierer, der sowohl nach der positiven als auch nach der negativen Flanke eines Eingangsimpulses je einen zur positiven Taktflanke synchronen Impuls der Breite T_p ausgibt. Auch als Reaktion auf schmale Eingangsimpulse sollen an Y1 zwei Impulse in einem Abstand der Taktperiode T_p ausgegeben werden. Die synchrone Ausgabe an Y1 soll so schnell wie möglich erfolgen (Bild Ü18.1).

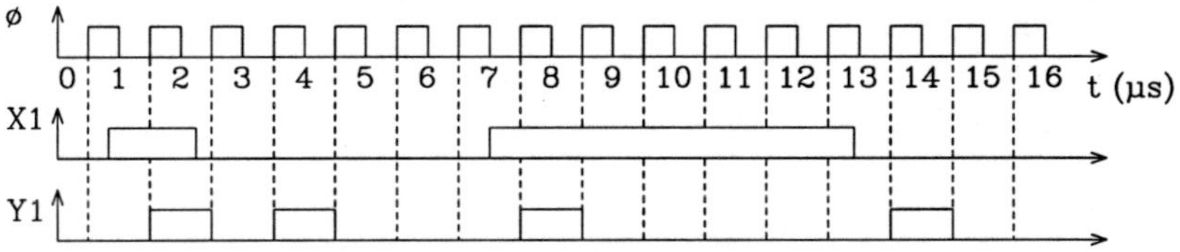

Bild Ü18.1: Signalzeitplan des digitalen Differenzierers

Anleitung:

Setzen Sie zur Lösung der Aufgabe ein synchrones Schaltwerk vom Typ Moore-Automat ein. Stellen Sie das entsprechende Zustandsdiagramm und die Zustandsfolgetabelle auf und reduzieren Sie die Zustände soweit wie möglich. Entwerfen Sie anhand der Zustandsfolgetabelle ein synchrones Schaltwerk mit D-Flipflops als Zustandsvariablenspeicher.

Lösung:

Zur Lösung der Aufgabe wird zunächst ein Zustandsdiagramm entworfen. Anhand der Aufgabenstellung wird schrittweise das Zustandsdiagramm a) in Bild Ü18.2 entwickelt. Nach dem Einschalten der Versorgungsspannung (pon) wird der Anfangszustand 0 erreicht. In diesem Zustand gibt das Schaltwerk am Ausgang Y1 den Logik-Zustand 0 aus und wartet (Warteschleife für ¬X1 = 1) bis das Eingangssignal X1 den Logik-Zustand 1 annimmt. Für X1 = 1 erfolgt mit der nächsten positiven Taktflanke der Übergang in den Zustand 1.

Im Zustand 1 wird an Y1 für eine Taktperiode der Logik-Zustand 1 ausgegeben. Mit der nächsten positiven Taktflanke erfolgt für ¬X1 = 1 (kurzer Eingangsimpuls) der Übergang nach Zustand 4, während für X1 = 1 (breiter Impuls) der Folgezustand 2 erreicht wird. In beiden Zuständen (2 und 4) wird Y1 = 0 (¬Y1 = 1) ausgegeben.

Von Zustand 4 ausgehend wird für X1 = 0 (¬X1 = 1) zunächst der Zustand 5 erreicht, in dem Y1 = 1 wird (zweiter Ausgabeimpuls) und anschließend der Anfangszustand 0. Sowohl im Zustand 4 als auch im Zustand 5 kann aufgrund der Randbedingung "Minimaler Abstand zwischen zwei Eingangsimpulsen ist größer als 3 T_p" das Eingangssignal X1 nicht 1 werden.

Falls ein breiter Eingangsimpuls vorliegt, wartet das Schaltwerk im Zustand 2 das Impulsende (Warteschleife für X1 = 1) ab und geht dann für X1 = 0 (¬X1 = 1) mit der nächsten positiven Flanke in den Zustand 3 über. Im Zustand 3 wird für eine Taktperiode Y1 = 1 ausgegeben, und anschießend erfolgt der Übergang in den Anfangszustand 0. Aufgrund des minimalen Abstands der Eingangsimpulse von größer 3 T_p kann im Zustand 3 die Eingangsvariable X1 nicht "1" werden.

Die zu dem Zustandsdiagramm in Bild Ü18.2 a) zugehörige Zustandsfolgetabelle ist in Tab. Ü18.1 a) dargestellt. Die Zustände 3 und 5 in Tab. Ü18.1 a) sind äquivalent und werden zu dem Zustand 3 zusammengefasst. Wenn man die Zustandsnummer 5 durch 3 ersetzt, erkennt man, dass die Zustände 2 und 4 ebenfalls äquivalent sind. Sie werden zu dem Zustand 2 zusammengefasst. Die sich daraus ergebende reduzierte Zustandsfolgetabelle ist in Tab. Ü18.1 b) abgebildet und das zugehörige Zustandsdiagramm ist in Bild Ü18.2 b) skizziert.

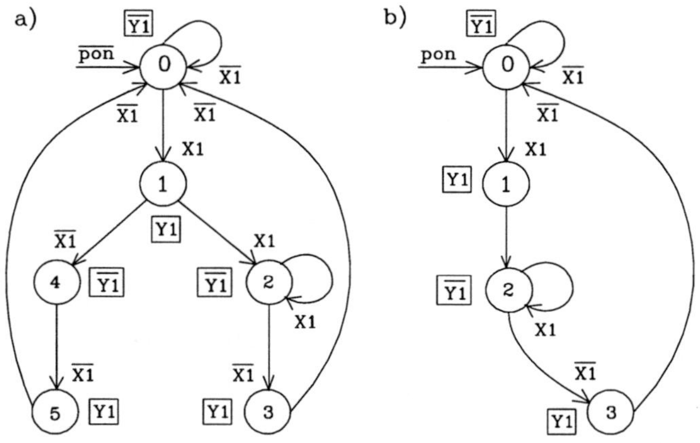

Bild Ü18.2: Zustandsdiagramm des digitalen Differenzierers

Tab. Ü18.1: Gegenüberstellung der nichtreduzierten (links) und der reduzierten Zustandsfolgetabelle (rechts)

Eingang	Zustand		Ausgang
m	m	m+1	m
X	Z	Z^*	Y
0	0	0	0
1	0	1	0
0	1	4	1
1	1	2	1
0	2	3	0
1	2	2	0
0	3	0	1
1	3	*	1
0	4	5	0
1	4	*	0
0	5	0	1
1	5	*	1

Eingang	Zustand		Ausgang
m	m	m+1	m
X	Z	Z^*	Y
0	0	0	0
1	0	1	0
0	1	2	1
1	1	2	1
0	2	3	0
1	2	2	0
0	3	0	1
1	3	*	1

Tab. Ü18.2: Ausführliche Form der reduzierten Zustandsfolgetabelle

Eing. (dez.)	Zustand (dez.)		Ausg. (dez.)		Eingangs-variablen	Zustands-variablen				Augangs-variablen
m	m	m+1	m		m	m		m+1		m
X	Z	Z^*	Y		X1	Z1	Z2	$Z1^*$	$Z2^*$	Y1
0	0	0	0		0	0	0	0	0	0
1	0	1	0		1	0	0	0	1	0
0	1	2	1		0	0	1	1	0	1
1	1	2	1		1	0	1	1	0	1
0	2	3	0		0	1	0	1	1	0
1	2	2	0		1	1	0	1	0	0
0	3	0	1		0	1	1	0	0	1
1	3	*	1		1	1	1	*	*	1

Anhand der ausführlichen Zustandsfolgetabelle in Tab. Ü18.2 werden mit Hilfe der KV-Diagramme (Bild Ü18.3) die Gleichungen D1 und D2 für die D-Flipflops sowie die Ausgangsgleichung Y1 bestimmt.
Für die KV-Diagramme gilt folgende Zuordnung: X1: 2^2 Z1: 2^1 Z2: 2^0

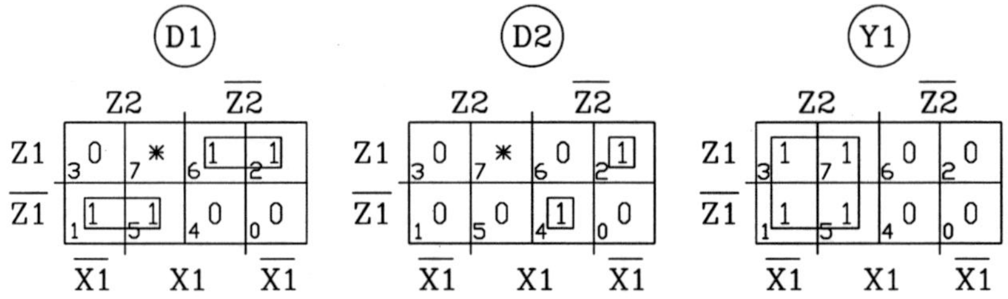

Bild Ü18.3: KV-Diagramme für D1, D2 und Y1

$$Z1^* = D1 = (1) \vee (5) \vee (2) \vee (6) = Z1\ \overline{Z2} \vee \overline{Z1}\ Z2$$

$$Z2^* = D2 = (4) \vee (2) = X1\ \overline{Z1}\ \overline{Z2} \vee \overline{X1}\ Z1\ \overline{Z2}$$

$$Y1 = (1) \vee (5) \vee (3) \vee (7) = Z2$$

Das gesuchte Schaltwerk ist in Bild Ü18.4 abgebildet. Für die technische Realisierung kann ein PAL mit Registerausgang eingesetzt werden. In diesem Fall wird zur Lösung der Aufgabe nur ein integrierter Baustein benötigt.

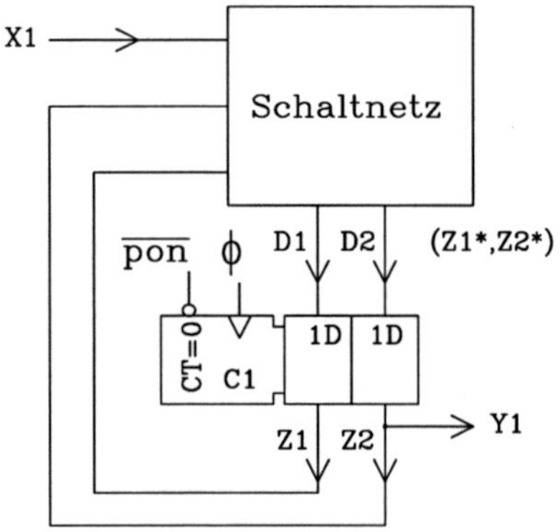

Bild Ü18.4: Schaltung des digitalen Differenzierers

Das Schaltwerk in Bild Ü18.4 ist ein Moore-Automat mit synchroner Ausgabe Y1 = Z2. Die im Zustandsdiagramm (Bild Ü18.2) gekennzeichnete Möglichkeit, über einen Einschaltimpuls (¬pon) den Anfangszustand 0 zu erreichen, wird im Schaltwerk über den negierten Rücksetzeingang am D-Register mit ¬pon = 0 realisiert.

VHDL-Modell: Digitaler Differenzierer mit zwei Ausgabeimpulsen

```
library ieee;
use ieee.std_logic_1164.all;

entity differ_2 is port (
  clk, x1, pon:       in std_logic;
  y1:                 out std_logic);
end differ_2;

architecture differ_2_arch of differ_2 is
  type zustand_type is (S0, S1, S2, S3);
  signal zustand: zustand_type;
begin
zustand_machine: process (clk, pon)
begin
  if pon='0' then zustand <= S0;          -- mit pon = 0 in den Anfangszustand
  elsif clk'event and clk = '1' then
         case zustand is
         when S0 =>                                  -- Zustand 0 (S0)
                       if x1='1' then zustand <= S1;
                       elsif x1='0' then zustand <= S0;
                       end if;
         when S1 =>                                  -- Zustand 1 (S1)
                       zustand <= S2;
               when S2 =>                                  -- Zustand 2 (S2)
                       if x1='1' then zustand <= S2;
                       elsif x1='0' then zustand <= S3;
                       end if;
               when S3 =>                                  -- Zustand 3 (S3)
                       if x1='0' then zustand <= S0;
                       end if;
         end case;
  end if;
end process;

y1_zuweisung:                           -- Signal-Zuweisung fuer kombinatorische Ausgabe
y1 <= '1' when (zustand = S1 or zustand = S3)
         else '0';
end differ_2_arch;
```

Aufgabe 19: Entwurf eines synchronen Schaltwerks (Mealy-Automat)

Gegeben ist ein Takt ∊ mit der Periodendauer T_p = 1µs und ein zum Takt asynchrones Eingangssignal X1 (Bild Ü19.1). Die Eingangsimpulse sind breiter als T_p und der Abstand zwischen den Eingangsimpulsen, gemessen von negativer Flanke bis zur nächstfolgenden positiven, ist größer als 3 T_p.

Entwerfen Sie einen digitalen Differenzierer, der unmittelbar nach der positiven Flanke eines Eingangsimpulses einen H-Impuls am Ausgang ausgibt. Verzögerungszeiten der im Schaltwerk eingesetzten Gatter und Flipflops seien vernachlässigbar.

Der Ausgabeimpuls Y1 soll breiter als 2 T_p, jedoch schmaler als 3 T_p sein und synchron mit der positiven Taktflanke beendet werden (Bild Ü19.1).

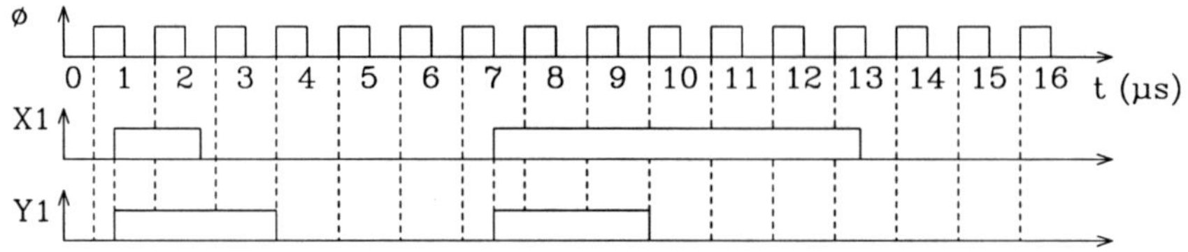

Bild Ü19.1: Signalzeitplan des digitalen Differenzierers

Anleitung:

Setzen Sie zur Lösung der Aufgabe ein synchrones Schaltwerk vom Typ Mealy-Automat ein. Stellen Sie das entsprechende Zustandsdiagramm und die Zustandsfolgetabelle auf und reduzieren Sie die Zustände soweit wie möglich. Entwerfen Sie anhand der Zustandsfolgetabelle ein synchrones Schaltwerk mit D-Flipflops als Zustandsvariablenspeicher.

Lösung:

Zur Lösung der Aufgabe wird zunächst ein Zustandsdiagramm entworfen. Anhand der Aufgabenstellung wird schrittweise das Zustandsdiagramm a) in Bild Ü19.2 entwickelt. Nach dem Einschalten der Versorgungsspannung (pon) wird der Anfangszustand 0 erreicht. In diesem Zustand gibt das Schaltwerk am Ausgang Y1 für X1 = 0 den Logik-Zustand 0 und für X1 = 1 den Logik-Zustand 1 aus. Solange X1 = 0 ist, bleibt das Schaltwerk in einer Warteschleife. Für X1 = 1 erfolgt mit der nächsten positiven Taktflanke der Übergang in den Zustand 1.

Im Zustand 1 wird an Y1 für eine Taktperiode der Logik-Zustand 1 ausgegeben. Mit der nächsten positiven Taktflanke erfolgt für ¬X1 = 1 (kurzer Eingangsimpuls) der Übergang nach Zustand 4, während für X1 = 1 (breiter Impuls) der Folgezustand 2 erreicht wird. In beiden Zuständen (2 und 4) wird Y1 = 1 ausgegeben. Da im Zustand 0 für X1 = 1 und in zwei aufeinander folgenden Zuständen (1 und 2 bzw. 1 und 4) am Ausgang Y1 = 1 ausgegeben wird, sind die Ausgangsimpulse breiter als 2 T_p und schmaler als 3 T_p.

Vom Zustand 4 ausgehend wird für X1 = 0 (¬X1 = 1) der Anfangszustand 0 erreicht. Im Zustand 4 kann aufgrund der Randbedingung "Minimaler Abstand zwischen zwei Eingangsimpulsen ist größer als 3 T_p" das Eingangssignal X1 nicht 1 werden. Im Zustand 2 verzweigt sich der Signalfluss. Für X1 = 0 (¬X1 = 1) wird der Anfangszustand und für X1 = 1 der Zustand 3 erreicht.

Im Zustand 3 wartet das Schaltwerk das Impulsende (Warteschleife für X1 = 1) ab und geht dann für X1 = 0 (¬X1 = 1) mit der nächsten positiven Flanke in den Zustand 0 über. Im Zustand 3 wird Y1 = 0 (¬Y1 = 1) ausgegeben.

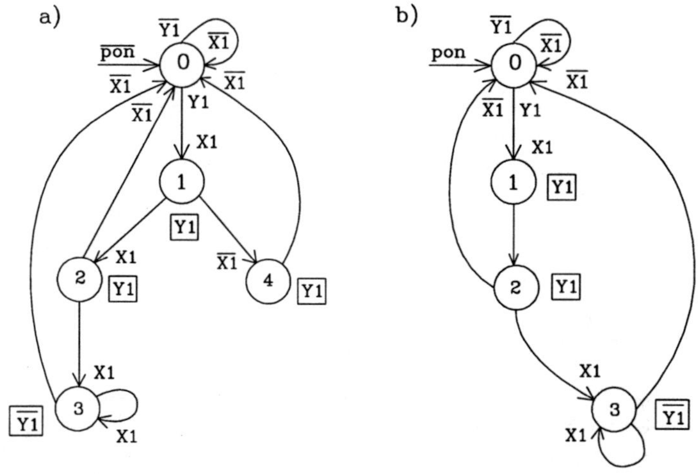

Bild Ü19.2: Zustandsdiagramm des digitalen Differenzierers

Die zu dem Zustandsdiagramm in Bild Ü19.2 a) zugehörige Zustandsfolgetabelle ist in Tab. Ü19.1 a) dargestellt.

Die Zustände 2 und 4 in Tab. Ü19.1 a) sind äquivalent und werden zu dem Zustand 2 zusammengefasst. Die sich daraus ergebende reduzierte Zustandsfolgetabelle ist in Tab. Ü19.1 b) abgebildet und das zugehörige Zustandsdiagramm ist in Bild Ü19.2 b) skizziert.

Tab. Ü19.1: Gegenüberstellung der nichtreduzierten und der reduzierten Zustandsfolgetabelle

a) Zustandsfolgetabelle

Eingang	Zustand		Ausgang
m	m	m+1	m
X	Z	Z*	Y
0	0	0	0
1	0	1	1
0	1	4	1
1	1	2	1
0	2	0	1
1	2	3	1
0	3	0	0
1	3	3	0
0	4	0	1
1	4	*	1

b) Reduzierte Zustandsfolgetabelle

Eingang	Zustand		Ausgang
m	m	m+1	m
X	Z	Z*	Y
0	0	0	0
1	0	1	1
0	1	2	1
1	1	2	1
0	2	0	1
1	2	3	1
0	3	0	0
1	3	3	0

Tab. Ü19.2: Ausführliche Form der reduzierten Zustandsfolgetabelle

Eing. (dez.)	Zustand (dez.)		Ausg. (dez.)		Eigangs-variablen	Zustands-variablen				Augangs-variablen
m	m	m+1	m		m	m		m+1		m
X	Z	Z^*	Y		X1	Z1	Z2	$Z1^*$	$Z2^*$	Y1
0	0	0	0		0	0	0	0	0	0
1	0	1	1		1	0	0	0	1	1
0	1	2	1		0	0	1	1	0	1
1	1	2	1		1	0	1	1	0	1
0	2	0	1		0	1	0	0	0	1
1	2	3	1		1	1	0	1	1	1
0	3	0	0		0	1	1	0	0	0
1	3	3	0		1	1	1	1	1	0

Anhand der ausführlichen Zustandsfolgetabelle in Tab. Ü19.2 werden mit Hilfe der KV-Diagramme (Bild Ü19.3) die Gleichungen D1 und D2 für die D-Flipflops sowie die Ausgangsgleichung Y1 bestimmt.

Für die KV-Diagramme gilt folgende Zuordnung: 2^2 X1, 2^1 Z1, 2^0 Z2

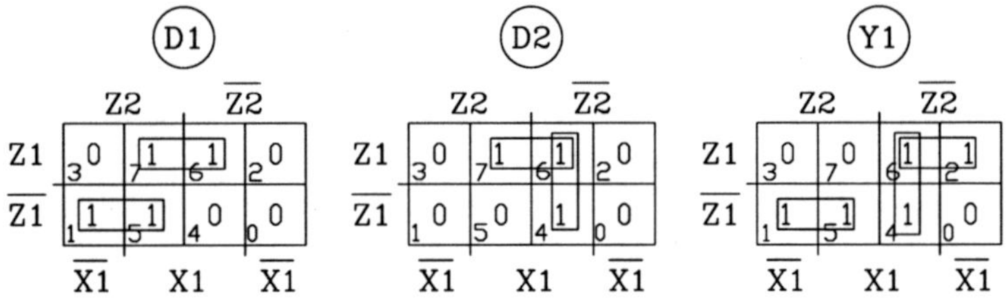

Bild Ü19.3: KV-Diagramme für D1, D2 und Y1

Minimale Gleichungen für Z1*, Z2* und Y1:

$Z1^* = D1 = (1) \vee (5) \vee (6) \vee (7) = \overline{Z1}\,Z2 \vee X1\,Z1$

$Z2^* = D2 = (4) \vee (6) \vee (7) = X1\,\overline{Z2} \vee X1\,Z1$

$Y1 \;= (4) \vee (1) \vee (5) \vee (2) \vee (6) = Z1\,\overline{Z2} \vee \overline{Z1}\,Z2 \vee X1\,\overline{Z2}$

Das gesuchte Schaltwerk ist in Bild Ü19.4 abgebildet. Für die technische Realisierung kann ein PAL mit zusätzlichen Registerausgängen eingesetzt werden. In diesem Fall wird zur Lösung der Aufgabe nur ein integrierter Baustein benötigt.

Das Schaltwerk in Bild Ü19.4 ist ein Mealy-Automat mit asynchroner Ausgabe am Ausgang Y1. Die im Zustandsdiagramm (Bild Ü19.2) markierte Möglichkeit, über einen Einschaltimpuls (¬pon) den Anfangszustand 0 zu erreichen, wird im Schaltwerk über den negierten Rücksetzeingang am D-Register mit ¬pon = 0 realisiert.

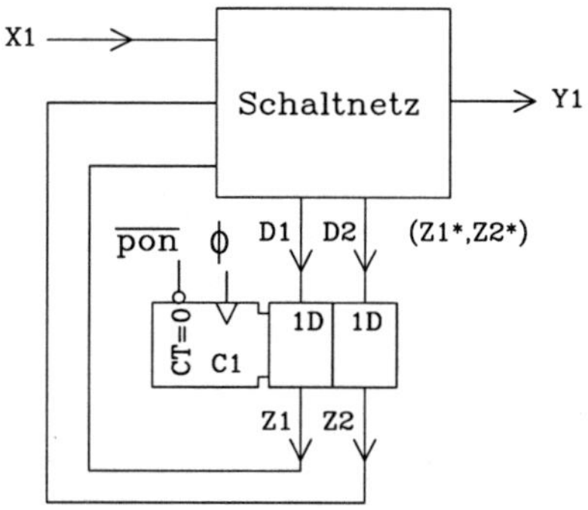

Bild Ü19.4: Schaltung des digitalen Differenzierers

VHDL-Modell: Digitaler Differenzierer als Mealy-Automat

```
library ieee;
use ieee.std_logic_1164.all;

entity diff_mealy is port (
  clk, pon, x1:       in std_logic;
  y1:                 out std_logic);
end diff_mealy;

architecture diff_mealy_arch of diff_mealy is
  type zustand_type is (S0, S1, S2, S3);
  signal zustand: zustand_type;
begin
zustand_machine: process (clk, pon)
begin
  if pon='0' then zustand <= S0;          -- pon = 0 --> Anfangszustand
  elsif clk'event and clk = '1' then
        case zustand is
              when S0 =>
                    if x1='1' then zustand <= S1;
                    elsif x1='0' then zustand <= S0;
                    end if;
              when S1 =>
                    zustand <= S2;
              when S2 =>
                    if x1='0' then zustand <= S0;
                    elsif x1='1' then zustand <= S3;
                    end if;
              when S3 =>
                    if x1='1' then zustand <= S3;
                    elsif x1='0' then zustand <= S0;
                    end if;
        end case;
  end if;
end process;
```

```
y1_assignment:                    -- Kombinatorische Ausgabe fuer Mealy-Automat
y1 <= '1' when (zustand = S0 and x1='1') else
      '0' when (zustand = S0 and x1='0') else
      '1' when (zustand = S1) else
      '1' when (zustand = S2)
      else '0';

end diff_mealy_arch;
```

Aufgabe 20: Entwurf eines synchronen Schaltwerks mit Registerausgabe

Für die Steuerung der Datenübergabe von einem Rechner an zwei Messgeräte soll ein synchrones Schaltwerk entworfen werden. Es werden nacheinander Datenwörter gesendet, die von den Messgeräten empfangen und quittiert werden. Ein neues Datenwort wird mit der positiven Flanke am Ausgang Y1 des Schaltwerks gesendet und bleibt bis zur negativen Flanke von Y1 gültig. Der Ausgang Y1 soll solange im 1-Zustand bleiben, bis beide Messgeräte das Datenwort empfangen und und durch einen 1-Impuls quittiert haben. Nach einer kurzen Pause wird anschließend das nächste Datenwort mit einem neuen 1-Impuls am Ausgang Y1 übergeben (s. Bild Ü20.1).

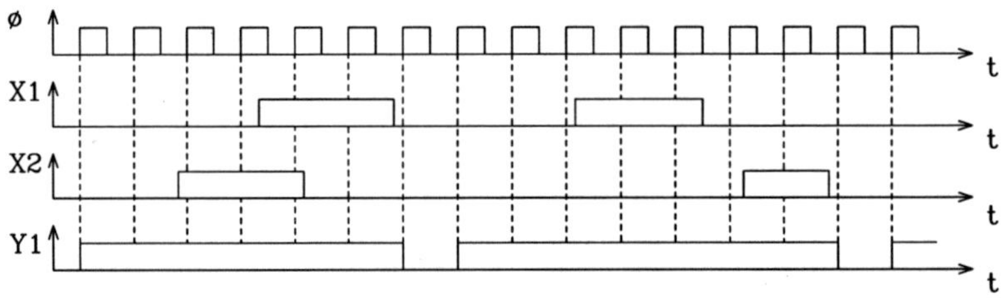

Bild Ü20.1: Beispiel für den Signalverlauf am Ein- und am Ausgang des Schaltwerks

Es gilt:

a) Die Übernahme der Daten am Messgerät ist mit der negativen Flanke des Quittungssignals X1 bzw. X2 abgeschlossen.
b) Impulsbreite von X1 bzw. X2 ist größer als 1,2 μs und kleiner als 10 μs.
c) Impulspause am Ausgang Y1 ist größer als 0,5μs.

Zur Lösung der Aufgabenstellung soll ein synchroner Moore-Automat mit Registerausgabe eingesetzt werden. Bestimmen Sie die erforderliche Taktfrequenz und begründen Sie Ihre Wahl. Geben Sie das Zustandsdiagramm und die Zustandsfolgetabelle in ausführlicher Form an. Reduzieren Sie die Anzahl der Zustände, falls es möglich ist. Die digitale Schaltung ist *nicht* erforderlich. Geben Sie ein geeignetes VHDL-Modell an, das eine Registerausgabe ermöglicht.

Anm.: Es ist sichergestellt, dass stets beide Messgeräte Quittungssignale senden.

Lösung:

Es soll gelten: $0{,}5\mu s \leq T_{\Phi} \leq 1.2\mu s$, damit ein Impuls einerseits sicher erfasst wird und andererseits die Impulspause an Y groß genug ist. Gewählt wird $T_{\Phi} = 1\mu s$.

Y1* an ein Register (z.B. D-Flipflop) angeschlossen und der entsprechende Wert wird mit der nächsten aktiven Taktflanke als Y1 am Registerausgang ausgegeben.

Tab. Ü20.1: Zustandsfolgetabelle für einen Moore-Atomaten mit Registerausgabe

X1	X2	Z1	Z2	Z3	Z1*	Z2*	Z3*	Y1*
0	0	0	0	0	0	0	1	1
0	1	0	0	0	*	*	*	1
1	0	0	0	0	*	*	*	1
1	1	0	0	0	*	*	*	1
0	0	0	0	1	0	0	1	1
0	1	0	0	1	1	0	0	1
1	0	0	0	1	0	1	0	1
1	1	0	0	1	0	1	1	1
0	0	0	1	0	0	1	0	1
0	1	0	1	0	0	1	1	1
1	0	0	1	0	0	1	0	1
1	1	0	1	0	0	1	1	1
0	0	0	1	1	0	0	0	0
0	1	0	1	1	0	1	1	1
1	0	0	1	1	0	1	1	1
1	1	0	1	1	0	1	1	1
0	0	1	0	0	1	0	0	1
0	1	1	0	0	1	0	0	1
1	0	1	0	0	0	1	1	1
1	1	1	0	0	0	1	1	1

VHDL-Modell: Moore-Automat mit Registerausgabe

```
library ieee;
use ieee.std_logic_1164.all;

entity daten_ueber is port (
        pon,clk:  in std_logic;
        x:                in std_logic_vector (1 to 2);
        y1:               out std_logic);
end daten_ueber;

architecture arch_ueber of daten_ueber is
        type states is (S0,S1,S2,S3,S4); -- Typdeklaration
        signal zustand: states;
begin
reg_aus: process(clk, pon)
  begin
        if pon='1'then                          -- pon = 1 ---> Anfangszustand
          zustand <= S0;
          y1 <= '0';
        elsif (clk'event and clk = '1') then
```

```
        y1 <= '1';                    -- y1 = 1 ist die Voreinstellung
        case zustand is               -- wenn IST-Zustand gleich ...
          when S0 =>
                zustand <= S1;
          when S1 =>
            case x is                 -- Folgezustand ist abhaengig von x
                when "00" => zustand <= S1;
                when "01" => zustand <= S4;
                when "10" => zustand <= S2;
                when others => zustand <= S3;
            end case;
          when S2 =>
             if (x = "00" or x = "10") then  -- X=0 oder X=2
                 zustand <= S2;
             else                            -- X=1 oder X=3
                 zustand <= S3;
             end if;
          when S3 =>
             if x="00" then
                 zustand <= S0;
                 y1 <= '0';           -- Y1=0 gilt fuer den Zustand S0
             else
                 zustand <= S3;
             end if;
          when S4 =>
             if (x ="00" or x = "01") then
                 zustand <= S4;
             else
                 zustand <= S3;
             end if;
        end case;
    end if;
 end process reg_aus;
end arch_ueber;
```

Aufgabe 21: Entwurf eines SRAMs 1Ki x 8 Bit (VHDL-Modell mit Testbench)

Entwerfen Sie ein VHDL-Modell für ein SRAM der Speicherkapazität 1Ki x 8 Bit. Alle Ein- und Ausgänge sollen vom Datentyp "std_logic" bzw. "std_logic_vector" sein. Das Modell soll erprobt werden mit einer Testbench, die mit Ein- und Ausgabedateien arbeitet.

Anleitung:

Das Modell für den Speicher soll parametrisierbar sein, so dass eine Anpassung an andere Speicherkapazitäten leicht möglich ist. In der Eingabedatei sollen die unterschiedlichen Betriebszustände des Speichers (Schreiben, Lesen, Datenbus hochohmig) berücksichtigt werden. Der Zugriff auf den Speicher wird gesteuert über

- nwe = write enable, low aktiv
- noe = output enable, low aktiv
- ncs = chip select, low aktiv

Lösung:

Das VHDL-Modell wird als Komponente in dem Package "ram_pack" abgelegt und steht nach der Compilierung in der Library work zur Verfügung.

```
-- ram_pack.vhd
library ieee;
use ieee.std_logic_1164.all;
use ieee.std_logic_unsigned.all;
use ieee.std_logic_arith.all;
use ieee.numeric_std.all;

package ram_pack is
component ram
    generic (n: integer := 10;            -- n = Anzahl der Adressbits
     k: integer := 8);                    -- k = Anzahl der Datenbits
port (     nwe, noe, ncs: in std_logic; -- Steuersignale
    adresse: in std_logic_vector (n – 1 downto 0);          -- Adresse
    daten: inout std_logic_vector(k – 1 downto 0));         -- Daten
end component;
end ram_pack;

-- RAM mit nKi x iBit
library ieee;
use ieee.std_logic_1164.all;
use ieee.std_logic_unsigned.all;
use ieee.std_logic_arith.all;
use ieee.numeric_std.all;


entity ram is
generic (n: integer := 10;
     k: integer := 8);
port (
    nwe, noe, ncs:  in std_logic;
    adresse:        in std_logic_vector (n – 1 downto 0);
    daten:          inout std_logic_vector(k – 1 downto 0));
end ram;

architecture arch_ram of ram is
--Std_ToInt  32 Bits maximal
-- Typkonvertierung: std_logic_vector → integer
function Std_ToInt (std: std_logic_vector) return integer is
    variable result, abit: integer := 0;
    variable count: integer := 0;
begin
    bits: for i in std'low to std'high loop
    abit := 0;
        if (std(i) = '1') then          -- alle Werte ausser '1'  → abit := 0
                abit := 2**(i-std'low);
        end if;
                result := result + abit;
        count := count + 1;
        exit bits when count = 32;     -- 32 Bits maximal
    end loop bits;
return (result);
```

```
end Std_ToInt;
    type ram_matrix is array (natural range 0 to 2**n – 1) of std_logic_vector(k-1 downto 0);
    signal mem: ram_matrix := (others => (others => '0')); -- alle Speicherplaetze auf 0 setzen
    signal add:       natural;
begin
zugriff: process (ncs,adresse)
    constant tzu: time := 50 ns;
begin
    add <= Std_ToInt(adresse);
    if ncs = '1' then
            daten <= "ZZZZZZZZ" after tzu;
  elsif ncs='0' and nwe = '0' then
            mem(add) <= daten after tzu; -- Daten speichern
  elsif ncs='0' and nwe = '1'and noe = '0' then
            daten <= mem(add) after tzu; -- Daten lesen
  end if;
end process zugriff;
end arch_ram;

-- tb_ram_io.vhd
-- Testbench fuer RAM
library ieee;
use ieee.std_logic_1164.all;
-- use ieee.std_logic_unsigned.all;
use std.textio.all;
use work.text_io_pack.all;
use work.ram_pack.all;

entity tb_ram is
 generic (n: integer := 10;
      k: integer := 8);
end tb_ram;

architecture auto_ram of tb_ram is
-- variable n: natural;
-- variable k: natural;
signal nwe,noe,ncs: std_logic;
signal adresse: std_logic_vector(n-1 downto 0);
signal daten: std_logic_vector(k-1 downto 0);

begin
dut: ram  -- design under test
    generic map (10,8)
    port map (nwe,noe,ncs,adresse,daten);
testen: process
    file eingabe_datei: text is in "ram_ein.txt";    -- Eingabedatei
    file ausgabe_datei: text is out "ram_aus.txt"; -- Ausgabedatei
    variable zeile_ein, zeile_aus: line;
    variable v_nwe,v_noe,v_ncs: std_logic;
    variable v_adresse: std_logic_vector(n-1 downto 0);
    variable v_daten, aus_daten, soll_daten: std_logic_vector(k-1 downto 0);
    variable fehler: boolean := false;

    variable gut: boolean;
    variable char: character;
    variable fehler_aus: string(1 to 4) := "nein";
```

```
    constant abstand_2: string(1 to 2) := "  ";
    constant abstand_3: string(1 to 3) := "   ";
    constant abstand_4: string(1 to 4) := "    ";
-- Ueberschrift der Ausgabedatei
    constant ueber: string(1 to 53) := "nwe noe ncs    adresse    daten    daten_soll  Fehler";
begin
        write(zeile_aus, ueber);        -- Ueberschriftausgabe
        writeline(ausgabe_datei, zeile_aus); -- Ausgabe der Zeile
        writeline(ausgabe_datei, zeile_aus); -- Ausgabe einer Leerzeile
zeile_loop:        while not endfile(eingabe_datei) loop
    readline (eingabe_datei,zeile_ein); -- Zeile einlesen
    -- Zeile auswerten: Uebergabe an Signale
    -- ueberspringe Zeile, falls Zeichen kein Tabulator
    read (zeile_ein,char,gut);
    if not gut or char /= HT then next;
    end if;
    assert gut
    report "Fehler beim Lesen"
    severity note;
    read (zeile_ein,v_nwe,gut);          -- write enable
    next when not gut;
    read (zeile_ein,char);
    read (zeile_ein,v_noe,gut);          -- output enable
    next when not gut;
    read (zeile_ein,char);
    read (zeile_ein,v_ncs,gut);                  -- chip select
    next when not gut;
    read (zeile_ein,char);
    read (zeile_ein,v_adresse,gut);              -- Adresse
    next when not gut;
    read (zeile_ein,char);
    read (zeile_ein,v_daten,gut);                        -- Daten
    next when not gut;
    read (zeile_ein,char);
    read (zeile_ein,soll_daten,gut);                     -- Vergleichsdaten
    next when not gut;
    nwe <= v_nwe;-- Typ-Konvertierung: variable --> signal
    noe <= v_noe;
    ncs <= v_ncs;
    adresse <= v_adresse;
    daten <= v_daten;
    wait for 70 ns;
-- ueberpruefen des Ergebnisses
    aus_daten := daten;
    if (ncs='1' and aus_daten /= "ZZZZZZZZ") or
        (ncs='0' and nwe='1' and noe='0' and aus_daten /= soll_daten) then
        assert false
        report "RAM reagiert falsch";
        fehler := true;
        fehler_aus := " ja ";
    end if;
-- formatierte Ausgabe
```

```
        write(zeile_aus, ' ');
        write(zeile_aus, v_nwe);
        write(zeile_aus, abstand_3);
        write(zeile_aus, v_noe);
        write(zeile_aus, abstand_3);
        write(zeile_aus, v_ncs);
        write(zeile_aus, abstand_3);
        write(zeile_aus, v_adresse);
        write(zeile_aus, abstand_2);
        write(zeile_aus, aus_daten);
        write(zeile_aus, abstand_3);
        write(zeile_aus, soll_daten);
        write(zeile_aus, abstand_3);
        write(zeile_aus, fehler_aus);
        writeline(ausgabe_datei, zeile_aus);
            fehler_aus := "nein";
        wait for 30 ns;  -- Taktperiode = 100ns
end loop zeile_loop;
-- Ausgabe eines Reports
        assert not fehler
        report "Gesamtbewertung: RAM ist fehlerhaft"
        severity note;
        assert fehler
        report "Gesamtbewertung: RAM ist o.K"
        severity note;
        wait;
end process testen;
end auto_ram;
```

Report des Entwicklungstools ModeSim:

```
run -all
# ** Note: Gesamtbewertung: RAM ist o.K
#    Time: 1200 ns  Iteration: 0  Instance: /tb_ram
```

Eingabedatei

```
Eingabedatei RAM: 1 Ki x 8 Bit
Schreiben: Adresse 15: 10101010 und 1023: 00000011
   1 1 1 0000001111 ZZZZZZZZ ZZZZZZZZ
   0 1 0 0000001111 10101010 10101010
   1 1 1 1111111111 ZZZZZZZZ ZZZZZZZZ
   0 1 0 1111111111 00000011 00000011

Lesen: Adresse 15 und 1023
   1 1 1 0000001111 ZZZZZZZZ ZZZZZZZZ
   1 0 0 0000001111 ZZZZZZZZ 10101010
   1 1 1 1111111111 ZZZZZZZZ ZZZZZZZZ
   1 0 0 1111111111 ZZZZZZZZ 00000011

Lesen: Adresse 0 und 1 Default: 0
   1 1 1 0000000000 ZZZZZZZZ ZZZZZZZZ
   1 0 0 0000000000 ZZZZZZZZ 00000000
   1 1 1 0000000001 ZZZZZZZZ ZZZZZZZZ
   1 0 0 0000000001 ZZZZZZZZ 00000000
```

Ausgabedatei

nwe	noe	ncs	adresse	daten	daten_soll	Fehler
1	1	1	0000001111	ZZZZZZZZ	ZZZZZZZZ	nein
0	1	0	0000001111	10101010	10101010	nein
1	1	1	1111111111	ZZZZZZZZ	ZZZZZZZZ	nein
0	1	0	1111111111	00000011	00000011	nein
1	1	1	0000001111	ZZZZZZZZ	ZZZZZZZZ	nein
1	0	0	0000001111	10101010	10101010	nein
1	1	1	1111111111	ZZZZZZZZ	ZZZZZZZZ	nein
1	0	0	1111111111	00000011	00000011	nein
1	1	1	0000000000	ZZZZZZZZ	ZZZZZZZZ	nein
1	0	0	0000000000	00000000	00000000	nein
1	1	1	0000000001	ZZZZZZZZ	ZZZZZZZZ	nein
1	0	0	0000000001	00000000	00000000	nein

Aufgabe 22: Entwurf eines Speichersystems mit 8 Bit-Wortbreite

Entwerfen Sie ein digitales Speichersystem mit folgenden Eigenschaften:

- 16 Adressleitungen und 8 Datenleitungen (Wortbreite: 8 Bit)
- Adressbereich des RAMs: 0 ... 3FFFH (hexadezimal)
- Adressbereich des ROMs: 8000H ... BFFFH (hexadezimal)

Zur Verfügung stehen statische RAMs der Speicherkapazität 4Ki x 8 Bit und EPROMs der Speicherkapazität 8Ki x 8 Bit. Beide Speichertypen haben je einen ¬CS- und einen ¬OE Anschluß. Die RAMs haben zusätzlich noch einen Schreibeingang ¬WE.

22.1 Geben Sie ein Blockschaltbild des gesamten Speichersystems an.

22.2 Geben Sie die Gleichungen für vollständige und unvollständige Decodierung an. Nennen Sie Vor- und Nachteile der beiden Decodierungsarten.

22.3 Im RAM-Bereich soll nun wahlweise der Speicher im Adressbereich von 3800H ... 3FFFH per Schalter gesperrt werden können. Geben Sie für den Fall der vollständigen Decodierung die Änderung der Gleichungen und die entsprechende Schaltung an.

Lösung zu 22.1: Die Adressen eines Speicherbereichs werden häufig als Hexadezimalzahlen angegeben, während die Speicherkapazität der Schreib-/Lese- und Festwertspeicher mit Potenzzahlen zur Basis 2 bezeichnet wird. Aus dem Grund werden in einer Tabelle die für die Aufgabe wichtigen Umrechnungen zwischen Potenzzahlen zur Basis 2, Hexadezimalzahlen und Dezimalzahlen angegeben.

Tab. Ü22.1: Umrechnungen zwischen Potenzzahlen zur Basis 2, Hexadezimalzahlen und Dezimalzahlen

Potenzzahl zur Basis 2	Abkürzung	Hexadezimal-zahl	Dezimalzahl
2^{10}	1Ki	400H	1024
2^{11}	2Ki	800H	2048
2^{12}	4Ki	1000H	4096
2^{13}	8Ki	2000H	8192
2^{14}	16Ki	4000H	16384
2^{15}	32Ki	8000H	32768

Für die erforderliche RAM-Speicherkapazität von 4000H x 8 Bit werden nach Tab. Ü22.1 vier statische RAMs der Kapazität 4Ki x 8 Bit benötigt. Der geforderte Festwertspeicher von ebenfalls 4000H x 8 Bit lässt sich mit zwei EPROMs des zur Verfügung stehenden Typs (Speicherkapazität = 8Ki x 8 Bit) realisieren. In Bild Ü22.1 ist das geforderte Blockschaltbild dargestellt.

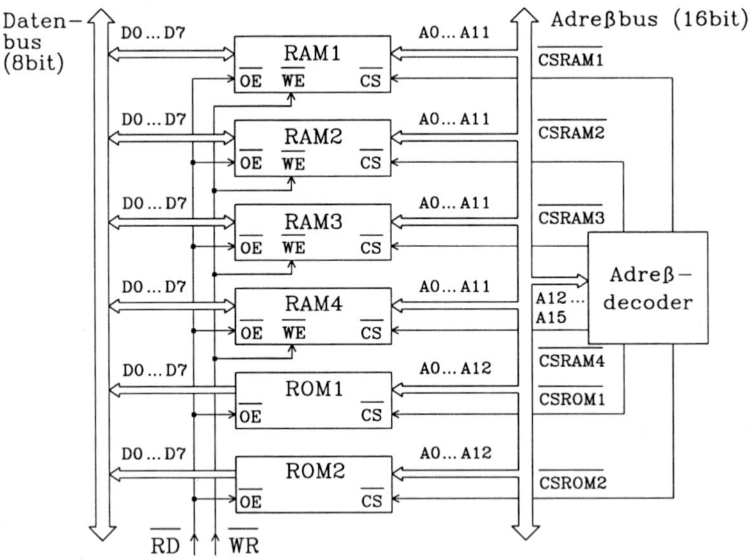

Bild Ü22.1: Blockschaltbild des gesuchten Speichersystems

Lösung zu 22.2: In einer Tabelle (Tab. Ü22.2) ist die Aufteilung des gesamten Adressbereichs dargestellt. Für spätere Erweiterungen sind noch zwei Bereiche reserviert. Mit Hilfe der angegebenen Anfangs- und Endadressen der einzelnen Speicherbausteine lassen sich die Gleichungen für vollständige und unvollständige Adressdecodierung aufstellen.

Bei der vollständigen Adressdecodierung werden alle im System zur Verfügung stehenden Adressbits, die nicht schon am Speicherbaustein angeschlossen sind, zur Decodierung mit herangezogen. Für die unvollständige Adressdecodierung werden nur die zur Unterscheidung der einzelnen Speicherbausteine unbedingt notwendigen Adressbits zur Decodierung verwendet.

Der Hardwareaufwand ist bei der vollständigen Adressdecodierung größer als bei der unvollständigen. Vorteilhaft ist bei der vollständigen Adressdecodierung die eindeutige Beziehung zwischen Adresse und Speicherplatz, während bei der unvollständigen ein Speicherplatz unter mehreren Adressen angesprochen werden kann. Eine Speichererweiterung ist bei vollständiger Adressdecodierung leicht möglich, während bei unvollständiger alle Gleichungen überprüft und ggf. korrigiert werden müssen.

Tab. Ü22.2: Speicherbelegungsplan für die gestellte Aufgabe

Speicher Adresse-	**Adresse (hex.)**	**Adresse (binär)** A15	A14	A13	A12	A11	....	A0	**Speichertyp**	**¬Chip Select-Signal**
Anfang	0000	0	0	0	0	0	....	0	RAM1	¬CSRAM1
Ende	0FFF	0	0	0	0	1	....	1		
Anfang	1000	0	0	0	1	0	....	0	RAM2	¬CSRAM2
Ende	1FFF	0	0	0	1	1	....	1		
Anfang	2000	0	0	1	0	0	....	0	RAM3	¬CSRAM3
Ende	2FFF	0	0	1	0	1	....	1		
Anfang	3000	0	0	1	1	0	....	0	RAM4	¬CSRAM4
Ende	3FFF	0	0	1	1	1	....	1		
Anfang	4000	0	1	0	0	0	....	0	nichtbelegt	
Ende	7FFF	0	1	1	1	1	....	1		
Anfang	8000	1	0	0	0	0	....	0	ROM1	¬CSROM1
Ende	9FFF	1	0	0	1	1	....	1		
Anfang	A000	1	0	1	0	0	....	0	ROM2	¬CSROM2
Ende	BFFF	1	0	1	1	1	....	1		
Anfang	C000	1	1	0	0	0	....	0	nichtbelegt	
Ende	FFFF	1	1	1	1	1	....	1		

Tab. Ü22.3: Gleichungen für die vollständige und unvollständige Adressdecodierung

Vollständige Adressdecodierung

$\overline{CSRAM1} = \overline{\overline{A15}\ \overline{A14}\ \overline{A13}\ \overline{A12}}$

$\overline{CSRAM2} = \overline{\overline{A15}\ \overline{A14}\ \overline{A13}\ A12}$

$\overline{CSRAM3} = \overline{\overline{A15}\ \overline{A14}\ A13\ \overline{A12}}$

$\overline{CSRAM4} = \overline{\overline{A15}\ \overline{A14}\ A13\ A12}$

$\overline{CSROM1} = \overline{A15\ \overline{A14}\ \overline{A13}}$

$\overline{CSROM2} = \overline{A15\ \overline{A14}\ A13}$

Unvollständige Adressdecodierung

$\overline{CSRAM1} = \overline{\overline{A15}\ \overline{A13}\ \overline{A12}}$

$\overline{CSRAM2} = \overline{\overline{A15}\ \overline{A13}\ A12}$

$\overline{CSRAM3} = \overline{\overline{A15}\ A13\ \overline{A12}}$

$\overline{CSRAM4} = \overline{\overline{A15}\ A13\ A12}$

$\overline{CSROM1} = \overline{A15\ \overline{A13}}$

$\overline{CSROM1} = \overline{A15\ A13}$

Lösung zu 22.3: Der zu sperrende Adressbereich liegt vollständig im Bereich des Bausteins RAM4. Folglich muß auch nur die Gleichung ¬CSRAM4 geändert werden. In die Adressdecodierung wird nun zusätzlich das Adressbit A11 und der vom Schalter einstellbare Logik-Zustand S einbezogen.

Es gilt folgende Zuordnung (Bild Ü22.2):

Schalter geöffnet (S = 1): Speicher RAM4 kann im Adressbereich von 3000H bis 3FFFH angesprochen werden.

Schalter geschlossen (S = 0): Speicher RAM4 kann nur im Adressbereich von 3000H bis 37FFH angesprochen werden.

$$CSRAM4^{*} = \overline{A15}\,\overline{A14}\,A13\,A12\,A11\,S \vee \overline{A15}\,\overline{A14}\,A13\,A12\,\overline{A11}\,S \vee$$
$$\vee\ \overline{A15}\,\overline{A14}\,A13\,A12\,\overline{A11}\,\overline{S}$$

$$CSRAM4^{*} = \overline{A15}\,\overline{A14}\,A13\,A12\,S\,(A11 \vee \overline{A11}) \vee \overline{A15}\,\overline{A14}\,A13\,A12\,\overline{A11}\,(S \vee \overline{S})$$

$$CSRAM4^{*} = \overline{A15}\,\overline{A14}\,A13\,A12\,S \vee \overline{A15}\,\overline{A14}\,A13\,A12\,\overline{A11}$$

Negiert man beide Seiten, so erhält man:

$$\overline{CSRAM4^{*}} = \overline{\overline{A15}\,\overline{A14}\,A13\,A12\,S \vee \overline{A15}\,\overline{A14}\,A13\,A12\,\overline{A11}}$$

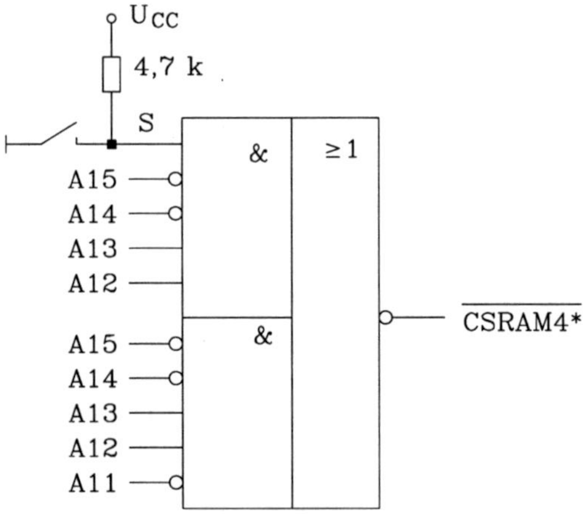

Bild Ü22.2: Mit Hilfe eines Schalters lässt sich der Speicher RAM4 im Adressbereich 3800H bis 3FFFH sperren.

Aufgabe 23: Speichersystem mit 16-Bit-Datenbus

Entwerfen Sie ein Speichersystem mit den angegebenen Speicherkapazitäten.

– Gesamter RAM-Bereich: 128Ki * 16 Bit
– Gesamter Festwertspeicher-Bereich: 256Ki * 16 Bit

Es gelten folgende Randbedingungen:

– 20-Bit-Adressbus und 16-Bit-Datenbus
– Anfangsadresse RAM-Bereich: 00000H
– Anfangsadresse ROM-Bereich: 80000H

Zur Verfügung stehen folgende Speicherbausteine:

Statische RAMs der Kapazität 32Ki * 8 Bit und EPROMs mit 128Ki * 8 Bit

Gesucht sind die Gleichungen für die vollständige und unvollständige Adressdecodierung.

Zusatzfrage:

Wie lauten die Gleichungen für die vollständige Adressdekodierung, falls die Anfangsadresse für den ROM-Bereich 88000H ist?

Lösung:

Es werden 8 SRAMs der Kapazität 32Ki· 8 Bit und 4 EPROMs mit einer Kapazität 128Ki· 8 Bit gewählt.

Adresse (hex.)	**Adresse (binär)**								**Chip Select-Signal**
	A19	A18	A17	A16	A15	A14…A0	D15…D8	D7…D0	
00000 07FFF	0 0	0 0	0 0	0 0	0 0	0…….0 1…….1	RAM 2	RAM 1	$\overline{\text{CSRAM1-2}}$
08000 0FFFF	0 0	0 0	0 0	0 0	1 1	0…….0 1…….1	RAM 4	RAM 3	$\overline{\text{CSRAM3-4}}$
10000 17FFF	0 0	0 0	0 0	1 1	0 0	0…….0 1…….1	RAM 6	RAM 5	$\overline{\text{CSRAM5-6}}$
18000 1FFFF	0 0	0 0	0 0	1 1	1 1	0…….0 1…….1	RAM 8	RAM 7	$\overline{\text{CSRAM7-8}}$
20000 7FFFF	0 0	0 1	1 1	0……………………0 1……………………1			frei	frei	
80000 9FFFF	1 1	0 0	0 0	0……………………0 1……………………1			ROM 2	ROM 1	$\overline{\text{CSROM1-2}}$
A0000 BFFFF	1 1	0 0	1 1	0……………………0 1……………………1			ROM 4	ROM 3	$\overline{\text{CSROM3-4}}$
C0000 FFFFF	1 1	1 1	0 1	0……………………0 1……………………1			frei	frei	

Adressdekodierung:

vollständig

$$\overline{\mathrm{CSRAM1\text{-}2}} = \overline{\overline{A19}\;\overline{A18}\;\overline{A17}\;\overline{A16}\;\overline{A15}}$$

$$\overline{\mathrm{CSRAM3\text{-}4}} = \overline{\overline{A19}\;\overline{A18}\;\overline{A17}\;\overline{A16}\;A15}$$

$$\overline{\mathrm{CSRAM5\text{-}6}} = \overline{\overline{A19}\;\overline{A18}\;\overline{A17}\;A16\;\overline{A15}}$$

$$\overline{\mathrm{CSRAM7\text{-}8}} = \overline{\overline{A19}\;\overline{A18}\;\overline{A17}\;A16\;A15}$$

$$\overline{\mathrm{CSROM1\text{-}2}} = \overline{A19\;\overline{A18}\;\overline{A17}}$$

$$\overline{\mathrm{CSROM3\text{-}4}} = \overline{A19\;\overline{A18}\;A17}$$

unvollständig

$$\overline{\mathrm{CSRAM1\text{-}2}} = \overline{\overline{A19}\;\overline{A16}\;\overline{A15}}$$

$$\overline{\mathrm{CSRAM3\text{-}4}} = \overline{\overline{A19}\;\overline{A16}\;A15}$$

$$\overline{\mathrm{CSRAM5\text{-}6}} = \overline{\overline{A19}\;A16\;\overline{A15}}$$

$$\overline{\mathrm{CSRAM7\text{-}8}} = \overline{\overline{A19}\;A16\;A15}$$

$$\overline{\mathrm{CSROM1\text{-}2}} = \overline{A19\;\overline{A17}}$$

$$\overline{\mathrm{CSROM3\text{-}4}} = \overline{A19\;A17}$$

Zur Zusatzfrage:

Adresse (hex.)	**Adresse (binär)** A19	A18	A17	A16	A15	A14...A0	D15...D8	D7...D0	**Chip Select-Signal**
88000	1	0	0	0	1	0.......0	ROM 2	ROM 1	$\overline{\mathrm{CSROM1\text{-}2}}$
A7FFF	1	0	1	0	0	1........1			
A8000	1	0	1	0	1	0.......0	ROM 4	ROM 3	$\overline{\mathrm{CSROM3\text{-}4}}$
C7FFF	1	1	0	0	0	1........1			

Vollständige Adressdekodierung:

$$\overline{\mathrm{CSROM1\text{-}2}} = \overline{A19\;\overline{A18}\;\overline{A17}\;\overline{A16}\;A15 \vee A19\;\overline{A18}\;\overline{A17}\;A16\;\overline{A15}}$$
$$\overline{\vee\; A19\;\overline{A18}\;\overline{A17}\;A16\;A15 \vee A19\;\overline{A18}\;A17\;\overline{A16}\;\overline{A15}}$$

$$\overline{\mathrm{CSROM3\text{-}4}} = \overline{A19\;\overline{A18}\;A17\;\overline{A16}\;A15 \vee A19\;\overline{A18}\;A17\;A16\;\overline{A15}}$$
$$\overline{\vee\; A19\;\overline{A18}\;A17\;A16\;A15 \vee A19\;A18\;\overline{A17}\;\overline{A16}\;\overline{A15}}$$

Die Gleichungen lassen sich wie folgt vereinfachen:

$$\overline{\mathrm{CSROM1\text{-}2}} = \overline{A19\;\overline{A18}\;\overline{A17}\;A15 \vee A19\;\overline{A18}\;\overline{A17}\;A16}$$
$$\overline{\vee\; A19\;\overline{A18}\;A17\;\overline{A16}\;\overline{A15}}$$

$$\overline{\mathrm{CSROM3\text{-}4}} = \overline{A19\;\overline{A18}\;A17\;A15 \vee A19\;\overline{A18}\;A17\;A16}$$
$$\overline{\vee\; A19\;A18\;\overline{A17}\;\overline{A16}\;\overline{A15}}$$

Aufgabe 24: Mikrocontrollersystem mit externer Speichererweiterung

Es soll ein Mikrocontrollersystem auf der Basis des 8-Bit-Mikrocontrollers 87C52 mit externem Festwert- und Schreib-/Lesespeicher aufgebaut werden. Der 87C52 enthält ein 8-KiB-EPROM und ein 256-Byte-RAM sowie drei Timer, ansonsten hat er die gleichen Anschlüsse und Eigenschaften wie der 80C51.

Das Mikrocontrollersystem soll auf einen zusammenhängenden Festwertspeicher (Programmspeicher) der Kapazität 40 KiB erweitert werden. Außerdem soll ein externer Datenspeicher (RAM) von 24 KiB vorgesehen werden.

Es stehen EPROMS mit den Speicherkapazitäten 8 KiB, 16 KiB und 32 KiB zur Verfügung. Für den Aufbau des geforderten 24-KiB-Datenspeichers in einem zusammenhängenden Adressbereich stehen SRAMs der Kapazität 8 KiB, 16 KiB und 32 KiB zur Verfügung. Die EPROMs haben die Steuereingänge ¬CS und ¬OE und die SRAMs ¬CS, ¬WE und ¬RD.

Wählen Sie sowohl für den Festwert- als auch für den Datenspeicher geeignete Bausteine aus. Die *Anzahl* der Speicherbausteine soll *minimal* werden. Legen Sie sinnvolle Anfangsadressen fest und begründen Sie Ihre Wahl.

Geben Sie die minimalen Gleichungen für vollständige Adressdecodierung an. Zur Verfügung steht ein PAL mit *negierten* Ausgängen.

Lösung:

Entwurf des Mikrorechnersystems. Die Verteilung der vorgesehenen Speicherbausteine im adressierbaren Bereich des Mikrocontrollers erfolgt tabellarisch gemäß der Tab. Ü24.1.

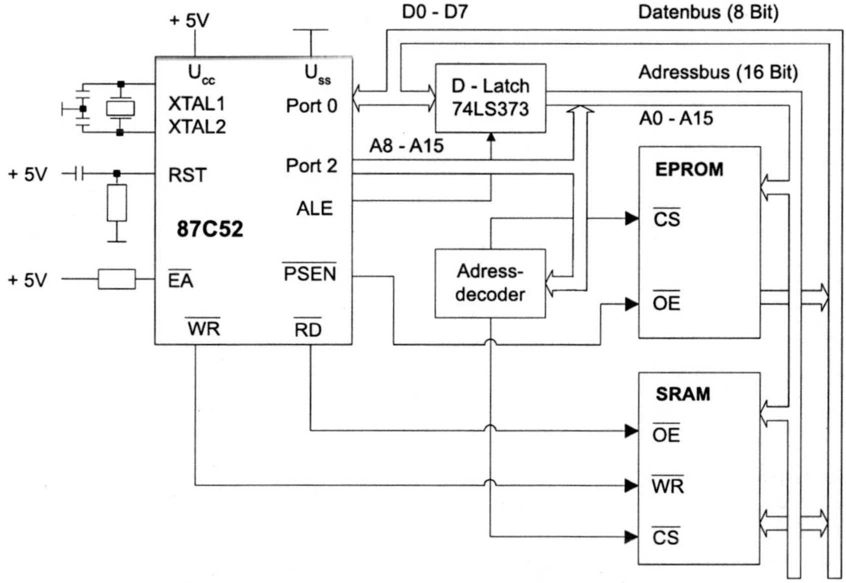

Bild Ü24.1: Blockschaltbild des Mikrocontrollersystems mit dem Mikrocontroller 87C52

Tab. Ü24.1: Speicherbelegungsplan für die gestellte Aufgabe

Adress-Bereich	Adresse hex.	Adresse binär					Speichertyp	CS-Signal
		A15	A14	A13	A12	A11...A0		
Anfang Ende	0 0 0 0 1 F F F	0 0	0 0	0 0	0 1	0........0 1........1	EPROM 8 KiB intern	---
Anfang Ende	2 0 0 0 3 F F F	0 0	0 0	1 1	0 1	0........0 1........1	EPROM 32 KiB	Bereich 1 $\overline{A15}\,\overline{A14}\,A13$
Anfang Ende	4 0 0 0 5 F F F	0 0	1 1	0 0	0 1	0........0 1........1	extern, in 4 Teilberei-	Bereich 2 $\overline{A15}\,A14\,\overline{A13}$
Anfang Ende	6 0 0 0 7 F F F	0 0	1 1	1 1	0 1	0........0 1........1	chen mit je 8 KiB	Bereich 3 $\overline{A15}\,A14\,A13$
Anfang Ende	8 0 0 0 9 F F F	1 1	0 0	0 0	0 1	0........0 1........1		Bereich 4 $A15\,\overline{A14}\,\overline{A13}$
Anfang Ende	A 0 0 0 F F F F	1 1	0 1	1 1	0 1	0........0 1........1	nicht belegt	---
Anfang Ende	0 0 0 0 3 F F F	0 0	0 0	0 1	0 1	0........0 1........1	SRAM 24 KiB, in	Bereich 1 $\overline{A15}\,\overline{A14}$
Anfang Ende	4 0 0 0 5 F F F	0 0	1 1	0 0	0 1	0........0 1........1	2 Bereichen	Bereich 2 $\overline{A15}\,A14\,\overline{A13}$
Anfang Ende	6 0 0 0 F F F F	0 1	1 1	1 1	0 1	0........0 1........1	nicht belegt	---

Das Blockschaltbild des Mikrocontrollersystems entspricht der Schaltung in Bild 9.57 (Kap. 9), wenn folgende Änderungen durchgeführt werden: Statt 8051 muss der Mikrocontroller 87C52 eingesetzt werden. Da der interne Programmspeicher verwendet wird, muss der Anschluss ¬EA an H-Pegel angeschlossen werden.

Vollständige Adressdecodierung:

$$\overline{CSEPROM} = \overline{\overline{A15}\,\overline{A14}\,A13 \vee \overline{A15}\,A14\,\overline{A13} \vee \overline{A15}\,A14\,A13 \vee A15\,\overline{A14}\,\overline{A13}}$$

$$= \overline{\overline{A15}\,A13 \vee \overline{A15}\,A14 \vee A15\,\overline{A14}\,\overline{A13}}$$

$$\overline{CSRAM} = \overline{\overline{A15}\,\overline{A14} \vee \overline{A15}\,A14\,\overline{A13}} = \overline{\overline{A15}\,\overline{A14} \vee \overline{A15}\,\overline{A13}}$$

Anmerkung:

Die Aufgabenstellung fordert eine minimale Anzahl von Speicherbausteinen. Daher wurde für das SRAM ein 32 KiB-Baustein gewählt, der Zugriff aber nur für die geforderten 24 KiB freigegeben. Falls Adresskonflikte im Rechner ausgeschlossen sind, kann der Adressdecoder die restlichen 8 KiB des SRAMs ebenfalls freigeben.

Aufgabe 25: Tastendecodierung mit dem Mikrocontroller 8051

Gegeben ist ein Tastaturfeld mit 64 Tasten, die matrixförmig angelegt sind (Bild Ü25.1). Zur Entkopplung der Spaltenleitungen bei Mehrfachbetätigung sind in Reihe zu den Tastern Dioden geschaltet. Mit Hilfe eines Mikrocontrollers vom Typ 8051 soll eine Tastendecodierung aufgebaut werden. Es soll der Tastendruck jedes einzelnen Tasters eindeutig erkannt und das Ergebnis gespeichert werden.

Anleitung:

Verwenden Sie die Ports 0 und 1 zur Tastendecodierung. Berücksichtigen Sie für die Taster eine Prellzeit von maximal 9 ms. Geben Sie die entsprechende Hardware an und entwickeln Sie ein C51-Programm, das die Tastenwerte übernimmt und softwaremäßig entprellt.

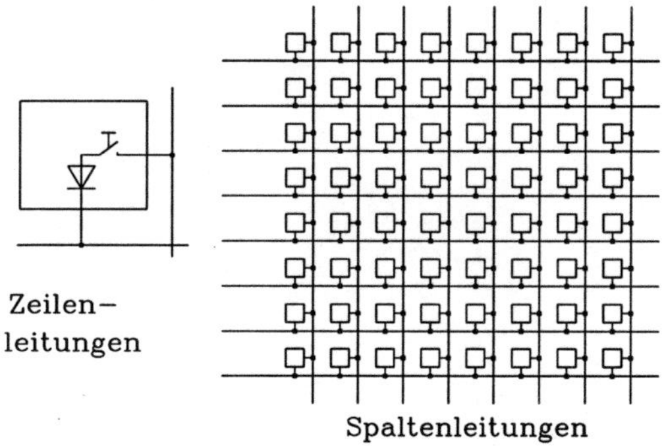

Bild Ü25.1: Matrixförmige Anordnung eines Tastaturfeldes

Lösung:

25.1 Entwurf der Hardware

Zur Lösung der Aufgabe wird Port 0 auf Eingabe und Port 1 auf Ausgabe eingestellt. An Port 0 werden die Zeilenleitungen und an Port 1 die Spaltenleitungen angeschlossen. Jede Zeilenleitung wird mit einem Pull-Down-Widerstand R_Z und jede Spaltenleitung mit einem Pull-Up-Widerstand R_S abgeschlossen. Über die Pull-Down-Widerstände sind die Eingänge P0.0 bis P0.7 auf L-Pegel (entspricht dem 0-Zustand bei positiver Logik) voreingestellt (Bild Ü25.2).

Mit Hilfe der Software wird in einem Programmmodul ein 8-Bit-Schieberegister realisiert, das eine "1" im Kreise schiebt, alle anderen Bits sind "0". Das Bitmuster wird für eine Zeitspanne von 10 ms an Port 1 ausgegeben. Danach wird die "1" um eine Stelle weitergeschoben usw..

Wird z.B. der H-Pegel an P1.0 ausgegeben, so werden die betätigten Taster der linken Spalte an die entsprechenden Eingänge von Port 0 eine "1" legen. In einer Einleseroutine werden die Anschlüsse von Port 0 ständig abgefragt, und die Datenwörter werden abgespeichert. Da die Taster maximal 9 ms prellen, wird innerhalb der vorgegebenen Zeitspanne zweimal in zeitlichen Abständen von 10 ms das an Port 0 anliegende Datenwort eingelesen und ausgewertet. Erhält man in beiden Fällen das gleiche Ergebnis, ist der Taster sicher geöffnet oder geschlossen, ansonsten prellt er.

Falls an P1.0 H-Pegel ausgegeben wird, liegen die anderen Port-1-Ausgänge und die entsprechenden Spaltenleitungen auf L-Pegel. Die an diese Spaltenleitungen angeschlossenen Taster werden somit nicht abgefragt.

Der Mikrocontroller wird hier ohne Speicherweiterung betrieben. Über die serielle Schnittstelle wird eine Verbindung zu einem Personalcomputer (PC) hergestellt. Vom PC können Anweisungen an den Mikrocontroller gegeben werden, und der Mikrocontroller kann den erkannten Tastencode an den PC weitergeben.

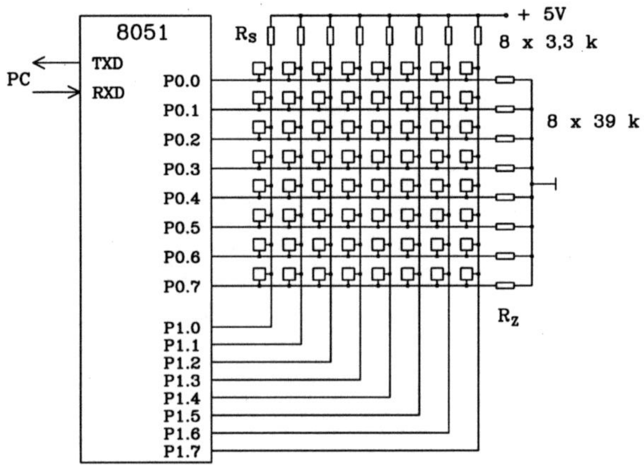

Bild Ü25.2: Einsatz eines Mikrocontrollers zur Tastendecodierung

Dimensionierung der Pull-Up-Widerstände R_S

Jeder Ausgang von Port 1 kann maximal 4 TTL-LS-Lasten ($I_{OLmax} = 1{,}6$ mA) treiben (Kap. 9, Tab. 9.5). Für den Fall, dass am entsprechenden Port-1-Ausgang L-Pegel ausgegeben wird und in der angeschlossenen Spalte kein Taster geschlossen ist, muss der Ausgang den über den Pull-Up-Widerstand R_S fließenden Strom aufnehmen. Da die Ausgangsspannung für L-Pegel vernachlässigbar klein ist, erhält man folgende Bedingung für R_S:

$$R_S \geq \frac{5V}{I_{OL\,max}} = \frac{5V}{1{,}6\,mA} = 3{,}1\,k\Omega \qquad \text{gewählt: } R_S = 3{,}3\,k\Omega$$

Dimensionierung der Pull-Down-Widerstände R_Z:

Der Pull-Down-Widerstand wird für den ungünstigsten Fall, der auftreten kann, dimensioniert. Falls an einem Ausgang von Port 1 H-Pegel anliegt und alle Taster der zugehörigen Spalte betätigt sind, sind die acht Pull-Down-Widerstände parallel geschaltet. Es ergibt sich ein Spannungsteiler, bestehend aus R_S, der Diode und $R_Z/8$. Die am Widerstand R_Z anliegende Spannung muss für diesen Fall noch im erlaubten H-Pegelbereich für TTL liegen. Für die Berechnung können die Eingangswiderstände der Portanschlüsse (P0.0 bis P0.7) sowie der Strom des Ausgangsanschlusses von Port 1 vernachlässigt werden. Die Durchlassspannung der Diode wird mit 0,6 V berücksichtigt. Für die minimale Eingangsspannung bei TTL-Pegel wird unter Berücksichtigung des Störabstandes 2,4 V angenommen.

$$\frac{0{,}125 \cdot R_Z}{R_S + 0{,}125 \cdot R_Z} \geq \frac{2{,}4\,\text{V}}{4{,}4\,\text{V}} \rightarrow R_Z \geq 31{,}7\ \text{k}\Omega \qquad \text{gewählt: } 33\ \text{k}\Omega$$

Anmerkung:

Als Eingangsport darf nicht anstelle von Port 0 ein anderer Port, z.B. Port 2 gewählt werden. Aufgrund der internen Pull-Up-Widerstände der Port-2-Anschlüsse mit 10–40 kΩ ist eine rein passive Schaltung zur Tastendecodierung nicht mehr möglich. Es müssen zusätzliche Treiber verwendet werden.

25.2 Entwurf der Software

C51-Programm für den Mikrocontroller 8051

```
#include <reg51.h>            /* define 8051 registers */
/*************************************************************************/
/***********  KURZBESCHREIBUNG  ***************************************/
/* Software zur Tastendecodierung mit dem 8051. Eingabe ueber P0; Ausgabe ueber    */
/* P.0=1, P1.1 =1, u.s.w. (10 ms-Zyklus). Abfrage innerhalb von 9 ms zweimal: Ent-  */
/* prellen per Software. Nach 10 ms: naechste Spalte der Tastatur.                 */
/* Erforderlich ist ein 250us-Takt, der ueber den Timer0 in Verbindung mit einer Pro- */
/* grammschleife zur Verfuegung gestellt wird. Es wird vorausgesetzt, dass ein Oszilla- */
/* tortakt von 12 MHz zur Verfuegung steht. Timer0 soll als Zeitgeber in der Betriebs- */
/* art 2 (automatisches Rueckladen des Zaehleranfangswertes) arbeiten: Anfangswert = */
/* 250 ---> 250 * 1 us = 0,25 ms. Zaehler bis 4 gezaehlt ---> 1 ms./ millisek <= 80 ms */
/* Daraus folgt: TH0 = -250; TL0 = -250; TMOD = 2;                                  */
/*************************************************************************/
/*************************************************************************/
/*   Globale   Variablen:   zaehler,   millisek,   taste_neu.   Array:   spalte[8]
/*************************************************************************/
unsigned char data zaehler = 0;
unsigned char data millisek = 0;
unsigned char data taste_neu = 0;
unsigned char data spalte[8] = {0,0,0,0,0,0,0,0};

void init();          /* Prototyp der Initialisierungsroutine */
/*************************************************************************/
/* Funktion: main ()                                                          */
/* Beschreibung: Hauptprogramm mit Portein- und -ausgabe fuer Tastendecodierung
*//************************************************************************/
void main ()
{
  init();
  while(1)                  /* Endlosschleife */
  {
    switch (millisek)       /* Schleifenbeginn */
    {
      case 0:               /*Tastenuebernahme fuer Spalte 0*/
                  P1 = 1;
                  taste_neu = P0;
                 break;
```

```
case 9:
        if (taste_neu == P0) spalte[0] = taste_neu;

        break;
case 10:            /*Tastenuebernahme fuer Spalte 1*/
        P1 = 2;
        taste_neu = P0;
        break;
case 19:
        if (taste_neu == P0) spalte[1] = taste_neu;

        break;
case 20:            /*Tastenuebernahme fuer Spalte 2*/
        P1 = 4;
        taste_neu = P0;
        break;
case 29:
        if (taste_neu == P0) spalte[2] = taste_neu;
        break;
case 30:            /*Tastenuebernahme fuer Spalte 3*/
        P1 = 8;
        taste_neu = P0;
        break;
case 39:
        if (taste_neu == P0) spalte[3] = taste_neu;
        break;
case 40:            /*Tastenuebernahme fuer Spalte 4*/
        P1 = 16;
        taste_neu = P0;
        break;
case 49:
        if (taste_neu == P0) spalte[4] = taste_neu;
        break;

case 50:            /*Tastenuebernahme fuer Spalte 5*/
        P1 = 32;
        taste_neu = P0;
        break;
case 59:
        if (taste_neu == P0) spalte[5] = taste_neu;
        break;

case 60:            /*Tastenuebernahme fuer Spalte 6*/
        P1 = 64;
        taste_neu = P0;
        break;
case 69:
        if (taste_neu == P0) spalte[6] = taste_neu;
        break;
case 70:            /*Tastenuebernahme fuer Spalte 7*/
        P1 = 128;
        taste_neu = P0;
        break;
```

```
        case 79:
                if (taste_neu == P0) spalte[7] = taste_neu;
 }
 }
}


/***********************************************************************/
/* Funktion: init()                                                    */
/* Beschreibung: Initialisierung des Timer0, Start und Interruptfreigabe. */
/* Anfangswerte festlegen.                                             */
/***********************************************************************/

void init()
{
    TH0 = -250;   /* Rueckladewert des Timer0 */
    TL0 = TH0;   /* Startwert des Timer0 */
    TMOD = 2;  /* Timer 0, Betriebsart 2 */
    EA = 1;   /* generelle Interrupt-Freigabe */
    ET0 = 1;  /* Interrupt Timer0 freigeben */
    TR0 = 1;  /* Timer0 starten */
}

/***********************************************************************/
/* Funktion: int_timer0 ()                                             */
/* Interruptroutine, wird alle 250 us mit dem Ueberlauf von Timer0 erreicht */
/***********************************************************************/

void int_timer0() interrupt 1
{
 zaehler ++;             /* zaehler zaehlt bis 1 ms */
 if (zaehler == 4)
 {
  zaehler = 0;
  millisek ++;           /* millisek zaehlt die Millisekunden  */
 }
 if (millisek == 80) millisek = 0;
```

11 Anhang

11.1 Schaltsymbole in der Digitaltechnik

In diesem Kapitel erfolgt eine Zusammenfassung der wichtigsten Begriffe und Symbolzeichen, die nach DIN 40900 Teil 12 zur Kennzeichnung digitaler Schaltungen eingesetzt werden. Die hier verwendete gekürzte Form ist nicht vollständig und kann nicht als DIN-Ersatz gelten.

11.1.1 Funktionsblöcke

Zur Darstellung digitaler Schaltsymbole verwendet man Funktionsblöcke mit Kennzeichnung der logischen Funktion. Die Grundform des Elementarblockes ist ein Rechteck mit beliebigem Seitenverhältnis (Bild 11.1 a). Weiterhin setzt man in der Symbolik den Steuer- und den Ausgangsblock ein (Bild 11.1 b und 11.1 c).

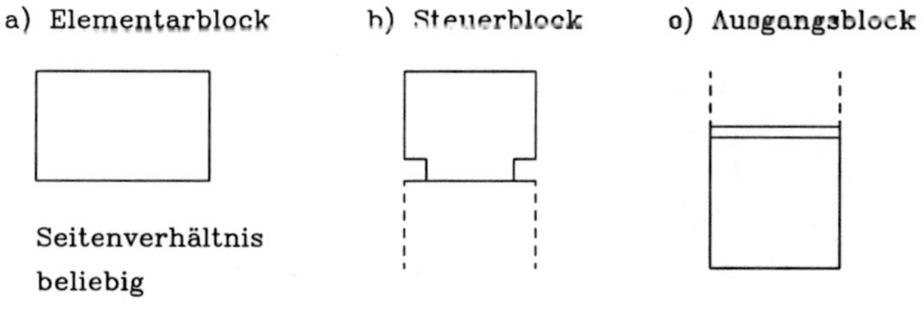

Bild 11.1: Konturlinien der drei möglichen Blockformen

Mit Hilfe von Beschreibungsfeldern werden die logischen Funktionen gekennzeichnet (Bild 11.2). Die allgemeine Funktion wird im Blockbeschreibungsfeld festgelegt. Für die Ein- und Ausgänge verwendet man interne und externe Signalbeschreibungsfelder.

Ohne weitere Kennzeichnung wird immer ein Signalfluss von links nach rechts angenommen. Somit befinden sich die Eingangssignale auf der linken Seite und die Ausgangssignale auf der rechten Seite des Funktionsblockes. Jede hiervon abweichende Richtung muss durch Signalflusspfeile gekennzeichnet werden.

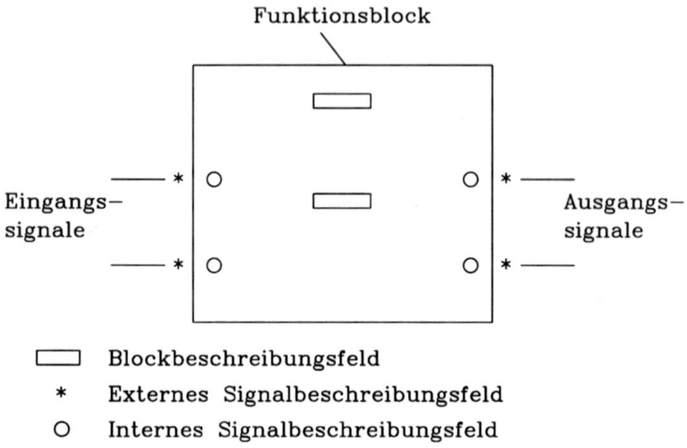

Bild 11.2: Funktionsblock mit Kennzeichnung der Beschreibungsfelder

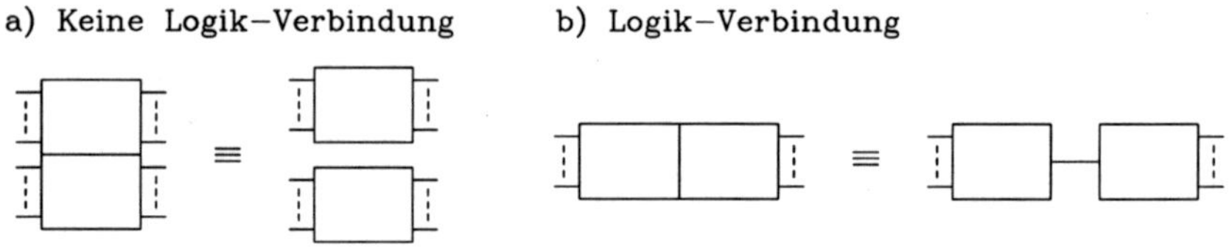

Bild 11.3: Kombinationen der Elementarblöcke

Für die Kombination der Elementarblöcke gilt folgende Vereinbarung:

Sind die Blöcke übereinander angeordnet (Bild 11.3 a), so besteht keine funktionelle Verbindung zwischen den benachbarten Blöcken. Blöcke, die nebeneinander angeordnet sind, haben wenigstens eine funktionelle Verbindung (Bild 11.3 b). Sollen im Fall b) mehrere logische Verbindungen gekennzeichnet werden, so verwendet man zusätzlich die Symbole für internen Ein- und Ausgang (Tab. 11.2).

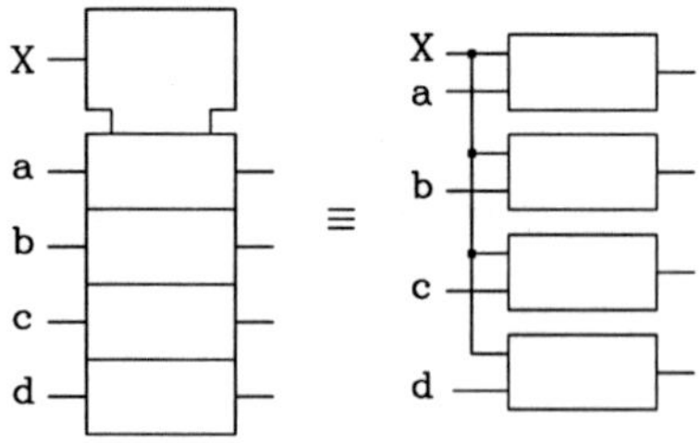

Bild 11.4: Kombination des Steuerblocks mit Elementarblöcken

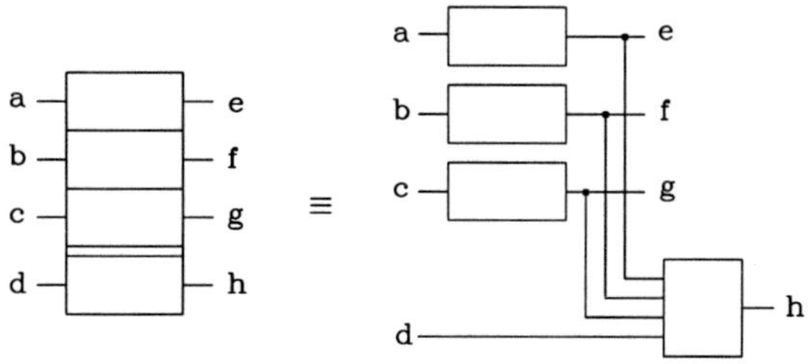

Bild 11.5: Kombination des Ausgangsblocks mit Elementarblöcken

Werden mehrere Blöcke von einer Variablen gesteuert, so kann zur Kennzeichnung auch der Steuerblock herangezogen werden (Bild 11.4). Zusätzlich wird über die Abhängigkeitsnotation die Art der logischen Abhängigkeit festgelegt (Kap. 11.1.3).

Tab. 11.1: Das Blockbeschreibungsfeld

Symbol	Beschreibung
&	UND
≥1	ODER
=1	Exklusiv-ODER
=	Äquivalenz
2k	Eine gerade Anzahl von Eingängen muß gleichzeitig aktiv sein.
2k+1	Eine ungerade Anzahl von Eingängen muß gleichzeitig aktiv sein.
1	Eingang aktiv
▷ (◁)	Treiber (Buffer)
⎎	Schmitttrigger, Element mit Hysterese
X / Y	Codeumsetzer
MUX	Multiplexer
DX, DMUX	Demultiplexer
Σ / P-Q	Addierer / Subtrahierer
Π	Multiplizierer
COMP	Größenvergleicher, Komparator
ALU	Arithmetisch Logische Einheit
1⎍	Monostabile Kippstufe, Monoflop
⎍	Retriggerbare monostabile Kippstufe
⎍G⎍	Astabile Kippstufe, Rechteckgenerator
SRG m	Schieberegister, m = Anzahl der Bits
CTR m	Zähler, m = Anzahl der Bits, Zykluslänge = 2^m
RCTR m	Asynchronzähler, m = Anzahl der Bits
CTRDIV m	Zähler, Zykluslänge = m
RAM	Random Access Memory, Schreib-/Lesespeicher
ROM	Read Only Memory, Festwertspeicher
FIFO	First-In-First-Out-Speicher

Ist ein Ausgang von allen Elementen einer Schaltung abhängig, so kann zur Darstellung der Ausgangsblock verwendet werden (Bilder 11.1 und 11.5). Der Ausgangsblock befindet sich entweder am unteren Ende einer Anordnung oder im Steuerblock.

11.1.2 Beschreibungsfelder

Im Blockbeschreibungsfeld wird die Funktion des Blockes gekennzeichnet. In der Tab. 11.1 sind häufig verwendete Symbole angegeben, und in der Tab. 11.2 sind die zur Kennzeichnung der Ein- und Ausgangssignale außerhalb des Funktionsblockes häufig verwendeten Symbole dargestellt.

Tab. 11.2: Externes Signalbeschreibungsfeld

Symbol	Beschreibung
	Signalrichtung von rechts nach links
	Bidirektionaler Signalfluß
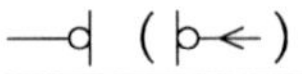	Logische Negation am Eingang (extern 0 erzeugt intern 1)
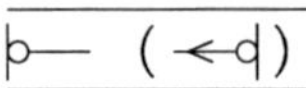	Logische Negation am Ausgang (intern 1 erzeugt extern 0)
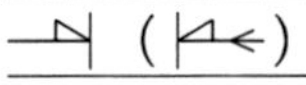	Logik-Polarität am Eingang (extern L erzeugt intern 1)
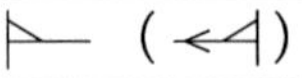	Logik-Polarität am Ausgang (intern 0 erzeugt extern H)
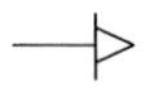	Dynamischer Eingang: Der externe Übergang von 0 nach 1 erzeugt intern den (flüchtigen) 1-Zustand. Bei Verwendung der Logikpolarität wird beim externen Übergang von L- nach H-Pegel der (flüchtige) 1-Zustand intern erzielt.
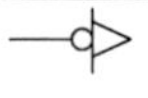	Dynamischer Eingang: Der externe Übergang von 1 nach 0 erzeugt intern den (flüchtigen) 1-Zustand.
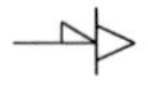	Dynamischer Eingang: Der externe Übergang von H- nach L-Pegel bewirkt intern den (flüchtigen) 1-Zustand.
	Kein Logikeingang
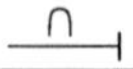	Analogeingang
	Interne Verbindung (1 links bewirkt 1 rechts)
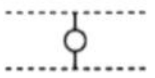	Negierte interne Verbindung (1 links bewirkt 0 rechts)
	Dynamische interne Verbindung (auch negiert möglich)
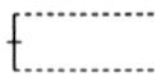	Interner Eingang (1-Zustand oder steuerbar)
	Interner Ausgang: Seine Wirkung auf Eingänge muß über die Abhängigkeitsnotation gekennzeichnet werden.

In der Tab. 11.3 sind die Symbole zur Kennzeichnung der Ein- und Ausgänge innerhalb des Funktionsblockes dargestellt.

Tab. 11.3: Internes Signalbeschreibungsfeld

Symbol	Beschreibung
─┤ ⎍	Eingang mit zwei Schwellwerten, Schmitttrigger-Eingang
⌐ ├─	Retardierter Ausgang: Der Ausgang ändert erst seinen Logik-Zustand, wenn der verursachende Eingang seinen ursprünglichen Zustand wieder erreicht hat.
◇̲ ├─	Offener Ausgang (L-Typ), z.B. offener Kollektor eines npn-Transist.
◇̄ ├─	Offener Ausgang (H-Typ), z.B. offener Emitter eines npn-Transistors
▽ ├─	Three-State-Ausgang: Im 3. Zustand ist der Ausgang hochohmig.
▷ ├─	Ausgang mit erhöhter Treiberleistung
─┤ E	Erweiterungseingang: In Verbindung mit einem Erweiterungsausgang kann die Anzahl der Eingänge erhöht werden.
E ├─	Erweiterungsausgang: Er wird mit dem Erweiterungseingang verbunden.
─┤ EN	Freigabe-Eingang: EN = 1 --> Ausgang aktiv. EN = 0 --> deaktiv (3-State-Ausgang ist hochohmig, der Transistor des offenen Ausgangs gesperrt, 0-Zustand an anderen Ausgängen).
─┤ *	* = D, J, K, R, S oder T: Flipflopeingänge (s. Kap.4). Zusätzlich wird D für Daten- und R für Rücksetzeingang verwendet.
─┤ → m	Schiebeeingang, vorwärts (links nach rechts oder oben nach unten). 1-Zustand: Registerinhalt wird um m Stellen vorwärts geschoben.
─┤ ← m	Schiebeeingang, rückwärts (rechts nach links oder unten nach oben). 1-Zustand: Registerinhalt wird um m Stellen rückwärts geschoben.
─┤ +m	Zähleingang, vorwärts: Für "1" wird der Zählerinhalt um m erhöht.
─┤ −m	Zähleingang, rückwärts: Für "1" wird der Inhalt um m erniedrigt.
─┤ CT=m	Inhaltsetzender Eingang: Für "1" wird der Inhalt auf m gesetzt.
CT=m ├─	Der Ausgang wird durch angegebenen Wert aktiviert.
─┤ 0 … m }	Binäre Signalgruppe, m = höchste Zweierwertigkeit.

11.1.3 Abhängigkeitsnotation

In der Abhängigkeitsnotation wird die Abhängigkeit der Ein- und Ausgänge von anderen Ein- und Ausgängen vereinbart. Man unterscheidet zwischen steuerndem und gesteuertem Eingang bzw. Ausgang. Der gesteuerte Eingang (Ausgang) kann auch gleichzeitig steuernder sein. In der Norm sind zehn verschiedene Arten der Abhängigkeit festgelegt (s. Tab. 11.4).

Tab. 11.4: Übersicht über genormte Abhängigkeitsarten

Symbol	Art der Abhängigkeit	Steuernder Eingang (Ausgang) im 1-Zustand	Steuernder Eingang (Ausgang) im 0-Zustand
A	Adressen	Adresse selektiert	Adresse nicht selektiert
C	Steuerung	Erlaubt Aktion	Verhindert Aktion
EN	Freigabe	Ausgang aktiv	Ausgang deaktiv
G	UND	Erlaubt Aktion	Erzwingt 0-Zustand
M	Mode	Mode selektiert	Mode nicht selektiert
N	Negation	Negiert Zustand	Keine Auswirkung
R	Rücksetzen	Gesteuerter Ausgang wird 0, unabhängig von S	Keine Auswirkung
S	Setzen	Gesteuerter Ausgang wird 1, unabhängig von R	Keine Auswirkung
V	ODER	Erzwingt 1-Zustand	Erlaubt Aktion
Z	Verbindung	Erzwingt 1-Zustand	Erzwingt 0-Zustand

Die Abhängigkeiten werden durch Buchstaben abgekürzt. Der entsprechende Buchstabe steht neben dem Ein- oder Ausgang innerhalb des Funktionsblockes. Bei einem steuernden Ein- oder Ausgang setzt man eine Identifikationsnummer m hinter die Abkürzung. Der gesteuerte Ein- oder Ausgang wird im Innern des Funktionsblockes mit der gleichen Identifikationsnummer m gekennzeichnet. Enthält der Eingang ein Symbol nach Tab. 11.3, so steht die Identifikationsnummer vor dem Symbol. Soll der negierte Logik-Zustand steuern, dann wird die Identifikationsnummer durch Überstreichen negiert. Dadurch ist eine eindeutige Kennzeichnung der Abhängigkeiten möglich. Falls ein Eingang (Ausgang) von mehreren anderen Ein- oder Ausgängen gesteuert wird, werden die Identifikationsnummern durch Kommata getrennt angegeben. Weiterhin wird auch das Symbol "/" zur Kennzeichnung bei mehrfacher Abhängigkeit verwendet.

11.1.3.1 UND-Abhängigkeit (G)

Eine häufig verwendete logische Verknüpfung ist die UND-Verknüpfung, die durch das bekannte Symbol "&" (Tab. 11.1) dargestellt werden kann. Die Abhängigkeitsnotation ermöglicht eine weitere sehr kompakte Form der Kennzeichnung für UND-Abhängigkeit bestimmter Ein- und Ausgänge. Als Symbol wird der Buchstabe G innerhalb des Funktionsblockes verwendet. In Bild 11.6 ist ein Beispiel für die UND-Abhängigkeit gegeben. Der Eingang a steuert die Eingänge b und c, jedoch nicht den Eingang d. Da die Identifikationsnummer 1 am Eingang c negiert ist, wird der steuernde Eingang in der UND-Verknüpfung ebenfalls negiert. Eine gleichwertige digitale Schaltung mit UND-Gattern ist in Bild 11.6 ebenfalls dargestellt.

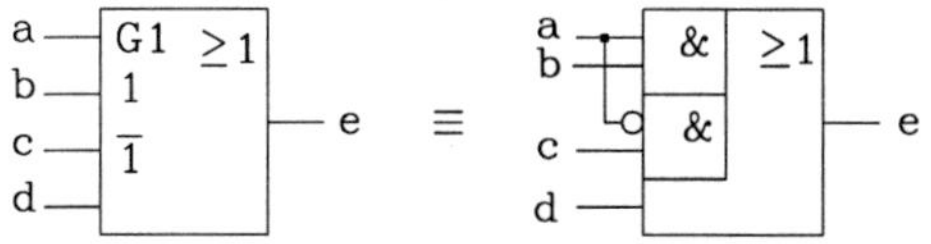

Logische Gleichung des Ausgangs:

$e = ab \vee \bar{a}c \vee d$

Bild 11.6: Beispiel für die UND-Abhängigkeit (G)

11.1.3.2 ODER-Abhängigkeit (V)

Für die ODER-Abhängigkeit steht der Buchstabe V. In dem Beispiel (Bild 11.7) steuert der negierte Ausgang e das Ergebnis der UND-Verknüpfung von c und d.

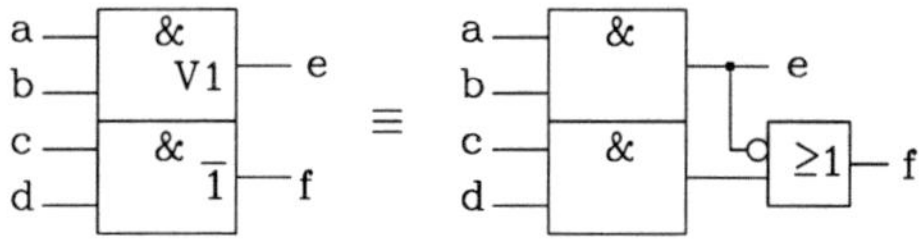

Logische Gleichung des gesteuerten Ausgangs:

$f = cd \vee \bar{e}$

Bild 11.7: Beispiel für die ODER-Abhängigkeit (V)

11.1.3.3 Negations-Abhängigkeit (N)

Für die Negations-Abhängigkeit wird das Symbol N verwendet. Falls der steuernde Ein- bzw. Ausgang aktiv (1-Zustand) ist, wird die gesteuerte Größe negiert, andernfalls (0-Zustand) nicht. Diese Abhängigkeit entspricht der bekannten Exklusiv-ODER-Verknüpfung. Im Beispiel (Bild 11.8) wird der Eingang d durch den Eingang c gesteuert.

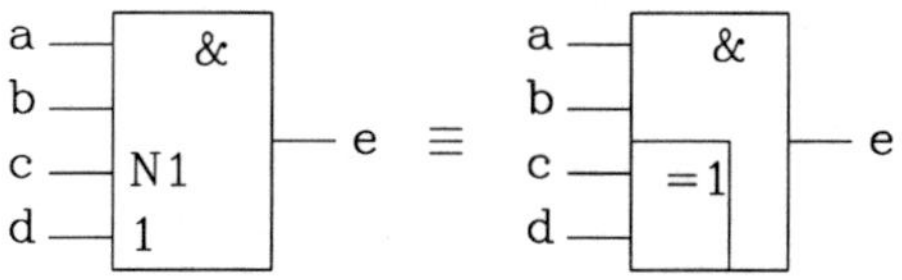

Logische Gleichung des Ausgangs:

$e = a \wedge b \wedge (c\bar{d} \vee \bar{c}d)$

bzw. $e = a \wedge b \wedge (c \nleftrightarrow d)$

Bild 11.8: Beispiel für die Abhängigkeit Negation (N)

11.1.3.4 Verbindungs-Abhängigkeit (Z)

Das Symbol für die Verbindungs-Abhängigkeit ist der Buchstabe Z. Durch diese Abhängigkeit wird eine direkte logische Verbindung zwischen dem steuernden Eingang (Ausgang) und den gesteuerten Ein- und Ausgängen gekennzeichnet. In einem Beispiel wird die logische Verbindung zwischen dem Eingang c und dem Ausgang e (e = c) durch Z gekennzeichnet. In einer äquivalenten Schaltung wird die direkte logische Verbindung separat dargestellt, während die nichtgesteuerten Eingänge a und b gemäß Schaltsymbol disjunktiv verknüpft (verodert) werden.

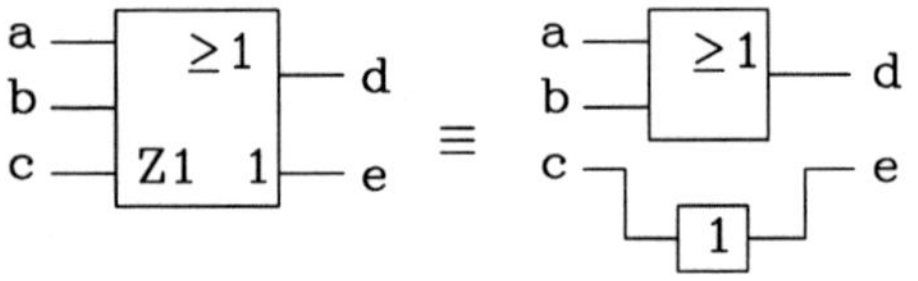

Bild 11.9: Beispiel für die Verbindungs-Abhängigkeit (Z)

11.1.3.5 Setz- und Rücksetz-Abhängigkeit (S, R)

Das Symbol für Setzen ist der Buchstabe S und für Rücksetzen R. Diese Abhängigkeitsnotation wird häufig in Verbindung mit Flipflops, Zählern und Schieberegistern verwendet.

1) RS–Flipflop allgemeine Darstellung

2) RS–Flipflop in NAND–Technik

3) RS–Flipflop in NOR–Technik

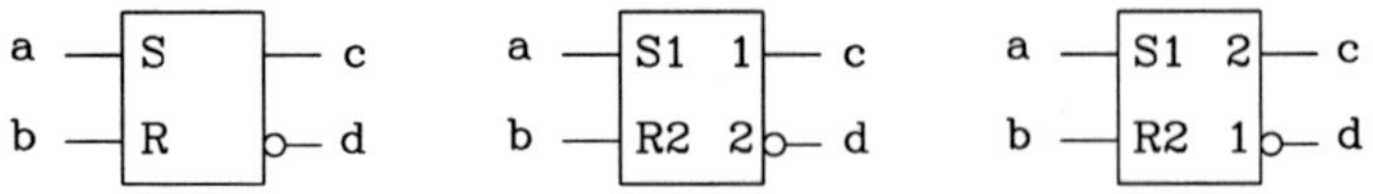

1)

a	b	c	d
0	0	u	u
0	1	0	1
1	0	1	0
1	1	?	?

2)

a	b	c	d
0	0	u	u
0	1	0	1
1	0	1	0
1	1	1	1

3)

a	b	c	d
0	0	u	u
0	1	0	1
1	0	1	0
1	1	0	0

u = unverändert
? = unbestimmt

Bild 11.10: Beispiel für die Setz- und Rücksetz-Abhängigkeit (S, R)

Alle mit m gekennzeichneten Ausgänge nehmen unabhängig von R den 1-Zustand an, falls Sm = 1 ist. Wird Rm = 1, so werden unabhängig von S alle mit m gekennzeichneten Ausgänge "0" (negierte Ausgänge werden "1").

Mit der Setz- und Rücksetzabhängigkeit lässt sich auch das unterschiedliche Ausgangsverhalten eines RS-Flipflops in NAND- und NOR-Technik (Kap. 4.2.3.1) für den Sonderfall S = R = 1 eindeutig kennzeichnen (Bild 11.10).

11.1.3.6 Steuer-Abhängigkeit (C)

Das Symbol für die Abhängigkeit *Steuerung* ist der Buchstabe C. Man verwendet es in Verbindung mit speichernden Schaltungen (z.B. Flipflop, Zähler, RAM). Der Steuereingang C gibt die Dateneingänge (D, S, R, J, K, T) frei oder sperrt sie.

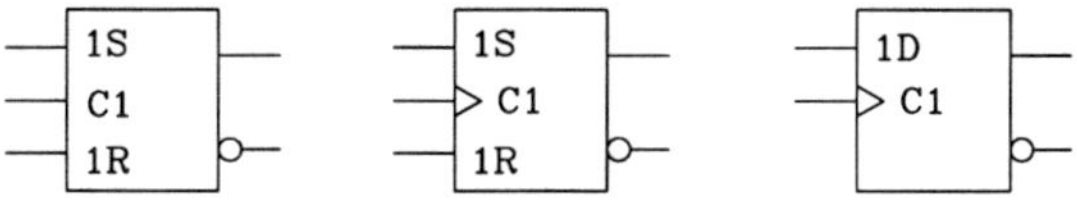

Bild 11.11: Beispiele für die Steuer-Abhängigkeit (C)

Man unterscheidet hierbei zwischen statischer Steuerung (1-Zustand) und dynamischer Steuerung (Übergang von 0 nach 1). Das zustandsgesteuerte RS-Flipflop ist ein Beispiel für statische Steuerung und das flankengesteuerte RS- und D-Flipflop sind Beispiele für dynamische Steuerung (Bild 11.11).

11.1.3.7 Freigabe-Abhängigkeit (EN)

Für die Freigabe-Abhängigkeit wird das Symbol EN verwendet. Die Bedeutung von EN ist schon in Tab. 11.3 erklärt worden. Mit Hilfe der Abhängigkeitsnotation ist es möglich, einzelne Ausgänge über die Identifikationsnummer freizugeben oder zu sperren.

In einem Beispiel (Bild 11.12) werden die Three-State-Ausgänge b und c vom Eingang a gesteuert. Für a = 1 ist der Ausgang b freigegeben und c gesperrt, während für a = 0 der Ausgang c freigegeben und b gesperrt ist.

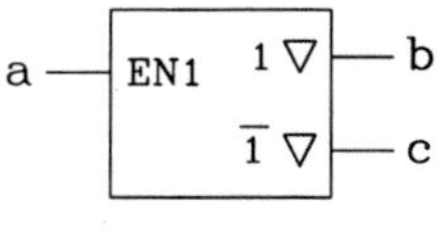

Bild 11.12: Beispiel für die Freigabe-Abhängigkeit

11.1.3.8 Mode-Abhängigkeit (M)

Das Symbol für die Mode-Abhängigkeit ist der Buchstabe M. In Verbindung mit einer Identifikationsnummer kennzeichnet M die verschiedenen Betriebsarten eines Elements. In einem Beispiel (Bild 11.13) wird die Mode-Abhängigkeit verwendet, um für einen synchronen Zähler die beiden Betriebsarten "zählen" und "laden" darzustellen. Der Zähler wird synchron mit der positiven Flanke des Taktes geladen, wenn M1 aktiv ist. Falls sowohl M2, G3 und G4 aktiv sind, wird der Zählerstand mit der positiven Flanke um 1 erhöht. Der Zähler kann über einen Eingang (5CT = 0) synchron auf den Zählerstand 0 rückgesetzt werden. Außerdem wird über einen gesteuerten Ausgang (3CT = 15) ein Übertrag beim Zählerstand 15 erzeugt.

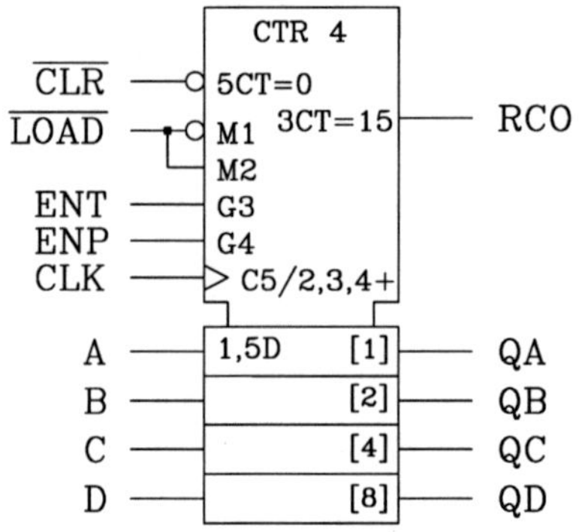

Bild 11.13: Darstellung der Mode-Abhängigkeit am Beispiel eines programmierbaren Synchronzählers

11.1.3.9 Adressen-Abhängigkeit (A)

Das Symbol für die Adressen-Abhängigkeit ist der Buchstabe A. Die Adressen-Abhängigkeit dient zur Darstellung von Speicherfeldern. Dabei wird die in Speicherbausteinen übliche Wortorganisation unterstützt. Ein Speicherwort besteht aus einer Anzahl zusammengehöriger Speicherzellen (Bits), die unter einer Adresse angesprochen werden können.

Als Beispiel ist die Schaltung eines RAMs der Speicherkapazität 16 x 4 Bit dargestellt (Bild 11.14). Die vier zu einem Wort zugehörigen Speicherzellen werden gemeinsam gesteuert von der Adresse A, dem Taktsteuereingang C1 und dem Freigabeeingang EN. Liegt am Taktsteuereingang C1 der 1-Zustand, so werden die an den Dateneingängen anstehenden Logik-Zustände unter der eingestellten Adresse abgespeichert. Für die Ausgabe der gespeicherten Information wird die gewünschte Adresse eingestellt und der Freigabe-Eingang EN aktiviert (1-Zustand).

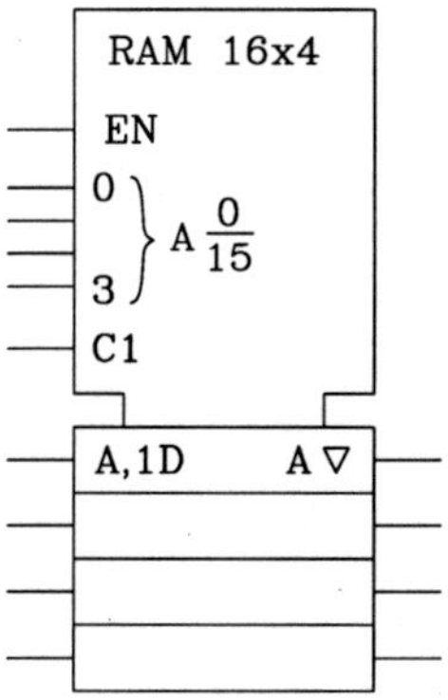

Bild 11.14: Beispiel für die Adressen-Abhängigkeit

Tab. 11.5: Befehlsliste des Mikrocontrollers 8051

Mnemonik	Beeinflusste Flags				Zahl der		Funktion des Befehls
	C	AC	OV	P	Bytes	Takte	
ACALL addr11	–	–	–	–	2	24	Unbed. UP-Aufruf (11-Bit-Adresse)
ADD A,Rr	+	+	+	+	1	12	(Rr) + (Akku) ➔ Akku
ADD A,dir	+	+	+	+	2	12	(dir) + (Akku) ➔ Akku
ADD A,@Ri	+	+	+	+	1	12	((Ri)) + (Akku) ➔ Akku
ADD A,#d8	+	+	+	+	2	12	#d8 + (Akku) ➔ Akku
ADDC A,Rr	+	+	+	+	1	12	(Rr) + (C) + (Akku) ➔ Akku
ADDC A,dir	+	+	+	+	2	12	(dir) + (C) + (Akku) ➔ Akku
ADDC A,@Ri	+	+	+	+	1	12	((Ri)) + (C) + (Akku) ➔ Akku
ADDC A,#d8	+	+	+	+	2	12	#d8 + (C) + (Akku) ➔ Akku
AJMP addr11	–	–	–	–	2	24	Unbedingter Sprung (11-Bit-Adresse)
ANL A,Rr	–	–	–	+	1	12	(Rr) ∧ (Akku) ➔ Akku
ANL A,dir	–	–	–	+	2	12	(dir) ∧ (Akku) ➔ Akku
ANL A,@Ri	–	–	–	+	1	12	((Ri)) ∧ (Akku) ➔ Akku
ANL A,#d8	–	–	–	+	2	12	#d8 ∧ (Akku) ➔ Akku
ANL dir,A	–	–	–	–	2	12	(dir) ∧ (Akku) ➔ dir
ANL dir,#d8	–	–	–	–	3	24	(dir) ∧ #d8 ➔ dir
ANL C,bit	+	–	–	–	2	24	(bit) ∧ (C) ➔ C
ANL C,/bit	+	–	–	–	2	24	¬(bit) ∧ (C) ➔ C
CJNE A,dir,rel	+	–	–	–	3	24	Bei (Akku) ungleich (dir) rel. Sprung
CJNE A,#d8,rel	+	–	–	–	3	24	Bei (Akku) ungleich #d8 rel. Sprung
CJNE Rr,#d8,rel	+	–	–	–	3	24	Bei (Rr) ungleich #d8 rel. Sprung
CJNE @Ri,#d8,rel	+	–	–	–	3	24	Bei ((Ri)) ungleich #d8 rel. Sprung
CLR A	–	–	–	+	1	12	Lösche Akkumulator
CLR C	+	–	–	–	1	12	Lösche Carryflag
CLR bit	–	–	–	–	2	12	Lösche (bit)
CPL A	–	–	–	–	1	12	(Akku) wird bitweise negiert
CPL C	+	–	–	–	1	12	Carryflag wird negiert

Mnemonik	Beeinflusste Flags				Zahl der		Funktion des Befehls
	C	AC	OV	P	Bytes	Takte	
CPL bit	–	–	–	–	2	12	¬(bit), (bit) wird negiert
DA A	+	–	–	+	1	12	Dezimalkorrektur (Akku) bei Addition
DEC A	–		–	+	1	12	(Akku) wird dekrementiert
DEC Rr	–	–	–	–	1	12	(Rr) wird dekrementiert
DEC dir	–	–	–	–	2	12	(dir) wird dekrementiert
DEC @Ri	–	–	–	–	1	12	((Ri)) wird dekrementiert
DIV AB	+	–	+	+	1	48	(Akku) wird durch (B) dividiert
DJNZ Rr,rel	–	–	–	–	2	24	Dekr. (Rr), rel. Sprung falls ungleich 0
DJNZ dir,rel	–	–	–	–	3	24	Dekr. (dir), rel. Sprung falls ungleich 0
INC A	–	–	–	+	1	12	(Akku) wird inkrementiert
INC Rr	–	–	–	–	1	12	(Rr) wird inkrementiert
INC dir	–	–	–	–	2	12	(dir) wird inkrementiert
INC @Ri	–	–	–	–	1	12	((Ri)) wird inkrementiert
INC DPTR	–	–	–	–	1	24	Datenzeiger wird inkrementiert
JB bit,rel	–	–	–	–	3	24	Rel. Sprung, falls (bit) gesetzt ist
JBC bit,rel	–	–	–	–	3	24	Rel. Spr., falls (bit)=1, setze (bit)=0
JC rel	–	–	–	–	2	24	Rel. Sprung falls Carryflag gesetzt ist
JMP @A+DPTR	–	–	–	–	1	24	Unbed. Sprung auf Adr. (Akku)+(DPTR)
JNB bit,rel	–	–	–	–	3	24	Rel. Sprung, falls Bit nicht gesetzt ist
JNC rel	–	–	–	–	2	24	Rel. Sprung, falls (C)=0
JNZ rel	–	–	–	–	2	24	Rel. Sprung, falls (Akku) nicht Null ist
JZ rel	–	–	–	–	2	24	Rel. Sprung, falls (Akku) Null ist
LCALL addr16	–	–	–	–	3	24	Unbedigter UP-Aufruf (16-Bit-Adresse)
LJMP addr16	–	–	–	–	3	24	Unbed. Sprung (16-Bit-Adresse)
MOV A,Rr	–	–	–	+	1	12	(Rr) im Akku abspeichern
MOV A,dir	–	–	–	+	2	12	(dir) im Akku abspeichern
MOV A,@Ri	–	–	–	+	1	12	((Ri)) im Akku abspeichern
MOV A,#d8	–	–	–	+	2	12	#d8 im Akku abspeichern
MOV Rr,A	–	–	–	–	1	12	(Akku) in Rr abspeichern
MOV Rr,dir	–	–	–	–	2	24	(dir) in Rr abspeichern
MOV Rr,#d8	–	–	–	–	2	12	#d8 in Rr abspeichern
MOV dir,A	–	–	–	–	2	12	(Akku) in dir abspeichern
MOV dir,Rr	–	–	–	–	2	24	(Rr) in dir abspeichern
MOV dir1,dir2	–	–	–	–	3	24	(dir2) in dir1 abspeichern
MOV dir,@Ri	–	–	–	–	2	24	((Ri)) in dir abspeichern
MOV dir,#d8	–	–	–	–	3	24	#d8 in dir abspeichern
MOV @Ri,A	–	–	–	–	1	12	(Akku) in ((Ri)) abspeichern
MOV @Ri,dir	–	–	–	–	2	24	(dir) in ((Ri)) abspeichern
MOV @Ri,#d8	–	–	–	–	2	12	#d8 in ((Ri)) abspeichern
MOV DPTR,#d16	–	–	–	–	3	24	#d16 im Datenzeiger abspeichern
MOV C,bit	+	–	–	–	2	12	(bit) im Carryflag speichern
MOV bit,C	–	–	–	–	2	24	(Carryflag) in Bit abspeichern
MOVC,@A+DPTR	–	–	–	+	1	24	Codebyte ((Akku)+(DPTR)) zum Akku
MOVC A,@A+PC	–	–	–	+	1	24	Codebyte ((Akku)+(PC)) zum Akku
MOVX A,@Ri	–	–	–	+	1	24	((Ri)) aus ext. RAM zum Akku

Mnemonik	Beeinflusste Flags				Zahl der		Funktion des Befehls
	C	AC	OV	P	Bytes	Takte	
MOVX A,@DPTR	–	–	–	+	1	24	((DPTR)) aus ext. RAM zum Akku
MOVX @Ri,A	–	–	–	–	1	24	(Akku) nach (Ri) ext. RAM speich.
MOVX @DPTR,A	–	–	–	–	1	24	(Akku) nach (DPTR) ext. RAM speich.
MUL AB	+	–	+	+	1	48	(Akku) wird mit (B) multipliziert
NOP	–	–	–	–	1	12	Keine Operation
ORL A,Rr	–	–	–	+	1	12	(Rr) ∨ (Akku) ➔ Akku
ORL A,dir	–	–	–	+	2	12	(dir) ∨ (Akku) ➔ Akku
ORL A,@Ri	–	–	–	+	1	12	((Ri)) ∨ (Akku) ➔ Akku
ORL A,#d8	–	–	–	+	2	12	#d8 ∨ (Akku) ➔ Akku
ORL dir,A	–	–	–	–	2	12	(Akku) ∨ (dir) ➔ dir
ORL dir,#d8	–	–	–	–	3	24	#d8 ∨ (dir) ➔ dir
ORL C,bit	+	–	–	–	2	24	(bit) ∨ (C) ➔ C
ORL C,/bit	+	–	–	–	2	24	¬(bit) ∨ (C) ➔ C
POP dir	–	–	–	–	2	24	((SP)) ➔ dir und (SP) dekrementieren
PUSH dir	–	–	–	–	2	24	(SP) inkrementieren und (dir) ➔ (SP)
RET	–	–	–	–	1	24	Unbedingter UP-Rücksprung
RETI	–	–	–	–	1	24	Unbed. Rücksprung aus Interr.-Routine
RL A	–	–	–	–	1	12	Rotiere (Akku) nach links
RLC A	+	–	–	+	1	12	Rotiere (Akku) nach links durch C-Flag
RR A	–	–	–	–	1	12	Rotiere (Akku) nach rechts
RRC A	+	–	–	+	1	12	Rotiere (Akku) nach rechts durch C-Flag
SETB C	+	–	–	–	1	12	Setze Carryflag
SETB bit	–	–	–	–	2	12	Setze (bit)=1
SJMP rel	–	–	–	–	2	24	Relativer Sprung
SUBB A,Rr	+	+	+	+	1	12	(Akku) - (Rr) - (C) ➔ Akku
SUBB A,dir	+	+	+	+	2	12	(Akku) - (dir) - (C) ➔ Akku
SUBB A,@Ri	+	+	+	+	1	12	(Akku) - ((Ri)) - (C) ➔ Akku
SUBB A,#d8	+	+	+	+	2	12	(Akku) - #d8 - (C) ➔ Akku
SWAP	–	–	–	–	1	12	(Akku,Bits 0...3) ↔ (Akku,Bits 4..7)
XCH A,Rr	–	–	–	+	1	12	(Rr) ↔ (Akku)
XCH A,dir	–	–	–	+	2	12	(dir) ↔ (Akku)
XCH A,@Ri	–	–	–	+	1	12	((Ri)) ↔ (Akku)
XCHD A,@Ri	–	–	–	+	1	12	(Akku) ↔ ((Ri)), nur Bits 0...3
XRL A,Rr	–	–	–	+	1	12	(Rr) ⊕ (Akku) ➔ Akku
XRL A,dir	–	–	–	+	2	12	(dir) ⊕ (Akku) ➔ Akku
XRL A,@Ri	–	–	–	+	1	12	((Ri)) ⊕ (Akku) ➔ Akku
XRL A,#d8	–	–	–	+	2	12	#d8 ⊕ (Akku) ➔ Akku
XRL dir,A	–	–	–	–	2	12	(Akku) ⊕ (dir) ➔ dir
XRL dir,#d8	–	–	–	–	3	24	#d8 ⊕ (dir) ➔ dir

Abkürzungen:

#	Kennzeichen für Daten bei unmittelbarer Adressierung
@	Kennzeichen für Adressen bei indirekter Adressierung
#d8	#data, 8-Bit-Konstante
#d16	#data16, 16-Bit-Konstante
dir	direct, direkt adressierte Byte-Adresse
bit	Bit-Adresse im Datenspeicher. Format: adr.bitnr, mit $0 \le adr \le 255$ und $0 \le bitnr \le 7$

addr11	11-Bit-Adresse
addr16	16-Bit-Adresse
rel	relative Adresse, mit $-128 \leq rel \leq 127$
A, Akku	Akkumulator
Rr	Register (R0...R7)
Ri	Register (R0 oder R1)
@Ri	Inhalt des Registers Ri (8-Bit-Adresse)
DPTR	Datenzeiger 16 Bit
@DPTR	Inhalt des Datenzeiger-Registers (16-Bit-Adresse)
( )	Inhalt des spezifizierten Registers oder Speicherplatzes
➔	übertragen nach
↔	austauschen mit
–	so gekennzeichnete Flags werden nicht beeinflusst
+	so gekennzeichnete Flags werden beeinflusst
	UND-Verknüpfung
	ODER-Verknüpfung
I	Exklusiv-ODER

Flags:

OV	Overflow
C	Carry
AC	Auxiliary Carry

Literatur

[1] Advanced Micro Devices: PAL Device Data Book. 1992

[2] Alwais, M.: Elefantengedächtnis, FRAM – ein nichtflüchtiger Speicher: elektronik JOURNAL, Oktober 2002

[3] Ameling, W.: Digitalrechner – Grundlagen und Anwendungen. Technische Informatik 1. Braunschweig: Vieweg 1990

[4] Ammon, P.: Gate Arrays. Heidelberg: Hüthig 1985

[5] Analog Devices: High Resolution Analog-to-Digital Converters Selection Guide. Norwood, Massachusetts 1999

[6] Analog Devices: High Speed Analog-to-Digital Converters Selection Guide >1 MSPS Throughput Rate. Norwood, Massachusetts 1999

[7] Analog Devices: Products&Datasheets, Product Index: Amplifiers, SHA/Track Holds; Norwood, Massachusetts 1999

[8] Analog Devices: Sigma-Delta Analog-to-Digital Converter Selection Guide. ; Norwood, Massachusetts 1999

[9] Ashenden, P.: The Designer's Guide toVHDL. Morgan Kaufmann, San Francisco 1999

[10] Auer, A.: PLD-Handbuch. Heidelberg: Hüthig 1990

[11] Auer, A.: Programmierbare Logik. Heidelberg: Hüthig 1990

[12] Bähring, H.: Mikrorechner-Systeme.Berlin: Springer 1991

[13] Berger, J., Burr-Brown: Pipeline-Architektur macht A/D-Wandler preiswert. Design & Elektronik, 1998

[14] Bernel, D.,A., Hofner, T.,C.: Dynamic Parameters Describe High Speed ADC Performance. Microwaves&RF, 6, 1997

[15] Beuth, K.: Digitaltechnik. Würzburg: Vogel 1988

[16] Blank, H.-J.: Micocontrollerentwicklung auf dem PC. Haar bei München: Markt und Technik 1990

[17] Borucki, L.: Digitaltechnik. Stuttgart: Teubner 1989

[18] Bundesministerium für Bildung und Forschung: Nanoelektronik und Systeme, Bericht, 2006

[19] Cho, T.b., Gray, P.,R.: A 10-bit, 20-MS/s, 35-mW Pipeline A/D Converter. Department of Electrical Engineering and Computer Sciences, University of California, Berkeley 1998

[20] Chroust, G.: Modelle der Software-Entwicklung. Oldenburg 1992

[21] Coelho, D.: The VHDL Handbook. Kluwer Academic, Boston 1989

[22] Cypress Semiconductor Corporation: Application Handbook. San Jose, Calif.: Cypress Semiconductor Corporation, 1994

[23] Cypress Semiconductor Corporation: Interfacing the QDR with Altera APEX20KE, 2001

[24] Cypress Semiconductor Corporation: QDR II SRAM: A Design Guide, 2002

[25] Datel GmbH: Quick Selection Guide ′99. Datel GmbH München

[26] Dembowski, K.: Intel 8096-Micocontroller-Familie. Haar bei München: Markt und Technik 1989

[27] Desikan, R., Lefurgy, C., Keckler, Burger, D.: On-chip MRAM as a High-Bandwidth, Low-Latency Replacement for DRAM

[28] Diehl, W.: Mikroprozessor und Mikrocomputer. Würzburg: Vogel 1977

[29] Domann, P.: Mikroprozessoren und Mikrocomputer – Überblick, Wirtschaftlichkeit, Trends. Aus [32]

[30] Dworatschek, S.: Grundlagen der Datenverarbeitung. Berlin: W. d. Gruyter 1977

[31] Enhanced Memory Systems Inc.: 16Mbit Enhanced SDRAM Family, Product Brief 1999

[32] Enhanced Memory Systems Inc.: 16Mbit ESDRAM Design Guide 1999
[33] Enhanced Memory Systems Inc.: 64Mbit Enhanced SDRAM Family, Product Brief 1999
[34] Ernst, D. et al: Chancen mit Chips. Berlin: Siemens 1984
[35] Feger, O.: Applikationen zur 8051-Mikrocontroller-Familie. Haar bei München: Markt und Technik 1988
[36] Feger, O.: Die 8051-Mikrocontroller-Familie. Haar bei München: Markt und Technik 1987
[37] Firmendruckschrift: Special Issue FRAM: Fujitsu-Magazin, 2002]
[38] Flik, T., Liebig, H.: Mikroprozessortechnik. Berlin: Springer 1990
[39] Friedberg, H.: Nichtflüchtige Speicher: EEPROMs und NVRAMs. elektronik industrie 5, 1983
[40] Goser, K.: Vom Transistor zum System: Der Mikrocomputer. Aus [32]
[41] Grass, W.: Steuerwerke, Entwurf von Schaltwerken mit Festwertspeichern. Berlin: Springer 1978
[42] Heise: ISSCC: Neuer Meilenstein in der MRAM-Entwicklung: Heise online news, 2001
[43] Henkel, J., Mengel, S.: MRAM–Revolution der Halbleiterindustrie?: Institut für Innovati onsforschung und Technologiemanagement, Ludwig-Maximilians-Universität München, 2001
[44] Hentschke, S.: Grundzüge der Digitaltechnik. Stuttgart: Teubner 1988
[45] Hering, E., Gutekunst, J., Dyllong, U.: Informatik für Ingenieure. Düsseldorf: VDI 1995
[46] Hilberg, W., Piloty, R.: Mikroprozessoren und ihre Anwendungen, 1. München: Ol den bourg 1977
[47] Hilberg, W.: Digitale Speicher 1. München: Oldenbourg 1987
[48] Ho, S.: A Pipelined Converter. Analog Dialogue. Norwood, 29, 1995
[49] Hofner, T.,C., Bernel, D.,A.: ADC Captures 1 Gsamples/s. Microwaves&RF 3, 1999
[50] Intel: MCS 51 Microcontroller Family User´s Manual. 1994
[51] Internet: International Technologie Roadmap for Semiconductors, 2006
[52] Intersil: Das "Mooresche Gesetz" : Design&Elektronik, 2005, S. 45
[53] Irlbeck, M., Loviscach, J.: Cache überholt. c't 10, 1994, S. 262
[54] ISDATA: Programmsystem LOG/iC. Karlsruhe: ISDATA 1988
[55] Josefsson,O.: Using Sigma-delta Converters. Analog Dialogue. Norwood 28, 1994
[56] Keil Software, Inc.: dScope for Windows, User´s Guide. 1999
[57] Keil, H., Siemens AG (Hrsg.): Mikrocomputer. Berlin: Siemens 1987
[58] Kemper, A., Meyer, M.: Entwurf von Semicustom-Schaltungen. Berlin: Springer 1989
[59] Klar, R.: Digitale Rechenautomaten. Berlin: W. d. Gruyter 1983
[60] Klose, H. :Künftige Speicherchips: FRAM und MRAM im Vergleich: elektronik JOURNAL, Dezember 2001
[61] Köhn, K.-P., Schultes, R.: 8051-Prozessoren. München: Franzis 1988
[62] Kraft, D., Toy, N.: Mini/Microcomputer Hardware Design. Prentice Hall 1979
[63] Kühn, E.: Handbuch TTL- und CMOS-Schaltkreise. Heidelberg: Hüthig 1988
[64] Lee, C., L.: A Study of Magnetoresistance Random-Access Memory: www.andrew.cmu.edu/~zlee/mram.pdf, 2003
[65] Lehmann, G., Wunder, B., Selz, M.: Schaltungsdesign mit VHDL: Synthese, Simulation und Dokumentation digitaler Schaltungen. Franzis-Verlag GmbH, Poing 1994
[66] Leonhardt, E.: Grundlagen der Digitaltechnik. München: Hanser 1984
[67] Lesea, A., Zaks, R.: Mikroprozessor Interface Techniken. Bodensee: Micro Shop 1979
[68] Lesea, A., Zaks, R.: Mikroprozessor Interface Techniken. Düsseldorf: Sybex 1984
[69] Lichtberger, B.: Praktische Digitaltechnik. Heidelberg: Hüthig 1987
[70] Lipsett, R., Schaefer, C., Usery, C.: VHDL: Hardware Description and Design. Kluwer Academic, Boston 1993
[71] Lochmann, D.: Digitale Nachrichtentechnik. Berlin Verlag Technik 1997
[72] Marent, K.: Giga-Träume und Nano-Realitäten, Design&Elektronik, 2005, S. 52
[73] Matschke, J.: Von der einfachen Logikschaltung bis zum Mikrorechner. Heidelberg: Hüthig 1986
[74] Maxim: 18-Bit Sigma-Delta-ADCs garantieren 0,0015% INL. Engineering Journal 34, 1999

[75] Maxim: Analog Design Guide, AD-Converters. Maxim Integrated Products, Inc., Unit 3, Theale Technologig Centre, Theale, 1999
[76] Maxim: Analog Design Guide. Maxim Integrated Products, Inc., Unit 3, Theale Technologig Centre, Theale, Berks UK, 1999
[77] Maxim: Pipeline-A/D-Wandler setzen sich durch. Engineering Journal 33, 1999
[78] Mazor, St., Langstraat, P.: A Guide toVHDL. Kluwer Academic, Boston 1992
[79] Michna, B.: Statisches Dual-Port-RAM reduziert Schaltungsaufwand in Mikroprozessorsystemen. Elektronik Informationen 12, 1985
[80] Miller, A.,Kugelstadt, T.: ABC der A/D-Wandler-Dimensionierung. Design & Elektronik, 1998
[81] Moore, G.E.: Presentation at International Solid State Conference (ISSCC), 2003
[82] Motorola: M 6800 Microprocessor Applications Manual. 1975
[83] Müller, H., Walz, L.: Mikroprozessortechnik. Mit Übungen und Testfragen. Würzburg: 1988
[84] N.N.: Profit in Sicht. Markt&Technik 39, 1996, S. 62
[85] National Semiconductor Corporation: 12-Bit, 5 MSPS Self-Calibrating, Pipelined A/D-Converter with Internal Sample & Hold. Santa Clara 1998
[86] NN.: Die Brücke zwischen RAM und ROM. Markt&Technik Nr.34, 1983
[87] Noyce, R., Pfund, N.: Microelectronics: The next 100 Years. Solutions, [Intel] April 1985
[88] O´Connel, J.,P.: Monolithic Sigma-Delta A/D Converter Offer 21-Bit. Analog Dialogue. Norwood, 26, 1992
[89] Parkin, S.: Magneto-Electronics: Giant Magnetoresistance: Science and Technology of Almaden IBM 2003-02-17
[90] Parkin, S.: Parkin, S.: Coming of Age of Magnetic Multilayers: Giant Magnetoresistance Field Sensors and Magnetic Tunnel Junction Memory Elements: Summary of a Paper Science and Technology of Almaden IBM 1999
[91] Pearson, M.: QDR-III: Next Generation SRAM for Networking, 2003
[92] Pernards, P.: Digitaltechnik. Heidelberg: Hüthig 198[9
[93] Philips, Hamburg: TTL Products. Data Manual 1986[. Hamburg: Valvo 1986
[94] Physical Memories: Department of Computer Scien[ces, Tech. Report TR-02-47, The University of Texas at Austin, 2002
[95] Pomberger, G., Blaschek, G.: Grundlagen des Software Engineering. München: Carl Hanser 1993
[96] Prince, B.: Entwicklungen und Trends bei MOS-Sp[eicherbausteinen. Elektronik 10, 1983
[97] Reifschneider, N.: CAE-gestützte IC-Entwurfsmeth[oden. Prentice Hall, 1998
[98] Rübel, M.: 16/32-bit-Mikroprozessorsysteme. Stuttgart: Teubner 1991
[99] Samsung Electronics: DDR2 SDRAM Product Guide, 2005
[100] Schaaf, B.-D.: Digital- und Microcomputertechnik. Aufbau und Wirkungsweise, Schaltungen, Assembler-Programmierung. München: Hanser 1988
[101] Schief, R.: Einführung in die Mikroprozessoren und Mikrocomputer. Tübingen: Attempto 1979
[102] Schmidt, G.: Grundlagen der Mikrocomputertechnik. Berlin: Springer 1990
[103] Schmidt, V.: Digitalelektronisches Praktikum. Stuttgart: Teubner 1973
[104] Schmitt, F.-J., v. Wendorf, W.-C., Westerholz, K.: Embedded-Control-Architekturen. München: Carl Hanser1999
[105] Schmitt, G.: Mikrocomputertechnik mit dem Prozessor 8085. München: Oldenbourg 1989
[106] Scholz, R.: Einführung in die Mikrocomputertechnik. Stuttgart: Teubner 1990
[107] Schöne, A.: Digitaltechnik und Mikrorechner. Braunschweig: Vieweg 1984
[108] Schramm, C.: Low-Power-1-MHz-18-Bit-Sampling-ADC. Elektronik Information 11, 1998
[109] Schulz, A.: Software-Entwurf. München: 1992
[110] Schumny, H.: Mikroprozessoren 6502, 6800, 8080, 780, 9900. Grundlagen, Programmierung, Vergleiche, Übungen. Braunschweig: Vieweg 1983
[111] Schweizer, G., Wunsch, T.: Mikrorechner. Braunschweig: Vieweg 1985
[112] Seifart, M.: Digitale Schaltungen. Heidelberg: Hüthig 1988
[113] Seitzer, D.: Elektronische Analog-Digital-Umsetzer. Berlin: Springer 1977

[114] Sheikholeslami, A., Gulak, G.: A Survey of Cicuit Innovations in Ferroelectric Random-Access Memories: Proceedings of the IEEE, Vol 88, No. 5, 2000
[115] Shuster, M.: Tenth Anniversary of the Microprocessor. Solutions [Intel], 1981
[116] Siemens: ECB 85 Experimentiercomputer, Bedienungsanleitung. München: Siemens 1981
[117] Siemens: SAB 80515/80535 Single-Chip Microcontroller User's Manual 7.85. München: Siemens 1985
[118] Sikora, A.: Die Zukunft der Speicher: Teil 1, Elektronik 5, 2002
[119] Sikora, A.: Die Zukunft des Speichers: Teil 2, Elektronik 6, 2002
[120] Skahill, K. Cypress Semiconductor: VHDL for Programmable Logic. Addison Wesley Longman, Inc. 1996
[121] Sprackland, T.: How Big is MRAM´s Future?: July 2002 Issue, Nikkei Electronics Asia, 2002
[122] Steinböck, H.: Einführung in die Mikrocomputertechnik. Berlin: Siemens
[123] Stewen, L.: Lehrbuch der Mikroprozessortechnik. Heidelberg: Hüthig 1989
[124] Stiller, A.: DRAMatische Modularitäten. c't 4, 1995, S. 334
[125] Stiller, A.: SIMMsalabim. Zaubertricks um PC-Speicher. c't 7, 1996, S. 158
[126] Texas Instruments, Deutschland: Data Book Volume 1. Texas Instruments 1989
[127] The Institute of Electrical and Electronics Engineers: IEEE Standard VHDL Language Referenz Manual (IEEE-1076-1992/B), New York 1993
[128] Thies, K.-D.: Das 8086 Systembuch. München: 1985
[129] Thomas, D., Rempfer, C.: Schnelle 12-Bit-SAR-ADC versus Pipeline-ADC. Elektronik Information 11, 1998
[130] Tietze, U., Schenk, Ch.: Halbleiterschaltungstechnik. Berlin: Springer 1993
[131] Urbanski, K., Woitowitz, R.: Einführung in die Mikroprozessortechnik. Osnabrück: Wenner 1987
[132] Urbanski, K., Woitowitz, R.: Mikrorechnertechnik. Osnabrück: Wenner 1995
[133] Valvo: Die 8bit-Mikrocontroller-Familie 8051, 1. Eigenschaften. Hamburg: Valvo 1984
[134] Valvo: Die 8bit-Mikrocontroller-Familie 8051, 2. Befehlsvorrat. Hamburg: Valvo 1984
[135] Waller, H., Hilgers, P.: Mikroprozessoren. Mannheim: Bibliographisches Institut 1980
[136] Walter, J.: Mikrocomputertechnik mit der 8051-Controller-Familie. Berlin: Springer 1996
[137] Weiß, H., Horninger, K.: Integrierte MOS-Schaltungen. Springer 1982
[138] Weißel, R., Schubert, F.: Digitale Schaltungstechnik. Berlin: Springer 1990
[139] Wendt, S.: Entwurf komplexer Schaltwerke. Berlin Springer 1974
[140] Werner, G.: Programmierung von Mikrorechnern. Heidelberg: Hüthig 1984
[141] Wolf, S., P.: Superchips mit 35 Millionen Transistoren noch in diesem Jahrzehnt. der elektroniker 10, 1986
[142] Xilinx INC.: High-Speed-QDR-Design mit Virtex-Plattform-FPGAs: Electronic Information, 2004
[143] Xilinx, Inc.: Programmable Logic Data Book, San Jose, Calif.: Xilings Inc. 1994
[144] Xilinx, Inc.: The Programmable Gate Array Data Book. 1991

Sachverzeichnis

Breinigsville, PA USA
18 April 2010
236334BV00003B/7/P

9 783540 736721